谨以此书纪念魏宗舒教授

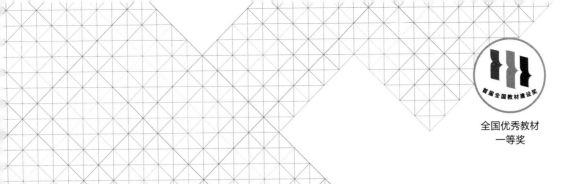

"十二五"普通高等教育本科国家级规划教材

概率论与
数理统计教程

第三版

茆诗松 程依明 濮晓龙 编著

高等教育出版社·北京

内容提要

本书为"十二五"普通高等教育本科国家级规划教材。全书共八章，前四章为概率论部分，主要叙述各种概率分布及其性质，后四章为数理统计部分，主要叙述各种参数估计与假设检验。本次修订适当补充了数字资源(以符号 ▓ 标识)。

本书的编写从实例出发，图文并茂，通俗易懂，注重讲清楚基本概念与统计思想，强调各种方法的应用，适合初次接触概率统计的读者阅读。全书插图 100 多幅，例题 250 多道，习题 600 余道。

本书可供高等学校数学类专业与统计学专业作为教材使用，亦可供其他专业类似课程参考，也适合自学使用。

图书在版编目(CIP)数据

概率论与数理统计教程/茆诗松，程依明，濮晓龙编著. --3 版. --北京：高等教育出版社，2019.11(2024.12 重印)
ISBN 978-7-04-051148-2

Ⅰ. ①概… Ⅱ. ①茆… ②程… ③濮… Ⅲ. ①概率论-高等学校-教材②数理统计-高等学校-教材 Ⅳ. ①O21

中国版本图书馆 CIP 数据核字(2019)第 009658 号

Gailülun yu Shuli Tongji Jiaocheng

策划编辑 李 蕊	责任编辑 李 蕊	特约编辑 高 旭	封面设计 王凌波
版式设计 马 云	插图绘制 于 博	责任校对 王 雨	责任印制 存 怡

出版发行 高等教育出版社	网 址	http://www.hep.edu.cn
社 址 北京市西城区德外大街 4 号		http://www.hep.com.cn
邮政编码 100120	网上订购	http://www.hepmall.com.cn
印 刷 肥城新华印刷有限公司		http://www.hepmall.com
开 本 787mm×1092mm 1/16		http://www.hepmall.cn
印 张 30.5	版 次	2004 年 10 月第 1 版
字 数 670 千字		2019 年 11 月第 3 版
购书热线 010-58581118	印 次	2024 年 12 月第 11 次印刷
咨询电话 400-810-0598	定 价	59.00 元

本书如有缺页、倒页、脱页等质量问题，请到所购图书销售部门联系调换

概率论与数理统计教程

第三版

茆诗松 程依明 濮晓龙 编著

1. 计算机访问http://abook.hep.com.cn/1225539，或手机扫描二维码、下载并安装Abook应用。
2. 注册并登录，进入"我的课程"。
3. 输入封底数字课程账号（20位密码，刮开涂层可见），或通过Abook应用扫描封底数字课程账号二维码，完成课程绑定。
4. 单击"进入课程"按钮，开始本数字课程的学习。

课程绑定后一年为数字课程使用有效期。受硬件限制，部分内容无法在手机端显示，请按提示通过计算机访问学习。

如有使用问题，请发邮件至 abook@hep.com.cn。

扫描二维码
下载Abook应用

概率论简史　　　　数理统计简史

http://abook.hep.com.cn/1225539

第三版前言

　　本书是概率论与数理统计的入门书,在选材和编写上尽量使之适合初学者阅读和教师讲解。本版仍保留前两版的特色,修改的重点放在概念和结论的叙述、解释及应用上,对一些过时的叙述和例题(包括习题)做了适当的更新和修改。

　　本书前四章由程依明负责修改,后四章由濮晓龙负责修改,全书由茆诗松统稿。修改中听取了不少同行的意见,复旦大学徐勤丰老师提了不少好的建议,我们对此特别感谢。还望广大教师和学生不断提出意见,使本书不断改进,更好地为教学服务。

茆诗松、程依明、濮晓龙

2018 年 6 月

第二版前言

　　本书第一版发行以来各方面反映尚好,同行也提出了一些意见和建议,我们在教学中也发现了一些值得改进的地方。在高等教育出版社李蕊女士的鼓励下,我们着手修改教材,修改的重点放在概念和结论的叙述和解释上,目的是使学生易学、教师易教,从而更好地帮助学生能用随机观念和统计思想去思考问题和处理问题。

　　第二版教材保留了第一版教材的体系,在内容上作了一些局部调整和改进。在概率论部分更强调了随机变量的设置和分布的概念,离散分布在古典概率的计算中出现,密度函数用动画形式在频率的稳定中形成,分位数是解概率不等式 $F(x) \leqslant p$ 不可或缺的概念。改写了分布的偏度与峰度,使之能更好地解释分布的形状。在极限定理中改变了叙述的次序,先讲随机变量序列的两种收敛性,随后简要介绍了复随机变量,引出特征函数,这使得大数定律和中心极限定理的叙述和证明更为自然。

　　在数理统计部分,我们把估计的各种评价标准分散在各种估计思想和方法中。在矩法估计中建立相合性,在无偏估计中强调有效性,在有偏估计中强调均方误差准则,在最大似然估计中建立渐近正态性,并重视其渐近方差和 **EM** 算法。假设检验是统计学的精华部分,能否自如地运用假设检验是检阅一个学生是否真正理解了统计学原理的试金石,为此我们对假设检验部分作了大调整,在假设检验开始时就建立检验的 p 值,在随后的使用中,拒绝域与 p 值并重,哪个方便就使用哪个。此外,还增加了成对数据的比较、似然比检验的基本思想和几种基本的非参数检验方法。

　　第二版的习题仍按节设立,但有改、有增、有减,总量比第一版增加了100多道。

　　本书前四章仍由程依明负责修改,后四章仍由濮晓龙负责修改,全书由茆诗松统稿。我们几经阅读与讨论定下第二版书稿。本次修订得到广大教师与学生的关心和支持,在此表示感谢。由于水平所限,不当之处在所难免,还恳请广大教师和学生提出批评意见,我们将不断改进,与时俱进,把这项教材建设的工作做好。

茆诗松、程依明、濮晓龙

2010 年 8 月

第一版前言

概率论与数理统计是全国高等院校数学系与统计系的基础课程。这门课的任务是以丰富的背景、巧妙的思维和有趣的结论吸引读者,使学生在浓厚的兴趣中学习和掌握概率论与数理统计的基本概念、基本方法和基本理论。我们正是抱着这样的心愿编写这本教科书,并努力去实现它。很幸运,2003年该书先后被列入"普通高等教育'十五'国家级规划教材"和"高等教育百门精品课程教材建设项目"。这使我们信心倍增,同时也深感责任重大,定要同心协力编写好此书,以适应祖国日益发展的经济形势的需要。

本书内容为八章,前四章为概率论,后四章为数理统计。在编写上作了一些尝试,我们把随机变量的定义分两步完成,其直观定义在第一章就出现了,用来表示事件,较为严格的定义在第二章中给出。这样可使学生对随机变量有较具体又完整的概念。在随机变量层次上,我们更强调分布的概念。另外在概率的定义上,我们采用了公理化系统,而把频率、古典概率、几何概率和主观概率作为确定概率的四种方法。在数理统计部分,我们尽量从数据出发提出问题和研究问题,对总体、抽样分布、检验的拒绝域等概念的叙述都作了一些改进,增加了描述性统计的基本内容和贝叶斯统计初步,让学生能较为全面地认识统计。另外对分位数、检验的 p 值、零概率事件(几乎处处)和渐近分布等都作了较尽和具体的叙述。在叙述中我们尽力做到图文并茂,全书共有图 100 多幅,相信这对内容的理解会有帮助。

作为概率论与数理统计的入门书,我们不想一进门就把学生引入数学天堂,而是在"野外"先浏览概率统计的各种风景之后,再进入数学天堂,使各种概念和定理成为有源之水、有本之木。这样可使学生感到读此书的趣味,感到与读数学教科书有不同的味道。当然我们也十分注意从偶然性中提炼出来的一些规律性的证明和论述,因为只有理解了的东西才能更深刻地感受它。

本书给出的例子,总量达到近 250 个,其中很多例子更贴近人们的社会、经济、生活和生产管理,更具有时代气息。这些例子是我们日常教学和研究中收集起来的,它能把概率统计基本内容渗透到各种实际中去。

本书的习题分节设立,这样可使习题更具针对性,并通过习题增强能力和扩大视野。习题数量也明显增多,全书有 500 多道习题。这些习题中一半左右是基本题,大多数学生在掌握基本知识后都能做出,还有一部分习题经过努力大多也能做出,这样安排习题是希望培养学生兴趣与能力,提高学生学好这门课程的信心。另外,配合本书的教与学,我们还编了一本"概率论与数理统计习题与解答",将于近期出版。这本辅助读物有助于把学生的兴趣和能力引向更深的层次,亦起到"解惑"的作用。

使用本书有两个建议方案,若概率论与数理统计分两学期开设,每学期 60 学时,本书可在 120 学时左右全部讲完。这正是本书编写的初衷。若概率论与数理统计作为一门课程在一学期开设,可选择部分内容组织教学,譬如:

● 概率论部分可选第一、二章大部分内容加上数学期望与方差运算性质、伯努利大数定律和中心极限定理。

● 统计部分可选第五、六、七章大部分内容,其中充分统计量、最小方差无偏估计、两样本的假设检验均可略去。

在此我们首先感谢华东师范大学统计系领导和全体教师,他(她)们的关心、支持和鼓励使我们能以充沛的精力去完成此书。我们还要感谢葛广平教授,他在百忙之中审阅了全部书稿,提出了宝贵意见。由于采纳了他的改进意见,本书的质量进一步得到了提高。最后要感谢高等教育出版社理科分社对本书的支持和督促,没有他(她)们的热心指导和出色编辑,不可能使本书迅速问世。

本书前四章由程依明编写,后四章由濮晓龙编写,全书由茆诗松统稿。我们经常讨论、切磋写法、选择例题、相互补充,终于完成此书。由于水平有限,不当之处在所难免,恳请广大教师和学生提出宝贵意见,我们将作进一步改进。

茆诗松、程依明、濮晓龙

2004 年 3 月

目录

第一章
随机事件与概率

概率论与数理统计研究的对象是随机现象.概率论研究随机现象的模型(即概率分布)及其性质,详见前四章,数理统计研究随机现象的数据收集、处理及统计推断,详见后四章.下面从随机现象开始逐步叙述这些内容.

§1.1 随机事件及其运算

1.1.1 随机现象

在一定的条件下,并不总是出现相同结果的现象称为**随机现象**,如抛一枚硬币与掷一颗骰子.随机现象有两个特点:

(1) 结果不止一个;

(2) 哪一个结果出现,人们事先并不知道.

只有一个结果的现象称为**确定性现象**.例如,太阳从东方升起,水往低处流,异性电荷相吸,一个口袋中有十只完全相同的白球,从中任取一只必然为白球.

例 1.1.1 随机现象的例子.

(1) 抛一枚硬币,有可能正面朝上,也有可能反面朝上.

(2) 掷一颗骰子,出现的点数.

(3) 一天内进入某商场的顾客数.

(4) 某种型号电视机的寿命.

(5) 测量某物理量(长度、直径等)的误差.

随机现象到处可见.

对在相同条件下可以重复的随机现象的观察、记录、实验称为**随机试验**.也有很多随机现象是不能重复的,例如某场足球赛的输赢是不能重复的,某些经济现象(如失业、经济增长速度等)也不能重复.概率论与数理统计主要研究能大量重复的随机现象,但也十分注意研究不能重复的随机现象.

1.1.2 样本空间

随机现象的一切可能基本结果组成的集合称为**样本空间**,记为 $\Omega=\{\omega\}$,其中 ω 表示基本结果,又称为**样本点**.样本点是今后抽样的最基本单元.认识随机现象首先要列出它的样本空间.

例 1.1.2　下面给出例 1.1.1 中随机现象的样本空间.

（1）抛一枚硬币的样本空间为 $\Omega_1=\{\omega_1,\omega_2\}$,其中 ω_1 表示正面朝上,ω_2 表示反面朝上.

（2）掷一颗骰子的样本空间为 $\Omega_2=\{\omega_1,\omega_2,\cdots,\omega_6\}$,其中 ω_i 表示出现 i 点,$i=1,2,\cdots,6$.也可更直接明了地记此样本空间为 $\Omega_2=\{1,2,\cdots,6\}$.

（3）一天内进入某商场的顾客数的样本空间为

$$\Omega_3=\{0,1,2,\cdots,500,\cdots,10^5,\cdots\},$$

其中"0"表示"一天内无人进入此商场",而"10^5"表示"一天内有十万人进入此商场".虽然此两种情况很少发生,但我们无法说此两种情况不可能发生,甚至于我们不能确切地说出一天内进入该商场的最多人数,所以该样本空间用非负整数集表示,既不脱离实际情况,又便于数学上的处理.

（4）电视机寿命的样本空间为 $\Omega_4=\{t:t\geqslant0\}$,其中 t 为一台电视机开始工作到首次发生故障的时间间隔.

（5）测量误差的样本空间为 $\Omega_5=\{x:-\infty<x<\infty\}$,其中 x 为测量值 y 与真值 μ 之间的差,即 $x=y-\mu$.

需要注意的是:

（1）样本空间中的元素可以是数也可以不是数.

（2）随机现象的样本空间至少有两个样本点,如果将确定性现象放在一起考虑,则含有一个样本点的样本空间对应的为确定性现象.

（3）从样本空间含有样本点的个数来区分,样本空间可分为有限与无限两类,譬如以上样本空间 Ω_1 和 Ω_2 中样本点的个数为有限个,而 Ω_3,Ω_4 及 Ω_5 中样本点的个数为无限个.但 Ω_3 中样本点的个数为可列个,而 Ω_4 和 Ω_5 中的样本点的个数为不可列无限个.在以后的数学处理上,我们往往将样本点的个数为有限个或可列的情况归为一类,称为**离散样本空间**.而将样本点的个数为不可列无限个的情况归为另一类,称为**连续样本空间**.由于这两类样本空间有着本质上的差异,故分别称呼之.

1.1.3　随机事件

随机现象的某些样本点组成的集合称为**随机事件**,简称**事件**,常用大写字母 $A,B,C,\cdots$ 表示.如在掷一颗骰子中,$A=$"出现奇数点"是一个事件,即 $A=\{1,3,5\}$,它是相应样本空间 $\Omega=\{1,2,3,4,5,6\}$ 的一个子集.

在以上事件的定义中,要注意以下几点:

（1）任一事件 A 是相应样本空间的一个子集.在概率论中常用一个长方形表示样本空间 Ω,用其中一个圆或其他几何图形表示事件 A,见图 1.1.1,这类图形称为**维恩(Venn)图**.

（2）当子集 A 中某个样本点出现了,就说事件 A 发生了,或者说事件 A 发生当且仅当 A 中某个样本点出现了.

（3）事件可以用集合表示,也可用明白无误的语言描述.

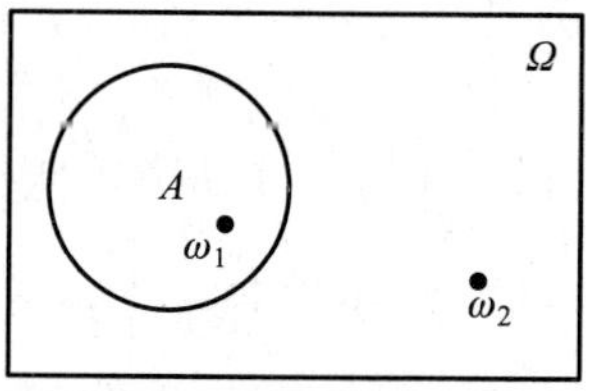

图 1.1.1　事件 A 的维恩图

（4）由样本空间 Ω 中的单个元素组成的子集称为**基本事件**.而样本空间 Ω 的最大子集（即 Ω 本身）称为**必然事件**.样本空间 Ω 的最小子集（即空集 $\varnothing$）称为**不可能事件**.

例 1.1.3 掷一颗骰子的样本空间为 $\Omega=\{1,2,\cdots,6\}$.

事件 $A=$"出现 1 点"，它由 Ω 的单个样本点"1"组成.

事件 $B=$"出现偶数点"，它由 Ω 的三个样本点"2,4,6"组成.

事件 $C=$"出现的点数小于 7"，它由 Ω 的全部样本点"1,2,3,4,5,6"组成，即必然事件 Ω.

事件 $D=$"出现的点数大于 6"，Ω 中任一样本点都不在 D 中，所以 D 是空集，即不可能事件 $\varnothing$.

1.1.4 随机变量

用来表示随机现象结果的变量称为**随机变量**，常用大写字母 X,Y,Z 表示.很多事件都可用随机变量表示，表示时应写明随机变量的含义.而随机变量的含义是人们按需要设置出来的.下面通过一些例子来说明是如何进行设置的.

例 1.1.4 很多随机现象的结果本身就是数，把这些数看作某特设变量的取值就可获得随机变量.如掷一颗骰子，可能出现 $1,2,3,4,5,6$ 诸点.若设置 $X=$"掷一颗骰子出现的点数"，则 $1,2,3,4,5,6$ 就是随机变量 X 的可能取值，这时

- 事件"出现 3 点"可用"$X=3$"表示.
- 事件"出现点数超过 3 点"可用"$X>3$"表示.
- "$X\leqslant 6$"是必然事件 Ω.
- "$X=7$"是不可能事件 $\varnothing$.

在这个随机现象中，若再设 $Y=$"掷一颗骰子 6 点出现的次数"，则 Y 是仅取 0 或 1 两个值的随机变量，这是与 X 不同的另一个随机变量.这时

- "$Y=0$"表示事件"没有出现 6 点".
- "$Y=1$"表示事件"出现 6 点".
- "$Y\leqslant 1$"是必然事件 Ω.
- "$Y\geqslant 2$"是不可能事件 $\varnothing$.

上述讨论表明：在同一个随机现象中，不同的设置可获得不同的随机变量，如何设置可按需要进行.

例 1.1.5 有些随机现象的结果虽然不是数，但仍可根据需要设计出有意义的随机变量.如检验一件产品的可能结果有两个：合格品与不合格品.若我们把注意点放在不合格品上，则设置 $X=$"检查一件产品所得的不合格品数"，X 是仅取 0 与 1 的随机变量，且"$X=0$"表示事件"出现合格品"；"$X=1$"表示事件"出现不合格品".

若检查 10 件产品，其中不合格品数 Y 是一个随机变量，它仅可能取 $0,1,2,\cdots,10$ 等 11 个值，且

- 事件"不合格品数不多于 1 件"可用"$Y\leqslant 1$"表示.
- "$Y=0$"表示事件"全是合格品".
- "$Y=10$"表示事件"全是不合格品".
- "$Y<0$"是不可能事件 $\varnothing$.

- "$Y \leqslant 10$" 是必然事件 Ω.

由此可见,随机变量是人们根据研究和需要设置出来的,若把它用等号或不等号与某些实数联结起来就可以表示很多事件.这种表示方法形式简洁、含义明确、使用方便.今后遇到的大量事件都将用随机变量表示,这里关键在于随机变量的设置要事先说明.

1.1.5　事件间的关系

下面的讨论总是假设在同一个样本空间 Ω(即同一个随机现象)中进行.事件间的关系与集合间的关系一样,主要有以下几种:

一、包含关系

如果属于 A 的样本点必属于 B,则称 A 被包含在 B 中(见图 1.1.2),或称 B 包含 A,记为 $A \subset B$,或 $B \supset A$.用概率论的语言说:事件 A 发生必然导致事件 B 发生.

譬如掷一颗骰子,事件 A="出现 4 点"的发生必然导致事件 B="出现偶数点"的发生,故 $A \subset B$.

又如电视机的寿命 T 超过 10 000 h(记为事件 $A = \{T > 10\,000\}$)和 T 超过 20 000 h(记为事件 $B = \{T > 20\,000\}$),则 $A \supset B$,见图 1.1.3.

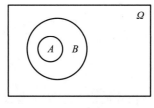
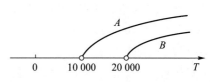

图 1.1.2　$A \subset B$　　　　　　图 1.1.3　$\{T > 10\,000\} \supset \{T > 20\,000\}$

对任一事件 A,必有 $\varnothing \subset A \subset \Omega$.

二、相等关系

如果事件 A 与事件 B 满足:属于 A 的样本点必属于 B,而且属于 B 的样本点必属于 A,即 $A \subset B$ 且 $B \subset A$,则称事件 A 与 B 相等,记为 $A = B$.

从集合论观点看,两个事件相等就意味着这两事件是同一个集合.下例说明:有时不同语言描述的事件也可能是同一事件.

例 1.1.6　掷两颗骰子,以 A 记事件"两颗骰子的点数之和为奇数",以 B 记事件"两颗骰子的点数为一奇一偶".很容易证明:A 发生必然导致 B 发生,而且 B 发生也必然导致 A 发生,所以 $A = B$.

例 1.1.7　口袋中有 a 个黑球,b 个白球(a 与 b 都大于零),从中不返回地一个一个摸球,直到摸完为止.以 A 记事件"最后摸出的几个球全是黑球",以 B 记事件"最后摸出的一个球是黑球".对于此题粗看好像是 $A \neq B$,但只要设想将球全部摸完为止,则明显有:A 发生必然会导致 B 发生,即 $A \subset B$;反之注意到事件 A 中所述的"几个"最少是 1 个,也可以是 2 个,$\cdots$,最多为 a 个,则 B 发生时 A 也必然会发生(对于这点请读者仔细体会),即 $B \subset A$,由此得 $A = B$.

三、互不相容

如果 A 与 B 没有相同的样本点(见图 1.1.4),则称 A 与 B 互不相容.用概率论的语言说:A 与 B 互不相容就是事件 A 与事件 B 不可能同时发生.

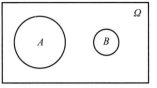

如在电视机寿命试验中,"寿命小于 1 万小时"与"寿命大于 5 万小时"是两个互不相容的事件,因为它们不可能同时发生.

图 1.1.4 A 与 B 互不相容

1.1.6 事件间的运算

事件的运算与集合的运算相当,有并、交、差和余四种运算.

一、事件 A 与 B 的并

记为 $A \cup B$.其含义为"由事件 A 与 B 中所有的样本点(相同的只计入一次)组成的新事件"(见图 1.1.5).或用概率论的语言说"事件 A 与 B 中至少有一个发生".

如在掷一颗骰子的试验中,记事件 $A =$ "出现奇数点" $= \{1,3,5\}$,记事件 $B =$ "出现的点数不超过 3" $= \{1,2,3\}$,则 A 与 B 的并为 $A \cup B = \{1,2,3,5\}$.

二、事件 A 与 B 的交

记为 $A \cap B$,或简记为 AB.其含义为"由事件 A 与 B 中公共的样本点组成的新事件"(见图 1.1.6).或用概率论的语言说"事件 A 与 B 同时发生".

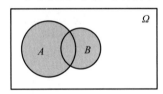
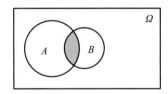

图 1.1.5 A 与 B 的并   图 1.1.6 A 与 B 的交

如在掷一颗骰子的试验中,记事件 $A =$ "出现奇数点" $= \{1,3,5\}$,记事件 $B =$ "出现的点数不超过 3" $= \{1,2,3\}$,则 A 与 B 的交为 $AB = \{1,3\}$.

若事件 A 与 B 互不相容,则其交必为不可能事件,即 $AB = \varnothing$,反之亦然.这表明:$AB = \varnothing$ 就意味着 A 与 B 是互不相容事件.

事件的并与交运算可推广到有限个或可列个事件,譬如有事件 $A_1, A_2, \cdots$,则 $\bigcup\limits_{i=1}^{n} A_i$ 称为有限并,$\bigcup\limits_{i=1}^{\infty} A_i$ 称为可列并,$\bigcap\limits_{i=1}^{n} A_i$ 称为有限交,$\bigcap\limits_{i=1}^{\infty} A_i$ 称为可列交.

三、事件 A 对 B 的差

记为 $A - B$.其含义为"由在事件 A 中而不在 B 中的样本点组成的新事件"(见图 1.1.7).或用概率论的语言说"事件 A 发生而 B 不发生".

如在掷一颗骰子的试验中,记事件 $A =$ "出现奇数点" $= \{1,3,5\}$,记事件 $B =$ "出现的点数不超过 3" $= \{1,2,3\}$,则 A 对 B 的差为 $A - B = \{5\}$.

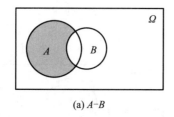

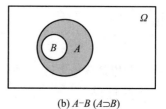

(a) $A-B$ (b) $A-B$ $(A \supset B)$

图 1.1.7

若设 X 为随机变量,则有

$$\{X=a\} = \{X \leqslant a\} - \{X < a\}, \quad \{a < X \leqslant b\} = \{X \leqslant b\} - \{X \leqslant a\}.$$

四、对立事件

事件 A 的对立事件,记为 $\bar{A}$,即"由在 Ω 中而不在 A 中的样本点组成的新事件"(见图 1.1.8),或用概率论的语言说"A 不发生",即 $\bar{A} = \Omega - A$. 注意,对立事件是相互的,即 A 的对立事件是 $\bar{A}$,而 $\bar{A}$ 的对立事件是 A,即 $\bar{\bar{A}} = A$. 必然事件 Ω 与不可能事件 $\varnothing$ 互为对立事件,即 $\bar{\Omega} = \varnothing$, $\bar{\varnothing} = \Omega$.

如在掷一颗骰子的试验中,事件 A = "出现奇数点" = $\{1,3,5\}$ 的对立事件是 $\bar{A} = \{2,4,6\}$,事件 B = "出现的点数不超过 3" = $\{1,2,3\}$ 的对立事件是 $\bar{B} = \{4,5,6\}$.

图 1.1.8 A 的对立事件 $\bar{A}$

A 与 B 互为对立事件的充要条件是:$A \cap B = \varnothing$,且 $A \cup B = \Omega$.

此性质也可作为对立事件的另一种定义,即如果事件 A 与 B 满足:$A \cap B = \varnothing$,且 $A \cup B = \Omega$,则称 A 与 B 互为对立事件,记为 $\bar{A} = B$, $\bar{B} = A$.

需要注意的是:

(1) 对立事件一定是互不相容的事件,即 $A \cap \bar{A} = \varnothing$. 但互不相容的事件不一定是对立事件.

(2) $A-B$ 可以记为 $A\bar{B}$.

例 1.1.8 从数字 $1,2,\cdots,9$ 中可重复地任取 n 次 $(n \geqslant 2)$,以 A 表示事件"所取的 n 个数字的乘积能被 10 整除". 因为乘积能被 10 整除必须既取到数字 5,又要取到偶数,所以 A 的对立事件 $\bar{A}$ 为"所取的 n 个数字中或者没有 5,或者没有偶数". 如果记 B = "所取的 n 个数字中没有 5",C = "所取的 n 个数字中没有偶数",则 $\bar{A} = B \cup C$.

例 1.1.9 设 A,B,C 是某个随机现象的三个事件,则

(1) 事件"A 与 B 发生,C 不发生"可表示为:$AB\bar{C} = AB - C$.

(2) 事件"A,B,C 中至少有一个发生"可表示为:$A \cup B \cup C$.

(3) 事件"A,B,C 中至少有两个发生"可表示为:$AB \cup AC \cup BC$.

(4) 事件"A,B,C 中恰好有两个发生"可表示为:$AB\bar{C} \cup A\bar{B}C \cup \bar{A}BC$.

（5）事件"A,B,C 同时发生"可表示为:ABC.

（6）事件"A,B,C 都不发生"可表示为:$\overline{A}\,\overline{B}\,\overline{C}$.

（7）事件"A,B,C 不全发生"可表示为:$\overline{A}\cup\overline{B}\cup\overline{C}$.

五、事件的运算性质

1. 交换律

$$A\cup B=B\cup A,\quad AB=BA. \tag{1.1.1}$$

2. 结合律

$$(A\cup B)\cup C=A\cup(B\cup C), \tag{1.1.2}$$

$$(AB)C=A(BC). \tag{1.1.3}$$

3. 分配律

$$(A\cup B)\cap C=AC\cup BC, \tag{1.1.4}$$

$$(A\cap B)\cup C=(A\cup C)\cap(B\cup C). \tag{1.1.5}$$

4. 对偶律（德摩根公式）

事件并的对立等于对立的交：　　$\overline{A\cup B}=\overline{A}\cap\overline{B}$, $\qquad$ (1.1.6)

事件交的对立等于对立的并：　　$\overline{A\cap B}=\overline{A}\cup\overline{B}$. $\qquad$ (1.1.7)

事件运算的对偶律是很有用的公式.这些性质是不难证明的,在此我们用集合论的语言证明其中的(1.1.6)式.

(1.1.6)式的证明

设 $\omega\in\overline{A\cup B}$,即 $\omega\notin A\cup B$,这表明 ω 既不属于 A,也不属于 B,这意味着 $\omega\notin A$ 和 $\omega\notin B$ 同时成立,所以 $\omega\in\overline{A}$ 与 $\omega\in\overline{B}$ 同时成立,于是有 $\omega\in\overline{A}\cap\overline{B}$,这说明

$$\overline{A\cup B}\subset\overline{A}\cap\overline{B}.$$

反之,设 $\omega\in\overline{A}\cap\overline{B}$,即同时有 $\omega\in\overline{A}$ 和 $\omega\in\overline{B}$,从而同时有 $\omega\notin A$ 和 $\omega\notin B$,这意味着 ω 不属于 A 与 B 中的任一个,即 $\omega\notin A\cup B$,也就是有 $\omega\in\overline{A\cup B}$,这说明

$$\overline{A\cup B}\supset\overline{A}\cap\overline{B}.$$

综合上述两方面,可得

$$\overline{A\cup B}=\overline{A}\cap\overline{B}.$$

(1.1.6)式得证.

德摩根公式可推广到多个事件及可列个事件场合:

$$\overline{\bigcup_{i=1}^{n}A_i}=\bigcap_{i=1}^{n}\overline{A}_i,\qquad \overline{\bigcup_{i=1}^{\infty}A_i}=\bigcap_{i=1}^{\infty}\overline{A}_i, \tag{1.1.8}$$

$$\overline{\bigcap_{i=1}^{n}A_i}=\bigcup_{i=1}^{n}\overline{A}_i,\qquad \overline{\bigcap_{i=1}^{\infty}A_i}=\bigcup_{i=1}^{\infty}\overline{A}_i. \tag{1.1.9}$$

1.1.7　事件域

在此我们要给出的"事件域"概念,目的是为下一节定义事件的概率作准备.

所谓的"事件域"从直观上讲就是一个样本空间中某些子集及其运算(并、交、差、

对立)结果而组成的集合类,以后记事件域为 $\mathscr{F}$. 这里"某些子集"可以是全体子集,也可以是部分子集.这要看样本空间的性质而定.

对离散样本空间,用其所有子集的全体就可构成所需的事件域.而对连续样本空间,构造事件域就不那么简单.如当样本空间是实数轴上的一个区间时,可以人为地构造出无法测量其长度的子集,这样的子集常被称为不可测(不可度量)集.如果将这些不可测集也看成是事件,那么这些事件将无概率可言,这是我们不希望出现的现象,为了避免这种现象出现,我们没有必要将连续样本空间的所有子集都看成是事件,只需将我们可"度量"的子集(又称**可测集**)看成是事件即可.

现在的问题是:我们应该对哪些子集感兴趣,或换句话说, $\mathscr{F}$ 中应该有哪些元素?首先 $\mathscr{F}$ 应该包括 Ω 和 $\varnothing$,其次应该保证事件经过前面所定义的各种运算(并、交、差、对立)后仍然是事件,特别,对可列并和可列交运算也有封闭性,总之, $\mathscr{F}$ 要对集合的运算都有封闭性.经过研究人们发现

- 交的运算可通过并与对立来实现(德摩根公式).

- 差的运算可通过对立与交来实现($A-B=A\,\overline{B}$).

这样一来,并与对立是最基本的运算,于是可给出事件域的定义如下.

定义 1.1.1　设 Ω 为一样本空间, $\mathscr{F}$ 为 Ω 的某些子集所组成的集合类.如果 $\mathscr{F}$ 满足:

(1) $\Omega \in \mathscr{F}$;

(2) 若 $A \in \mathscr{F}$,则对立事件 $\overline{A} \in \mathscr{F}$;

(3) 若 $A_n \in \mathscr{F}, n=1,2,\cdots$,则可列并 $\bigcup_{n=1}^{\infty} A_n \in \mathscr{F}$,

则称 $\mathscr{F}$ 为一个**事件域**,又称为 σ **域**或 σ **代数**.

在概率论中,又称 $(\Omega, \mathscr{F})$ 为**可测空间**,在可测空间上才可定义概率.这时 $\mathscr{F}$ 中都是有概率可言的事件.

例 1.1.10　常见的事件域

(1) 若样本空间只含两个样本点 $\Omega = \{\omega_1, \omega_2\}$,记 $A = \{\omega_1\}$, $\overline{A} = \{\omega_2\}$,则其事件域为 $\mathscr{F} = \{\varnothing, A, \overline{A}, \Omega\}$.

(2) 若样本空间含有 n 个样本点 $\Omega = \{\omega_1, \omega_2, \cdots, \omega_n\}$,则其事件域 $\mathscr{F}$ 是由空集 $\varnothing$ 、 n 个单元素集、 $\binom{n}{2}$ 个双元素集、 $\binom{n}{3}$ 个三元素集……和 Ω 组成的集合类,这时 $\mathscr{F}$ 中共有 $\binom{n}{0} + \binom{n}{1} + \binom{n}{2} + \cdots + \binom{n}{n} = 2^n$ 个事件.

(3) 若样本空间含有全体实数 $\Omega = (-\infty, \infty) = \mathbf{R}$.这时事件域 $\mathscr{F}$ 中的元素无法一一列出,而是由一个基本集合类逐步扩展形成,具体操作如下:

- 取基本集合类 $\mathscr{P} =$ "全体半直线组成的类",即
$$\mathscr{P} = \{(-\infty, x) \mid -\infty < x < \infty\}.$$

- 利用事件域的要求,首先把有限的左闭右开区间扩展进来
$$[a, b) = (-\infty, b) - (-\infty, a), \text{ 其中 } a, b \text{ 为任意实数.}$$

- 再把闭区间、单点集、左开右闭区间、开区间扩展进来

$$[a,b] = \bigcap_{n=1}^{\infty} \left[a, b + \frac{1}{n} \right),$$

$$\{b\} = [a,b] - [a,b),$$

$$(a,b] = [a,b] - \{a\},$$

$$(a,b) = [a,b) - \{a\}.$$

- 最后用(有限个或可列个)并运算和交运算把实数集中一切有限集、可列集、开集、闭集都扩展进来.

经过上述几步扩展所得之集的全体就是人们希望得到的事件域 $\mathscr{F}$,因为它满足事件域的定义.这样的事件域 $\mathscr{F}$ 又称为**博雷尔(Borel)事件域**,域中的每个元素(集合)又称为**博雷尔集**,或称为**可测集**,这种可测集都是有概率可言的事件.

定义 1.1.2(样本空间的分割) 对样本空间 Ω,如果有 n 个事件 $D_1, D_2, \cdots, D_n$ 满足:

$$\text{诸 } D_i \text{ 互不相容,且} \bigcup_{i=1}^{n} D_i = \Omega.$$

则称 $D_1, D_2, \cdots, D_n$ 为样本空间 Ω 的一组**分割**.也可以是可列个互不相容的事件 $D_1, D_2, \cdots, D_n, \cdots$ 组成 Ω 的一个分割.

分割常在概率与统计研究中使用,因为它可以化简被研究的问题(具体可见 1.4.3 节的全概率公式).譬如,电视机的彩色浓度 x 是重要的质量指标,它的目标值是 m.彩色浓度过大或过小都是不适当的,由于随机性,要在生产中把彩色浓度控制在点 m 上也是不可能的.因为没有必要对彩色浓度的每个可能出现的值进行考察,所以常把彩色浓度按顾客可接受的情况分为如下几档(其中 a 为某个常数):

$$D_1 = \{ |x-m| \leqslant a \} \quad (\text{一等品}),$$

$$D_2 = \{ a < |x-m| \leqslant 2a \} \quad (\text{二等品}),$$

$$D_3 = \{ 2a < |x-m| \leqslant 3a \} \quad (\text{三等品}),$$

$$D_4 = \{ |x-m| > 3a \} \quad (\text{不合格品}).$$

这样就把彩色浓度的样本空间 $\Omega = (-\infty, \infty)$ 划分成四个互不相容的事件,产生一个分割 $\mathscr{D} = \{ D_1, D_2, D_3, D_4 \}$.这时人们的研究只要限制在由分割 $\mathscr{D} = \{ D_1, D_2, D_3, D_4 \}$ 中一切可能的并及空集 $\varnothing$ 组成的事件域上,因此该事件域称为由分割 $\mathscr{D}$ 产生的事件域,记为 $\sigma(\mathscr{D})$.该事件域仅含 $2^4 = 16$ 个不同的事件,研究就简化了.

一般场合,若分割 $\mathscr{D} = \{ D_1, D_2, \cdots, D_n \}$ 由 n 个事件组成,则其产生的事件域 $\sigma(\mathscr{D})$ 共含有 2^n 个不同的事件.分割方法常在一些问题的研究中被采用,它可使事件域得以简化.

习　题　1.1

1. 写出下列随机试验的样本空间：

（1）抛三枚硬币；

（2）抛三颗骰子；

（3）连续抛一枚硬币，直至出现正面为止；

（4）口袋中有黑、白、红球各一个，先从中任取出一个，放回后再任取出一个；

（5）口袋中有黑、白、红球各一个，先从中任取出一个，不放回后再任取出一个.

2. 先抛一枚硬币，若出现正面（记为 Z），则再掷一颗骰子，试验停止；若出现反面（记为 F），则再抛一次硬币，试验停止.那么该试验的样本空间 Ω 是什么？

3. 设 A,B,C 为三事件，试表示下列事件：

（1）A,B,C 都发生或都不发生；

（2）A,B,C 中不多于一个发生；

（3）A,B,C 中不多于两个发生；

（4）A,B,C 中至少有两个发生.

4. 指出下列事件等式成立的条件：

（1）$A \cup B = A$；

（2）$AB = A$；

（3）$A - B = A$.

5. 设 X 为随机变量，其样本空间为 $\Omega = \{0 \leqslant X \leqslant 2\}$，记事件 $A = \{0.5 < X \leqslant 1\}$，$B = \{0.25 \leqslant X < 1.5\}$，写出下列各事件：

（1）$\overline{AB}$；　（2）$\overline{A} \cup B$；　（3）$\overline{\overline{A}B}$；　（4）$\overline{\overline{A} \cup B}$.

6. 检查三件产品，只区分每件产品是合格品（记为 0）与不合格品（记为 1），设 X 为三件产品中的不合格品数，指出下列事件所含的样本点：

$$A = \text{“}X = 1\text{”}, \quad B = \text{“}X > 2\text{”}, \quad C = \text{“}X = 0\text{”}, \quad D = \text{“}X = 4\text{”}.$$

7. 试问下列命题是否成立？

（1）$A - (B - C) = (A - B) - C$；

（2）若 $AB = \varnothing$ 且 $C \subset A$，则 $BC = \varnothing$；

（3）$(A \cup B) - B = A$；

（4）$(A - B) \cup B = A$.

8. 若事件 $ABC = \varnothing$，是否一定有 $AB = \varnothing$？

9. 请叙述下列事件的对立事件：

（1）$A = $“掷两枚硬币，皆为正面”；

（2）$B = $“射击三次，皆命中目标”；

（3）$C = $“加工四个零件，至少有一个合格品”.

10. 证明下列事件的运算公式：

（1）$A = AB \cup A\overline{B}$；

（2）$A \cup B = A \cup \overline{A}B$.

11. 设 $\mathscr{F}$ 为一事件域，若 $A_n \in \mathscr{F}, n = 1, 2, \cdots$，试证：

（1）$\varnothing \in \mathscr{F}$；

（2）有限并 $\bigcup_{i=1}^{n} A_i \in \mathscr{F}$，$n \geq 1$；

（3）有限交 $\bigcap_{i=1}^{n} A_i \in \mathscr{F}$，$n \geq 1$；

（4）可列交 $\bigcap_{i=1}^{\infty} A_i \in \mathscr{F}$；

（5）差运算 $A_1 - A_2 \in \mathscr{F}$.

§1.2 概率的定义及其确定方法

在这一节中,我们要给出概率的定义及其确定方法,这是概率论中最基本的一个问题.简单而直观的说法就是:概率是随机事件发生的可能性大小.对此我们先看下面一些经验事实:

（1）随机事件的发生是带有偶然性的,但随机事件发生的可能性是有大小之分的,例如口袋中有 10 个相同大小的球,其中 9 个黑球,1 个红球,从口袋中任取 1 球,人们的共识是:取出黑球的可能性比取出红球的可能性大.

（2）随机事件发生的可能性是可以设法度量的,就好比一根木棒有长度,一块土地有面积一样.例如抛一枚硬币,出现正面与出现反面的可能性是相同的,各为 1/2.足球裁判就用抛硬币的方法让双方队长选择场地,以示机会均等.

（3）在日常生活中,人们对一些随机事件发生的可能性大小往往是用百分比（0到 1 之间的一个数）进行度量的.例如购买彩票后可能中奖,可能不中奖,但中奖的可能性大小可以用中奖率来度量;抽取一件产品可能为合格品,也可能为不合格品,但产品质量的好坏可以用不合格品率来度量;新生婴儿可能为男孩,也可能为女孩,但生男孩的可能性可以用男婴出生率来度量.这些中奖率、不合格品率、男婴出生率等都是概率的原型.

在概率论发展的历史上,曾有过概率的古典定义、概率的几何定义、概率的频率定义和概率的主观定义.这些定义各适合一类随机现象.那么如何给出适合一切随机现象的概率的最一般的定义呢? 1900 年数学家希尔伯特（Hilbert,1862—1943）提出要建立概率的公理化定义以解决这个问题,即以最少的几条本质特性出发去刻画概率的概念.1933 年苏联数学家柯尔莫戈洛夫（Kolmogorov,1903—1987）首次提出了概率的公理化定义,这个定义既概括了历史上几种概率定义中的共同特性,又避免了各自的局限性和含混之处,不管什么随机现象,只有满足该定义中的三条公理,才能说它是概率.这一公理化体系迅速获得举世公认,是概率论发展史上的一个里程碑.有了这个公理化定义后,概率论得到了迅速发展.

1.2.1 概率的公理化定义

定义 1.2.1 设 Ω 为一个样本空间,$\mathscr{F}$ 为 Ω 的某些子集组成的一个事件域.如果对任一事件 $A \in \mathscr{F}$,定义在 $\mathscr{F}$ 上的一个实值函数 $P(A)$ 满足:

（1）**非负性公理** 若 $A \in \mathscr{F}$，则 $P(A) \geqslant 0$；

（2）**正则性公理** $P(\Omega) = 1$；

（3）**可列可加性公理** 若 $A_1, A_2, \cdots, A_n, \cdots$ 互不相容，则

$$P\left(\bigcup_{i=1}^{\infty} A_i\right) = \sum_{i=1}^{\infty} P(A_i), \tag{1.2.1}$$

则称 $P(A)$ 为事件 A 的**概率**，称三元素 $(\Omega, \mathscr{F}, P)$ 为**概率空间**.

概率的公理化定义刻画了概率的本质，概率是集合（事件）的函数，若在事件域 $\mathscr{F}$ 上给出一个函数，当这个函数能满足上述三条公理，就被称为概率；当这个函数不能满足上述三条公理中任一条，就被认为不是概率.

公理化定义没有告诉人们如何去确定概率.历史上在公理化定义出现之前，概率的频率定义、古典定义、几何定义和主观定义都在一定的场合下，有着各自确定概率的方法，所以在有了概率的公理化定义之后，把它们看作确定概率的方法是恰当的.下面先介绍在确定概率的古典方法中大量使用的排列与组合公式，然后分别讲述确定概率的方法.

1.2.2 排列与组合公式

排列与组合都是计算"从 n 个元素中任取 r 个元素"的取法总数公式，其主要区别在于：如果不讲究取出元素间的次序，则用组合公式，否则用排列公式.而所谓讲究元素间的次序，可以从实际问题中得以辨别，例如两个人相互握手是不讲次序的；而两个人排队是讲次序的，因为"甲右乙左"与"乙右甲左"是两件事.

排列与组合公式的推导都基于如下两条计数原理：

1. 乘法原理

如果某件事需经 k 个步骤才能完成，做第一步有 m_1 种方法，做第二步有 m_2 种方法，$\cdots\cdots$，做第 k 步有 m_k 种方法，那么完成这件事共有 $m_1 \times m_2 \times \cdots \times m_k$ 种方法.

譬如，由甲城到乙城有 3 条旅游线路，由乙城到丙城有 2 条旅游线路，那么从甲城经乙城去丙城共有 $3 \times 2 = 6$ 条旅游线路.

2. 加法原理

如果某件事可由 k 类不同途径之一去完成，在第一类途径中有 m_1 种完成方法，在第二类途径中有 m_2 种完成方法，$\cdots\cdots$，在第 k 类途径中有 m_k 种完成方法，那么完成这件事共有 $m_1 + m_2 + \cdots + m_k$ 种方法.

譬如，由甲城到乙城去旅游有三类交通工具：汽车、火车和飞机.而汽车有 8 个班次，火车有 5 个班次，飞机有 3 个班次，那么从甲城到乙城共有 $8+5+3=16$ 个班次供旅游者选择.

排列与组合的定义及其计算公式如下.

1. 排列

从 n 个不同元素中任取 r ($r \leqslant n$) 个元素排成一列（考虑元素先后出现次序），称此为一个**排列**，此种排列的总数记为 P_n^r.按乘法原理，取出的第一个元素有 n 种取法，取出的第二个元素有 $n-1$ 种取法，$\cdots\cdots$，取出的第 r 个元素有 $n-r+1$ 种取法，所以有

$$P_n^r = n \times (n-1) \times \cdots \times (n-r+1) = \frac{n!}{(n-r)!}. \tag{1.2.2}$$

若 $r=n$,则称为**全排列**,记为 P_n.显然,全排列 $P_n = n!$.

2. 重复排列

从 n 个不同元素中每次取出一个,放回后再取下一个,如此连续取 r 次所得的排列称为**重复排列**,此种重复排列数共有 n^r 个.注意:这里的 r 允许大于 n.

3. 组合

从 n 个不同元素中任取 r $(r \leqslant n)$ 个元素并成一组(不考虑元素间的先后次序),称此为一个**组合**,此种组合的总数记为 $\binom{n}{r}$ 或 C_n^r.按乘法原理此种组合的总数为

$$\binom{n}{r} = \frac{P_n^r}{r!} = \frac{n(n-1)\cdots(n-r+1)}{r!} = \frac{n!}{r!\,(n-r)!}. \tag{1.2.3}$$

在此规定 $0!=1$ 与 $\binom{n}{0}=1$.组合具有性质:

$$\binom{n}{r} = \binom{n}{n-r}.$$

4. 重复组合

从 n 个不同元素中每次取出一个,放回后再取下一个,如此连续取 r 次所得的组合称为重复组合,此种重复组合总数为 $\binom{n+r-1}{r}$.注意:这里的 r 也允许大于 n.

重复组合数的得出可如下考虑:将此 n 个元素画成 n 个盒子(用 $n+1$ 根火柴棒示意,见图 1.2.1),如果第 i 个元素取到过一次,则在此盒子中用"○"作一

图 1.2.1　重复组合示意图

记号.图 1.2.1 所示意味着:第一个元素取到过 2 次,第 2 个元素取到过 0 次,第 3 个元素取到过 1 次,……,第 n 个元素取到过 3 次.因为共取 r 次,所以共有 r 个"○",$n+1$ 个"|".如此所有的 r 个"○"和 $n+1$ 个"|"中除了两端的那两个"|"不可以动外,共有 $n+r-1$ 个"○"和"|"可随意放置,不同的放置表示不同的取法.因此重复组合数就等于在此 $n+r-1$ 个位置上任选 r 个放"○",或此 $n+r-1$ 个位置上任选 $n-1$ 个放"|",而 $\binom{n+r-1}{r}$ 和 $\binom{n+r-1}{n-1}$ 是相等的.

上述四种排列组合及其计算公式,在确定概率的古典方法中经常使用,但在使用中要注意识别是否讲次序、是否重复.

1.2.3　确定概率的频率方法

确定概率的频率方法是在大量重复试验中,用频率的稳定值去获得概率的一种方法,其基本思想是:

(1) 与考察事件 A 有关的随机现象可大量重复进行.

(2) 在 n 次重复试验中,记 $n(A)$ 为事件 A 出现的次数,又称 $n(A)$ 为事件 A 的**频**

数.称

$$f_n(A) = \frac{n(A)}{n} \tag{1.2.4}$$

为事件 A 出现的**频率**.

（3）人们的长期实践表明：随着试验重复次数 n 的增加，频率 $f_n(A)$ 会稳定在某一常数 a 附近，我们称这个常数为**频率的稳定值**.这个频率的稳定值就是我们所求的概率.

注意，确定概率的频率方法虽然是很合理的，但此方法的缺点也是很明显的：在现实世界里，人们无法把一个试验无限次地重复下去，因此要精确获得频率的稳定值是困难的.频率方法提供了概率的一个可供想象的具体值，并且在试验重复次数 n 较大时，可用频率给出概率的一个近似值，这一点是频率方法最有价值的地方.在统计学中就是如此做的，且称频率为概率的估计值.譬如，在足球比赛中，人们很关心罚点球命中的可能性大小.有人曾对 1930 年至 1988 年世界各地的 53 274 场重大足球比赛作了统计：在判罚的 15 382 个点球中有 11 172 个命中.由此可得罚点球命中率的估计值为 11 172/15 382 = 0.726.

容易验证：用频率方法确定的概率满足公理化定义，它的非负性与正则性是显然的，而可加性只需注意到：当 A 与 B 互不相容时，计算 $A \cup B$ 的频数可以分别计算的 A 的频数和 B 的频数，然后再相加，这意味着 $n(A \cup B) = n(A) + n(B)$，从而有

$$f_n(A \cup B) = \frac{n(A \cup B)}{n} = \frac{n(A) + n(B)}{n}$$

$$= \frac{n(A)}{n} + \frac{n(B)}{n} = f_n(A) + f_n(B).$$

例 1.2.1 说明频率稳定性的例子.

（1）抛硬币试验（见[3]）

历史上有不少人做过抛硬币试验，其结果见表 1.2.1，从表中的数据可以看出：出现正面的频率逐渐稳定在 0.5.用频率的方法可以说：出现正面的概率为 0.5.

表 1.2.1　历史上抛硬币试验的若干结果

试验者	抛硬币次数	出现正面次数	频率
德摩根（De Morgan）	2 048	1 061	0.518 1
比丰（Buffon）	4 040	2 048	0.506 9
费勒（Feller）	10 000	4 979	0.497 9
皮尔逊（Pearson）	12 000	6 019	0.501 6
皮尔逊	24 000	12 012	0.500 5

（2）英文字母的频率（见[3]）

人们在生活实践中已经认识到：英文中某些字母出现的频率要高于另外一些字

母.但 26 个英文字母各自出现的频率到底是多少? 有人对各类典型的英文书刊中字母出现的频率进行统计,发现各个字母的使用频率相当稳定(见表 1.2.2).这项研究对计算机键盘的设计(在方便的地方安排使用频率最高的字母键)、信息的编码(用较短的码编排使用频率最高的字母)等方面都是十分有用的.

表 1.2.2 英文字母的使用频率

字母	使用频率	字母	使用频率	字母	使用频率
E	0.126 8	L	0.039 4	P	0.018 6
T	0.097 8	D	0.038 9	B	0.015 6
A	0.078 8	U	0.028 0	V	0.010 2
O	0.077 6	C	0.026 8	K	0.006 0
I	0.070 7	F	0.025 6	X	0.001 6
N	0.070 6	M	0.024 4	J	0.001 0
S	0.063 4	W	0.021 4	Q	0.000 9
R	0.059 4	Y	0.020 2	Z	0.000 6
H	0.057 3	G	0.018 7		

(3) 女婴出生频率(见[7])

研究女婴出生频率,对人口统计是很重要的.历史上较早研究这个问题的有拉普拉斯(Laplace,1749—1827),他对伦敦、彼得堡、柏林和全法国的大量人口资料进行研究,发现女婴出生频率总是在 21/43 左右波动.

统计学家克拉默(Cramer,1893—1985)用瑞典 1935 年的官方统计资料(见表 1.2.3),发现女婴出生频率总是在 0.482 左右波动.

表 1.2.3 瑞典 1935 年各月出生女婴的频率

月份	1	2	3	4	5	6	
婴儿数	7 280	6 957	7 883	7 884	7 892	7 609	
女婴数	3 537	3 407	3 866	3 711	3 775	3 665	
频率	0.486	0.490	0.490	0.471	0.478	0.482	
月份	7	8	9	10	11	12	全年
婴儿数	7 585	7 393	7 203	6 903	6 552	7 132	88 273
女婴数	3 621	3 596	3 491	3 391	3 160	3 371	42 591
频率	0.477	0.486	0.485	0.491	0.482	0.473	0.482 5

1.2.4 确定概率的古典方法

确定概率的古典方法是概率论历史上最先开始研究的情形.它简单、直观,不需要做大量重复试验,而是在经验事实的基础上,对被考察事件的可能性进行逻辑分析后得出该事件的概率.

古典方法的基本思想如下:

(1) 所涉及的随机现象只有有限个样本点,譬如为 n 个.

(2) 每个样本点发生的可能性相等(称为等可能性).例如,抛一枚均匀硬币,"出现正面"与"出现反面"的可能性相等;抛一枚均匀骰子,出现各点(1~6)的可能性相等;从一副扑克牌中任取一张,每张牌被取到的可能性相等.

(3) 若事件 A 含有 k 个样本点,则事件 A 的概率为

$$P(A) = \frac{\text{事件 } A \text{ 所含样本点的个数}}{\Omega \text{ 中所有样本点的个数}} = \frac{k}{n}. \tag{1.2.5}$$

容易验证,由上式确定的概率满足公理化定义,它的非负性与正则性是显然的.而满足可加性的理由与频率方法类似:当 A 与 B 互不相容时,计算 $A \cup B$ 的样本点个数可以分别计算 A 的样本点个数和 B 的样本点个数,然后再相加,从而有可加性 $P(A \cup B) = P(A) + P(B)$.

古典方法是概率论发展初期确定概率的常用方法,故所得的概率又称为古典概率.在古典方法中,求事件 A 的概率归结为计算 A 中含有的样本点的个数和 Ω 中含有的样本点的总数.所以在计算中经常用到排列组合工具.

例 1.2.2 掷两枚硬币,求出现一个正面一个反面的概率.

解 此例的样本空间为 $\Omega = \{(\text{正},\text{正}),(\text{正},\text{反}),(\text{反},\text{正}),(\text{反},\text{反})\}$.所以 Ω 中含有样本点的个数为 4,事件"出现一个正面一个反面"含有的样本点的个数为 2,因此所求概率为 1/2.

注意,如果将此样本空间记成 $\Omega_1 = \{(\text{二正}),(\text{二反}),(\text{一正一反})\}$,则此 3 个样本点不是等可能的.

在计算古典概率时,一般不用把样本空间详细写出,但一定要保证样本点为等可能.以下是一些较为有用的模型,请读者熟练掌握和灵活运用.

例 1.2.3(抽样模型) 一批产品共有 N 件,其中 M 件是不合格品,$N-M$ 件是合格品.从中随机取出 n 件($n \leqslant N$),试求事件 A_m = "取出的 n 件产品中有 m 件不合格品"的概率($m \leqslant M, n-m \leqslant N-M$).

解 先计算样本空间 Ω 中样本点的总数:从 N 件产品中任取 n 件,因为不讲次序,所以样本点的总数为 $\binom{N}{n}$.又因为是随机抽取的,所以这 $\binom{N}{n}$ 个样本点是等可能的.

下面我们先计算事件 A_0, A_1 的概率,然后再计算 A_m 的概率.

因为事件 A_0 = "取出的 n 件产品中有 0 件不合格品" = "取出的 n 件产品全是合格品",这意味着取出的 n 件产品全是从 $N-M$ 件合格品中抽取,所以有 $\binom{N-M}{n}$ 种取法,故 A_0 的概率为

$$P(A_0) = \frac{\binom{N-M}{n}}{\binom{N}{n}}.$$

事件 A_1 = "取出的 n 件产品中有 1 件不合格品",要使取出的 n 件产品中只有 1 件不合格品,其他 $n-1$ 件是合格品,那么必须分两步进行:

第一步:从 M 件不合格品中随机取出 1 件,共有 $\binom{M}{1}$ 种取法.

第二步:从 $N-M$ 件合格品中随机取出 $n-1$ 件,共有 $\binom{N-M}{n-1}$ 种取法.

所以根据乘法原理,A_1 中共有 $\binom{M}{1}\binom{N-M}{n-1}$ 个样本点. 故 A_1 的概率为

$$P(A_1) = \frac{\binom{M}{1}\binom{N-M}{n-1}}{\binom{N}{n}}.$$

有了以上对 A_0 和 A_1 的分析, 我们就容易计算一般事件 A_m 中含有的样本点个数: 要使 A_m 发生, 必须从 M 件不合格品中抽 m 件, 再从 $N-M$ 件合格品中抽 $n-m$ 件, 根据乘法原理, A_m 含有 $\binom{M}{m}\binom{N-M}{n-m}$ 个样本点, 由此得 A_m 的概率为

$$P(A_m) = \frac{\binom{M}{m}\binom{N-M}{n-m}}{\binom{N}{n}}, \quad m = 0,1,2,\cdots,r, \quad r = \min\{n,M\}. \qquad (1.2.6)$$

注意, 在此应有 $m \leqslant n, m \leqslant M$, 所以 $m \leqslant \min\{n,M\}$, 否则其概率为 0.

如果取 $N=9, M=3, n=4$, 则有

$$P(A_0) = \frac{\binom{6}{4}}{\binom{9}{4}} = \frac{15}{126} = \frac{5}{42},$$

$$P(A_1) = \frac{\binom{6}{3}\binom{3}{1}}{\binom{9}{4}} = \frac{60}{126} = \frac{20}{42},$$

$$P(A_2) = \frac{\binom{6}{2}\binom{3}{2}}{\binom{9}{4}} = \frac{45}{126} = \frac{15}{42},$$

$$P(A_3) = \frac{\binom{6}{1}\binom{3}{3}}{\binom{9}{4}} = \frac{6}{126} = \frac{2}{42}.$$

将以上计算结果列成一个表格(表 1.2.4):

表 1.2.4 事件 A_m 的概率

m	0	1	2	3
$P(A_m)$	$\frac{5}{42}$	$\frac{20}{42}$	$\frac{15}{42}$	$\frac{2}{42}$

由于表中概率之和为 1, 这意味着 m 取 0,1,2,3 等四种情况中必有之一发生. 所以可称其为一个**概率分布**. 若把 m 看作随机变量, 则此分布为 m 的分布.

从表面上看,概率分布是由一些互不相容的事件及其概率用一个随机变量联系起来而成的一张表,实际上概率分布是全面地(一个不漏)、动态地描述随机变量取值的概率规律,从中可提取更多信息,研究随机现象更深层次的问题.从第二章开始,随机变量及其概率分布将是我们的主要研究对象.

例 1.2.4(放回抽样)　抽样有两种方式:不放回抽样与放回抽样.上例讨论的是不放回抽样.放回抽样是抽取一件后放回,然后再抽取下一件……如此重复直至抽出 n 件为止.现对例 1.2.3 在有放回抽样情况下,讨论事件 $B_m =$ "取出的 n 件产品中有 m 件不合格品"的概率.

解　同样我们先计算样本空间 Ω 中样本点的总数:第一次抽取时,可从 N 件中任取一件,有 N 种取法.因为是放回抽取,所以第二次抽取时,仍有 N 种取法……如此下去,每一次都有 N 种取法,一共抽取了 n 次,所以共有 N^n 个等可能的样本点.

事件 $B_0 =$ "取出的 n 件产品全是合格品"发生必须从 $N-M$ 件合格品中有放回地抽取 n 次,所以 B_0 中含有 $(N-M)^n$ 个样本点,故 B_0 的概率为

$$P(B_0) = \frac{(N-M)^n}{N^n} = \left(1 - \frac{M}{N}\right)^n.$$

事件 $B_1 =$ "取出的 n 件产品中恰有 1 件不合格品"发生必须从 $N-M$ 件合格品中有放回地抽取 $n-1$ 次,从 M 件不合格品中抽取 1 次,这样就有 $M \cdot (N-M)^{n-1}$ 种取法.再考虑到这件不合格品可能在第一次抽取中得到,也可能在第二次抽取中得到……也可能在第 n 次抽取中得到,总共有 n 种可能.所以 B_1 中含有 $n \cdot M \cdot (N-M)^{n-1}$ 个样本点,故 B_1 的概率为

$$P(B_1) = \frac{nM(N-M)^{n-1}}{N^n} = n\frac{M}{N}\left(1 - \frac{M}{N}\right)^{n-1}.$$

事件 $B_m =$ "取出的 n 件产品中恰有 m 件不合格品"发生必须从 $N-M$ 件合格品中有放回地抽取 $n-m$ 次,从 M 件不合格品中有放回地抽取 m 次,这样就有 $M^m \cdot (N-M)^{n-m}$ 种取法.再考虑到这 m 件不合格品可能在 n 次中的任何 m 次抽取中得到,总共有 $\binom{n}{m}$ 种可能.所以事件 B_m 含有 $\binom{n}{m} M^m (N-M)^{n-m}$ 个样本点,故 B_m 的概率为

$$P(B_m) = \binom{n}{m} \frac{M^m (N-M)^{n-m}}{N^n}$$

$$= \binom{n}{m} \left(\frac{M}{N}\right)^m \left(1 - \frac{M}{N}\right)^{n-m}, \quad m = 0, 1, 2, \cdots, n. \tag{1.2.7}$$

由于是放回抽样,不合格品在整批产品中所占比例 M/N 是不变的,记此比例为 p,则上式可改写为

$$P(B_m) = \binom{n}{m} p^m (1-p)^{n-m}, \quad m = 0, 1, 2, \cdots, n.$$

同样取 $N=9, M=3, n=4$,则有

$$P(B_0) = \left(1 - \frac{3}{9}\right)^4 = \left(\frac{2}{3}\right)^4 = \frac{16}{81},$$

$$P(B_1) = 4 \cdot \frac{1}{3}\left(\frac{2}{3}\right)^3 = \frac{32}{81},$$

$$P(B_2) = 6\left(\frac{1}{3}\right)^2\left(\frac{2}{3}\right)^2 = \frac{24}{81},$$

$$P(B_3) = 4\left(\frac{1}{3}\right)^3\left(\frac{2}{3}\right)^1 = \frac{8}{81},$$

$$P(B_4) = \left(\frac{1}{3}\right)^4 = \frac{1}{81}.$$

将以上计算结果列成一个表格(表 1.2.5):

表 1.2.5　事件 B_m 的概率

m	0	1	2	3	4
$P(B_m)$	$\frac{16}{81}$	$\frac{32}{81}$	$\frac{24}{81}$	$\frac{8}{81}$	$\frac{1}{81}$

表中的概率之和为 1,它也是一个概率分布.从上表中我们可以看出:

$$P(m \leqslant 1) = P(m = 0) + P(m = 1) = \frac{16}{81} + \frac{32}{81} = \frac{16}{27}.$$

例 1.2.5(彩票问题)　一种福利彩票称为幸运 35 选 7,即购买时从 $01, 02, \cdots, 35$ 中任选 7 个号码,开奖时从 $01, 02, \cdots, 35$ 中不重复地选出 7 个基本号码和一个特殊号码.中各等奖的规则如下:

表 1.2.6　幸运 35 选 7 的中奖规则

中奖级别	中 奖 规 则
一等奖	7 个基本号码全中
二等奖	中 6 个基本号码及特殊号码
三等奖	中 6 个基本号码
四等奖	中 5 个基本号码及特殊号码
五等奖	中 5 个基本号码
六等奖	中 4 个基本号码及特殊号码
七等奖	中 4 个基本号码,或中 3 个基本号码及特殊号码

试求各等奖的中奖概率.

解　因为不重复地选号码是一种不放回抽样,所以样本空间 Ω 含有 $\binom{35}{7}$ 个样本点.要中奖应把抽取看成是在三种类型中抽取:

第一类号码:7 个基本号码.

第二类号码:1 个特殊号码.

第三类号码:27 个无用号码.

注意到例 1.2.3 中是在两类元素(合格品和不合格品)中抽取,如今在三类号码中抽取,若记 p_i 为中第 i 等奖的概率 $(i = 1, 2, \cdots, 7)$,仿照例 1.2.3 的方法,可得各等奖的中奖概率如下:

$$p_1 = \frac{\binom{7}{7}\binom{1}{0}\binom{27}{0}}{\binom{35}{7}} = \frac{1}{6\ 724\ 520} = 0.149 \times 10^{-6},$$

$$p_2 = \frac{\binom{7}{6}\binom{1}{1}\binom{27}{0}}{\binom{35}{7}} = \frac{7}{6\ 724\ 520} = 1.04 \times 10^{-6},$$

$$p_3 = \frac{\binom{7}{6}\binom{1}{0}\binom{27}{1}}{\binom{35}{7}} = \frac{189}{6\ 724\ 520} = 28.106 \times 10^{-6},$$

$$p_4 = \frac{\binom{7}{5}\binom{1}{1}\binom{27}{1}}{\binom{35}{7}} = \frac{567}{6\ 724\ 520} = 84.318 \times 10^{-6},$$

$$p_5 = \frac{\binom{7}{5}\binom{1}{0}\binom{27}{2}}{\binom{35}{7}} = \frac{7\ 371}{6\ 724\ 520} = 1.096 \times 10^{-3},$$

$$p_6 = \frac{\binom{7}{4}\binom{1}{1}\binom{27}{2}}{\binom{35}{7}} = \frac{12\ 285}{6\ 724\ 520} = 1.827 \times 10^{-3},$$

$$p_7 = \frac{\binom{7}{4}\binom{1}{0}\binom{27}{3} + \binom{7}{3}\binom{1}{1}\binom{27}{3}}{\binom{35}{7}} = \frac{204\ 750}{6\ 724\ 520} = 30.448 \times 10^{-3}.$$

若记 A 为事件"中奖",则 $\bar{A}$ 为事件"不中奖",且由 $P(A) + P(\bar{A}) = P(\Omega) = 1$ 可得

$$P(\text{中奖}) = P(A) = p_1 + p_2 + p_3 + p_4 + p_5 + p_6 + p_7$$

$$= \frac{225\ 170}{6\ 724\ 520} = 0.033\ 485,$$

$$P(\text{不中奖}) = P(\bar{A}) = 1 - P(A) = 0.966\ 515.$$

这就说明:一百个人中约有 3 人中奖,而中头奖的概率只有 0.149×10^{-6},即两千万个人中约有 3 人中头奖.因此购买彩票要有平常心,期望值不宜过高.

例 1.2.6(盒子模型)　设有 n 个球,每个球都等可能地被放到 N 个不同盒子中的任一个,每个盒子所放球数不限.试求

(1) 指定的 n $(n \leqslant N)$ 个盒子中各有一球的概率 p_1;

(2) 恰好有 n $(n \leqslant N)$ 个盒子各有一球的概率 p_2.

解 因为每个球都可放到 N 个盒子中的任一个,所以 n 个球放的方式共有 N^n 种,它们是等可能的.

(1)因为各有一球的 n 个盒子已经指定,余下的没有球的 $N-n$ 个盒子也同时被指定,所以只要考虑 n 个球在这指定的 n 个盒子中各放 1 个的放法数.设想第 1 个球有 n 种放法,第 2 个球只有 $n-1$ 种放法,$\cdots\cdots$,第 n 个球只有 1 种放法,所以根据乘法原理,其可能总数为 $n!$,于是其概率为

$$p_1 = \frac{n!}{N^n}. \tag{1.2.8}$$

(2)与(1)的差别在于:此 n 个盒子可以在 N 个盒子中任意选取.此时可分两步做:第一步从 N 个盒子中任取 n 个盒子准备放球,共有 $\binom{N}{n}$ 种取法;第二步将 n 个球放入选中的 n 个盒子中,每个盒子各放 1 个球,共有 $n!$ 种放法.所以根据乘法原理共有

$$\binom{N}{n} \cdot n! = \mathrm{P}_N^n = N(N-1)(N-2)\cdots(N-n+1)$$

种放法.其实这个放法数可以更直接地考虑成:第 1 个球可放在 N 个盒子中的任一个,第 2 个球只可放在余下的 $N-1$ 个盒子中的任一个,$\cdots\cdots$,第 n 个球只可放在余下的 $N-n+1$ 个盒子中的任一个,由乘法原理即可得以上放法数.因此所求概率为

$$p_2 = \frac{\mathrm{P}_N^n}{N^n} = \frac{N!}{N^n(N-n)!}. \tag{1.2.9}$$

表面上看,盒子模型讨论的是球和盒子问题,似乎是一种游戏,但实际上我们可以将这个模型应用到很多实际问题中.譬如将球解释为"粒子",把盒子解释为相空间中的小"区域",则这个问题便是统计物理学中的麦克斯威-玻尔兹曼(Maxwell-Boltzmann)统计.若 n 个"粒子"是不可辨的,便是玻色-爱因斯坦(Bose-Einstein)统计.若 n 个"粒子"是不可辨的,且每个"盒子"里最多只能放一个"粒子",这时就是费米-狄拉克(Fermi-Dirac)统计.这三种统计在物理学中有各自的适用范围,详细情况请参看文献[1].

下面我们用盒子模型来讨论概率论历史上颇为有名的"生日问题".

例 1.2.7(生日问题) n 个人的生日全不相同的概率 p_n 是多少?

解 把 n 个人看成是 n 个球,将一年 365 天看成是 $N=365$ 个盒子,则"n 个人的生日全不相同"就相当于"恰好有 n ($n\leqslant N$)个盒子各有一球",所以 n 个人的生日全不相同的概率为

$$p_n = \frac{365!}{365^n(365-n)!} = \left(1-\frac{1}{365}\right)\left(1-\frac{2}{365}\right)\cdots\left(1-\frac{n-1}{365}\right). \tag{1.2.10}$$

上式看似简单,但其具体计算是烦琐的,对此可用以下方法作近似计算:

(1)当 n 较小时,(1.2.10)式右边中各因子的第二项之间的乘积 $\dfrac{i}{365}\times\dfrac{j}{365}$ 都可以忽略,于是有近似公式

$$p_n \approx 1 - \frac{1+2+\cdots+(n-1)}{365} = 1 - \frac{n(n-1)}{730}. \tag{1.2.11}$$

（2）当 n 较大时,因为对较小的正数 x,有 $\ln(1-x) \approx -x$,所以由（1.2.10）式得

$$\ln p_n \approx -\frac{1 + 2 + \cdots + (n-1)}{365} = -\frac{n(n-1)}{730}. \tag{1.2.12}$$

例如当 $n = 10$ 时,由（1.2.12）式给出的近似值为 0.884 0,而精确值为 $p_n = 0.883\ 1\cdots$;$n = 30$ 时,近似值为 0.303 7,精确值为 $p_n = 0.293\ 7$.

这个数值结果是令人吃惊的,因为许多人会认为:一年 365 天,30 个人的生日全不相同的可能性是较大的,至少会大于 1/2.甚至有人会认为:100 个人的生日全不相同的可能性也是较大的.对一些不同的 n 值,表 1.2.7 列出用（1.2.12）近似公式计算出的 p_n 值.

表 1.2.7 p_n 的近似值

n	10	20	30	40	50	60
p_n	0.884 0	0.594 2	0.303 7	0.118 0	0.034 9	0.007 8
$1-p_n$	0.116 0	0.405 8	0.696 3	0.882 0	0.965 1	0.992 2

表中最后一行是对立事件"n 个人中至少有两个人生日相同"的概率 $1-p_n$.当 $n = 60$ 时,$1-p_n = 0.992\ 2$ 表明在 60 个人的群体中至少有两个人生日相同的概率超过 99%,这是出乎人们预料的.而通过进一步的计算我们可以得出:当 $n \geqslant 23$ 时,有 $1-p_n > 0.5$.

1.2.5 确定概率的几何方法

确定概率的几何方法,其基本思想是:

（1）如果一个随机现象的样本空间 Ω 充满某个区域,其度量（长度、面积或体积等）大小可用 S_Ω 表示.

（2）任意一点落在度量相同的子区域内（可能位置不同）是等可能的,譬如在样本空间 Ω 中有一单位正方形 A 和直角边为 1 与 2 的直角三角形 B,而点落在区域 A 和区域 B 是等可能的,因为这两个区域面积相等（见图 1.2.1）.

（3）若事件 A 为 Ω 中的某个子区域（见图 1.2.2）,且其度量大小可用 S_A 表示,则事件 A 的概率为

$$P(A) = \frac{S_A}{S_\Omega}. \tag{1.2.13}$$

这个概率称为**几何概率**,它满足概率的公理化定义.

求几何概率的关键是对样本空间 Ω 和所求事件 A 用图形描述清楚（一般用平面或空间图形）.然后计算出相关图形的度量（一般为面积或体积）.

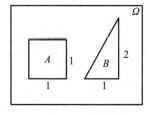

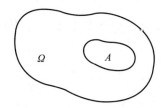

图 1.2.1 落在度量相同的
子区域内的等可能性   图 1.2.2 几何概率

例 1.2.8(会面问题) 甲乙两人约定在下午 6 时到 7 时之间在某处会面,并约定先到者应等候另一个人 20 min,过时即可离去.求两人能会面的概率.

解 以 x 和 y 分别表示甲、乙两人到达约会地点的时间(以 min 为单位),在平面上建立 xOy 直角坐标系(见图 1.2.3).

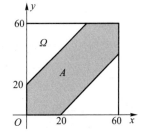

因为甲、乙都是在 0 至 60 min 内等可能地到达,所以由等可能性知这是一个几何概率问题. (x,y) 的所有可能取值在边长为 60 的正方形区域内,其面积为 $S_\Omega = 60^2$. 而事件 A = "两人能够会面"相当于

$$|x - y| \leqslant 20,$$

即图中的阴影部分,其面积为 $S_A = 60^2 - 40^2$,由(1.2.13)式知

图 1.2.3 会面问题中的 Ω 与 A

$$P(A) = \frac{S_A}{S_\Omega} = \frac{60^2 - 40^2}{60^2} = \frac{5}{9} = 0.555\ 6.$$

结果表明:按此规则约会,两人能会面的概率不超过 0.6.若把约定时间改为在下午 6 时到 6 时 30 分,其他不变,则两人能会面的概率提高到 0.888 9.

例 1.2.9(比丰投针问题(见[1])) 平面上画有间隔为 d($d>0$)的等距平行线,向平面任意投掷一枚长为 l($l<d$)的针,求针与任一平行线相交的概率.

解 以 x 表示针的中点与最近一条平行线的距离,又以 φ 表示针与此直线间的夹角,见图 1.2.4.易知样本空间 Ω 满足

$$0 \leqslant x \leqslant d/2, \quad 0 \leqslant \varphi \leqslant \pi,$$

由这两式可以确定 $\varphi O x$ 平面上的一个矩形 Ω,这就是样本空间,其面积为 $S_\Omega = d\pi/2$.这时针与平行线相交(记为事件 A)的充要条件是

$$x \leqslant \frac{l}{2}\sin\varphi.$$

由这个不等式表示的区域是图 1.2.5 中的阴影部分.

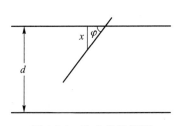

图 1.2.4 比丰投针问题

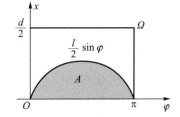

图 1.2.5 比丰投针问题中的 Ω 和 A

由于针是向平面任意投掷的,所以由等可能性知这是一个几何概率问题.由此得

$$P(A) = \frac{S_A}{S_\Omega} = \frac{\int_0^\pi \frac{l}{2}\sin\varphi \mathrm{d}\varphi}{\frac{d}{2}\pi} = \frac{2l}{d\pi}.$$

如果 l,d 为已知,则以 π 的值代入上式即可计算得 $P(A)$ 之值.反之,如果已知 $P(A)$ 的值,则也可以利用上式去求 π,而关于 $P(A)$ 的值,可用从试验中获得的频率去

近似它:即投针 N 次,其中针与平行线相交 n 次,则频率 n/N 可作为 $P(A)$ 的估计值,于是由

$$\frac{n}{N} \approx P(A) = \frac{2l}{d\pi},$$

可得

$$\pi \approx \frac{2lN}{dn}.$$

历史上有一些学者曾亲自做过这个试验,下表记录了他们的试验结果.

表 1.2.8　比丰投针试验结果

试验者	年份	l/d	投掷次数	相交次数	π 的近似值
沃尔夫(Wolf)	1850	0.8	5 000	2 532	3.159 6
福克斯(Fox)	1884	0.75	1 030	489	3.159 5
拉泽里尼(Lazzerini)	1901	$0.8\dot{3}$	3 408	1 808	3.141 592 9
雷娜(Reina)	1925	0.541 9	2 520	859	3.179 5

这是一个颇为奇妙的方法:只要设计一个随机试验,使一个事件的概率与某个未知数有关,然后通过重复试验,以频率估计概率,即可求得未知数的近似解.一般来说,试验次数越多,则求得的近似解就越精确.随着计算机的出现,人们便可利用计算机来大量重复地模拟所设计的随机试验.这种方法得到了迅速的发展和广泛的应用.人们称这种方法为**随机模拟法**,也称为**蒙特卡罗(Monte Carlo)法**.

例 1.2.10　在长度为 a 的线段内任取两点将其分为三段,求它们可以构成一个三角形的概率.

解　由于是将线段任意分成三段,所以由等可能性知这是一个几何概率问题.分别用 x,y 和 $a-x-y$ 表示线段被分成的三段长度(见图 1.2.6),则显然应该有

$$0 < x < a, \quad 0 < y < a, \quad 0 < a - (x + y) < a.$$

第三个式子等价于 $0<x+y<a$.所以样本空间为(见图 1.2.7)

$$\Omega = \{(x,y): \ 0 < x < a, \ 0 < y < a, \ 0 < x + y < a\}.$$

Ω 的面积为

$$S_{\Omega} = \frac{a^2}{2}.$$

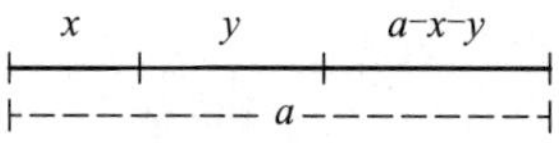

图 1.2.6　长度为 a 的　　　　图 1.2.7　线段分成三段
线段分成三段　　　　　　　的样本空间 Ω

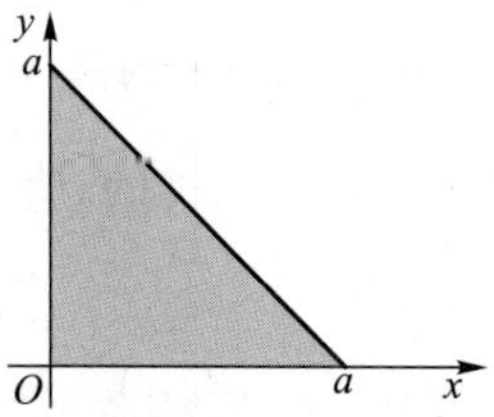

又根据构成三角形的条件:三角形中任意两边之和大于第三边,得事件 A 所含样

本点 (x, y) 必须同时满足

$$0 < a - (x + y) < x + y,$$
$$0 < x < y + (a - x - y),$$
$$0 < y < x + (a - x - y).$$

整理得

$$\frac{a}{2} < x + y < a, \quad 0 < x < \frac{a}{2}, \quad 0 < y < \frac{a}{2}.$$

所以事件 A 可用图 1.2.8 中的阴影部分表示.

事件 A 的面积为

$$S_A = \frac{a^2}{8}.$$

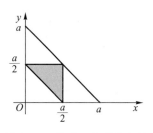

图 1.2.8 构成三角形的条件

由此得

$$P(A) = \frac{1}{4}.$$

例 1.2.11(贝特朗奇论(见[1])) 在一圆内任取一条弦,问其长度超过该圆内接等边三角形的边长的概率是多少?

这是一个几何概率问题,它有三种解法,具体如下:

解法一 由于对称性,可只考察某指定方向的弦.作一条直径垂直于这个方向.显然,只有交直径于 1/4 与 3/4 之间的弦才能超过正三角形的边长(见图 1.2.9(a)),如此,所求概率为 1/2.

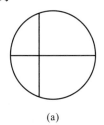 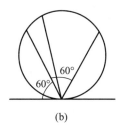 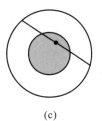

(a)　　　　　　(b)　　　　　　(c)

图 1.2.9 贝特朗奇论的三种解法

解法二 由于对称性,可让弦的一端点固定,让另一端点在圆周上作随机移动.若在固定端点作一切线,则与此切线夹角在 $60°$ 与 $120°$ 之间的弦才能超过正三角形的边长(见图 1.2.9(b)),如此,所求概率为 1/3.

解法三 圆内弦的位置被其中点唯一确定.在圆内作一同心圆,其半径仅为大圆半径的一半,则大圆内弦的中点落在小圆内,此弦长才能超过正三角形的边长(见图 1.2.9(c)),如此,所求概率为 1/4.

同一问题有三种不同答案,究其原因在于圆内"取弦"时规定尚不够具体,不同的"等可能性假定"导致了不同的样本空间,具体如下:其中"均匀分布"应理解为"等可能取点".

解法一中假定弦的中点在直径上均匀分布,直径上的点组成样本空间 Ω_1.

解法二中假定弦的另一活动端点在圆周上均匀分布,圆周上的点组成样本空

间 Ω_2.

解法三中假定弦的中点在大圆内均匀分布,大圆内的点组成样本空间 Ω_3.

可见,上述三个答案是针对三个不同样本空间引起的,它们都是正确的,贝特朗奇论引起人们注意,在定义概率时要事先明确指出样本空间是什么.

1.2.6 确定概率的主观方法

在现实世界里有一些随机现象是不能重复的或不能大量重复的,这时有关事件的概率如何确定呢?

统计界的贝叶斯学派认为:**一个事件的概率是人们根据经验对该事件发生的可能性所给出的个人信念.**这样给出的概率称为**主观概率**.

这种利用经验确定随机事件发生可能性大小的例子是很多的,人们也常依据某些主观概率来行事.

例 1.2.12 用主观方法确定概率的例子.

(1) 在气象预报中,往往会说"明天下雨的概率为 90%",这是气象专家根据气象专业知识和最近的气象情况给出的主观概率.听到这一信息的人,大多出门会带伞.

(2) 一个企业家根据他多年的经验和当时的一些市场信息,认为"某项新产品在未来市场上畅销"的可能性为 80%.

(3) 一个外科医生根据自己多年的临床经验和一位患者的病情,认为"此手术成功"的可能性为 90%.

(4) 一个教师根据自己多年的教学经验和甲、乙两学生的学习情况,认为"甲学生能考取大学"的可能性为 95%,"乙学生能考取大学"的可能性为 40%.

从以上例子可以看出:

(1) 主观概率和主观臆造有着本质上的不同,前者要求当事人对所考察的事件有透彻的了解和丰富的经验,甚至是这一行的专家,并能对历史信息和当时信息进行仔细分析,如此确定的主观概率是可信的.从某种意义上说,不利用这些丰富的经验也是一种浪费.

(2) 用主观方法得出的随机事件发生的可能性大小,本质上是对随机事件概率的一种推断和估计.虽然结论的精确性有待实践的检验和修正,但结论的可信性在统计意义上是有其价值的.

(3) 在遇到的随机现象无法大量重复时,用主观方法去做决策和判断是适合的.从这点看,主观方法至少是频率方法的一种补充.

另外要说明的是,主观概率的确定除根据自己的经验外,决策者还可以利用别人的经验.例如,对一项有风险的投资,决策者向某位专家咨询的结果为"成功的可能性为 60%".而决策者很熟悉这位专家,认为专家的估计往往是偏保守的、过分谨慎的.为此决策者将结论修改为"成功的可能性为 70%".

主观给定的概率要符合公理化的定义.

习 题 1.2

1. 对于组合数 $\binom{n}{r}$，证明：

（1）$\binom{n}{r} = \binom{n}{n-r}$；

（2）$\binom{n}{r} = \binom{n-1}{r-1} + \binom{n-1}{r}$；

（3）$\binom{n}{0} + \binom{n}{1} + \cdots + \binom{n}{n} = 2^n$；

（4）$\binom{n}{1} + 2\binom{n}{2} + \cdots + n\binom{n}{n} = n2^{n-1}$；

（5）$\binom{a}{0}\binom{b}{n} + \binom{a}{1}\binom{b}{n-1} + \cdots + \binom{a}{n}\binom{b}{0} = \binom{a+b}{n}$，　$n = \min\{a,b\}$；

（6）$\binom{n}{0}^2 + \binom{n}{1}^2 + \cdots + \binom{n}{n}^2 = \binom{2n}{n}$.

2. 抛三枚硬币，求至少出现一个正面的概率.

3. 任取两个正整数，求它们的和为偶数的概率.

4. 掷两颗骰子，求下列事件的概率：

（1）点数之和为 6；

（2）点数之和不超过 6；

（3）至少有一个 6 点.

5. 考虑一元二次方程 $x^2 + Bx + C = 0$，其中 B,C 分别是将一颗骰子接连掷两次先后出现的点数，求该方程有实根的概率 p 和有重根的概率 q.

6. 从一副 52 张的扑克牌中任取 4 张，求下列事件的概率：

（1）全是黑桃；

（2）同花；

（3）没有两张同一花色；

（4）同色.

7. 设 9 件产品中有 2 件不合格品.从中不返回地任取 2 件，求取出的 2 件中全是合格品、仅有一件合格品和没有合格品的概率各为多少？

8. 口袋中有 7 个白球、3 个黑球，从中任取两个，求取到的两个球的颜色

（1）相同的概率；

（2）不同的概率.

9. 甲口袋有 5 个白球、3 个黑球，乙口袋有 4 个白球、6 个黑球.从两个口袋中各任取一球，求取到的两个球颜色相同的概率.

10. 从 n 个数 $1,2,\cdots,n$ 中任取 2 个，问其中一个小于 k（$1<k<n$），另一个大于 k 的概率是多少？

11. 口袋中有 10 个球，分别标有号码 1 到 10，现从中不返回地任取 4 个，记下取出球的号码，试求：

（1）最小号码为 5 的概率；

（2）最大号码为 5 的概率.

12. 掷三颗骰子，求以下事件的概率：

（1）所得的最大点数小于等于 5；

（2）所得的最大点数等于 5.

13. 把 10 本书任意地放在书架上，求其中指定的 4 本书放在一起的概率.

14. n 个人随机地围一圆桌而坐，求甲、乙两人相邻而坐的概率.

15. 同时掷 5 枚骰子，观察点数，试证明：

（1）$P($每枚都不一样$) = 0.092\ 6$；　　　　　（2）$P($仅有一对$) = 0.463\ 0$；

（3）$P($两对$) = 0.231\ 5$；　　　　　　　　　（4）$P($仅三枚一样$) = 0.154\ 3$；

（5）$P($四枚一样$) = 0.019\ 3$；　　　　　　　（6）$P($五枚一样$) = 0.000\ 8$.

16. 一个人把六根草紧握在手中，仅露出它们的头和尾，然后随机地把六个头两两相接，六个尾也两两相接.求放开手后六根草恰巧连成一个环的概率.

17. 把 n 个"0"与 n 个"1"随机地排列，求没有两个"1"连在一起的概率.

18. 设 10 件产品中有 2 件不合格品，从中任取 4 件，设其中不合格品数为 X，求 X 的概率分布.

19. n 个男孩，m 个女孩 $(m \leqslant n+1)$ 随机地排成一排，试求任意两个女孩都不相邻的概率.

20. 将 3 个球随机地放入 4 个杯子中去，求杯子中球的最大个数 X 的概率分布.

21. 将 12 个球随机地放入 3 个盒中，试求第一个盒子中有 3 个球的概率.

22. 将 n 个完全相同的球（这时也称球是不可辨的）随机地放入 N 个盒子中，试求：

（1）某个指定的盒子中恰好有 k 个球的概率；

（2）恰好有 m 个空盒的概率；

（3）某指定的 m 个盒子中恰好有 j 个球的概率.

23. 在区间 $(0,1)$ 中随机地取两个数，求事件"两数之和小于 7/5"的概率.

24. 甲乙两艘轮船驶向一个不能同时停泊两艘轮船的码头，它们在一昼夜内到达的时间是等可能的.如果甲船的停泊时间是一小时，乙船的停泊时间是两小时，求它们中任何一艘都不需要等候码头空出的概率是多少？

25. 在平面上画有间隔为 d 的等距平行线，向平面任意投掷一个边长为 a,b,c（均小于 d）的三角形，求三角形与平行线相交的概率.

26. 在半径为 R 的圆内画平行弦，如果这些弦与垂直于弦的直径的交点在该直径上的位置是等可能的，即交点在直径上一个区间内的可能性与此区间的长度成比例，求任意画弦的长度大于 R 的概率.

27. 设一个质点落在 xOy 平面上由 x 轴、y 轴及直线 $x+y=1$ 所围成的三角形内，而落在此三角形内各点处的可能性相等，即落在此三角形内任何区域上的概率与该区域的面积成正比，试求此质点的位置还满足 $y<2x$ 的概率是多少？

28. 设 $a>0$，有任意两数 x,y，且 $0<x<a, 0<y<a$，试求 $xy<a^2/4$ 的概率.

29. 用主观方法确定：大学生中戴眼镜的概率是多少？

30. 用主观方法确定：学生中考试作弊的概率是多少？

§1.3　概率的性质

利用概率的公理化定义（非负性、正则性和可列可加性），可以导出概率的一系列性质.以下我们逐个给出概率的一些常用性质.

首先，在概率的正则性中说明了必然事件 Ω 的概率为 1.那么可想而知，不可能事件∅的概率应该为 0,下面性质正说明了这一点.

性质 1.3.1 $P(\varnothing) = 0$.

证明 由于任何事件与不可能事件之并仍是此事件本身,所以

$$\Omega = \Omega \cup \varnothing \cup \varnothing \cdots \cup \varnothing \cup \cdots.$$

因为不可能事件与任何事件是互不相容的,故由可列可加性公理得

$$P(\Omega) = P(\Omega) + P(\varnothing) + \cdots + P(\varnothing) + \cdots,$$

从而由 $P(\Omega) = 1$ 得

$$P(\varnothing) + P(\varnothing) + \cdots = 0,$$

再由非负性公理,必有

$$P(\varnothing) = 0.$$

结论得证.

1.3.1 概率的可加性

概率的可列可加性说明了对可列个互不相容的事件 $A_1, A_2, \cdots$,其可列并的概率可以分别求之再相加,那么对有限个互不相容的事件 $A_1, A_2, \cdots, A_n$,其有限并的概率是否也可以分别求之再相加呢? 下面性质回答了这个问题.

性质 1.3.2(有限可加性) 若有限个事件 $A_1, A_2, \cdots, A_n$ 互不相容,则有

$$P\left(\bigcup_{i=1}^{n} A_i \right) = \sum_{i=1}^{n} P(A_i). \tag{1.3.1}$$

证明 对 $A_1, A_2, \cdots, A_n, \varnothing, \varnothing, \cdots$ 应用可列可加性,得

$$
\begin{aligned}
P(A_1 \cup A_2 \cup \cdots \cup A_n) &= P(A_1 \cup A_2 \cup \cdots \cup A_n \cup \varnothing \cup \varnothing \cup \cdots) \\
&= P(A_1) + P(A_2) + \cdots + P(A_n) + P(\varnothing) + P(\varnothing) + \cdots \\
&= P(A_1) + P(A_2) + \cdots + P(A_n).
\end{aligned}
$$

结论得证.

由有限可加性,我们就可以得到以下求对立事件概率的公式.

性质 1.3.3 对任一事件 A,有

$$P(\overline{A}) = 1 - P(A). \tag{1.3.2}$$

证明 因为 A 与 $\overline{A}$ 互不相容,且 $\Omega = A \cup \overline{A}$.所以由概率的正则性和有限可加性得 $1 = P(A) + P(\overline{A})$.由此得 $P(\overline{A}) = 1 - P(A)$.

有些事件直接考虑较为复杂,而考虑其对立事件则相对比较简单.对此类问题就可以利用性质 1.3.3,见下面例子.

例 1.3.1 36 只大小、形状相同的灯泡中 4 只是 6 W,其余都是 4 W 的.现从中任取 3 只,求至少取到一只 6 W 灯泡的概率.

解 记事件 A 为"取出的 3 只中至少有一只 6 W",则 A 包括三种情况:取到一只 6 W 两只 4 W,或取到两只 6 W 一只 4 W,或取到三只 6 W.而 A 的对立事件 $\overline{A}$ 只包括一种情况,即"取出的 3 只全部是 4 W",由例 1.2.3 抽样模型可知

$$P(\bar{A}) = \frac{\binom{32}{3}}{\binom{36}{3}} = \frac{248}{357} = 0.695.$$

所以

$$P(A) = 1 - P(\bar{A}) = \frac{109}{357} = 0.305.$$

例 1.3.2 抛一枚硬币 5 次,求既出现正面又出现反面的概率.

解 记事件 A 为"抛 5 次硬币中既出现正面又出现反面",则 A 的情况较复杂,因为出现正面的次数可以是 1 次至 4 次,而 A 的对立事件 $\bar{A}$ 则相对简单:5 次全部是正面(记为 B),或 5 次全部是反面(记为 C),即 $\bar{A} = B \cup C$,其中 B 与 C 互不相容,所以由对立事件公式和概率的有限可加性得

$$P(A) = 1 - P(\bar{A}) = 1 - P(B \cup C) = 1 - P(B) - P(C)$$
$$= 1 - \frac{1}{2^5} - \frac{1}{2^5} = \frac{15}{16}.$$

1.3.2 概率的单调性

可以想象:当 B 被 A 包含时(即 B 发生必然导致 A 发生),说明事件 A 比事件 B 更容易发生,那么 A 的概率应该比 B 的概率大,这可由以下性质 1.3.4 的推论说明.

性质 1.3.4 给出了两个有包含关系事件差的概率公式,而性质 1.3.5 给出了任意两个事件差的概率公式.

性质 1.3.4 若 $A \supset B$,则

$$P(A - B) = P(A) - P(B). \tag{1.3.3}$$

证明 因为 $A \supset B$,所以

$$A = B \cup (A - B),$$

且 B 与 $A-B$ 互不相容,由有限可加性得

$$P(A) = P(B) + P(A - B),$$

即得

$$P(A - B) = P(A) - P(B).$$

结论得证.

推论(单调性) 若 $A \supset B$,则 $P(A) \geqslant P(B)$.

很容易举例说明:以上推论的逆命题不成立,即由 $P(A) \geqslant P(B)$ 无法推出 $A \supset B$.

性质 1.3.5 对任意两个事件 A, B,有

$$P(A - B) = P(A) - P(AB). \tag{1.3.4}$$

证明 因为 $A-B=A-AB$,且 $AB \subset A$,所以由性质 1.3.4 得

$$P(A - B) = P(A - AB) = P(A) - P(AB).$$

结论得证.

利用性质 1.3.4,我们可以求一些较为复杂的事件的概率.

例 1.3.3 口袋中有编号为 $1, 2, \cdots, n$ 的 n 个球,从中有放回地任取 m 次,求取出

的 m 个球的最大号码为 k 的概率.

解 记事件 A_k 为"取出的 m 个球的最大号码为 k".如果直接考虑事件 A_k,则比较复杂,因为"最大号码为 k"可以包括取到 1 次 k、取到 2 次 k、……、取到 m 次 k.

为此我们记事件 B_i 为"取出的 m 个球的最大号码小于等于 i",$i = 1, 2, \cdots, n$,则 B_i 发生只需每次从 $1, 2, \cdots, i$ 号球中取球即可,所以由古典概率知

$$P(B_i) = \frac{i^m}{n^m}, \quad i = 1, 2, \cdots, n.$$

又因为 $A_k = B_k - B_{k-1}$,且 $B_{k-1} \subset B_k$,由性质 1.3.4 得

$$P(A_k) = P(B_k - B_{k-1}) = P(B_k) - P(B_{k-1})$$

$$= \frac{k^m - (k-1)^m}{n^m}, \quad k = 1, 2, \cdots, n.$$

譬如,$n = 6, m = 3, k = 4$,可算得

$$P(A_4) = \frac{4^3 - 3^3}{6^3} = \frac{37}{216} = 0.171\ 3.$$

其他的 $P(A_k)$ 也都可算出,现列表如下:

k	1	2	3	4	5	6	和
$P(A_k)$	0.004 6	0.032 4	0.088 0	0.171 3	0.282 4	0.421 3	1.000 0

这表明:掷三颗骰子,最大点数 k 是随机变量,k 取 6 的概率是 0.421 3,且

$$P(k \leqslant 3) = 0.004\ 6 + 0.032\ 4 + 0.088\ 0 = 0.125\ 0.$$

即掷三颗骰子,最大点数不超过 3 的概率仅为 0.125 0.

1.3.3 概率的加法公式

当事件之间互不相容时,有限可加性或可列可加性给出了求事件并的概率的公式.那么对一般的事件(不一定互不相容),又如何求事件并的概率?以下性质 1.3.6 中 (1.3.5) 式给出求任意两个事件并的概率加法公式,(1.3.6) 式给出求任意 n 个事件并的概率加法公式.这些性质在计算概率时是非常有用的.

性质 1.3.6(加法公式) 对任意两个事件 A, B,有

$$P(A \cup B) = P(A) + P(B) - P(AB). \tag{1.3.5}$$

对任意 n 个事件 $A_1, A_2, \cdots, A_n$,有

$$P\left(\bigcup_{i=1}^{n} A_i\right) = \sum_{i=1}^{n} P(A_i) - \sum_{1 \leqslant i < j \leqslant n} P(A_i A_j) +$$
$$\sum_{1 \leqslant i < j < k \leqslant n} P(A_i A_j A_k) + \cdots + (-1)^{n-1} P(A_1 A_2 \cdots A_n). \tag{1.3.6}$$

证明 先证 (1.3.5) 式.因为

$$A \cup B = A \cup (B - AB),$$

且 A 与 $B - AB$ 互不相容,所以由有限可加性和性质 1.3.5 得

$$P(A \cup B) = P(A) + P(B - AB) = P(A) + P(B) - P(AB).$$

下面用归纳法证明 (1.3.6) 式.当 $n = 2$ 时,(1.3.6) 式即为 (1.3.5) 式.设 (1.3.6) 式对 $n-1$ 成立,则对 n,先对两个事件 $(A_1 \cup A_2 \cup \cdots \cup A_{n-1})$ 与 A_n 用 (1.3.5) 式,

$$P(A_1 \cup A_2 \cup \cdots \cup A_n) = P(A_1 \cup A_2 \cup \cdots \cup A_{n-1}) + P(A_n) -$$
$$P((A_1 \cup A_2 \cup \cdots \cup A_{n-1}) \cap A_n)$$
$$= P(A_1 \cup A_2 \cup \cdots \cup A_{n-1}) + P(A_n) -$$
$$P((A_1 A_n) \cup (A_2 A_n) \cup \cdots \cup (A_{n-1} A_n)).$$

然后由归纳假设,对

$$P(A_1 \cup A_2 \cup \cdots \cup A_{n-1}) \quad 及 \quad P((A_1 A_n) \cup (A_2 A_n) \cup \cdots \cup (A_{n-1} A_n))$$

进行展开,经过整理合并即可知:(1.3.6)式对 n 也成立,结论得证.

推论(半可加性) 对任意两个事件 A,B,有

$$P(A \cup B) \leqslant P(A) + P(B). \tag{1.3.7}$$

对任意 n 个事件 $A_1, A_2, \cdots, A_n$,有

$$P\left(\bigcup_{i=1}^{n} A_i \right) \leqslant \sum_{i=1}^{n} P(A_i). \tag{1.3.8}$$

例 1.3.4 已知事件 $A,B,A \cup B$ 的概率分别为 $0.4, 0.3, 0.6$.求 $P(A\bar{B})$.

解 由加法公式 $P(A \cup B) = P(A) + P(B) - P(AB)$ 及题设条件知

$$0.6 = 0.4 + 0.3 - P(AB),$$

由此解得 $P(AB) = 0.1$,所以再由(1.3.4)式得

$$P(A\bar{B}) = P(A - B) = P(A) - P(AB) = 0.4 - 0.1 = 0.3.$$

例 1.3.5 已知 $P(A) = P(B) = P(C) = 1/4, P(AB) = 0, P(AC) = P(BC) = 1/16$.则 A,B,C 中至少发生一个的概率是多少? A,B,C 都不发生的概率是多少?

解 因为 $P(AB) = 0$,且 $ABC \subset AB$,所以由概率的单调性知 $P(ABC) = 0$.再由加法公式,得 A,B,C 中至少发生一个的概率为

$$P(A \cup B \cup C) = P(A) + P(B) + P(C) - P(AB) - P(AC) - P(BC) + P(ABC)$$
$$= \frac{3}{4} - \frac{2}{16} = \frac{5}{8}.$$

又因为"A,B,C 都不发生"的对立事件为"A,B,C 中至少发生一个",所以由对立事件的概率公式得

$$P(A,B,C \text{ 都不发生}) = 1 - \frac{5}{8} = \frac{3}{8}.$$

一般而言,求"至少有一个发生"的概率时,用对立事件公式去求较为方便.但下面例 1.3.6 的配对问题却不能用对立事件去求解,而一定要将事件"至少有一个发生"表示成事件的并,然后用一般事件的加法公式去求解.

例 1.3.6(配对问题) 在一个有 n 个人参加的晚会上,每个人带了一件礼物,且假定各人带的礼物都不相同.晚会期间各人从放在一起的 n 件礼物中随机抽取一件,问至少有一个人自己抽到自己礼物的概率是多少?

解 以 A_i 记事件"第 i 个人自己抽到自己的礼物",$i = 1, 2, \cdots, n$.所求概率为 $P(A_1 \cup A_2 \cup \cdots \cup A_n)$.因为

$$P(A_1) = P(A_2) = \cdots = P(A_n) = \frac{1}{n},$$

$$P(A_1 A_2) = P(A_1 A_3) = \cdots = P(A_{n-1} A_n) = \frac{1}{n(n-1)},$$

$$P(A_1 A_2 A_3) = P(A_1 A_2 A_4) = \cdots = P(A_{n-2} A_{n-1} A_n) = \frac{1}{n(n-1)(n-2)},$$

$$\cdots$$

$$P(A_1 A_2 \cdots A_n) = \frac{1}{n!}.$$

所以由概率的加法公式(1.3.6)得

$$P(A_1 \cup A_2 \cup \cdots \cup A_n) = 1 - \frac{1}{2!} + \frac{1}{3!} - \frac{1}{4!} + \cdots + (-1)^{n-1} \frac{1}{n!}.$$

譬如,当 $n = 5$ 时,此概率为 0.633 3;当 $n \to \infty$ 时,此概率的极限为 $1 - \mathrm{e}^{-1} = 0.632\ 1$. 这表明:即使参加晚会的人很多(譬如 100 人以上),事件"至少有一个人自己抽到自己礼物"也不是必然事件.

1.3.4　概率的连续性

为了讨论概率的连续性,我们先对事件序列的极限给出如下的定义.

定义 1.3.1　(1) 对 $\mathscr{F}$ 中任一单调不减的事件序列 $F_1 \subset F_2 \subset \cdots \subset F_n \subset \cdots$,称可列并 $\bigcup\limits_{n=1}^{\infty} F_n$ 为 $\{F_n\}$ 的**极限事件**,记为

$$\lim_{n \to \infty} F_n = \bigcup_{n=1}^{\infty} F_n. \tag{1.3.9}$$

（2）对 $\mathscr{F}$ 中任一单调不增的事件序列 $E_1 \supset E_2 \supset \cdots \supset E_n \supset \cdots$,称可列交 $\bigcap\limits_{n=1}^{\infty} E_n$ 为 $\{E_n\}$ 的**极限事件**,记为

$$\lim_{n \to \infty} E_n = \bigcap_{n=1}^{\infty} E_n. \tag{1.3.10}$$

有了以上极限事件的定义,我们就可给出如下概率函数的连续性定义.

定义 1.3.2　对 $\mathscr{F}$ 上的一个概率 P,

(1) 若它对 $\mathscr{F}$ 中任一单调不减的事件序列 $\{F_n\}$ 均成立

$$\lim_{n \to \infty} P(F_n) = P\left(\lim_{n \to \infty} F_n\right),$$

则称概率 P 是**下连续**的.

(2) 若它对 $\mathscr{F}$ 中任一单调不增的事件序列 $\{E_n\}$ 均成立

$$\lim_{n \to \infty} P(E_n) = P\left(\lim_{n \to \infty} E_n\right),$$

则称概率 P 是**上连续**的.

有了以上的定义,我们就可以证明概率的连续性了.

性质 1.3.7(概率的连续性)　若 P 为事件域 $\mathscr{F}$ 上的概率,则 P 既是下连续的,又是上连续的.

证明　先证 P 的下连续性.设 $\{F_n\}$ 是 $\mathscr{F}$ 中一个单调不减的事件序列,即

$$\bigcup_{i=1}^{\infty} F_i = \lim_{n \to \infty} F_n.$$

若定义 $F_0 = \varnothing$,则

$$\bigcup_{i=1}^{\infty} F_i = \bigcup_{i=1}^{\infty} (F_i - F_{i-1}).$$

由于 $F_{i-1} \subset F_i$,显然诸 $(F_i - F_{i-1})$ 两两不相容,再由可列可加性得

$$P\left(\bigcup_{i=1}^{\infty} F_i\right) = \sum_{i=1}^{\infty} P(F_i - F_{i-1}) = \lim_{n \to \infty} \sum_{i=1}^{n} P(F_i - F_{i-1}).$$

又由有限可加性得

$$\sum_{i=1}^{n} P(F_i - F_{i-1}) = P\left(\bigcup_{i=1}^{n} (F_i - F_{i-1})\right) = P(F_n).$$

所以

$$P(\lim_{n \to \infty} F_n) = \lim_{n \to \infty} P(F_n).$$

这就证得了 P 的下连续性.

再证 P 的上连续性.设 $\{E_n\}$ 是单调不增的事件序列,则 $\{\overline{E_n}\}$ 为单调不减的事件序列,由概率的下连续性得

$$1 - \lim_{n \to \infty} P(E_n) = \lim_{n \to \infty} [1 - P(E_n)] = \lim_{n \to \infty} P(\overline{E_n})$$

$$= P\left(\bigcup_{n=1}^{\infty} \overline{E_n}\right) = P\left(\overline{\bigcap_{n=1}^{\infty} E_n}\right)$$

$$= 1 - P\left(\bigcap_{n=1}^{\infty} E_n\right).$$

注意最后第二个等式用了德摩根公式.至此得

$$\lim_{n \to \infty} P(E_n) = P\left(\bigcap_{n=1}^{\infty} E_n\right).$$

这就证得了 P 的上连续性.

下面我们对可列可加性作进一步讨论.从上面的讨论可知,由可列可加性可推出有限可加性和下连续性,但由有限可加性不能推出可列可加性.这意味着要由有限可加性去推可列可加性,还缺少条件.下面性质说明:所缺少的条件就是下连续性.

性质 1.3.8 若 P 是 $\mathscr{F}$ 上满足 $P(\Omega) = 1$ 的非负集合函数,则它具有可列可加性的充要条件是

（1）它是有限可加的;（2）它是下连续的.

证明 必要性可从性质 1.3.2 和性质 1.3.7 获得.下证充分性.

设 $A_i \in \mathscr{F}, i = 1, 2, \cdots$ 是两两不相容的事件序列,由有限可加性可知:对任意有限的 n 都有

$$P\left(\bigcup_{i=1}^{n} A_i\right) = \sum_{i=1}^{n} P(A_i).$$

这个等式的左边不超过 1,因此正项级数 $\sum\limits_{i=1}^{\infty} P(A_i)$ 收敛,即

$$\lim_{n \to \infty} P\left(\bigcup_{i=1}^{n} A_i\right) = \lim_{n \to \infty} \sum_{i=1}^{n} P(A_i) = \sum_{i=1}^{\infty} P(A_i). \tag{1.3.11}$$

记

$$F_n = \bigcup_{i=1}^{n} A_i,$$

则 $\{F_n\}$ 为单调不减的事件序列,所以由下连续性得

$$\lim_{n \to \infty} P\left(\bigcup_{i=1}^{n} A_i\right) = \lim_{n \to \infty} P(F_n) = P\left(\bigcup_{n=1}^{\infty} F_n\right) = P\left(\bigcup_{n=1}^{\infty} A_n\right). \tag{1.3.12}$$

综合(1.3.11)和(1.3.12)式,即得可列可加性.

从性质 1.3.8 可以看出:在概率的公理化定义中,可以将可列可加性换成有限可加性和下连续性.

习 题 1.3

1. 设事件 A 和 B 互不相容,且 $P(A) = 0.3, P(B) = 0.5$,求以下事件的概率:

(1) A 与 B 中至少有一个发生;

(2) A 和 B 都发生;

(3) A 发生但 B 不发生.

2. 设 $P(AB) = 0$,则下列说法哪些是正确的?

(1) A 和 B 不相容;

(2) A 和 B 相容;

(3) AB 是不可能事件;

(4) AB 不一定是不可能事件;

(5) $P(A) = 0$,或 $P(B) = 0$;

(6) $P(A - B) = P(A)$.

3. 一批产品分一、二、三级,其中一级品是二级品的三倍,三级品是二级品的一半,从这批产品中随机地抽取一件,试求取到三级品的概率.

4. 从 $0, 1, 2, \cdots, 9$ 等十个数字中任意选出三个不同的数字,试求下列事件的概率:

(1) $A_1 = \{$三个数字中不含 0 和 5$\}$;

(2) $A_2 = \{$三个数字中不含 0 或 5$\}$;

(3) $A_3 = \{$三个数字中含 0 但不含 5$\}$.

5. 某城市中共发行 3 种报纸 A,B,C.在这城市的居民中有 25% 订阅 A 报、20% 订阅 B 报、15% 订阅 C 报、10% 同时订阅 A 报 B 报、8% 同时订阅 A 报 C 报、5% 同时订阅 B 报 C 报、3% 同时订阅 A,B,C 报.求以下事件的概率:

(1) 只订阅 A 报的;

(2) 只订阅一种报纸的;

(3) 至少订阅一种报纸的;

(4) 不订阅任何一种报纸的.

6. 某工厂一个班组共有男工 9 人、女工 5 人,现要选出 3 个代表,问选的 3 个代表中至少有 1 个女工的概率是多少?

7. 一赌徒认为掷一颗骰子 4 次至少出现一次 6 点与掷两颗骰子 24 次至少出现一次双 6 点的机会是相等的,你认为如何?

8. 从数字 $1,2,\cdots,9$ 中可重复地任取 n 次,求 n 次所取数字的乘积能被 10 整除的概率.

9. 口袋中有 $n-1$ 个黑球和 1 个白球,每次从口袋中随机地摸出一球,并换入一个黑球.问第 k 次摸球时,摸到黑球的概率是多少?

10. 若 $P(A)=1$,证明:对任一事件 B,有 $P(AB)=P(B)$.

11. 掷 $2n+1$ 次硬币,求出现的正面数多于反面数的概率.

12. 有三个人,每个人都以同样的概率 1/5 被分配到 5 个房间中的任一间中,试求:

(1) 三个人都分配到同一个房间的概率;

(2) 三个人分配到不同房间的概率.

13. 一间宿舍内住有 5 位同学,求他们之中至少有 2 个人的生日在同一个月份的概率.

14. 某班 n 个战士各有 1 支归个人保管使用的枪,这些枪的外形完全一样,在一次夜间紧急集合中,每人随机地取了 1 支枪,求至少有 1 人拿到自己的枪的概率.

15. 设 A,B 是两事件,且 $P(A)=0.6,P(B)=0.8$,问:

(1) 在什么条件下 $P(AB)$ 取到最大值,最大值是多少?

(2) 在什么条件下 $P(AB)$ 取得最小值,最小值是多少?

16. 已知事件 A,B 满足 $P(AB)=P(\overline{A}\cap\overline{B})$,记 $P(A)=p$,试求 $P(B)$.

17. 已知 $P(A)=0.7,P(A-B)=0.4$,试求 $P(\overline{AB})$.

18. 设 $P(A)=\alpha,P(B)=1-\alpha$,试证 $P(AB)=P(\overline{A}\cap\overline{B})$.

19. 对任意的事件 A,B,C,证明:

(1) $P(AB)+P(AC)-P(BC)\leqslant P(A)$;

(2) $P(AB)+P(AC)+P(BC)\geqslant P(A)+P(B)+P(C)-1$.

20. 设 A,B,C 为三个事件,且 $P(A)=a,P(B)=2a,P(C)=3a,P(AB)=P(AC)=P(BC)=b$.证明: $a\leqslant 1/4,b\leqslant 1/4$.

21. 设事件 A,B,C 的概率都是 $1/2$,且 $P(ABC)=P(\overline{A}\cap\overline{B}\cap\overline{C})$,证明:

$$2P(ABC) = P(AB) + P(AC) + P(BC) - \frac{1}{2}.$$

22. 证明:

(1) $P(AB)\geqslant P(A)+P(B)-1$;

(2) $P(A_1 A_2\cdots A_n)\geqslant P(A_1)+P(A_2)+\cdots+P(A_n)-(n-1)$.

23. 证明:

$$\left| P(AB) - P(A)P(B) \right| \leqslant \frac{1}{4}.$$

§1.4　条　件　概　率

条件概率是概率论中的一个既重要又实用的概念.

1.4.1　条件概率的定义

所谓条件概率,是指在某事件 B 发生的条件下,另一事件 A 发生的概率,记为

$P(A|B)$,它与 $P(A)$ 是不同的两类概率.下面用一个例子说明之.

例 1.4.1　考察有两个小孩的家庭,其样本空间为 $\Omega=\{bb,bg,gb,gg\}$,其中 b 代表男孩,g 代表女孩,bg 表示大的是男孩、小的是女孩.其他样本点可类似说明.

在 Ω 中 4 个样本点等可能情况下,我们来讨论如下一些事件的概率.

(1)事件 $A=$"家中至少有一个女孩"发生的概率为

$$P(A)=\frac{3}{4}.$$

(2)若已知事件 $B=$"家中至少有一个男孩"发生,再求事件 A 发生的概率为

$$P(A|B)=\frac{2}{3}.$$

这是因为事件 B 的发生,排除了 gg 发生的可能性,这时样本空间 Ω 也随之改为 $\Omega_B=\{bb,bg,gb\}$,而在 Ω_B 中事件 A 只含 2 个样本点,故 $P(A|B)=2/3$.这就是条件概率,它与(无条件)概率 $P(A)$ 是不同的两个概念.

(3)若对上述条件概率的分子分母各除以 4,则可得

$$P(A|B)=\frac{2/4}{3/4}=\frac{P(AB)}{P(B)},$$

其中交事件 $AB=$"家有一男一女两个小孩".

这个关系具有一般性,即条件概率是两个无条件概率之商,这就是条件概率的定义.

定义 1.4.1　设 A 与 B 是样本空间 Ω 中的两事件,若 $P(B)>0$,则称

$$P(A|B)=\frac{P(AB)}{P(B)} \tag{1.4.1}$$

为"**在 B 发生下 A 的条件概率**",简称**条件概率**.

例 1.4.2　设某样本空间 Ω 含有 25 个等可能的样本点,事件 A 含有 15 个样本点,事件 B 含有 7 个样本点,交事件 AB 含有 5 个样本点,具体见图 1.4.1.

这时有

$$P(A)=\frac{15}{25}, \quad P(B)=\frac{7}{25},$$

$$P(AB)=\frac{5}{25}.$$

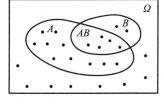

图 1.4.1　例 1.4.2 的维恩图

则在事件 B 发生的条件下,事件 A 的条件概率为

$$P(A|B)=\frac{P(AB)}{P(B)}=\frac{5/25}{7/25}=\frac{5}{7}.$$

此结果也可以如此考虑:事件 B 发生,表明事件 $\bar{B}$ 不可能发生,因此 $\bar{B}$ 中的 18 个样本点可以不予考虑,此时在 B 中 7 个样本点中属于 A 的只有 5 个,所以 $P(A|B)=5/7$.这意味着,计算条件概率 $P(A|B)$ 是在样本空间 Ω 缩小为 $\Omega_B=B$ 下进行的.

类似地

$$P(B \mid A) = \frac{P(AB)}{P(A)} = \frac{5/25}{15/25} = \frac{5}{15} = \frac{1}{3}.$$

它也可作如上解释.

我们要注意的是:条件概率 $P(A \mid B)$ 是在给定 B 下讨论事件 A 的概率,那么概率的性质对 $P(\cdot \mid B)$ 而言是否都成立呢? 譬如,

$$P(\bar{A} \mid B) = 1 - P(A \mid B),$$

$$P(A_1 \cup A_2 \mid B) = P(A_1 \mid B) + P(A_2 \mid B) - P(A_1 A_2 \mid B)$$

这些概率性质都成立吗? 为此我们只要能验证条件概率满足三条公理即可回答这个问题.

性质 1.4.1 条件概率是概率,即若设 $P(B) > 0$,则

(1) $P(A \mid B) \geqslant 0, A \in \mathscr{F}$.

(2) $P(\Omega \mid B) = 1$.

(3) 若 $\mathscr{F}$ 中的 $A_1, A_2, \cdots, A_n, \cdots$ 互不相容,则

$$P\left(\bigcup_{n=1}^{\infty} A_n \mid B\right) = \sum_{n=1}^{\infty} P(A_n \mid B).$$

证明 用条件概率的定义很容易证明(1)和(2),下面来证明(3).因为 $A_1, A_2, \cdots, A_n, \cdots$ 互不相容,所以 $A_1 B, A_2 B, \cdots, A_n B, \cdots$ 也互不相容,故

$$P\left(\bigcup_{n=1}^{\infty} A_n \mid B\right) = \frac{P\left(\left(\bigcup_{n=1}^{\infty} A_n\right)B\right)}{P(B)} = \frac{P\left(\bigcup_{n=1}^{\infty} (A_n B)\right)}{P(B)}$$

$$= \sum_{n=1}^{\infty} \frac{P(A_n B)}{P(B)} = \sum_{n=1}^{\infty} P(A_n \mid B).$$

以下给出条件概率特有的三个非常实用的公式:乘法公式、全概率公式和贝叶斯公式.这些公式可以帮助我们计算一些复杂事件的概率.

1.4.2 乘法公式

性质 1.4.2 乘法公式

(1) 若 $P(B) > 0$,则

$$P(AB) = P(B)P(A \mid B). \tag{1.4.2}$$

(2) 若 $P(A_1 A_2 \cdots A_{n-1}) > 0$,则

$$P(A_1 A_2 \cdots A_n) = P(A_1)P(A_2 \mid A_1)P(A_3 \mid A_1 A_2) \cdots P(A_n \mid A_1 A_2 \cdots A_{n-1}). \tag{1.4.3}$$

证明 由条件概率的定义,整理即得(1.4.2)式.下证(1.4.3)式,因为

$$P(A_1) \geqslant P(A_1 A_2) \geqslant \cdots \geqslant P(A_1 A_2 \cdots A_{n-1}) > 0,$$

所以(1.4.3)式中的条件概率均有意义,且按条件概率的定义,(1.4.3)式的右边等于

$$P(A_1) \cdot \frac{P(A_1 A_2)}{P(A_1)} \cdot \frac{P(A_1 A_2 A_3)}{P(A_1 A_2)} \cdot \cdots \cdot \frac{P(A_1 A_2 \cdots A_n)}{P(A_1 A_2 \cdots A_{n-1})} = P(A_1 A_2 \cdots A_n).$$

从而(1.4.3)式成立.

例 1.4.3 一批零件共有 100 个,其中有 10 个不合格品.从中一个一个取出,求第

三次才取得不合格品的概率是多少?

解 以 A_i 记事件"第 i 次取出的是不合格品", $i=1,2,3$. 则所求概率为 $P(\bar{A}_1\bar{A}_2A_3)$, 由乘法公式得

$$P(\bar{A}_1\bar{A}_2A_3) = P(\bar{A}_1)P(\bar{A}_2\mid\bar{A}_1)P(A_3\mid\bar{A}_1\bar{A}_2) = \frac{90}{100}\cdot\frac{89}{99}\cdot\frac{10}{98} = 0.082\ 6.$$

其实, 例 1.4.3 是下面例 1.4.4 的特例.

例 1.4.4(罐子模型) 设罐中有 b 个黑球、r 个红球, 每次随机取出一个球, 取出后将原球放回, 还加进 c 个同色球和 d 个异色球. 记 B_i 为"第 i 次取出的是黑球", R_j 为"第 j 次取出的是红球".

若连续从罐中取出三个球, 其中有两个红球、一个黑球. 则由乘法公式我们可得

$$P(B_1R_2R_3) = P(B_1)P(R_2\mid B_1)P(R_3\mid B_1R_2)$$

$$= \frac{b}{b+r}\cdot\frac{r+d}{b+r+c+d}\cdot\frac{r+d+c}{b+r+2c+2d},$$

$$P(R_1B_2R_3) = P(R_1)P(B_2\mid R_1)P(R_3\mid R_1B_2)$$

$$= \frac{r}{b+r}\cdot\frac{b+d}{b+r+c+d}\cdot\frac{r+d+c}{b+r+2c+2d},$$

$$P(R_1R_2B_3) = P(R_1)P(R_2\mid R_1)P(B_3\mid R_1R_2)$$

$$= \frac{r}{b+r}\cdot\frac{r+c}{b+r+c+d}\cdot\frac{b+2d}{b+r+2c+2d}.$$

以上概率与黑球在第几次被抽出有关.

罐子模型也称为波利亚(Pólya)模型, 这个模型可以有各种变化, 具体见下:

(1) 当 $c=-1, d=0$ 时, 即为**不返回抽样**. 此时前次抽取结果会影响后次抽取结果. 但只要抽取的黑球与红球个数确定, 则概率不依赖其抽出球的次序, 都是一样的. 此例中有

$$P(B_1R_2R_3) = P(R_1B_2R_3) = P(R_1R_2B_3) = \frac{br(r-1)}{(b+r)(b+r-1)(b+r-2)}.$$

例 1.4.3 可以归结为此种情况.

(2) 当 $c=0, d=0$ 时, 即为**返回抽样**. 此时前次抽取结果不会影响后次抽取结果. 故上述三个概率相等, 且都等于

$$P(B_1R_2R_3) = P(R_1B_2R_3) = P(R_1R_2B_3) = \frac{br^2}{(b+r)^3}.$$

(3) 当 $c>0, d=0$ 时, 称为**传染病模型**. 此时, 每次取出球后会增加下一次取到同色球的概率, 或换句话说, 每次发现一个传染病患者, 以后都会增加再传染的概率. 与(1), (2)一样, 以上三个概率都相等, 且都等于

$$P(B_1R_2R_3) = P(R_1B_2R_3) = P(R_1R_2B_3) = \frac{br(r+c)}{(b+r)(b+r+c)(b+r+2c)}.$$

从以上(1)、(2)和(3)中可以看出: 在罐子模型中只要 $d=0$, 则以上三个概率都相

等.即只要抽取的黑球与红球个数确定,则概率不依赖其抽出球的次序,都是一样的.但当 $d>0$ 时,就不同了,见下面(4).

（4）当 $c=0, d>0$ 时,称为**安全模型**.此模型可解释为:每当事故发生了(红球被取出),安全工作就抓紧一些,下次再发生事故的概率就会减少;而当事故没有发生时(黑球被取出),安全工作就放松一些,下次再发生事故的概率就会增大.在这种场合,上述三个概率分别为

$$P(B_1 R_2 R_3) = \frac{b}{b+r} \cdot \frac{r+d}{b+r+d} \cdot \frac{r+d}{b+r+2d},$$

$$P(R_1 B_2 R_3) = \frac{r}{b+r} \cdot \frac{b+d}{b+r+d} \cdot \frac{r+d}{b+r+2d},$$

$$P(R_1 R_2 B_3) = \frac{r}{b+r} \cdot \frac{r}{b+r+d} \cdot \frac{b+2d}{b+r+2d}.$$

1.4.3 全概率公式

全概率公式是概率论中的一个重要公式,它提供了计算复杂事件概率的一条有效途径,使一个复杂事件的概率计算问题化繁就简.

性质 1.4.3（全概率公式）　设 $B_1, B_2, \cdots, B_n$ 为样本空间 Ω 的一个分割(见图 1.4.2),即 $B_1, B_2, \cdots, B_n$ 互不相容,且 $\bigcup_{i=1}^{n} B_i = \Omega$,如果 $P(B_i)>0, i=1,2,\cdots,n$,则对任一事件 A 有

$$P(A) = \sum_{i=1}^{n} P(B_i) P(A \mid B_i). \tag{1.4.4}$$

证明　因为

$$A = A\Omega = A\left(\bigcup_{i=1}^{n} B_i\right) = \bigcup_{i=1}^{n} (AB_i),$$

且 $AB_1, AB_2, \cdots, AB_n$ 互不相容,所以由可加性得

$$P(A) = P\left(\bigcup_{i=1}^{n} (AB_i)\right) = \sum_{i=1}^{n} P(AB_i),$$

再将 $P(AB_i) = P(B_i) P(A|B_i), i=1,2,\cdots,n$,代入上式即得(1.4.4).

对于全概率公式,我们要注意以下几点:

（1）**全概率公式的最简单形式**　假如 $0<P(B)<1$,则

$$P(A) = P(B) P(A \mid B) + P(\overline{B}) P(A \mid \overline{B}). \tag{1.4.5}$$

见图 1.4.3.

（2）条件 $B_1, B_2, \cdots, B_n$ 为样本空间的一个分割,可改成 $B_1, B_2, \cdots, B_n$ 互不相容,且 $A \subset \bigcup_{i=1}^{n} B_i$,全概率公式仍然成立.

（3）对可列个事件 $B_1, B_2, \cdots, B_n, \cdots$ 互不相容,且 $A \subset \bigcup_{i=1}^{\infty} B_i$,则全概率公式仍成立,只要将(1.4.4)式右边写成可列项之和即可.

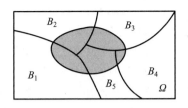
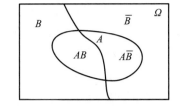

图 1.4.2　样本空间的一个分割($n=5$)　　　图 1.4.3　用 B 和 $\bar B$ 来分割样本空间

例 1.4.5（摸彩模型）　设在 n 张彩票中有一张可中奖.求第二人摸到中奖彩票的概率是多少?

解　设 A_i 表示事件"第 i 人摸到中奖彩票",$i=1,2,\cdots,n$.现在目的是求 $P(A_2)$.因为 A_1 是否发生直接关系到 A_2 发生的概率,即

$$P(A_2 \mid A_1) = 0, \quad P(A_2 \mid \bar A_1) = \frac{1}{n-1}.$$

而 A_1 与 $\bar A_1$ 是两个概率大于 0 的事件:

$$P(A_1) = \frac{1}{n}, \quad P(\bar A_1) = \frac{n-1}{n}.$$

于是由全概率公式得

$$P(A_2) = P(A_1)P(A_2 \mid A_1) + P(\bar A_1)P(A_2 \mid \bar A_1) = \frac{1}{n} \cdot 0 + \frac{n-1}{n} \cdot \frac{1}{n-1} = \frac{1}{n}.$$

这表明:摸到中奖彩票的机会与先后次序无关.因后者可能处于"不利状况"(前者已摸到中奖彩票),但也可能处于"有利状况"(前者没摸到中奖彩票,从而增加后者摸到中奖彩票的机会),两种状况用全概率公式综合(加权平均)所得结果(机会均等)既公平又合情理.

用类似的方法可得

$$P(A_3) = P(A_4) = \cdots = P(A_n) = \frac{1}{n}.$$

如果设 n 张彩票中有 k（$\leqslant n$）张可中奖,则可得

$$P(A_1) = P(A_2) = \cdots = P(A_n) = \frac{k}{n}.$$

这说明,购买彩票时,不论先买后买,中奖机会是均等的.

例 1.4.6　保险公司认为某险种的投保人可以分成两类:一类为易出事故者,另一类为安全者.统计表明:一个易出事故者在一年内发生事故的概率为 0.4,而安全者这个概率则减少为 0.1.若假定易出事故者占此险种投保人的比例为 20%.现有一个新的投保人来投保此险种,问该投保人在购买保单后一年内将出事故的概率有多大?

解　记 A="投保人在一年内出事故",B="投保人为易出事故者",则 $\bar B$="投保人为安全者",且 $P(\bar B) = 0.8$.由全概率公式得

$$P(A) = P(B)P(A \mid B) + P(\bar B)P(A \mid \bar B) = 0.2 \times 0.4 + 0.8 \times 0.1 = 0.16.$$

例 1.4.7（敏感性问题调查）　学生阅读黄色书刊和观看黄色影像会严重影响其身

心健康发展.但这些都是避着教师与家长进行的,属个人隐私行为.现在要设计一个调查方案,从调查数据中估计出学生中看过黄色书刊或影像的比率 p.

像这类敏感性问题的调查是社会调查的一类,如一群人中参加赌博的比率、吸毒人的比率、经营者中偷税漏税户的比率、学生中考试作弊的比率等等.

对敏感性问题的调查方案,关键要使被调查者愿意作出真实回答又能保守个人秘密.一旦调查方案设计有误,被调查者就会拒绝配合,所得调查数据将失去真实性.经过多年研究和实践,一些心理学家和统计学家设计了一种调查方案,在这个方案中被调查者只需回答以下两个问题中的一个问题,而且只需回答"是"或"否".

问题 A：你的生日是否在 7 月 1 日之前?

问题 B：你是否看过黄色书刊或影像?

这个调查方案看似简单,但为了消除被调查者的顾虑,使被调查者确信他(她)参加这次调查不会泄露个人秘密,在操作上有以下关键点:

(1) 被调查者在没有旁人的情况下,独自一人在一个房间内操作和回答问题.

(2) 被调查者从一个罐子中随机抽一只球,看过颜色后即放回.若抽到白球,则回答问题 A;若抽到红球,则回答问题 B.且罐中只有白球和红球.

被调查者无论回答问题 A 或问题 B,只需在答卷(见图 1.4.4)上认可的方框内打钩,然后把答卷放入一只密封的投票箱内.

图 1.4.4　敏感性问题的答卷

如此的调查方法,主要在于旁人无法知道被调查者回答的是问题 A 还是问题 B,由此可以极大地消除被调查者的顾虑.

现在的问题是如何分析调查的结果.很显然,我们对问题 A 是不感兴趣的.

首先我们设有 n 张答卷(n 较大,譬如 1 000 以上),其中有 k 张回答"是".而我们又无法知道此 n 张答卷中有多少张是回答问题 B 的,同样无法知道 k 张回答"是"的答卷中有多少张是回答问题 B 的.但有两个信息我们是预先知道的,即

(1) 在参加人数较多的场合,任选一人其生日在 7 月 1 日之前的概率为0.5.

(2) 罐中红球的比率 π 已知.现在就要利用这 4 个数据($n,k,0.5,\pi$)求出 p.因为由全概率公式得

$$P(\text{是}) = P(\text{白球})P(\text{是} \mid \text{白球}) + P(\text{红球})P(\text{是} \mid \text{红球}).$$

所以,将 $P(\text{红球})=\pi$，$P(\text{白球})=1-\pi$，$P(\text{是} \mid \text{白球})=0.5$，$P(\text{是} \mid \text{红球})=p$ 代入上式右边,而上式左边用频率 k/n 代替,得

$$\frac{k}{n} = 0.5(1 - \pi) + p \cdot \pi.$$

由此得

$$p = \frac{k/n - 0.5(1 - \pi)}{\pi}.$$

因为我们用频率 k/n 代替了概率 $P(\text{是})$,所以从上式得到的是 p 的估计.

例如,在一次实际调查中,罐中放有红球 30 个、白球 20 个,则 $\pi = 0.6$,调查结束后共收到 1 583 张有效答卷,其中有 389 张回答"是",由此可计算得

$$p = \frac{389/1\ 583 - 0.5 \times 0.4}{0.6} = 0.076\ 2.$$

这表明:约有 7.62% 的学生看过黄色书刊或影像.

1.4.4 贝叶斯公式

在乘法公式和全概率公式的基础上立即可推得如下一个很著名的公式.

性质 1.4.4(贝叶斯公式) 设 $B_1, B_2, \cdots, B_n$ 是样本空间 Ω 的一个分割,即 $B_1, B_2, \cdots, B_n$ 互不相容,且 $\bigcup_{i=1}^{n} B_i = \Omega$,如果 $P(A) > 0, P(B_i) > 0, i = 1, 2, \cdots, n$,则

$$P(B_i \mid A) = \frac{P(B_i)P(A \mid B_i)}{\sum_{j=1}^{n} P(B_j)P(A \mid B_j)}, \quad i = 1, 2, \cdots, n. \tag{1.4.6}$$

证明 由条件概率的定义

$$P(B_i \mid A) = \frac{P(AB_i)}{P(A)}.$$

对上式的分子用乘法公式、分母用全概率公式,

$$P(AB_i) = P(B_i)P(A \mid B_i),$$

$$P(A) = \sum_{j=1}^{n} P(B_j)P(A \mid B_j),$$

即得

$$P(B_i \mid A) = \frac{P(B_i)P(A \mid B_i)}{\sum_{j=1}^{n} P(B_j)P(A \mid B_j)}.$$

结论得证.

例 1.4.8 某地区居民的肝癌发病率为 0.000 4,现用甲胎蛋白法进行普查.医学研究表明,化验结果是可能存有错误的.已知患有肝癌的人其化验结果 99% 呈阳性(有病),而没患肝癌的人其化验结果 99.9% 呈阴性(无病).现某人的检查结果呈阳性,问他真的患肝癌的概率是多少?

解 记 B 为事件"被检查者患有肝癌",A 为事件"检查结果呈阳性".由题设知

$$P(B) = 0.000\ 4, \quad P(\overline{B}) = 0.999\ 6,$$

$$P(A \mid B) = 0.99, \quad P(A \mid \overline{B}) = 0.001.$$

我们现在的目的是求 $P(B \mid A)$.由贝叶斯公式得

$$P(B \mid A) = \frac{P(B)P(A \mid B)}{P(B)P(A \mid B) + P(\overline{B})P(A \mid \overline{B})}$$

$$= \frac{0.000\ 4 \times 0.99}{0.000\ 4 \times 0.99 + 0.999\ 6 \times 0.001} = 0.284.$$

这表明,在检查结果呈阳性的人中,真患肝癌的人不到 30%.这个结果可能会使人吃惊,但仔细分析一下就可以理解了.因为肝癌发病率很低,在 10 000 个人中约有 4 人,而约有 9 996 个人不患肝癌.对 10 000 个人用甲胎蛋白法进行检查,按其错检的概率可知,9 996 个不患肝癌者中约有 9 996×0.001 = 9.996 个呈阳性.另外 4 个真患肝癌者的检查报告中约有 4×0.99 = 3.96 个呈阳性.仅从13.956个呈阳性者中看,真患肝癌的 3.96 人约占 28.4%.

进一步降低错检的概率是提高检验精度的关键.在实际中由于技术和操作等种种原因,降低错检的概率又是很困难的.所以在实际中,常采用复查的方法来减少错误率.或用另一些简单易行的辅助方法先进行初查,排除了大量明显不是肝癌的人后,再用甲胎蛋白法对被怀疑的对象进行检查.此时被怀疑的对象群体中,肝癌的发病率已大大提高了,譬如,对首次检查呈阳性的人群再进行复查,此时 $P(B) = 0.284$,这时再用贝叶斯公式计算得

$$P(B \mid A) = \frac{0.284 \times 0.99}{0.284 \times 0.99 + 0.716 \times 0.001} = 0.997.$$

这就大大提高了甲胎蛋白法的准确率了.

在上例中,如果我们将事件 B ("被检查者患有肝癌")看作是"原因",将事件 A ("检查结果呈阳性")看作是"结果",则我们用贝叶斯公式在已知"结果"的条件下,求出了"原因"的概率 $P(B|A)$.而求"结果"的(无条件)概率$P(A)$,用全概率公式.在上例中若取 $P(B) = 0.284$,则

$$P(A) = P(B)P(A \mid B) + P(\overline{B})P(A \mid \overline{B})$$
$$= 0.284 \times 0.99 + 0.716 \times 0.001 = 0.281\ 9.$$

条件概率的三个公式中,乘法公式是求事件交的概率,全概率公式是求一个复杂事件的概率,而贝叶斯公式是求一个条件概率.

在贝叶斯公式中,如果称 $P(B_i)$ 为 B_i 的**先验概率**,称 $P(B_i|A)$ 为 B_i 的**后验概率**,则贝叶斯公式是专门用于计算后验概率的,也就是通过 A 的发生这个新信息,来对 B_i 的概率作出的修正.下面例子很好地说明了这一点.

例 1.4.9 伊索寓言"孩子与狼"讲的是一个小孩每天到山上放羊,山里有狼出没.第一天,他在山上喊:"狼来了! 狼来了!"山下的村民闻声便去打狼,可到山上,发现狼没有来;第二天仍是如此;第三天,狼真的来了,可无论小孩怎么喊叫,也没有人来救他,因为前两次他说了谎,人们不再相信他了.

现在用贝叶斯公式来分析此寓言中村民对这个小孩的信任程度是如何下降的.

首先记事件 A 为"小孩说谎",记事件 B 为"小孩可信".不妨设村民过去对这个小孩的印象为

$$P(B) = 0.8, \quad P(\overline{B}) = 0.2. \tag{1.4.7}$$

我们现在用贝叶斯公式来求 $P(B|A)$,亦即这个小孩说了一次谎后,村民对他信任程度的改变.

在贝叶斯公式中我们要用到概率 $P(A|B)$ 和 $P(A|\overline{B})$,这两个概率的含义是:前者为"可信"(B)的孩子"说谎"(A)的可能性,后者为"不可信"($\overline{B}$)的孩子"说谎"(A)的

可能性. 在此不妨设

$$P(A \mid B) = 0.1, \quad P(A \mid \overline{B}) = 0.5.$$

第一次村民上山打狼, 发现狼没有来, 即小孩说了谎 (A). 村民根据这个信息, 对这个小孩的信任程度改变为 (用贝叶斯公式)

$$P(B \mid A) = \frac{P(B)P(A \mid B)}{P(B)P(A \mid B) + P(\overline{B})P(A \mid \overline{B})} = \frac{0.8 \times 0.1}{0.8 \times 0.1 + 0.2 \times 0.5} = 0.444.$$

这表明村民上了一次当后, 对这个小孩的信任程度由原来的 0.8 调整为 0.444, 也就是 (1.4.7) 调整为

$$P(B) = 0.444, \quad P(\overline{B}) = 0.556. \tag{1.4.8}$$

在此基础上, 我们再一次用贝叶斯公式来计算 $P(B \mid A)$, 亦即这个小孩第二次说谎后, 村民对他的信任程度改变为

$$P(B \mid A) = \frac{0.444 \times 0.1}{0.444 \times 0.1 + 0.556 \times 0.5} = 0.138.$$

这表明村民们经过两次上当, 对这个小孩的信任程度已经从 0.8 下降到了 0.138, 如此低的信任度, 村民听到第三次呼叫时怎么会再上山打狼呢?

这个例子启发人们: 若某人向银行贷款, 连续两次未还, 银行还会第三次贷款给他吗?

习 题 1.4

1. 某班级学生的考试成绩数学不及格的占 8%, 语文不及格的占 5%, 这两门都不及格的占 2%.

(1) 已知一学生数学不及格, 他语文也不及格的概率是多少?

(2) 已知一学生语文不及格, 他数学也不及格的概率是多少?

2. 设一批产品中一、二、三等品各占 60%, 35%, 5%. 从中任意取出一件, 结果不是三等品, 求取到的是一等品的概率.

3. 掷两颗骰子, 以 A 记事件"两颗点数之和为 10", 以 B 记事件"第一颗点数小于第二颗点数", 试求条件概率 $P(A \mid B)$ 和 $P(B \mid A)$.

4. 设某种动物由出生活到 10 岁的概率为 0.8, 而活到 15 岁的概率为 0.5. 问现年为 10 岁的这种动物能活到 15 岁的概率是多少?

5. 设 10 件产品中有 3 件不合格品, 从中任取两件, 已知其中一件是不合格品, 求另一件也是不合格品的概率.

6. 设 n 件产品中有 m 件不合格品, 从中任取两件, 已知两件中有一件是合格品, 求另一件也是合格品的概率.

7. 掷一颗骰子两次, 以 x, y 分别表示先后掷出的点数, 记

$$A = \{x + y < 10\}, \quad B = \{x > y\},$$

求 $P(B \mid A), P(A \mid B)$.

8. 已知 $P(A) = 1/3, P(B \mid A) = 1/4, P(A \mid B) = 1/6$, 求 $P(A \cup B)$.

9. 已知 $P(\overline{A}) = 0.3, P(B) = 0.4, P(A\overline{B}) = 0.5$, 求 $P(B \mid A \cup \overline{B})$.

10. 设 A,B 为两事件，$P(A) = P(B) = 1/3,P(A|B) = 1/6$，求 $P(\overline{A}|\overline{B})$.

11. 口袋中有 1 个白球，1 个黑球.从中任取 1 个，若取出白球，则试验停止；若取出黑球，则把取出的黑球放回的同时，再加入 1 个黑球，如此下去，直到取出的是白球为止，试求下列事件的概率：

(1) 取到第 n 次，试验没有结束；

(2) 取到第 n 次，试验恰好结束.

12. 一盒晶体管中有 8 只合格品、2 只不合格品.从中不返回地一只一只取出，试求第二次取出的是合格品的概率.

13. 甲口袋有 a 个白球、b 个黑球，乙口袋有 n 个白球、m 个黑球.

(1) 从甲口袋任取 1 个球放入乙口袋，再从乙口袋任取 1 个球.试求最后从乙口袋取出的是白球的概率；

(2) 从甲口袋任取 2 个球放入乙口袋，再从乙口袋任取 1 个球.试求最后从乙口袋取出的是白球的概率.

14. 有 n 个口袋，每个口袋中均有 a 个白球、b 个黑球.从第一个口袋中任取一球放入第二个口袋，再从第二个口袋中任取一球放入第三个口袋，如此下去，从第 $n-1$ 个口袋中任取一球放入第 n 个口袋，最后从第 n 个口袋中任取一球，求此时取到的是白球的概率.

15. 钥匙掉了，掉在宿舍里、教室里、路上的概率分别是 50%、30% 和 20%，而掉在上述三处地方被找到的概率分别是 0.8、0.3 和 0.1.试求找到钥匙的概率.

16. 两台车床加工同样的零件，第一台出现不合格品的概率是 0.03，第二台出现不合格品的概率是 0.06，加工出来的零件放在一起，并且已知第一台加工的零件比第二台加工的零件多一倍.

(1) 求任取一个零件是合格品的概率；

(2) 如果取出的零件是不合格品，求它是由第二台车床加工的概率.

17. 有两箱零件，第一箱装 50 件，其中 20 件是一等品.第二箱装 30 件，其中 18 件是一等品.现从两箱中随意挑出一箱，然后从该箱中先后任取两个零件，试求：

(1) 第一次取出的零件是一等品的概率；

(2) 在第一次取出的是一等品的条件下，第二次取出的零件仍然是一等品的概率.

18. 学生在做一道有 4 个选项的单项选择题时，如果他不知道问题的正确答案，就作随机猜测.现从卷面上看题是答对了，试在以下情况下求学生确实知道正确答案的概率：

(1) 学生知道正确答案和胡乱猜测的概率都是 1/2；

(2) 学生知道正确答案的概率是 0.2.

19. 已知男人中有 5% 是色盲患者，女人中有 0.25% 是色盲患者，今从男女比例为 22：21 的人群中随机地挑选一人，发现恰好是色盲患者，问此人是男性的概率是多少？

20. 口袋中有一个球，不知它的颜色是黑的还是白的.现再往口袋中放入一个白球，然后从口袋中任意取出一个，发现取出的是白球，试问口袋中原来那个球是白球的可能性为多少？

21. 将 n 根绳子的 $2n$ 个头任意两两相接，求恰好结成 n 个圈的概率.

22. m 个人相互传球，球从甲手中开始传出，每次传球时，传球者等可能地把球传给其余 $m-1$ 个人中的任何一个.求第 n 次传球时仍由甲传出的概率.

23. 甲、乙两人轮流掷一颗骰子，甲先掷.每当某人掷出 1 点时，则交给对方掷，否则此人继续掷.试求第 n 次由甲掷的概率.

24. 甲口袋有 1 个黑球、2 个白球，乙口袋有 3 个白球.每次从两口袋中各任取一球，交换后放入另一口袋.求交换 n 次后，黑球仍在甲口袋中的概率.

25. 假设只考虑天气的两种情况：有雨或无雨.若已知今天的天气情况，明天天气保持不变的概率为 p，变的概率为 $1-p$.设第一天无雨，试求第 n 天也无雨的概率.

26. 设罐中有 b 个黑球、r 个红球，每次随机取出一个球，取出后将原球放回，再加入 c（$c>0$）个同色的球.试证:第 k 次取到黑球的概率为 $b/(b+r)$, $k = 1, 2, \cdots$.

27. 口袋中有 a 个白球, b 个黑球和 n 个红球,现从中一个一个不返回地取球.试证白球比黑球出现得早的概率为 $a/(a+b)$,与 n 无关.

28. 设 $P(A) > 0$,证明:

$$P(B \mid A) \geqslant 1 - \frac{P(\overline{B})}{P(A)}.$$

29. 若事件 A 与 B 互不相容,且 $P(\overline{B}) \neq 0$,证明:

$$P(A \mid \overline{B}) = \frac{P(A)}{1 - P(B)}.$$

30. 设 A, B 为任意两个事件,且 $A \subset B$, $P(B) > 0$,证明 $P(A) \leqslant P(A \mid B)$.

31. 若 $P(A \mid B) > P(A \mid \overline{B})$,证明 $P(B \mid A) > P(B \mid \overline{A})$.

32. 设 $P(A) = p$, $P(B) = 1 - \varepsilon$,证明:

$$\frac{p - \varepsilon}{1 - \varepsilon} \leqslant P(A \mid B) \leqslant \frac{p}{1 - \varepsilon}.$$

33. 若 $P(A \mid B) = 1$,证明: $P(\overline{B} \mid \overline{A}) = 1$.

§1.5 独 立 性

独立性是概率论中又一个重要概念,利用独立性可以简化概率的计算.下面先讨论两个事件之间的独立性,然后讨论多个事件之间的相互独立性,最后讨论试验之间的独立性.

1.5.1 两个事件的独立性

两个事件之间的独立性是指:一个事件的发生不影响另一个事件的发生.这在实际问题中是很多的,譬如在掷两颗骰子的试验中,记事件 A 为"第一颗骰子的点数为1",记事件 B 为"第二颗骰子的点数为4".则显然 A 与 B 的发生是相互不影响的.

另外,从概率的角度看,事件 A 的条件概率 $P(A \mid B)$ 与无条件概率 $P(A)$ 的差别在于:事件 B 的发生改变了事件 A 发生的概率,也即事件 B 对事件 A 有某种"影响".如果事件 A 与 B 的发生是相互不影响的,则有 $P(A \mid B) = P(A)$ 和 $P(B \mid A) = P(B)$,它们都等价于

$$P(AB) = P(A) P(B). \tag{1.5.1}$$

另外对 $P(B) = 0$,或 $P(A) = 0$,(1.5.1)式仍然成立.为此,我们用(1.5.1)式作为两个事件相互独立的定义.

定义 1.5.1 如果(1.5.1)式成立,则称事件 A 与 B **相互独立**,简称 A 与 B **独立**.否则称 A 与 B **不独立**或**相依**.

在许多实际问题中,两个事件相互独立大多是根据经验(相互有无影响)来判断的,如上述掷两颗骰子问题中 A 与 B 的独立性.但在有些问题中,有时也用(1.5.1)式来判断两个事件间的独立性.

例 1.5.1 事件独立的例子

（1）从一副 52 张的扑克牌中任取 1 张,以 A 记事件"取到黑桃",以 B 记事件"取到 J".则因为 $P(A) = 1/4, P(B) = 4/52 = 1/13$,而 AB 表示"取到黑桃 J",故 $P(AB) = 1/52$,所以 A 与 B 相互独立.

（2）考虑有三个小孩的家庭,并设所有 8 种情况

$$bbb, \quad bbg, \quad bgb, \quad gbb, \quad bgg, \quad gbg, \quad ggb, \quad ggg$$

是等可能的,其中 b 表示男孩,g 表示女孩.以 A 记事件"家中男女孩都有",以 B 记事件"家中至多一个女孩".则因为 $P(A) = 6/8, P(B) = 4/8$,而 AB 表示"家中恰有一个女孩",故 $P(AB) = 3/8$,所以 A 与 B 相互独立.

（3）当考察的家庭有两个小孩时,样本空间只含 4 个样本点,它们是

$$bb, \quad bg, \quad gb, \quad gg.$$

若事件 A, B 仍如（2）所设,则 $P(A) = 2/4, P(B) = 3/4$,而 $P(AB) = 2/4$,由于 $P(AB) \neq P(A)P(B)$,所以 A 与 B 不独立.

性质 1.5.1 若事件 A 与 B 独立,则 A 与 $\overline{B}$ 独立,$\overline{A}$ 与 B 独立,$\overline{A}$ 与 $\overline{B}$ 独立.

证明 由概率的性质知

$$P(A\overline{B}) = P(A) - P(AB).$$

又由 A 与 B 的独立性知

$$P(AB) = P(A)P(B),$$

所以

$$P(A\overline{B}) = P(A) - P(A)P(B) = P(A)[1 - P(B)] = P(A)P(\overline{B}),$$

这表明 A 与 $\overline{B}$ 独立.类似可证 $\overline{A}$ 与 B 独立,$\overline{A}$ 与 $\overline{B}$ 独立.

对于性质 1.5.1 的直观理解也是容易的:因为 A 与 B 相互独立,则 A 的发生不影响 B 的发生,那么 A 的发生也不会影响 B 的不发生,A 的不发生也不会影响 B 的发生,A 的不发生也不会影响 B 的不发生.

1.5.2 多个事件的相互独立性

首先研究三个事件的相互独立性,对此我们先给出以下的定义

定义 1.5.2 设 A, B, C 是三个事件,如果有

$$\begin{cases} P(AB) = P(A)P(B), \\ P(AC) = P(A)P(C), \\ P(BC) = P(B)P(C), \end{cases} \tag{1.5.2}$$

则称 A, B, C **两两独立**.若还有

$$P(ABC) = P(A)P(B)P(C), \tag{1.5.3}$$

则称 A, B, C **相互独立**.

注意:有例子可以证明由（1.5.2）式推不出（1.5.3）式,同样有例子可以证明由（1.5.3）式推不出（1.5.2）式.

由此我们可以定义三个以上事件的相互独立性.

定义 1.5.3 设有 n 个事件 $A_1, A_2, \cdots, A_n$,对任意的 $1 \leqslant i < j < k < \cdots \leqslant n$,如果以下等式

均成立

$$
\begin{cases}
P(A_iA_j) = P(A_i)P(A_j), \\
P(A_iA_jA_k) = P(A_i)P(A_j)P(A_k), \\
\qquad \cdots\cdots\cdots \\
P(A_1A_2\cdots A_n) = P(A_1)P(A_2)\cdots P(A_n),
\end{cases}
\tag{1.5.4}
$$

则称此 n 个事件 $A_1, A_2, \cdots, A_n$ **相互独立**.

从上述定义可以看出, n 个相互独立的事件中的任意一部分内仍是相互独立的, 而且任意一部分与另一部分也是独立的. 与性质 1.5.1 类似, 可以证明: 将相互独立事件中的任一部分换为对立事件, 所得的诸事件仍为相互独立的.

例 1.5.2 设 A, B, C 三事件相互独立, 试证 $A \cup B$ 与 C 相互独立.

证明 因为

$$
\begin{aligned}
P((A \cup B)C) &= P(AC \cup BC) = P(AC) + P(BC) - P(ABC) \\
&= P(A)P(C) + P(B)P(C) - P(A)P(B)P(C) \\
&= (P(A) + P(B) - P(A)P(B))P(C) = P(A \cup B)P(C),
\end{aligned}
$$

所以 $A \cup B$ 与 C 相互独立.

仿照此题的证明, 可很容易推得: AB 与 C 独立, $A-B$ 与 C 独立.

注意: 若 A, B, C 间只有两两独立, 则不能证明 $A \cup B$ 与 C 独立, 也不能证明 AB 与 C 独立, $A-B$ 与 C 独立.

例 1.5.3 两射手彼此独立地向同一目标射击, 设甲射中目标的概率为 0.9, 乙射中目标的概率为 0.8, 求目标被击中的概率是多少?

解 记 A 为事件"甲射中目标", B 为事件"乙射中目标". 注意到事件"目标被击中" $= A \cup B$, 故

$$
P(A \cup B) = P(A) + P(B) - P(A)P(B) = 0.9 + 0.8 - 0.9 \times 0.8 = 0.98.
$$

此题也可用对立事件公式求解, 具体是

$$
\begin{aligned}
P(A \cup B) &= 1 - P(\overline{A \cup B}) = 1 - P(\overline{A}\,\overline{B}) \\
&= 1 - P(\overline{A})P(\overline{B}) = 1 - (1 - 0.9)(1 - 0.8) \\
&= 1 - 0.1 \times 0.2 = 0.98.
\end{aligned}
$$

例 1.5.4 某零件用两种工艺加工, 第一种工艺有三道工序, 各道工序出现不合格品的概率分别为 0.3, 0.2, 0.1; 第二种工艺有两道工序, 各道工序出现不合格品的概率分别为 0.3, 0.2. 试问:

(1) 用哪种工艺加工得到合格品的概率较大些?

(2) 第二种工艺两道工序出现不合格品的概率都是 0.3 时, 情况又如何?

解 以 A_i 记事件"用第 i 种工艺加工得到合格品", $i = 1, 2$.

(1) 由于各道工序可看作是独立工作的, 所以

$$
P(A_1) = 0.7 \times 0.8 \times 0.9 = 0.504,
$$

$$
P(A_2) = 0.7 \times 0.8 = 0.56,
$$

即第二种工艺得到合格品的概率较大些. 这个结果也是可以理解的, 因为第二种工艺前两道工序出现不合格品的概率与第一种工艺相同, 但少了一道工序, 所以减少了出

现不合格品的机会.

（2）当第二种工艺的两道工序出现不合格品的概率都是 0.3 时，

$$P(A_2) = 0.7 \times 0.7 = 0.49,$$

即第一种工艺得到合格品的概率较大些.

例 1.5.5　有两名选手比赛射击，轮流对同一目标进行射击，甲命中目标的概率为 α，乙命中目标的概率为 β.甲先射，谁先命中谁得胜.问甲、乙两人获胜的概率各为多少？

解法一　记事件 A_i 为"第 i 次射击命中目标"，$i = 1, 2, \cdots$.因为甲先射，所以事件"甲获胜"可以表示为

$$A_1 \cup \overline{A}_1 \overline{A}_2 A_3 \cup \overline{A}_1 \overline{A}_2 \overline{A}_3 \overline{A}_4 A_5 \cup \cdots.$$

又因为各次射击是独立的，所以得

$$\begin{aligned}
P\{甲获胜\} &= \alpha + (1-\alpha)(1-\beta)\alpha + (1-\alpha)^2(1-\beta)^2\alpha + \cdots \\
&= \alpha \sum_{i=0}^{\infty}(1-\alpha)^i(1-\beta)^i \\
&= \frac{\alpha}{1-(1-\alpha)(1-\beta)}.
\end{aligned}$$

同理可得

$$\begin{aligned}
P\{乙获胜\} &= P(\overline{A}_1 A_2 \cup \overline{A}_1 \overline{A}_2 \overline{A}_3 A_4 \cup \cdots) \\
&= (1-\alpha)\beta + (1-\alpha)(1-\beta)(1-\alpha)\beta + \cdots \\
&= \beta(1-\alpha)\sum_{i=0}^{\infty}(1-\alpha)^i(1-\beta)^i \\
&= \frac{\beta(1-\alpha)}{1-(1-\alpha)(1-\beta)}.
\end{aligned}$$

此题在等比级数求和时，应该有条件：公比 $|(1-\alpha)(1-\beta)| < 1$.这一点不难从题目的实际意义中得到.因为对本题而言，α, β 取值为零或 1 均是无意义的.

解法二　因为

$$P(甲获胜) = \alpha + (1-\alpha)(1-\beta)P(甲获胜)$$

由此解得

$$P(甲获胜) = \frac{\alpha}{1-(1-\alpha)(1-\beta)} = \frac{\alpha}{\alpha+\beta-\alpha\beta}.$$

而

$$P(乙获胜) = 1 - P(甲获胜) = \frac{\alpha+\beta-\alpha\beta-\alpha}{\alpha+\beta-\alpha\beta} = \frac{\beta(1-\alpha)}{1-(1-\alpha)(1-\beta)}.$$

例 1.5.6　系统由多个元件组成，且所有元件都独立地工作.设每个元件正常工作的概率都为 $p = 0.9$，试求以下系统正常工作的概率.

（1）串联系统 S_1

（2）并联系统 S_2

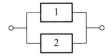

（3）5 个元件组成的桥式系统 S_3

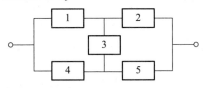

解 设 S_i ＝"第 i 个系统正常工作"，A_i ＝"第 i 个元件正常工作".

（1）对串联系统而言，"系统正常工作"相当于"所有元件正常工作"，即 $S_1 = A_1 A_2$，所以

$$P(S_1) = P(A_1 A_2) = P(A_1) P(A_2) = p^2 = 0.81.$$

这也可看出：两个正常工作概率为 0.9 的元件组成的串联系统，其系统正常工作的概率下降为 0.81.

（2）对并联系统而言，"系统正常工作"相当于"至少一个元件正常工作"，即 $S_2 = A_1 \cup A_2$，所以

$$P(S_2) = P(A_1 \cup A_2) = P(A_1) + P(A_2) - P(A_1 A_2) = p + p - p^2 = 0.99.$$

或

$$P(S_2) = 1 - P(\bar{S}_2) = 1 - P(\overline{A_1 \cup A_2}) = 1 - P(\bar{A}_1 \cap \bar{A}_2)$$

$$= 1 - P(\bar{A}_1) P(\bar{A}_2) = 1 - (1 - p)^2 = 0.99.$$

这也可看出：两个正常工作概率为 0.9 的元件组成的并联系统，其系统正常工作的概率提高至 0.99.

（3）在桥式系统中，第 3 个元件是关键，我们先用全概率公式得

$$P(S_3) = P(A_3) P(S_3 \mid A_3) + P(\bar{A}_3) P(S_3 \mid \bar{A}_3).$$

因为在"第 3 个元件正常工作"的条件下，系统成为先并后串系统（见图 1.5.1）. 所以

$$P(S_3 \mid A_3) = P((A_1 \cup A_4)(A_2 \cup A_5)) = P(A_1 \cup A_4) P(A_2 \cup A_5)$$

$$= [1 - (1 - p)^2]^2 = 0.980\ 1.$$

又因为在"第 3 个元件不正常工作"的条件下，系统成为先串后并系统（见图 1.5.2）. 所以

$$P(S_3 \mid \bar{A}_3) = P(A_1 A_2 \cup A_4 A_5) = 1 - (1 - p^2)^2 = 0.963\ 9.$$

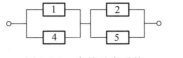

图 1.5.1　先并后串系统　　　　　　　　图 1.5.2　先串后并系统

最后我们得

$$P(S_3) = p[1 - (1-p)^2]^2 + (1-p)[1 - (1-p^2)^2]$$
$$= 0.9 \times 0.980\ 1 + 0.1 \times 0.963\ 9 = 0.978\ 5.$$

1.5.3　试验的独立性

利用事件的独立性可以定义两个或更多个试验的独立性.

定义 1.5.4　设有两个试验 E_1 和 E_2,假如试验 E_1 的任一结果(事件)与试验 E_2 的任一结果(事件)都是相互独立的事件,则称**这两个试验相互独立**.

例如掷一枚硬币(试验 E_1)与掷一颗骰子(试验 E_2)是相互独立的试验.

类似地可以定义 n 个试验 $E_1, E_2, \cdots, E_n$ 的相互独立性:如果 E_1 的任一结果、E_2 的任一结果、……、E_n 的任一结果都是相互独立的事件,则称**试验 E_1, $E_2, \cdots, E_n$ 相互独立**.如果这 n 个独立试验还是相同的,则称其为 n **重独立重复试验**.如果在 n 重独立重复试验中,每次试验的可能结果为两个:A 或 $\bar{A}$,则称这种试验为 n **重伯努利(Bernoulli)试验**.

例如掷 n 枚硬币、掷 n 颗骰子、检查 n 个产品等,都是 n 重独立重复试验.

例 1.5.7　某彩票每周开奖一次,每次提供十万分之一的中奖机会,且各周开奖是相互独立的.若你每周买一张彩票,坚持十年(每年 52 周)之久,你从未中奖的可能性是多少?

解　按假设,每次中奖的可能性是 10^{-5},于是每次不中奖的可能性是 $1-10^{-5}$.另外,十年中你共购买彩票 520 次,每次开奖都是相互独立的,相当于进行了 520 次独立重复试验.记 A_i 为"第 i 次开奖不中奖",$i = 1, 2, \cdots, 520$,则 $A_1, A_2, \cdots, A_{520}$ 相互独立,由此得十年中你从未中奖的可能性是

$$P(A_1 A_2 \cdots A_{520}) = (1 - 10^{-5})^{520} = 0.994\ 8.$$

这个概率表明十年中你从未中奖是很正常的事.

如果将上例中每次中奖机会改成"万分之一",则十年中从未中奖的可能性还是很大的,为 0.949 3.

习　题　1.5

1. 三人独立地破译一个密码,他们能单独译出的概率分别为 1/5,1/4,1/3,求此密码被译出的概率.

2. 有甲、乙两批种子,发芽率分别为 0.8 和 0.9,在两批种子中各任取一粒,求:

(1) 两粒种子都能发芽的概率;

(2) 至少有一粒种子能发芽的概率;

(3) 恰好有一粒种子能发芽的概率.

3. 甲、乙两人独立地对同一目标射击一次,其命中率分别为 0.8 和 0.7,现已知目标被击中,求它

是甲射中的概率.

4. 设电路由 A,B,C 三个元件组成,若元件 A,B,C 发生故障的概率分别是 0.3,0.2,0.2,且各元件独立工作,试在以下情况下,求此电路发生故障的概率:

(1) A,B,C 三个元件串联;

(2) A,B,C 三个元件并联;

(3) 元件 A 与两个并联的元件 B 及 C 串联.

5. 在一周内甲,乙,丙三台机床需维修的概率分别是 0.9,0.8 和 0.85,求一周内

(1) 没有一台机床需要维修的概率;

(2) 至少有一台机床不需要维修的概率;

(3) 至多只有一台机床需要维修的概率.

6. 设 A_1, A_2, A_3 相互独立,且 $P(A_i) = 2/3, i = 1,2,3$.试求 A_1, A_2, A_3 中

(1) 至少出现一个的概率;

(2) 恰好出现一个的概率;

(3) 最多出现一个的概率.

7. 若事件 A 与 B 相互独立且互不相容,试求 $\min\{P(A), P(B)\}$.

8. 假设 $P(A) = 0.4, P(A \cup B) = 0.9$,在以下情况下求 $P(B)$:

(1) A, B 不相容;

(2) A, B 独立;

(3) $A \subset B$.

9. 设 A, B, C 两两独立,且 $ABC = \varnothing$.

(1) 如果 $P(A) = P(B) = P(C) = x$,试求 x 使 $P(A \cup B \cup C)$ 达到最大值;

(2) 如果 $P(A) = P(B) = P(C) < 1/2$,且 $P(A \cup B \cup C) = 9/16$,求 $P(A)$.

10. 事件 A, B 独立,两个事件仅 A 发生的概率或仅 B 发生的概率都是 $1/4$,求 $P(A)$ 及 $P(B)$.

11. 一实习生用同一台机器接连独立地制造 3 个同种零件,第 i 个零件是不合格品的概率为 $p_i = 1/(i+1), i = 1,2,3$,以 X 表示 3 个零件中合格品的个数,求 $P(X \leqslant 2)$.

12. 每门高射炮击中飞机的概率为 0.3,独立同时射击时,要以 99% 的把握击中飞机,需要几门高射炮?

13. 投掷一枚骰子,问需要投掷多少次,才能保证至少有一次出现点数为 6 的概率大于 $1/2$?

14. 一射手对同一目标独立地进行四次射击,若至少命中一次的概率为 $80/81$,试求该射手进行一次射击的命中率.

15. 每次射击命中率为 0.5,试求:射击多少次才能使至少击中一次的概率不小于 0.95?

16. 设猎人在距离猎物 100 米处对猎物打第一枪,命中猎物的概率为 0.5.若第一枪未命中,则猎人继续打第二枪,此时猎物与猎人已相距 150 米.若第二枪仍未命中,则猎人继续打第三枪,此时猎物与猎人已相距 200 米.若第三枪还未命中,则猎物逃脱.假如该猎人命中猎物的概率与距离成反比,试求该猎物被击中的概率.

17. 某血库急需 AB 型血,要从身体合格的献血者中获得,根据经验,每百名身体合格的献血者中只有 2 名是 AB 型血的.

(1) 求在 20 名身体合格的献血者中至少有一人是 AB 型血的概率;

(2) 若要以 95% 的把握至少能获得一份 AB 型血,需要多少位身体合格的献血者?

18. 一个人的血型为 A,B,AB,O 型的概率分别为 0.37,0.21,0.08,0.34.现任意挑选四个人,试求:

(1) 此四人的血型全不相同的概率;

(2) 此四人的血型全部相同的概率.

19. 甲、乙两选手进行乒乓球单打比赛,已知在每局中甲胜的概率为 0.6,乙胜的概率为 0.4.比赛

可采用三局二胜制或五局三胜制,问哪一种比赛制度对甲更有利?

20. 甲、乙、丙三人进行比赛,规定每局两个人比赛,胜者与第三人比赛,依次循环,直至有一人连胜两次为止,此人即为冠军.而每次比赛双方取胜的概率都是 1/2,现假定甲、乙两人先比,试求各人得冠军的概率.

21. 甲、乙两个赌徒在每一局获胜的概率都是 1/2.两人约定谁先赢得一定的局数就获得全部赌本.但赌博在中途被打断了,请问在以下各种情况下,应如何合理分配赌本:

(1) 甲、乙两个赌徒都各需赢 k 局才能获胜;

(2) 甲赌徒还需赢 2 局才能获胜,乙赌徒还需赢 3 局才能获胜;

(3) 甲赌徒还需赢 n 局才能获胜,乙赌徒还需赢 m 局才能获胜.

22. 一辆重型货车去边远山区送货.修理工告诉司机,由于车上六个轮胎都是旧的,前面两个轮胎损坏的概率都是 0.1,后面四个轮胎损坏的概率都是 0.2.你能告诉司机,此车在途中因轮胎损坏而发生故障的概率是多少吗?

23. 设 $0<P(B)<1$,试证:事件 A 与 B 独立的充要条件是 $P(A \mid B) = P(A \mid \overline{B})$.

24. 设 $0<P(A)<1, 0<P(B)<1, P(A|B) + P(\overline{A} \mid \overline{B}) = 1$,试证 A 与 B 独立.

25. 若 $P(A)>0, P(B)>0$,如果 A, B 相互独立,试证 A, B 相容.

 本章小结

第二章
随机变量及其分布

为了进行定量的数学处理,必须把随机现象的结果数量化.这就是引进随机变量的原因.随机变量概念的引进使得对随机现象的处理更简单与直接,也更统一而有力.本章我们将主要讨论一维随机变量及其分布.

§2.1　随机变量及其分布

在第一章中我们曾提及随机变量,在那里我们把"用来表示随机现象结果的变量"称为随机变量,其中"表示"一词的含义是什么? 这是要进一步探讨的问题.

2.1.1　随机变量的概念

在随机现象中有很多样本点本身就是用数量表示的,由于样本点出现的随机性,其数量呈现为随机变量,譬如

- 掷一颗骰子,出现的点数 X 是一个随机变量.
- 每天进入某超市的顾客数 Y,顾客购买商品的件数 U,顾客排队等候付款的时间 V,这里 Y, U, V 是三个不同的随机变量.
- 电视机的寿命 T 是一个随机变量.
- 测量的误差 ε 是一个随机变量.

在随机现象中还有不少样本点本身不是数,这时可根据研究需要**设置**随机变量,譬如

- 检查一个产品,只考察其合格与否,则其样本空间为 $\Omega = \{$合格品,不合格品$\}$.这时可设置一个随机变量 X 如下:

样本点		X 的取值
合格品	$\longrightarrow$	0
不合格品	$\longrightarrow$	1

在此 X 就是"检查一个产品中不合格品数",它仅可能取值 0 与 1.若此种产品的不合格品率为 p,则 X 取各种值及其概率可列表如下:

X	0	1
P	$1-p$	p

- 检查三个产品,则有 8 个样本点,若记 X 为"三个产品中的不合格品数",则 X 的取值与样本点之间有如下对应关系:

样本点		X 的取值
$\omega_1 = (0,0,0)$	$\longrightarrow$	0
$\omega_2 = (1,0,0)$	$\longrightarrow$	1
$\omega_3 = (0,1,0)$	$\longrightarrow$	1
$\omega_4 = (0,0,1)$	$\longrightarrow$	1
$\omega_5 = (0,1,1)$	$\longrightarrow$	2
$\omega_6 = (1,0,1)$	$\longrightarrow$	2
$\omega_7 = (1,1,0)$	$\longrightarrow$	2
$\omega_8 = (1,1,1)$	$\longrightarrow$	3

这样 X 取各种值就是如下的互不相容的事件:
$$\{X = 0\} = \{\omega_1\}, \qquad \{X = 1\} = \{\omega_2, \omega_3, \omega_4\},$$
$$\{X = 2\} = \{\omega_5, \omega_6, \omega_7\}, \quad \{X = 3\} = \{\omega_8\}.$$

若此种产品的不合格品率为 p,则 X 取各种值的概率可列表如下:

X	0	1	2	3
P	$(1-p)^3$	$3p(1-p)^2$	$3p^2(1-p)$	p^3

下面我们给出随机变量的一般定义.

定义 2.1.1 定义在样本空间 Ω 上的实值函数 $X = X(\omega)$ 称为**随机变量**,常用大写字母 X, Y, Z 等表示随机变量,其取值用小写字母 x, y, z 等表示.

假如一个随机变量仅可能取有限个或可列个值,则称其为**离散随机变量**.假如一个随机变量的可能取值充满数轴上的一个区间 (a, b),则称其为**连续随机变量**,其中 a 可以是 $-\infty$,b 可以是 ∞.

这个定义表明:随机变量 X 是样本点 ω 的一个函数,这个函数可以是不同样本点对应不同的实数,也允许多个样本点对应同一个实数.这个函数的自变量(样本点)可以是数,也可以不是数,但因变量一定是实数.

与微积分中的变量不同,概率论中的随机变量 X 是一种"随机取值的变量且伴随一个分布".以离散随机变量为例,我们不仅要知道 X 可能取哪些值,而且还要知道它取这些值的概率各是多少,这就需要分布的概念.有没有分布是区分一般变量与随机变量的主要标志.

2.1.2　随机变量的分布函数

随机变量 X 是样本点 ω 的一个实值函数,若 B 是某些实数组成的集合,即 $B \subset \mathbf{R}$,$\mathbf{R}$ 表示实数集,则 $\{X \in B\}$ 表示如下的随机事件
$$\{\omega : X(\omega) \in B\} \subset \Omega.$$
特别,用等号或不等号把随机变量 X 与某些实数连接起来,用来表示事件.如 $\{X \leqslant a\}$、$\{X > b\}$ 和 $\{a < X < b\}$ 都是随机事件.具体有

- 记 X 表示掷一颗骰子出现的点数,则 X 的可能取值为 $1,2,\cdots,6$.这是一个离散随机变量.事件 $A=$ "点数小于等于3",可以表示为 $A=\{X\leqslant 3\}$.

- 记 Y 表示一天内到达某商场的顾客数,则 Y 的可能取值为 $0,1,2,\cdots,n,\cdots$.这也是一个离散随机变量.事件 $B=$ "至少来1 000位顾客",可以表示为 $B=\{Y\geqslant 1\ 000\}$.

- 记 T 表示某种电器产品的使用寿命,则 T 的可能取值充满区间 $[0,\infty)$.这是一个连续随机变量.事件 $C=$ "使用寿命在40 000至50 000小时",可以表示为 $C=\{40\ 000\leqslant T\leqslant 50\ 000\}$.

为了掌握 X 的统计规律性,我们只要掌握 X 取各种值的概率.由于

$$\{a<X\leqslant b\}=\{X\leqslant b\}-\{X\leqslant a\},$$

$$\{X>c\}=\Omega-\{X\leqslant c\},$$

因此只要对任意实数 x,知道了事件 $\{X\leqslant x\}$ 的概率就够了,这个概率具有累积特性,常用 F 表示.另外这个概率与 x 有关,不同的 x,此累积概率的值也不同,为此记

$$F(x)=P(X\leqslant x),$$

于是 $F(x)$ 对所有 $x\in(-\infty,\infty)$ 都有定义,因而 $F(x)$ 是定义在 $(-\infty,\infty)$ 上、取值于 $[0,1]$ 的一个函数.这就是我们下面要引入的分布函数.

定义 2.1.2 设 X 是一个随机变量,对任意实数 x,称

$$F(x)=P(X\leqslant x) \tag{2.1.1}$$

为随机变量 X 的**分布函数**.且称 X 服从 $F(x)$,记为 $X\sim F(x)$.有时也可用 $F_X(x)$ 以表明是 X 的分布函数(把 X 写成 F 的下标).

例 2.1.1 向半径为 r 的圆内随机抛一点,求此点到圆心之距离 X 的分布函数 $F(x)$,并求 $P\left(X>\dfrac{2r}{3}\right)$.

解 事件 "$X\leqslant x$" 表示所抛之点落在半径为 x $(0\leqslant x\leqslant r)$ 的圆内,故由几何概率知

$$F(x)=P(X\leqslant x)=\frac{\pi x^2}{\pi r^2}=\left(\frac{x}{r}\right)^2,$$

而当 $x<0$ 时,有 $F(x)=0$;当 $x>r$ 时,有 $F(x)=1$.
从而

$$P\left(X>\frac{2r}{3}\right)=1-P\left(X\leqslant\frac{2r}{3}\right)=1-F\left(\frac{2r}{3}\right)=1-\left(\frac{2}{3}\right)^2=\frac{5}{9}.$$

从分布函数的定义可见,**任一随机变量 X(离散的或连续的)都有一个分布函数**.有了分布函数,就可据此算得与随机变量 X 有关事件的概率.下面先证明分布函数的三个基本性质.

定理 2.1.1 任一分布函数 $F(x)$ 都具有如下三条基本性质:

(1) **单调性** $F(x)$ 是定义在整个实数轴 $(-\infty,\infty)$ 上的单调非减函数,即对任意的 $x_1<x_2$,有 $F(x_1)\leqslant F(x_2)$.

(2) **有界性** 对任意的 x,有 $0\leqslant F(x)\leqslant 1$,且

$$F(-\infty)=\lim_{x\to-\infty}F(x)=0,$$

$$F(\infty) = \lim_{x \to \infty} F(x) = 1.$$

（3）**右连续性**　$F(x)$ 是 x 的右连续函数，即对任意的 x_0，有

$$\lim_{x \to x_0 + 0} F(x) = F(x_0),$$

即

$$F(x_0 + 0) = F(x_0).$$

证明　（1）是显然的，下证（2）. 由于 $F(x)$ 是事件 $\{X \le x\}$ 的概率，所以 $0 \le F(x) \le 1$. 由 $F(x)$ 的单调性知，对任意整数 m 和 n，有

$$\lim_{x \to -\infty} F(x) = \lim_{m \to -\infty} F(m), \quad \lim_{x \to \infty} F(x) = \lim_{n \to \infty} F(n)$$

都存在. 又由概率的可列可加性得

$$1 = P(-\infty < X < \infty) = P\left(\bigcup_{i=-\infty}^{\infty} \{i-1 < X \le i\} \right)$$

$$= \sum_{i=-\infty}^{\infty} P(i-1 < X \le i) = \lim_{\substack{n \to \infty \\ m \to -\infty}} \sum_{i=m}^{n} P(i-1 < X \le i)$$

$$= \lim_{n \to \infty} F(n) - \lim_{m \to -\infty} F(m),$$

由此可得

$$\lim_{x \to -\infty} F(x) = 0, \quad \lim_{x \to \infty} F(x) = 1.$$

再证（3），因为 $F(x)$ 是单调有界非降函数，所以其任一点 x_0 的右极限 $F(x_0+0)$ 必存在. 为证右连续性，只要对任意单调下降的数列 $x_1 > x_2 > \cdots > x_n > \cdots > x_0$，当 $x_n \to x_0$ （$n \to \infty$）时，证明 $\lim_{n \to \infty} F(x_n) = F(x_0)$ 成立即可. 因为

$$F(x_1) - F(x_0) = P(x_0 < X \le x_1) = P\left(\bigcup_{i=1}^{\infty} \{x_{i+1} < X \le x_i\} \right)$$

$$= \sum_{i=1}^{\infty} P(x_{i+1} < X \le x_i) = \sum_{i=1}^{\infty} [F(x_i) - F(x_{i+1})]$$

$$= \lim_{n \to \infty} [F(x_1) - F(x_n)] = F(x_1) - \lim_{n \to \infty} F(x_n),$$

由此得

$$F(x_0) = \lim_{n \to \infty} F(x_n) = F(x_0 + 0).$$

至此三条基本性质全部得证.

以上三条基本性质是分布函数必须具有的性质，还可以证明：满足这三条基本性质的函数必定是某个随机变量的分布函数. 从而**这三条基本性质成为判别某个函数是否能成为分布函数的充要条件**.

有了随机变量 X 的分布函数，那么有关 X 的各种事件的概率都能方便地用分布函数来表示了. 例如，对任意的实数 a 与 b，有

$$P(a < X \le b) = F(b) - F(a),$$

$$P(X = a) = F(a) - F(a - 0),$$

$$P(X \ge b) = 1 - F(b - 0),$$

$$P(X > b) = 1 - F(b),$$

$$P(X < b) = F(b - 0),$$

$$P(a < X < b) = F(b - 0) - F(a),$$

$$P(a \leqslant X \leqslant b) = F(b) - F(a - 0),$$

$$P(a \leqslant X < b) = F(b - 0) - F(a - 0).$$

特别当 $F(x)$ 在 a 与 b 处连续时,有

$$F(a - 0) = F(a), \quad F(b - 0) = F(b).$$

这些公式将会在今后的概率计算中经常遇到.

例 2.1.2 设有一反正切函数

$$F(x) = \frac{1}{\pi}\left(\arctan x + \frac{\pi}{2}\right), -\infty < x < \infty.$$

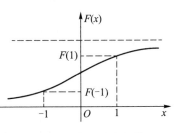

它在整个数轴上是连续、严格单调增函数,且 $F(\infty) = 1, F(-\infty) = 0.$ 由于此 $F(x)$ 满足分布函数的三条基本性质,故 $F(x)$ 是一个分布函数.称这个分布函数为**柯西分布函数**,其图形见图 2.1.1.

图 2.1.1 柯西分布函数

若 X 服从柯西分布,则

$$P(-1 \leqslant X \leqslant 1) = F(1) - F(-1) = \frac{1}{\pi}\big[\arctan(1) - \arctan(-1)\big] = \frac{1}{\pi}\left[\frac{\pi}{4} - \left(-\frac{\pi}{4}\right)\right] = \frac{1}{2}.$$

2.1.3 离散随机变量的概率分布列

对离散随机变量而言,常用以下定义的分布列来表示其分布.

定义 2.1.3 设 X 是一个离散随机变量,如果 X 的所有可能取值是 $x_1, x_2, \cdots, x_n, \cdots$,则称 X 取 x_i 的概率

$$p_i = p(x_i) = P(X = x_i), \quad i = 1, 2, \cdots, n, \cdots \tag{2.1.2}$$

为 X 的**概率分布列**或简称为**分布列**,记为 $X \sim \{p_i\}$.

分布列也可用如下列表方式来表示:

X	x_1	x_2	$\cdots$	x_n	$\cdots$
P	$p(x_1)$	$p(x_2)$	$\cdots$	$p(x_n)$	$\cdots$

或记成

$$\begin{pmatrix} x_1 & x_2 & \cdots & x_n & \cdots \\ p(x_1) & p(x_2) & \cdots & p(x_n) & \cdots \end{pmatrix}$$

第一章中我们已见过多个分布列,不同的离散随机变量可能有不同的分布列,甚至在一个样本空间上可以定义几个服从不同分布列的随机变量,这要看我们的研究需要,下面就是在同一样本空间上给出几个不同随机变量的具体例子.

例 2.1.3 掷两颗骰子,其样本空间 Ω 含有 36 个等可能的样本点

$$\Omega = \{(x, y) : x, y = 1, 2, \cdots, 6\}.$$

在 Ω 上定义如下 3 个随机变量 X, Y 和 Z:

- X 为点数之和,其可能取值为 $2,3,\cdots,12$ 等共 11 个值,其定义见图2.1.2(a).
- Y 为 6 点的骰子个数,其可能取值为 $0,1,2$ 等共 3 个值,其定义见图2.1.2(b).
- Z 为最大点数,其可能取值为 $1,2,\cdots,6$ 等共 6 个值,其定义见图2.1.2(c).

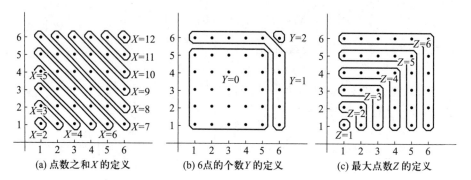

图 2.1.2 同一样本空间上不同随机变量

这三个随机变量的分布列可用古典方法算得如下:

X	2	3	4	5	6	7	8	9	10	11	12
P	$\dfrac{1}{36}$	$\dfrac{2}{36}$	$\dfrac{3}{36}$	$\dfrac{4}{36}$	$\dfrac{5}{36}$	$\dfrac{6}{36}$	$\dfrac{5}{36}$	$\dfrac{4}{36}$	$\dfrac{3}{36}$	$\dfrac{2}{36}$	$\dfrac{1}{36}$

Y	0	1	2
P	$\dfrac{25}{36}$	$\dfrac{10}{36}$	$\dfrac{1}{36}$

Z	1	2	3	4	5	6
P	$\dfrac{1}{36}$	$\dfrac{3}{36}$	$\dfrac{5}{36}$	$\dfrac{7}{36}$	$\dfrac{9}{36}$	$\dfrac{11}{36}$

类似地,还可以在这个样本空间上定义其他的离散随机变量.

性质 2.1.1 分布列的基本性质

(1) **非负性** $p(x_i)\geqslant 0,\ i=1,2,\cdots$.

(2) **正则性** $\displaystyle\sum_{i=1}^{\infty}p(x_i)=1$.

以上两条基本性质是分布列必须具有的性质,也是判别某个数列是否能成为分布列的充要条件.

由离散随机变量 X 的分布列很容易写出 X 的分布函数

$$F(x)=\sum_{x_i\leqslant x}p(x_i).$$

它的图形是有限级(或可列无穷级)的阶梯函数,具体见下面的例子.不过在离散场合,常用来描述其分布的是分布列,很少用到分布函数.因为求离散随机变量 X 的有关事件的概率时,用分布列比用分布函数来得更方便.

例 2.1.4 设离散随机变量 X 的分布列为

X	-1	2	3
P	0.25	0.5	0.25

试求 $P(X \leqslant 0.5), P(1.5 < X \leqslant 2.5)$,并写出 X 的分布函数.

解
$$P(X \leqslant 0.5) = P(X = -1) = 0.25,$$
$$P(1.5 < X \leqslant 2.5) = P(X = 2) = 0.5,$$

$$F(x) = \begin{cases} 0, & x < -1, \\ 0.25, & -1 \leqslant x < 2, \\ 0.25 + 0.5 = 0.75, & 2 \leqslant x < 3, \\ 0.25 + 0.5 + 0.25 = 1, & x \geqslant 3. \end{cases}$$

$F(x)$ 的图形如图 2.1.3 所示,它是一条阶梯形的曲线,在 X 的可能取值 $-1,2,3$ 处有右连续的跳跃点,其跳跃度分别为 X 在其可能取值点的概率:$0.25,0.5,0.25$.

特别,常量 c 可看作仅取一个值的随机变量 X,即

$$P(X = c) = 1.$$

这个分布常称为**单点分布**或**退化分布**,它的分布函数是

$$F(x) = \begin{cases} 0, & x < c, \\ 1, & x \geqslant c. \end{cases} \tag{2.1.3}$$

其图形如图 2.1.4 所示.

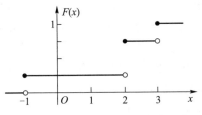

图 2.1.3　离散随机变量的分布函数

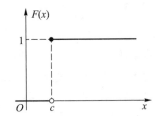

图 2.1.4　单点分布函数

以下例子说明:在具体求离散随机变量 X 的分布列时,关键是求出 X 的所有可能取值及取这些值的概率.

例 2.1.5　一汽车沿一街道行驶,需要经过 3 个设有红绿信号灯的路口,若设每个信号灯显示红绿两种信号的时间相等,且各个信号灯工作相互独立.以 X 表示该汽车首次遇到红灯前已通过的路口数.试求 X 的概率分布列.

解　由题设可知,X 的可能取值为 $0,1,2,3$.又记 $A_i = $ "汽车在第 i 个路口遇到红灯",$i = 1,2,3$.因为 A_1,A_2,A_3 相互独立,且

$$P(A_i) = P(\overline{A}_i) = \frac{1}{2}, \quad i = 1,2,3.$$

所以得

$$P(X = 0) = P(A_1) = \frac{1}{2},$$

$$P(X = 1) = P(\overline{A}_1 A_2) = P(\overline{A}_1) P(A_2) = \frac{1}{4},$$

$$P(X = 2) = P(\overline{A}_1 \overline{A}_2 A_3) = P(\overline{A}_1) P(\overline{A}_2) P(A_3) = \frac{1}{8},$$

$$P(X = 3) = P(\overline{A_1}\overline{A_2}\overline{A_3}) = P(\overline{A_1})P(\overline{A_2})P(\overline{A_3}) = \frac{1}{8},$$

故 X 的分布列如下:

X	0	1	2	3
P	1/2	1/4	1/8	1/8

2.1.4 连续随机变量的概率密度函数

前面我们从直观上描述了连续随机变量:一切可能取值充满某个区间 (a,b),而在这个区间内有无穷不可列个实数,因此这类随机变量的概率分布不能再用分布列形式表示,而要改用概率密度函数表示.下面用一个例子来分析概率密度函数的由来.

例 2.1.6 加工机械轴的直径的测量值 X 是一个随机变量.若我们一个接一个地测量轴的直径,把测量值 x 一个接一个地放到数轴上去,当累积很多测量值 x 时,就形成一定的图形.为了使这个图形得以稳定,我们把纵轴由"单位长度上的频数"改为"单位长度上的频率".由于频率的稳定性,随着测量值 x 的个数越多和单位长度越小,这个图形就越稳定,其外形就显现出一条光滑曲线(见图 2.1.5(a)).这时,这条曲线的纵坐标已是"单位长度上的概率",当单位长度趋于 0 时,其纵坐标就是"一点上的概率密度".这时,这条曲线所表示的函数 $p(x)$ 称为概率密度函数,它表示出 X"在一些地方(如中部)取值的机会大,在另一些地方(如两侧)取值机会小"的一种统计规律性.概率密度函数 $p(x)$ 有多种形式,有的位置不同,有的散布不同,有的形状不同(见图 2.1.5(b)).这正反映了不同随机变量的取值在统计规律性上的差别.

概率密度函数 $p(x)$ 的值虽不是概率,但乘微分元 $\mathrm{d}x$ 就可得小区间 $(x, x+\mathrm{d}x)$ 上概率的近似值,即

$$p(x)\mathrm{d}x \approx P(x < X < x+\mathrm{d}x).$$

在 (a,b) 上很多相邻的微分元的累积就得到 $p(x)$ 在 (a,b) 上的积分,这个积分值不是别的,就是 X 在 (a,b) 上取值的概率,即

$$\int_a^b p(x)\mathrm{d}x = P(a < X < b).$$

特别,在 $(-\infty, x]$ 上 $p(x)$ 的积分就是分布函数 $F(x)$,即

$$\int_{-\infty}^x p(t)\mathrm{d}t = P(X \leqslant x) = F(x).$$

这一关系式是连续随机变量 X 的概率密度函数 $p(x)$ 最本质的属性.这一切运算成为可能还要求 $p(x)$ 是非负可积函数.综上所述,可得概率密度函数 $p(x)$ 的如下严格定义.

定义 2.1.4 设随机变量 X 的分布函数为 $F(x)$,如果存在实数轴上的一个非负可积函数 $p(x)$,使得对任意实数 x 有

$$F(x) = \int_{-\infty}^x p(t)\mathrm{d}t, \tag{2.1.4}$$

则称 $p(x)$ 为 X 的**概率密度函数**,简称为**密度函数**或**密度**.同时称 X 为**连续随机变量**,称 $F(x)$ 为**连续分布函数**.

至此我们完成了连续随机变量及其分布的定义.从(2.1.4)式还可以看出,在 $F(x)$ 导数存在的点上有

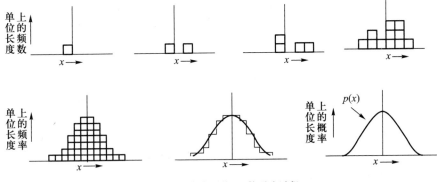

(a) 概率密度函数 $p(x)$ 的形成过程

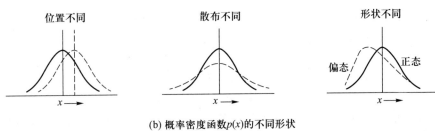

(b) 概率密度函数 $p(x)$ 的不同形状

图 2.1.5

$$F'(x) = p(x). \qquad (2.1.5)$$

$F(x)$ 是(累积)概率函数,其导函数 $F'(x)$ 是概率密度函数,由此可看出 $p(x)$ 被称为概率密度函数的理由.

由(2.1.5)式,可从分布函数求得密度函数.譬如例 2.1.2 给出的柯西分布函数处处可导,故柯西分布的密度函数为

$$p(x) = \frac{1}{\pi} \frac{1}{1 + x^2}, \quad -\infty < x < \infty.$$

性质 2.1.2 密度函数的基本性质

(1) **非负性** $p(x) \geqslant 0$.

(2) **正则性** $\int_{-\infty}^{\infty} p(x) \mathrm{d}x = 1$.(含有 $p(x)$ 的可积性)

以上两条基本性质是密度函数必须具有的性质,也是确定或判别某个函数是否成为密度函数的充要条件.譬如已知某个函数 $p(x)$ 为密度函数,若 $p(x)$ 中有一个待定常数,则可利用正则性 $\int_{-\infty}^{\infty} p(x) \mathrm{d}x = 1$ 来确定该常数.

例 2.1.7 向区间 $(0,a)$ 上任意投点,用 X 表示这个点的坐标.设这个点落在 $(0,a)$ 中任一小区间的概率与这个小区间的长度成正比,而与小区间位置无关.求 X 的分布函数和密度函数.

解 记 X 的分布函数为 $F(x)$,则

当 $x < 0$ 时,因为 $\{X \leqslant x\}$ 是不可能事件,所以 $F(x) = P(X \leqslant x) = 0$;

当 $x \geqslant a$ 时,因为 $\{X \leqslant x\}$ 是必然事件,所以 $F(x) = P(X \leqslant x) = 1$;

当 $0 \leqslant x < a$ 时,有 $F(x) = P(X \leqslant x) = P(0 \leqslant X \leqslant x) = kx$,其中 k 为比例系数. 因为 $1 = F(a) = ka$,所以得 $k = 1/a$.

于是 X 的分布函数为

$$F(x) = \begin{cases} 0, & x < 0, \\ \dfrac{x}{a}, & 0 \leqslant x < a, \\ 1, & x \geqslant a. \end{cases}$$

下面求 X 的密度函数 $p(x)$.

当 $x < 0$ 或 $x > a$ 时,$p(x) = F'(x) = 0$;

当 $0 < x < a$ 时,$p(x) = F'(x) = 1/a$,

而在 $x = 0$ 和 $x = a$ 处,$p(x)$ 可取任意值,一般就近取值为宜,这不会影响概率(积分)的计算. 于是 X 的密度函数为

$$p(x) = \begin{cases} \dfrac{1}{a}, & 0 < x < a, \\ 0, & \text{其他}. \end{cases}$$

这个分布就是区间 $(0,a)$ 上的**均匀分布**,记为 $U(0,a)$,其密度函数 $p(x)$ 和分布函数 $F(x)$ 的图形见图 2.1.6.

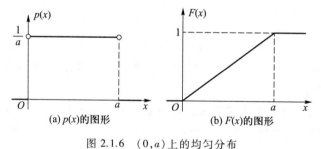

(a) $p(x)$ 的图形 　　　　(b) $F(x)$ 的图形

图 2.1.6 $(0,a)$ 上的均匀分布

其实此例就是第一章中所说的几何概率,这也建立了几何概率与均匀分布的联系. 下面我们再给出一些连续随机变量的例子.

例 2.1.8 某种型号电子元件的寿命 X(以小时计)具有以下的概率密度函数

$$p(x) = \begin{cases} \dfrac{1\,000}{x^2}, & x > 1\,000, \\ 0, & \text{其他}. \end{cases}$$

现有一大批此种元件(设各元件工作相互独立),问:

(1) 任取 1 只,其寿命大于 1 500 小时的概率是多少?

(2) 任取 4 只,4 只寿命都大于 1 500 小时的概率是多少?

(3) 任取 4 只,4 只中至少有 1 只寿命大于 1 500 小时的概率是多少?

(4) 若已知一只元件的寿命大于 1 500 小时,则该元件的寿命大于 2 000 小时的概率是多少?

解 先计算 X 的分布函数,

$$F(x) = \int_{1\,000}^{x} p(t)\,\mathrm{d}t = -\frac{1\,000}{t}\bigg|_{1\,000}^{x} = 1 - \frac{1\,000}{x}, \quad x > 1\,000.$$

（1）$P(X > 1\,500) = 1 - F(1\,500) = 1 - \left(1 - \dfrac{2}{3}\right) = \dfrac{2}{3}.$

（2）各元件工作独立，因此所求概率为

$$P(4\text{ 只元件寿命都大于 }1\,500) = \left[P(X > 1\,500)\right]^4 = \left[1 - F(1\,500)\right]^4 = \left(\frac{2}{3}\right)^4 = \frac{16}{81}.$$

（3）所求概率为

$$\begin{aligned}
&P(4\text{ 只中至少有 }1\text{ 只寿命大于 }1\,500)\\
&= 1 - P(4\text{ 只元件寿命都小于等于 }1\,500)\\
&= 1 - \left[F(1\,500)\right]^4\\
&= 1 - \left(1 - \frac{2}{3}\right)^4 = \frac{80}{81}.
\end{aligned}$$

（4）这是求条件概率 $P(X > 2\,000 \mid X > 1\,500)$，记

$$A = \{X > 1\,500\}, \quad B = \{X > 2\,000\}.$$

因为 $P(A) = 2/3, P(B) = 1/2$，且 $B \subset A$，所以

$$P(B \mid A) = \frac{P(AB)}{P(A)} = \frac{P(B)}{P(A)} = \frac{3}{4}.$$

以下我们对密度函数与分布列的异同点作一些说明.

在离散随机变量场合,

$$P(a < X \leqslant b) = \sum_{a < x_i \leqslant b} p(x_i),$$

其中诸 x_i 为 X 的可能取值.

而在连续随机变量场合,

$$P(a < X \leqslant b) = \int_a^b p(x)\,\mathrm{d}x,$$

其含义为图 2.1.7 中区间 $(a, b]$ 上的曲边梯形面积.

从这个意义上讲,概率密度函数与概率分布列所起的作用是类似的,但它们之间的差别也是明显的,具体有

（1）离散随机变量的分布函数 $F(x)$ 总是右连续的阶梯函数,而连续随机变量的分布函数 $F(x)$ 一定是整个数轴上的连续函数,前者已有明示,后者是因为对任意点 x 的增量 Δx,相应分布函数的增量总有

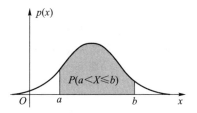

图 2.1.7　连续随机变量场合的概率

$$F(x + \Delta x) - F(x) = \int_x^{x + \Delta x} p(x)\,\mathrm{d}x \to 0 \quad (\Delta x \to 0).$$

（2）离散随机变量 X 在其可能取值的点 $x_1, x_2, \cdots, x_n, \cdots$ 上的概率不为 0,而连续随机变量 X 在 $(-\infty, \infty)$ 上任一点 a 的概率恒为 0,这是因为

$$P(X = a) = \int_a^a p(x) \, \mathrm{d}x = 0.$$

这表明:不可能事件的概率为0,但概率为0的事件(如 $P(X=a)=0$)不一定是不可能事件.类似地,必然事件的概率为1,但概率为1的事件不一定是必然事件.

（3）由于连续随机变量 X 仅取一点的概率恒为0,从而在事件 $\{a \leqslant X \leqslant b\}$ 中剔去 $x=a$ 或剔去 $x=b$,不影响其概率,即

$$P(a \leqslant X \leqslant b) = P(a < X \leqslant b) = P(a \leqslant X < b) = P(a < X < b).$$

这给计算带来很大方便.而这个性质在离散随机变量场合是不存在的,在离散随机变量场合计算概率要"点点计较".

（4）由于在若干点上改变密度函数 $p(x)$ 的值并不影响其积分的值,从而不影响其分布函数 $F(x)$ 的值,这意味着一个连续分布的密度函数不唯一.譬如在例 2.1.7 中,改变 $x=0$ 和 $x=a$ 处 $p(x)$ 的值如下:

$$p_1(x) = \begin{cases} 1/a, & 0 \leqslant x \leqslant a, \\ 0, & \text{其他}; \end{cases} \qquad p_2(x) = \begin{cases} 1/a, & 0 < x < a, \\ 0, & \text{其他}, \end{cases}$$

它们都是 $(0,a)$ 上均匀分布的密度函数.但仔细考察这两个函数 $p_1(x)$ 和 $p_2(x)$,可以发现

$$P(p_1(x) \neq p_2(x)) = P(X = 0) + P(X = a) = 0.$$

可见这两个函数在概率意义上是无差别的,在此称 $p_1(x)$ 与 $p_2(x)$ "几乎处处相等",其意义是:在概率论中可剔去概率为0的事件后讨论两个函数相等及其他随机问题.这就是概率论与微积分不同之处,也是概率论的魅力之处.

除了离散分布和连续分布之外,还有既非离散又非连续的分布,见下例.

例 2.1.9　以下的函数 $F(x)$ 确是一个分布,它的图形如图 2.1.8 所示.

$$F(x) = \begin{cases} 0, & x < 0, \\ \dfrac{1+x}{2}, & 0 \leqslant x < 1, \\ 1, & x \geqslant 1. \end{cases}$$

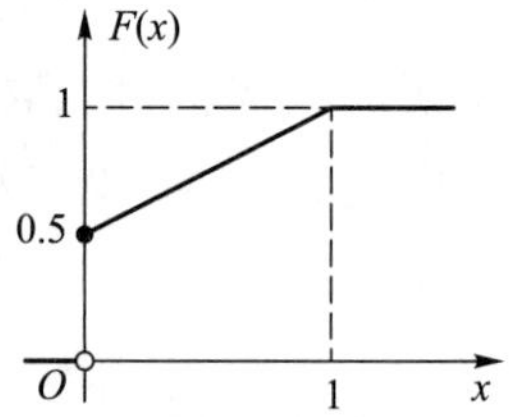

图 2.1.8　既非离散又非连续的分布函数示例

从图上可以看出:它既不是阶梯函数,又不是连续函数,所以它既非离散的又非连续的分布.它是新的一类分布,这类分布函数 $F(x)$ 常可分解为两个分布函数的凸组合,如例 2.1.9 中的分布函数可分解为

$$F(x) = \frac{1}{2} F_1(x) + \frac{1}{2} F_2(x),$$

其中

$$F_1(x) = \begin{cases} 0, & x < 0 \\ 1, & x \geqslant 0, \end{cases} \qquad F_2(x) = \begin{cases} 0, & x < 0 \\ x, & 0 \leqslant x < 1, \\ 1, & x \geqslant 1. \end{cases}$$

而 $F_1(x)$ 是(离散)单点分布函数, $F_2(x)$ 是(连续)均匀分布 $U(0,1)$ 的分布函数.

本书将不专门研究此类分布,只让大家知道山外有山,需要不断学习与研究.

习 题 2.1

1. 口袋中有 5 个球,编号为 1,2,3,4,5.从中任取 3 个,以 X 表示取出的 3 个球中的最大号码.

(1) 试求 X 的分布列;

(2) 写出 X 的分布函数,并作图.

2. 一颗骰子抛两次,求以下随机变量的分布列:

(1) X 表示两次所得的最小点数;

(2) Y 表示两次所得的点数之差的绝对值.

3. 口袋中有 7 个白球、3 个黑球.

(1) 每次从中任取一个不放回,求首次取出白球时的取球次数 X 的概率分布列;

(2) 如果取出的是黑球则不放回,而另外放入一个白球,求此时 X 的概率分布列.

4. 有 3 个盒子,第一个盒子装有 1 个白球、4 个黑球;第二个盒子装有 2 个白球、3 个黑球;第三个盒子装有 3 个白球、2 个黑球.现任取一个盒子,从中任取 3 个球.以 X 表示所取到的白球数.

(1) 试求 X 的概率分布列;

(2) 取到的白球数不少于 2 个的概率是多少?

5. 掷一颗骰子 4 次,求点数 6 出现的次数的概率分布.

6. 从一副 52 张的扑克牌中任取 5 张,求其中黑桃张数的概率分布.

7. 一批产品共有 100 件,其中 10 件是不合格品.根据验收规则,从中任取 5 件产品进行质量检验,假如 5 件中无不合格品,则这批产品被接收,否则就要重新对这批产品逐个检验.

(1) 试求 5 件中不合格品数 X 的分布列;

(2) 需要对这批产品进行逐个检验的概率是多少?

8. 设随机变量 X 的分布函数为

$$F(x) = \begin{cases} 0, & x < 0, \\ 1/4, & 0 \leq x < 1, \\ 1/3, & 1 \leq x < 3, \\ 1/2, & 3 \leq x < 6, \\ 1, & x \geq 6. \end{cases}$$

试求 X 的概率分布列及 $P(X<3),P(X\leq3),P(X>1),P(X\geq1)$.

9. 设随机变量 X 的分布函数为

$$F(x) = \begin{cases} 0, & x < 1, \\ \ln x, & 1 \leq x < e, \\ 1, & x \geq e. \end{cases}$$

试求 $P(X<2),P(0<X\leq3),P(2<X<2.5)$.

10. 若 $P(X\geq x_1)=1-\alpha,P(X\leq x_2)=1-\beta$,其中 $x_1<x_2$,试求 $P(x_1\leq X\leq x_2)$.

11. 从 1,2,3,4,5 五个数中任取三个,按大小排列记为 $x_1<x_2<x_3$,令 $X=x_2$,试求:

(1) X 的分布函数;

(2) $P(X<2)$ 及 $P(X>4)$.

12. 设随机变量 X 的密度函数为

$$p(x) = \begin{cases} 1-|x|, & -1 \leq x \leq 1, \\ 0, & \text{其他}. \end{cases}$$

试求 X 的分布函数.

13. 如果随机变量 X 的密度函数为

$$p(x) = \begin{cases} x, & 0 \leq x < 1, \\ 2-x, & 1 \leq x < 2, \\ 0, & \text{其他.} \end{cases}$$

试求 $P(X \leq 1.5)$.

14. 设随机变量 X 的密度函数为

$$p(x) = \begin{cases} A\cos x, & |x| \leq \dfrac{\pi}{2}, \\ 0, & |x| > \dfrac{\pi}{2}. \end{cases}$$

试求:

(1) 系数 A;

(2) X 落在区间 $(0, \pi/4)$ 内的概率.

15. 设连续随机变量 X 的分布函数为

$$F(x) = \begin{cases} 0, & x < 0, \\ Ax^2, & 0 \leq x < 1, \\ 1, & x \geq 1. \end{cases}$$

试求:

(1) 系数 A;

(2) X 落在区间 $(0.3, 0.7)$ 内的概率;

(3) X 的密度函数.

16. 学生完成一道作业题的时间 X 是一个随机变量,单位为小时.它的密度函数为

$$p(x) = \begin{cases} cx^2 + x, & 0 \leq x \leq 0.5, \\ 0, & \text{其他.} \end{cases}$$

(1) 确定常数 c;

(2) 写出 X 的分布函数;

(3) 试求在 20 min 内完成一道作业题的概率;

(4) 试求 10 min 以上完成一道作业题的概率.

17. 某加油站每周补给一次油.如果这个加油站每周的销售量(单位:千升)为一随机变量,其密度函数为

$$p(x) = \begin{cases} 0.05\left(1 - \dfrac{x}{100}\right)^4, & 0 < x < 100, \\ 0, & \text{其他.} \end{cases}$$

试问该油站的储油罐需要多大,才能把一周内断油的概率控制在 5% 以下?

18. 设随机变量 X 和 Y 同分布,X 的密度函数为

$$p(x) = \begin{cases} \dfrac{3}{8}x^2, & 0 < x < 2, \\ 0, & \text{其他.} \end{cases}$$

已知事件 $A = \{X > a\}$ 和 $B = \{Y > a\}$ 独立,且 $P(A \cup B) = 3/4$,求常数 a.

19. 设连续随机变量 X 的密度函数 $p(x)$ 是一个偶函数,$F(x)$ 为 X 的分布函数,求证对任意实数 $a > 0$,有

(1) $F(-a) = 1 - F(a) = 0.5 - \int_0^a p(x)\,\mathrm{d}x$;

(2) $P(|X| < a) = 2F(a) - 1$;

(3) $P(|X| > a) = 2[1 - F(a)]$.

§2.2 随机变量的数学期望

我们已经知道,每个随机变量都有一个分布(分布列、密度函数或分布函数),不同的随机变量可能拥有不同的分布,也可能拥有相同的分布.分布全面地描述了随机变量取值的统计规律性,由分布可以算出有关随机事件的概率.除此以外由分布还可以算得相应随机变量的均值、方差、分位数等特征数.这些特征数各从一个侧面描述了分布的特征.譬如,初生婴儿的体重是一个随机变量,其平均值就从一个侧面描述了体重的特征.已知随机变量的分布,如何求其均值,是本节需要研究的问题.

本节将介绍随机变量最重要的特征数:数学期望.

2.2.1 数学期望的概念

"期望"在我们日常生活中常指心中期盼的愿望,而在概率论中,数学期望源于历史上一个著名的分赌本问题.

例 2.2.1(分赌本问题) 17 世纪中叶,一位赌徒向法国数学家帕斯卡(Pascal,1623—1662)提出一个使他苦恼长久的分赌本问题:甲、乙两赌徒赌技不相上下,各出赌注 50 法郎,每局中无平局.他们约定,谁先赢三局,则得全部赌本 100 法郎.当甲赢了二局、乙赢了一局时,因故(国王召见)要中止赌博.现问这 100 法郎如何分才算公平?

这个问题引起了不少人的兴趣.首先大家都认识到:平均分对甲不公平,全部归甲对乙不公平.合理的分法是,按一定的比例,甲多分些,乙少分些.所以问题的焦点在于:按怎样的比例来分? 以下有两种分法:

(1)甲得 100 法郎中的 2/3,乙得 100 法郎中的 1/3.这是基于已赌局数:甲赢了二局、乙赢了一局.

(2)1654 年帕斯卡提出如下的分法:设想再赌下去,则甲最终所得 X 为一个随机变量,其可能取值为 0 或 100.再赌两局必可结束,其结果不外乎以下四种情况之一:

$$甲甲、甲乙、乙甲、乙乙$$

其中"甲乙"表示第一局甲胜第二局乙胜.在这四种情况中有三种可使甲获 100 法郎,只有一种情况(乙乙)下甲获 0 法郎.因为赌技不相上下,所以甲获得 100 法郎的可能性为 3/4,获得 0 法郎的可能性为 1/4,即 X 的分布列为

X	0	100
P	0.25	0.75

经上述分析,帕斯卡认为,甲的"期望"所得应为:$0 \times 0.25 + 100 \times 0.75 = 75$(法郎).即甲得 75 法郎,乙得 25 法郎.这种分法不仅考虑了已赌局数,而且还包括了对再赌下去的一种"期望",它比(1)的分法更为合理.

这就是数学期望这个名称的由来,其实这个名称称为"均值"更形象易懂.对上例而言,也就是再赌下去的话,甲"平均"可以赢 75 法郎.

现在我们来逐步分析如何由分布来求"均值".

（1）**算术平均**　如果有 n 个数 $x_1, x_2, \cdots, x_n$，那么求这 n 个数的算术平均是很简单的事，只需将此 n 个数相加后除 n 即可.

（2）**加权平均**　如果这 n 个数中有相同的，不妨设其中有 n_i 个取值为 x_i，$i = 1$，$2, \cdots, k$.将其列表为

取值	x_1	x_2	$\cdots$	x_k
频数	n_1	n_2	$\cdots$	n_k
频率	n_1/n	n_2/n	$\cdots$	n_k/n

则其"均值"应为

$$\frac{1}{n}\sum_{i=1}^{k} n_i x_i = \sum_{i=1}^{k} \frac{n_i}{n} x_i.$$

其实这个加权平均的"权数" $\dfrac{n_i}{n}$ 就是出现数值 x_i 的频率，而频率在 n 很大时，就稳定在其概率附近.

（3）对于一个离散随机变量 X，如果其可能取值为 $x_1, x_2, \cdots, x_n$.若将这 n 个数相加后除 n 作为"均值"，则肯定是不妥的.其原因在于 X 取各个值的概率一般是不同的，概率大的出现的机会就大，则在计算中其权也应该大.而上例分配赌本问题启示我们：用取值的概率作为一种"权数"作加权平均是十分合理的.

经以上分析，我们就可以给出数学期望的定义.

2.2.2　数学期望的定义

定义 2.2.1　设离散随机变量 X 的分布列为

$$p(x_i) = P(X = x_i)\,, \quad i = 1, 2, \cdots, n, \cdots.$$

如果

$$\sum_{i=1}^{\infty} |x_i| p(x_i) < \infty\,,$$

则称

$$E(X) = \sum_{i=1}^{\infty} x_i p(x_i) \tag{2.2.1}$$

为随机变量 X 的**数学期望**，或称为该分布的数学期望，简称**期望**或**均值**.若级数 $\sum_{i=1}^{\infty} |x_i| p(x_i)$ 不收敛，则称 X 的数学期望不存在.

以上定义中，要求级数绝对收敛的目的在于使数学期望唯一.因为随机变量的取值可正可负，取值次序可先可后，由无穷级数的理论知道，如果此无穷级数绝对收敛，则可保证其和不受次序变动的影响.由于有限项的和不受次序变动的影响，故取有限个可能值的随机变量的数学期望总是存在的.

连续随机变量数学期望的定义和含义完全类似于离散随机变量场合，只要将求和改为求积分即可.

定义 2.2.2　设连续随机变量 X 的密度函数为 $p(x)$.如果

$$\int_{-\infty}^{\infty} |x| p(x)\,\mathrm{d}x < \infty ,$$

则称

$$E(X) = \int_{-\infty}^{\infty} xp(x)\,\mathrm{d}x \tag{2.2.2}$$

为 X 的 **数学期望**,或称为该分布 $p(x)$ 的数学期望,简称**期望**或**均值**.若 $\displaystyle\int_{-\infty}^{\infty} |x| p(x)\,\mathrm{d}x$ 不收敛,则称 X 的数学期望不存在.

数学期望 $E(X)$ 的物理解释是重心.若把概率 $p(x_i) = P(X = x_i)$ 看作点 x_i 上的质量,概率分布看作质量在 x 轴上的分布,则 X 的数学期望 $E(X)$ 就是该质量分布的重心所在位置,详见图 2.2.1.

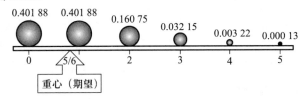

图 2.2.1 概率质量模型:同时抛五颗骰子,6 点出现个数 X 的数学期望
$E(X) = 5/6$ 就是重心所在的位置

数学期望的理论意义是深刻的,它是消除随机性的主要手段,这在本书以后各章中会清楚地看出.

数学期望在实际中应用广泛,$E(X)$ 常作为 X 的分布的代表(一种统计指标)参与同类指标的比较.如一盘磁带上的缺陷数有多有少,有随机性,不好比较,但多盘磁带上的平均缺陷数(期望值)可以比较,其越少越好.下面的实际例子将告诉人们数学期望应用的广泛性.

例 2.2.2 在一个人数为 N 的人群中普查某种疾病,为此要抽验 N 个人的血.如果将每个人的血分别检验,则共需检验 N 次.为了能减少工作量,一位统计学家提出一种方法:按 k 个人一组进行分组,把同组 k 个人的血样混合后检验,如果混合血样呈阴性反应,就说明这 k 个人的血都呈阴性反应,这 k 个人都无此疾病,因而这 k 个人只要检验 1 次就够了,相当于每个人检验 $1/k$ 次,检验的工作量明显减少了.如果混合血样呈阳性反应,就说明这 k 个人中至少有一人的血呈阳性反应,则再对这 k 个人的血样分别进行检验,因而这 k 个人的血要检验 $1+k$ 次,相当于每个人检验 $1+1/k$ 次,这时增加了检验次数.假设该疾病的发病率为 p,且得此疾病相互独立.试问此种方法能否减少平均检验次数?

解 令 X 为该人群中每个人需要的验血次数,则 X 的分布列为

X	$1/k$	$1+1/k$
P	$(1-p)^k$	$1-(1-p)^k$

所以每人平均验血次数为

$$E(X) = \frac{1}{k}(1-p)^k + \left(1 + \frac{1}{k}\right)\left[1 - (1-p)^k\right] = 1 - (1-p)^k + \frac{1}{k}.$$

由此可知,只要选择 k 使

$$1 - (1 - p)^k + \frac{1}{k} < 1 \quad \text{或} \quad (1 - p)^k > \frac{1}{k},$$

就可减少验血次数,而且还可适当选择 k 使 $E(X)$ 达到最小.譬如,当 $p = 0.1$ 时,对不同的 k,$E(X)$ 的值如表 2.2.1 所示.从表中可以看出:当 $k \geqslant 34$ 时,平均验血次数超过 1,即比分别检验的工作量还大;而当 $k \leqslant 33$ 时,平均验血次数在不同程度上得到了减少,特别在 $k = 4$ 时,平均验血次数最少,验血工作量可减少 40%.

表 2.2.1　$p = 0.1$ 时的 $E(X)$ 值

k	2	3	4	5	8	10	30	33	34
$E(X)$	0.690	0.604	0.594	0.610	0.695	0.751	0.991	0.999 4	1.001 6

我们也可以对不同的发病率 p 计算出最佳的分组人数 k_0,见下表 2.2.2.从表中也可以看出:发病率 p 越小,则分组检验的效益越大.譬如在 $p = 0.01$ 时,若取 11 人为一组进行验血,则验血工作量可减少 80% 左右.这正是美国二战期间大量征兵时,对新兵验血所采用的减少工作量的措施.

表 2.2.2　不同发病率 p 时的最佳分组人数 k_0 及其 $E(X)$

p	0.14	0.10	0.08	0.06	0.04	0.02	0.01
k_0	3	4	4	5	6	8	11
$E(X)$	0.697	0.594	0.534	0.466	0.384	0.274	0.196

例 2.2.3　每张福利彩票售价 5 元,各有一个兑奖号.每售出 100 万张设一个开奖组,用摇奖器当众摇出一个 6 位数的中奖号码(可以认为从 000 000 到 999 999 的每个数都等可能出现),兑奖规则如下:

(1) 兑奖号与中奖号码的最后一位相同者获六等奖,奖金 10 元.

(2) 兑奖号与中奖号码的最后二位相同者获五等奖,奖金 50 元.

(3) 兑奖号与中奖号码的最后三位相同者获四等奖,奖金 500 元.

(4) 兑奖号与中奖号码的最后四位相同者获三等奖,奖金 5 000 元.

(5) 兑奖号与中奖号码的最后五位相同者获二等奖,奖金 50 000 元.

(6) 兑奖号与中奖号码全部相同者获一等奖,奖金 500 000 元.

另外规定,只领取其中最高额的奖金.试求每张彩票的平均所得奖金额.

解　以 X 记一张彩票的奖金额,则 X 的分布列如下:

X	500 000	50 000	5 000	500	50	10	0
P	0.000 001	0.000 009	0.000 09	0.000 9	0.009	0.09	0.9

所以每张彩票的平均所得为

$$E(X) = 0.5 + 0.45 + 0.45 + 0.45 + 0.45 + 0.9 + 0 = 3.2.$$

这也意味:每一开奖组把筹得的 500 万元中的 320 万元以奖金形式返回给彩民,其余 180 万元则可用于福利事业及管理费用.

从这个例子也可以看出,彩票中奖与否是随机的,但一种彩票的平均所得是可以预先算出的,计算平均所得是设计一种彩票的基础.在我国,彩票发行由民政部门管理,只有当收益主要用于公益事业才被允许发行彩票.发行任一种彩票事先都要进行周密设计.

例 2.2.4 设 X 服从区间 (a,b) 上的均匀分布,求 $E(X)$.

解 由例 2.1.7 知 X 的密度函数为

$$p(x) = \begin{cases} \dfrac{1}{b-a}, & a < x < b, \\ 0, & \text{其他.} \end{cases}$$

所以

$$E(X) = \int_a^b x \cdot \frac{1}{b-a} \mathrm{d}x = \frac{1}{b-a} \cdot \frac{x^2}{2}\Big|_a^b = \frac{a+b}{2}.$$

这个结果是可以理解的,因为 X 在区间 (a,b) 上的取值是均匀的,所以它的平均取值当然应该是 (a,b) 的"中点",即 $(a+b)/2$.

例 2.2.5 柯西分布的数学期望不存在.因为柯西分布的密度函数为

$$p(x) = \frac{1}{\pi}\frac{1}{1+x^2}, \quad -\infty < x < \infty.$$

所以由

$$\int_{-\infty}^{\infty} |x| \cdot \frac{1}{\pi}\frac{1}{1+x^2}\mathrm{d}x = \infty,$$

知 $E(X)$ 不存在.

2.2.3 数学期望的性质

按照随机变量 X 的数学期望 $E(X)$ 的定义,$E(X)$ 由其分布唯一确定.若要求随机变量 X 的一个函数 $g(X)$（仍是随机变量）的数学期望,当然要先求出 $Y = g(X)$ 的分布,再用此分布来求 $E(Y)$.这一过程可用下面例子说明.

例 2.2.6 已知随机变量 X 的分布列如下:

X	-2	-1	0	1	2
P	0.2	0.1	0.1	0.3	0.3

要求 $Y = X^2$ 的数学期望,为此要分两步进行:

第一步,先求 $Y = X^2$ 的分布,这可从 X 的分布导出,即

X^2	$(-2)^2$	$(-1)^2$	0^2	1^2	2^2
P	0.2	0.1	0.1	0.3	0.3

然后对相等的值进行合并,并把对应的概率相加,可得

X^2	0	1	4
P	0.1	0.4	0.5

第二步,利用 X^2 的分布求 $E(X^2)$,即得

$$E(X^2) = 0 \times 0.1 + 1 \times 0.4 + 4 \times 0.5 = 2.4.$$

假如我们用等值合并前的分布求 $E(X^2)$,可得相同的结果

$$E(X^2) = (-2)^2 \times 0.2 + (-1)^2 \times 0.1 + 0^2 \times 0.1 + 1^2 \times 0.3 + 2^2 \times 0.3 = 2.4.$$

这两种算法本质上是一回事,但后者的计算实质上是在 X 的分布$(-2,-1,0,1,2)$基础上、而将取值改为$((-2)^2,(-1)^2,0^2,1^2,2^2)$计算出来的.由此启发我们:若进一步要求 $E(X^3)$ 和 $E(X^4)$,我们不需要先求 X^3 的分布和 X^4 的分布,而直接用 X 的分布来求,具体如下:

$$E(X^3) = (-2)^3 \times 0.2 + (-1)^3 \times 0.1 + 0^3 \times 0.1 + 1^3 \times 0.3 + 2^3 \times 0.3 = 1.$$

$$E(X^4) = (-2)^4 \times 0.2 + (-1)^4 \times 0.1 + 0^4 \times 0.1 + 1^4 \times 0.3 + 2^4 \times 0.3 = 8.4.$$

一般场合,有如下定理.

定理 2.2.1 若随机变量 X 的分布用分布列 $p(x_i)$ 或用密度函数 $p(x)$ 表示,则 X 的某一函数 $g(X)$ 的数学期望为

$$E[g(X)] = \begin{cases} \sum_i g(x_i)p(x_i), & \text{在离散场合,} \\ \int_{-\infty}^{\infty} g(x)p(x)\mathrm{d}x, & \text{在连续场合.} \end{cases} \tag{2.2.3}$$

这里所涉及的数学期望都假定存在.

这个定理的证明涉及更多的工具,在此省略了.现基于这个定理来证明数学期望的几个常用性质,以下均假定所涉及的数学期望是存在的.

性质 2.2.1 若 c 是常数,则 $E(c) = c$.

证明 如果将常数 c 看作仅取一个值的随机变量 X,则有 $P(X=c) = 1$,从而其数学期望 $E(c) = E(X) = c \times 1 = c$.

性质 2.2.2 对任意常数 a,有

$$E(aX) = aE(X). \tag{2.2.4}$$

证明 在(2.2.3)式中令 $g(x) = ax$,然后把 a 从求和号或积分号中提出来即得.

性质 2.2.3 对任意的两个函数 $g_1(x)$ 和 $g_2(x)$,有

$$E[g_1(X) \pm g_2(X)] = E[g_1(X)] \pm E[g_2(X)]. \tag{2.2.5}$$

证明 在(2.2.3)式中令 $g(x) = g_1(x) \pm g_2(x)$,然后把和式分解成两个和式,或把积分分解成两个积分即得.

例 2.2.7 某公司经销某种原料,根据历史资料表明:这种原料的市场需求量 X(单位:吨)服从$(300,500)$上的均匀分布.每售出 1 吨该原料,公司可获利 1.5(千元);若积压 1 吨,则公司损失 0.5(千元).问公司应该组织多少货源,可使平均收益最大?

解 设公司组织该货源 a 吨.则显然应该有 $300 \leq a \leq 500$.又记 Y 为在 a 吨货源的条件下的收益额(单位:千元),则收益额 Y 为需求量 X 的函数,即 $Y = g(X)$.由题设条件知:当 $X \geq a$ 时,则此 a 吨货源全部售出,共获利 $1.5a$.当 $X < a$ 时,则售出 X 吨(获利$1.5X$),且还有 $a-X$ 吨积压(获利$-0.5(a-X)$),所以共获利 $1.5X - 0.5(a-X)$,由此知

$$g(X) = \begin{cases} 1.5a, & \text{若 } X \geq a, \\ 1.5X - 0.5(a-X), & \text{若 } X < a \end{cases} = \begin{cases} 1.5a, & \text{若 } X \geq a, \\ 2X - 0.5a, & \text{若 } X < a. \end{cases}$$

由定理 2.2.1 和均匀分布可得

$$E(Y) = \int_{-\infty}^{\infty} g(x)p_X(x)\mathrm{d}x = \int_{300}^{500} g(x)\frac{1}{200}\mathrm{d}x$$

$$= \frac{1}{200}\left(\int_a^{500} 1.5a\,\mathrm{d}x + \int_{300}^{a} (2x - 0.5a)\,\mathrm{d}x \right)$$

$$= \frac{1}{200}(-a^2 + 900a - 300^2).$$

上述计算表明 $E(Y)$ 是 a 的二次函数,用通常求极值的方法可以求得:当 $a = 450$ 吨时,能使 $E(Y)$ 达到最大,即公司应该组织货源 450 吨.

习 题 2.2

1. 设离散型随机变量 X 的分布列为

X	-2	0	2
P	0.4	0.3	0.3

试求 $E(X)$ 和 $E(3X+5)$.

2. 某商店根据历年销售资料得知:一位顾客在商店中消费的金额 X(百元)的分布列为

X	0	1	2	3	4	5
P	0.10	0.33	0.31	0.13	0.09	0.04

试求顾客在商店的平均消费金额.

3. 某地区一个月内发生重大交通事故数 X 服从如下分布:

X	0	1	2	3	4	5	6
P	0.301	0.362	0.216	0.087	0.026	0.006	0.002

试求该地区发生重大交通事故的月平均数.

4. 一海运货船的甲板上放着 20 个装有化学原料的圆桶,现已知其中有 5 桶被海水污染了.若从中随机抽取 8 桶,记 X 为 8 桶中被污染的桶数,试求 X 的分布列,并求 $E(X)$.

5. 用天平称某种物品的质量(砝码仅允许放在一个盘中),现有三组砝码(单位:g):(甲)1,2,2,5,10;(乙)1,2,3,4,10;(丙)1,1,2,5,10,称重时只能使用一组砝码.问:若物品的质量为 1 g,2 g,…,10 g 的概率是相同的,用哪一组砝码称重所用的平均砝码数最少?

6. 假设有十只同种电器元件,其中有两只不合格品.装配仪器时,从这批元件中任取一只,如是不合格品,则扔掉重新任取一只;如仍是不合格品,则扔掉再取一只,试求在取到合格品之前,已取出的不合格品只数的数学期望.

7. 对一批产品进行检查,如查到第 a 件全为合格品,就认为这批产品合格;若在前 a 件中发现不合格品即停止检查,且认为这批产品不合格.设产品的数量很大,可认为每次查到不合格品的概率都是 p.问每批产品平均要查多少件?

8. 某人参加"答题秀",一共有问题 1 和问题 2 两个问题,他可以自行决定回答这两个问题的顺序.如果他先回答问题 $i(i=1,2)$,那么只有回答正确,他才被允许回答另一题.如果他有 60% 的把握答对问题 1,而答对问题 1 将获得 200 元奖励;有 80% 的把握答对问题 2,而答对问题 2 将获得 100 元奖励.问他应该先回答哪个问题,才能使获得奖励的期望值最大?

9. 某人想用 10 000 元投资于某股票,该股票当前的价格是 2 元/股,假设一年后该股票等可能地为 1 元/股和 4 元/股.而理财顾问给他的建议是:若期望一年后所拥有的股票市值达到最大,则现在就购买;若期望一年后所拥有的股票数量达到最大,则一年以后购买.试问理财顾问的建议是否正确? 为什么?

10. 保险公司的某险种规定:如果某个事件 A 在一年内发生了,则保险公司应付给投保户金额 a 元,而事件 A 在一年内发生的概率为 p. 如果保险公司向投保户收取的保费为 ka,则问 k 为多少,才能使保险公司期望收益达到 a 的 10%?

11. 某厂推土机发生故障后的维修时间 T 是一个随机变量(单位:h),其密度函数为

$$p(t) = \begin{cases} 0.02\mathrm{e}^{-0.02t}, & t > 0, \\ 0, & t \leqslant 0, \end{cases}$$

试求平均维修时间.

12. 某新产品在未来市场上的占有率 X 是在区间 $(0,1)$ 上取值的随机变量,它的密度函数为

$$p(x) = \begin{cases} 4(1-x)^3, & 0 < x < 1, \\ 0, & \text{其他}, \end{cases}$$

试求平均市场占有率.

13. 设随机变量 X 的密度函数如下,试求 $E(2X+5)$.

$$p(x) = \begin{cases} \mathrm{e}^{-x}, & x > 0, \\ 0, & x \leqslant 0. \end{cases}$$

14. 设随机变量 X 的分布函数如下,试求 $E(X)$.

$$F(x) = \begin{cases} \dfrac{\mathrm{e}^x}{2}, & x < 0, \\[2mm] \dfrac{1}{2}, & 0 \leqslant x < 1, \\[2mm] 1 - \dfrac{1}{2}\mathrm{e}^{-\frac{1}{2}(x-1)}, & x \geqslant 1. \end{cases}$$

15. 设随机变量 X 的密度函数为

$$p(x) = \begin{cases} a+bx^2, & 0 \leqslant x \leqslant 1, \\ 0, & \text{其他}, \end{cases}$$

如果 $E(X) = \dfrac{2}{3}$,求 a 和 b.

16. 某工程队完成某项工程的时间 X (单位:月)是一个随机变量,它的分布列为

X	10	11	12	13
P	0.4	0.3	0.2	0.1

(1) 试求该工程队完成此项工程的平均月数;

(2) 设该工程队所获利润为 $Y=50(13-X)$,单位为万元,试求工程队的平均利润;

(3) 若该工程队调整安排,完成该项工程的时间 X_1(单位:月)的分布为

X_1	10	11	12
P	0.5	0.4	0.1

则其平均利润可增加多少?

17. 设随机变量 X 的概率密度函数为

$$p(x) = \begin{cases} \dfrac{1}{2}\cos\dfrac{x}{2}, & 0 \leqslant x \leqslant \pi, \\[2mm] 0, & \text{其他}, \end{cases}$$

对 X 独立重复观察 4 次,Y 表示观察值大于 $\pi/3$ 的次数,求 Y^2 的数学期望.

18. 设随机变量 X 的密度函数为

$$p(x) = \begin{cases} \dfrac{3}{8}x^2, & 0 < x < 2, \\ 0, & \text{其他}, \end{cases}$$

试求 $\dfrac{1}{X^2}$ 的数学期望.

19. 设 X 为仅取非负整数的离散随机变量,若其数学期望存在,证明:

(1) $E(X) = \displaystyle\sum_{k=1}^{\infty} P(X \geqslant k)$;

(2) $\displaystyle\sum_{k=0}^{\infty} kP(X > k) = \dfrac{1}{2}(E(X^2) - E(X))$.

20. 设连续随机变量 X 的分布函数为 $F(x)$,且数学期望存在,证明:

$$E(X) = \int_0^\infty [1 - F(x)]\,dx - \int_{-\infty}^0 F(x)\,dx.$$

21. 设 X 为非负连续随机变量,若 $E(X^n)$ 存在,试证明:

(1) $E(X) = \displaystyle\int_0^\infty P(X > x)\,dx$;

(2) $E(X^n) = \displaystyle\int_0^\infty nx^{n-1}P(X > x)\,dx$.

§2.3 随机变量的方差与标准差

随机变量 X 的数学期望 $E(X)$ 是分布的一种位置特征数,它刻画了 X 的取值总在 $E(X)$ 周围波动.但这个位置特征数无法反映出随机变量取值的"波动大小",譬如 X 与 Y 的分布列分别为

X	-1	0	1
P	1/3	1/3	1/3

Y	-10	0	10
P	1/3	1/3	1/3

尽管它们的数学期望都是 0,但显然 Y 取值的波动要比 X 取值的波动大.如何用数值来反映随机变量取值的"波动"大小,是本节要研究的问题.而以下定义的方差与标准差正是度量此种波动大小的最重要的两个特征数.

2.3.1　方差与标准差的定义

设随机变量 X 的均值为 $a = E(X)$,X 的取值当然不一定恰好是 a,会有偏离.偏离的量 $X-a$ 有正有负,为了不使正负偏离彼此抵消,我们一般考虑 $(X-a)^2$,而不去考虑数学上难以处理的绝对值 $|X-a|$.因为 $(X-a)^2$ 仍是一个随机变量,所以取其均值 $E(X-a)^2$ 就可以刻画 X 的"波动"程度,这个量被称作 X 的方差,其定义如下:

定义 2.3.1　若随机变量 X^2 的数学期望 $E(X^2)$ 存在,则称偏差平方 $(X-E(X))^2$ 的数学期望 $E(X-E(X))^2$ 为随机变量 X(或相应分布)的**方差**,记为

$$\mathrm{Var}(X) = E(X - E(X))^2$$

$$= \begin{cases} \sum_i (x_i - E(X))^2 p(x_i), & \text{在离散场合}, \\ \int_{-\infty}^{\infty} (x - E(X))^2 p(x) \mathrm{d}x, & \text{在连续场合}. \end{cases} \qquad (2.3.1)$$

称方差的正平方根 $\sqrt{\mathrm{Var}(X)}$ 为随机变量 X（或相应分布）的 **标准差**，记为 $\sigma(X)$，或 σ_X.

方差与标准差的功能相似，它们都是用来描述随机变量取值的集中与分散程度（即散布大小）的两个特征数. 方差与标准差愈小，随机变量的取值愈集中；方差与标准差愈大，随机变量的取值愈分散.

方差与标准差之间的差别主要在量纲上，由于标准差与所讨论的随机变量、数学期望有相同的量纲，其加减 $E(X) \pm k\sigma(X)$ 是有意义的（k 为正实数），所以在实际中，人们比较乐意选用标准差，但标准差的计算必须通过方差才能算得.

另外要指出的是：如果随机变量 X 的数学期望存在，其方差不一定存在；而当 X 的方差存在时，则 $E(X)$ 必定存在，其原因在于 $|x| \leqslant x^2 + 1$ 总是成立的.

例 2.3.1 图 2.3.1 上有三个分布：三角分布、均匀分布和倒三角分布的密度函数及它们的图形. 从图上可以看出，这三个分布都位于区间 $(-1, 1)$ 上，并且关于纵轴对称，从而得知这三个分布的期望均为 0. 但它们的方差不等（因此标准差也不等），这可分别由各自的分布（见图 2.3.1）算得

$$\mathrm{Var}(X_1) = E(X_1^2) = \int_{-1}^{0} x^2 (1 + x) \mathrm{d}x + \int_{0}^{1} x^2 (1 - x) \mathrm{d}x = \frac{1}{6}.$$

$$\mathrm{Var}(X_2) = E(X_2^2) = \int_{-1}^{1} \frac{x^2}{2} \mathrm{d}x = \frac{1}{3}.$$

$$\mathrm{Var}(X_3) = E(X_3^2) = \int_{-1}^{0} x^2 (-x) \mathrm{d}x + \int_{0}^{1} x^2 \cdot x \mathrm{d}x = \frac{1}{2}.$$

这些计算结果与我们对分布的直观认识是一致的. 在这三个分布中，三角分布的概率在中间较为集中，故方差最小；而倒三角分布的概率大多分散在两侧，故方差最大；均匀分布介于其中，故方差也介于其中. 我们将三个分布的数学期望、方差和标准差都列于图 2.3.1 的相应分布的右侧，以供比较.

1. 三角分布

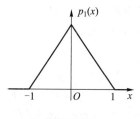

$$p_1(x) = \begin{cases} 1+x, & -1 < x < 0, \\ 1-x, & 0 \leqslant x < 1, \\ 0, & \text{其他}. \end{cases} \qquad 0 \qquad \frac{1}{6} \qquad 0.408\,2$$

2. 均匀分布

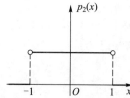

$$p_2(x) = \begin{cases} \dfrac{1}{2}, & -1 < x < 1, \\ 0, & \text{其他}. \end{cases} \qquad 0 \qquad \frac{1}{3} \qquad 0.577\,4$$

3. 倒三角分布

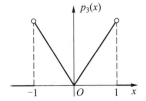

$$p_3(x) = \begin{cases} -x, & -1 < x < 0, \\ x, & 0 \leqslant x < 1, \\ 0, & 其他. \end{cases} \qquad\qquad 0 \qquad \frac{1}{2} \qquad 0.707 \quad 1$$

图 2.3.1　比较三个分布的方差与标准差

例 2.3.2　某人有一笔资金,可投入两个项目:房地产和商业,其收益都与市场状态有关.若把未来市场划分为好、中、差三个等级,其发生的概率分别为0.2、0.7、0.1.通过调查,该投资者认为投资于房地产的收益 X(万元)和投资于商业的收益 Y(万元)的分布分别为

X	11	3	-3
P	0.2	0.7	0.1

Y	6	4	-1
P	0.2	0.7	0.1

请问:该投资者如何投资为好?

解　我们先考察数学期望(平均收益)
$$E(X) = 11 \times 0.2 + 3 \times 0.7 + (-3) \times 0.1 = 4.0(万元),$$
$$E(Y) = 6 \times 0.2 + 4 \times 0.7 + (-1) \times 0.1 = 3.9(万元).$$

从平均收益看,投资房地产收益大,可比投资商业多收益 0.1 万元.下面我们再来计算它们各自的方差
$$\mathrm{Var}(X) = (11 - 4)^2 \times 0.2 + (3 - 4)^2 \times 0.7 + (-3 - 4)^2 \times 0.1 = 15.4,$$
$$\mathrm{Var}(Y) = (6 - 3.9)^2 \times 0.2 + (4 - 3.9)^2 \times 0.7 + (-1 - 3.9)^2 \times 0.1 = 3.29,$$
及标准差
$$\sigma(X) = \sqrt{15.4} = 3.92, \quad \sigma(Y) = \sqrt{3.29} = 1.81.$$

因为标准差(方差也一样)愈大,则收益的波动大,从而风险也大.资金投向何处不仅要看平均收益多少,还要看风险大小.在这里从标准差看,投资房地产的风险比投资商业的风险大一倍多.若综合权衡收益与风险,该投资者还是选择投资商业为宜,虽然平均收益少 0.1 万元,但风险要小一半以上.

2.3.2　方差的性质

以下均假定随机变量的方差是存在的.

性质 2.3.1　$\mathrm{Var}(X) = E(X^2) - [E(X)]^2$.

证明　因为
$$\mathrm{Var}(X) = E(X - E(X))^2 = E(X^2 - 2X \cdot E(X) + (E(X))^2),$$
由数学期望的性质 2.2.3 可得
$$\mathrm{Var}(X) = E(X^2) - 2E(X) \cdot E(X) + (E(X))^2 = E(X^2) - (E(X))^2.$$

在实际计算方差时,这个性质往往比定义 $\text{Var}(X)=E(X-E(X))^2$ 更常用.

性质 2.3.2 常数的方差为 0,即 $\text{Var}(c)=0$,其中 c 是常数.

证明 若 c 是常数,则

$$\text{Var}(c) = E(c - E(c))^2 = E(c - c)^2 = 0.$$

性质 2.3.3 若 a,b 是常数,则 $\text{Var}(aX+b)=a^2\text{Var}(X)$.

证明 因 a,b 是常数,则

$$\text{Var}(aX + b) = E(aX + b - E(aX + b))^2 = E(a(X - E(X)))^2 = a^2\text{Var}(X).$$

另外从 $\text{Var}(X)=E(X^2)-[E(X)]^2 \geqslant 0$ 很容易看出:若 $E(X^2)=0$,则 $E(X)=0$,且 $\text{Var}(X)=0$.

例 2.3.3 设 X 为掷一颗骰子出现的点数,试求 $\text{Var}(X)$.

解

$$E(X) = \frac{1}{6}(1 + 2 + 3 + 4 + 5 + 6) = \frac{7}{2},$$

$$E(X^2) = \frac{1}{6}(1^2 + 2^2 + 3^2 + 4^2 + 5^2 + 6^2) = \frac{91}{6},$$

$$\text{Var}(X) = \frac{91}{6} - \frac{49}{4} = \frac{35}{12} = 2.917.$$

2.3.3 切比雪夫不等式

下面给出概率论中一个重要的基本不等式.

定理 2.3.1(切比雪夫(Chebyshev,1821—1894)不等式) 设随机变量 X 的数学期望和方差都存在,则对任意常数 $\varepsilon>0$,有

$$P(\,|X - E(X)|\, \geqslant \varepsilon) \leqslant \frac{\text{Var}(X)}{\varepsilon^2}, \tag{2.3.2}$$

或

$$P(\,|X - E(X)|\, < \varepsilon) \geqslant 1 - \frac{\text{Var}(X)}{\varepsilon^2}. \tag{2.3.3}$$

证明 设 X 是一个连续随机变量,其密度函数为 $p(x)$.记 $E(X)=a$,我们有

$$P(\,|X - a| \geqslant \varepsilon) = \int_{\{x:|x-a|\geqslant\varepsilon\}} p(x)\,\mathrm{d}x \leqslant \int_{\{x:|x-a|\geqslant\varepsilon\}} \frac{(x-a)^2}{\varepsilon^2}p(x)\,\mathrm{d}x$$

$$\leqslant \frac{1}{\varepsilon^2}\int_{-\infty}^{\infty}(x-a)^2 p(x)\,\mathrm{d}x = \frac{\text{Var}(X)}{\varepsilon^2}.$$

由此知(2.3.2)式对连续随机变量成立,对于离散随机变量亦可类似进行证明.

在概率论中,事件 $\{|X-E(X)|\geqslant\varepsilon\}$ 称为**大偏差**,其概率 $P(|X-E(X)|\geqslant\varepsilon)$ 称为**大偏差发生概率**.切比雪夫不等式给出大偏差发生概率的上界,这个上界与方差成正比,方差愈大上界也愈大.

以下定理进一步说明了方差为 0 就意味着随机变量的取值几乎集中在一点上.

定理 2.3.2 若随机变量 X 的方差存在,则 $\mathrm{Var}(X) = 0$ 的充要条件是 X 几乎处处为某个常数 a,即 $P(X=a) = 1$.

证明 充分性是显然的,下面证必要性.设 $\mathrm{Var}(X) = 0$,这时 $E(X)$ 存在.因为

$$\{\,|X - E(X)| > 0\} = \bigcup_{n=1}^{\infty} \left\{\,|X - E(X)| \geqslant \frac{1}{n}\right\},$$

所以有

$$P(\,|X - E(X)| > 0) = P\left(\bigcup_{n=1}^{\infty} \left\{\,|X - E(X)| \geqslant \frac{1}{n}\right\}\right)$$

$$\leqslant \sum_{n=1}^{\infty} P\left(\,|X - E(X)| \geqslant \frac{1}{n}\right)$$

$$\leqslant \sum_{n=1}^{\infty} \frac{\mathrm{Var}(X)}{(1/n)^2} = 0,$$

其中最后一个不等式用到了切比雪夫不等式.由此可知

$$P(\,|X - E(X)| > 0) = 0,$$

因而有

$$P(\,|X - E(X)| = 0) = 1,$$

即

$$P(X = E(X)) = 1,$$

这就证明了结论,且其中的常数 a 就是 $E(X)$.

习 题 2.3

1. 设随机变量 X 满足 $E(X) = \mathrm{Var}(X) = \lambda$,已知 $E[(X-1)(X-2)] = 1$,试求 λ.

2. 假设有 10 只同种电器元件,其中有两只不合格品.装配仪器时,从这批元件中任取一只,如是不合格品,则扔掉重新任取一只;如仍是不合格品,则扔掉再取一只,试求在取到合格品之前,已取出的不合格品数的方差.

3. 已知 $E(X) = -2$,$E(X^2) = 5$,求 $\mathrm{Var}(1-3X)$.

4. 设 $P(X=0) = 1 - P(X=1)$,如果 $E(X) = 3\mathrm{Var}(X)$,求 $P(X=0)$.

5. 设随机变量 X 的分布函数为

$$F(x) = \begin{cases} \dfrac{\mathrm{e}^x}{2}, & x < 0, \\[2mm] \dfrac{1}{2}, & 0 \leqslant x < 1, \\[2mm] 1 - \dfrac{1}{2}\mathrm{e}^{-\frac{1}{2}(x-1)}, & x \geqslant 1, \end{cases}$$

试求 $\mathrm{Var}(X)$.

6. 设随机变量 X 的密度函数为

$$p(x) = \begin{cases} 1+x, & -1 < x \leqslant 0, \\ 1-x, & 0 < x \leqslant 1, \\ 0, & \text{其他}, \end{cases}$$

试求 $\mathrm{Var}(3X+2)$.

7. 设随机变量 X 的密度函数为

$$p(x) = \begin{cases} ax + bx^2, & 0 < x < 1, \\ 0, & \text{其他}, \end{cases}$$

如果已知 $E(X) = 0.5$，试计算 $\mathrm{Var}(X)$.

8. 设随机变量 X 的分布函数为

$$F(x) = 1 - e^{-x^2}, \quad x > 0,$$

试求 $E(X)$ 和 $\mathrm{Var}(X)$.

9. 试证：对任意的常数 $c \neq E(X)$，有

$$\mathrm{Var}(X) = E(X - E(X))^2 < E(X - c)^2.$$

10. 设随机变量 X 仅在区间 $[a, b]$ 上取值，试证

$$a \leqslant E(X) \leqslant b, \ \mathrm{Var}(X) \leqslant \left(\frac{b-a}{2}\right)^2.$$

11. 设随机变量 X 取值 $x_1 \leqslant x_2 \leqslant \cdots \leqslant x_n$ 的概率分别是 $p_1, p_2, \cdots, p_n$, $\sum_{k=1}^{n} p_k = 1$. 证明

$$\mathrm{Var}(X) \leqslant \left(\frac{x_n - x_1}{2}\right)^2.$$

12. 设 $g(x)$ 为随机变量 X 取值的集合上的非负不减函数，且 $E(g(X))$ 存在，证明：对任意的 $\varepsilon > 0$，有

$$P(X > \varepsilon) \leqslant \frac{E(g(X))}{g(\varepsilon)}.$$

13. 设 X 为非负随机变量，$a > 0$. 若 $E(e^{aX})$ 存在，证明：对任意的 $x > 0$，有

$$P(X \geqslant x) \leqslant \frac{E(e^{aX})}{e^{ax}}.$$

14. 已知正常成年男性每升血液中的白细胞数平均是 7.3×10^9，标准差是 0.7×10^9. 试利用切比雪夫不等式估计每升血液中的白细胞数在 5.2×10^9 至 9.4×10^9 之间的概率的下界.

§2.4　常用离散分布

每个随机变量都有一个分布，不同的随机变量可以有不同的分布，也可以有相同的分布. 随机变量有千千万万个，但常用分布并不是很多，熟悉这些常用分布对认识其他分布会很有启发. 常用分布亦分为两类：离散分布和连续分布，本节讲常用离散分布，下节讲常用连续分布.

2.4.1　二项分布

一、二项分布

如果记 X 为 n 重伯努利试验中成功（记为事件 A）的次数，则 X 的可能取值为 0, $1, \cdots, n$. 记 p 为每次试验中 A 发生的概率，即 $P(A) = p$，则 $P(\overline{A}) = 1 - p$.

因为 n 重伯努利试验的基本结果可以记作

$$\omega = (\omega_1, \omega_2, \cdots, \omega_n),$$

其中 ω_i 或者为 A,或者为 $\bar{A}$.这样的 ω 共有 2^n 个,这 2^n 个样本点 ω 组成了样本空间 Ω.

下面求 X 的分布列,即求事件 $\{X=k\}$ 的概率.若某个样本点

$$\omega = (\omega_1, \omega_2, \cdots, \omega_n) \in \{X = k\}$$

意味着 $\omega_1, \omega_2, \cdots, \omega_n$ 中有 k 个 A,$n-k$ 个 $\bar{A}$,所以由独立性知,

$$P(\omega) = p^k (1-p)^{n-k}.$$

而事件 $\{X=k\}$ 中这样的 ω 共有 $\binom{n}{k}$ 个,所以 X 的分布列为

$$P(X = k) = \binom{n}{k} p^k (1-p)^{n-k}, \ k = 0, 1, \cdots, n. \tag{2.4.1}$$

这个分布称为**二项分布**,记为 $X \sim b(n,p)$.

容易验证其和恒为 1,即

$$\sum_{k=0}^{n} \binom{n}{k} p^k (1-p)^{n-k} = [p + (1-p)]^n = 1.$$

由此可见,二项概率 $\binom{n}{k} p^k (1-p)^{n-k}$ 恰好是 n 次二项式 $(p+(1-p))^n$ 的展开式中的第 $k+1$ 项,这正是其名称的由来.

二项分布是一种常用的离散分布,譬如,

- 检查 10 件产品,10 件产品中不合格品的个数 X 服从二项分布 $b(10,p)$,其中 p 为不合格品率.
- 调查 50 个人,50 个人中患色盲的人数 Y 服从二项分布 $b(50,p)$,其中 p 为色盲率.
- 射击 5 次,5 次中命中次数 Z 服从二项分布 $b(5,p)$,其中 p 为射手的命中率.

例 2.4.1 某特效药的临床有效率为 0.95,今有 10 人服用,问至少有 8 人治愈的概率是多少?

解 设 X 为 10 人中被治愈的人数,则 $X \sim b(10, 0.95)$,而所求概率为

$$P(X \geqslant 8) = P(X = 8) + P(X = 9) + P(X = 10)$$

$$= \binom{10}{8} 0.95^8 0.05^2 + \binom{10}{9} 0.95^9 0.05 + \binom{10}{10} 0.95^{10}$$

$$= 0.074\ 6 + 0.315\ 1 + 0.598\ 7 = 0.988\ 4.$$

10 人中至少有 8 人被治愈的概率为 0.988 4.

例 2.4.2 设随机变量 $X \sim b(2,p)$,$Y \sim b(3,p)$.若 $P(X \geqslant 1) = 5/9$,试求 $P(Y \geqslant 1)$.

解 由 $P(X \geqslant 1) = 5/9$,知 $P(X = 0) = 4/9$,所以 $(1-p)^2 = 4/9$,由此得 $p = 1/3$.再由 $Y \sim b(3,p)$ 可得

$$P(Y \geqslant 1) = 1 - P(Y = 0) = 1 - \left(1 - \frac{1}{3}\right)^3 = \frac{19}{27}.$$

二、二点分布

$n = 1$ 时的二项分布 $b(1,p)$ 称为**二点分布**,或称 **0-1 分布**,或称**伯努利分布**,其分布列为

$$P(X = x) = p^x (1 - p)^{1-x}, \quad x = 0, 1. \tag{2.4.2}$$

或记为

X	0	1
P	$1-p$	p

二点分布 $b(1,p)$ 主要用来描述一次伯努利试验中成功(记为 A)的次数 (0 或 1).

很多随机现象的样本空间 Ω 常可一分为二,记为 A 与 $\overline{A}$,由此形成伯努利试验. n 重伯努利试验是由 n 个相同的、独立进行的伯努利试验组成,若将第 i 个伯努利试验中 A 出现的次数记为 X_i $(i = 1, 2, \cdots, n)$,由于 n 重伯努利试验中,每个伯努利试验是相互独立的,故其产生的 n 个随机变量 $X_1, X_2, \cdots, X_n$ 也相互独立(随机变量的独立性定义见 §3.2),且服从相同的二点分布 $b(1,p)$.此时其和

$$X = X_1 + X_2 + \cdots + X_n$$

就是 n 重伯努利试验中 A 出现的总次数,它服从二项分布 $b(n,p)$.这就是二项分布 $b(n,p)$ 与二点分布 $b(1,p)$ 之间的联系,即服从二项分布的随机变量总可分解为 n 个独立同为二点分布的随机变量之和.

三、二项分布的数学期望和方差

设随机变量 $X \sim b(n,p)$,则

$$E(X) = \sum_{k=0}^{n} k \binom{n}{k} p^k (1-p)^{n-k} = np \sum_{k=1}^{n} \binom{n-1}{k-1} p^{k-1} (1-p)^{(n-1)-(k-1)}$$

$$= np[p + (1-p)]^{n-1} = np.$$

又因为

$$E(X^2) = \sum_{k=0}^{n} k^2 \binom{n}{k} p^k (1-p)^{n-k} = \sum_{k=1}^{n} (k-1+1) k \binom{n}{k} p^k (1-p)^{n-k}$$

$$= \sum_{k=1}^{n} k(k-1) \binom{n}{k} p^k (1-p)^{n-k} + \sum_{k=1}^{n} k \binom{n}{k} p^k (1-p)^{n-k}$$

$$= \sum_{k=2}^{n} k(k-1) \binom{n}{k} p^k (1-p)^{n-k} + np$$

$$= n(n-1) p^2 \sum_{k=2}^{n} \binom{n-2}{k-2} p^{k-2} (1-p)^{(n-2)-(k-2)} + np$$

$$= n(n-1) p^2 + np.$$

由此得 X 的方差为

$$\mathrm{Var}(X) = E(X^2) - (E(X))^2 = n(n-1) p^2 + np - (np)^2 = np(1-p).$$

因为二点分布是 $n=1$ 时的二项分布 $b(1,p)$,所以二点分布的数学期望为 p,方差为 $p(1-p)$.

为了看出不同的 p 的值,其二项分布 $b(n,p)$ 的变化情况,表 2.4.1 给出了 $n=10$ 时,不同 p 值的二项分布的概率值,其线条图见图 2.4.1.

表 2.4.1 一些二项分布的概率值(空白处为 0)

k	0	1	2	3	4	5	6	7	8	9	10
$b(10,0.2)$	0.107	0.268	0.302	0.201	0.088	0.027	0.006	0.001			
$b(10,0.5)$	0.001	0.010	0.044	0.117	0.205	0.246	0.205	0.117	0.044	0.010	0.001
$b(10,0.8)$				0.001	0.006	0.027	0.088	0.201	0.302	0.268	0.107

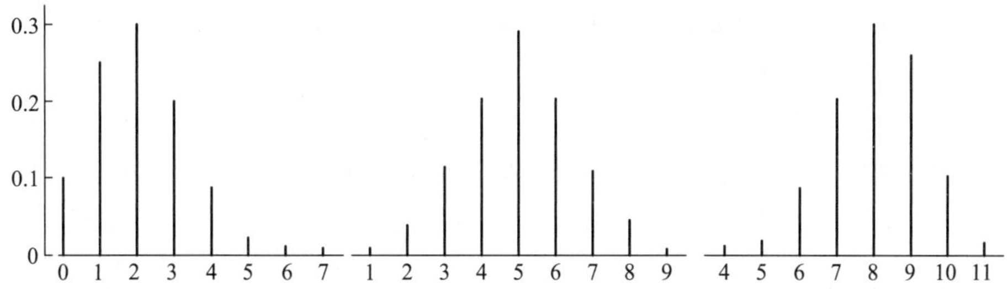

(a) $b(10,0.2)$的线条图(右偏)　(b) $b(10,0.5)$的线条图(对称)　(c) $b(10,0.8)$的线条图(左偏)

图 2.4.1 二项分布 $b(n,p)$ 的线条图

从上图可以看出:

- 位于均值 np 附近概率较大.
- 随着 p 的增加,分布的峰逐渐右移.

例 2.4.3 甲、乙两棋手约定进行 10 局比赛,以赢的局数多者为胜.设在每局中甲赢的概率为 0.6,乙赢的概率为 0.4.如果各局比赛是独立进行的,试问甲胜、乙胜、不分胜负的概率各为多少?

解 以 X 表示 10 局比赛中甲赢的局数,则 $X \sim b(10,0.6)$.所以

$$P(甲胜) = P(X \geqslant 6) = \sum_{k=6}^{10} \binom{10}{k} 0.6^k 0.4^{10-k} = 0.633\,0,$$

$$P(乙胜) = P(X \leqslant 4) = \sum_{k=0}^{4} \binom{10}{k} 0.6^k 0.4^{10-k} = 0.166\,3,$$

$$P(不分胜负) = P(X = 5) = \binom{10}{5} 0.6^5 0.4^5 = 0.200\,7.$$

可见甲胜的可能性达 63.3%,而乙胜的可能性只有 16.63%,它比不分胜负的可能性还要小.后两个概率之和 0.367 0 表示乙不输的概率.

2.4.2 泊松分布

一、泊松分布

泊松分布是 1837 年由法国数学家泊松(Poisson,1781—1840)首次提出的.泊松分布的概率分布列是

$$P(X = k) = \frac{\lambda^k}{k!} \mathrm{e}^{-\lambda}, \ k = 0,1,2,\cdots, \tag{2.4.3}$$

其中参数 $\lambda > 0$,记为 $X \sim P(\lambda)$.

对泊松分布而言,很容易验证其和为 1

$$\sum_{k=0}^{\infty} \frac{\lambda^k}{k!} e^{-\lambda} = e^{-\lambda} \sum_{k=0}^{\infty} \frac{\lambda^k}{k!} = e^{-\lambda} e^{\lambda} = 1.$$

泊松分布是一种常用的离散分布,它常与单位时间(或单位面积、单位产品等)上的计数过程相联系,譬如,

- 在一天内,来到某商场的顾客数.
- 在单位时间内,一电路受到外界电磁波的冲击次数.
- 1平方米内,玻璃上的气泡数.
- 一铸件上的砂眼数.
- 在一定时期内,某种放射性物质放射出来的 α-粒子数,等等.

都服从泊松分布.因此泊松分布的应用面是十分广泛的.

二、泊松分布的数学期望和方差

设随机变量 $X \sim P(\lambda)$,则

$$E(X) = \sum_{k=0}^{\infty} k \frac{\lambda^k}{k!} e^{-\lambda} = \lambda e^{-\lambda} \sum_{k=1}^{\infty} \frac{\lambda^{k-1}}{(k-1)!} = \lambda e^{-\lambda} e^{\lambda} = \lambda.$$

这表明:泊松分布 $P(\lambda)$ 的数学期望就是参数 λ.

又因为

$$E(X^2) = \sum_{k=0}^{\infty} k^2 \frac{\lambda^k}{k!} e^{-\lambda} = \sum_{k=1}^{\infty} k \frac{\lambda^k}{(k-1)!} e^{-\lambda}$$

$$= \sum_{k=1}^{\infty} [(k-1) + 1] \frac{\lambda^k}{(k-1)!} e^{-\lambda}$$

$$= \lambda^2 e^{-\lambda} \sum_{k=2}^{\infty} \frac{\lambda^{k-2}}{(k-2)!} + \lambda e^{-\lambda} \sum_{k=1}^{\infty} \frac{\lambda^{k-1}}{(k-1)!}$$

$$= \lambda^2 + \lambda.$$

由此得 X 的方差为

$$\mathrm{Var}(X) = E(X^2) - (E(X))^2 = \lambda^2 + \lambda - \lambda^2 = \lambda.$$

也就是说,泊松分布 $P(\lambda)$ 中的参数 λ 既是数学期望又是方差.

为了看出不同的 λ 的值,其泊松分布 $P(\lambda)$ 的变化情况,表 2.4.2 给出了 $\lambda = 0.8$,2.0,4.0 时,泊松分布的概率值,其线条图见图 2.4.2.

表 2.4.2　一些泊松分布的概率值(空白处为 0)

k	0	1	2	3	4	5	6	7	8	9	10
$P(0.8)$	0.449	0.360	0.144	0.038	0.008	0.001					
$P(2.0)$	0.135	0.271	0.271	0.180	0.090	0.036	0.012	0.004	0.001		
$P(4.0)$	0.018	0.073	0.147	0.195	0.195	0.156	0.104	0.060	0.030	0.013	0.005

从上图可以看出:

- 位于均值 λ 附近概率较大.
- 随着 λ 的增加,分布逐渐趋于对称.

例 2.4.4　一铸件的砂眼(缺陷)数服从参数为 $\lambda = 0.5$ 的泊松分布,试求此铸件上至多有 1 个砂眼(合格品)的概率和至少有 2 个砂眼(不合格品)的概率.

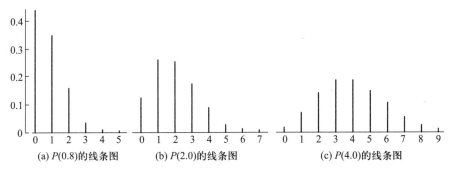

(a) P(0.8)的线条图   (b) P(2.0)的线条图   (c) P(4.0)的线条图

图 2.4.2　泊松分布 $P(\lambda)$ 的线条图

解　以 X 表示这种铸件的砂眼数,由题意知 $X \sim P(0.5)$.则此种铸件上至多有 1 个砂眼的概率为

$$P(X \leqslant 1) = \frac{0.5^0}{0!}\mathrm{e}^{-0.5} + \frac{0.5^1}{1!}\mathrm{e}^{-0.5} = 0.91.$$

至少有 2 个砂眼的概率为

$$P(X \geqslant 2) = 1 - P(X \leqslant 1) = 0.09.$$

例 2.4.5　某商店出售某种商品,由历史销售记录分析表明,月销售量(件)服从参数为 8 的泊松分布.问在月初进货时,需要多少库存量,才能有 90% 以上的把握可以满足顾客的需求.

解　以 X 表示这种商品的月销售量,则 $X \sim P(8)$.那么满足要求的是使下式成立的最小正整数 n.

$$P(X \leqslant n) \geqslant 0.90.$$

为了寻求此种 n,可以利用泊松分布表,附表 1 对各种 λ 的值,给出了泊松分布函数 $P(X \leqslant k) = \sum\limits_{i=0}^{k} \frac{\lambda^i}{i!}\mathrm{e}^{-\lambda}$ 的数值表.在 $\lambda = 8$ 时,可从附表 1 中查得

$$P(X \leqslant 11) = 0.888,\ P(X \leqslant 12) = 0.936.$$

所以月初进货 12 件时,能有 90% 以上的把握可以满足顾客的需求.

三、二项分布的泊松近似

泊松分布还有一个非常实用的特性,即可以用泊松分布作为二项分布的一种近似.在二项分布 $b(n,p)$ 中,当 n 较大时,计算量是令人烦恼的.而在 n 较大且 p 较小时使用以下的泊松定理,可以减少二项分布中的计算量.

定理 2.4.1(泊松定理)　在 n 重伯努利试验中,记事件 A 在一次试验中发生的概率为 p_n(与试验次数 n 有关),如果当 $n \to \infty$ 时,有 $np_n \to \lambda$,则

$$\lim_{n \to \infty} \binom{n}{k} p_n^k (1 - p_n)^{n-k} = \frac{\lambda^k}{k!}\mathrm{e}^{-\lambda}. \tag{2.4.4}$$

证明　记 $np_n = \lambda_n$,即 $p_n = \lambda_n/n$,我们可得

$$\binom{n}{k} p_n^k (1 - p_n)^{n-k} = \frac{n(n-1)\cdots(n-k+1)}{k!}\left(\frac{\lambda_n}{n}\right)^k\left(1 - \frac{\lambda_n}{n}\right)^{n-k}$$

$$= \frac{\lambda_n^k}{k!}\left(1 - \frac{1}{n}\right)\left(1 - \frac{2}{n}\right)\cdots\left(1 - \frac{k-1}{n}\right)\left(1 - \frac{\lambda_n}{n}\right)^{n-k}.$$

对固定的 k 有

$$\lim_{n \to \infty} \lambda_n = \lambda,$$

$$\lim_{n \to \infty}\left(1 - \frac{\lambda_n}{n}\right)^{n-k} = e^{-\lambda},$$

$$\lim_{n \to \infty}\left(1 - \frac{1}{n}\right)\cdots\left(1 - \frac{k-1}{n}\right) = 1.$$

从而

$$\lim_{n \to \infty}\binom{n}{k} p_n^k (1 - p_n)^{n-k} = \frac{\lambda^k}{k!} e^{-\lambda}$$

对任意的 k ($k = 0, 1, 2, \cdots$) 成立. 定理得证.

由于泊松定理是在 $np_n \to \lambda$ 条件下获得的, 故在计算二项分布 $b(n, p)$ 时, 当 n 很大, p 很小, 而乘积 $\lambda = np$ 大小适中时, 可以用泊松分布作近似, 即

$$\binom{n}{k} p^k (1-p)^{n-k} \approx \frac{(np)^k}{k!} e^{-np}, \quad k = 0, 1, 2, \cdots. \qquad (2.4.5)$$

表 2.4.3 给出了按二项分布直接计算与利用泊松分布作近似的一些具体数据. 从表中可以看出, 两者的结果是很接近的, 而且当 n 越大和 p 越小时, 近似程度越好.

表 2.4.3　二项分布与泊松近似的比较

k	二项分布 按 $\binom{n}{k}p^k(1-p)^{n-k}$ 计算				泊松近似 按 $\frac{(np)^k}{k!}e^{-np}$ 计算
	$n = 10$ $p = 0.1$	$n = 20$ $p = 0.05$	$n = 40$ $p = 0.025$	$n = 100$ $p = 0.01$	$\lambda = np = 1$
0	0.349	0.358	0.363	0.366	0.368
1	0.387	0.377	0.373	0.370	0.368
2	0.194	0.189	0.186	0.185	0.184
3	0.057	0.060	0.060	0.061	0.061
4	0.011	0.013	0.014	0.015	0.015
>4	0.002	0.003	0.004	0.003	0.004

以下给出一些利用泊松分布作近似计算的例子.

例 2.4.6 已知某种疾病的发病率为 0.001, 某单位共有 5 000 人. 问该单位患有这种疾病的人数不超过 5 人的概率为多少?

解 设该单位患有这种疾病的人数为 X, 则有 $X \sim b(5\ 000, 0.001)$, 而我们所求的为

$$P(X \leqslant 5) = \sum_{k=0}^{5}\binom{5\ 000}{k} 0.001^k 0.999^{5\ 000-k}.$$

这个概率的计算量很大.由于 n 很大,p 很小,且 $\lambda = np = 5$.所以用泊松近似得

$$P(X \leqslant 5) \approx \sum_{k=0}^{5} \frac{5^k}{k!} e^{-5} = 0.616.$$

例 2.4.7 有 10 000 名同年龄段且同社会阶层的人参加了某保险公司的一项人寿保险.每个投保人在每年初需交纳 200 元保费,而在这一年中若投保人死亡,则受益人可从保险公司获得100 000元的赔偿费.据生命表知这类人的年死亡率为 0.001.试求保险公司在这项业务上

(1)亏本的概率;

(2)至少获利 500 000 元的概率.

解 设 X 为 10 000 名投保人在一年中死亡的人数,则 X 服从二项分布 $b(10\,000, 0.001)$.保险公司在这项业务上一年的总收入为 $200 \times 10\,000 = 2\,000\,000$(元).因为 $n = 10\,000$很大,$p = 0.001$ 很小,所以用 $\lambda = np = 10$ 的泊松分布进行近似计算.

(1)保险公司在这项业务上"亏本"就相当于事件 $\{X > 20\}$ 发生.因此所求概率为

$$P(X > 20) = 1 - P(X \leqslant 20) \approx 1 - \sum_{k=0}^{20} \frac{10^k}{k!} e^{-10} = 1 - 0.998 = 0.002.$$

由此可看出,保险公司在这项业务上亏本的可能性是微小的.

(2)保险公司在这项业务上"至少获利 500 000 元"就相当于事件 $\{X \leqslant 15\}$ 发生.因此所求概率为

$$P(X \leqslant 15) \approx \sum_{k=0}^{15} \frac{10^k}{k!} e^{-10} = 0.951.$$

由此可看出,保险公司在这项业务上至少获利 500 000 元的可能性很大.

例 2.4.8 为保证设备正常工作,需要配备一些维修工.如果各台设备发生故障是相互独立的,且每台设备发生故障的概率都是 0.01.试在以下各种情况下,求设备发生故障而不能及时修理的概率.

(1)1 名维修工负责 20 台设备;

(2)3 名维修工负责 90 台设备;

(3)10 名维修工负责 500 台设备.

解 (1)以 X_1 表示 20 台设备中同时发生故障的台数,则 $X_1 \sim b(20, 0.01)$.用参数为 $\lambda = np = 20 \times 0.01 = 0.2$ 的泊松分布作近似计算,得所求概率为

$$P(X_1 > 1) \approx 1 - \sum_{k=0}^{1} \frac{0.2^k}{k!} e^{-0.2} = 1 - 0.982 = 0.018.$$

(2)以 X_2 表示 90 台设备中同时发生故障的台数,则 $X_2 \sim b(90, 0.01)$.用参数为 $\lambda = np = 90 \times 0.01 = 0.9$ 的泊松分布作近似计算,得所求概率为

$$P(X_2 > 3) \approx 1 - \sum_{k=0}^{3} \frac{0.9^k}{k!} e^{-0.9} = 1 - 0.987 = 0.013.$$

注意,此种情况下,不但所求概率比(1)中有所降低,而且 3 名维修工负责 90 台设备相当于每个维修工负责 30 台设备,工作效率是(1)中的 1.5 倍.

(3)以 X_3 表示 500 台设备中同时发生故障的台数,则 $X_3 \sim b(500, 0.01)$.用参数为 $\lambda = np = 500 \times 0.01 = 5$ 的泊松分布作近似计算,得所求概率为

$$P(X_3 > 10) \approx 1 - \sum_{k=0}^{10} \frac{5^k}{k!} e^{-5} = 1 - 0.986 = 0.014.$$

注意,此种情况下所求概率与(2)中基本上一样,而 10 名维修工负责 500 台设备相当于每个维修工负责 50 台设备,工作效率是(2)中的 1.67 倍,是(1)中的 2.5 倍.

由此可知:若干维修工共同负责大量设备的维修,将提高工作的效率.

2.4.3　超几何分布

一、超几何分布

从一个有限总体中进行不放回抽样常会遇到超几何分布.

设有 N 件产品,其中有 M 件不合格品.若从中不放回地随机抽取 n 件,则其中含有的不合格品的件数 X 服从超几何分布,记为 $X \sim h(n, N, M)$.超几何分布的概率分布列为(见第一章中例 1.2.3)

$$P(X = k) = \frac{\binom{M}{k} \binom{N-M}{n-k}}{\binom{N}{n}}, \ k = 0, 1, \cdots, r. \tag{2.4.6}$$

其中 $r = \min\{M, n\}$,且 $M \leqslant N, n \leqslant N, n, N, M$ 均为正整数.

若要验证以上给出的确实为一个概率分布列,只需注意到有组合等式(见习题 1.2)

$$\sum_{k=0}^{r} \binom{M}{k} \binom{N-M}{n-k} = \binom{N}{n}$$

即可.

超几何分布是一种常用的离散分布,它在抽样理论中占有重要地位.

二、超几何分布的数学期望和方差

若 $X \sim h(n, N, M)$,则 X 的数学期望为

$$E(X) = \sum_{k=0}^{r} k \frac{\binom{M}{k} \binom{N-M}{n-k}}{\binom{N}{n}} = n \frac{M}{N} \sum_{k=1}^{r} \frac{\binom{M-1}{k-1} \binom{N-M}{n-k}}{\binom{N-1}{n-1}} = n \frac{M}{N}.$$

又因为

$$E(X^2) = \sum_{k=1}^{r} k^2 \frac{\binom{M}{k} \binom{N-M}{n-k}}{\binom{N}{n}} = \sum_{k=2}^{r} k(k-1) \frac{\binom{M}{k} \binom{N-M}{n-k}}{\binom{N}{n}} + n \frac{M}{N}$$

$$= \frac{M(M-1)}{\binom{N}{n}} \sum_{k=2}^{r} \binom{M-2}{k-2} \binom{N-M}{n-k} + n \frac{M}{N}$$

$$= \frac{M(M-1)}{\binom{N}{n}}\binom{N-2}{n-2} + n\frac{M}{N} = \frac{M(M-1)n(n-1)}{N(N-1)} + n\frac{M}{N},$$

由此得 X 的方差为

$$\mathrm{Var}(X) = E(X^2) - [E(X)]^2 = \frac{nM(N-M)(N-n)}{N^2(N-1)}.$$

三、超几何分布的二项近似

当 $n \ll N$ 时,即抽取个数 n 远小于产品总数 N 时,每次抽取后,总体中的不合格品率 $p = M/N$ 改变甚微,所以不放回抽样可近似地看成放回抽样,这时超几何分布可用二项分布近似:

$$\frac{\binom{M}{k}\binom{N-M}{n-k}}{\binom{N}{n}} \approx \binom{n}{k}p^k(1-p)^{n-k}, \ 其中\ p = \frac{M}{N}. \tag{2.4.7}$$

2.4.4 几何分布与负二项分布

一、几何分布

在伯努利试验序列中,记每次试验中事件 A 发生的概率为 p,如果 X 为事件 A 首次出现时的试验次数,则 X 的可能取值为 $1,2,\cdots$,称 X 服从**几何分布**,记为 $X \sim Ge(p)$,其分布列为

$$P(X=k) = (1-p)^{k-1}p, \ k=1,2,\cdots. \tag{2.4.8}$$

实际问题中有不少随机变量服从几何分布,譬如,

- 某产品的不合格率为 0.05,则首次查到不合格品的检查次数 $X \sim Ge(0.05)$.
- 某射手的命中率为 0.8,则首次击中目标的射击次数 $Y \sim Ge(0.8)$.
- 掷一颗骰子,首次出现 6 点的投掷次数 $Z \sim Ge(1/6)$.
- 同时掷两颗骰子,首次达到两个点数之和为 8 的投掷次数 $W \sim Ge(5/36)$.

二、几何分布的数学期望和方差

设随机变量 X 服从几何分布 $Ge(p)$,令 $q=1-p$,利用逐项微分可得 X 的数学期望为

$$E(X) = \sum_{k=1}^{\infty} kpq^{k-1} = p\sum_{k=1}^{\infty}kq^{k-1} = p\sum_{k=1}^{\infty}\frac{\mathrm{d}q^k}{\mathrm{d}q}$$

$$= p\frac{\mathrm{d}}{\mathrm{d}q}\Big(\sum_{k=0}^{\infty}q^k\Big) = p\frac{\mathrm{d}}{\mathrm{d}q}\Big(\frac{1}{1-q}\Big) = \frac{p}{(1-q)^2} = \frac{1}{p}.$$

又因为

$$E(X^2) = \sum_{k=1}^{\infty}k^2pq^{k-1} = p\left[\sum_{k=1}^{\infty}k(k-1)q^{k-1} + \sum_{k=1}^{\infty}kq^{k-1}\right]$$

$$= pq \sum_{k=1}^{\infty} k(k-1) q^{k-2} + \frac{1}{p} = pq \sum_{k=1}^{\infty} \frac{\mathrm{d}^2}{\mathrm{d}q^2} q^k + \frac{1}{p}$$

$$= pq \frac{\mathrm{d}^2}{\mathrm{d}q^2} \left(\sum_{k=0}^{\infty} q^k \right) + \frac{1}{p} = pq \frac{\mathrm{d}^2}{\mathrm{d}q^2} \left(\frac{1}{1-q} \right) + \frac{1}{p}$$

$$= pq \frac{2}{(1-q)^3} + \frac{1}{p} = \frac{2q}{p^2} + \frac{1}{p},$$

由此得 X 的方差为

$$\mathrm{Var}(X) = E(X^2) - [E(X)]^2 = \frac{2q}{p^2} + \frac{1}{p} - \frac{1}{p^2} = \frac{1-p}{p^2}.$$

从几何分布的数学期望可以看出:掷一颗骰子,首次出现点数 6 的平均投掷次数为 6 次.

三、几何分布的无记忆性

定理 2.4.2(几何分布的无记忆性) 设 $X \sim Ge(p)$,则对任意正整数 m 与 n 有

$$P(X > m+n \mid X > m) = P(X > n). \tag{2.4.9}$$

在证明之前先解释上述概率等式的含义.在一列伯努利试验序列中,若首次成功 (A) 出现的试验次数 X 服从几何分布,则事件 $\{X>m\}$ 表示前 m 次试验中 A 没有出现. 假如在接下去的 n 次试验中 A 仍未出现,这个事件记为 $\{X>m+n\}$.这个定理表明:在前 m 次试验中 A 没有出现的条件下,在接下去的 n 次试验中 A 仍未出现的概率只与 n 有关,而与以前的 m 次试验无关,似乎忘记了前 m 次试验结果,这就是无记忆性.

证明 因为

$$P(X > n) = \sum_{k=n+1}^{\infty} (1-p)^{k-1} p = \frac{p(1-p)^n}{1-(1-p)} = (1-p)^n,$$

所以对任意的正整数 m 与 n,条件概率

$$P(X > m+n \mid X > m) = \frac{P(X > m+n)}{P(X > m)} = \frac{(1-p)^{m+n}}{(1-p)^m} = (1-p)^n = P(X > n).$$

这就证得了(2.4.9)式.

四、负二项分布

作为几何分布的一种延伸,我们来讨论下面的**负二项分布**,亦称**帕斯卡分布**:

在伯努利试验序列中,记每次试验中事件 A 发生的概率为 p,如果 X 为事件 A 第 r 次出现时的试验次数,则 X 的可能取值为 $r, r+1, \cdots, r+m, \cdots$.称 X 服从负二项分布或帕斯卡分布,其分布列为

$$P(X = k) = \binom{k-1}{r-1} p^r (1-p)^{k-r}, \quad k = r, r+1, \cdots. \tag{2.4.10}$$

记为 $X \sim Nb(r,p)$.当 $r=1$ 时,即为几何分布.

这是因为在 k 次伯努利试验中,最后一次一定是 A,而前 $k-1$ 次中 A 应出现 $r-1$ 次,由二项分布知其概率为 $\binom{k-1}{r-1} p^{r-1} (1-p)^{k-r}$,再乘以最后一次出现 A 的概率 p,即得

（2.4.10）.

可以算得负二项分布的数学期望为 r/p，方差为 $r(1-p)/p^2$. 从直观上看这是合理的，因为首次出现 A 的平均试验次数是 $1/p$，那么第 r 个 A 出现所需的平均试验次数是 r/p.

如果将第一个 A 出现的试验次数记为 X_1，第二个 A 出现的试验次数（从第一个 A 出现之后算起）记为 X_2，$\cdots$，第 r 个 A 出现的试验次数（从第 $r-1$ 个 A 出现之后算起）记为 X_r，见图 2.4.3.

$$\underbrace{\overline{A}\,\overline{A}\cdots\overline{A}A}_{X_1}\quad \underbrace{\overline{A}\,\overline{A}\cdots\overline{A}A}_{X_2}\quad \cdots \quad \underbrace{\overline{A}\,\overline{A}\cdots\overline{A}A}_{X_r}$$

图 2.4.3　负二项变量与几何变量的关系

则诸 X_i 独立同分布，且 $X_i \sim Ge(p)$. 此时有 $X = X_1 + X_2 + \cdots + X_r \sim Nb(r,p)$，即负二项分布的随机变量可以分解成 r 个独立同分布的几何分布随机变量之和. 譬如，在连续检查一大批产品中，若该批产品的不合格率为 0.05，则在一个接一个的检查中，发现第 5 个不合格品时的检查次数 X 服从负二项分布 $Nb(5,0.05)$，其平均检查次数为

$$E(X) = \frac{r}{p} = \frac{5}{0.05} = 100.$$

常用离散分布表见后面表 2.5.1.

习题 2.4

1. 一批产品中有 10% 的不合格品，现从中任取 3 件，求其中至多有一件不合格品的概率.

2. 一条自动化生产线上产品的一级品率为 0.8，现检查 5 件，求至少有 2 件一级品的概率.

3. 某优秀射手命中 10 环的概率为 0.7，命中 9 环的概率为 0.3. 试求该射手三次射击所得的环数不少于 29 环的概率.

4. 经验表明：预订餐厅座位而不来就餐的顾客比例为 20%. 如今餐厅有 50 个座位，但预订给了 52 位顾客，问到时顾客来到餐厅而没有座位的概率是多少？

5. 设随机变量 $X \sim b(n,p)$，已知 $E(X) = 2.4$，$Var(X) = 1.44$，求两个参数 n 与 p 各为多少？

6. 设随机变量 X 服从二项分布 $b(2,p)$，随机变量 Y 服从二项分布 $b(4,p)$. 若 $P(X \geq 1) = 8/9$，试求 $P(Y \geq 1)$.

7. 一批产品的不合格品率为 0.02，现从中任取 40 件进行检查，若发现两件或两件以上不合格品就拒收这批产品. 分别用以下方法求拒收的概率：

（1）用二项分布作精确计算；

（2）用泊松分布作近似计算.

8. 设 X 服从泊松分布，且已知 $P(X = 1) = P(X = 2)$，求 $P(X = 4)$.

9. 已知某商场一天来的顾客数 X 服从参数为 λ 的泊松分布，而每个来到商场的顾客购物的概率为 p，证明：此商场一天内购物的顾客数服从参数为 λp 的泊松分布.

10. 设一个人一年内患感冒的次数服从参数 $\lambda = 5$ 的泊松分布. 现有某种预防感冒的药物对 75% 的人有效（能将泊松分布的参数减少为 $\lambda = 3$），对另外的 25% 的人不起作用. 如果某人服用了此药，一年内患了两次感冒，那么该药对他（她）有效的可能性是多少？

11. 有三个朋友去喝咖啡，他们决定用掷硬币的方式确定谁付账：每人掷一次硬币，如果有人掷

出的结果与其他两人不一样,那么由他付账;如果三个人掷出的结果是一样的,那么就重新掷,一直这样下去,直到确定了由谁来付账.求以下事件的概率:

(1) 进行到了第 2 轮确定了由谁来付账;

(2) 进行了 3 轮还没有确定付账人.

12. 从一个装有 m 个白球、n 个黑球的袋中有放回地摸球,直到摸到白球时停止.试求取出黑球数的期望.

13. 某种产品上的缺陷数 X 服从下列分布列:

$$P(X = k) = \frac{1}{2^{k+1}}, \quad k = 0, 1, \cdots,$$

求此种产品上的平均缺陷数.

14. 设随机变量 X 的密度函数为

$$p(x) = \begin{cases} 2x, & 0 < x < 1, \\ 0, & \text{其他}. \end{cases}$$

以 Y 表示对 X 的三次独立重复观察中事件 $\{X \leqslant 1/2\}$ 出现的次数,试求 $P(Y=2)$.

15. 某产品的不合格品率为 0.1,每次随机抽取 10 件进行检验,若发现其中不合格品数多于 1,就去调整设备.若检验员每天检验 4 次,试问每天平均要调整几次设备?

16. 一个系统由多个元件组成,各个元件是否正常工作是相互独立的,且各个元件正常工作的概率为 p.若在系统中至少有一半的元件正常工作,那么整个系统就有效.问 p 取何值时,5 个元件的系统比 3 个元件的系统更有可能有效?

17. 设随机变量 X 服从参数为 λ 的泊松分布,试证明

$$E(X^n) = \lambda E\left[(X+1)^{n-1} \right],$$

利用此结果计算 $E(X^3)$.

18. 令 $X(n,p)$ 表示服从二项分布 $b(n,p)$ 的随机变量,试证明:

$$P(X(n,p) \leqslant i) = 1 - P(X(n,1-p) \leqslant n-i-1).$$

19. 设随机变量 X 服从参数为 p 的几何分布,试证明:

$$E\left(\frac{1}{X} \right) = \frac{-p\ln p}{1-p}.$$

20. 设随机变量 $X \sim b(n,p)$,试证明:

$$E\left(\frac{1}{X+1} \right) = \frac{1-(1-p)^{n+1}}{(n+1)p}.$$

§2.5 常用连续分布

在连续分布场合,密度函数与分布函数是可以相互导出的,含有相同信息,各有各的用处,但在图形上密度函数对各种连续分布的特性能得到直观显示.如正态与偏态、单峰与平顶都是依密度函数图形命名的,因而人们对密度函数更为注意.

2.5.1 正态分布

正态分布是概率论与数理统计中最重要的一个分布,高斯(Gauss,1777—1855)在研究误差理论时首先用正态分布来刻画误差的分布,所以正态分布又称为高斯分布.

本书第四章的中心极限定理表明:一个随机变量如果是由大量微小的、独立的随机因素的叠加结果,那么这个变量一般都可以认为服从正态分布.因此很多随机变量可以用正态分布描述或近似描述,譬如测量误差、产品重量、人的身高、年降雨量等都可用正态分布描述.

一、正态分布的密度函数和分布函数

若随机变量 X 的密度函数为

$$p(x) = \frac{1}{\sqrt{2\pi}\,\sigma} e^{-\frac{(x-\mu)^2}{2\sigma^2}}, \quad -\infty < x < \infty, \tag{2.5.1}$$

则称 X 服从**正态分布**,称 X 为**正态变量**,记作 $X \sim N(\mu, \sigma^2)$.其中参数 $-\infty < \mu < \infty$, $\sigma > 0$. 其密度函数 $p(x)$ 的图形如图 2.5.1(a) 所示. $p(x)$ 是一条钟形曲线,中间高、两边低、左右关于 $x = \mu$ 对称, μ 是正态分布的中心,且在 $x = \mu$ 附近取值的可能性大,在两侧取值的可能性小. $\mu \pm \sigma$ 是该曲线的拐点.

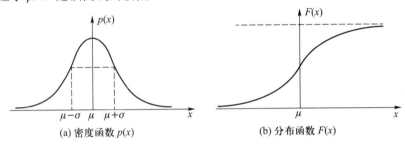

(a) 密度函数 $p(x)$ (b) 分布函数 $F(x)$

图 2.5.1 正态分布

正态分布 $N(\mu, \sigma^2)$ 的分布函数为

$$F(x) = \frac{1}{\sqrt{2\pi}\,\sigma} \int_{-\infty}^{x} e^{-\frac{(t-\mu)^2}{2\sigma^2}} \, dt. \tag{2.5.2}$$

它是一条光滑上升的 S 形曲线,见图 2.5.1(b).

图 2.5.2 给出了在 μ 和 σ 变化时,相应正态密度曲线的变化情况.

• 从图 2.5.2(a) 中可以看出:如果固定 σ,改变 μ 的值,则图形沿 x 轴平移,而不改变其形状.也就是说正态密度函数的位置由参数 μ 所确定,因此亦称 μ 为**位置参数**.

• 从图 2.5.2(b) 中可以看出:如果固定 μ,改变 σ 的值,则分布的位置不变,但 σ 愈小,曲线呈高而瘦,分布较为集中; σ 愈大,曲线呈矮而胖,分布较为分散.也就是说正态密度函数的尺度由参数 σ 所确定,因此称 σ 为**尺度参数**.

二、标准正态分布

称 $\mu = 0$, $\sigma = 1$ 时的正态分布 $N(0,1)$ 为**标准正态分布**.

通常记标准正态变量为 U,记标准正态分布的密度函数为 $\varphi(u)$,分布函数为 $\Phi(u)$,即

$$\varphi(u) = \frac{1}{\sqrt{2\pi}} e^{-\frac{u^2}{2}}, \quad -\infty < u < \infty,$$

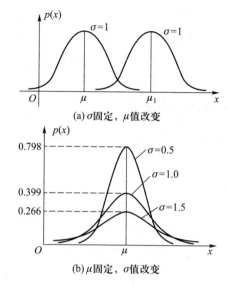

(a) σ 固定, μ 值改变

(b) μ 固定, σ 值改变

图 2.5.2 正态密度函数

$$\Phi(u) = \frac{1}{\sqrt{2\pi}} \int_{-\infty}^{u} e^{-\frac{t^2}{2}} dt, \quad -\infty < u < \infty.$$

由于标准正态分布的分布函数不含任何未知参数,故其值 $\Phi(u) = P(U \leqslant u)$ 完全可以算出,附表 2 对 $u \geqslant 0$ 给出了 $\Phi(u)$ 的值.对于 $\Phi(u)$ 有

- $\Phi(-u) = 1 - \Phi(u)$.
- $P(U > u) = 1 - \Phi(u)$.
- $P(a < U < b) = \Phi(b) - \Phi(a)$.
- $P(|U| < c) = 2\Phi(c) - 1 \ (c \geqslant 0)$.

这些等式都不难推得.

例 2.5.1 设 $U \sim N(0,1)$,利用附表 2,求下列事件的概率:

(1) $P(U < 1.52) = \Phi(1.52) = 0.935\ 7$.

(2) $P(U > 1.52) = 1 - \Phi(1.52) = 1 - 0.935\ 7 = 0.064\ 3$.

(3) $P(U < -1.52) = 1 - \Phi(1.52) = 0.064\ 3$.

(4) $P(-0.75 \leqslant U \leqslant 1.52) = \Phi(1.52) - \Phi(-0.75)$
$$= \Phi(1.52) - [1 - \Phi(0.75)]$$
$$= 0.935\ 7 - 1 + 0.773\ 4 = 0.709\ 1.$$

(5) $P(|U| \leqslant 1.52) = 2\Phi(1.52) - 1 = 2 \times 0.935\ 7 - 1 = 0.871\ 4$.

三、正态变量的标准化

正态分布有一个家族

$$\mathscr{P} = \{N(\mu, \sigma^2) : -\infty < \mu < \infty, \sigma > 0\},$$

标准正态分布 $N(0,1)$ 是其一个中心成员.以下定理说明:一般正态变量都可以通过一个线性变换(标准化)化成标准正态变量.因此与正态变量有关的一切事件的概率都可通过查标准正态分布函数表获得.可见标准正态分布 $N(0,1)$ 对一般正态分布 $N(\mu,$

σ^2)的计算起着关键的作用.

定理 2.5.1 若随机变量 $X \sim N(\mu, \sigma^2)$,则 $U = (X-\mu)/\sigma \sim N(0,1)$.

证明 记 X 与 U 的分布函数分别为 $F_X(x)$ 与 $F_U(u)$,则由分布函数的定义知

$$F_U(u) = P(U \leqslant u) = P\left(\frac{X-\mu}{\sigma} \leqslant u\right) = P(X \leqslant \mu + \sigma u) = F_X(\mu + \sigma u).$$

由于正态分布函数是严格单调增函数,且处处可导,因此若记 X 与 U 的密度函数分别为 $p_X(x)$ 与 $p_U(u)$,则有

$$p_U(u) = \frac{\mathrm{d}}{\mathrm{d}u} F_X(\mu + \sigma u) = p_X(\mu + \sigma u) \cdot \sigma = \frac{1}{\sqrt{2\pi}} \mathrm{e}^{-u^2/2},$$

由此得

$$U = \frac{X - \mu}{\sigma} \sim N(0, 1).$$

由以上定理,我们马上可以得到一些在实际中有用的计算公式,若随机变量 $X \sim N(\mu, \sigma^2)$,则

$$P(X \leqslant c) = \Phi\left(\frac{c - \mu}{\sigma}\right). \tag{2.5.3}$$

$$P(a < X \leqslant b) = \Phi\left(\frac{b - \mu}{\sigma}\right) - \Phi\left(\frac{a - \mu}{\sigma}\right). \tag{2.5.4}$$

例 2.5.2 设随机变量 X 服从正态分布 $N(108, 3^2)$,试求:

(1) $P(102 < X < 117)$;

(2) 常数 a,使得 $P(X < a) = 0.95$.

解 利用公式(2.5.4)及查附表 2 得

(1)

$$P(102 < X < 117) = \Phi\left(\frac{117 - 108}{3}\right) - \Phi\left(\frac{102 - 108}{3}\right)$$

$$= \Phi(3) - \Phi(-2) = \Phi(3) + \Phi(2) - 1$$

$$= 0.998\,7 + 0.977\,2 - 1 = 0.975\,9.$$

(2) 由

$$P(X < a) = \Phi\left(\frac{a - 108}{3}\right) = 0.95, \quad \text{或} \quad \Phi^{-1}(0.95) = \frac{a - 108}{3},$$

其中 Φ^{-1} 为 Φ 的反函数.从附表 2 由里向外反查得

$$\Phi(1.64) = 0.949\,5, \quad \Phi(1.65) = 0.950\,5,$$

再用线性内插法可得 $\Phi(1.645) = 0.95$,即 $\Phi^{-1}(0.95) = 1.645$,故

$$\frac{a - 108}{3} = 1.645,$$

从中解得 $a = 112.935$.

从上例我们可以看出,有些场合下给定 $\Phi(x)$ 的值 p,可以从附表 2 中由里向外反查表来得到 x_p,使 $\Phi(x_p) = p$ 或 $\Phi^{-1}(p) = x_p$,这时 x_p 称为标准正态分布的 p 分位数.在上例中 1.645 就是标准正态分布的 0.95 分位数,更一般叙述见2.7.3节.分位数在统计

中被大量使用.

例 2.5.3　在考试中,如果考生的成绩 X 近似地服从正态分布,则通常认为这次考试(就合理地划分考生成绩的等级而言)是正常的.教师经常把分数超过 $\mu+\sigma$ 的评为 A 等,分数在 μ 到 $\mu+\sigma$ 之间的评为 B 等,分数在 $\mu-\sigma$ 到 μ 之间的评为 C 等,分数在 $\mu-2\sigma$ 到 $\mu-\sigma$ 之间的评为 D 等,分数在 $\mu-2\sigma$ 以下的评为 F 等.由此可计算得:

$$P(X \geqslant \mu+\sigma) = P\left(\frac{X-\mu}{\sigma} \geqslant 1\right) = 1 - \Phi(1) \approx 0.158\ 7,$$

$$P(\mu \leqslant X < \mu+\sigma) = P\left(0 \leqslant \frac{X-\mu}{\sigma} < 1\right) = \Phi(1) - \Phi(0) \approx 0.341\ 3,$$

$$P(\mu-\sigma \leqslant X < \mu) = P\left(-1 \leqslant \frac{X-\mu}{\sigma} < 0\right) = \Phi(0) - \Phi(-1) \approx 0.341\ 3,$$

$$P(\mu-2\sigma \leqslant X < \mu-\sigma) = P\left(-2 \leqslant \frac{X-\mu}{\sigma} < -1\right) = \Phi(-1) - \Phi(-2) \approx 0.135\ 9,$$

$$P(X < \mu-2\sigma) = P\left(\frac{X-\mu}{\sigma} < -2\right) = \Phi(-2) \approx 0.022\ 8.$$

这说明:用这种方法划分成绩的等级,获得 A 等的约占 16%,B 等的约占 34%,C 等的约占 34%,D 等的约占 14%,F 等的约占 2%.

四、正态分布的数学期望与方差

设随机变量 $X \sim N(\mu, \sigma^2)$,由于 $U = (X-\mu)/\sigma \sim N(0,1)$,所以 U 的数学期望为

$$E(U) = \frac{1}{\sqrt{2\pi}} \int_{-\infty}^{\infty} u\mathrm{e}^{-\frac{u^2}{2}} \mathrm{d}u,$$

注意到上述积分的被积函数为一个奇函数,所以其积分值等于 0,即 $E(U)=0$.又因为 $X=\mu+\sigma U$,所以由数学期望的性质得

$$E(X) = \mu + \sigma \times 0 = \mu.$$

也就是说,正态分布 $N(\mu, \sigma^2)$ 中的 μ 为数学期望.

又因为

$$\mathrm{Var}(U) = E(U^2) = \frac{1}{\sqrt{2\pi}} \int_{-\infty}^{\infty} u^2 \mathrm{e}^{-\frac{u^2}{2}} \mathrm{d}u = \frac{1}{\sqrt{2\pi}} \int_{-\infty}^{\infty} u\mathrm{d}(-\mathrm{e}^{-\frac{u^2}{2}})$$

$$= \frac{1}{\sqrt{2\pi}} \left(-u\mathrm{e}^{-\frac{u^2}{2}} \Big|_{-\infty}^{\infty} + \int_{-\infty}^{\infty} \mathrm{e}^{-\frac{u^2}{2}} \mathrm{d}u \right) = \frac{1}{\sqrt{2\pi}} \int_{-\infty}^{\infty} \mathrm{e}^{-\frac{u^2}{2}} \mathrm{d}u = \frac{1}{\sqrt{2\pi}} \sqrt{2\pi} = 1,$$

且 $X=\mu+\sigma U$,所以由方差的性质得

$$\mathrm{Var}(X) = \mathrm{Var}(\mu + \sigma U) = \sigma^2.$$

这说明,正态分布 $N(\mu, \sigma^2)$ 中另一个参数 σ^2 就是 X 的方差.

在求正态分布的数学期望和方差过程中,用到了一种变换:令 $U = (X-\mu)/\sigma$,则

$E(U)=0, \mathrm{Var}(U)=1$. 这个变换在很多场合也可使用, 也就是对任意非正态随机变量 X, 如果 X 的数学期望 $E(X)$ 和方差 $\mathrm{Var}(X)$ 存在, 则称

$$X^* = \frac{X-E(X)}{\sqrt{\mathrm{Var}(X)}}$$

为 X 的**标准化随机变量**, 且可得

$$E(X^*)=0, \qquad \mathrm{Var}(X^*)=1.$$

五、正态分布的 3σ 原则

设随机变量 $X \sim N(\mu, \sigma^2)$, 则

$$P(\mu-k\sigma<X<\mu+k\sigma)=P\left(\left|\frac{X-\mu}{\sigma}\right|<k\right)=\Phi(k)-\Phi(-k)=2\Phi(k)-1$$

当 $k=1,2,3$ 时, 有

$$
\begin{aligned}
P(\mu-\sigma<X<\mu+\sigma)&=2\Phi(1)-1=0.682\,6, \\
P(\mu-2\sigma<X<\mu+2\sigma)&=2\Phi(2)-1=0.954\,5, \\
P(\mu-3\sigma<X<\mu+3\sigma)&=2\Phi(3)-1=0.997\,3.
\end{aligned}
\tag{2.5.5}
$$

这是正态分布的重要性质. 假如某随机变量取值的概率近似满足 (2.5.5), 则可认为这个随机变量近似服从正态分布; 假如 (2.5.5) 三式中有一个偏差较大, 则可以认为这个随机变量不服从正态分布. 这就是正态分布的 3σ 原则, 这个原则在 X 的观察值较多 (成百上千个) 时, 常用于判断 X 的分布是否近似服从正态分布.

在生产中某产品的质量要求常规定其上、下控制限, 若上、下控制限能覆盖区间 $(\mu-3\sigma, \mu+3\sigma)$, 则称该生产过程受控制, 并称其比值

$$C_p = \frac{\text{上控制限} - \text{下控制限}}{6\sigma}$$

为过程能力指数. 当 $C_p<1$ 时, 认为生产过程不足; 当 $C_p \geq 1.33$ 时, 认为生产过程正常; 当 C_p 为其他值时, 常认为生产过程不稳定, 需要改进.

2.5.2 均匀分布

一、均匀分布的密度函数和分布函数

前面曾以例子形式说明过均匀分布, 这里给出一般的叙述: 若随机变量 X 的密度函数 (见图 2.5.3(a)) 为

$$
p(x)=\begin{cases} \dfrac{1}{b-a}, & a<x<b, \\ 0, & \text{其他}. \end{cases}
\tag{2.5.6}
$$

则称 X 服从区间 (a,b) 上的**均匀分布**, 记作 $X \sim U(a,b)$, 其分布函数 (见图2.5.3(b)) 为

$$F(x) = \begin{cases} 0, & x < a, \\ \dfrac{x-a}{b-a}, & a \leqslant x < b, \\ 1, & x \geqslant b. \end{cases} \qquad (2.5.7)$$

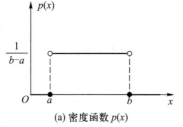
(a) 密度函数 $p(x)$

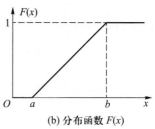
(b) 分布函数 $F(x)$

图 2.5.3　(a,b) 上的均匀分布

均匀分布又被称为平顶分布,它的背景可视作随机点 X 等可能地落在区间 (a,b) 上.均匀分布在实际中经常使用,譬如一个半径为 r 的汽车轮胎,因为轮胎圆周上的任一点接触地面的可能性是相同的,所以轮胎圆周接触地面的位置 X 服从 $(0,2\pi r)$ 上的均匀分布,这只要看一看报废轮胎的四周磨损程度几乎是相同的就可明白均匀分布的含义了.

例 2.5.4　设随机变量 X 服从 $(0,10)$ 上的均匀分布,现对 X 进行 4 次独立观测,试求至少有 3 次观测值大于 5 的概率.

解　设随机变量 Y 是 4 次独立观测中观测值大于 5 的次数,则 $Y \sim b(4,p)$,其中 $p = P(X>5)$.由 $X \sim U(0,10)$,知 X 的密度函数为

$$p(x) = \begin{cases} \dfrac{1}{10}, & 0 < x < 10, \\ 0, & \text{其他.} \end{cases}$$

所以

$$p = P(X > 5) = \int_5^{10} \frac{1}{10}\mathrm{d}x = \frac{1}{2},$$

于是

$$P(Y \geqslant 3) = \binom{4}{3} p^3(1-p) + \binom{4}{4} p^4 = 4\left(\frac{1}{2}\right)^4 + \left(\frac{1}{2}\right)^4 = \frac{5}{16}.$$

二、均匀分布的数学期望和方差

设随机变量 $X \sim U(a,b)$,则

$$E(X) = \int_a^b \frac{x}{b-u}\mathrm{d}x = \frac{b^2 - a^2}{2(b-a)} = \frac{a+b}{2},$$

这正是区间 (a,b) 的中点.

又因为

$$E(X^2) = \int_a^b \frac{x^2}{b-a}\mathrm{d}x = \frac{b^3 - a^3}{3(b-a)} = \frac{a^2 + ab + b^2}{3},$$

由此得 X 的方差为

$$\mathrm{Var}(X) = E(X^2) - [E(X)]^2 = \frac{a^2 + ab + b^2}{3} - \frac{(a+b)^2}{4} = \frac{(b-a)^2}{12}.$$

譬如,均匀分布 $U(1,5)$ 的均值 $E(X) = 3$,方差 $\mathrm{Var}(X) = 4/3$.

2.5.3 指数分布

一、指数分布的密度函数和分布函数

若随机变量 X 的密度函数(见图2.5.4)为

$$p(x) = \begin{cases} \lambda \mathrm{e}^{-\lambda x}, & x \geq 0, \\ 0, & x < 0, \end{cases} \qquad (2.5.8)$$

则称 X 服从**指数分布**,记作 $X \sim Exp(\lambda)$,其中参数 $\lambda > 0$.
指数分布的分布函数为

$$F(x) = \begin{cases} 1 - \mathrm{e}^{-\lambda x}, & x \geq 0, \\ 0, & x < 0. \end{cases} \qquad (2.5.9)$$

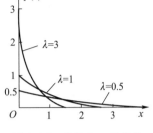

图 2.5.4 参数为 λ 的指数
分布密度函数

指数分布是一种偏态分布,由于指数分布随机变量只可能取非负实数,所以指数分布常被用作各种"寿命"分布,譬如电子元器件的寿命、动物的寿命、电话的通话时间、随机服务系统中的等待时间等都可假定服从指数分布.指数分布在可靠性与排队论中有着广泛的应用.

二、指数分布的数学期望和方差

设随机变量 $X \sim Exp(\lambda)$,则

$$E(X) = \int_0^\infty x\lambda \mathrm{e}^{-\lambda x}\mathrm{d}x = \int_0^\infty x\mathrm{d}(-\mathrm{e}^{-\lambda x}) = -x\mathrm{e}^{-\lambda x}\Big|_0^\infty + \int_0^\infty \mathrm{e}^{-\lambda x}\mathrm{d}x = -\frac{1}{\lambda}\mathrm{e}^{-\lambda x}\Big|_0^\infty = \frac{1}{\lambda}.$$

在指数分布中,有时记 $\theta = 1/\lambda$,则 θ 为指数分布的数学期望.

又因为

$$E(X^2) = \int_0^\infty x^2\lambda \mathrm{e}^{-\lambda x}\mathrm{d}x = \int_0^\infty x^2\mathrm{d}(-\mathrm{e}^{-\lambda x}) = -x^2\mathrm{e}^{-\lambda x}\Big|_0^\infty + 2\int_0^\infty x\mathrm{e}^{-\lambda x}\mathrm{d}x = \frac{2}{\lambda^2},$$

由此得 X 的方差为

$$\mathrm{Var}(X) = E(X^2) - [E(X)]^2 = \frac{2}{\lambda^2} - \frac{1}{\lambda^2} = \frac{1}{\lambda^2}.$$

譬如,某电子元件的寿命(单位:h) X 服从指数分布 $Exp(\lambda)$,其中 $\lambda = 0.001$,则平均寿命为 $1\,000(\mathrm{h})$,方差为 $10^6(\mathrm{h}^2)$.寿命数据的方差常是很大的.

三、指数分布的无记忆性

在离散分布场合下,定理 2.4.2 给出了几何分布的无记忆性,而在连续分布场合下,下面给出指数分布的无记忆性.

定理 2.5.2(指数分布的无记忆性) 如果随机变量 $X \sim Exp(\lambda)$,则对任意 $s>0, t>$

0,有

$$P(X > s + t \mid X > s) = P(X > t). \tag{2.5.10}$$

上式可以理解为:记 X 是某种产品的使用寿命(h),若 X 服从指数分布,那么已知此产品使用了 s(h)没发生故障,则再能使用 t(h)而不发生故障的概率与已使用的 s(h)无关,只相当于重新开始使用 t(h)的概率,即对已使用过的 s(h)没有记忆.

证明　因为 $X \sim Exp(\lambda)$,所以 $P(X>s) = \mathrm{e}^{-\lambda s}$,$s>0$.又因为

$$\{X > s + t\} \subset \{X > s\},$$

于是条件概率

$$P(X > s + t \mid X > s) = \frac{P(X > s + t)}{P(X > s)} = \frac{\mathrm{e}^{-\lambda(s+t)}}{\mathrm{e}^{-\lambda s}} = \mathrm{e}^{-\lambda t} = P(X > t).$$

这就证明了(2.5.10)式.

以下例子说明了泊松分布与指数分布的关系.

例 2.5.5　如果某设备在长为 t 的时间 $[0,t]$ 内发生故障的次数 $N(t)$(与时间长度 t 有关)服从参数为 λt 的泊松分布,则相继两次故障之间的时间间隔 T 服从参数为 λ 的指数分布.

解　设 $N(t) \sim P(\lambda t)$,即

$$P(N(t) = k) = \frac{(\lambda t)^k}{k!}\mathrm{e}^{-\lambda t}, \qquad k = 0,1,\cdots.$$

注意到两次故障之间的时间间隔 T 是非负随机变量,且事件 $\{T \geqslant t\}$ 说明此设备在 $[0,t]$ 内没有发生故障,即 $\{T \geqslant t\} = \{N(t) = 0\}$,由此我们得

当 $t<0$ 时,有 $F_T(t) = P(T \leqslant t) = 0$;

当 $t \geqslant 0$ 时,有

$$F_T(t) = P(T \leqslant t) = 1 - P(T > t) = 1 - P(N(t) = 0) = 1 - \mathrm{e}^{-\lambda t},$$

所以 $T \sim Exp(\lambda)$,即相继两次故障之间的时间间隔 T 服从参数为 λ 的指数分布,图 2.5.5 示意其间关系.

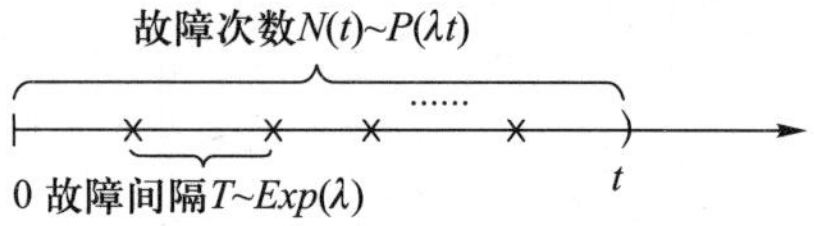

图 2.5.5　故障次数与故障间隔之间的关系

2.5.4　伽马分布

一、伽马函数

称以下函数

$$\Gamma(\alpha) = \int_0^\infty x^{\alpha-1}\mathrm{e}^{-x}\mathrm{d}x \tag{2.5.11}$$

为**伽马函数**,其中参数 $\alpha>0$.伽马函数具有如下性质:

1. $\Gamma(1)=1,\Gamma\left(\dfrac{1}{2}\right)=\sqrt{\pi}$.

2. $\Gamma(\alpha+1)=\alpha\Gamma(\alpha)$（可用分部积分法证得）.当 α 为自然数 n 时,有 $\Gamma(n+1)=n\Gamma(n)=n!$.

二、伽马分布

若随机变量 X 的密度函数为

$$p(x)=\begin{cases}\dfrac{\lambda^{\alpha}}{\Gamma(\alpha)}x^{\alpha-1}\mathrm{e}^{-\lambda x}, & x\geqslant 0,\\ 0, & x<0,\end{cases}\qquad(2.5.12)$$

则称 X 服从**伽马分布**,记作 $X\sim Ga(\alpha,\lambda)$,其中 $\alpha>0$ 为形状参数,$\lambda>0$ 为尺度参数.图 2.5.6 给出若干条 λ 固定、α 不同的伽马分布密度函数曲线,从图中可以看出:

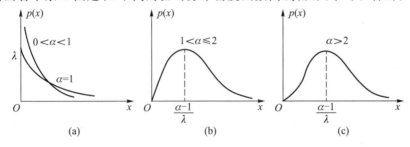

图 2.5.6　λ 固定、不同 α 的伽马分布密度函数曲线

- 当 $0<\alpha<1$ 时,$p(x)$ 是严格下降函数,且在 $x=0$ 处有奇异点.
- 当 $\alpha=1$ 时,$p(x)$ 是严格下降函数,且在 $x=0$ 处 $p(0)=\lambda$.
- 当 $1<\alpha\leqslant 2$ 时,$p(x)$ 是单峰函数,先上凸、后下凸.
- 当 $2<\alpha$ 时,$p(x)$ 是单峰函数,先下凸、中间上凸、后下凸.且 α 越大,$p(x)$ 越近似于正态密度函数,但伽马分布总是偏态分布,α 越小其偏斜程度越严重.

三、伽马分布 $Ga(\alpha,\lambda)$ 的数学期望和方差

利用伽马函数的性质,不难算得伽马分布 $Ga(\alpha,\lambda)$ 的数学期望为

$$E(X)=\frac{\lambda^{\alpha}}{\Gamma(\alpha)}\int_{0}^{\infty}x^{\alpha}\mathrm{e}^{-\lambda x}\mathrm{d}x=\frac{\Gamma(\alpha+1)}{\Gamma(\alpha)}\frac{1}{\lambda}=\frac{\alpha}{\lambda},$$

又因为

$$E(X^{2})=\frac{\lambda^{\alpha}}{\Gamma(\alpha)}\int_{0}^{\infty}x^{\alpha+1}\mathrm{e}^{-\lambda x}\mathrm{d}x=\frac{\Gamma(\alpha+2)}{\lambda^{2}\Gamma(\alpha)}=\frac{\alpha(\alpha+1)}{\lambda^{2}},$$

由此得 X 的方差为

$$\mathrm{Var}(X)=E(X^{2})-[E(X)]^{2}=\frac{\alpha(\alpha+1)}{\lambda^{2}}-\left(\frac{\alpha}{\lambda}\right)^{2}=\frac{\alpha}{\lambda^{2}}.$$

四、伽马分布的两个特例

伽马分布有两个常用的特例:

（1）$\alpha = 1$ 时的伽马分布就是指数分布，即

$$Ga(1, \lambda) = Exp(\lambda). \tag{2.5.13}$$

（2）称 $\alpha = n/2, \lambda = 1/2$ 时的伽马分布是自由度为 n 的 χ^2 **（卡方）分布**，记为 $\chi^2(n)$，即

$$Ga\left(\frac{n}{2}, \frac{1}{2}\right) = \chi^2(n), \tag{2.5.14}$$

其密度函数为

$$p(x) = \begin{cases} \dfrac{1}{2^{\frac{n}{2}} \Gamma\left(\dfrac{n}{2}\right)} e^{-\frac{x}{2}} x^{\frac{n}{2}-1}, & x \geqslant 0, \\ 0, & x < 0. \end{cases} \tag{2.5.15}$$

这里 n 是 χ^2 分布的唯一参数，称为自由度，它可以是正实数，但更多的是取正整数，χ^2 分布是统计应用中的一个重要分布.

因为 χ^2 分布是特殊的伽马分布，故由伽马分布的期望和方差，很容易得到 χ^2 分布的期望和方差为

$$E(X) = n, \qquad \mathrm{Var}(X) = 2n.$$

例 2.5.6 电子产品的失效常常是由于外界的"冲击引起".若在 $(0, t)$ 内发生冲击的次数 $N(t)$ 服从参数为 λt 的泊松分布，试证第 n 次冲击来到的时间 S_n 服从伽马分布 $Ga(n, \lambda)$.

证明 因为事件"第 n 次冲击来到的时间 S_n 小于等于 t"等价于事件"$(0, t)$ 内发生冲击的次数 $N(t)$ 大于等于 n"，即

$$\{S_n \leqslant t\} = \{N(t) \geqslant n\}.$$

于是，S_n 的分布函数为

$$F(t) = P(S_n \leqslant t) = P(N(t) \geqslant n) = \sum_{k=n}^{\infty} \frac{(\lambda t)^k}{k!} e^{-\lambda t}.$$

用分部积分法可以验证下列等式

$$\sum_{k=0}^{n-1} \frac{(\lambda t)^k}{k!} e^{-\lambda t} = \frac{\lambda^n}{\Gamma(n)} \int_t^{\infty} x^{n-1} e^{-\lambda x} \mathrm{d}x. \tag{2.5.16}$$

所以

$$F(t) = \frac{\lambda^n}{\Gamma(n)} \int_0^t x^{n-1} e^{-\lambda x} \mathrm{d}x,$$

这就表明 $S_n \sim Ga(n, \lambda)$.证毕.

2.5.5 贝塔分布

一、贝塔函数

称以下函数

$$\mathrm{B}(a, b) = \int_0^1 x^{a-1} (1-x)^{b-1} \mathrm{d}x \tag{2.5.17}$$

为**贝塔函数**，其中参数 $a > 0, b > 0$.

贝塔函数具有如下性质：

（1） $\mathrm{B}(a,b)=\mathrm{B}(b,a)$.

证明 在 $(2.5.17)$ 的积分中令 $y=1-x$，即得

$$\mathrm{B}(a,b)=\int_1^0(1-y)^{a-1}y^{b-1}(-\mathrm{d}y)=\int_0^1(1-y)^{a-1}y^{b-1}\mathrm{d}y=\mathrm{B}(b,a).$$

（2） 贝塔函数与伽马函数间有关系

$$\mathrm{B}(a,b)=\frac{\Gamma(a)\Gamma(b)}{\Gamma(a+b)}. \tag{2.5.18}$$

证明 由伽马函数的定义知

$$\Gamma(a)\Gamma(b)=\int_0^\infty\int_0^\infty x^{a-1}y^{b-1}\mathrm{e}^{-(x+y)}\mathrm{d}x\mathrm{d}y,$$

作变量变换 $x=uv,y=u(1-v)$，其雅可比行列式 $J=-u$. 故

$$\Gamma(a)\Gamma(b)=\int_0^1\int_0^\infty(uv)^{a-1}\big[u(1-v)\big]^{b-1}\mathrm{e}^{-u}u\mathrm{d}u\mathrm{d}v$$

$$=\int_0^\infty u^{a+b-1}\mathrm{e}^{-u}\mathrm{d}u\int_0^1 v^{a-1}(1-v)^{b-1}\mathrm{d}v$$

$$=\Gamma(a+b)\mathrm{B}(a,b),$$

由此证得 $(2.5.18)$ 式.

二、贝塔分布

若随机变量 X 的密度函数为

$$p(x)=\begin{cases}\dfrac{\Gamma(a+b)}{\Gamma(a)\Gamma(b)}x^{a-1}(1-x)^{b-1}, & 0<x<1,\\[2mm]0, & \text{其他,}\end{cases} \tag{2.5.19}$$

则称 X 服从**贝塔分布**，记作 $X\sim Be(a,b)$，其中 $a>0,b>0$ 都是形状参数. 图2.5.7给出几种典型的贝塔分布密度函数曲线.

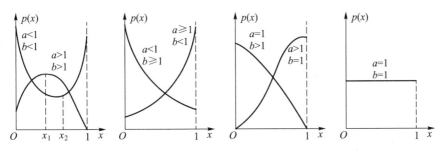

图 2.5.7 贝塔分布密度函数曲线

从上图可以看出：

- 当 $a<1,b<1$ 时，$p(x)$ 是下凸的 U 形函数.
- 当 $a>1,b>1$ 时，$p(x)$ 是上凸的单峰函数.
- 当 $a<1,b\geqslant1$ 时，$p(x)$ 是下凸的单调减函数.
- 当 $a\geqslant1,b<1$ 时，$p(x)$ 是下凸的单调增函数.

- 当 $a=1,b=1$ 时, $Be(1,1)=U(0,1)$.

因为服从贝塔分布 $Be(a,b)$ 的随机变量是仅在区间 $(0,1)$ 取值的, 所以不合格品率、机器的维修率、市场的占有率、射击的命中率等各种比率选用贝塔分布作为它们的概率分布是恰当的, 只要选择合适的参数 a 与 b 即可.

三、贝塔分布 $Be(a,b)$ 的数学期望和方差

利用贝塔函数的性质, 不难算得贝塔分布 $Be(a,b)$ 的数学期望为

$$E(X)=\frac{\Gamma(a+b)}{\Gamma(a)\Gamma(b)}\int_0^1 x^a(1-x)^{b-1}\mathrm{d}x=\frac{\Gamma(a+b)}{\Gamma(a)\Gamma(b)}\cdot\frac{\Gamma(a+1)\Gamma(b)}{\Gamma(a+b+1)}=\frac{a}{a+b}.$$

又因为

$$E(X^2)=\frac{\Gamma(a+b)}{\Gamma(a)\Gamma(b)}\int_0^1 x^{a+1}(1-x)^{b-1}\mathrm{d}x=\frac{\Gamma(a+b)}{\Gamma(a)\Gamma(b)}\cdot\frac{\Gamma(a+2)\Gamma(b)}{\Gamma(a+b+2)}$$

$$=\frac{a(a+1)}{(a+b)(a+b+1)}.$$

由此得 X 的方差为

$$\mathrm{Var}(X)=\frac{a(a+1)}{(a+b)(a+b+1)}-\left(\frac{a}{a+b}\right)^2=\frac{ab}{(a+b)^2(a+b+1)}.$$

以下我们将常用分布及其期望和方差以表格形式放在一起.

表 2.5.1　常用概率分布及其数学期望和方差

分　布	分布列 p_k 或分布密度 $p(x)$	期　望	方　差
0-1 分布	$p_k=p^k(1-p)^{1-k},\quad k=0,1$	p	$p(1-p)$
二项分布 $b(n,p)$	$p_k=\binom{n}{k}p^k(1-p)^{n-k},\quad k=0,1,\cdots,n$	np	$np(1-p)$
泊松分布 $P(\lambda)$	$p_k=\dfrac{\lambda^k}{k!}\mathrm{e}^{-\lambda},\quad k=0,1,\cdots$	λ	λ
超几何分布 $h(n,N,M)$	$p_k=\dfrac{\binom{M}{k}\binom{N-M}{n-k}}{\binom{N}{n}},\quad \begin{array}{l}k=0,1,\cdots,r,\\ r=\min\{M,n\}\end{array}$	$n\dfrac{M}{N}$	$\dfrac{nM(N-M)(N-n)}{N^2(N-1)}$
几何分布 $Ge(p)$	$p_k=(1-p)^{k-1}p,\quad k=1,2,\cdots$	$\dfrac{1}{p}$	$\dfrac{1-p}{p^2}$
负二项分布 $Nb(r,p)$	$p_k=\binom{k-1}{r-1}(1-p)^{k-r}p^r,\quad k=r,r+1,\cdots$	$\dfrac{r}{p}$	$\dfrac{r(1-p)}{p^2}$
正态分布 $N(\mu,\sigma^2)$	$p(x)=\dfrac{1}{\sqrt{2\pi}\sigma}\exp\left\{-\dfrac{(x-\mu)^2}{2\sigma^2}\right\},\quad -\infty<x<\infty$	μ	σ^2
均匀分布 $U(a,b)$	$p(x)=\dfrac{1}{b-a},\quad a<x<b$	$\dfrac{a+b}{2}$	$\dfrac{(b-a)^2}{12}$

续表

分 布	分布列 p_k 或分布密度 $p(x)$	期 望	方 差
指数分布 $Exp(\lambda)$	$p(x)=\lambda\mathrm{e}^{-\lambda x}, \quad x\geqslant 0$	$\dfrac{1}{\lambda}$	$\dfrac{1}{\lambda^2}$
伽马分布 $Ga(\alpha,\lambda)$	$p(x)=\dfrac{\lambda^\alpha}{\Gamma(\alpha)}x^{\alpha-1}\mathrm{e}^{-\lambda x}, \quad x\geqslant 0$	$\dfrac{\alpha}{\lambda}$	$\dfrac{\alpha}{\lambda^2}$
$\chi^2(n)$分布	$p(x)=\dfrac{x^{n/2-1}\mathrm{e}^{-x/2}}{\Gamma(n/2)2^{n/2}}, \quad x\geqslant 0$	n	$2n$
贝塔分布 $Be(a,b)$	$p(x)=\dfrac{\Gamma(a+b)}{\Gamma(a)\Gamma(b)}x^{a-1}(1-x)^{b-1}, \quad 0<x<1$	$\dfrac{a}{a+b}$	$\dfrac{ab}{(a+b)^2(a+b+1)}$
对数正态分布 $LN(\mu,\sigma^2)$	$p(x)=\dfrac{1}{\sqrt{2\pi}\sigma x}\exp\left\{-\dfrac{(\ln x-\mu)^2}{2\sigma^2}\right\}, \quad x>0$	$\mathrm{e}^{\mu+\sigma^2/2}$	$\mathrm{e}^{2\mu+\sigma^2}(\mathrm{e}^{\sigma^2}-1)$
柯西分布 $Cau(\mu,\lambda)$	$p(x)=\dfrac{1}{\pi}\dfrac{\lambda}{\lambda^2+(x-\mu)^2}, \quad -\infty<x<\infty$	不存在	不存在
韦布尔分布	$p(x)=F'(x),F(x)=1-\exp\left\{-\left(\dfrac{x}{\eta}\right)^m\right\},x>0$	$\eta\Gamma\left(1+\dfrac{1}{m}\right)$	$\eta^2\left[\Gamma\left(1+\dfrac{2}{m}\right)-\Gamma^2\left(1+\dfrac{1}{m}\right)\right]$

注:表中仅列出各分布密度函数的非零区域.

习 题 2.5

1. 设随机变量 X 服从区间 $(2,5)$ 上的均匀分布,求对 X 进行 3 次独立观测中,至少有 2 次的观测值大于 3 的概率.

2. 在 $(0,1)$ 上任取一点记为 X,试求 $P\left(X^2-\dfrac{3}{4}X+\dfrac{1}{8}\geqslant 0\right)$.

3. 设 K 服从 $(1,6)$ 上的均匀分布,求方程 $x^2+Kx+1=0$ 有实根的概率.

4. 若随机变量 $K\sim N(\mu,\sigma^2)$,而方程 $x^2+4x+K=0$ 无实根的概率为 0.5,试求 μ.

5. 设流经一个 $2\ \Omega$ 电阻上的电流强度 I 是一个随机变量,它均匀分布在 9 A 至 11 A 之间.试求此电阻上消耗的平均功率,其中功率 $W=2I^2$.

6. 某种圆盘的直径在区间 (a,b) 上服从均匀分布,试求此种圆盘的平均面积.

7. 设某种商品每周的需求量 X 服从区间 $(10,30)$ 上均匀分布,而商店进货数为区间 $(10,30)$ 中的某一整数,商店每销售 1 单位商品可获利 500 元;若供大于求则降价处理,每处理 1 单位商品亏损 100 元;若供不应求,则可从外部调剂供应,此时每 1 单位商品仅获利 300 元.为使商店所获利润期望值不少于 9 280 元,试确定最少进货量.

8. 统计调查表明,英格兰 1875 年至 1951 年期间在矿山发生 10 人或 10 人以上死亡的两次事故之间的时间 T(以日计)服从均值为 241 的指数分布.试求 $P(50<T<100)$.

9. 若一次电话通话时间 X(以 min 计)服从参数为 0.25 的指数分布,试求一次通话的平均时间.

10. 某种设备的使用寿命 X(以年计)服从指数分布,其平均寿命为 4 年.制造此种设备的厂家规定,若设备在使用一年之内损坏,则可以予以调换.如果设备制造厂每售出一台设备可赢利 100 元,而调换一台设备制造厂需花费 300 元.试求每台设备的平均利润.

11. 设顾客在某银行的窗口等待服务的时间 X（以 min 计）服从指数分布,其密度函数为

$$p(x) = \begin{cases} \dfrac{1}{5}e^{-\frac{x}{5}}, & x > 0, \\ 0, & \text{其他.} \end{cases}$$

某顾客在窗口等待服务,若超过 10 min 他就离开.他一年要到银行 5 次,以 Y 表示一年内他未等到服务而离开窗口的次数,试求 $P(Y \geqslant 1)$.

12. 某仪器装了 3 个独立工作的同型号电子元件,其寿命 X（以 h 计）都服从同一指数分布,密度函数为

$$p(x) = \begin{cases} \dfrac{1}{600}e^{-\frac{x}{600}}, & x > 0, \\ 0, & \text{其他.} \end{cases}$$

试求:此仪器在最初使用的 200 h 内,至少有一个此种电子元件损坏的概率.

13. 设随机变量 X 的密度函数为

$$p(x) = \begin{cases} \lambda e^{-\lambda x}, & x > 0, \\ 0, & x \leqslant 0 \end{cases} \qquad (\lambda > 0).$$

试求 k,使得 $P(X > k) = 0.5$.

14. 设随机变量 X 的密度函数为

$$p(x) = \begin{cases} 1/3, & 0 \leqslant x \leqslant 1, \\ 2/9, & 3 \leqslant x \leqslant 6, \\ 0, & \text{其他.} \end{cases}$$

若 $P(X \geqslant k) = 2/3$,试求 k 的取值范围.

15. 写出以下正态分布的均值和标准差:

$$p_1(x) = \frac{1}{\sqrt{\pi}}e^{-(x^2+4x+4)}, \qquad p_2(x) = \sqrt{\frac{2}{\pi}}e^{-2x^2}, \qquad p_3(x) = \frac{1}{\sqrt{\pi}}e^{-x^2}.$$

16. 某地区 18 岁女青年的血压 X（收缩压,以 mmHg 计）服从 $N(110, 12^2)$.试求该地区 18 岁女青年的血压在 100 至 120 的可能性有多大?

17. 某地区成年男子的体重 X（以 kg 计）服从正态分布 $N(\mu, \sigma^2)$.若已知 $P(X \leqslant 70) = 0.5$, $P(X \leqslant 60) = 0.25$.

（1）求 μ 与 σ 各为多少?

（2）若在这个地区随机地选出 5 名成年男子,问其中至少有两人体重超过 65 kg 的概率是多少?

18. 由某机器生产的螺栓的长度（以 cm 计）服从正态分布 $N(10.05, 0.06^2)$,若规定长度在范围 (10.05 ± 0.12) cm 内为合格品,求螺栓不合格的概率.

19. 某地抽样调查结果表明,考生的外语成绩（以百分制计）近似地服从 $\mu = 72$ 的正态分布,已知 96 分以上的人数占总数的 2.3%,试求考生的成绩大于等于 60 分的概率.

20. 设随机变量 $X \sim N(3, 2^2)$,

（1）求 $P(2 < X \leqslant 5)$;（2）求 $P(|X| > 2)$;（3）确定 c 使得 $P(X > c) = P(X < c)$.

21. 若随机变量 $X \sim N(4, 3^2)$.

（1）求 $P(-2 < X \leqslant 10)$;（2）求 $P(X > 3)$;（3）设 d 满足 $P(X > d) \geqslant 0.9$,问 d 至多为多少?

22. 测量到某一目标的距离时,发生的随机误差 X（以 m 计）具有密度函数

$$p(x) = \frac{1}{40\sqrt{2\pi}}e^{-\frac{(x-20)^2}{3\,200}}, \qquad -\infty < x < \infty.$$

求在三次测量中,至少有一次误差的绝对值不超过 30 m 的概率.

23. 从甲地飞往乙地的航班,每天上午 10:10 起飞,飞行时间 X 服从均值是 4h,标准差是 20 min 的正态分布.

(1) 该机在下午 2:30 以后到达乙地的概率是多少?

(2) 该机在下午 2:20 以前到达乙地的概率是多少?

(3) 该机在下午 1:50 至 2:30 之间到达乙地的概率是多少?

24. 在某场招聘人员的考试中,共有 10 000 人报考.假设考试成绩服从正态分布,且已知 90 分以上有 359 人,60 分以下有 1 151 人.现按考试成绩从高分到低分依次录用 2 500 人,试问被录用者中最低分为多少?

25. 设随机变量 X 服从正态分布 $N(60, 3^2)$,试求实数 a, b, c, d 使得 X 落在如下五个区间中的概率之比为 $7:24:38:24:7$.
$$(-\infty, a], \quad (a, b], \quad (b, c], \quad (c, d], \quad (d, \infty).$$

26. 设随机变量 X 与 Y 均服从正态分布,X 服从正态分布 $N(\mu, 4^2)$,Y 服从正态分布 $N(\mu, 5^2)$,试比较以下 p_1 和 p_2 的大小.
$$p_1 = P\{X \leqslant \mu - 4\}, \qquad p_2 = P\{Y \geqslant \mu + 5\}.$$

27. 设随机变量 X 服从正态分布 $N(0, \sigma^2)$,若 $P(|X| > k) = 0.1$,试求 $P(X < k)$.

28. 设随机变量 X 服从正态分布 $N(\mu, \sigma^2)$,试问:随着 σ 的增大,概率 $P(|X - \mu| < \sigma)$ 是如何变化的?

29. 设随机变量 X 服从参数为 $\mu = 160$ 和 σ 的正态分布,若要求 $P(120 < X \leqslant 200) \geqslant 0.90$,允许 σ 最大为多少?

30. 设随机变量 $X \sim N(\mu, \sigma^2)$,求 $E(|X - \mu|)$.

31. 设随机变量 $X \sim N(0, \sigma^2)$,证明 $E(|X|) = \sigma \sqrt{\dfrac{2}{\pi}}$.

32. 设随机变量 X 服从伽马分布 $Ga(2, 0.5)$,试求 $P(X < 4)$.

33. 某地区漏缴税款的比例 X 服从参数 $a = 2, b = 9$ 的贝塔分布,试求此比例小于 10% 的概率及平均漏缴税款的比例.

34. 某班级学生中数学成绩不及格的比率 X 服从 $a = 1, b = 4$ 的贝塔分布,试求 $P(X > E(X))$.

§2.6 随机变量函数的分布

设 $y = g(x)$ 是定义在 **R** 上的一个函数,X 是一个随机变量,那么 $Y = g(X)$ 作为 X 的函数,同样也是一个随机变量.在实际问题中,我们经常感兴趣的问题是:已知随机变量 X 的分布,如何求出另一个随机变量 $Y = g(X)$ 的分布.

寻求随机变量函数的分布,是概率论的基本技巧,在概率论与数理统计中经常要用到这些技巧.下面对离散和连续两种场合分别讨论随机变量函数的分布.

2.6.1 离散随机变量函数的分布

离散随机变量函数的分布是比较容易求得的.设 X 是离散随机变量,X 的分布列为

X	x_1	x_2	$\cdots$	x_n	$\cdots$
P	$p(x_1)$	$p(x_2)$	$\cdots$	$p(x_n)$	$\cdots$

显然 $Y=g(X)$ 也是一个离散随机变量,此时 Y 的分布列就可以很简单地表示为

Y	$g(x_1)$	$g(x_2)$	$\cdots$	$g(x_n)$	$\cdots$
P	$p(x_1)$	$p(x_2)$	$\cdots$	$p(x_n)$	$\cdots$

当 $g(x_1),g(x_2),\cdots,g(x_n),\cdots$ 中有某些值相等时,则把那些相等的值分别合并,并把对应的概率相加即可.

例 2.6.1 已知随机变量 X 的分布列如下,求 $Y=X^2+X$ 的分布列.

X	-2	-1	0	1	2
P	0.2	0.1	0.1	0.3	0.3

解 $Y=X^2+X$ 的分布列为

Y	2	0	0	2	6
P	0.2	0.1	0.1	0.3	0.3

再对相等的值合并,得

Y	0	2	6
P	0.2	0.5	0.3

2.6.2 连续随机变量函数的分布

离散随机变量的函数仍是一个离散随机变量.但连续随机变量 X 的函数 $Y=g(X)$ 不一定为连续随机变量,以下我们分几种情况讨论 $Y=g(X)$ 的分布.

一、当 $Y=g(X)$ 为离散随机变量

在这种情况下,只须将 Y 的可能取值一一列出,再将 Y 取各种可能值的概率求出即可.例如,设 $X\sim N(\mu,\sigma^2)$,

$$Y=\begin{cases}0, & X<\mu, \\ 1, & X\geqslant\mu.\end{cases}$$

则很容易计算得:Y 服从 $p=0.5$ 的 0—1 分布.

二、当 $g(x)$ 为严格单调函数时

在这种情况下有以下定理:

定理 2.6.1 设 X 是连续随机变量,其密度函数为 $p_X(x)$.$Y=g(X)$ 是另一个连续随机变量.若 $y=g(x)$ 严格单调,其反函数 $h(y)$ 有连续导函数,则 $Y=g(X)$ 的密度函数为

$$p_Y(y)=\begin{cases}p_X[h(y)]\,|h'(y)|, & a<y<b, \\ 0, & \text{其他}.\end{cases} \tag{2.6.1}$$

其中 $a=\min\{g(-\infty),g(\infty)\},b=\max\{g(-\infty),g(\infty)\}$.

证明 不妨设 $g(x)$ 是严格单调增函数,这时它的反函数 $h(y)$ 也是严格单调增函数,且 $h'(y)>0$.记 $a=g(-\infty),b=g(\infty)$,这意味着 $y=g(x)$ 仅在区间 (a,b) 取值,于是

当 $y<a$ 时，

$$F_Y(y) = P(Y \leqslant y) = 0;$$

当 $y>b$ 时，

$$F_Y(y) = P(Y \leqslant y) = 1;$$

当 $a \leqslant y \leqslant b$ 时，

$$F_Y(y) = P(Y \leqslant y) = P(g(X) \leqslant y) = P(X \leqslant h(y)) = \int_{-\infty}^{h(y)} p_X(x) \, dx.$$

由此得 Y 的密度函数为

$$p_Y(y) = \begin{cases} p_X[h(y)]h'(y), & a < y < b, \\ 0, & \text{其他}. \end{cases}$$

同理可证当 $g(x)$ 是严格单调减函数时，结论也成立.但此时要注意 $h'(y)<0$，故要加绝对值符号，这时 $a=g(\infty)$，$b=g(-\infty)$.综上所述，定理得证.

利用以上定理，我们来证明几个很有用的结论，并用定理形式表示.

定理 2.6.2 设随机变量 X 服从正态分布 $N(\mu, \sigma^2)$，则当 $a \neq 0$ 时，有 $Y=aX+b \sim N(a\mu+b, a^2\sigma^2)$.

证明 当 $a>0$ 时，$Y=aX+b$ 是严格增函数，仍在 $(-\infty, \infty)$ 上取值，其反函数为 $X=(Y-b)/a$，由定理2.6.1可得

$$p_Y(y) = p_X\left(\frac{y-b}{a}\right) \frac{1}{a} = \frac{1}{\sqrt{2\pi}\sigma} \exp\left\{ -\frac{1}{2\sigma^2}\left(\frac{y-b}{a} - \mu\right)^2 \right\} \frac{1}{a}$$

$$= \frac{1}{\sqrt{2\pi}(a\sigma)} \exp\left\{ -\frac{(y-a\mu-b)^2}{2a^2\sigma^2} \right\}.$$

这就是正态分布 $N(a\mu+b, a^2\sigma^2)$ 的密度函数.

当 $a<0$ 时，$Y=aX+b$ 是严格减函数，仍在 $(-\infty, \infty)$ 上取值，其反函数为 $X=(Y-b)/a$，由定理 2.6.1 可得

$$p_Y(y) = \frac{1}{\sqrt{2\pi}|a|\sigma} \exp\left\{ -\frac{(y-a\mu-b)^2}{2a^2\sigma^2} \right\}.$$

这是正态分布 $N(a\mu+b, a^2\sigma^2)$ 的密度函数，结论得证.

这个定理表明:正态变量的线性变换仍为正态变量，其数学期望和方差可直接从线性变换求得.若取 $a=1/\sigma$，$b=-\mu/\sigma$，则 $Y=aX+b \sim N(0,1)$，此即上一节的定理 2.5.1.

例 2.6.2 （1）设随机变量 $X \sim N(10, 2^2)$，试求 $Y=3X+5$ 的分布;

（2）设随机变量 $X \sim N(0, 2^2)$，试求 $Y=-X$ 的分布.

解 （1）由定理 2.6.2 知 Y 仍是正态变量，其数学期望和方差分别为

$$E(Y) = E(3X+5) = 3 \times 10 + 5 = 35,$$

$$\text{Var}(Y) = \text{Var}(3X+5) = 9 \times 2^2 = 36.$$

所以 $Y=3X+5$ 的分布为 $N(35, 6^2)$.

（2）Y 仍是正态变量，其数学期望和方差分别为

$$E(Y) = E(-X) = 0,$$

$$Var(Y) = Var(-X) = 2^2.$$

所以 $Y = -X$ 的分布仍为 $N(0, 2^2)$. 这表明 X 与 $-X$ 有相同的分布, 但这两个随机变量是不相等的. 所以我们要明确, 分布相同与随机变量相等是两个完全不同的概念.

定理 2.6.3 (对数正态分布) 设随机变量 $X \sim N(\mu, \sigma^2)$, 则 $Y = e^X$ 的概率密度函数为

$$p_Y(y) = \begin{cases} \dfrac{1}{\sqrt{2\pi}\, y\sigma} \exp\left\{ -\dfrac{(\ln y - \mu)^2}{2\sigma^2} \right\}, & y > 0, \\ 0, & y \leq 0. \end{cases} \quad (2.6.2)$$

证明 $y = e^x$ 是严格增函数, 它仅在 $(0, \infty)$ 上取值, 其反函数为 $x = \ln y$, 由定理 2.6.1 可得

当 $y \leq 0$ 时, $F_Y(y) = 0$, 从而 $p_Y(y) = 0$.

当 $y > 0$ 时, Y 的密度函数为

$$p_Y(y) = \frac{1}{\sqrt{2\pi}\,\sigma} \exp\left\{ -\frac{(\ln y - \mu)^2}{2\sigma^2} \right\} \frac{1}{y} = \frac{1}{\sqrt{2\pi}\, y\sigma} \exp\left\{ -\frac{(\ln y - \mu)^2}{2\sigma^2} \right\}.$$

定理得证.

这个分布被称为**对数正态分布**, 记为 $LN(\mu, \sigma^2)$, 其中 μ 称为对数均值, σ^2 称为对数方差. 对数正态分布 $LN(\mu, \sigma^2)$ 是一个偏态分布, 也是一个常用分布, 实际中有不少随机变量服从对数正态分布, 譬如

- 绝缘材料的寿命服从对数正态分布.
- 设备故障的维修时间服从对数正态分布.
- 家中仅有两个小孩的年龄差服从对数正态分布.

定理 2.6.4 设随机变量 X 服从伽马分布 $Ga(\alpha, \lambda)$, 则当 $k > 0$ 时, 有 $Y = kX \sim Ga(\alpha, \lambda/k)$.

证明 因为 $k > 0$, 所以 $y = kx$ 是严格增函数, 它仍在 $(0, \infty)$ 上取值, 其反函数为 $x = y/k$, 由定理 2.6.1 可得

当 $y < 0$ 时, $p_Y(y) = 0$.

当 $y \geq 0$ 时,

$$p_Y(y) = p_X\left(\frac{y}{k}\right) \frac{1}{k} = \frac{\lambda^\alpha}{k\Gamma(\alpha)} \left(\frac{y}{k}\right)^{\alpha-1} \exp\left\{ -\lambda\frac{y}{k} \right\} = \frac{(\lambda/k)^\alpha}{\Gamma(\alpha)} y^{\alpha-1} \exp\left\{ -\frac{\lambda}{k}y \right\}.$$

此即 $Ga(\alpha, \lambda/k)$ 的密度函数, 结论得证.

这个结论是很有用的, 譬如当 $X \sim Ga(\alpha, \lambda)$, 则 $2\lambda X \sim Ga(\alpha, 1/2) = \chi^2(2\alpha)$, 即任一伽玛分布可转化为 χ^2 分布.

定理 2.6.5 若随机变量 X 的分布函数 $F_X(x)$ 为严格单调增的连续函数, 其反函数 $F_X^{-1}(y)$ 存在, 则 $Y = F_X(X)$ 服从 $(0, 1)$ 上的均匀分布 $U(0, 1)$.

证明 下求 $Y = F_X(X)$ 的分布函数. 由于分布函数 $F_X(x)$ 仅在 $[0, 1]$ 区间上取值, 故当 $y < 0$ 时, 因为 $\{F_X(X) \leq y\}$ 是不可能事件, 所以

$$F_Y(y) = P(Y \leq y) = P(F_X(X) \leq y) = 0.$$

当 $0 \leqslant y < 1$ 时,有
$$F_Y(y) = P(Y \leqslant y) = P(F_X(X) \leqslant y) = P(X \leqslant F_X^{-1}(y)) = F_X(F_X^{-1}(y)) = y.$$

当 $y \geqslant 1$ 时,因为 $\{F_X(X) \leqslant y\}$ 是必然事件,所以
$$F_Y(y) = P(Y \leqslant y) = P(F_X(X) \leqslant y) = 1.$$

综上所述,$Y = F_X(X)$ 的分布函数为
$$F_Y(y) = \begin{cases} 0, & y < 0, \\ y, & 0 \leqslant y < 1, \\ 1, & y \geqslant 1. \end{cases}$$

这正是 $(0,1)$ 上均匀分布的分布函数,所以 $Y \sim U(0,1)$.

这个定理表明:均匀分布在连续分布类中占有特殊地位.任一个连续随机变量 X 都可通过其分布函数 $F(x)$ 与均匀分布随机变量 U 发生关系.譬如 X 服从指数分布 $Exp(\lambda)$,其分布函数为 $F(x) = 1 - e^{-\lambda x}$,当 x 换为 X 后,有
$$U = 1 - e^{-\lambda X} \qquad \text{或} \qquad X = \frac{1}{\lambda} \ln \frac{1}{1-U}.$$

后一式表明:由均匀分布 $U(0,1)$ 的随机数(伪观察值)u_i 可得指数分布 $Exp(\lambda)$ 的随机数 $x_i = \frac{1}{\lambda} \ln \frac{1}{1-u_i}, i = 1, 2, \cdots, n, \cdots$.而均匀分布随机数在任一个统计软件中都可产生,从而指数分布(继而其他分布)随机数也可获得.而各种分布随机数的获得是进行随机模拟法(又称蒙特卡罗法)的基础.

三、当 $g(x)$ 为其他形式时

当使用定理 2.6.1 寻求连续随机变量 $Y = g(X)$ 的分布有困难时,可直接由 Y 的分布函数 $F_Y(y) = P(g(X) \leqslant y)$ 出发,按函数 $g(x)$ 的特点作个案处理,具体见下面例子.

例 2.6.3 设随机变量 X 服从标准正态分布 $N(0,1)$,试求 $Y = X^2$ 的分布.

解 先求 Y 的分布函数 $F_Y(y)$.由于 $Y = X^2 \geqslant 0$,故当 $y \leqslant 0$ 时,有 $F_Y(y) = 0$,从而 $p_Y(y) = 0$.当 $y > 0$ 时,有
$$F_Y(y) = P(Y \leqslant y) = P(X^2 \leqslant y) = P(-\sqrt{y} \leqslant X \leqslant \sqrt{y}) = 2\Phi(\sqrt{y}) - 1.$$

因此 Y 的分布函数为
$$F_Y(y) = \begin{cases} 2\Phi(\sqrt{y}) - 1, & y > 0, \\ 0, & y \leqslant 0. \end{cases}$$

再用求导的方法求出 Y 的密度函数
$$p_Y(y) = \begin{cases} \varphi(\sqrt{y}) \, y^{-\frac{1}{2}}, & y > 0, \\ 0, & y \leqslant 0 \end{cases} = \begin{cases} \dfrac{1}{\sqrt{2\pi}} y^{-\frac{1}{2}} e^{-\frac{y}{2}}, & y > 0, \\ 0, & y \leqslant 0. \end{cases}$$

对照 χ^2 分布的密度函数,可以看出 $Y \sim \chi^2(1)$.

例 2.6.4 设随机变量 X 的密度函数为

$$p_X(x) = \begin{cases} \dfrac{2x}{\pi^2}, & 0 < x < \pi, \\ 0, & \text{其他}. \end{cases}$$

求 $Y = \sin X$ 的密度函数 $p_Y(y)$.

解　由于随机变量 X 在 $(0,\pi)$ 内取值,所以 $Y = \sin X$ 的可能取值区间为 $(0,1]$.在 Y 的可能取值区间外, $p_Y(y) = 0$.

当 $0 < y \leqslant 1$ 时,使 $\{Y \leqslant y\}$ 的 x 取值范围为两个互不相交的区间,见图 2.6.1.

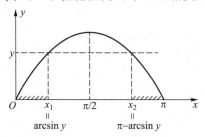

图 2.6.1　$y = \sin x$ 的图形

$$\Delta_1(y) = [0, x_1] = [0, \arcsin y],$$

$$\Delta_2(y) = [x_2, \pi] = [\pi - \arcsin y, \pi].$$

于是

$$\begin{aligned} \{Y \leqslant y\} &= \{X \in \Delta_1(y)\} \cup \{X \in \Delta_2(y)\} \\ &= \{0 \leqslant X \leqslant \arcsin y\} \cup \{\pi - \arcsin y \leqslant X \leqslant \pi\}, \end{aligned}$$

故

$$\begin{aligned} F_Y(y) = P(Y \leqslant y) &= \int_0^{\arcsin y} p_X(x)\,\mathrm{d}x + \int_{\pi - \arcsin y}^{\pi} p_X(x)\,\mathrm{d}x \\ &= \int_0^{\arcsin y} \frac{2x}{\pi^2}\mathrm{d}x + \int_{\pi - \arcsin y}^{\pi} \frac{2x}{\pi^2}\mathrm{d}x, \end{aligned}$$

在上式两端对 y 求导,得

$$p_Y(y) = \frac{2\arcsin y}{\pi^2\sqrt{1-y^2}} + \frac{2(\pi - \arcsin y)}{\pi^2\sqrt{1-y^2}} = \frac{2}{\pi\sqrt{1-y^2}}, \qquad 0 < y \leqslant 1.$$

习　题　2.6

1. 已知离散随机变量 X 的分布列为

X	-2	-1	0	1	3
P	$\dfrac{1}{5}$	$\dfrac{1}{6}$	$\dfrac{1}{5}$	$\dfrac{1}{15}$	$\dfrac{11}{30}$

试求 $Y = X^2$ 与 $Z = |X|$ 的分布列.

2. 已知随机变量 X 的密度函数为

$$p(x) = \frac{2}{\pi} \cdot \frac{1}{e^x + e^{-x}}, \qquad -\infty < x < \infty.$$

试求随机变量 $Y=g(X)$ 的概率分布,其中

$$g(x) = \begin{cases} -1, & \text{当 } x < 0, \\ 1, & \text{当 } x \geq 0. \end{cases}$$

3. 设随机变量 X 服从 $(-1,2)$ 上的均匀分布,记

$$Y = \begin{cases} 1, & X \geq 0, \\ -1, & X < 0. \end{cases}$$

试求 Y 的分布列.

4. 设随机变量 $X \sim U(0,1)$,试求 $1-X$ 的分布.

5. 设随机变量 X 服从 $(-\pi/2, \pi/2)$ 上的均匀分布,求随机变量 $Y=\cos X$ 的密度函数 $p_Y(y)$.

6. 设圆的直径服从区间 $(0,1)$ 上的均匀分布,求圆的面积的密度函数.

7. 设随机变量 X 服从区间 $(1,2)$ 上的均匀分布,试求 $Y=e^{2X}$ 的密度函数.

8. 设随机变量 X 服从区间 $(0,2)$ 上的均匀分布.

(1) 求 $Y=X^2$ 的密度函数;(2) 求 $P(Y<2)$.

9. 设随机变量 X 服从区间 $(-1,1)$ 上的均匀分布,求:

(1) $P\left(|X|>\frac{1}{2}\right)$;

(2) $Y=|X|$ 的密度函数.

10. 设随机变量 X 服从 $(0,1)$ 上的均匀分布,试求以下 Y 的密度函数:

(1) $Y=-2\ln X$;   (2) $Y=3X+1$;

(3) $Y=e^X$;   (4) $Y=|\ln X|$.

11. 设随机变量 X 的密度函数为

$$p_X(x) = \begin{cases} \frac{3}{2}x^2, & -1 < x < 1, \\ 0, & \text{其他.} \end{cases}$$

试求下列随机变量的分布:

(1) $Y_1 = 3X$;   (2) $Y_2 = 3-X$;   (3) $Y_3 = X^2$.

12. 设随机变量 $X \sim N(0, \sigma^2)$,求 $Y=X^2$ 的分布.

13. 设随机变量 $X \sim N(\mu, \sigma^2)$,求 $Y=e^X$ 的数学期望与方差.

14. 设随机变量 X 服从标准正态分布 $N(0,1)$,试求以下 Y 的密度函数:

(1) $Y=|X|$;   (2) $Y=2X^2+1$.

15. 设随机变量 X 的密度函数为

$$p(x) = \begin{cases} e^{-x}, & \text{若 } x > 0, \\ 0, & \text{若 } x \leq 0. \end{cases}$$

试求以下 Y 的密度函数:

(1) $Y=2X+1$;   (2) $Y=e^X$;   (3) $Y=X^2$.

16. 设随机变量 X 服从参数为 2 的指数分布,试证 $Y_1 = e^{-2X}$ 和 $Y_2 = 1-e^{-2X}$ 都服从区间 $(0,1)$ 上的均匀分布.

17. 设随机变量 $X \sim LN(\mu, \sigma^2)$,试证:$Y=\ln X \sim N(\mu, \sigma^2)$.

18. 设随机变量 $Y \sim LN(5, 0.12^2)$,试求 $P(Y<188.7)$.

§2.7 分布的其他特征数

数学期望和方差是随机变量最重要的两个特征数.此外,随机变量还有一些其他的特征数,以下逐一给出它们的定义,且解释它们的含义.

2.7.1 k 阶矩

定义 2.7.1 设 X 为随机变量,k 为正整数.如果以下的数学期望都存在,则称

$$\mu_k = E(X^k) \tag{2.7.1}$$

为 X 的 k **阶原点矩**.称

$$\nu_k = E(X - E(X))^k \tag{2.7.2}$$

为 X 的 k **阶中心矩**.

显然,一阶原点矩就是数学期望,二阶中心矩就是方差.由于 $|X|^{k-1} \leqslant |X|^k + 1$,故 k 阶矩存在时,$k-1$ 阶矩也存在,从而低于 k 的各阶矩都存在.

中心矩和原点矩之间有一个简单的关系,事实上

$$\nu_k = E(X - E(X))^k = E(X - \mu_1)^k = \sum_{i=0}^{k} \binom{k}{i} \mu_i (-\mu_1)^{k-i},$$

故前四阶中心矩可分别用原点矩表示如下:

$$\nu_1 = 0,$$

$$\nu_2 = \mu_2 - \mu_1^2,$$

$$\nu_3 = \mu_3 - 3\mu_2\mu_1 + 2\mu_1^3,$$

$$\nu_4 = \mu_4 - 4\mu_3\mu_1 + 6\mu_2\mu_1^2 - 3\mu_1^4.$$

例 2.7.1 设随机变量 $X \sim N(0, \sigma^2)$,则

$$\mu_k = E(X^k) = \frac{1}{\sqrt{2\pi}\sigma} \int_{-\infty}^{\infty} x^k \exp\left\{-\frac{x^2}{2\sigma^2}\right\} \mathrm{d}x = \frac{\sigma^k}{\sqrt{2\pi}} \int_{-\infty}^{\infty} u^k \exp\left\{-\frac{u^2}{2}\right\} \mathrm{d}u.$$

在 k 为奇数时,上述被积函数是奇函数,故

$$\mu_k = 0, \quad k = 1, 3, 5, \cdots.$$

在 k 为偶数时,上述被积函数是偶函数,再利用变换 $z = u^2/2$,可得

$$\mu_k = \sqrt{\frac{2}{\pi}} \sigma^k 2^{(k-1)/2} \int_0^{\infty} z^{(k-1)/2} \mathrm{e}^{-z} \mathrm{d}z = \sqrt{\frac{2}{\pi}} \sigma^k 2^{(k-1)/2} \Gamma\left(\frac{k+1}{2}\right)$$

$$= \sigma^k (k-1)(k-3)\cdots 1. \qquad k = 2, 4, 6, \cdots.$$

故 $N(0, \sigma^2)$ 分布的前四阶原点矩为

$$\mu_1 = 0, \qquad \mu_2 = \sigma^2, \qquad \mu_3 = 0, \qquad \mu_4 = 3\sigma^4.$$

又因为 $E(X)=0$,所以有原点矩等于中心矩,即 $\mu_k=\nu_k,k=1,2,\cdots$.

2.7.2 变异系数

方差(或标准差)反映了随机变量取值的波动程度,但在比较两个随机变量的波动大小时,如果仅看方差(或标准差)的大小有时会产生不合理的现象.这有两个原因:(1)随机变量的取值有量纲,不同量纲的随机变量用其方差(或标准差)去比较它们的波动大小不太合理.(2)在取值的量纲相同的情况下,取值的大小有一个相对性问题,取值较大的随机变量的方差(或标准差)也允许大一些.

所以要比较两个随机变量的波动大小时,在有些场合使用以下定义的变异系数来进行比较,更具可比性.

定义 2.7.2 设随机变量 X 的二阶矩存在,则称比值

$$C_v(X)=\frac{\sqrt{\mathrm{Var}(X)}}{E(X)}=\frac{\sigma(X)}{E(X)} \tag{2.7.3}$$

为 X 的**变异系数**.

因为标准差的量纲与数学期望的量纲是一致的,所以变异系数是一个无量纲的量,从而消除量纲对波动的影响.

例 2.7.2 用 X 表示某种同龄树的高度,其量纲是米(m),用 Y 表示某年龄段儿童的身高,其量纲也是米(m).设 $E(X)=10,\mathrm{Var}(X)=1,E(Y)=1,\mathrm{Var}(Y)=0.04$,是否可以从 $\mathrm{Var}(X)=1$ 和 $\mathrm{Var}(Y)=0.04$ 就认为 Y 的波动小?这就有一个取值相对大小的问题.在此用变异系数进行比较是恰当的.因为 X 的变异系数为

$$C_v(X)=\frac{\sigma(X)}{E(X)}=\frac{1}{10}=0.1,$$

而 Y 的变异系数为

$$C_v(Y)=\frac{\sigma(Y)}{E(Y)}=\frac{\sqrt{0.04}}{1}=0.2,$$

这说明 Y(儿童身高)的波动比 X(同龄树高)的波动大.

2.7.3 分位数

定义 2.7.3 设连续随机变量 X 的分布函数为 $F(x)$,密度函数为 $p(x)$.对任意 $p\in(0,1)$,称满足条件

$$F(x_p)=\int_{-\infty}^{x_p}p(x)\mathrm{d}x=p \tag{2.7.4}$$

的 x_p 为此分布的 p **分位数**,又称**下侧 p 分位数**.

很多概率统计问题最后都归结为求解满足概率不等式 $F(x)\leqslant p$ 的最大 x,其解可用分位数 x_p 表示.为此人们对常用分布(如正态分布、t 分布、χ^2 分布等)编制了各种分位数表(见本书附表)供实际使用.

分位数 x_p 是把密度函数下的面积分为两块,左侧面积恰好为 p(见图 2.7.1(a)).

同理我们称满足条件

$$1-F(x'_p)=\int_{x'_p}^{\infty}p(x)\mathrm{d}x=p \tag{2.7.5}$$

的 x'_p 为此分布的**上侧 p 分位数**.

上侧分位数 x'_p 也是把密度函数下的面积分为两块,但右侧面积恰好为 p(见图 2.7.1(b)).

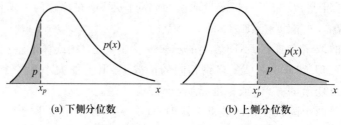

(a) 下侧分位数　　　　　　(b) 上侧分位数

图 2.7.1　分位数与上侧分位数的区别

要善于区分分位数(即下侧分位数)与上侧分位数的差别,本书指定用分位数表(即下侧分位数表),而有一些书使用的是上侧分位数表,无论用什么表,书中都有说明.

分位数与上侧分位数是可以相互转换的,其转换公式如下.

$$x'_p = x_{1-p}, \qquad x_p = x'_{1-p}. \tag{2.7.6}$$

例 2.7.3　标准正态分布 $N(0,1)$ 的 p 分位数记为 u_p,它是方程

$$\Phi(u_p) = p$$

的唯一解,其解为 $u_p = \Phi^{-1}(p)$,其中 $\Phi^{-1}(\cdot)$ 是标准正态分布函数的反函数.利用标准正态分布函数表(见附表 2),我们可由 p 查得 u_p.譬如 $u_{0.975} = 1.96$.常用的标准正态分布的 p 分位数并不多,现列于表 2.7.1 上.由于标准正态分布的密度函数是偶函数,故其分位数有如下性质:

- 当 $p < 0.5$ 时,$u_p < 0$.
- 当 $p > 0.5$ 时,$u_p > 0$.
- 当 $p = 0.5$ 时,$u_{0.5} = 0$.
- 当 $p_1 < p_2$ 时,$u_{p_1} < u_{p_2}$.
- 对任意的 p,有 $u_p = -u_{1-p}$,如 $u_{0.001} = -u_{0.999} = -3.090$.

表 2.7.1　标准正态分布 p 分位数表(部分)

p	0.999	0.995	0.990	0.975	0.950	0.900	0.850	0.800
u_p	3.090	2.576	2.326	1.960	1.645	1.282	1.037	0.842

又由定理 2.5.1 可知:一般正态分布 $N(\mu, \sigma^2)$ 的 p 分位数 x_p 是方程

$$\Phi\left(\frac{x_p - \mu}{\sigma}\right) = p$$

的解,所以由

$$\frac{x_p - \mu}{\sigma} = u_p$$

可得 x_p 与 u_p 的关系式

$$x_p = \mu + \sigma u_p. \tag{2.7.7}$$

譬如正态分布 $N(10,2^2)$ 的 0.975 分位数为

$$x_{0.975} = 10 + 2u_{0.975} = 10 + 2 \times 1.96 = 13.92.$$

例 2.7.4 记某种轴承的寿命为 T, t_p 为此寿命分布的 p 分位数,则 $t_{0.1} = 1\,000$ h 表明此种轴承中约有 90% 寿命超过 $1\,000$ h. 若记另一种轴承的寿命为 Z, p 分位数为 z_p. 则当 $z_{0.1} = 1\,500$ h 时,从 0.1 的分位数上说明后者的质量比前者更高一些.

2.7.4 中位数

定义 2.7.4 设连续随机变量 X 的分布函数为 $F(x)$, 密度函数为 $p(x)$. 称 $p = 0.5$ 时的 p 分位数 $x_{0.5}$ 为此分布的**中位数**, 即 $x_{0.5}$ 满足

$$F(x_{0.5}) = \int_{-\infty}^{x_{0.5}} p(x)\,\mathrm{d}x = 0.5. \tag{2.7.8}$$

中位数的位置常在分布的中部,见图 2.7.2.

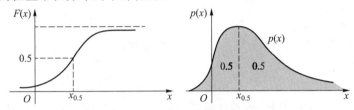

图 2.7.2 连续随机变量的中位数

对离散分布也可以同样引入分位数和中位数的概念,但遗憾的是:此时对给定的 p, 有可能 x_p 不存在或不唯一. 所以在离散分布场合很少使用分位数,在这里我们不再予以讨论.

中位数与均值一样都是随机变量位置的特征数,但在某些场合可能中位数比均值更能说明问题. 譬如,某班级学生的考试成绩的中位数为 80 分,则表明班级中有一半同学的成绩低于 80 分,另一半同学的成绩高于 80 分. 而如果考试成绩的均值是 80 分,则无法得出如此明确的结论.

又譬如,记 X 为 A 国人的年龄, Y 为 B 国人的年龄, $x_{0.5}$ 和 $y_{0.5}$ 分别为 X 和 Y 的中位数,则 $x_{0.5} = 40$ 岁说明 A 国约有一半的人年龄小于等于 40 岁、一半的人年龄大于等于 40 岁. 而 $y_{0.5} = 50$ 岁则说明 B 国更趋于老龄化.

例 2.7.5 指数分布 $Exp(\lambda)$ 的中位数 $x_{0.5}$ 是方程

$$1 - \mathrm{e}^{-\lambda x_{0.5}} = 0.5$$

的解,解之得

$$x_{0.5} = \frac{\ln 2}{\lambda}.$$

假如,某城市电话的通话时间 X (以 min 计)服从均值 $E(X) = 2 (\min)$ 的指数分布,此时由 $\lambda = 0.5$ 可得中位数为

$$x_{0.5} = \frac{\ln 2}{0.5} = 1.39 (\min).$$

它表明:该城市中约有一半的电话在 1.39 min 内结束,另一半的通话时间超过 1.39 min.

例 2.7.6 设连续随机变量 X 的密度函数为

$$p(x) = \begin{cases} 4x^3, & 0 < x < 1, \\ 0, & \text{其他}. \end{cases}$$

试求此分布的 0.95 分位数 $x_{0.95}$ 和中位数 $x_{0.5}$.

解 因为 X 的分布函数为

$$F(x) = \begin{cases} 0, & x < 0, \\ x^4, & 0 \leqslant x < 1, \\ 1, & 1 \leqslant x. \end{cases}$$

所以由 $F(x_{0.95}) = 0.95$ 可得:$x_{0.95}^4 = 0.95$,由此得 $x_{0.95} = \sqrt[4]{0.95} = 0.987\,3$.同理由 $F(x_{0.5}) = 0.5$ 得 $x_{0.5}^4 = 0.5$,从中解得 $x_{0.5} = \sqrt[4]{0.5} = 0.840\,9$.

2.7.5 偏度系数

定义 2.7.5 设随机变量 X 的前三阶矩存在,则比值

$$\beta_S = \frac{\nu_3}{\nu_2^{3/2}} = \frac{E(X - E(X))^3}{[\text{Var}(X)]^{3/2}}$$

称为 X(或分布)的**偏度系数**,简称**偏度**.当 $\beta_S > 0$ 时,称该分布为**正偏**,又称**右偏**;当 $\beta_S < 0$ 时,称该分布为**负偏**,又称**左偏**.

偏度 β_S 是描述分布偏离对称性程度的一个特征数,这可从以下几方面来认识.

(1) 当密度函数 $p(x)$ 关于数学期望对称时,即有 $p(E(X)-x) = p(E(X)+x)$,则其三阶中心矩 ν_3 必为 0,从而 $\beta_S = 0$.这表明关于 $E(X)$ 对称的分布其偏度为 0.譬如,正态分布 $N(\mu, \sigma^2)$ 关于 $E(X) = \mu$ 是对称的,故任意正态分布的偏度皆为 0.

(2) 当偏度 $\beta_S \neq 0$ 时,该分布为偏态分布,偏态分布常有不对称的两个尾部,重尾在右侧(变量在高值处比低值处有较大的偏离中心趋势)必导致 $\beta_S > 0$,故此分布又称为右偏分布;重尾在左侧(变量在低值处比高值处有较大的偏离中心趋势)必导致 $\beta_S < 0$,故又称为左偏分布,参见图 2.7.3.

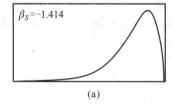
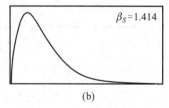

图 2.7.3 两个密度函数,(a)为左偏,(b)为右偏

(3) 偏度 β_S 是以各自的标准差的三次方 $[\sigma(X)]^3$ 为单位来度量三阶中心矩大小的,从而消去了量纲,使其更具有可比性.简单地说,分布的三阶中心矩 ν_3 决定偏度的符号,而分布的标准差 $\sigma(X)$ 决定偏度的大小.

例 2.7.7 讨论三个贝塔分布 $Be(2,8)$,$Be(8,2)$ 和 $Be(5,5)$ 的偏度.

解 设随机变量 X 服从贝塔分布 $Be(a,b)$,则可算得其前三阶原点矩:

$$E(X) = \frac{a}{a+b},$$

$$E(X^2) = \frac{a(a+1)}{(a+b)(a+b+1)},$$

$$E(X^3) = \frac{a(a+1)(a+2)}{(a+b)(a+b+1)(a+b+2)}.$$

以下为简化 β_S 的计算,特用 $a+b=10, b=10-a$ 代入可算得前三阶中心矩.

$$E(X) = \frac{a}{10}, \quad \mathrm{Var}(X) = \frac{a(10-a)}{10^2 \times 11}, \quad E(X-E(X))^3 = \frac{a(10-a)(5-a)}{10^3 \times 11 \times 3}.$$

可得贝塔分布的偏度为

$$\beta_S = \frac{E(X-E(X))^3}{[\mathrm{Var}(X)]^{3/2}} = \frac{\sqrt{11}(5-a)}{3\sqrt{a(10-a)}},$$

把 $a=2,5,8$ 分别代入可得

$Be(2,8)$ 的 $\beta_S = \sqrt{11}/4 = 0.829\,2$,右偏(正偏),

$Be(5,5)$ 的 $\beta_S = 0$,对称,

$Be(8,2)$ 的 $\beta_S = -\sqrt{11}/4 = -0.829\,2$,左偏(负偏).

2.7.6 峰度系数

定义 2.7.6 设随机变量 X 的前四阶矩存在,则

$$\beta_k = \frac{\nu_4}{\nu_2^2} - 3 = \frac{E(X-E(X))^4}{[\mathrm{Var}(X)]^2} - 3$$

称为 X(或分布)的**峰度系数**,简称**峰度**.

峰度是描述分布尖峭程度和(或)尾部粗细的一个特征数,这可从以下几方面来认识.

(1) 正态分布 $N(\mu, \sigma^2)$ 的 $\nu_2 = \sigma^2$, $\nu_4 = 3\sigma^4$,故按上述定义,任一正态分布 $N(\mu, \sigma^2)$ 的峰度 $\beta_k = 0$. 可见这里谈论的"峰度"不是指一般密度函数的峰值高低,因为正态分布 $N(\mu, \sigma^2)$ 的峰值为 $(\sqrt{2\pi}\sigma)^{-1}$,它与正态分布标准差 σ 成反比,σ 愈小,正态分布的峰值愈高,可这里的"峰度"与 σ 无关.

(2) 假如在上述定义中,分子与分母各除以 $[\sigma(X)]^4$,并记 X 的标准化变量为 $X^* = \frac{X-E(X)}{\sigma(X)}$,则 β_k 可改写成

$$\beta_k = \frac{E(X^*)^4}{[E(X^{*2})]^2} - 3 = E(X^{*4}) - E(U^4),$$

其中 $E(X^{*2}) = \mathrm{Var}(X^*) = 1$, U 为标准正态变量,$E(U^4) = 3$.

上式表明:**峰度 β_k 是相对于正态分布而言的超出量**,即峰度 β_k 是 X 的标准化变量与标准正态变量的四阶原点矩之差,并以标准正态分布为基准确定其大小.

• $\beta_k > 0$ 表示标准化后的分布比标准正态分布更尖峭和(或)尾部更粗(见图 2.7.4(b),图中尖峭的曲线是拉普拉斯分布).

• $\beta_k < 0$ 表示标准化后的分布比标准正态分布更平坦和(或)尾部更细(见图 2.7.4

（a），图中方形的曲线是均匀分布）.

- $\beta_k = 0$ 表示标准化后的分布与标准正态分布的尖峭程度与尾部粗细相当.

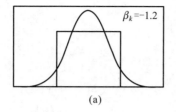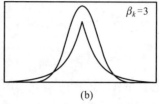

图 2.7.4 两个密度函数与标准正态分布密度函数的比较

它们的均值相等、方差相等、偏度皆为 0（对称分布），而峰度有很大差别

（3）**偏度与峰度都是描述分布形状的特征数**，它们的设置都是以正态分布为基准，正态分布的偏度与峰度皆为 0.在实际中一个分布的偏度与峰度皆为 0 或近似为0时，常认为该分布为正态分布或近似为正态分布.

（4）表 2.7.2 上列出了几种常见分布的偏度与峰度，其中伽马分布 $Ga(\alpha,\lambda)$ 的偏度与峰度只与 α 有关，而与 λ 无关，故 α 常称为形状参数，而 λ 不能称为形状参数.均匀分布 $U(a,b)$ 与指数分布 $Exp(\lambda)$ 的偏度与峰度都与其所含参数无关，故均匀分布 $U(a,b)$ 中的参数 a 与 b、指数分布中的参数 λ 均不能称为形状参数.进一步的研究会发现，贝塔分布 $Be(a,b)$ 的偏度与峰度与其参数 a 与 b 都有关，它们都可以称为形状参数.

表 2.7.2 几种常见分布的偏度与峰度

分布	均值	方差	偏度	峰度
均匀分布 $U(a,b)$	$(a+b)/2$	$(b-a)^2/12$	0	-1.2
正态分布 $N(\mu,\sigma^2)$	μ	σ^2	0	0
指数分布 $Exp(\lambda)$	$1/\lambda$	$1/\lambda^2$	2	6
伽马分布 $Ga(\alpha,\lambda)$	α/λ	α/λ^2	$2/\sqrt{\alpha}$	$6/\alpha$

例 2.7.8 计算伽马分布 $Ga(\alpha,\lambda)$ 的偏度与峰度.

解 首先计算伽马分布 $Ga(\alpha,\lambda)$ 的 k 阶原点矩：

$$\mu_k = E(X^k) = \alpha(\alpha+1)\cdots(\alpha+k-1)/\lambda^k.$$

当 $k=1,2,3,4$ 时可得前四阶原点矩

$$\mu_1 = \alpha/\lambda,$$
$$\mu_2 = \alpha(\alpha+1)/\lambda^2,$$
$$\mu_3 = \alpha(\alpha+1)(\alpha+2)/\lambda^3,$$
$$\mu_4 = \alpha(\alpha+1)(\alpha+2)(\alpha+3)/\lambda^4.$$

由此可得 2、3、4 阶中心矩

$$\nu_2 = \mu_2 - \mu_1^2 = \alpha/\lambda^2,$$
$$\nu_3 = \mu_3 - 3\mu_2\mu_1 + 2\mu_1^3 = 2\alpha/\lambda^3,$$

$$\nu_4 = \mu_4 - 4\mu_3\mu_1 + 6\mu_2\mu_1^2 - 3\mu_1^4 = 3\alpha(\alpha+2)/\lambda^4.$$

最后可得伽马分布 $Ga(\alpha,\lambda)$ 的偏度与峰度

$$\beta_S = \frac{\nu_3}{\nu_2^{3/2}} = \frac{2}{\sqrt{\alpha}},$$

$$\beta_k = \frac{\nu_4}{\nu_2^2} - 3 = \frac{6}{\alpha}.$$

可见,伽马分布 $Ga(\alpha,\lambda)$ 的偏度与 $\sqrt{\alpha}$ 成反比.峰度与 α 成反比.只要 α 较大,可使 β_S 与 β_k 接近于 0,从而伽马分布也愈来愈近似正态分布.

习 题 2.7

1. 设随机变量 $X \sim U(a,b)$,对 $k = 1,2,3,4$,求 $\mu_k = E(X^k)$ 与 $\nu_k = E(X-E(X))^k$.进一步求此分布的偏度系数和峰度系数.

2. 设随机变量 $X \sim U(0,a)$,求此分布的变异系数.

3. 求以下分布的中位数:

(1) 区间 (a,b) 上的均匀分布;

(2) 正态分布 $N(\mu,\sigma^2)$;

(3) 对数正态分布 $LN(\mu,\sigma^2)$.

4. 设随机变量 $X \sim Ga(\alpha,\lambda)$,对 $k = 1,2,3$,求 $\mu_k = E(X^k)$ 与 $\nu_k = E(X-E(X))^k$.

5. 设随机变量 $X \sim Exp(\lambda)$,对 $k = 1,2,3,4$,求 $\mu_k = E(X^k)$ 与 $\nu_k = E(X-E(X))^k$.进一步求此分布的变异系数、偏度系数和峰度系数.

6. 设随机变量 X 服从正态分布 $N(10,9)$,试求 $x_{0.1}$ 和 $x_{0.9}$.

7. 设随机变量 X 服从双参数韦布尔分布,其分布函数为

$$F(x) = 1 - \exp\left\{ -\left(\frac{x}{\eta}\right)^m \right\}, \qquad x > 0,$$

其中 $\eta > 0, m > 0$.试写出该分布的 p 分位数 x_p 的表达式,且求出当 $m = 1.5, \eta = 1\,000$ 时的 $x_{0.1}, x_{0.5}, x_{0.8}$ 的值.

8. 自由度为 2 的 χ^2 分布的密度函数为

$$p(x) = \frac{1}{2}\mathrm{e}^{-\frac{x}{2}}, \qquad x > 0.$$

试求出其分布函数及分位数 $x_{0.1}, x_{0.5}, x_{0.8}$.

9. 设随机变量 X 的分布密度函数 $p(x)$ 关于直线 $x = c$ 是对称的,且 $E(X)$ 存在,试证:

(1) 这个对称点 c 既是均值又是中位数,即 $E(X) = x_{0.5} = c$;

(2) 如果 $c = 0$,则 $x_p = -x_{1-p}$.

10. 试证随机变量 X 的偏度系数与峰度系数对位移和改变比例尺是不变的,即对任意的实数 a,$b(b \neq 0)$,$Y = a + bX$ 与 X 有相同的偏度系数与峰度系数.

11. 设某项维修时间 T(单位:分)服从对数正态分布 $LN(\mu,\sigma^2)$.

(1) 求 p 分位数 t_p;

(2) 若 $\mu = 4.127\,1$,求该分布的中位数;

(3) 若 $\mu = 4.127\,1, \sigma = 1.036\,4$,求完成 95% 维修任务的时间.

12. 某种绝缘材料的使用寿命 T(单位:小时)服从对数正态分布 $LN(\mu,\sigma^2)$.若已知分位数 $t_{0.2} =$

5 000 小时,$t_{0.8} = 65\ 000$ 小时,求 μ 和 σ.

　　13. 某厂决定按过去生产状况对月生产额最高的 5% 的工人发放高产奖.已知过去每人每月生产额 X(单位:千克)服从正态分布 $N(4\ 000,60^2)$,试问高产奖发放标准应把生产额定为多少?

 **本章小结**

第三章
多维随机变量及其分布

在有些随机现象中,对每个样本点 ω 只用一个随机变量去描述是不够的.譬如要研究儿童的生长发育情况,仅研究儿童的身高 $X(\omega)$ 或仅研究其体重 $Y(\omega)$ 都是局部的,有必要把 $X(\omega)$ 和 $Y(\omega)$ 作为一个整体来考虑,讨论它们同时变化的统计规律性,进一步可以讨论 $X(\omega)$ 与 $Y(\omega)$ 之间的关系.在有些随机现象中,甚至要同时研究两个以上随机变量.

如何来研究多维随机变量的统计规律性呢? 仿一维随机变量,我们先研究联合分布函数,然后研究离散随机变量的联合分布列、连续随机变量的联合密度函数等.

§3.1 多维随机变量及其联合分布

3.1.1 多维随机变量

下面我们先给出 n 维随机变量的定义.

定义 3.1.1　如果 $X_1(\omega),X_2(\omega),\cdots,X_n(\omega)$ 是定义在同一个样本空间 $\Omega=\{\omega\}$ 上的 n 个随机变量,则称
$$X(\omega)=(X_1(\omega),X_2(\omega),\cdots,X_n(\omega))$$
为 n 维(或 n 元)**随机变量**或**随机向量**.

注意,多维随机变量的关键是定义在**同一**样本空间上,对于不同样本空间 Ω_1 和 Ω_2 上的两个随机变量,我们只能在乘积空间 $\Omega_1\times\Omega_2=\{(\omega_1,\omega_2):\omega_1\in\Omega_1,\omega_2\in\Omega_2\}$ 及其事件域上讨论它们,这一点在以下讨论中是默认的.

在实际问题中,多维随机变量的情况是经常会遇到的.譬如

- 在研究四岁至六岁儿童的生长发育情况时,我们感兴趣于每个儿童(样本点 ω)的身高 $X_1(\omega)$ 和体重 $X_2(\omega)$,这里 (X_1,X_2) 是一个二维随机变量.

- 在研究每个家庭的支出情况时,我们感兴趣于每个家庭(样本点 ω)的衣食住行四个方面,若用 $X_1(\omega),X_2(\omega),X_3(\omega),X_4(\omega)$ 分别表示衣食住行的花费占其家庭总收入的百分比,则 (X_1,X_2,X_3,X_4) 就是一个四维随机变量.

3.1.2 联合分布函数

定义 3.1.2　对任意的 n 个实数 $x_1,x_2,\cdots,x_n,n$ 个事件 $\{X_1\leqslant x_1\},\{X_2\leqslant x_2\},\cdots,$
$\{X_n\leqslant x_n\}$ 同时发生的概率

$$F(x_1, x_2, \cdots, x_n) = P(X_1 \leqslant x_1, X_2 \leqslant x_2, \cdots, X_n \leqslant x_n) \tag{3.1.1}$$

称为 n 维随机变量 $(X_1, X_2, \cdots, X_n)$ 的**联合分布函数**.

本章主要研究二维随机变量,二维以上的情况可类似讨论.

在二维随机变量 (X, Y) 场合,联合分布函数 $F(x,y) = P(X \leqslant x, Y \leqslant y)$ 是事件 $\{X \leqslant x\}$ 与 $\{Y \leqslant y\}$ 同时发生(交)的概率.如果将二维随机变量 (X, Y) 看成是平面上随机点的坐标,那么联合分布函数 $F(x,y)$ 在 (x,y) 处的函数值就是随机点 (X, Y) 落在以 (x,y) 为顶点的左下无穷直角区域(见图 3.1.1)上的概率.

定理 3.1.1 任一二维联合分布函数 $F(x,y)$ 必具有如下四条基本性质:

(1)**单调性** $F(x,y)$ 分别对 x 或 y 是单调非减的,即

当 $x_1 < x_2$ 时,有 $F(x_1, y) \leqslant F(x_2, y)$,

当 $y_1 < y_2$ 时,有 $F(x, y_1) \leqslant F(x, y_2)$.

(2)**有界性** 对任意的 x 和 y,有 $0 \leqslant F(x,y) \leqslant 1$,且

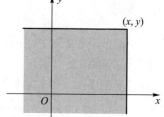

图 3.1.1 以 (x,y) 为顶点的左下无穷直角区域

$$F(-\infty, y) = \lim_{x \to -\infty} F(x,y) = 0,$$

$$F(x, -\infty) = \lim_{y \to -\infty} F(x,y) = 0,$$

$$F(\infty, \infty) = \lim_{x, y \to \infty} F(x,y) = 1.$$

(3)**右连续性** 对每个变量都是右连续的,即

$$F(x+0, y) = F(x,y),$$

$$F(x, y+0) = F(x,y).$$

(4)**非负性** 对任意的 $a<b, c<d$ 有

$$P(a < X \leqslant b, c < Y \leqslant d) = F(b,d) - F(a,d) - F(b,c) + F(a,c) \geqslant 0.$$

证明 (1)因为当 $x_1 < x_2$ 时,有 $\{X \leqslant x_1\} \subset \{X \leqslant x_2\}$,所以对任意给定的 y 有

$$\{X \leqslant x_1, Y \leqslant y\} \subset \{X \leqslant x_2, Y \leqslant y\},$$

由此可得

$$F(x_1, y) = P(X \leqslant x_1, Y \leqslant y) \leqslant P(X \leqslant x_2, Y \leqslant y) = F(x_2, y),$$

即 $F(x,y)$ 关于 x 是单调非减的.同理可证 $F(x,y)$ 关于 y 是单调非减的.

(2)由概率的性质可知 $0 \leqslant F(x,y) \leqslant 1$.又因为对任意的正整数 n 有

$$\lim_{x \to -\infty} \{X \leqslant x\} = \lim_{n \to \infty} \bigcap_{m=1}^{n} \{X \leqslant -m\} = \varnothing,$$

$$\lim_{x \to \infty} \{X \leqslant x\} = \lim_{n \to \infty} \bigcup_{m=1}^{n} \{X \leqslant m\} = \Omega,$$

对 $\{Y \leqslant y\}$ 也类似可得.再由概率的连续性,就可得

$$F(-\infty, y) = F(x, -\infty) = 0, \quad F(\infty, \infty) = 1.$$

(3)固定 y,仿一维分布函数右连续的证明,就可得知 $F(x,y)$ 关于 x 是右连续的.同样固定 x,可证得 $F(x,y)$ 关于 y 是右连续的.

(4)只需证:对 $a<b, c<d$ 有

$$P(a < X \leqslant b, c < Y \leqslant d) = F(b,d) - F(a,d) - F(b,c) + F(a,c).$$

为此记(见图 3.1.2)

$$A = \{X \leqslant a\}, \quad B = \{X \leqslant b\},$$
$$C = \{Y \leqslant c\}, \quad D = \{Y \leqslant d\},$$

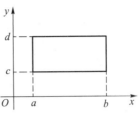

这里 A 是 $\{X \leqslant a, Y < \infty\}$ 的简写, C 是 $\{X < \infty, Y \leqslant c\}$ 的简写,其他类同.考虑到

$$\{a < X \leqslant b\} = B - A = B \cap \bar{A},$$
$$\{c < Y \leqslant d\} = D - C = D \cap \bar{C},$$

图 3.1.2 二维随机变量
(X,Y) 落在矩形中的情况

且 $A \subset B, C \subset D$,由此可得

$$
\begin{aligned}
0 \leqslant P(a < X \leqslant b, c < Y \leqslant d) \\
= P(B \cap \bar{A} \cap D \cap \bar{C}) \\
= P(BD - (A \cup C)) \\
= P(BD) - P(ABD \cup BCD) \\
= P(BD) - P(AD \cup BC) \\
= P(BD) - P(AD) - P(BC) + P(ABCD) \\
= P(BD) - P(AD) - P(BC) + P(AC) \\
= F(b,d) - F(a,d) - F(b,c) + F(a,c).
\end{aligned}
$$

还可证明,具有上述四条性质的二元函数 $F(x,y)$ 一定是某个二维随机变量的分布函数.

任一二维分布函数 $F(x,y)$ 必具有上述四条性质,其中性质(4)是二维场合特有的,也是合理的.但性质(4)不能由前三条性质推出,必须单独列出,因为存在这样的二元函数 $G(x,y)$ 满足以上性质(1)(2)(3),但它不满足性质(4),见下面例子.

例 3.1.1 二元函数

$$G(x,y) = \begin{cases} 0, & x + y < 0, \\ 1, & x + y \geqslant 0 \end{cases}$$

满足二维分布函数的性质(1)(2)(3),但它不满足性质(4).

这从 $G(x,y)$ 的定义可看出:若用直线 $x+y=0$ 将平面 xOy 一分为二,则

$G(x,y)$ 在右上半平面 $(x+y \geqslant 0)$ 取值为 1, $G(x,y)$ 在左下半平面 $(x+y<0)$ 取值为 0, $G(x,y)$ 具有非降性、有界性和右连续性,但在正方形区域 $\{(x,y): -1 \leqslant x \leqslant 1, -1 \leqslant y \leqslant 1\}$ 的四个顶点上,右上三个顶点位于右上半闭平面,只有左下顶点 $(-1,-1)$ 位于左下半开平面,故有

$G(1,1) - G(1,-1) - G(-1,1) + G(-1,-1) = 1 - 1 - 1 + 0 = -1 < 0,$

所以 $G(x,y)$ 不满足性质(4),故 $G(x,y)$ 不能成为某二维随机变量的分布函数.

3.1.3 联合分布列

定义 3.1.3 如果二维随机变量 (X,Y) 只取有限个或可列个数对 (x_i, y_j),则称 (X,Y) 为**二维离散随机变量**,称

$$p_{ij} = P(X = x_i, Y = y_j), \quad i,j = 1,2,\cdots \tag{3.1.2}$$

为(X,Y)的**联合分布列**,也可用如下表格形式记联合分布列.

X	Y				
	y_1	y_2	$\cdots$	y_j	$\cdots$
x_1	p_{11}	p_{12}	$\cdots$	p_{1j}	$\cdots$
x_2	p_{21}	p_{22}	$\cdots$	p_{2j}	$\cdots$
$\vdots$	$\vdots$	$\vdots$		$\vdots$	
x_i	p_{i1}	p_{i2}	$\cdots$	p_{ij}	$\cdots$
$\vdots$	$\vdots$	$\vdots$		$\vdots$	

性质 3.1.1 联合分布列的基本性质:

(1)**非负性** $p_{ij} \geqslant 0$.

(2)**正则性** $\sum\limits_{i=1}^{\infty} \sum\limits_{j=1}^{\infty} p_{ij} = 1$.

求二维离散随机变量的联合分布列,关键是写出二维随机变量可能取的数对及其发生的概率.

例 3.1.2 从 $1,2,3,4$ 中任取一数记为 X,再从 $1,2,\cdots,X$ 中任取一数记为 Y. 求 (X,Y) 的联合分布列及 $P(X=Y)$.

解 (X,Y) 为二维离散随机变量,其中 X 的分布列为
$$P(X=i) = 1/4, \quad i = 1,2,3,4.$$

Y 的可能取值也是 $1,2,3,4$,若记 j 为 Y 的取值,则

当 $j>i$ 时,有 $P(X=i,Y=j) = P(\varnothing) = 0$.

当 $1 \leqslant j \leqslant i \leqslant 4$ 时,由乘法公式
$$P(X=i,Y=j) = P(X=i)P(Y=j \mid X=i) = \frac{1}{4} \times \frac{1}{i}.$$

由此可得(X,Y)的联合分布列为

X	Y			
	1	2	3	4
1	1/4	0	0	0
2	1/8	1/8	0	0
3	1/12	1/12	1/12	0
4	1/16	1/16	1/16	1/16

由此可算得事件$\{X=Y\}$的概率为
$$P(X=Y) = p_{11} + p_{22} + p_{33} + p_{44} = \frac{1}{4} + \frac{1}{8} + \frac{1}{12} + \frac{1}{16} = \frac{25}{48} = 0.520\,8.$$

3.1.4 联合密度函数

定义 3.1.4 如果存在二元非负函数 $p(x,y)$,使得二维随机变量(X,Y)的分布函数 $F(x,y)$ 可表示为

$$F(x,y) = \int_{-\infty}^{x} \int_{-\infty}^{y} p(u,v) \mathrm{d}v \mathrm{d}u, \tag{3.1.3}$$

则称 (X,Y) 为**二维连续随机变量**,称 $p(u,v)$ 为 (X,Y) 的**联合密度函数**.

在 $F(x,y)$ 偏导数存在的点上有

$$p(x,y) = \frac{\partial^2}{\partial x \partial y} F(x,y).$$

性质 3.1.2 联合密度函数的基本性质:

(1) **非负性** $p(x,y) \geqslant 0$.

(2) **正则性** $\int_{-\infty}^{\infty} \int_{-\infty}^{\infty} p(x,y) \mathrm{d}y \mathrm{d}x = 1$.

给出联合密度函数 $p(x,y)$,就可以求有关事件的概率了.若 G 为平面上的一个区域,则事件 $\{(X,Y) \in G\}$ 的概率可表示为在 G 上对 $p(x,y)$ 的二重积分

$$P((X,Y) \in G) = \iint\limits_{G} p(x,y) \mathrm{d}x \mathrm{d}y. \tag{3.1.4}$$

在具体使用上式时,要注意积分范围是 $p(x,y)$ 的非零区域与 G 的交集部分,然后设法化成累次积分,最后计算出结果.计算中要注意如下事实,"直线的面积为零",故积分区域的边界线是否在积分区域内不影响积分计算结果.

例 3.1.3 设 (X,Y) 的联合密度函数为

$$p(x,y) = \begin{cases} 6\mathrm{e}^{-2x-3y}, & x > 0, y > 0, \\ 0, & \text{其他}. \end{cases}$$

试求:(1) $P(X<1, Y>1)$;(2) $P(X>Y)$.

解 (1) 积分区域见图 3.1.3(a) 中的阴影部分 D_1,

$$P(X < 1, Y > 1) = P((X,Y) \in D_1) = \int_{1}^{\infty} \int_{0}^{1} 6\mathrm{e}^{-2x-3y} \mathrm{d}x \mathrm{d}y$$

$$= 6 \int_{0}^{1} \mathrm{e}^{-2x} \mathrm{d}x \int_{1}^{\infty} \mathrm{e}^{-3y} \mathrm{d}y$$

$$= (1 - \mathrm{e}^{-2}) \mathrm{e}^{-3} = 0.043\,0.$$

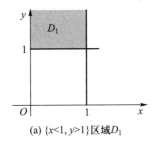 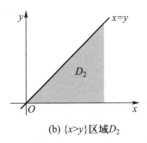

(a) {x<1, y>1}区域D_1　　　　　　(b) {x>y}区域D_2

图 3.1.3 $p(x,y)$ 的非零区域与有关事件的交集部分

(2) 积分区域见图 3.1.3(b) 中的阴影部分 D_2,从而容易写出累次积分.

$$P(X > Y) = P((X,Y) \in D_2) = \int_{0}^{\infty} \int_{0}^{x} 6\mathrm{e}^{-2x} \mathrm{e}^{-3y} \mathrm{d}y \mathrm{d}x = \int_{0}^{\infty} 2\mathrm{e}^{-2x}(1 - \mathrm{e}^{-3x}) \mathrm{d}x$$

$$= \left(-\mathrm{e}^{-2x} + \frac{2}{5}\mathrm{e}^{-5x} \right) \Big|_0^\infty = 1 - \frac{2}{5} = \frac{3}{5}.$$

3.1.5　常用多维分布

下面介绍一些多维随机变量的常用分布.

一、多项分布

多项分布是重要的多维离散分布,它是二项分布的推广.

进行 n 次独立重复试验,如果每次试验有 r 个互不相容的结果: $A_1, A_2, \cdots, A_r$ 之一发生,且每次试验中 A_i 发生的概率为 $p_i = P(A_i)$, $i = 1, 2, \cdots, r$,且 $p_1 + p_2 + \cdots + p_r = 1$. 记 X_i 为 n 次独立重复试验中 A_i 出现的次数, $i = 1, 2, \cdots, r$,则 $(X_1, X_2, \cdots, X_r)$ 取值 $(n_1, n_2, \cdots, n_r)$ 的概率,即 A_1 出现 n_1 次, A_2 出现 n_2 次 …… A_r 出现 n_r 次的概率为

$$P(X_1 = n_1, X_2 = n_2, \cdots, X_r = n_r) = \frac{n!}{n_1! n_2! \cdots n_r!} p_1^{n_1} p_2^{n_2} \cdots p_r^{n_r}, \tag{3.1.5}$$

其中 $n = n_1 + n_2 + \cdots + n_r$.

这个联合分布列称为 r 项分布,又称**多项分布**,记为 $M(n, p_1, p_2, \cdots, p_r)$. 这个概率是多项式 $(p_1 + p_2 + \cdots + p_r)^n$ 展开式中的一项,故其和为 1. 当 $r = 2$ 时,即为二项分布.

注意:二项分布是一维随机变量的分布,而在 r 项分布中,因为 $p_1 + p_2 + \cdots + p_r = 1$,且 $n_1 + n_2 + \cdots + n_r = n$,所以 r 项分布是 $r-1$ 维随机变量的分布.

例 3.1.4　一批产品共有 100 件,其中一等品 60 件、二等品 30 件、三等品 10 件. 从这批产品中有放回地任取 3 件,以 X 和 Y 分别表示取出的 3 件产品中一等品、二等品的件数,求二维随机变量 (X, Y) 的联合分布列.

解　因为 X 和 Y 的可能取值都是 $0, 1, 2, 3$,所以记 (X, Y) 的联合分布列为

X	Y			
	0	1	2	3
0	p_{00}	p_{01}	p_{02}	p_{03}
1	p_{10}	p_{11}	p_{12}	p_{13}
2	p_{20}	p_{21}	p_{22}	p_{23}
3	p_{30}	p_{31}	p_{32}	p_{33}

当 $i+j>3$ 时,有 $p_{ij} = 0$,即

$$p_{13} = p_{22} = p_{23} = p_{31} = p_{32} = p_{33} = 0.$$

而当 $i+j \leqslant 3$ 时,事件 $\{X=i, Y=j\}$ 表示:取出的 3 件产品中有 i 件一等品、j 件二等品、$3-i-j$ 件三等品,所以有放回地抽取时,对 $i+j \leqslant 3$,有

$$p_{ij} = \frac{3!}{i! j! (3-i-j)!} \left(\frac{6}{10} \right)^i \left(\frac{3}{10} \right)^j \left(\frac{1}{10} \right)^{3-i-j}.$$

由以上公式,就可具体算出 (X, Y) 的联合分布列为

X	Y			
	0	1	2	3
0	0.001	0.009	0.027	0.027
1	0.018	0.108	0.162	0
2	0.108	0.324	0	0
3	0.216	0	0	0

有此联合分布列,就可计算有关事件的概率,譬如

$$P(X \leqslant 1, Y \leqslant 1) = 0.001 + 0.009 + 0.018 + 0.108 = 0.136,$$

$$P(X = 0) = \sum_{j=0}^{3} P(X = 0, Y = j) = 0.001 + 0.009 + 0.027 + 0.027 = 0.064.$$

此例是第二章 § 2.4 中的二项分布的推广,差别在于: § 2.4 中讨论的是从"合格品""不合格品"两种情况中抽取,而在此是从一等品、二等品和三等品三种情况中抽取.这里我们称它为三项分布,它是一个二维随机变量的分布.

二、多维超几何分布

以下给出多维超几何分布的描述:袋中有 N 个球,其中有 N_i 个 i 号球,$i = 1, 2, \cdots, r$,且 $N = N_1 + N_2 + \cdots + N_r$.从中任意取出 $n(\leqslant N)$ 个,若记 X_i 为取出的 n 个球中 i 号球的个数,$i = 1, 2, \cdots, r$,则

$$P(X_1 = n_1, X_2 = n_2, \cdots, X_r = n_r) = \frac{\binom{N_1}{n_1} \binom{N_2}{n_2} \cdots \binom{N_r}{n_r}}{\binom{N}{n}}, \quad (3.1.6)$$

其中 $n_1 + n_2 + \cdots + n_r = n, n_i \leqslant N_i, i = 1, 2, \cdots, r$.

例 3.1.5 将例 3.1.4 改成不放回抽样,即从这批产品中不放回地任取 3 件,记 X 和 Y 分别表示 3 件产品中一等品和二等品的件数,求二维随机变量 (X, Y) 的联合分布列.

解 记 i 与 j 分别为 X 与 Y 的取值,此时对 $i+j>3$,有 $p_{ij} = 0$,即

$$p_{13} = p_{22} = p_{23} = p_{31} = p_{32} = p_{33} = 0.$$

对 $i+j \leqslant 3$,有

$$p_{ij} = \frac{\binom{60}{i} \binom{30}{j} \binom{10}{3-i-j}}{\binom{100}{3}}.$$

由此可得 (X, Y) 的联合分布列,譬如

$$P(X = 1, Y = 2) = \frac{\binom{60}{1} \binom{30}{2}}{\binom{100}{3}} = \frac{60 \times 30 \times 29/2}{100 \times 99 \times 98/6} = \frac{87}{539} = 0.161\ 4.$$

其他各概率都类似求出,最后得如下联合分布列:

X	Y			
	0	1	2	3
0	0.000 7	0.008 3	0.026 9	0.025 1
1	0.016 7	0.111 3	0.161 4	0
2	0.109 5	0.328 4	0	0
3	0.211 6	0	0	0

有此联合分布列,就可计算有关事件的概率,譬如,

$$P(X \leqslant 1, Y \leqslant 1) = 0.000\ 7 + 0.016\ 7 + 0.008\ 3 + 0.111\ 3 = 0.137\ 0.$$

$$P(X = 0) = \sum_{j=0}^{3} P(X = 0, Y = j) = 0.061\ 0.$$

此例是超几何分布的推广,差别在于:§2.4.3 中讨论的是从"合格品""不合格品"两种情况中作不放回地抽取,而在此是从一等品、二等品和三等品三种情况中作不放回地抽取.这里我们称它为三维超几何分布,它是一种特定的多维超几何分布.

三、多维均匀分布

设 D 为 $\mathbf{R}^n$ 中的一个有界区域,其度量(平面的为面积,空间的为体积等)为 S_D,如果多维随机变量 $(X_1, X_2, \cdots, X_n)$ 的联合密度函数为

$$p(x_1, x_2, \cdots, x_n) = \begin{cases} \dfrac{1}{S_D}, & (x_1, x_2, \cdots, x_n) \in D, \\ 0, & \text{其他}, \end{cases} \tag{3.1.7}$$

则称 $(X_1, X_2, \cdots, X_n)$ 服从 D 上的**多维均匀分布**,记为 $(X_1, X_2, \cdots, X_n) \sim U(D)$.

二维均匀分布所描述的随机现象就是向平面区域 D 中随机投点,如果该点坐标 (X, Y) 落在 D 的子区域 G 中的概率只与 G 的面积有关,而与 G 的位置无关,则由第一章知这是几何概率.现在由二维均匀分布来描述,则

$$P((X, Y) \in G) = \iint_G p(x, y) \mathrm{d}x \mathrm{d}y = \iint_G \frac{1}{S_D} \mathrm{d}x \mathrm{d}y = \frac{G\ \text{的面积}}{D\ \text{的面积}}.$$

这正是几何概率的计算公式.

例 3.1.6　设 D 为平面上以原点为圆心、以 r 为半径的圆内区域,如今向该圆内随机投点,其坐标 (X, Y) 服从 D 上的二维均匀分布,其密度函数为

$$p(x, y) = \begin{cases} \dfrac{1}{\pi r^2}, & x^2 + y^2 \leqslant r^2, \\ 0, & x^2 + y^2 > r^2. \end{cases}$$

试求概率 $P(|X| \leqslant r/2)$.

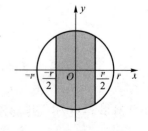

图 3.1.4　$p(x, y)$ 的非零区域与有关事件的交集部分

解　$p(x, y)$ 的非零区域与 $\{|X| \leqslant r/2\}$ 的交集部分见图 3.1.4,因此所求概率为

$$P\left(|X| \le \frac{r}{2}\right) = \int_{-r/2}^{r/2}\int_{-\sqrt{r^2-x^2}}^{\sqrt{r^2-x^2}} \frac{1}{\pi r^2}dydx = \frac{1}{\pi r^2}\int_{-r/2}^{r/2} 2\sqrt{r^2-x^2}\,dx$$

$$= \frac{1}{\pi r^2}\left[x\sqrt{r^2-x^2} + r^2\arcsin\frac{x}{r}\right]\Big|_{-r/2}^{r/2}$$

$$= \frac{1}{\pi r^2}\left(r\sqrt{r^2-\frac{r^2}{4}} + 2r^2\arcsin\frac{1}{2}\right)$$

$$= \frac{1}{\pi}\left(\frac{\sqrt{3}}{2} + \frac{\pi}{3}\right) = 0.609.$$

四、二元正态分布

如果二维随机变量(X,Y)的联合密度函数(见图3.1.5)为

$$p(x,y) = \frac{1}{2\pi\sigma_1\sigma_2\sqrt{1-\rho^2}}\exp\left\{-\frac{1}{2(1-\rho^2)}\left[\frac{(x-\mu_1)^2}{\sigma_1^2} -\right.\right.$$

$$\left.\left.2\rho\frac{(x-\mu_1)(y-\mu_2)}{\sigma_1\sigma_2} + \frac{(y-\mu_2)^2}{\sigma_2^2}\right]\right\}, \quad -\infty<x,y<\infty, \tag{3.1.8}$$

则称(X,Y)服从**二元正态分布**,记为$(X,Y)\sim N(\mu_1,\mu_2,\sigma_1^2,\sigma_2^2,\rho)$.其中五个参数的取值范围分别是

$$-\infty<\mu_1,\mu_2<\infty, \quad \sigma_1,\sigma_2>0, \quad -1<\rho<1.$$

以后将指出:μ_1,μ_2分别是X与Y的均值,σ_1^2,σ_2^2分别是X与Y的方差,ρ是X与Y的相关系数.

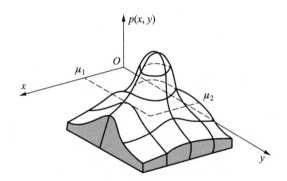

图3.1.5　二元正态密度函数

二元正态密度函数的图形很像一顶四周无限延伸的草帽,其中心点在(μ_1,μ_2)处,其等高线是椭圆.平行xOp平面(或平行yOp平面)的截面显示正态曲线(见图3.1.5).

例3.1.7　设二维随机变量$(X,Y)\sim N(\mu_1,\mu_2,\sigma_1^2,\sigma_2^2,\rho)$,求$(X,Y)$落在区域

$$D = \left\{(x,y): \frac{(x-\mu_1)^2}{\sigma_1^2} - 2\rho\frac{(x-\mu_1)(y-\mu_2)}{\sigma_1\sigma_2} + \frac{(y-\mu_2)^2}{\sigma_2^2} \le \lambda^2\right\}$$

内的概率.

解　所求概率为

$$p = \frac{1}{2\pi\sigma_1\sigma_2\sqrt{1-\rho^2}} \iint\limits_{D} \exp\left\{ -\frac{1}{2(1-\rho^2)}\left[\left(\frac{x-\mu_1}{\sigma_1}\right)^2 - \right.\right.$$

$$\left.\left. 2\rho\frac{(x-\mu_1)(y-\mu_2)}{\sigma_1\sigma_2} + \left(\frac{y-\mu_2}{\sigma_2}\right)^2\right]\right\}\mathrm{d}x\mathrm{d}y.$$

作变换

$$\begin{cases} u = \dfrac{x-\mu_1}{\sigma_1} - \rho\dfrac{y-\mu_2}{\sigma_2}, \\[2mm] v = \dfrac{y-\mu_2}{\sigma_2}\sqrt{1-\rho^2}. \end{cases}$$

则可得

$$J^{-1} = \frac{\partial(u,v)}{\partial(x,y)} = \begin{vmatrix} \dfrac{1}{\sigma_1} & -\dfrac{\rho}{\sigma_2} \\[3mm] 0 & \dfrac{\sqrt{1-\rho^2}}{\sigma_2} \end{vmatrix} = \frac{\sqrt{1-\rho^2}}{\sigma_1\sigma_2},$$

由此得

$$p = \frac{1}{2\pi(1-\rho^2)} \iint\limits_{u^2+v^2\leqslant\lambda^2} \exp\left\{-\frac{u^2+v^2}{2(1-\rho^2)}\right\}\mathrm{d}u\mathrm{d}v.$$

再作极坐标变换

$$\begin{cases} u = r\sin\alpha, \\ v = r\cos\alpha, \end{cases}$$

则可得

$$J = \frac{\partial(u,v)}{\partial(r,\alpha)} = \begin{vmatrix} \sin\alpha & r\cos\alpha \\ \cos\alpha & -r\sin\alpha \end{vmatrix} = -r(\sin^2\alpha + \cos^2\alpha) = -r,$$

最后得

$$p = \frac{1}{2\pi(1-\rho^2)}\int_0^{2\pi}\mathrm{d}\alpha\int_0^\lambda r\exp\left\{-\frac{r^2}{2(1-\rho^2)}\right\}\mathrm{d}r$$

$$= \int_0^\lambda \exp\left\{-\frac{r^2}{2(1-\rho^2)}\right\}\mathrm{d}\left(\frac{r^2}{2(1-\rho^2)}\right)$$

$$= -\exp\left\{-\frac{r^2}{2(1-\rho^2)}\right\}\bigg|_0^\lambda = 1 - \exp\left\{-\frac{\lambda^2}{2(1-\rho^2)}\right\}.$$

习　题　3.1

1. 100 件产品中有 50 件一等品、30 件二等品、20 件三等品. 从中任取 5 件, 以 X,Y 分别表示取出的 5 件中一等品、二等品的件数, 在以下情况下求 (X,Y) 的联合分布列:

（1）不放回抽取；　（2）有放回抽取.

2. 盒子里装有 3 个黑球、2 个红球、2 个白球,从中任取 4 个,以 X 表示取到黑球的个数,以 Y 表示取到红球的个数,试求 $P(X=Y)$.

3. 口袋中有 5 个白球、8 个黑球,从中不放回地一个接一个取出 3 个.如果第 i 次取出的是白球,则令 $X_i=1$,否则令 $X_i=0$,$i=1,2,3$.求:

(1) (X_1,X_2,X_3) 的联合分布列;

(2) (X_1,X_2) 的联合分布列.

4. 设随机变量 $X_i,i=1,2,$ 的分布列如下,且满足 $P(X_1X_2=0)=1$,试求 $P(X_1=X_2)$.

X_i	-1	0	1
P	0.25	0.5	0.25

5. 设随机变量 (X,Y) 的联合密度函数为

$$p(x,y) = \begin{cases} k(6-x-y), & 0<x<2, \ 2<y<4, \\ 0, & \text{其他}. \end{cases}$$

试求:

(1) 常数 k;

(2) $P(X<1,Y<3)$;

(3) $P(X<1.5)$;

(4) $P(X+Y\leqslant 4)$.

6. 设随机变量 (X,Y) 的联合密度函数为

$$p(x,y) = \begin{cases} ke^{-(3x+4y)}, & x>0, \ y>0, \\ 0, & \text{其他}. \end{cases}$$

试求:

(1) 常数 k;

(2) (X,Y) 的联合分布函数 $F(x,y)$;

(3) $P(0<X\leqslant 1,0<Y\leqslant 2)$.

7. 设二维随机变量 (X,Y) 的联合密度函数为

$$p(x,y) = \begin{cases} 4xy, & 0<x<1, \ 0<y<1, \\ 0, & \text{其他}. \end{cases}$$

试求:

(1) $P(0<X<0.5,0.25<Y<1)$;

(2) $P(X=Y)$;

(3) $P(X<Y)$;

(4) (X,Y) 的联合分布函数.

8. 设二维随机变量 (X,Y) 在边长为 2,中心为 $(0,0)$ 的正方形区域内服从均匀分布,试求 $P(X^2+Y^2\leqslant 1)$.

9. 设二维随机变量 (X,Y) 的联合密度函数为

$$p(x,y) = \begin{cases} k, & 0<x^2<y<x<1, \\ 0, & \text{其他}. \end{cases}$$

(1) 试求常数 k;

(2) 求 $P(X>0.5)$ 和 $P(Y<0.5)$.

10. 设二维随机变量 (X,Y) 的联合密度函数为

$$p(x,y) = \begin{cases} 6(1-y), & 0<x<y<1, \\ 0, & \text{其他}. \end{cases}$$

（1）求 $P(X>0.5,Y>0.5)$；

（2）求 $P(X<0.5)$ 和 $P(Y<0.5)$；

（3）求 $P(X+Y<1)$.

11. 设随机变量 Y 服从参数为 $\lambda=1$ 的指数分布，定义随机变量 X_k 如下：

$$X_k = \begin{cases} 0, & Y \leqslant k, \\ 1, & Y > k, \end{cases} \quad k = 1,2.$$

求 X_1 和 X_2 的联合分布列.

12. 设二维随机变量 (X,Y) 的联合密度函数为

$$p(x,y) = \begin{cases} x^2 + \dfrac{xy}{3}, & 0<x<1, \quad 0<y<2, \\ 0, & \text{其他.} \end{cases}$$

求 $P(X+Y \geqslant 1)$.

13. 设二维随机变量 (X,Y) 的联合密度函数为

$$p(x,y) = \begin{cases} e^{-y}, & 0<x<y, \\ 0, & \text{其他.} \end{cases}$$

试求 $P(X+Y \leqslant 1)$.

14. 设二维随机变量 (X,Y) 的联合密度函数为

$$p(x,y) = \begin{cases} 1/2, & 0<x<1, \quad 0<y<2, \\ 0, & \text{其他.} \end{cases}$$

求 X 与 Y 中至少有一个小于 0.5 的概率.

15. 从 $(0,1)$ 中随机地取两个数，求其积不小于 $3/16$，且其和不大于 1 的概率.

§3.2 边际分布与随机变量的独立性

二维联合分布函数（二维联合分布列、二维联合密度函数也一样）含有丰富的信息，主要有以下三方面信息：

- 每个分量的分布（每个分量的所有信息），即边际分布.
- 两个分量之间的关联程度，在 §3.4 中用协方差和相关系数来描述.
- 给定一个分量时，另一个分量的分布，即条件分布.

我们的目的是将这些信息从联合分布中挖掘出来，本节先讨论边际分布.

3.2.1 边际分布函数

如果在二维随机变量 (X,Y) 的联合分布函数 $F(x,y)$ 中令 $y \to \infty$，由于 $\{Y<\infty\}$ 为必然事件，故可得

$$\lim_{y \to \infty} F(x,y) = P(X \leqslant x, Y < \infty) = P(X \leqslant x),$$

这是由 (X,Y) 的联合分布函数 $F(x,y)$ 求得的 X 的分布函数，被称为 X 的**边际分布**，记为

$$F_X(x) = F(x,\infty). \tag{3.2.1}$$

类似地，在 $F(x,y)$ 中令 $x \to \infty$，可得 Y 的**边际分布**

$$F_Y(y) = F(\infty,y). \tag{3.2.2}$$

在三维随机变量 (X,Y,Z) 的联合分布函数 $F(x,y,z)$ 中,用类似的方法可得到更多的边际分布函数:

$$F_X(x) = F(x,\infty,\infty),$$
$$F_Y(y) = F(\infty,y,\infty),$$
$$F_Z(z) = F(\infty,\infty,z),$$
$$F_{X,Y}(x,y) = F(x,y,\infty),$$
$$F_{X,Z}(x,z) = F(x,\infty,z),$$
$$F_{Y,Z}(y,z) = F(\infty,y,z).$$

在更高维的场合,也可类似地从联合分布函数获得其低维的边际分布函数.譬如,五维联合分布有 5 个一维边际分布、10 个二维边际分布,10 个三维边际分布和 5 个四维边际分布.

例 3.2.1 设二维随机变量 (X,Y) 的联合分布函数为

$$F(x,y) = \begin{cases} 1 - e^{-x} - e^{-y} + e^{-x-y-\lambda xy}, & x > 0, y > 0. \\ 0, & \text{其他.} \end{cases}$$

这个分布被称为**二维指数分布**,其中参数 $\lambda > 0$.

由此联合分布函数 $F(x,y)$,容易获得 X 与 Y 的边际分布函数为

$$F_X(x) = F(x,\infty) = \begin{cases} 1 - e^{-x}, & x > 0, \\ 0, & x \leq 0. \end{cases}$$

$$F_Y(y) = F(\infty,y) = \begin{cases} 1 - e^{-y}, & y > 0, \\ 0, & y \leq 0. \end{cases}$$

它们都是一维指数分布.不同的 $\lambda > 0$ 对应不同的二维指数分布,但它们的两个边际分布与参数 $\lambda > 0$ 无关.这说明:二维联合分布不仅含有每个分量的概率分布,而且还含有两个变量 X 与 Y 间关系的信息,这正是人们要研究多维随机变量的原因.

3.2.2 边际分布列

在二维离散随机变量 (X,Y) 的联合分布列 $\{P(X=x_i,Y=y_j)\}$ 中,对 j 求和所得的分布列

$$\sum_{j=1}^{\infty} P(X = x_i, Y = y_j) = P(X = x_i), \quad i = 1,2,\cdots \tag{3.2.3}$$

被称为 X 的**边际分布列**.类似地,对 i 求和所得的分布列

$$\sum_{i=1}^{\infty} P(X = x_i, Y = y_j) = P(Y = y_j), \quad j = 1,2,\cdots \tag{3.2.4}$$

被称为 Y 的**边际分布列**.

例 3.2.2 设二维随机变量 (X,Y) 有如下的联合分布列

X	Y		
	1	2	3
0	0.09	0.21	0.24
1	0.07	0.12	0.27

求 X 与 Y 的边际分布列.

解 在上述联合分布列中,对每一行求和得 0.54 与 0.46,并把它们写在对应行的右侧,这就是 X 的边际分布列.再对每一列求和,得 0.16,0.33 和 0.51,并把它们写在对应列的下侧,这就是 Y 的边际分布列.

X	Y			$P(X=i)$
	1	2	3	
0	0.09	0.21	0.24	0.54
1	0.07	0.12	0.27	0.46
$P(Y=j)$	0.16	0.33	0.51	1

3.2.3 边际密度函数

如果二维连续随机变量 (X,Y) 的联合密度函数为 $p(x,y)$,因为

$$F_X(x) = F(x,\infty) = \int_{-\infty}^{x} \left(\int_{-\infty}^{\infty} p(u,v)\,\mathrm{d}v \right) \mathrm{d}u = \int_{-\infty}^{x} p_X(u)\,\mathrm{d}u,$$

$$F_Y(y) = F(\infty,y) = \int_{-\infty}^{y} \left(\int_{-\infty}^{\infty} p(u,v)\,\mathrm{d}u \right) \mathrm{d}v = \int_{-\infty}^{y} p_Y(v)\,\mathrm{d}v,$$

其中 $p_X(x)$ 和 $p_Y(y)$ 分别为

$$p_X(x) = \int_{-\infty}^{\infty} p(x,y)\,\mathrm{d}y, \tag{3.2.5}$$

$$p_Y(y) = \int_{-\infty}^{\infty} p(x,y)\,\mathrm{d}x. \tag{3.2.6}$$

它们恰好处于密度函数位置,故称上式给出的 $p_X(x)$ 为 X 的**边际密度函数**,$p_Y(y)$ 为 Y 的**边际密度函数**.

由联合密度函数求边际密度函数时,要注意积分区域的确定.

例 3.2.3 设二维随机变量 (X,Y) 的联合密度函数为

$$p(x,y) = \begin{cases} 1, & 0 < x < 1, |y| < x, \\ 0, & \text{其他}. \end{cases}$$

试求:(1) 边际密度函数 $p_X(x)$ 和 $p_Y(y)$;(2) $P(X<1/2)$ 及 $P(Y>1/2)$.

解 首先识别 $p(x,y)$ 的非零区域,它如图 3.2.1 所示.

(1) 求 $p_X(x)$.

当 $x \leqslant 0$,或 $x \geqslant 1$ 时,有 $p_X(x) = 0$.而当 $0<x<1$ 时,有

$$p_X(x) = \int_{-\infty}^{\infty} p(x,y)\,\mathrm{d}y - \int_{-x}^{x} \mathrm{d}y = 2x.$$

所以 X 的边际密度函数为(见图 3.2.2)

$$p_X(x) = \begin{cases} 2x, & 0 < x < 1, \\ 0, & \text{其他}. \end{cases}$$

再求 $p_Y(y)$.

当 $y \leqslant -1$,或 $y \geqslant 1$ 时,有 $p_Y(y) = 0$.而当 $-1<y<0$ 时,有

$$p_Y(y) = \int_{-\infty}^{\infty} p(x,y)\mathrm{d}x = \int_{-y}^{1} \mathrm{d}x = 1 + y,$$

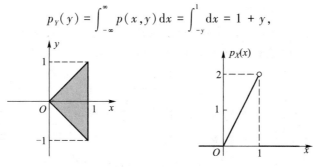

图 3.2.1 $p(x,y)$的非零区域　　图 3.2.2 X的边际密度函数($Be(2,1)$)

当 $0<y<1$ 时,有

$$p_Y(y) = \int_{-\infty}^{\infty} p(x,y)\mathrm{d}x = \int_{y}^{1} \mathrm{d}x = 1 - y.$$

所以 Y 的边际密度函数为(见图 3.2.3)

$$p_Y(y) = \begin{cases} 1 + y, & -1 < y < 0, \\ 1 - y, & 0 < y < 1, \\ 0, & \text{其他}. \end{cases}$$

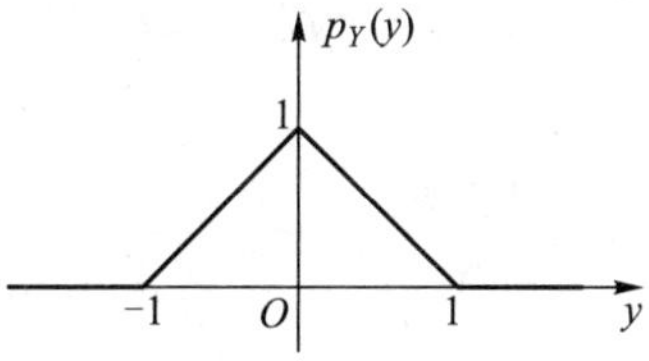

图 3.2.3 Y 的边际密度函数(三角形分布)

（2）要求的概率分别为

$$P\left(X < \frac{1}{2}\right) = \int_{-\infty}^{1/2} p_X(x)\mathrm{d}x = \int_{0}^{1/2} 2x\mathrm{d}x = \frac{1}{4}.$$

$$P\left(Y > \frac{1}{2}\right) = \int_{1/2}^{\infty} p_Y(y)\mathrm{d}y = \int_{1/2}^{1} (1 - y)\mathrm{d}y = \frac{1}{8}.$$

例 3.2.4 三项分布的一维边际分布为二项分布

三项分布$M(n,p_1,p_2,p_3)$实质上是二维随机变量(X,Y)的分布,其联合分布列为

$$P(X=i, Y=j) = \frac{n!}{i!j!(n-i-j)!} p_1^i p_2^j (1-p_1-p_2)^{n-i-j}, \ i,j = 0,1,2,\cdots,n, \ i+j \leqslant n.$$

对上式分别乘和除以$(1-p_1)^{n-i}/(n-i)!$,再对j从0到$n-i$求和,并记$p_2'=p_2/(1-p_1)$,则可得

$$\sum_{j=0}^{n-i} P(X=i, Y=j) = \frac{n!}{i!(n-i)!} p_1^i (1-p_1)^{n-i} \cdot$$

$$\sum_{j=0}^{n-i} \binom{n-i}{j} \left(\frac{p_2}{1-p_1}\right)^j \left(1 - \frac{p_2}{1-p_1}\right)^{n-i-j}$$

$$= \frac{n!}{i!(n-i)!} p_1^i (1-p_1)^{n-i} \left[p_2' + (1-p_2')\right]^{n-i}$$

$$= \frac{n!}{i!(n-i)!} p_1^i (1-p_1)^{n-i}.$$

所以 $X \sim b(n, p_1)$. 同理可证 $Y \sim b(n, p_2)$.

用类似的方法可以证明: r 项分布 $M(n, p_1, p_2, \cdots, p_r)$ 的最低阶边际分布是 r 个二项分布 $b(n, p_i)$, $i = 1, 2, \cdots, r$.

例 3.2.5　二维正态分布的边际分布为一维正态分布

设二维随机变量 $(X, Y) \sim N(\mu_1, \mu_2, \sigma_1^2, \sigma_2^2, \rho)$. 先把 (3.1.8) 式二维正态密度函数 $p(x, y)$ 的指数部分

$$-\frac{1}{2(1-\rho^2)} \left[\frac{(x-\mu_1)^2}{\sigma_1^2} - 2\rho \frac{(x-\mu_1)(y-\mu_2)}{\sigma_1 \sigma_2} + \frac{(y-\mu_2)^2}{\sigma_2^2} \right]$$

改写成

$$-\frac{1}{2} \left(\rho \frac{x-\mu_1}{\sigma_1 \sqrt{1-\rho^2}} - \frac{y-\mu_2}{\sigma_2 \sqrt{1-\rho^2}} \right)^2 - \frac{(x-\mu_1)^2}{2\sigma_1^2}.$$

再对积分

$$\int_{-\infty}^{\infty} \exp\left\{ -\frac{1}{2} \left(\rho \frac{x-\mu_1}{\sigma_1 \sqrt{1-\rho^2}} - \frac{y-\mu_2}{\sigma_2 \sqrt{1-\rho^2}} \right)^2 \right\} \mathrm{d}y$$

作变换 (注意把 x 看作常量)

$$t = \rho \frac{x-\mu_1}{\sigma_1 \sqrt{1-\rho^2}} - \frac{y-\mu_2}{\sigma_2 \sqrt{1-\rho^2}},$$

则

$$p_X(x) = \int_{-\infty}^{\infty} p(x, y) \mathrm{d}y$$

$$= \frac{1}{2\pi \sigma_1 \sigma_2 \sqrt{1-\rho^2}} \exp\left\{ -\frac{(x-\mu_1)^2}{2\sigma_1^2} \right\} \sigma_2 \sqrt{1-\rho^2} \int_{-\infty}^{\infty} \exp\left\{ -\frac{t^2}{2} \right\} \mathrm{d}t.$$

注意到上式中的积分恰好等于 $\sqrt{2\pi}$, 所以有

$$p_X(x) = \frac{1}{\sqrt{2\pi} \sigma_1} \exp\left\{ -\frac{(x-\mu_1)^2}{2\sigma_1^2} \right\}.$$

这正是一维正态分布 $N(\mu_1, \sigma_1^2)$ 的密度函数, 即 $X \sim N(\mu_1, \sigma_1^2)$. 同理可证 $Y \sim N(\mu_2, \sigma_2^2)$. 由此可见

- 二维正态分布的边际分布中不含参数 ρ.
- 这说明二维正态分布 $N(\mu_1, \mu_2, \sigma_1^2, \sigma_2^2, 0.1)$ 与 $N(\mu_1, \mu_2, \sigma_1^2, \sigma_2^2, 0.2)$ 的边际分布是相同的.
- 具有相同边际分布的多维联合分布可以是不同的.

3.2.4　随机变量间的独立性

在多维随机变量中, 各分量的取值有时会相互影响, 但有时会毫无影响. 譬如一个人的身高 X 和体重 Y 就会相互影响, 但与收入 Z 一般无影响. 当两个随机变量的取值互不影响时, 就称它们是相互独立的.

定义 3.2.1 设 n 维随机变量 $(X_1, X_2, \cdots, X_n)$ 的联合分布函数为 $F(x_1, x_2, \cdots, x_n)$, $F_i(x_i)$ 为 X_i 的边际分布函数. 如果对任意 n 个实数 $x_1, x_2, \cdots, x_n$, 有

$$F(x_1, x_2, \cdots, x_n) = \prod_{i=1}^{n} F_i(x_i), \tag{3.2.7}$$

则称 $X_1, X_2, \cdots, X_n$ **相互独立**.

在离散随机变量场合, 如果对其任意 n 个取值 $x_1, x_2, \cdots, x_n$, 有

$$P(X_1 = x_1, X_2 = x_2, \cdots, X_n = x_n) = \prod_{i=1}^{n} P(X_i = x_i), \tag{3.2.8}$$

则称 $X_1, X_2, \cdots, X_n$ 相互独立.

在连续随机变量场合, 如果对任意 n 个实数 $x_1, x_2, \cdots, x_n$, 有

$$p(x_1, x_2, \cdots, x_n) = \prod_{i=1}^{n} p_i(x_i), \tag{3.2.9}$$

则称 $X_1, X_2, \cdots, X_n$ 相互独立.

在前面的讨论中我们知道: 由联合分布可以求出边际分布, 但由边际分布不一定能求出联合分布. 现在如果知道了随机变量间是相互独立的, 则由边际分布的乘积就可求出联合分布.

例 3.2.6 从 $(0,1)$ 中任取两个数, 求下列事件的概率:

(1) 两数之和小于 1.2;

(2) 两数之积小于 1/4.

解 分别记这两个数为 X 和 Y, 则 X 和 Y 都服从 $(0,1)$ 上的均匀分布, 由于 X 与 Y 的取值相互没有任何影响, 故 X 与 Y 相互独立, 故其联合密度函数为

$$p(x,y) = p_X(x)p_Y(y) = \begin{cases} 1, & 0 < x < 1, \ 0 < y < 1, \\ 0, & \text{其他.} \end{cases}$$

利用此联合密度函数可以计算 (1) 与 (2) 的概率, 具体如下:

(1) 事件 $\{X+Y<1.2\}$ 的非零区域如图 3.2.4(a) 所示, 其概率为

$$P(X + Y < 1.2) = \int_0^{0.2} \int_0^1 \mathrm{d}y\mathrm{d}x + \int_{0.2}^1 \int_0^{1.2-x} \mathrm{d}y\mathrm{d}x = 0.2 + \int_{0.2}^1 (1.2 - x)\,\mathrm{d}x = 0.2 + 0.48 = 0.68.$$

(2) 事件 $\{XY<1/4\}$ 的非零区域如图 3.2.4(b) 所示, 其概率为

$$P(XY < 1/4) = \int_0^{1/4} \int_0^1 \mathrm{d}y\mathrm{d}x + \int_{1/4}^1 \int_0^{1/4x} \mathrm{d}y\mathrm{d}x = \frac{1}{4} + \int_{1/4}^1 \frac{1}{4x}\mathrm{d}x = \frac{1}{4} + \frac{1}{4}\ln 4 = 0.596\,6.$$

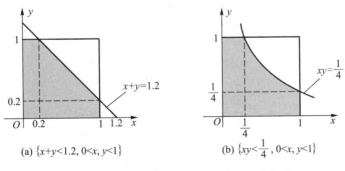

(a) $\{x+y<1.2, 0<x,y<1\}$　　　　(b) $\{xy<\frac{1}{4}, 0<x,y<1\}$

图 3.2.4　$p(x,y)$ 的非零区域与有关事件的交集部分

这个例子告诉我们,由独立性立即用乘法获得联合密度函数,然后就可求涉及两个随机变量的一些事件的概率.

例 3.2.7 若二维随机变量 (X,Y) 的联合密度函数为

$$p(x,y) = \begin{cases} 8xy, & 0 \leqslant x \leqslant y \leqslant 1, \\ 0, & \text{其他}. \end{cases}$$

问 X 与 Y 是否相互独立?

解 为判断 X 与 Y 是否独立,只需看边际密度函数的乘积是否等于联合密度函数.为此先求边际密度函数.

当 $x<0$ 或 $x>1$ 时,$p_X(x) = 0$.而当 $0 \leqslant x \leqslant 1$ 时,有

$$p_X(x) = \int_x^1 8xy\mathrm{d}y = 8x\left(\frac{1}{2} - \frac{x^2}{2}\right) = 4x(1 - x^2).$$

因此

$$p_X(x) = \begin{cases} 4x(1 - x^2), & 0 \leqslant x \leqslant 1, \\ 0, & \text{其他}. \end{cases}$$

同样,当 $y<0$ 或 $y>1$ 时,$p_Y(y) = 0$.而当 $0 \leqslant y \leqslant 1$ 时,有

$$p_Y(y) = \int_0^y 8xy\mathrm{d}x = 4y^3.$$

因此

$$p_Y(y) = \begin{cases} 4y^3, & 0 \leqslant y \leqslant 1, \\ 0, & \text{其他}. \end{cases}$$

由此可见:$p(x,y) \neq p_X(x)p_Y(y)$,故 X 与 Y 不独立,即相依.

直观上看,联合密度函数 $p(x,y)$ 似乎可分离变量,但由于其非零区域相互交织,X 的取值受 Y 的取值影响($0 \leqslant x \leqslant y$),$Y$ 的取值也受 X 的取值的影响($x \leqslant y \leqslant 1$),最后导致 $p(x,y)$ 的变量不能分离,从而 X 与 Y 不可能相互独立.

例 3.2.8 设二维随机变量 (X,Y) 的联合密度函数 $p(x,y)$ 如下所示,判定 X 与 Y 的独立性.

(1) $p(x,y) = \begin{cases} 6xy^2, & 0<x<1, \ 0<y<1, \\ 0, & \text{其他}; \end{cases}$

(2) $p(x,y) = \begin{cases} 12y^2, & 0 \leqslant y \leqslant x \leqslant 1, \\ 0, & \text{其他}; \end{cases}$

(3) $p(x,y) = \begin{cases} 6\exp\{-2x-3y\}, & x>0, \ y>0, \\ 0, & \text{其他}; \end{cases}$

(4) $p(x,y) = \begin{cases} x^2 + xy/3, & 0<x<1, \ 0<y<2, \\ 0, & \text{其他}. \end{cases}$

解 (1) 边际分布为

$$p_X(x) = 2x, \ x \in D_X = (0,1),$$
$$p_Y(y) = 3y^2, \ y \in D_Y = (0,1),$$

故有 $p(x,y) = p_X(x)p_Y(y), (x,y) \in \{(x,y) : x \in D_X, y \in D_Y\}$,所以 X 与 Y 相互独立.这

种状态称为变量 X 与 Y 可分离,它有两方面含义,一是指 $p(x,y)=p_X(x)\cdot p_Y(y)$,二是指 $p(x,y)$ 的非零区域亦可分解为两个一维区域的乘积空间.

(2) 因 X 的取值与 Y 的取值相互影响,故 $p(x,y)$ 不可分离,所以 X 与 Y 不相互独立.

(3) 边际分布为

$$p_X(x)=2\mathrm{e}^{-2x},\ x\in D_X=\{x>0\},$$
$$p_Y(y)=3\mathrm{e}^{-3y},\ y\in D_Y=\{y>0\},$$

且有 $p(x,y)=p_X(x)p_Y(y),(x,y)\in\{(x,y):x\in D_X,y\in D_Y\}$,故 X 与 Y 可分离,即 X 与 Y 相互独立.

(4) 边际分布为

$$p_X(x)=2x^2+\frac{2}{3}x,\ x\in D_X=(0,1),$$

$$p_Y(y)=\frac{1}{3}+\frac{1}{6}y,\ y\in D_Y=(0,2),$$

由于 $p(x,y)\neq p_X(x)p_Y(y)$,即 X 与 Y 不可分离,所以 X 与 Y 不相互独立.

习 题 3.2

1. 设二维离散随机变量 (X,Y) 的可能取值为
$$(0,0),\quad(-1,1),\quad(-1,2),\quad(1,0),$$
且取这些值的概率依次为 $1/6,1/3,1/12,5/12$,试求 X 与 Y 各自的边际分布列.

2. 设二维随机变量 (X,Y) 的联合分布函数为
$$F(x,y)=\begin{cases}1-\mathrm{e}^{-\lambda_1x}-\mathrm{e}^{-\lambda_2y}+\mathrm{e}^{-\lambda_1x-\lambda_2y-\lambda_{12}\max\{x,y\}},&x>0,\quad y>0,\\0,&\text{其他}.\end{cases}$$
试求 X 和 Y 各自的边际分布函数.

3. 试求以下二维均匀分布的边际分布:
$$p(x,y)=\begin{cases}\dfrac{1}{\pi},&x^2+y^2\leqslant1,\\[2mm]0,&\text{其他}.\end{cases}$$

4. 设平面区域 D 由曲线 $y=1/x$ 及直线 $y=0,x=1,x=\mathrm{e}^2$ 所围成,二维随机变量 (X,Y) 在区域 D 上服从均匀分布,试求 X 的边际密度函数.

5. 求以下给出的 (X,Y) 的联合密度函数的边际密度函数 $p_X(x)$ 和 $p_Y(y)$:

(1) $p(x,y)=\begin{cases}\mathrm{e}^{-y},&0<x<y,\\0,&\text{其他};\end{cases}$

(2) $p(x,y)=\begin{cases}\dfrac{5}{4}(x^2+y),&0<y<1-x^2,\\[2mm]0,&\text{其他};\end{cases}$

(3) $p(x,y)=\begin{cases}\dfrac{1}{x},&0<y<x<1,\\[2mm]0,&\text{其他}.\end{cases}$

6. 设二维随机变量 (X,Y) 的联合密度函数为

$$p(x,y) = \begin{cases} 6, & 0 < x^2 < y < x < 1, \\ 0, & 其他. \end{cases}$$

试求边际密度函数 $p_X(x)$ 和 $p_Y(y)$.

7. 试验证:以下给出的两个不同的联合密度函数,它们有相同的边际密度函数.

$$p(x,y) = \begin{cases} x + y, & 0 \leqslant x \leqslant 1, \quad 0 \leqslant y \leqslant 1, \\ 0, & 其他; \end{cases}$$

$$g(x,y) = \begin{cases} (0.5 + x)(0.5 + y), & 0 \leqslant x \leqslant 1, \quad 0 \leqslant y \leqslant 1, \\ 0, & 其他. \end{cases}$$

8. 设随机变量 X 和 Y 独立同分布,且

$$P(X = -1) = P(Y = -1) = P(X = 1) = P(Y = 1) = \frac{1}{2}.$$

试求 $P(X = Y)$.

9. 甲、乙两人独立地各进行两次射击,假设甲的命中率为 0.2,乙的命中率为 0.5,以 X 和 Y 分别表示甲和乙的命中次数,试求 $P(X \leqslant Y)$.

10. 设随机变量 X 与 Y 相互独立,其联合分布列为

X	Y		
	y_1	y_2	y_3
x_1	a	1/9	c
x_2	1/9	b	1/3

试求联合分布列中的 a, b, c.

11. 设 X 与 Y 是两个相互独立的随机变量,$X \sim U(0,1)$,$Y \sim Exp(1)$.试求:

(1) X 与 Y 的联合密度函数; (2) $P(Y \leqslant X)$; (3) $P(X + Y \leqslant 1)$.

12. 设随机变量 (X,Y) 的联合密度函数为

$$p(x,y) = \begin{cases} 3x, & 0 < y < x < 1, \\ 0, & 其他. \end{cases}$$

试求:

(1) 边际密度函数 $p_X(x)$ 和 $p_Y(y)$; (2) X 与 Y 是否独立?

13. 设随机变量 (X,Y) 的联合密度函数为

$$p(x,y) = \begin{cases} 1, & |x| < y, \quad 0 < y < 1, \\ 0, & 其他. \end{cases}$$

试求:

(1) 边际密度函数 $p_X(x)$ 和 $p_Y(y)$; (2) X 与 Y 是否独立?

14. 设二维随机变量 (X,Y) 的联合密度函数如下,试问 X 与 Y 是否相互独立?

(1) $p(x,y) = \begin{cases} xe^{-(x+y)}, & x > 0, \quad y > 0, \\ 0, & 其他; \end{cases}$

(2) $p(x,y) = \dfrac{1}{\pi^2(1+x^2)(1+y^2)}, \quad -\infty < x, y < \infty;$

(3) $p(x,y) = \begin{cases} 2, & 0 < x < y < 1, \\ 0, & 其他; \end{cases}$

(4) $p(x,y) = \begin{cases} 24xy, & 0 < x < 1, \quad 0 < y < 1, \quad 0 < x + y < 1, \\ 0, & 其他; \end{cases}$

(5) $p(x,y) = \begin{cases} 12xy(1-x), & 0<x<1, \quad 0<y<1, \\ 0, & \text{其他}; \end{cases}$

(6) $p(x,y) = \begin{cases} \dfrac{21}{4}x^2y, & x^2<y<1, \\ 0, & \text{其他}. \end{cases}$

15. 在长为 a 的线段的中点的两边随机地各选取一点,求两点间的距离小于 $a/3$ 的概率.

16. 设二维随机变量 (X,Y) 服从区域

$$D = \{(x,y): a \leqslant x \leqslant b, c \leqslant y \leqslant d\}$$

上的均匀分布,试证 X 与 Y 相互独立.

§3.3 多维随机变量函数的分布

设 $(X_1, X_2, \cdots, X_n)$ 为 n 维随机变量,则 $(X_1, X_2, \cdots, X_n)$ 的函数 $Y = g(X_1, X_2, \cdots, X_n)$ 是一维随机变量.现在的问题是:如何由 $(X_1, X_2, \cdots, X_n)$ 的联合分布,求出 Y 的分布.这是一类技巧性很强的工作,不仅对离散场合和连续场合有不同方法,而且对不同形式的函数 $g(X_1, X_2, \cdots, X_n)$ 要采用不同的方法,甚至有些方法只对特殊形式的 $g(\cdot)$ 适用.下面分别介绍一些常用的方法.

3.3.1 多维离散随机变量函数的分布

设 $(X_1, X_2, \cdots, X_n)$ 为 n 维离散随机变量,则某一函数 $Y = g(X_1, X_2, \cdots, X_n)$ 是一维离散随机变量.当 $(X_1, X_2, \cdots, X_n)$ 所有可能取值较少时,可将 Y 的取值一一列出,然后再合并整理就可得出结果,见下例.

例 3.3.1 设二维随机变量 (X,Y) 的联合分布列如下所示:

X	Y		
	-1	1	2
-1	5/20	2/20	6/20
2	3/20	3/20	1/20

试求:(1) $Z_1 = X+Y$;(2) $Z_2 = X-Y$;(3) $Z_3 = \max\{X,Y\}$ 的分布列.

解 将 (X,Y) 及各个函数的取值对应列于同一表中:

P	5/20	2/20	6/20	3/20	3/20	1/20
(X,Y)	$(-1,-1)$	$(-1,1)$	$(-1,2)$	$(2,-1)$	$(2,1)$	$(2,2)$
$Z_1 = X+Y$	-2	0	1	1	3	4
$Z_2 = X-Y$	0	-2	-3	3	1	0
$Z_3 = \max\{X,Y\}$	-1	1	2	2	2	2

然后经过合并整理就可得最后结果:

$Z_1 = X+Y$	-2	0	1	3	4
P	5/20	2/20	9/20	3/20	1/20

$Z_2 = X-Y$	-3	-2	0	1	3
P	6/20	2/20	6/20	3/20	3/20

$Z_3 = \max\{X, Y\}$		-1	1	2
P		5/20	2/20	13/20

例 3.3.2(泊松分布的可加性) 设随机变量 $X \sim P(\lambda_1)$, $Y \sim P(\lambda_2)$, 且 X 与 Y 独立, 证明 $Z = X+Y \sim P(\lambda_1+\lambda_2)$.

证明 首先指出, $Z = X+Y$ 可取 $0, 1, 2, \cdots$ 所有非负整数. 而事件 $\{Z=k\}$ 是如下诸互不相容事件

$$\{X=i, Y=k-i\}, \quad i=0,1,\cdots,k$$

的并, 再考虑到独立性, 则对任意非负整数 k, 有

$$P(Z=k) = \sum_{i=0}^{k} P(X=i)P(Y=k-i). \tag{3.3.1}$$

这个概率等式被称为离散场合下的**卷积公式**. 利用此公式可得

$$P(Z=k) = \sum_{i=0}^{k} \left(\frac{\lambda_1^i}{i!} \mathrm{e}^{-\lambda_1} \right) \left(\frac{\lambda_2^{k-i}}{(k-i)!} \mathrm{e}^{-\lambda_2} \right)$$

$$= \frac{(\lambda_1+\lambda_2)^k}{k!} \mathrm{e}^{-(\lambda_1+\lambda_2)} \sum_{i=0}^{k} \frac{k!}{i!(k-i)!} \left(\frac{\lambda_1}{\lambda_1+\lambda_2} \right)^i \left(\frac{\lambda_2}{\lambda_1+\lambda_2} \right)^{k-i}$$

$$= \frac{(\lambda_1+\lambda_2)^k}{k!} \mathrm{e}^{-(\lambda_1+\lambda_2)} \left(\frac{\lambda_1}{\lambda_1+\lambda_2} + \frac{\lambda_2}{\lambda_1+\lambda_2} \right)^k$$

$$= \frac{(\lambda_1+\lambda_2)^k}{k!} \mathrm{e}^{-(\lambda_1+\lambda_2)}, \quad k=0,1,\cdots,$$

这表明 $X+Y \sim P(\lambda_1+\lambda_2)$, 结论得证. 注意 $X-Y$ 不服从泊松分布.

泊松分布的这个性质可以叙述为: 泊松分布的卷积仍是泊松分布, 并记为

$$P(\lambda_1) * P(\lambda_2) = P(\lambda_1+\lambda_2). \tag{3.3.2}$$

这里卷积是指"寻求两个独立随机变量和的分布运算". 显然这个性质可以推广到有限个独立泊松变量之和的分布上去, 即

$$P(\lambda_1) * P(\lambda_2) * \cdots * P(\lambda_n) = P(\lambda_1 + \lambda_2 + \cdots + \lambda_n). \tag{3.3.3}$$

特别, 当 $\lambda_1 = \lambda_2 = \cdots = \lambda_n = \lambda$ 时, 有

$$P(\lambda) * P(\lambda) * \cdots * P(\lambda) = P(n\lambda). \tag{3.3.4}$$

这些结论在理论上和应用上都是重要的.

以后我们称性质"同一类分布的独立随机变量和的分布仍属于此类分布"为此类分布具有**可加性**. 上例说明泊松分布具有可加性, 下例又说明二项分布具有可加性.

例 3.3.3(二项分布的可加性) 设随机变量 $X \sim b(n,p)$, $Y \sim b(m,p)$, 且 X 与 Y 独

立,证明 $Z=X+Y\sim b(n+m,p)$.

证明 首先指出,$Z=X+Y$ 可取 $0,1,2,\cdots,n+m$ 等 $n+m+1$ 个不同的值,利用离散场合的卷积公式(3.3.1),可把事件 $\{Z=k\}$ 的概率表示为

$$P(Z=k)=\sum_{i=0}^{k}P(X=i)P(Y=k-i).$$

因为 $X\sim b(n,p)$,$Y\sim b(m,p)$,所以上式中只需考虑:$i\leqslant n,k-i\leqslant m$,即 $i\leqslant n,i\geqslant k-m$. 因此记

$$a=\max\{0,k-m\},\quad b=\min\{n,k\},$$

则

$$\begin{aligned}
P(Z=k)&=\sum_{i=a}^{b}P(X=i)P(Y=k-i)\\
&=\sum_{i=a}^{b}\binom{n}{i}p^{i}(1-p)^{n-i}\cdot\binom{m}{k-i}p^{k-i}(1-p)^{m-(k-i)}\\
&=p^{k}(1-p)^{n+m-k}\sum_{i=a}^{b}\binom{n}{i}\binom{m}{k-i}.
\end{aligned}$$

利用超几何分布可证明:

$$\sum_{i=a}^{b}\frac{\binom{n}{i}\binom{m}{k-i}}{\binom{n+m}{k}}=1\quad\text{或}\quad\sum_{i=a}^{b}\binom{n}{i}\binom{m}{k-i}=\binom{n+m}{k}.$$

由此可得

$$P(Z=k)=\binom{n+m}{k}p^{k}(1-p)^{n+m-k},\quad k=0,1,\cdots,n+m.$$

这表明 $Z=X+Y\sim b(n+m,p)$,即在参数 p 相同情况下,二项分布的卷积仍是二项分布, 即 $b(n,p)*b(m,p)=b(n+m,p)$.这个性质可以推广到有限个场合,即

$$b(n_1,p)*b(n_2,p)*\cdots*b(n_k,p)=b(n_1+n_2+\cdots+n_k,p). \tag{3.3.5}$$

特别当 $n_1=n_2=\cdots=n_k=1$ 时,有

$$b(1,p)*b(1,p)*\cdots*b(1,p)=b(k,p), \tag{3.3.6}$$

这表明:如果 $X_1,X_2,\cdots,X_n$ 独立同分布,都服从 $b(1,p)$ 分布,则其和 $\sum_{i=1}^{n}X_i\sim b(n,p)$. 或者说,服从二项分布 $b(n,p)$ 的随机变量可以分解成 n 个相互独立的0-1分布的随机变量之和.

3.3.2 最大值与最小值的分布

考察某地区的年降雨量 X,它是一个随机变量,其分布函数记为 $F(x)$.若要研究近五十年内该地区涝灾或干旱发生的可能性,就需要研究近五十年中该地区最大的年降雨量和最小的年降雨量,它们可表示为

$$Y=\max\{X_1,X_2,\cdots,X_{50}\},$$
$$Z=\min\{X_1,X_2,\cdots,X_{50}\},$$

其中 X_i 表示近五十年中第 i 年的降雨量.由于地区相同,所以诸 X_i 可看成是独立同分

布的随机变量.因此研究若干个独立同分布随机变量的最大值 Y 与最小值 Z 的分布是一件很有意义的工作.下面将以例子形式来讨论寻求最大值与最小值的概率分布的方法.

例 3.3.4(最大值分布)　设 $X_1, X_2, \cdots, X_n$ 是相互独立的 n 个随机变量,若 $Y = \max\{X_1, X_2, \cdots, X_n\}$.试在以下情况下求 Y 的分布:

(1) $X_i \sim F_i(x), i = 1, 2, \cdots, n$;

(2) 诸 X_i 同分布,即 $X_i \sim F(x), i = 1, 2, \cdots, n$;

(3) 诸 X_i 为连续随机变量,且诸 X_i 同分布,即 X_i 的密度函数均为 $p(x), i = 1, 2, \cdots, n$;

(4) $X_i \sim Exp(\lambda), i = 1, 2, \cdots, n$.

解　(1) $Y = \max\{X_1, X_2, \cdots, X_n\}$ 的分布函数为

$$F_Y(y) = P(\max\{X_1, X_2, \cdots, X_n\} \leqslant y) = P(X_1 \leqslant y, X_2 \leqslant y, \cdots, X_n \leqslant y)$$

$$= P(X_1 \leqslant y) P(X_2 \leqslant y) \cdots P(X_n \leqslant y) = \prod_{i=1}^{n} F_i(y). \tag{3.3.7}$$

(2) 将 X_i 的共同分布函数 $F(x)$ 代入上式得

$$F_Y(y) = [F(y)]^n. \tag{3.3.8}$$

(3) Y 的分布函数仍为上式,密度函数可对上式关于 y 求导得

$$p_Y(y) = F'_Y(y) = n[F(y)]^{n-1} p(y). \tag{3.3.9}$$

(4) 将 $Exp(\lambda)$ 的分布函数和密度函数代入(3.3.8)式和(3.3.9)式得

$$F_Y(y) = \begin{cases} 0, & y < 0, \\ (1 - e^{-\lambda y})^n, & y \geqslant 0. \end{cases}$$

$$p_Y(y) = \begin{cases} 0, & y < 0, \\ n(1 - e^{-\lambda y})^{n-1} \lambda e^{-\lambda y}, & y \geqslant 0. \end{cases}$$

例 3.3.5(最小值分布)　设 $X_1, X_2, \cdots, X_n$ 是相互独立的 n 个随机变量,若 $Z = \min\{X_1, X_2, \cdots, X_n\}$.试在以下情况下求 Z 的分布:

(1) $X_i \sim F_i(x), i = 1, 2, \cdots, n$;

(2) 诸 X_i 同分布,即 $X_i \sim F(x), i = 1, 2, \cdots, n$;

(3) 诸 X_i 为连续随机变量,且诸 X_i 同分布,即 X_i 的密度函数均为 $p(x), i = 1, 2, \cdots, n$;

(4) $X_i \sim Exp(\lambda), i = 1, 2, \cdots, n$.

解　(1) $Z = \min\{X_1, X_2, \cdots, X_n\}$ 的分布函数为

$$F_Z(z) = P(\min\{X_1, X_2, \cdots, X_n\} \leqslant z)$$

$$= 1 - P(\min\{X_1, X_2, \cdots, X_n\} > z)$$

$$= 1 - P(X_1 > z, X_2 > z, \cdots, X_n > z)$$

$$= 1 - P(X_1 > z) P(X_2 > z) \cdots P(X_n > z)$$

$$= 1 - \prod_{i=1}^{n} [1 - F_i(z)]. \tag{3.3.10}$$

(2) 将 X_i 的共同分布函数 $F(x)$ 代入上式得

$$F_Z(z) = 1 - \left[1 - F(z)\right]^n. \tag{3.3.11}$$

（3）Z 的分布函数仍为上式,密度函数可对上式关于 z 求导得

$$p_Z(z) = F_Z'(z) = n\left[1 - F(z)\right]^{n-1}p(z). \tag{3.3.12}$$

（4）将 $Exp(\lambda)$ 的分布函数和密度函数代入（3.3.11）式和（3.3.12）式得

$$F_Z(z) = \begin{cases} 0, & z < 0, \\ 1 - e^{-n\lambda z}, & z \geqslant 0. \end{cases}$$

$$p_Z(z) = \begin{cases} 0, & z < 0, \\ n\lambda e^{-n\lambda z}, & z \geqslant 0. \end{cases}$$

由上面例 3.3.4 和例 3.3.5 可以看出:若 $X_1, X_2, \cdots, X_n$ 独立同分布,X_i 服从参数为 λ 的指数分布,则 $\max\{X_1, X_2, \cdots, X_n\}$ 不服从指数分布,而 $\min\{X_1, X_2, \cdots, X_n\}$ 仍服从指数分布,参数为 $n\lambda$.

例 3.3.6 某段道路原来有 5 个路灯,道路改建后有 20 个路灯用于此道路的晚间照明.改建后道路管理人员总认为灯泡更容易坏了,请解释其中原因.

解 设所有灯泡的使用寿命是相互独立、同分布的随机变量,其共同分布为指数分布 $Exp(\lambda)$,其平均寿命（即期望值）为 $\lambda^{-1} = 2\,000$ 小时,则按例 3.3.5,道路改建前 5 个灯泡中第一个灯泡烧坏的时间 $T_1 = \min\{X_1, X_2, X_3, X_4, X_5\}$,且 $T_1 \sim Exp(5\lambda)$.若每只灯泡每天用 10 小时,则 30 天内需换灯泡的概率为

$$P(T_1 \leqslant 300) = 1 - \exp\{-5\lambda \cdot 300\} = 1 - \exp\left\{-\frac{1\,500}{2\,000}\right\} = 0.527\,6.$$

而道路改建后,20 只灯泡中第一只烧坏的时间 $T_2 = \min\{X_1, X_2, \cdots, X_{20}\}$,且 $T_2 \sim Exp(20\lambda)$,则 30 天内需换灯泡的概率为

$$P(T_2 \leqslant 300) = 1 - \exp\{-20\lambda \cdot 300\} = 1 - \exp\left\{-\frac{6\,000}{2\,000}\right\} = 0.950\,2.$$

这表明:道路改建后,在 30 天内需要更换灯泡的概率提高了很多.也就是改建后,道路管理人员认为灯泡"更容易坏"的原因.

设想一条道路上有 100 个路灯,则 30 天内需要换灯泡的概率更大.为此路灯要使用高寿命（节能）灯泡,才能减少更换灯泡的次数.

3.3.3 连续场合的卷积公式

定理 3.3.1 设 X 与 Y 是两个相互独立的连续随机变量,其密度函数分别为 $p_X(x)$ 和 $p_Y(y)$,则其和 $Z = X + Y$ 的密度函数为

$$p_Z(z) = \int_{-\infty}^{\infty} p_X(z - y)p_Y(y)\,\mathrm{d}y = \int_{-\infty}^{\infty} p_X(x)p_Y(z - x)\,\mathrm{d}x. \tag{3.3.13}$$

证明 $Z = X + Y$ 的分布函数为

$$F_Z(z) = P(X + Y \leqslant z) = \iint_{x+y \leqslant z} p_X(x)p_Y(y)\,\mathrm{d}x\mathrm{d}y$$

$$= \int_{-\infty}^{\infty} \left\{\int_{-\infty}^{z-y} p_X(x)\,\mathrm{d}x\right\} p_Y(y)\,\mathrm{d}y = \int_{-\infty}^{\infty} \int_{-\infty}^{z} p_X(t - y)p_Y(y)\,\mathrm{d}t\mathrm{d}y$$

$$= \int_{-\infty}^{z} \left(\int_{-\infty}^{\infty} p_X(t - y)p_Y(y)\,\mathrm{d}y\right)\mathrm{d}t.$$

由此可得 Z 的密度函数为

$$p_Z(z) = \int_{-\infty}^{\infty} p_X(z-y)p_Y(y)\,\mathrm{d}y.$$

在上式积分中令 $z-y=x$,则可得

$$p_Z(z) = \int_{-\infty}^{\infty} p_X(x)p_Y(z-x)\,\mathrm{d}x.$$

这就是连续场合下的卷积公式.

注意:卷积公式也可用于 X 与 Y 不独立的情况,此时只要将(3.3.13)式(同理对(3.3.1)式)中的边际分布密度(列)的乘积改写成联合分布密度(列)即可.

下面对正态分布和伽马分布分别使用上述卷积公式.

例 3.3.7(正态分布的可加性) 设随机变量 $X \sim N(\mu_1, \sigma_1^2)$,$Y \sim N(\mu_2, \sigma_2^2)$,且 X 与 Y 独立,证明 $Z = X+Y \sim N(\mu_1+\mu_2, \sigma_1^2+\sigma_2^2)$.

证明 首先指出 $Z = X+Y$ 仍在 $(-\infty, \infty)$ 上取值,利用卷积公式(3.3.13)可得

$$p_Z(z) = \frac{1}{2\pi\sigma_1\sigma_2} \int_{-\infty}^{\infty} \exp\left\{-\frac{1}{2}\left[\frac{(z-y-\mu_1)^2}{\sigma_1^2} + \frac{(y-\mu_2)^2}{\sigma_2^2}\right]\right\}\mathrm{d}y,$$

对上式被积函数中的指数部分按 y 的幂次展开,再合并同类项,不难得到

$$\frac{(z-y-\mu_1)^2}{\sigma_1^2} + \frac{(y-\mu_2)^2}{\sigma_2^2} = A\left(y - \frac{B}{A}\right)^2 + \frac{(z-\mu_1-\mu_2)^2}{\sigma_1^2+\sigma_2^2},$$

其中

$$A = \frac{1}{\sigma_1^2} + \frac{1}{\sigma_2^2}, \quad B = \frac{z-\mu_1}{\sigma_1^2} + \frac{\mu_2}{\sigma_2^2}.$$

代回原式,可得

$$p_Z(z) = \frac{1}{2\pi\sigma_1\sigma_2}\exp\left\{-\frac{1}{2}\frac{(z-\mu_1-\mu_2)^2}{\sigma_1^2+\sigma_2^2}\right\} \cdot \int_{-\infty}^{\infty} \exp\left\{-\frac{A}{2}\left(y - \frac{B}{A}\right)^2\right\}\mathrm{d}y.$$

利用正态密度函数的正则性,上式中的积分应为 $\sqrt{2\pi}/\sqrt{A}$,于是

$$p_Z(z) = \frac{1}{\sqrt{2\pi(\sigma_1^2+\sigma_2^2)}}\exp\left\{-\frac{1}{2}\frac{(z-\mu_1-\mu_2)^2}{\sigma_1^2+\sigma_2^2}\right\},$$

这正是均值为 $\mu_1+\mu_2$,方差为 $\sigma_1^2+\sigma_2^2$ 的正态密度函数.

上述结论表明:两个独立的正态变量之和仍为正态变量,其分布中的两个参数分别对应相加,即

$$N(\mu_1, \sigma_1^2) * N(\mu_2, \sigma_2^2) = N(\mu_1+\mu_2, \sigma_1^2+\sigma_2^2). \tag{3.3.14}$$

显然,这个结论可以推广到有限个独立正态变量之和的场合.

另外我们知道,若随机变量 $X \sim N(\mu, \sigma^2)$,则对任意非零实数 a 有 $aX \sim N(a\mu, a^2\sigma^2)$.由此我们可得另一个重要结论:任意 n 个相互独立的正态变量的线性组合仍是正态变量,即

$$a_1X_1 + a_2X_2 + \cdots + a_nX_n \sim N(\mu_0, \sigma_0^2), \tag{3.3.15}$$

若 $X_i \sim N(\mu_i, \sigma_i^2)$,$i = 1, 2, \cdots, n$,则参数 μ_0 与 σ_0^2 分别为

$$\mu_0 = \sum_{i=1}^{n} a_i\mu_i, \quad \sigma_0^2 = \sum_{i=1}^{n} a_i^2\sigma_i^2.$$

譬如,已知 $X \sim N(-3,1)$,$Y \sim N(2,1)$,且 X 与 Y 独立,则
$$Z = X - 2Y + 7 \sim N(0,5).$$

例 3.3.8(伽马分布的可加性) 设随机变量 $X \sim Ga(\alpha_1,\lambda)$,$Y \sim Ga(\alpha_2,\lambda)$,且 X 与 Y 独立,证明 $Z = X + Y \sim Ga(\alpha_1 + \alpha_2,\lambda)$.

证明 首先指出 $Z = X + Y$ 仍在 $(0,\infty)$ 上取值,所以当 $z \le 0$ 时,$p_Z(z) = 0$.而当 $z > 0$ 时,可用卷积公式(3.3.13),此时被积函数 $p_X(z-y)p_Y(y)$ 的非零区域为 $0 < y < z$,故

$$p_Z(z) = \frac{\lambda^{\alpha_1+\alpha_2}}{\Gamma(\alpha_1)\Gamma(\alpha_2)} \int_0^z (z-y)^{\alpha_1-1} e^{-\lambda(z-y)} \cdot y^{\alpha_2-1} e^{-\lambda y} dy$$

$$= \frac{\lambda^{\alpha_1+\alpha_2} e^{-\lambda z}}{\Gamma(\alpha_1)\Gamma(\alpha_2)} \int_0^z (z-y)^{\alpha_1-1} y^{\alpha_2-1} dy$$

$$= \frac{\lambda^{\alpha_1+\alpha_2} e^{-\lambda z}}{\Gamma(\alpha_1)\Gamma(\alpha_2)} z^{\alpha_1+\alpha_2-1} \int_0^1 (1-t)^{\alpha_1-1} t^{\alpha_2-1} dt,$$

最后的积分是贝塔函数,它等于 $\Gamma(\alpha_1)\Gamma(\alpha_2)/\Gamma(\alpha_1+\alpha_2)$.代入上式得

$$p_Z(z) = \frac{\lambda^{\alpha_1+\alpha_2}}{\Gamma(\alpha_1+\alpha_2)} z^{\alpha_1+\alpha_2-1} e^{-\lambda z}.$$

这正是形状参数为 $\alpha_1+\alpha_2$,尺度参数仍为 λ 的伽马分布.

这个结论表明:两个尺度参数相同的独立的伽马变量之和仍为伽马变量,其尺度参数不变,而形状参数相加,即

$$Ga(\alpha_1,\lambda) * Ga(\alpha_2,\lambda) = Ga(\alpha_1+\alpha_2,\lambda). \tag{3.3.16}$$

显然这个结论可推广到有限个尺度参数相同的独立伽马变量之和上.

另外由第二章中我们知道,伽马分布有两个常用的特例:指数分布和卡方分布,即

$$Exp(\lambda) = Ga(1,\lambda), \qquad \chi^2(n) = Ga\left(\frac{n}{2},\frac{1}{2}\right),$$

由此又可以得到另两个结论:

(1) m 个独立同分布的指数变量之和为伽马变量,即

$$\underbrace{Exp(\lambda) * Exp(\lambda) * \cdots * Exp(\lambda)}_{m \uparrow} = Ga(m,\lambda). \tag{3.3.17}$$

(2) m 个独立的 χ^2 变量之和为 χ^2 变量(χ^2 分布的可加性),即

$$\chi^2(n_1) * \chi^2(n_2) * \cdots * \chi^2(n_m) = \chi^2(n_1 + n_2 + \cdots + n_m). \tag{3.3.18}$$

例 3.3.9 设 $X_1, X_2, \cdots, X_n$ 是 n 个相互独立同分布的标准正态变量,证明其平方和 $Y = X_1^2 + X_2^2 + \cdots + X_n^2$ 服从自由度为 n 的 χ^2 分布.

证明 由上一章例 2.6.3,我们已经证得:当 $X_i \sim N(0,1)$,有 $X_i^2 \sim \chi^2(1)$.所以再由 χ^2 分布的可加性即可得结论.

由此可见,$\chi^2(n)$ 分布中的参数 n 就体现在:n 是独立的标准正态变量的个数,因此人们称这个参数 n 为自由度.

3.3.4 变量变换法

在此我们仅介绍寻求二维连续随机变量函数的分布的方法,而寻求 n 维连续随机变量函数的分布的方法是类似的.

一、变量变换法

设二维随机变量(X,Y)的联合密度函数为$p(x,y)$,如果函数

$$\begin{cases} u = g_1(x,y), \\ v = g_2(x,y) \end{cases}$$

有连续偏导数,且存在唯一的反函数

$$\begin{cases} x = x(u,v), \\ y = y(u,v), \end{cases}$$

其变换的雅可比行列式

$$J = \frac{\partial(x,y)}{\partial(u,v)} = \begin{vmatrix} \dfrac{\partial x}{\partial u} & \dfrac{\partial x}{\partial v} \\ \dfrac{\partial y}{\partial u} & \dfrac{\partial y}{\partial v} \end{vmatrix} = \left(\frac{\partial(u,v)}{\partial(x,y)} \right)^{-1} = \left(\begin{vmatrix} \dfrac{\partial u}{\partial x} & \dfrac{\partial u}{\partial y} \\ \dfrac{\partial v}{\partial x} & \dfrac{\partial v}{\partial y} \end{vmatrix} \right)^{-1} \neq 0. \quad (3.3.19)$$

若

$$\begin{cases} U = g_1(X,Y), \\ V = g_2(X,Y), \end{cases}$$

则(U,V)的联合密度函数为

$$p(u,v) = p(x(u,v),y(u,v)) \mid J \mid. \quad (3.3.20)$$

这个方法实际上就是二重积分的变量变换法,其证明可参阅数学分析教科书.

例 3.3.10　设随机变量X与Y独立同分布,都服从正态分布$N(\mu,\sigma^2)$.记

$$\begin{cases} U = X + Y, \\ V = X - Y. \end{cases}$$

试求(U,V)的联合密度函数,且问U与V是否独立?

解　因为

$$\begin{cases} u = x + y, \\ v = x - y \end{cases}$$

的反函数为

$$\begin{cases} x = \dfrac{u+v}{2}, \\ y = \dfrac{u-v}{2}, \end{cases}$$

则

$$J = \begin{vmatrix} \dfrac{\partial x}{\partial u} & \dfrac{\partial x}{\partial v} \\ \dfrac{\partial y}{\partial u} & \dfrac{\partial y}{\partial v} \end{vmatrix} = \begin{vmatrix} \dfrac{1}{2} & \dfrac{1}{2} \\ \dfrac{1}{2} & -\dfrac{1}{2} \end{vmatrix} = -\frac{1}{2}.$$

所以得(U,V)的联合密度函数为

$$p(u,v) = p(x(u,v),y(u,v)) \mid J \mid = p_X\left(\frac{u+v}{2}\right) p_Y\left(\frac{u-v}{2}\right) \left| -\frac{1}{2} \right|$$

$$= \frac{1}{2\sqrt{2\pi}\sigma}\exp\left\{-\frac{\left[(u+v)/2-\mu\right]^2}{2\sigma^2}\right\}\frac{1}{\sqrt{2\pi}\sigma}\exp\left\{-\frac{\left[(u-v)/2-\mu\right]^2}{2\sigma^2}\right\}$$

$$= \frac{1}{4\pi\sigma^2}\exp\left\{-\frac{(u-2\mu)^2+v^2}{4\sigma^2}\right\}.$$

这正是二元正态分布 $N(2\mu,0,2\sigma^2,2\sigma^2,0)$ 的密度函数,其边际分布为 $U\sim N(2\mu,2\sigma^2)$, $V\sim N(0,2\sigma^2)$,所以由 $p(u,v)=p_U(u)p_V(v)$ 知 U 与 V 相互独立.

注意:在变量变换法中,并没有要求 X 与 Y 是独立的.所以例 3.3.10 可改成 (X,Y) 服从二元正态分布,仍可以计算得 (U,V) 服从二元正态分布.进一步我们可得:多元正态变量经线性变换后仍是多元正态变量.这个结论在统计中经常用到.

二、增补变量法

增补变量法实质上是变量变换法的一种应用:为了求出二维连续随机变量 (X,Y) 的函数 $U=g(X,Y)$ 的密度函数,增补一个新的随机变量 $V=h(X,Y)$,一般令 $V=X$ 或 $V=Y$.先用变量变换法求出 (U,V) 的联合密度函数 $p(u,v)$,再对 $p(u,v)$ 关于 v 积分,从而得出关于 U 的边际密度函数.

下面我们以例子形式,给出两个随机变量的积与商的公式.

例 3.3.11(积的公式)　设随机变量 X 与 Y 相互独立,其密度函数分别为 $p_X(x)$ 和 $p_Y(y)$.则 $U=XY$ 的密度函数为

$$p_U(u)=\int_{-\infty}^{\infty}p_X\left(\frac{u}{v}\right)p_Y(v)\frac{1}{|v|}\mathrm{d}v. \qquad (3.3.21)$$

证明　记 $V=Y$,则 $\begin{cases}u=xy,\\v=y\end{cases}$ 的反函数为 $\begin{cases}x=\dfrac{u}{v},\\y=v,\end{cases}$ 雅可比行列式为

$$J=\begin{vmatrix}\dfrac{1}{v}&-\dfrac{u}{v^2}\\0&1\end{vmatrix}=\frac{1}{v},$$

所以 (U,V) 的联合密度函数为

$$p(u,v)=p_X\left(\frac{u}{v}\right)\cdot p_Y(v)\,|J|=p_X\left(\frac{u}{v}\right)p_Y(v)\frac{1}{|v|}.$$

对 $p(u,v)$ 关于 v 积分,就可得 $U=XY$ 的密度函数为 (3.3.21) 式.

例 3.3.12(商的公式)　设随机变量 X 与 Y 相互独立,其密度函数分别为 $p_X(x)$ 和 $p_Y(y)$.则 $U=X/Y$ 的密度函数为

$$p_U(u)=\int_{-\infty}^{\infty}p_X(uv)p_Y(v)\,|v|\,\mathrm{d}v. \qquad (3.3.22)$$

证明　记 $V=Y$,则 $\begin{cases}u=x/y,\\v=y\end{cases}$ 的反函数为 $\begin{cases}x=uv,\\y=v,\end{cases}$ 雅可比行列式为

$$J=\begin{vmatrix}v&u\\0&1\end{vmatrix}=v,$$

所以 (U,V) 的联合密度函数为

$$p(u,v)=p_X(uv)\cdot p_Y(v)\,|J|=p_X(uv)p_Y(v)\,|v|.$$

对 $p(u,v)$ 关于 v 积分,就可得 $U = X/Y$ 的密度函数为(3.3.22)式.

在以上两个例子中,如果 X 与 Y 不是相互独立的,则只需在(3.3.21)式和(3.3.22)式中将边际密度的乘积改写成联合密度即可.

习 题 3.3

1. 设二维随机变量 (X,Y) 的联合分布列为

X	Y		
	1	2	3
0	0.05	0.15	0.20
1	0.07	0.11	0.22
2	0.04	0.07	0.09

试分别求 $U = \max\{X,Y\}$ 和 $V = \min\{X,Y\}$ 的分布列.

2. 设 X 和 Y 是相互独立的随机变量,且 $X \sim Exp(\lambda)$,$Y \sim Exp(\mu)$.如果定义随机变量

$$Z = \begin{cases} 1, & \text{当 } X \leqslant Y, \\ 0, & \text{当 } X > Y. \end{cases}$$

求 Z 的分布列.

3. 设随机变量 X 和 Y 的分布列分别为

X	-1	0	1
P	1/4	1/2	1/4

Y	0	1
P	1/2	1/2

已知 $P(XY=0) = 1$,试求 $Z = \max\{X,Y\}$ 的分布列.

4. 设随机变量 X,Y 独立同分布,在以下情况下求随机变量 $Z = \max\{X,Y\}$ 的分布列:

(1) X 服从 $p = 0.5$ 的 0-1 分布;

(2) X 服从几何分布,即 $P(X=k) = (1-p)^{k-1}p$,$k = 1,2,\cdots$.

5. 设 X 和 Y 为两个随机变量,且

$$P(X \geqslant 0, Y \geqslant 0) = \frac{3}{7}, \quad P(X \geqslant 0) = P(Y \geqslant 0) = \frac{4}{7}.$$

试求 $P(\max\{X,Y\} \geqslant 0)$.

6. 设 X 与 Y 的联合密度函数为

$$p(x,y) = \begin{cases} e^{-(x+y)}, & x > 0, \quad y > 0, \\ 0, & \text{其他}. \end{cases}$$

试求以下随机变量的密度函数:

(1) $Z = (X+Y)/2$; (2) $Z = Y-X$.

7. 设 X 与 Y 的联合密度函数为

$$p(x,y) = \begin{cases} 3x, & 0 < x < 1, \quad 0 < y < x, \\ 0, & \text{其他}. \end{cases}$$

试求 $Z = X-Y$ 的密度函数.

8. 某种商品一周的需要量是一个随机变量,其密度函数为

$$p_1(t) = \begin{cases} te^{-t}, & t > 0, \\ 0, & t \leqslant 0. \end{cases}$$

设各周的需要量是相互独立的,试求:

（1）两周需要量的密度函数 $p_2(x)$；

（2）三周需要量的密度函数 $p_3(x)$.

9. 设随机变量 X 与 Y 相互独立，试在以下情况下求 $Z=X+Y$ 的密度函数：

（1）$X \sim U(0,1)$，$Y \sim U(0,1)$；　（2）$X \sim U(0,1)$，$Y \sim Exp(1)$.

10. 设随机变量 X 与 Y 相互独立，试在以下情况下求 $Z=X/Y$ 的密度函数：

（1）$X \sim U(0,1)$，$Y \sim Exp(1)$；　（2）$X \sim Exp(\lambda_1)$，$Y \sim Exp(\lambda_2)$.

11. 设 X_1,X_2,X_3 为相互独立的随机变量，且都服从 $(0,1)$ 上的均匀分布，求三者中最大者大于其他两者之和的概率.

12. 设随机变量 X_1 与 X_2 相互独立同分布，其密度函数为

$$p(x) = \begin{cases} 2x, & 0<x<1, \\ 0, & \text{其他.} \end{cases}$$

试求 $Z = \max\{X_1,X_2\} - \min\{X_1,X_2\}$ 的分布.

13. 设某一设备装有 3 个同类的电器元件，元件工作相互独立，且工作时间都服从参数为 λ 的指数分布. 当 3 个元件都正常工作时，设备才正常工作. 试求设备正常工作时间 T 的密度函数.

14. 设二维随机变量 (X,Y) 在矩形

$$G = \{(x,y):0 \le x \le 2, \quad 0 \le y \le 1\}$$

上服从均匀分布，试求边长分别为 X 和 Y 的矩形面积 Z 的密度函数.

15. 设二维随机变量 (X,Y) 服从圆心在原点的单位圆内的均匀分布，求极坐标

$$R = \sqrt{X^2+Y^2}, \quad \frac{Y}{X} = \tan\theta, \quad 0 \le \theta < 2\pi$$

的联合密度函数.

16. 设随机变量 X 与 Y 独立同分布，其密度函数为

$$p(x) = \begin{cases} e^{-x}, & x > 0, \\ 0, & x \le 0. \end{cases}$$

（1）求 $U=X+Y$ 与 $V=X/(X+Y)$ 的联合密度函数 $p(u,v)$；

（2）以上的 U 与 V 独立吗？

17. 设随机变量 X 与 Y 独立同分布，且都服从标准正态分布 $N(0,1)$，试证：$U=X^2+Y^2$ 与 $V=X/Y$ 相互独立.

18. 设随机变量 X 与 Y 相互独立，且 $X \sim Ga(\alpha_1,\lambda)$，$Y \sim Ga(\alpha_2,\lambda)$. 试证：$U=X+Y$ 与 $V=X/(X+Y)$ 相互独立，且 $V \sim Be(\alpha_1,\alpha_2)$.

19. 设随机变量 U_1 与 U_2 相互独立，且都服从 $(0,1)$ 上的均匀分布，试证明：

（1）$Z_1 = -2\ln U_1 \sim Exp(1/2)$，$Z_2 = 2\pi U_2 \sim U(0,2\pi)$；

（2）$X = \sqrt{Z_1}\cos Z_2$ 和 $Y = \sqrt{Z_1}\sin Z_2$ 是相互独立的标准正态随机变量.

20. 设随机变量 $X_1,X_2,\cdots,X_n$ 相互独立，且 $X_i \sim Exp(\lambda_i)$，试证：

$$P(X_i = \min\{X_1,X_2,\cdots,X_n\}) = \frac{\lambda_i}{\lambda_1 + \lambda_2 + \cdots + \lambda_n}.$$

21. 设连续随机变量 $X_1,X_2,\cdots,X_n$ 独立同分布，试证：

$$P(X_n > \max\{X_1,X_2,\cdots,X_{n-1}\}) = \frac{1}{n}.$$

§3.4　多维随机变量的特征数

类似于一维随机变量的特征数，多维随机变量也有特征数，除了各个分量的期望、

方差、标准差以外,还有两个随机变量间的关联程度,即协方差与相关系数,这是一种反映两个随机变量相依关系的特征数,要特别注意.

3.4.1 多维随机变量函数的数学期望

在第二章中,在求一维随机变量函数 $Y=g(X)$ 的数学期望中,定理 2.2.1 发挥了重要的作用.现在要求多维随机变量函数 $Z=g(X_1, X_2, \cdots, X_n)$ 的数学期望 $E(Z)$,下面的定理 3.4.1 也起着很重要的作用.利用此定理,可以省略求随机变量函数 $Z=g(X_1, X_2, \cdots, X_n)$ 的分布.此定理的证明涉及更多的工具,在此省略了.为简单起见,我们用二维随机变量叙述此定理,而对 n 维随机变量结论是类似的.

定理 3.4.1 若二维随机变量 (X,Y) 的分布用联合分布列 $P(X=x_i, Y=y_j)$ 或用联合密度函数 $p(x,y)$ 表示,则 $Z=g(X,Y)$ 的数学期望为

$$E(Z) = \begin{cases} \sum_i \sum_j g(x_i, y_j) P(X=x_i, Y=y_j), & \text{在离散场合}, \\ \int_{-\infty}^{\infty} \int_{-\infty}^{\infty} g(x,y) p(x,y) \mathrm{d}x\mathrm{d}y, & \text{在连续场合}. \end{cases} \quad (3.4.1)$$

这里所涉及的数学期望都假设存在.

还要指出,在连续场合(离散场合也类似)有:

• 当 $g(X,Y)=X$ 时,可得 X 的数学期望为

$$E(X) = \int_{-\infty}^{\infty} \int_{-\infty}^{\infty} x p(x,y) \mathrm{d}x\mathrm{d}y = \int_{-\infty}^{\infty} x p_X(x) \mathrm{d}x.$$

• 当 $g(X,Y)=(X-E(X))^2$ 时,可得 X 的方差为

$$\mathrm{Var}(X) = E(X-E(X))^2 = \int_{-\infty}^{\infty} \int_{-\infty}^{\infty} (x-E(X))^2 p(x,y) \mathrm{d}x\mathrm{d}y$$

$$= \int_{-\infty}^{\infty} (x-E(X))^2 p_X(x) \mathrm{d}x.$$

类似地可给出 Y 的数学期望与方差的公式.

例 3.4.1 在长为 a 的线段上任取两个点 X 与 Y,求此两点间的平均长度.

解 因为 X 与 Y 都服从 $(0,a)$ 上的均匀分布,且 X 与 Y 相互独立,所以 (X,Y) 的联合密度函数为

$$p(x,y) = \begin{cases} \dfrac{1}{a^2}, & 0 < x < a, \quad 0 < y < a, \\ 0, & \text{其他}. \end{cases}$$

利用定理 3.4.1,得两点间的平均长度为

$$E(|X-Y|) = \int_0^a \int_0^a |x-y| \frac{1}{a^2} \mathrm{d}x\mathrm{d}y$$

$$= \frac{1}{a^2} \left\{ \iint_0^a \int_0^x (x-y) \mathrm{d}y\mathrm{d}x + \int_0^a \int_x^a (y-x) \mathrm{d}y\mathrm{d}x \right\}$$

$$= \frac{1}{a^2} \left\{ \iint_0^a \left(x^2 - ax + \frac{a^2}{2} \right) \mathrm{d}x \right\} = \frac{a}{3}.$$

注意,利用定理 3.4.1,虽然可以省略求随机变量函数的分布,但在某些场合所涉及

的求和或求积难以计算,此时只能分两步进行:先求随机变量函数 $Z = g(X_1, X_2, \cdots, X_n)$ 的分布,然后再由 Z 的分布去求 $E(Z)$,见下例.

例 3.4.2 设 X_1 和 X_2 是独立同分布的随机变量,其共同分布为指数分布 $Exp(\lambda)$. 试求 $Y = \max\{X_1, X_2\}$ 的数学期望.

解 在前面例 3.3.4 中已求得 $Y = \max\{X_1, X_2\}$ 的密度函数为

$$p_Y(y) = 2(1 - e^{-\lambda y})\lambda e^{-\lambda y}, \quad y > 0.$$

这时 $Y = \max\{X_1, X_2\}$ 的数学期望为

$$E[\max\{X_1, X_2\}] = \int_0^\infty 2\lambda y(1 - e^{-\lambda y}) e^{-\lambda y} dy$$

$$= 2\int_0^\infty y e^{-\lambda y} d(\lambda y) - \int_0^\infty y e^{-2\lambda y} d(2\lambda y)$$

$$= \frac{2}{\lambda}\int_0^\infty u e^{-u} du - \frac{1}{2\lambda}\int_0^\infty v e^{-v} dv$$

$$= \frac{2}{\lambda}\Gamma(2) - \frac{1}{2\lambda}\Gamma(2) = \frac{3}{2\lambda}.$$

3.4.2 数学期望与方差的运算性质

在第二章中曾给出了数学期望与方差的一些简单性质,在此利用以上定理 3.4.1,我们就可以给出数学期望和方差的一些运算性质,以下均假定有关的期望和方差存在.

性质 3.4.1 设 (X, Y) 是二维随机变量,则有

$$E(X + Y) = E(X) + E(Y). \tag{3.4.2}$$

证明 不妨设 (X, Y) 为连续随机变量(对离散随机变量可类似证明),其联合密度函数为 $p(x, y)$,若令 $g(X, Y) = X + Y$,则由定理 3.4.1 可得

$$E(X + Y) = \int_{-\infty}^\infty \int_{-\infty}^\infty (x + y)p(x, y) dx dy$$

$$= \int_{-\infty}^\infty x\left[\int_{-\infty}^\infty p(x, y) dy\right] dx + \int_{-\infty}^\infty y\left[\int_{-\infty}^\infty p(x, y) dx\right] dy$$

$$= \int_{-\infty}^\infty x p_X(x) dx + \int_{-\infty}^\infty y p_Y(y) dy$$

$$= E(X) + E(Y).$$

这个性质可简单叙述为:和的期望等于期望的和.这个性质还可推广到 n 维随机变量场合,即

$$E(X_1 + X_2 + \cdots + X_n) = E(X_1) + E(X_2) + \cdots + E(X_n). \tag{3.4.3}$$

性质 3.4.2 若随机变量 X 与 Y 相互独立,则有

$$E(XY) = E(X)E(Y). \tag{3.4.4}$$

证明 不妨设 (X, Y) 为连续随机变量(对离散随机变量可类似证明),其联合密度函数为 $p(x, y)$,由 X 与 Y 独立可知 $p(x, y) = p_X(x)p_Y(y)$.若令 $g(X, Y) = XY$,则由定理 3.4.1 可得

$$E(XY) = \int_{-\infty}^\infty \int_{-\infty}^\infty xy p_X(x)p_Y(y) dx dy = \int_{-\infty}^\infty x p_X(x) dx \int_{-\infty}^\infty y p_Y(y) dy = E(X)E(Y).$$

这个性质可简单叙述为:在独立场合,随机变量乘积的数学期望等于数学期望的

乘积,这个性质还可推广到 n 维随机变量场合,即若 $X_1,X_2,\cdots,X_n$ 相互独立,则有

$$E(X_1X_2\cdots X_n) = E(X_1)E(X_2)\cdots E(X_n).\tag{3.4.5}$$

性质 3.4.3　若随机变量 X 与 Y 相互独立,则有

$$\mathrm{Var}(X \pm Y) = \mathrm{Var}(X) + \mathrm{Var}(Y).$$

证明　由性质 3.4.1 和 3.4.2 可得

$$\mathrm{Var}(X \pm Y) = E(X \pm Y - E(X \pm Y))^2 = E((X-E(X)) \pm (Y-E(Y)))^2$$
$$= \mathrm{Var}(X) + \mathrm{Var}(Y) \pm 2E(X-E(X))(Y-E(Y)),$$

最后一项因独立性而为零,故证得性质 3.4.3.

这个性质表明:独立变量代数和的方差等于各方差之和.但要注意此性质对标准差不成立,即 $\sigma(X\pm Y) \neq \sigma(X)+\sigma(Y)$.独立变量代数和的标准差只能通过"先方差,后标准差"求得,即

$$\sigma(X\pm Y) = \sqrt{\mathrm{Var}(X)+\mathrm{Var}(Y)}$$

这个性质可推广到 n 维随机变量场合,即若 $X_1,X_2,\cdots,X_n$ 相互独立,则有

$$\mathrm{Var}(X_1 \pm X_2 \pm \cdots \pm X_n) = \mathrm{Var}(X_1) + \mathrm{Var}(X_2) + \cdots + \mathrm{Var}(X_n).\tag{3.4.6}$$

这表明:对独立随机变量来说,它们之间无论是相加或相减,其方差总是逐个累积起来,只会增加,不会减少.

特别,n 个相互独立同分布(方差为 σ^2)的随机变量 $X_1,X_2,\cdots,X_n$ 的算术平均的方差为

$$\mathrm{Var}\left(\frac{1}{n}\sum_{i=1}^{n}X_i\right) = \frac{\sigma^2}{n}.$$

这说明,若对某物理量 μ 进行测量(如称重)时,可用 n 次独立重复测量的平均数来提高测量的精度.

例 3.4.3　已知随机变量 X_1,X_2,X_3 相互独立,且 $X_1\sim U(0,6)$,$X_2\sim N(1,3)$,$X_3\sim Exp(3)$.求 $Y=X_1-2X_2+3X_3$ 的数学期望、方差和标准差.

解　由数学期望和方差的运算性质得

$$E(X_1 - 2X_2 + 3X_3) = 3 - 2\times1 + 3\times\frac{1}{3} = 2.$$

$$\mathrm{Var}(X_1 - 2X_2 + 3X_3) = \frac{6^2}{12} + 4\times3 + 9\times\frac{1}{9} = 16.$$

$$\sigma(X_1 - 2X_2 + 3X_3) = \sqrt{\mathrm{Var}(X_1 - 2X_2 + 3X_3)} = \sqrt{16} = 4.$$

将一个随机变量写成几个随机变量的和,然后再利用数学期望的性质去进行计算,可以使复杂的计算变得简单,下例说明了这一点.

例 3.4.4　设一袋中装有 m 个颜色各不相同的球,每次从中任取一个,有放回地摸取 n 次,以 X 表示在 n 次摸球中摸到球的不同颜色的数目,求 $E(X)$.

解　直接写出 X 的分布列较为困难,其原因在于:若第 i 种颜色的球被取到过,则此种颜色的球又可被取到过一次、二次……n 次,情况较多,而其对立事件"第 i 种颜色的球没被取到过"的概率容易写出为

$$P(\text{第 } i \text{ 种颜色的球在 } n \text{ 次摸球中一次也没被摸到}) = \left(1 - \frac{1}{m}\right)^n.$$

为此令

$$X_i = \begin{cases} 1, & \text{第 } i \text{ 种颜色的球在 } n \text{ 次摸球中至少被摸到一次}, \\ 0, & \text{第 } i \text{ 种颜色的球在 } n \text{ 次摸球中一次也没被摸到}, \end{cases} \quad i = 1, 2, \cdots, m.$$

这些 X_i 相当于是计数器,分别记录下第 i 种颜色的球是否被取到过,而 X 是取到过的不同颜色总数,所以 $X = \sum\limits_{i=1}^{m} X_i$. 由

$$P(X_i = 0) = \left(1 - \frac{1}{m}\right)^n,$$

可得

$$E(X_i) = P(X_i = 1) = 1 - P(X_i = 0) = 1 - \left(1 - \frac{1}{m}\right)^n,$$

所以

$$E(X) = mE(X_i) = m\left[1 - \left(1 - \frac{1}{m}\right)^n\right].$$

譬如,在 $m = n = 6$ 时,

$$E(X) = 6\left[1 - \left(\frac{5}{6}\right)^6\right] = 3.99 \approx 4,$$

这表明袋中有 6 个不同颜色的球,从中有放回地摸取 6 次,平均只能摸到 4 种颜色的球.

例 3.4.5 设随机变量 $X \sim b(n, p)$,试求 X 的数学期望和方差.

解 二项分布的数学期望和方差在第二章中已经求得,但其计算过程较为复杂.在此用另一种简便的方法求之.令 $X_1, X_2, \cdots, X_n$ 相互独立,诸 X_i 都服从二点分布 $b(1, p)$,则

$$E(X_i) = p, \quad \mathrm{Var}(X_i) = p(1 - p),$$

且 $X = X_1 + X_2 + \cdots + X_n \sim b(n, p)$,由此得

$$E(X) = E\left(\sum_{i=1}^{n} X_i\right) = \sum_{i=1}^{n} E(X_i) = np.$$

$$\mathrm{Var}(X) = \mathrm{Var}\left(\sum_{i=1}^{n} X_i\right) = \sum_{i=1}^{n} \mathrm{Var}(X_i) = \sum_{i=1}^{n} p(1 - p) = np(1 - p).$$

譬如,72 次掷骰子中 6 点出现次数 $X \sim b(72, 1/6)$,平均次数 $E(X) = 72/6 = 12$,方差 $\mathrm{Var}(X) = (72/6) \times (5/6) = 10$,标准差 $\sigma(X) = \sqrt{10} = 3.16$.

3.4.3 协方差

二维联合分布中除含有各分量的边际分布外,还含有两个分量间相互关系的信息.描述这种相互关联程度的一个特征数就是协方差,它的定义如下:

定义 3.4.1 设 (X, Y) 是一个二维随机变量,若 $E[(X - E(X))(Y - E(Y))]$ 存在,则称此数学期望为 X 与 Y 的**协方差**,或称为 X 与 Y 的**相关(中心)矩**,并记为

$$\mathrm{Cov}(X, Y) = E[(X - E(X))(Y - E(Y))]. \tag{3.4.7}$$

特别有 $\mathrm{Cov}(X, X) = \mathrm{Var}(X)$.

从协方差的定义可以看出,它是 X 的偏差 "$X - E(X)$" 与 Y 的偏差 "$Y - E(Y)$" 乘积

的数学期望.由于偏差可正可负,故协方差也可正可负,也可为零,其具体表现如下:

- 当 $\mathrm{Cov}(X,Y) > 0$ 时,称 X 与 Y **正相关**,这时两个偏差 $(X-E(X))$ 与 $(Y-E(Y))$ 有同时增加或同时减少的倾向.由于 $E(X)$ 与 $E(Y)$ 都是常数,故等价于 X 与 Y 有同时增加或同时减少的倾向,这就是正相关的含义.

- 当 $\mathrm{Cov}(X,Y) < 0$ 时,称 X 与 Y **负相关**,这时有 X 增加而 Y 减少的倾向,或有 Y 增加而 X 减少的倾向,这就是负相关的含义.

- 当 $\mathrm{Cov}(X,Y) = 0$ 时,称 X 与 Y **不相关**.这时可能由两类情况导致:一类是 X 与 Y 的取值毫无关联(见性质 3.4.5),另一类是 X 与 Y 间存有某种非线性关系(见例 3.4.6).

下面的性质在协方差的计算中是很有用的.

性质 3.4.4 $\mathrm{Cov}(X,Y) = E(XY) - E(X)E(Y)$.

证明 由协方差的定义和数学期望的性质可知

$$\mathrm{Cov}(X,Y) = E[XY - XE(Y) - YE(X) + E(X)E(Y)]$$
$$= E(XY) - E(X)E(Y).$$

现在我们用下面的性质来说明:"不相关"是比"独立"更弱的一个概念.

性质 3.4.5 若随机变量 X 与 Y 相互独立,则 $\mathrm{Cov}(X,Y) = 0$,反之不然.

证明 这是因为在独立场合有 $E(XY) = E(X)E(Y)$,再由以上性质 3.4.4 即可得协方差为零.反之不然,可见下面的反例.

例 3.4.6 设随机变量 $X \sim N(0, \sigma^2)$,且令 $Y = X^2$,则 X 与 Y 不独立.此时 X 与 Y 的协方差为

$$\mathrm{Cov}(X,Y) = \mathrm{Cov}(X, X^2) = E(X \cdot X^2) - E(X)E(X^2) = 0.$$

最后的等式是因为正态分布 $N(0, \sigma^2)$ 的奇数阶原点矩均为零,即 $E(X) = E(X^3) = 0$.

这个例子表明,"独立"必导致"不相关",而"不相关"不一定导致"独立"(见图 3.4.1).独立要求严,不相关要求宽.因为独立性是用分布定义的,而不相关只是用矩定义的.二者之间的差别一定要认识到.

图 3.4.1 不相关与
独立的逻辑关系

另外可以看出,前面有关数学期望的性质 3.4.2:若 X 与 Y 相互独立,则 $E(XY) = E(X)E(Y)$,现可以将条件"独立"降弱为"不相关".

协方差概念的引入可以完善随机变量和的方差计算,请看下面性质.

性质 3.4.6 对任意二维随机变量 (X, Y),有

$$\mathrm{Var}(X \pm Y) = \mathrm{Var}(X) + \mathrm{Var}(Y) \pm 2\mathrm{Cov}(X,Y). \tag{3.4.8}$$

证明 由方差的定义知

$$\mathrm{Var}(X \pm Y) = E[(X+Y) - E(X \pm Y)]^2$$
$$= E\{[X - E(X)] \pm [Y - E(Y)]\}^2$$
$$= E\{[X - E(X)]^2 + [Y - E(Y)]^2\} \pm 2[X - E(X)][Y - E(Y)]\}$$
$$= \mathrm{Var}(X) + \mathrm{Var}(Y) \pm 2\mathrm{Cov}(X,Y).$$

这个性质表明:在 X 与 Y 相关的场合,和的方差不等于方差的和.X 与 Y 的正相关会增加和的方差,负相关会减少和的方差,而在 X 与 Y 不相关的场合,和的方差等于方

差的和.这又可将前面有关方差的性质 3.4.3 修改如下:

若 X 与 Y 不相关,则 $\mathrm{Var}(X \pm Y) = \mathrm{Var}(X) + \mathrm{Var}(Y)$

以上性质 3.4.6 还可以推广到更多个随机变量场合,即对任意 n 个随机变量 X_1, $X_2,\cdots,X_n$,有

$$\mathrm{Var}\left(\sum_{i=1}^{n} X_i \right) = \sum_{i=1}^{n} \mathrm{Var}(X_i) + 2 \sum_{i=1}^{n} \sum_{j=1}^{i-1} \mathrm{Cov}(X_i, X_j). \qquad (3.4.9)$$

关于协方差的计算,还有下面四条有用的性质.

性质 3.4.7 协方差 $\mathrm{Cov}(X,Y)$ 的计算与 X,Y 的次序无关,即
$$\mathrm{Cov}(X,Y) = \mathrm{Cov}(Y,X).$$

证明 这由协方差的定义就可看出.

性质 3.4.8 任意随机变量 X 与常数 a 的协方差为零,即
$$\mathrm{Cov}(X,a) = 0.$$

证明 这只要用协方差的定义计算一下即可得知.

性质 3.4.9 对任意常数 a,b,有
$$\mathrm{Cov}(aX,bY) = ab\mathrm{Cov}(X,Y).$$

证明 由协方差的定义知
$$\mathrm{Cov}(aX,bY) = E\big[(aX - E(aX))(bY - E(bY)) \big].$$

把公因子 a 与 b 提出,即得 $ab\mathrm{Cov}(X,Y)$.

性质 3.4.10 设 X,Y,Z 是任意三个随机变量,则
$$\mathrm{Cov}(X + Y,Z) = \mathrm{Cov}(X,Z) + \mathrm{Cov}(Y,Z).$$

证明 由协方差的性质 3.4.4 得
$$\begin{aligned}
\mathrm{Cov}(X + Y,Z) &= E\big[(X + Y)Z \big] - E(X + Y)E(Z) \\
&= E(XZ) + E(YZ) - E(X)E(Z) - E(Y)E(Z) \\
&= \big[E(XZ) - E(X)E(Z) \big] + \big[E(YZ) - E(Y)E(Z) \big] \\
&= \mathrm{Cov}(X,Z) + \mathrm{Cov}(Y,Z).
\end{aligned}$$

例 3.4.7 设二维随机变量 (X,Y) 的联合密度函数为
$$p(x,y) = \begin{cases} 3x, & 0 < y < x < 1, \\ 0, & \text{其他}. \end{cases}$$

试求 $\mathrm{Cov}(X,Y)$.

解 利用协方差的计算公式,我们需要先计算 $E(X),E(Y),E(XY)$ 的值,它们可直接用 $p(x,y)$ 导出,但要注意积分限的确定,具体如下:

$$E(X) = \int_0^1 \int_0^x x \cdot 3x \,\mathrm{d}y\mathrm{d}x = \int_0^1 3x^3 \,\mathrm{d}x = \frac{3}{4}.$$

$$E(Y) = \int_0^1 \int_0^x y \cdot 3x \,\mathrm{d}y\mathrm{d}x = \int_0^1 \frac{3x^3}{2} \,\mathrm{d}x = \frac{3}{8}.$$

$$E(XY) = \int_0^1 \int_0^x xy \cdot 3x \,\mathrm{d}y\mathrm{d}x = \int_0^1 \frac{3x^4}{2} \,\mathrm{d}x = \frac{3}{10}.$$

因此我们得

$$\mathrm{Cov}(X,Y) = \frac{3}{10} - \frac{3}{4} \times \frac{3}{8} = \frac{3}{160} > 0.$$

由此我们还可以得结论:X 与 Y 不相互独立.

例 3.4.8　设二维随机变量 (X,Y) 的联合密度函数为

$$p(x,y) = \begin{cases} \dfrac{1}{3}(x+y), & 0 < x < 1, \ 0 < y < 2, \\ 0, & \text{其他.} \end{cases}$$

试求 $\mathrm{Var}(2X-3Y+8)$.

解　因为

$$\begin{aligned} \mathrm{Var}(2X-3Y+8) &= \mathrm{Var}(2X) + \mathrm{Var}(3Y) - 2\mathrm{Cov}(2X,3Y) \\ &= 4\mathrm{Var}(X) + 9\mathrm{Var}(Y) - 12\mathrm{Cov}(X,Y), \end{aligned}$$

所以我们先要分别计算 $E(X), E(X^2), E(Y), E(Y^2), E(XY)$. 为此先计算两个边际密度函数.

$$p_X(x) = \int_0^2 \frac{1}{3}(x+y)\,\mathrm{d}y = \frac{2}{3}(x+1), \quad 0 < x < 1,$$

$$p_Y(y) = \int_0^1 \frac{1}{3}(x+y)\,\mathrm{d}x = \frac{1}{3}\left(\frac{1}{2}+y\right), \quad 0 < y < 2.$$

然后再计算一、二阶矩,

$$E(X) = \int_0^1 \frac{2}{3}x(x+1)\,\mathrm{d}x = \frac{5}{9},$$

$$E(X^2) = \int_0^1 \frac{2}{3}x^2(x+1)\,\mathrm{d}x = \frac{7}{18},$$

$$E(Y) = \int_0^2 \frac{1}{3}y\left(\frac{1}{2}+y\right)\mathrm{d}y = \frac{11}{9},$$

$$E(Y^2) = \int_0^2 \frac{1}{3}y^2\left(\frac{1}{2}+y\right)\mathrm{d}y = \frac{16}{9}.$$

由此得

$$\mathrm{Var}(X) = \frac{7}{18} - \left(\frac{5}{9}\right)^2 = \frac{13}{162}, \quad \mathrm{Var}(Y) = \frac{16}{9} - \left(\frac{11}{9}\right)^2 = \frac{23}{81}.$$

最后还需要计算 $E(XY)$, 它只能从联合密度函数导出.

$$E(XY) = \frac{1}{3}\int_0^1\int_0^2 xy(x+y)\,\mathrm{d}y\mathrm{d}x = \frac{1}{3}\int_0^1\left(2x^2 + \frac{8}{3}x\right)\mathrm{d}x = \frac{2}{3}.$$

于是得协方差为

$$\mathrm{Cov}(X,Y) = \frac{2}{3} - \frac{5}{9} \times \frac{11}{9} = -\frac{1}{81}.$$

代回原式得

$$\mathrm{Var}(2X-3Y+8) = 4 \times \frac{13}{162} + 9 \times \frac{23}{81} - 12 \times \left(-\frac{1}{81}\right) = \frac{245}{81}.$$

3.4.4　相关系数

协方差 $\mathrm{Cov}(X,Y)$ 是有量纲的量,譬如 X 表示人的身高,单位是米(m),Y 表示人的体重,单位是千克(kg),则 $\mathrm{Cov}(X,Y)$ 带有量纲(m·kg). 为了消除量纲的影响,现对

协方差除以相同量纲的量,就得到一个新的概念——相关系数,它的定义如下.

定义 3.4.2 设 (X,Y) 是一个二维随机变量,且 $\text{Var}(X) = \sigma_X^2 > 0$,$\text{Var}(Y) = \sigma_Y^2 > 0$. 则称

$$\text{Corr}(X,Y) = \frac{\text{Cov}(X,Y)}{\sqrt{\text{Var}(X)}\,\sqrt{\text{Var}(Y)}} = \frac{\text{Cov}(X,Y)}{\sigma_X\,\sigma_Y} \tag{3.4.10}$$

为 X 与 Y 的(线性)**相关系数**.

从以上定义中可看出:相关系数 $\text{Corr}(X,Y)$ 与协方差 $\text{Cov}(X,Y)$ 是同符号的,即同为正,或同为负,或同为零.这说明,从相关系数的取值也可反映出 X 与 Y 的正相关、负相关和不相关.

相关系数的另一个解释是:它是相应标准化变量的协方差.若记 X 与 Y 的数学期望分别为 μ_X,μ_Y,其标准化变量为

$$X^* = \frac{X - \mu_X}{\sigma_X}, \quad Y^* = \frac{Y - \mu_Y}{\sigma_Y},$$

则有

$$\text{Cov}(X^*,Y^*) = \text{Cov}\left(\frac{X - \mu_X}{\sigma_X}, \frac{Y - \mu_Y}{\sigma_Y}\right) = \frac{\text{Cov}(X,Y)}{\sigma_X\sigma_Y} = \text{Corr}(X,Y).$$

例 3.4.9 二维正态分布 $N(\mu_1,\mu_2,\sigma_1^2,\sigma_2^2,\rho)$ 的相关系数就是 ρ.

解 下面先求 $\text{Cov}(X,Y)$.

$$\begin{aligned}
\text{Cov}(X,Y) &= E\big[(X - E(X))(Y - E(Y))\big] \\
&= \frac{1}{2\pi\sigma_1\sigma_2\sqrt{1 - \rho^2}} \int_{-\infty}^{\infty} \int_{-\infty}^{\infty} (x - \mu_1)(y - \mu_2) \cdot \\
&\quad \exp\left\{-\frac{1}{2(1 - \rho^2)}\left[\frac{(x - \mu_1)^2}{\sigma_1^2} - 2\rho\frac{(x - \mu_1)(y - \mu_2)}{\sigma_1\sigma_2} + \right.\right. \\
&\quad \left.\left.\frac{(y - \mu_2)^2}{\sigma_2^2}\right]\right\} \mathrm{d}x\mathrm{d}y.
\end{aligned}$$

先将上式中方括号内化成

$$\left(\frac{x - \mu_1}{\sigma_1} - \rho\frac{y - \mu_2}{\sigma_2}\right)^2 + \left(\sqrt{1 - \rho^2}\,\frac{y - \mu_2}{\sigma_2}\right)^2,$$

再作变量变换

$$\begin{cases} u = \dfrac{1}{\sqrt{1 - \rho^2}}\left(\dfrac{x - \mu_1}{\sigma_1} - \rho\dfrac{y - \mu_2}{\sigma_2}\right), \\[2mm] v = \dfrac{y - \mu_2}{\sigma_2}, \end{cases}$$

则

$$\begin{cases} x - \mu_1 = \sigma_1(u\sqrt{1 - \rho^2} + \rho v), \\[1mm] y - \mu_2 = \sigma_2 v, \end{cases}$$

$$\mathrm{d}x\mathrm{d}y = |J|\,\mathrm{d}u\mathrm{d}v = \sigma_1\sigma_2\sqrt{1 - \rho^2}\,\mathrm{d}u\mathrm{d}v.$$

由此得

$$\mathrm{Cov}(X,Y) = \frac{\sigma_1 \sigma_2}{2\pi} \int_{-\infty}^{\infty} \int_{-\infty}^{\infty} \left(uv\sqrt{1-\rho^2} + \rho v^2 \right) \exp\left\{ -\frac{1}{2}(u^2 + v^2) \right\} \mathrm{d}u\mathrm{d}v.$$

上式右端积分可以分为两个积分之和,其中

$$\int_{-\infty}^{\infty} \int_{-\infty}^{\infty} uv\exp\left\{ -\frac{1}{2}(u^2 + v^2) \right\} \mathrm{d}u\mathrm{d}v = 0,$$

$$\int_{-\infty}^{\infty} \int_{-\infty}^{\infty} v^2\exp\left\{ -\frac{1}{2}(u^2 + v^2) \right\} \mathrm{d}u\mathrm{d}v = 2\pi.$$

从而

$$\mathrm{Cov}(X,Y) = \frac{\sigma_1 \sigma_2}{2\pi} \cdot \rho \cdot 2\pi = \rho\,\sigma_1\sigma_2,$$

$$\mathrm{Corr}(X,Y) = \frac{\mathrm{Cov}(X,Y)}{\sigma_1\sigma_2} = \rho.$$

为了研究相关系数的性质,需要如下引理.

引理 3.4.1(施瓦茨(Schwarz)不等式)　对任意二维随机变量(X,Y),若X与Y的方差都存在,且记$\sigma_X^2 = \mathrm{Var}(X)$,$\sigma_Y^2 = \mathrm{Var}(Y)$,则有

$$\left[\mathrm{Cov}(X,Y) \right]^2 \leqslant \sigma_X^2 \sigma_Y^2. \tag{3.4.11}$$

证明　不妨设$\sigma_X^2 > 0$,因为当$\sigma_X^2 = 0$时,则X几乎处处为常数,因而其与Y的协方差亦为零,从而(3.4.11)式两端皆为零,结论成立.若$\sigma_X^2 > 0$成立,考虑t的如下二次函数:

$$g(t) = E\left[t(X - E(X)) + (Y - E(Y)) \right]^2 = t^2\sigma_X^2 + 2t \cdot \mathrm{Cov}(X,Y) + \sigma_Y^2.$$

由于上述的二次三项式非负,平方项系数σ_X^2为正,所以其判别式小于或等于零,即

$$\left[2\mathrm{Cov}(X,Y) \right]^2 - 4\sigma_X^2 \sigma_Y^2 \leqslant 0.$$

移项后即得施瓦茨不等式.

利用施瓦茨不等式立即可得相关系数的一个重要性质.

性质 3.4.11　$-1 \leqslant \mathrm{Corr}(X,Y) \leqslant 1$,或$|\mathrm{Corr}(X,Y)| \leqslant 1$.

这个性质表明:相关系数介于-1与1之间.当相关系数为± 1时,有另一重要性质.

性质 3.4.12　$\mathrm{Corr}(X,Y) = \pm 1$的充要条件是$X$与$Y$间几乎处处有线性关系,即存在$a(\neq 0)$与$b$,使得

$$P(Y = aX + b) = 1.$$

其中当$\mathrm{Corr}(X,Y) = 1$时,有$a > 0$;当$\mathrm{Corr}(X,Y) = -1$时,有$a < 0$.

证明　充分性.若$Y = aX + b$($X = cY + d$也一样),则将

$$\mathrm{Var}(Y) = a^2\mathrm{Var}(X), \quad \mathrm{Cov}(X,Y) = a\mathrm{Cov}(X,X) = a\mathrm{Var}(X)$$

代入相关系数的定义中得

$$\mathrm{Corr}(X,Y) = \frac{\mathrm{Cov}(X,Y)}{\sigma_X \sigma_Y} = \frac{a\mathrm{Var}(X)}{|a|\,\mathrm{Var}(X)} = \begin{cases} 1, & a > 0, \\ -1, & a < 0. \end{cases}$$

必要性.因为

$$\mathrm{Var}\left(\frac{X}{\sigma_X} \pm \frac{Y}{\sigma_Y} \right) = 2\left[1 \pm \mathrm{Corr}(X,Y) \right], \tag{3.4.12}$$

所以当 $\text{Corr}(X,Y)=1$ 时,有

$$\text{Var}\left(\frac{X}{\sigma_X} - \frac{Y}{\sigma_Y}\right) = 0,$$

由此得

$$P\left(\frac{X}{\sigma_X} - \frac{Y}{\sigma_Y} = c\right) = 1,$$

或

$$P\left(Y = \frac{\sigma_Y}{\sigma_X}X - c\sigma_Y\right) = 1.$$

这就证明了:当 $\text{Corr}(X,Y)=1$ 时,Y 与 X 几乎处处为线性正相关.

当 $\text{Corr}(X,Y)=-1$ 时,由(3.4.12)式得

$$\text{Var}\left(\frac{X}{\sigma_X} + \frac{Y}{\sigma_Y}\right) = 0,$$

由此得

$$P\left(\frac{X}{\sigma_X} + \frac{Y}{\sigma_Y} = c\right) = 1,$$

或

$$P\left(Y = -\frac{\sigma_Y}{\sigma_X}X + c\sigma_Y\right) = 1.$$

这也证明了:当 $\text{Corr}(X,Y)=-1$ 时,Y 与 X 几乎处处为线性负相关.

对于这个性质可作以下几点说明:

• 相关系数 $\text{Corr}(X,Y)$ 刻画了 X 与 Y 之间的线性关系强弱,因此也常称其为"线性相关系数".

• 若 $\text{Corr}(X,Y)=0$,则称 X 与 Y **不相关**.不相关是指 X 与 Y 之间没有线性关系,但 X 与 Y 之间可能有其他的函数关系,譬如平方关系、对数关系等.

• 若 $\text{Corr}(X,Y)=1$,则称 X 与 Y **完全正相关**;若 $\text{Corr}(X,Y)=-1$,则称 X 与 Y **完全负相关**.

• 若 $0<|\text{Corr}(X,Y)|<1$,则称 X 与 Y 有"一定程度"的线性关系.$|\text{Corr}(X,Y)|$ 越接近于 1,则线性相关程度越高;$|\text{Corr}(X,Y)|$ 越接近于 0,则线性相关程度越低.而协方差看不出这一点.若协方差很小,而其两个标准差 σ_X 和 σ_Y 也很小,则其比值就不一定很小,这可从下面例 3.4.10 看出.

例 3.4.10 已知随机向量 (X,Y) 的联合密度函数为

$$p(x,y) = \begin{cases} \dfrac{8}{3}, & 0 < x-y < 0.5, \quad 0 < x,y < 1, \\ 0, & \text{其他}. \end{cases}$$

求 X,Y 的相关系数 $\text{Corr}(X,Y)$.

解 先计算两个边际密度函数.

当 $0<x<0.5$ 时,

$$p_X(x) = \int_{-\infty}^{\infty} p(x,y)\,\mathrm{d}y = \int_0^x \frac{8}{3}\,\mathrm{d}y = \frac{8}{3}x,$$

当 $0.5 < x < 1$ 时，

$$p_X(x) = \int_{-\infty}^{\infty} p(x,y)\mathrm{d}y = \int_{x-0.5}^{x} \frac{8}{3}\mathrm{d}y = \frac{4}{3},$$

所以得 X 的边际密度函数为

$$p_X(x) = \begin{cases} \dfrac{8}{3}x, & 0 < x < 0.5, \\ \dfrac{4}{3}, & 0.5 < x < 1, \\ 0, & \text{其他}. \end{cases}$$

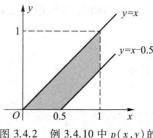

图 3.4.2 例 3.4.10 中 $p(x,y)$ 的
非零区域

当 $0 < y < 0.5$ 时，

$$p_Y(y) = \int_{-\infty}^{\infty} p(x,y)\mathrm{d}x = \int_{y}^{y+0.5} \frac{8}{3}\mathrm{d}x = \frac{4}{3},$$

当 $0.5 < y < 1$ 时，

$$p_Y(y) = \int_{-\infty}^{\infty} p(x,y)\mathrm{d}x = \int_{y}^{1} \frac{8}{3}\mathrm{d}x = \frac{8}{3}(1-y),$$

所以得 Y 的边际密度函数为

$$p_Y(y) = \begin{cases} \dfrac{4}{3}, & 0 < y < 0.5, \\ \dfrac{8}{3}(1-y), & 0.5 < y < 1, \\ 0, & \text{其他}. \end{cases}$$

然后分别计算 X 与 Y 的一、二阶矩

$$E(X) = \int_0^{0.5} \frac{8}{3}x^2\mathrm{d}x + \int_{0.5}^1 \frac{4}{3}x\mathrm{d}x = \frac{11}{18},$$

$$E(Y) = \int_0^{0.5} \frac{4}{3}y\mathrm{d}y + \int_{0.5}^1 \frac{8}{3}y(1-y)\mathrm{d}y = \frac{7}{18},$$

$$E(X^2) = \int_0^{0.5} \frac{8}{3}x^3\mathrm{d}x + \int_{0.5}^1 \frac{4}{3}x^2\mathrm{d}x = \frac{31}{72},$$

$$E(Y^2) = \int_0^{0.5} \frac{4}{3}y^2\mathrm{d}y + \int_{0.5}^1 \frac{8}{3}y^2(1-y)\mathrm{d}y = \frac{5}{24}.$$

由此可得 X 与 Y 各自的方差

$$\mathrm{Var}(X) = \frac{31}{72} - \left(\frac{11}{18}\right)^2 = \frac{37}{648},$$

$$\mathrm{Var}(Y) = \frac{5}{24} - \left(\frac{7}{18}\right)^2 = \frac{37}{648}$$

最后还需要计算 $E(XY)$，它只能从联合密度函数导出。

$$E(XY) = \int_0^{0.5}\int_0^x \frac{8}{3}xy\mathrm{d}y\mathrm{d}x + \int_{0.5}^1\int_{x-0.5}^x \frac{8}{3}xy\mathrm{d}y\mathrm{d}x = \int_0^{0.5} \frac{4}{3}x^3\mathrm{d}x + \int_{0.5}^1 \frac{4}{3}x\left(x-\frac{1}{4}\right)\mathrm{d}x$$

$$= \frac{1}{48} + \frac{7}{18} - \frac{1}{8} = \frac{41}{144}.$$

最后得协方差和相关系数为

$$\mathrm{Cov}(X,Y) = \frac{41}{144} - \frac{11}{18} \times \frac{7}{18} = \frac{61}{1\,296} = 0.047\,1.$$

$$\mathrm{Corr}(X,Y) = \frac{\mathrm{Cov}(X,Y)}{\sigma_X \sigma_Y} = \frac{61}{1\,296} \times \frac{648}{37} = \frac{61}{74} = 0.824\,3.$$

这里协方差很小,但其相关系数并不小.

上例中,从相关系数 $\mathrm{Corr}(X,Y) = 0.824\,3$ 看,X 与 Y 有较高程度的正相关;但从相应的协方差 $\mathrm{Cov}(X,Y) = 0.047\,1$ 看,X 与 Y 的相关性很微弱,几乎可以忽略不计.造成这种错觉的原因在于没有考虑标准差,若两个标准差都很小,即使协方差小一些,相关系数也能显示一定程度的相关性.由此可见,在协方差的基础上加工形成的相关系数是更为重要的相关性的特征数.

在一般场合,独立必导致不相关,但不相关推不出独立.但也有例外,下面的性质指出了这个例外.

性质 3.4.13 在二维正态分布 $N(\mu_1,\mu_2,\sigma_1^2,\sigma_2^2,\rho)$ 场合,不相关与独立是等价的.

证明 由上面例 3.4.9 知,二维正态分布 $N(\mu_1,\mu_2,\sigma_1^2,\sigma_2^2,\rho)$ 的相关系数是 ρ,因此我们只需证 $\rho = 0$ 与独立是等价的.因为二维正态分布 $N(\mu_1,\mu_2,\sigma_1^2,\sigma_2^2,\rho)$ 的两个边际分布为 $N(\mu_1,\sigma_1^2)$ 和 $N(\mu_2,\sigma_2^2)$,所以记其联合密度函数为 $p(x,y)$,边际密度函数为 $p_X(x)$ 与 $p_Y(y)$.

当 $\rho = 0$ 时,可从正态密度函数的表达式中看出

$$p(x,y) = p_X(x)p_Y(y),$$

即 X 与 Y 相互独立.

反之,若 X 与 Y 相互独立,则 X 与 Y 不相关,从而有 $\rho = 0$.结论得证.

例 3.4.11(投资组合的风险) 设有一笔资金,总量记为 1(可以是 1 万元,也可以是 100 万元等),如今要投资甲、乙两种证券.若将资金 x_1 投资于甲证券,将余下的资金 $1 - x_1 = x_2$ 投资于乙证券,于是 (x_1, x_2) 就形成了一个投资组合.记 X 为投资甲证券的收益率,Y 为投资乙证券的收益率,它们都是随机变量.如果已知 X 和 Y 的均值(代表平均收益)分别为 μ_1 和 μ_2,方差(代表风险)分别为 σ_1^2 和 σ_2^2,X 和 Y 间的相关系数为 ρ.试求该投资组合的平均收益与风险(方差),并求使投资组合风险最小的 x_1 是多少?

解 因为组合收益为

$$Z = x_1 X + x_2 Y = x_1 X + (1 - x_1) Y,$$

所以该组合的平均收益为

$$E(Z) = x_1 E(X) + (1 - x_1) E(Y) = x_1 \mu_1 + (1 - x_1) \mu_2.$$

而该组合的风险(方差)为

$$\begin{aligned}
\mathrm{Var}(Z) &= \mathrm{Var}[x_1 X + (1 - x_1) Y] \\
&= x_1^2 \mathrm{Var}(X) + (1 - x_1)^2 \mathrm{Var}(Y) + 2x_1(1 - x_1)\mathrm{Cov}(X,Y) \\
&= x_1^2 \sigma_1^2 + (1 - x_1)^2 \sigma_2^2 + 2x_1(1 - x_1)\rho\,\sigma_1 \sigma_2.
\end{aligned}$$

求最小的组合风险,即求 $\mathrm{Var}(Z)$ 关于 x_1 的极小点,为此令

$$\frac{\mathrm{d}(\mathrm{Var}(Z))}{\mathrm{d}x_1} = 2x_1\sigma_1^2 - 2(1-x_1)\sigma_2^2 + 2\rho\,\sigma_1\sigma_2 - 4x_1\rho\,\sigma_1\sigma_2 = 0,$$

从中解得

$$x_1^* = \frac{\sigma_2^2 - \rho\,\sigma_1\sigma_2}{\sigma_1^2 + \sigma_2^2 - 2\rho\,\sigma_1\sigma_2}.$$

它与 μ_1,μ_2 无关. 又因为 $\mathrm{Var}(Z)$ 中 x_1^2 的系数为正, 所以以上的 x_1^* 可使组合风险达到最小.

譬如, $\sigma_1^2 = 0.3, \sigma_2^2 = 0.5, \rho = 0.4$, 则

$$x_1^* = \frac{0.5 - 0.4\sqrt{0.3 \times 0.5}}{0.3 + 0.5 - 2 \times 0.4\sqrt{0.3 \times 0.5}} = 0.704.$$

这说明应把全部资金的 70% 投资于甲证券, 而把余下的 30% 资金投向乙证券, 这样的投资组合风险最小.

3.4.5　随机向量的数学期望向量与协方差矩阵

以下我们用矩阵形式给出 n 维随机变量的数学期望与方差.

定义 3.4.3　记 n 维随机向量为 $\boldsymbol{X} = (X_1, X_2, \cdots, X_n)'$, 若其每个分量的数学期望都存在, 则称

$$E(\boldsymbol{X}) = (E(X_1), E(X_2), \cdots, E(X_n))'$$

为 n 维随机向量 $\boldsymbol{X}$ 的**数学期望向量**, 简称为 $\boldsymbol{X}$ 的**数学期望**, 而称

$$E[(\boldsymbol{X} - E(\boldsymbol{X}))(\boldsymbol{X} - E(\boldsymbol{X}))']$$

$$= \begin{pmatrix} \mathrm{Var}(X_1) & \mathrm{Cov}(X_1, X_2) & \cdots & \mathrm{Cov}(X_1, X_n) \\ \mathrm{Cov}(X_2, X_1) & \mathrm{Var}(X_2) & \cdots & \mathrm{Cov}(X_2, X_n) \\ \vdots & \vdots & & \vdots \\ \mathrm{Cov}(X_n, X_1) & \mathrm{Cov}(X_n, X_2) & \cdots & \mathrm{Var}(X_n) \end{pmatrix}$$

为该随机向量的**方差-协方差矩阵**, 简称**协方差阵**, 记为 $\mathrm{Cov}(\boldsymbol{X})$.

至此我们可以看出, n 维随机向量的数学期望是各分量的数学期望组成的向量. 而其方差就是由各分量的方差与协方差组成的矩阵, 其对角线上的元素就是方差, 非对角线元素为协方差.

以下给出协方差矩阵的一个重要性质.

定理 3.4.2　n 维随机向量的协方差矩阵 $\mathrm{Cov}(\boldsymbol{X}) = (\mathrm{Cov}(X_i, X_j))_{n \times n}$ 是一个对称的非负定矩阵.

证明　因为 $\mathrm{Cov}(X_i, X_j) = \mathrm{Cov}(X_j, X_i)$, 所以对称性是显然的. 下证非负定性. 因为对任意的 n 维实向量 $\boldsymbol{c} = (c_1, c_2, \cdots, c_n)'$, 有

$$\boldsymbol{c}'\mathrm{Cov}(\boldsymbol{X})\boldsymbol{c} = (c_1, c_2, \cdots, c_n)\begin{pmatrix} \mathrm{Var}(X_1) & \cdots & \mathrm{Cov}(X_1, X_n) \\ \mathrm{Cov}(X_2, X_1) & \cdots & \mathrm{Cov}(X_2, X_n) \\ \vdots & & \vdots \\ \mathrm{Cov}(X_n, X_1) & \cdots & \mathrm{Var}(X_n) \end{pmatrix}\begin{pmatrix} c_1 \\ c_2 \\ \vdots \\ c_n \end{pmatrix}$$

$$= \sum_{i=1}^{n} \sum_{j=1}^{n} c_i c_j \mathrm{Cov}(X_i, X_j)$$

$$= \sum_{i=1}^{n} \sum_{j=1}^{n} E\{[c_i(X_i - E(X_i))][c_j(X_j - E(X_j))]\}$$

$$= E\left\{\sum_{i=1}^{n} \sum_{j=1}^{n} [c_i(X_i - E(X_i))][c_j(X_j - E(X_j))]\right\}$$

$$= E\left\{\left[\sum_{i=1}^{n} c_i(X_i - E(X_i))\right]\left[\sum_{j=1}^{n} c_j(X_j - E(X_j))\right]\right\}$$

$$= E\left[\sum_{i=1}^{n} c_i(X_i - E(X_i))\right]^2 \geqslant 0.$$

所以矩阵 $\mathrm{Cov}(\boldsymbol{X})$ 是非负定的, 定理得证.

例 3.4.12(n 元正态分布) 设 n 维随机变量 $\boldsymbol{X} = (X_1, X_2, \cdots, X_n)'$ 的协方差矩阵 $\boldsymbol{B}$ $= \mathrm{Cov}(\boldsymbol{X})$ 是正定的, 数学期望向量为 $\boldsymbol{a} = (a_1, a_2, \cdots, a_n)'$. 又记 $\boldsymbol{x} = (x_1, x_2, \cdots, x_n)'$, 则由密度函数

$$p(x_1, x_2, \cdots, x_n) = p(\boldsymbol{x}) = \frac{1}{(2\pi)^{\frac{n}{2}} |\boldsymbol{B}|^{\frac{1}{2}}} \exp\left\{-\frac{1}{2}(\boldsymbol{x} - \boldsymbol{a})' \boldsymbol{B}^{-1}(\boldsymbol{x} - \boldsymbol{a})\right\} \quad (3.4.13)$$

定义的分布称为 n 元正态分布, 记为 $\boldsymbol{X} \sim N(\boldsymbol{a}, \boldsymbol{B})$. 其中 $|\boldsymbol{B}|$ 表示 $\boldsymbol{B}$ 的行列式, $\boldsymbol{B}^{-1}$ 表示 $\boldsymbol{B}$ 的逆阵, $(\boldsymbol{x} - \boldsymbol{a})'$ 表示向量 $(\boldsymbol{x} - \boldsymbol{a})$ 的转置.

若记 $\boldsymbol{B}^{-1} = (r_{ij})$, 则 (3.4.13) 式可写成

$$p(x_1, x_2, \cdots, x_n) = \frac{1}{(2\pi)^{\frac{n}{2}} |\boldsymbol{B}|^{\frac{1}{2}}} \exp\left\{-\frac{1}{2} \sum_{i,j=1}^{n} r_{ij}(x_i - a_i)(x_j - a_j)\right\}. \quad (3.4.14)$$

在 $n = 2$ 的场合, 若取数学期望向量和协方差矩阵分别为

$$\boldsymbol{a} = \begin{pmatrix} \mu_1 \\ \mu_2 \end{pmatrix}, \quad \boldsymbol{B} = \begin{pmatrix} \sigma_1^2 & \sigma_1\sigma_2\rho \\ \sigma_1\sigma_2\rho & \sigma_2^2 \end{pmatrix},$$

代入 (3.4.13) 式, 则可得到 (3.1.8) 式给出的二元正态密度函数.

n 元正态分布是一种最重要的多维分布, 它在概率论、数理统计和随机过程中都占有重要地位.

习 题 3.4

1. 掷一颗均匀的骰子 2 次, 其最小点数记为 X, 求 $E(X)$.

2. 求掷 n 颗骰子出现点数之和的数学期望与方差.

3. 从数字 $0, 1, \cdots, n$ 中任取两个不同的数字, 求这两个数字之差的绝对值的数学期望.

4. 设在区间 $(0, 1)$ 上随机地取 n 个点, 求相距最远的两点间的距离的数学期望.

5. 盒中有 n 个不同的球, 其上分别写有数字 $1, 2, \cdots, n$. 每次随机抽出一个, 记下其号码, 放回去再抽. 直到抽到有两个不同的数字为止. 求平均抽球次数.

6. 设随机变量 (X, Y) 的联合分布列为

X	Y	
	0	1
0	0.1	0.15
1	0.25	0.2
2	0.15	0.15

试求 $Z = \sin\left[\dfrac{\pi}{2}(X+Y)\right]$ 的数学期望.

7. 随机变量 (X,Y) 服从以点 $(0,1)$, $(1,0)$, $(1,1)$ 为顶点的三角形区域上的均匀分布, 试求 $E(X+Y)$ 和 $\mathrm{Var}(X+Y)$.

8. 设 X,Y 为 $(0,1)$ 上独立的均匀随机变量, 试证:

$$E(|X-Y|^{\alpha}) = \frac{2}{(\alpha+1)(\alpha+2)}, \quad \alpha > 0.$$

9. 设 X 与 Y 是独立同分布的随机变量, 且

$$P(X=i) = \frac{1}{m}, \qquad i = 1, 2, \cdots, m.$$

试证:

$$E(|X-Y|) = \frac{(m-1)(m+1)}{3m}.$$

10. 设随机变量 X 与 Y 独立同分布, 且 $E(X)=\mu$, $\mathrm{Var}(X)=\sigma^2$. 试求 $E(X-Y)^2$.

11. 设随机变量 (X,Y) 的联合密度函数为

$$p(x,y) = \begin{cases} x(1+3y^2)/4, & 0 < x < 2, \ 0 < y < 1, \\ 0, & 其他. \end{cases}$$

试求 $E(Y/X)$.

12. 设 $X_1, X_2, \cdots, X_5$ 是独立同分布的随机变量, 其共同的密度函数

$$p(x) = \begin{cases} 2x, & 0 < x < 1, \\ 0, & 其他. \end{cases}$$

试求 $Y = \max\{X_1, X_2, \cdots, X_5\}$ 的密度函数、数学期望和方差.

13. 系统由 n 个部件组成.记 X_i 为第 i 个部件能持续工作的时间,如果 $X_1, X_2, \cdots, X_n$ 独立同分布,且 $X_i \sim Exp(\lambda)$,试在以下情况下求系统持续工作的平均时间:

(1) 如果有一个部件停止工作,系统就不工作了;

(2) 如果至少有一个部件在工作,系统就工作.

14. 设 X,Y 独立同分布,都服从标准正态分布 $N(0,1)$,求 $E(\max\{X,Y\})$.

15. 设随机变量 $X_1, X_2, \cdots, X_n$ 相互独立,且都服从 $(0,\theta)$ 上的均匀分布,记

$$Y = \max\{X_1, X_2, \cdots, X_n\}, \qquad Z = \min\{X_1, X_2, \cdots, X_n\}.$$

试求 $E(Y)$ 和 $E(Z)$.

16. 设随机变量 U 服从 $(-2,2)$ 上的均匀分布,定义 X 和 Y 如下:

$$X = \begin{cases} -1, & 若 U < -1, \\ 1, & 若 U \geq -1, \end{cases} \qquad Y = \begin{cases} -1, & 若 U < 1, \\ 1, & 若 U \geq 1. \end{cases}$$

试求 $\mathrm{Var}(X+Y)$.

17. 一商店经销某种商品,每周进货量 X 与顾客对该种商品的需求量 Y 是相互独立的随机变量,且都服从区间 $(10,20)$ 上的均匀分布.商店每售出一单位商品可得利润 $1\,000$ 元;若需求量超过了进货量,则可从其他商店调剂供应,这时每单位商品获利润为 500 元.试求此商店经销该种商品每周的平均利润.

18. 设随机变量 X 与 Y 独立,都服从正态分布 $N(a,\sigma^2)$,试证:

$$E(\max\{X,Y\}) = a + \frac{\sigma}{\sqrt{\pi}}.$$

19. 设二维随机变量 (X,Y) 的联合分布列为

X	Y		
	-1	0	1
0	0.07	0.18	0.15
1	0.08	0.32	0.20

试求 X^2 与 Y^2 的协方差.

20. 把一颗骰子独立地掷 n 次,求 1 点出现的次数与 6 点出现次数的协方差及相关系数.

21. 掷一颗骰子两次,求其点数之和与点数之差的协方差.

22. 某箱装 100 件产品,其中一、二和三等品分别为 80,10 和 10 件.现从中随机取一件,定义两个随机变量 X_1,X_2 如下

$$X_i = \begin{cases} 1, & \text{若抽到 } i \text{ 等品}, \\ 0, & \text{其他}, \end{cases} \quad i = 1,2.$$

试求随机变量 X_1 和 X_2 的相关系数 $\mathrm{Corr}(X_1,X_2)$.

23. 将一枚硬币重复掷 n 次,以 X 和 Y 分别表示正面向上和反面向上的次数,试求 X 和 Y 的协方差及相关系数.

24. 设随机变量 X 和 Y 独立同服从参数为 λ 的泊松分布,令
$$U = 2X + Y, \qquad V = 2X - Y.$$
求 U 和 V 的相关系数 $\mathrm{Corr}(U,V)$.

25. 在一个有 n 个人参加的晚会上,每个人带了一件礼物,且假定各人带的礼物都不相同.晚会期间各人从放在一起的 n 件礼物中随机抽取一件,试求抽中自己礼物的人数 X 的均值和方差.

26. 设随机变量 X 和 Y 的数学期望分别为 -2 和 2,方差分别为 1 和 4,而它们的相关系数为 -0.5.试根据切比雪夫不等式,估计 $P(|X+Y| \geqslant 6)$ 的上限.

27. 设二维随机变量 (X,Y) 的联合密度函数为

$$p(x,y) = \begin{cases} 1, & |y| < x, \ 0 < x < 1, \\ 0, & \text{其他}. \end{cases}$$

求 $E(X),E(Y),\mathrm{Cov}(X,Y)$.

28. 设二维随机变量 (X,Y) 的联合密度函数为

$$p(x,y) = \begin{cases} 3x, & 0 < y < x < 1, \\ 0, & \text{其他}. \end{cases}$$

求 X 与 Y 的相关系数.

29. 已知随机变量 X 与 Y 的相关系数为 ρ,求 $X_1 = aX+b$ 与 $Y_1 = cY+d$ 的相关系数,其中 a,b,c,d 均为非零正常数.

30. 设随机变量 X_1 与 X_2 独立同分布,其共同分布为 $Exp(\lambda)$.试求 $Y_1 = 4X_1 - 3X_2$ 与 $Y_2 = 3X_1 + X_2$ 的相关系数.

31. 设随机变量 X_1 与 X_2 独立同分布,其共同分布为 $N(\mu,\sigma^2)$.试求 $Y = aX_1 + bX_2$ 与 $Z = aX_1 - bX_2$ 的相关系数,其中 a 与 b 为非零常数.

32. 设二维随机变量 (X,Y) 服从二维正态分布 $N(0,0,1,1,\rho)$.

(1) 求 $E(\max\{X,Y\})$;

（2）求 $X-Y$ 与 XY 的协方差及相关系数.

33. 设二维随机变量 (X,Y) 服从区域 $D=\{(x,y)\mid 0<x<1,0<x<y<1\}$ 上的均匀分布,求 X 与 Y 的协方差及相关系数.

34. 设二维随机变量 (X,Y) 的联合密度函数为

$$p(x,y)=\begin{cases}\dfrac{6}{7}\left(x^2+\dfrac{xy}{2}\right), & 0<x<1,\ 0<y<2,\\[2mm] 0, & \text{其他}.\end{cases}$$

求 X 与 Y 的协方差及相关系数.

35. 设二维随机变量 (X,Y) 在矩形

$$G=\{(x,y)\mid 0\leqslant x\leqslant 2,\quad 0\leqslant y\leqslant 1\}$$

上服从均匀分布,记

$$U=\begin{cases}1, & X>Y,\\ 0, & X\leqslant Y,\end{cases}\qquad V=\begin{cases}1, & X>2Y,\\ 0, & X\leqslant 2Y.\end{cases}$$

求 U 和 V 的相关系数.

36. 设二维随机变量 (X,Y) 的联合密度函数如下,试求 (X,Y) 的协方差矩阵:

（1）$p_1(x,y)=\begin{cases}6xy^2, & 0<x<1,\ 0<y<1,\\ 0, & \text{其他};\end{cases}$

（2）$p_2(x,y)=\begin{cases}\dfrac{x+y}{8}, & 0<x<2,\ 0<y<2,\\[2mm] 0, & \text{其他}.\end{cases}$

37. 设 a 为区间 $(0,1)$ 上的一个定点,随机变量 X 服从区间 $(0,1)$ 上的均匀分布,以 Y 表示点 X 到 a 的距离.问 a 为何值时 X 与 Y 不相关.

38. 设随机向量 (X_1,X_2,X_3) 满足条件

$$aX_1+bX_2+cX_3=0,$$
$$E(X_1)=E(X_2)=E(X_3)=d,$$
$$\text{Var}(X_1)=\text{Var}(X_2)=\text{Var}(X_3)=\sigma^2.$$

其中 a,b,c,d,σ^2 均为常数,求相关系数 $\rho_{12},\rho_{23},\rho_{13}$.

39. 设随机变量 X 与 Y 都只能取两个值,试证:X 与 Y 独立与不相关是等价的.

40. 设随机变量 X 服从区间 $(-0.5,0.5)$ 上的均匀分布,$Y=\cos X$,则 X 与 Y 有函数关系.试求 $\text{Cov}(X,Y)$.

41. 设二维随机变量 (X,Y) 服从单位圆内的均匀分布,其联合密度函数为

$$p(x,y)=\begin{cases}\dfrac{1}{\pi}, & x^2+y^2<1,\\[2mm] 0, & x^2+y^2\geqslant 1.\end{cases}$$

试证 X 与 Y 不独立且 X 与 Y 不相关.

42. 设随机向量 (X_1,X_2,X_3) 的相关系数分别为 $\rho_{12},\rho_{23},\rho_{31}$,证明

$$\rho_{12}^2+\rho_{23}^2+\rho_{31}^2\leqslant 1+2\rho_{12}\rho_{23}\rho_{31}.$$

43. 设随机向量 (X_1,X_2,X_3) 的相关系数分别为 $\rho_{12},\rho_{23},\rho_{31}$,且

$$E(X_1)=E(X_2)=E(X_3)=0,\quad \text{Var}(X_1)=\text{Var}(X_2)=\text{Var}(X_3)=\sigma^2,$$

令

$$Y_1=X_1+X_2,\quad Y_2=X_2+X_3,\quad Y_3=X_3+X_1.$$

证明:Y_1,Y_2,Y_3 两两不相关的充要条件为 $\rho_{12}+\rho_{23}+\rho_{31}=-1$.

44. 设随机变量 $X\sim N(0,1)$,Y 各以 0.5 的概率取值 ± 1,且假定 X 与 Y 相互独立.令 $Z=X\cdot Y$,

证明:

(1) $Z \sim N(0,1)$;

(2) X 与 Z 不相关,但不独立.

45. 设随机变量 X 有密度函数 $p(x)$,且密度函数 $p(x)$ 是偶函数,假定 $E(|X|^3) < \infty$.证明 X 与 $Y = X^2$ 不相关,但不独立.

46. 设二维随机向量 (X,Y) 服从二维正态分布,且
$$E(X) = E(Y) = 0, \quad E(XY) < 0.$$
证明:对任意正常数 a,b 有
$$P(X \geqslant a, Y \geqslant b) \leqslant P(X \geqslant a)P(Y \geqslant b).$$

47. 设随机向量 (X,Y) 满足
$$E(X) = E(Y) = 0, \quad \mathrm{Var}(X) = \mathrm{Var}(Y) = 1, \quad \mathrm{Cov}(X,Y) = \rho.$$
证明:$E(\max\{X^2, Y^2\}) \leqslant 1 + \sqrt{1-\rho^2}$.

48. 设随机变量 $X_1, X_2, \cdots, X_n$ 中任意两个的相关系数都是 ρ,试证:$\rho \geqslant -1/(n-1)$.

49. 设 $X_1, X_2, \cdots, X_n$ 是独立同分布的正值随机变量.证明
$$E\left(\frac{X_1 + X_2 + \cdots + X_k}{X_1 + X_2 + \cdots + X_n}\right) = \frac{k}{n}, \quad k \leqslant n.$$

§3.5 条件分布与条件期望

二维随机变量 (X,Y) 之间主要表现为独立与相依两类关系.由于在许多问题中有关的随机变量取值往往是彼此有影响的,这就使得条件分布成为研究变量之间的相依关系的一个有力工具.

3.5.1 条件分布

对二维随机变量 (X,Y) 而言,所谓随机变量 X 的条件分布,就是在给定 Y 取某个值的条件下 X 的分布.譬如,记 X 为人的体重,Y 为人的身高,则 X 与 Y 之间一般有相依关系.现在如果限定 $Y = 1.7(\mathrm{m})$,在这个条件下,体重 X 的分布显然与 X 的无条件分布(无此限制下体重的分布)会有很大的不同.本节将给出条件分布的定义,以便进一步在条件分布的基础上给出条件期望的概念.

一、离散随机变量的条件分布

设二维离散随机变量 (X,Y) 的联合分布列为
$$p_{ij} = P(X = x_i, Y = y_j), \quad i = 1, 2, \cdots, \quad j = 1, 2, \cdots.$$
仿照条件概率的定义,我们很容易地给出如下离散随机变量的条件分布列.

定义 3.5.1 对一切使 $P(Y = y_j) = p_{\cdot j} = \sum_{i=1}^{\infty} p_{ij} > 0$ 的 y_j,称
$$p_{i|j} = P(X = x_i \mid Y = y_j) = \frac{P(X = x_i, Y = y_j)}{P(Y = y_j)} = \frac{p_{ij}}{p_{\cdot j}}, \quad i = 1, 2, \cdots \quad (3.5.1)$$
为给定 $Y = y_j$ 条件下 X 的条件分布列.

同理,对一切使 $P(X = x_i) = p_i. = \sum\limits_{j=1}^{\infty} p_{ij} > 0$ 的 x_i, 称

$$p_{j|i} = P(Y = y_j \mid X = x_i) = \frac{P(X = x_i, Y = y_j)}{P(X = x_i)} = \frac{p_{ij}}{p_i.}, \quad j = 1, 2, \cdots \quad (3.5.2)$$

为给定 $X = x_i$ 条件下 Y 的条件分布列.

有了条件分布列,我们就可以给出离散随机变量的条件分布函数.

定义 3.5.2 给定 $Y = y_j$ 条件下 X 的条件分布函数为

$$F(x \mid y_j) = \sum_{x_i \leqslant x} P(X = x_i \mid Y = y_j) = \sum_{x_i \leqslant x} p_{i|j}, \quad (3.5.3)$$

给定 $X = x_i$ 条件下 Y 的条件分布函数为

$$F(y \mid x_i) = \sum_{y_j \leqslant y} P(Y = y_j \mid X = x_i) = \sum_{y_j \leqslant y} p_{j|i}. \quad (3.5.4)$$

例 3.5.1 设二维离散随机变量 (X, Y) 的联合分布列为

X	Y			$p_i.$
	1	2	3	
1	0.1	0.3	0.2	0.6
2	0.2	0.05	0.15	0.4
$p._j$	0.3	0.35	0.35	1.0

因为 $P(X = 1) = p_1. = 0.6$,所以用第一行各元素分别除以 0.6,就可得给定 $X = 1$ 下, Y 的条件分布列为

$Y \mid X = 1$	1	2	3
P	1/6	1/2	1/3

用第二行各元素分别除以 0.4,就可得给定 $X = 2$ 下, Y 的条件分布列为

$Y \mid X = 2$	1	2	3
P	1/2	1/8	3/8

用第一列各元素分别除以 0.3,就可得给定 $Y = 1$ 下, X 的条件分布列为

$X \mid Y = 1$	1	2
P	1/3	2/3

用第二列各元素分别除以 0.35,就可得给定 $Y = 2$ 下, X 的条件分布列为

$X \mid Y = 2$	1	2
P	6/7	1/7

用第三列各元素分别除以 0.35,就可得给定 $Y = 3$ 下, X 的条件分布列为

$X \mid Y = 3$	1	2
P	4/7	3/7

从这个例子看出,二维联合分布列只有一个,而条件分布列有 5 个.若 X 与 Y 的取值更多,则条件分布也更多.每个条件分布都从一个侧面描述了一种状态下的特定分布.可见条件分布的内容丰富,其应用也更广.

例 3.5.2 设随机变量 X 与 Y 相互独立,且 $X \sim P(\lambda_1)$,$Y \sim P(\lambda_2)$.在已知 $X+Y=n$ 的条件下,求 X 的条件分布.

解 因为独立泊松变量的和仍为泊松变量,即 $X+Y \sim P(\lambda_1+\lambda_2)$,所以

$$
\begin{aligned}
P(X = k \mid X + Y = n) &= \frac{P(X = k, X + Y = n)}{P(X + Y = n)} \\
&= \frac{P(X = k) P(Y = n - k)}{P(X + Y = n)} \\
&= \frac{\dfrac{\lambda_1^k}{k!}e^{-\lambda_1} \cdot \dfrac{\lambda_2^{n-k}}{(n - k)!}e^{-\lambda_2}}{\dfrac{(\lambda_1 + \lambda_2)^n}{n!}e^{-(\lambda_1+\lambda_2)}} \\
&= \frac{n!}{k!(n - k)!} \frac{\lambda_1^k \lambda_2^{n-k}}{(\lambda_1 + \lambda_2)^n} \\
&= \binom{n}{k} \left(\frac{\lambda_1}{\lambda_1 + \lambda_2}\right)^k \left(\frac{\lambda_2}{\lambda_1 + \lambda_2}\right)^{n-k}, \quad k = 0, 1, \cdots, n.
\end{aligned}
$$

即在 $X+Y=n$ 的条件下,X 服从二项分布 $b(n,p)$,其中 $p = \lambda_1/(\lambda_1+\lambda_2)$.

例 3.5.3 设在一段时间内进入某一商店的顾客人数 X 服从泊松分布 $P(\lambda)$,每个顾客购买某种物品的概率为 p,并且各个顾客是否购买该种物品相互独立,求进入商店的顾客购买这种物品的人数 Y 的分布列.

解 由题意知

$$
P(X = m) = \frac{\lambda^m}{m!}e^{-\lambda}, \quad m = 0, 1, 2, \cdots.
$$

在进入商店的人数 $X=m$ 的条件下,购买某种物品的人数 Y 的条件分布为二项分布 $b(m,p)$,即

$$
P(Y = k \mid X = m) = \binom{m}{k} p^k (1 - p)^{m-k}, \quad k = 0, 1, 2, \cdots, m.
$$

由全概率公式有

$$
\begin{aligned}
P(Y = k) &= \sum_{m = k}^{\infty} P(X = m) P(Y = k \mid X = m) \\
&= \sum_{m = k}^{\infty} \frac{\lambda^m}{m!}e^{-\lambda} \cdot \frac{m!}{k!(m - k)!}p^k (1 - p)^{m-k} \\
&= e^{-\lambda} \sum_{m = k}^{\infty} \frac{\lambda^m}{k!(m - k)!}p^k (1 - p)^{m-k}
\end{aligned}
$$

$$= e^{-\lambda} \frac{(\lambda p)^k}{k!} \sum_{m=k}^{\infty} \frac{[(1-p)\lambda]^{m-k}}{(m-k)!}$$

$$= \frac{(\lambda p)^k}{k!} e^{-\lambda} e^{\lambda(1-p)}$$

$$= \frac{(\lambda p)^k}{k!} e^{-\lambda p}, \quad k = 0,1,2,\cdots.$$

即 Y 服从参数为 λp 的泊松分布.

这个例子告诉我们:在直接寻求 Y 的分布有困难时,有时借助条件分布可把困难克服.

二、连续随机变量的条件分布

设二维连续随机变量 (X, Y) 的联合密度函数为 $p(x, y)$,边际密度函数为 $p_X(x), p_Y(y)$.

在离散随机变量场合,其条件分布函数为 $P(X \le x | Y = y)$.但是,因为连续随机变量取某个值的概率为零,即 $P(Y = y) = 0$,所以无法用条件概率直接计算 $P(X \le x | Y = y)$,一个很自然的想法是:将 $P(X \le x | Y = y)$ 看成是 $h \to 0$ 时 $P(X \le x | y \le Y \le y + h)$ 的极限,即

$$P(X \le x | Y = y) = \lim_{h \to 0} P(X \le x | y \le Y \le y + h)$$

$$= \lim_{h \to 0} \frac{P(X \le x, y \le Y \le y + h)}{P(y \le Y \le y + h)}$$

$$= \lim_{h \to 0} \frac{\int_{-\infty}^{x} \int_{y}^{y+h} p(u,v) \mathrm{d}v \mathrm{d}u}{\int_{y}^{y+h} p_Y(v) \mathrm{d}v}$$

$$= \lim_{h \to 0} \frac{\int_{-\infty}^{x} \left\{ \frac{1}{h} \int_{y}^{y+h} p(u,v) \mathrm{d}v \right\} \mathrm{d}u}{\frac{1}{h} \int_{y}^{y+h} p_Y(v) \mathrm{d}v},$$

当 $p_Y(y), p(x,y)$ 在 y 处连续时,由积分中值定理可得

$$\lim_{h \to 0} \frac{1}{h} \int_{y}^{y+h} p_Y(v) \mathrm{d}v = p_Y(y),$$

$$\lim_{h \to 0} \frac{1}{h} \int_{y}^{y+h} p(u,v) \mathrm{d}v = p(u,y).$$

所以

$$P(X \le x | Y = y) = \int_{-\infty}^{x} \frac{p(u,y)}{p_Y(y)} \mathrm{d}u.$$

上式左端就是在 $Y = y$ 条件下 X 的条件分布函数,可记为 $F(x|y)$.再由密度函数定义知,上式右端的被积函数不是别的,正是在 $Y = y$ 条件下 X 的条件密度函数,它可记为 $p(x|y)$.至此,连续随机变量的条件分布函数与条件密度函数可定义如下.

定义 3.5.3 对一切使 $p_Y(y) > 0$ 的 y,给定 $Y = y$ 条件下 X 的条件分布函数和条件密度函数分别为

$$F(x \mid y) = \int_{-\infty}^{x} \frac{p(u,y)}{p_Y(y)} \mathrm{d}u, \tag{3.5.5}$$

$$p(x \mid y) = \frac{p(x,y)}{p_Y(y)}. \tag{3.5.6}$$

同理对一切使 $p_X(x) > 0$ 的 x,给定 $X = x$ 条件下 Y 的条件分布函数和条件密度函数分别为

$$F(y \mid x) = \int_{-\infty}^{y} \frac{p(x,v)}{p_X(x)} \mathrm{d}v, \tag{3.5.7}$$

$$p(y \mid x) = \frac{p(x,y)}{p_X(x)}. \tag{3.5.8}$$

要注意:无论条件分布函数 $F(x|y)$,还是条件密度函数 $p(x|y)$,它们还是条件 $Y = y$ 的函数,不同的条件(如 $Y = y_1$ 和 $Y = y_2$)下,其分布函数 $F(x|y_1)$ 和 $F(x|y_2)$ 是不同的,条件密度函数 $p(x|y_1)$ 和 $p(x|y_2)$ 也是不同的.由此可见,条件分布(密度)函数 $F(x|y)$ ($p(x|y)$) 表示一簇分布(密度)函数.对 $F(y|x)$ 和 $p(y|x)$ 也可作出类似的认识,这些都可以从下面例子中具体看出.

例 3.5.4 设 (X,Y) 服从二维正态分布 $N(\mu_1, \mu_2, \sigma_1^2, \sigma_2^2, \rho)$,由边际分布知 X 服从正态分布 $N(\mu_1, \sigma_1^2)$,Y 服从正态分布 $N(\mu_2, \sigma_2^2)$.现在来求条件分布.根据(3.5.6)式得

$$p(x \mid y) = \frac{p(x,y)}{p_Y(y)}$$

$$= \frac{\dfrac{1}{2\pi\sigma_1\sigma_2\sqrt{1-\rho^2}}\exp\left\{-\dfrac{1}{2(1-\rho^2)}\left[\dfrac{(x-\mu_1)^2}{\sigma_1^2} - 2\rho\dfrac{(x-\mu_1)(y-\mu_2)}{\sigma_1\sigma_2} + \dfrac{(y-\mu_2)^2}{\sigma_2^2}\right]\right\}}{\dfrac{1}{\sqrt{2\pi}\sigma_2}\exp\left\{-\dfrac{(y-\mu_2)^2}{2\sigma_2^2}\right\}}$$

$$= \frac{1}{\sqrt{2\pi}\sigma_1\sqrt{1-\rho^2}}\exp\left\{-\dfrac{1}{2\sigma_1^2(1-\rho^2)}\left[x - \left(\mu_1 + \rho\dfrac{\sigma_1}{\sigma_2}(y-\mu_2)\right)\right]^2\right\},$$

这正是正态密度函数,其均值 μ_3 和方差 σ_3^2 分别为

$$\mu_3 = \mu_1 + \rho\frac{\sigma_1}{\sigma_2}(y-\mu_2), \qquad \sigma_3^2 = \sigma_1^2(1-\rho^2).$$

类似可得,在给定 $X = x$ 的条件下,Y 的条件分布仍为正态分布 $N(\mu_4, \sigma_4^2)$,其均值和方差分别为

$$\mu_4 = \mu_2 + \rho\frac{\sigma_2}{\sigma_1}(x-\mu_1), \qquad \sigma_4^2 = \sigma_2^2(1-\rho^2).$$

由此也可以看出:二维正态分布的边际分布和条件分布都是一维正态分布,这是正态分布的一个重要性质.

例 3.5.5 设二维随机变量 (X,Y) 服从 $G = \{(x,y) \mid x^2+y^2 \leqslant 1\}$ 上的均匀分布,试求

给定 $Y=y$ 条件下 X 的条件密度函数 $p(x|y)$.

解 因为

$$p(x,y) = \begin{cases} \dfrac{1}{\pi}, & x^2 + y^2 \leqslant 1, \\ 0, & \text{其他}. \end{cases}$$

由此得 Y 的边际密度函数为

$$p_Y(y) = \begin{cases} \dfrac{2}{\pi}\sqrt{1-y^2}, & -1 \leqslant y \leqslant 1, \\ 0, & \text{其他}. \end{cases}$$

所以当 $-1<y<1$ 时,有

$$p(x \mid y) = \frac{p(x,y)}{p_Y(y)}$$

$$= \begin{cases} \dfrac{1/\pi}{(2/\pi)\sqrt{1-y^2}} = \dfrac{1}{2\sqrt{1-y^2}}, & -\sqrt{1-y^2} \leqslant x \leqslant \sqrt{1-y^2}, \\ 0, & \text{其他}. \end{cases}$$

将 $y=0$ 和 $y=0.5$ 分别代入上式可得(两个均匀分布)

$$p(x \mid y=0) = \begin{cases} \dfrac{1}{2}, & -1 \leqslant x \leqslant 1, \\ 0, & \text{其他}, \end{cases}$$

$$p(x \mid y=0.5) = \begin{cases} \dfrac{1}{\sqrt{3}}, & -\dfrac{\sqrt{3}}{2} \leqslant x \leqslant \dfrac{\sqrt{3}}{2}, \\ 0, & \text{其他}. \end{cases}$$

进一步有:当 $-1<y<1$ 时,给定 $Y=y$ 条件下,X 服从 $(-\sqrt{1-y^2}, \sqrt{1-y^2})$ 上的均匀分布.同理有:当 $-1<x<1$ 时,给定 $X=x$ 条件下,Y 服从 $(-\sqrt{1-x^2}, \sqrt{1-x^2})$ 上的均匀分布.

三、连续场合的全概率公式和贝叶斯公式

有了条件分布密度函数的概念,我们可以给出连续随机变量场合的全概率公式和贝叶斯公式.将(3.5.6)式和(3.5.8)式改写为

$$p(x,y) = p_X(x)p(y \mid x), \tag{3.5.9}$$

$$p(x,y) = p_Y(y)p(x \mid y). \tag{3.5.10}$$

再对 $p(x,y)$ 求边际密度函数,就得全概率公式的密度函数形式:

$$p_Y(y) = \int_{-\infty}^{\infty} p_X(x)p(y \mid x)\,\mathrm{d}x, \tag{3.5.11}$$

$$p_X(x) = \int_{-\infty}^{\infty} p_Y(y)p(x \mid y)\,\mathrm{d}y, \tag{3.5.12}$$

将(3.5.9)式代入(3.5.6)式的分子,(3.5.11)式代入(3.5.6)式的分母,就得贝叶斯公式的密度函数形式:

$$p(x \mid y) = \frac{p_X(x)p(y \mid x)}{\displaystyle\int_{-\infty}^{\infty} p_X(x)p(y \mid x)\,\mathrm{d}x}, \tag{3.5.13}$$

或

$$p(y \mid x) = \frac{p_Y(y)p(x \mid y)}{\int_{-\infty}^{\infty} p_Y(y)p(x \mid y)\,\mathrm{d}y}. \tag{3.5.14}$$

注意,虽然由边际分布无法得到联合分布,但(3.5.9)式和(3.5.10)式说明,由边际分布和条件分布就可以得到联合分布.

例 3.5.6 设随机变量 $X \sim N(\mu, \sigma_1^2)$,在 $X=x$ 下 Y 的条件分布为 $N(x, \sigma_2^2)$.试求 Y 的(无条件)密度函数 $p_Y(y)$.

解 由题意知

$$p_X(x) = \frac{1}{\sqrt{2\pi}\,\sigma_1}\exp\left\{-\frac{(x-\mu)^2}{2\sigma_1^2}\right\},$$

$$p(y \mid x) = \frac{1}{\sqrt{2\pi}\,\sigma_2}\exp\left\{-\frac{(y-x)^2}{2\sigma_2^2}\right\},$$

所以由(3.5.11)式得

$$p_Y(y) = \int_{-\infty}^{\infty} p_X(x)p(y \mid x)\,\mathrm{d}x$$

$$= \frac{1}{2\pi\sigma_1\sigma_2}\int_{-\infty}^{\infty}\exp\left\{-\frac{(x-\mu)^2}{2\sigma_1^2} - \frac{(y-x)^2}{2\sigma_2^2}\right\}\mathrm{d}x$$

$$= \frac{1}{2\pi\sigma_1\sigma_2}\int_{-\infty}^{\infty}\exp\left\{-\frac{1}{2}\left[\left(\frac{1}{\sigma_1^2}+\frac{1}{\sigma_2^2}\right)x^2 - 2\left(\frac{y}{\sigma_2^2}+\frac{\mu}{\sigma_1^2}\right)x + \frac{y^2}{\sigma_2^2}+\frac{\mu^2}{\sigma_1^2}\right]\right\}\mathrm{d}x.$$

记 $c = \dfrac{\sigma_1^2\sigma_2^2}{\sigma_1^2+\sigma_2^2}$,则上式化成

$$p_Y(y) = \frac{1}{2\pi\sigma_1\sigma_2}\int_{-\infty}^{\infty}\exp\left\{-\frac{1}{2}c^{-1}\left[x - c\left(\frac{\mu}{\sigma_1^2}+\frac{y}{\sigma_2^2}\right)\right]^2 - \frac{1}{2}\frac{(y-\mu)^2}{\sigma_1^2+\sigma_2^2}\right\}\mathrm{d}x$$

$$= \frac{1}{2\pi\sigma_1\sigma_2}\sqrt{2\pi c}\exp\left\{-\frac{(y-\mu)^2}{2(\sigma_1^2+\sigma_2^2)}\right\} = \frac{1}{\sqrt{2\pi}\sqrt{\sigma_1^2+\sigma_2^2}}\exp\left\{-\frac{(y-\mu)^2}{2(\sigma_1^2+\sigma_2^2)}\right\}.$$

这表明 Y 仍服从正态分布 $N(\mu, \sigma_1^2+\sigma_2^2)$.

3.5.2 条件数学期望

条件分布的数学期望称为条件数学期望,它的定义如下.

定义 3.5.4 条件分布的数学期望(若存在)称为**条件期望**,其定义如下:

$$E(X \mid Y=y) = \begin{cases} \sum_i x_i P(X=x_i \mid Y=y), & (X,Y) \text{ 为二维离散随机变量}, \\ \int_{-\infty}^{\infty} x p(x \mid y)\,\mathrm{d}x, & (X,Y) \text{ 为二维连续随机变量}. \end{cases} \tag{3.5.15}$$

$$E(Y \mid X = x) = \begin{cases} \sum_j y_j P(Y = y_j \mid X = x), & (X,Y) \text{ 为二维离散随机变量}, \\ \int_{-\infty}^{\infty} y p(y \mid x) \mathrm{d}y, & (X,Y) \text{ 为二维连续随机变量}. \end{cases} \qquad (3.5.16)$$

注意:条件期望 $E(X \mid Y = y)$ 是 y 的函数,它与无条件期望 $E(X)$ 的区别,不仅在于计算公式上,而且在于其含义上.譬如,X 表示中国成年人的身高,则 $E(X)$ 表示中国成年人的平均身高.若用 Y 表示中国成年人的足长(脚趾到脚跟的长度),则 $E(X \mid Y = y)$ 表示足长为 y 的中国成年人的平均身高,我国公安部门研究获得

$$E(X \mid Y = y) = 6.876y.$$

这个公式对公安部门破案起着重要的作用,例如,测得案犯留下的足印长为25.3 cm,则由此公式可推算出此案犯身高约 174 cm.

其实以上公式的得出并不复杂,一般认为人的身高和足长 (X,Y) 可以当作一个二维正态变量来处理,即 (X,Y) 服从二维正态分布 $N(\mu_1, \mu_2, \sigma_1^2, \sigma_2^2, \rho)$.由例 3.5.4 知,在给定 $Y=y$ 的条件下,X 服从一维正态分布

$$N\left(\mu_1 + \rho \frac{\sigma_1}{\sigma_2}(y - \mu_2), \sigma_1^2(1 - \rho^2)\right).$$

由此得

$$E(X \mid Y = y) = \mu_1 + \rho \frac{\sigma_1}{\sigma_2}(y - \mu_2),$$

这是 y 的线性函数.再用统计的方法(后面第六章的内容),从大量实际数据中得出 μ_1, μ_2, σ_1, σ_2, ρ 的估计后,就可得以上公式.

因为条件期望是条件分布的数学期望,所以它具有数学期望的一切性质,例如

$$E(a_1 X_1 + a_2 X_2 \mid Y = y) = a_1 E(X_1 \mid Y = y) + a_2 E(X_2 \mid Y = y).$$

其他性质在此不一一列举,读者可以自行写出.

我们特别要强调的是:$E(X \mid Y = y)$ 是 y 的函数,对 y 的不同取值,条件期望 $E(X \mid Y = y)$ 的取值也在变化.为此我们可以记

$$g(y) = E(X \mid Y = y).$$

进一步还可以将条件期望看成是随机变量 Y 的函数,记为 $E(X \mid Y) = g(Y)$,而将 $E(X \mid Y = y)$ 看成是 $Y = y$ 时 $E(X \mid Y)$ 的一个取值,由此看出:$E(X \mid Y)$ 本身也是一个随机变量.

引进 $E(X \mid Y)$ 不仅使我们前面所定义的 $E(X \mid Y = y)$ 得到了统一的处理,而且可以得到更深刻的结果.

定理 3.5.1(重期望公式) 设 (X,Y) 是二维随机变量,且 $E(X)$ 存在,则

$$E(X) = E(E(X \mid Y)). \qquad (3.5.17)$$

证明 在此仅对连续场合进行证明,而离散场合可类似证明.设二维连续随机变量 (X,Y) 的联合密度函数为 $p(x,y)$.记 $g(y) = E(X \mid Y = y)$,则 $g(Y) = E(X \mid Y)$.由此利用 $p(x,y) = p(x \mid y) p_Y(y)$,可得

$$E(X) = \int_{-\infty}^{\infty} \int_{-\infty}^{\infty} x p(x,y) \mathrm{d}x \mathrm{d}y = \int_{-\infty}^{\infty} \int_{-\infty}^{\infty} x p(x \mid y) p_Y(y) \mathrm{d}x \mathrm{d}y$$

$$= \int_{-\infty}^{\infty} \left\{ \int_{-\infty}^{\infty} x p(x \mid y) \mathrm{d}x \right\} p_Y(y) \mathrm{d}y.$$

其中花括号中的积分不是别的,正是条件期望 $E(X \mid Y = y)$,所以

$$E(X) = \int_{-\infty}^{\infty} E(X \mid Y = y) p_Y(y) \mathrm{d}y = \int_{-\infty}^{\infty} g(y) p_Y(y) \mathrm{d}y = E(g(Y)) = E(E(X \mid Y)).$$

这就证明了(3.5.17)式.

重期望公式是概率论中较为深刻的一个结论,它在实际中很有用.譬如,要求在一个取值于很大范围上的指标 X 的均值 $E(X)$,这时会遇到计算上的各种困难.为此,我们换一种思维方式,去找一个与 X 有关的量 Y,用 Y 的不同取值把大范围划分成若干个小区域,先在小区域上求 X 的平均,再对此类平均求加权平均,即可得大范围上 X 的平均 $E(X)$.如要求全校学生的平均身高,可先求出每个班级学生的平均身高,然后再对各班的平均身高作加权平均,其权重就是班级人数在全校学生中所占的比例.

重期望公式的具体使用如下:

(1) 如果 Y 是一个离散随机变量,则(3.5.17)式成为

$$E(X) = \sum_j E(X \mid Y = y_j) P(Y = y_j). \tag{3.5.18}$$

(2) 如果 Y 是一个连续随机变量,则(3.5.17)式成为

$$E(X) = \int_{-\infty}^{\infty} E(X \mid Y = y) p_Y(y) \mathrm{d}y. \tag{3.5.19}$$

例 3.5.7　一矿工被困在有三个门的矿井里.第一个门通一坑道,沿此坑道走 3 小时可到达安全区;第二个门通一坑道,沿此坑道走 5 小时又回到原处;第三个门通一坑道,沿此坑道走 7 小时也回到原处.假定此矿工总是等可能地在三个门中选择一个,试求他平均要用多少时间才能到达安全区.

解　设该矿工需要 X 小时到达安全区,则 X 的可能取值为

$$3, 5 + 3, 7 + 3, 5 + 5 + 3, 5 + 7 + 3, 7 + 7 + 3, \cdots,$$

要写出 X 的分布列是困难的,所以无法直接求 $E(X)$.为此记 Y 表示第一次所选的门,$\{Y = i\}$ 就是选择第 i 个门.由题设知

$$P(Y = 1) = P(Y = 2) = P(Y = 3) = \frac{1}{3}.$$

因为选第一个门后 3 小时可到达安全区,所以 $E(X \mid Y = 1) = 3$.

又因为选第二个门后 5 小时回到原处,所以 $E(X \mid Y = 2) = 5 + E(X)$.

又因为选第三个门后 7 小时也回到原处,所以 $E(X \mid Y = 3) = 7 + E(X)$.

综上所述,由(3.5.18)式得

$$E(X) = \frac{1}{3} [3 + 5 + E(X) + 7 + E(X)] = 5 + \frac{2}{3} E(X),$$

解得 $E(X) = 15$,即该矿工平均要 15 小时才能到达安全区.

上例的解题方法带有某种普遍性,请读者从下例中再体会一下这种方法.

例 3.5.8　口袋中有编号为 $1, 2, \cdots, n$ 的 n 个球,从中任取 1 球.若取到 1 号球,则得 1 分,且停止摸球;若取到 i 号球 $(i \geqslant 2)$,则得 i 分,且将此球放回,重新摸球.如此下去,试求得到的平均总分数.

解　记 X 为得到的总分数,Y 为第一次取到的球的号码.则

$$P(Y = 1) = P(Y = 2) = \cdots = P(Y = n) = \frac{1}{n}.$$

又因为 $E(X|Y=1)=1$, 而当 $i \geq 2$ 时, $E(X|Y=i)=i+E(X)$. 所以

$$E(X) = \sum_{i=1}^{n} E(X \mid Y = i) P(Y = i) = \frac{1}{n} [1 + 2 + \cdots + n + (n-1)E(X)].$$

由此解得

$$E(X) = \frac{n(n+1)}{2}.$$

例 3.5.9 设电力公司每月可以供应某工厂的电力 X 服从 $(10,30)$ (单位: 10^4 kW) 上的均匀分布, 而该工厂每月实际需要的电力 Y 服从 $(10,20)$ (单位: 10^4 kW) 上的均匀分布. 如果工厂能从电力公司得到足够的电力, 则每 10^4 kW 电可以创造 30 万元的利润, 若工厂从电力公司得不到足够的电力, 则不足部分由工厂通过其他途径解决, 由其他途径得到的电力每 10^4 kW 电只有 10 万元的利润. 试求该厂每个月的平均利润.

解 从题意知, 每月供应电力 $X \sim U(10,30)$, 而工厂实际需要电力 $Y \sim U(10,20)$. 若设工厂每个月的利润为 Z 万元, 则按题意可得

$$Z = \begin{cases} 30Y, & \text{当 } Y \leq X, \\ 30X + 10(Y-X), & \text{当 } Y > X. \end{cases}$$

在 $X=x$ 给定时, Z 仅是 Y 的函数, 于是当 $10 \leq x < 20$ 时, Z 的条件期望为

$$E(Z \mid X = x) = \int_{10}^{x} 30y p_Y(y) \mathrm{d}y + \int_{x}^{20} (10y + 20x) p_Y(y) \mathrm{d}y$$

$$= \int_{10}^{x} 30y \frac{1}{10} \mathrm{d}y + \int_{x}^{20} (10y + 20x) \frac{1}{10} \mathrm{d}y$$

$$= \frac{3}{2} (x^2 - 100) + \frac{1}{2} (20^2 - x^2) + 2x(20 - x)$$

$$= 50 + 40x - x^2.$$

当 $20 \leq x \leq 30$ 时, Z 的条件期望为

$$E(Z \mid X = x) = \int_{10}^{20} 30y p_Y(y) \mathrm{d}y = \int_{10}^{20} 30y \frac{1}{10} \mathrm{d}y = 450.$$

然后用 X 的分布对条件期望 $E(Z|X=x)$ 再作一次平均, 即得

$$E(Z) = E(E(Z \mid X))$$

$$= \int_{10}^{20} E(Z \mid X = x) p_X(x) \mathrm{d}x + \int_{20}^{30} E(Z \mid X = x) p_X(x) \mathrm{d}x$$

$$= \frac{1}{20} \int_{10}^{20} (50 + 40x - x^2) \mathrm{d}x + \frac{1}{20} \int_{20}^{30} 450 \mathrm{d}x$$

$$= 25 + 300 - \frac{700}{6} + 225 \approx 433.$$

所以该厂每月的平均利润为 433 万元.

例 3.5.10 (随机个随机变量和的数学期望) 设 $X_1, X_2, \cdots$ 为一列独立同分布的随机变量, 随机变量 N 只取正整数值, 且 N 与 $\{X_n\}$ 独立, 证明

$$E\Big(\sum_{i=1}^{N} X_i\Big) = E(X_1)E(N).$$

证明 由定理 3.5.1 知

$$E\Big(\sum_{i=1}^{N} X_i\Big) = E\Big[E\Big(\sum_{i=1}^{N} X_i \mid N\Big)\Big] = \sum_{n=1}^{\infty} E\Big(\sum_{i=1}^{N} X_i \mid N=n\Big)P(N=n)$$

$$= \sum_{n=1}^{\infty} E\Big(\sum_{i=1}^{n} X_i\Big)P(N=n) = \sum_{n=1}^{\infty} nE(X_1)P(N=n)$$

$$= E(X_1)\sum_{n=1}^{\infty} nP(N=n) = E(X_1)E(N).$$

得证.

利用此题的结论,我们可以解很多实际问题,下面列举几个:

(1) 设一天内到达某商场的顾客数 N 是仅取非负整数值的随机变量,且 $E(N)=35\,000$.又设进入此商场的第 i 个顾客的购物金额为 X_i,可以认为诸 X_i 是独立同分布的随机变量,且 $E(X_i)=82$(元).假设 N 与 X_i 相互独立是合理的,则此商场一天的平均营业额为

$$E\Big(\sum_{i=1}^{N} X_i\Big) = E(X_1)E(N) = 82 \times 35\,000 = 287(万元).$$

(2) 一只昆虫一次产卵数 N 服从参数为 λ 的泊松分布,每个卵能成活的概率是 p,可设 X_i 服从 0-1 分布,而 $\{X_i=1\}$ 表示第 i 个卵成活,则一只昆虫一次产卵后的平均成活卵数为

$$E\Big(\sum_{i=1}^{N} X_i\Big) = E(X_1)E(N) = \lambda p.$$

习 题 3.5

1. 以 X 记某医院一天内诞生婴儿的个数,以 Y 记其中男婴的个数.设 X 与 Y 的联合分布列为

$$P(X=n, Y=m) = \frac{e^{-14}(7.14)^m(6.86)^{n-m}}{m!(n-m)!}, \quad m=0,1,\cdots,n, \quad n=0,1,2,\cdots.$$

试求条件分布列 $P(Y=m|X=n)$.

2. 一射手单发命中目标的概率为 $p\ (0<p<1)$,射击进行到命中目标两次为止.设 X 为第一次命中目标所需的射击次数,Y 为总共进行的射击次数,求 (X,Y) 的联合分布和条件分布.

3. 已知 (X,Y) 的联合分布列如下:

$$P(X=1, Y=1) = P(X=2, Y=1) = \frac{1}{8},$$

$$P(X=1, Y=2) = \frac{1}{4}, P(X=2, Y=2) = \frac{1}{2}.$$

试求:

(1) 已知 $Y=i$ 的条件下,X 的条件分布列,$i=1,2$;

(2) X 与 Y 是否独立?

4. 设随机变量 X 与 Y 独立同分布,试在以下情况下求 $P(X=k|X+Y=m)$:

(1) X 与 Y 都服从参数为 p 的几何分布;

（2）X 与 Y 都服从参数为 (n, p) 的二项分布.

5. 设二维连续随机变量 (X, Y) 的联合密度函数为

$$p(x, y) = \begin{cases} 3x, & 0 < x < 1, \quad 0 < y < x, \\ 0, & \text{其他}. \end{cases}$$

试求条件密度函数 $p(y \mid x)$.

6. 设二维连续随机变量 (X, Y) 的联合密度函数为

$$p(x, y) = \begin{cases} 1, & |y| < x, \quad 0 < x < 1, \\ 0, & \text{其他}. \end{cases}$$

求条件密度函数 $p(x \mid y)$.

7. 设二维连续随机变量 (X, Y) 的联合密度函数为

$$p(x, y) = \begin{cases} \dfrac{21}{4} x^2 y, & x^2 \leqslant y \leqslant 1, \\ 0, & \text{其他}. \end{cases}$$

求条件概率 $P(Y \geqslant 0.75 \mid X = 0.5)$.

8. 已知随机变量 Y 的密度函数为

$$p_Y(y) = \begin{cases} 5y^4, & 0 < y < 1, \\ 0, & \text{其他}. \end{cases}$$

在给定 $Y = y$ 条件下, 随机变量 X 的条件密度函数为

$$p(x \mid y) = \begin{cases} \dfrac{3x^2}{y^3}, & 0 < x < y < 1, \\ 0, & \text{其他}. \end{cases}$$

求概率 $P(X > 0.5)$.

9. 设随机变量 X 服从 $(1, 2)$ 上的均匀分布, 在 $X = x$ 的条件下, 随机变量 Y 的条件分布是参数为 x 的指数分布, 证明: XY 服从参数为 1 的指数分布.

10. 设二维离散随机变量 (X, Y) 的联合分布列为

X	Y			
	0	1	2	3
0	0	0.01	0.01	0.01
1	0.01	0.02	0.03	0.02
2	0.03	0.04	0.05	0.04
3	0.05	0.05	0.05	0.06
4	0.07	0.06	0.05	0.06
5	0.09	0.08	0.06	0.05

试求 $E(X \mid Y = 2)$ 和 $E(Y \mid X = 0)$.

11. 设随机变量 X 与 Y 相互独立, 分别服从参数为 λ_1 和 λ_2 的泊松分布, 试求 $E(X \mid X + Y = n)$.

12. 设二维连续随机变量 (X, Y) 的联合密度函数为

$$p(x, y) = \begin{cases} x + y, & 0 < x, y < 1, \\ 0, & \text{其他}. \end{cases}$$

试求 $E(X \mid Y = 0.5)$.

13. 设二维连续随机变量 (X, Y) 的联合密度函数为

$$p(x,y) = \begin{cases} 24(1-x)y, & 0 < y < x < 1, \\ 0, & \text{其他.} \end{cases}$$

试在 $0<y<1$ 时,求 $E(X|Y=y)$.

14. 设 $E(Y)$,$E(h(Y))$ 存在,试证 $E(h(Y)|Y) = h(Y)$.

15. 设以下所涉及的数学期望均存在,试证:

(1) $E(g(X)Y|X) = g(X)E(Y|X)$;

(2) $E(XY) = E(XE(Y|X))$;

(3) $\text{Cov}(X, E(Y|X)) = \text{Cov}(X, Y)$.

16. 设随机变量 X 与 Y 独立同分布,都服从参数为 λ 的指数分布.令

$$Z = \begin{cases} 3X + 1, & X \geqslant Y, \\ 6Y, & X < Y. \end{cases}$$

求 $E(Z)$.

17. 设随机变量 $X \sim N(\mu, 1)$,$Y \sim N(0,1)$,且 X 与 Y 相互独立,令

$$I = \begin{cases} 1, & Y < X, \\ 0, & X \leqslant Y. \end{cases}$$

试证明:

(1) $E(I|X=x) = \Phi(x)$;

(2) $E(\Phi(X)) = P(Y<X)$;

(3) $E(\Phi(X)) = \Phi(\mu/\sqrt{2})$.

(提示:$X-Y$ 的分布是什么?)

18. 设 $X_1, X_2, \cdots$ 为独立同分布的随机变量序列,且方差存在.随机变量 N 只取正整数值,$\text{Var}(N)$ 存在,且 N 与 $\{X_n\}$ 独立.证明

$$\text{Var}\left(\sum_{i=1}^{N} X_i \right) = \text{Var}(N)[E(X_1)]^2 + E(N)\text{Var}(X_1).$$

 本章小结

第四章
大数定律与中心极限定理

§4.1 随机变量序列的两种收敛性

随机变量序列的收敛性有多种,其中常用的是两种:依概率收敛和按分布收敛.本章讨论的大数定律涉及的是一种依概率收敛,中心极限定理涉及按分布收敛.这些极限定理不仅是概率论研究的中心议题,而且在数理统计中有广泛的应用.本节将给出这两种收敛性的定义及其有关性质,读者应从中吸收其思考问题的方法.

4.1.1 依概率收敛

在第一章用频率确定概率时,我们提出"概率是频率的稳定值",或"频率稳定于概率".现在我们来解释"稳定"的含义及其数学表达式.

设有一大批产品,其不合格品率为 p.现一个接一个地检查产品的合格性,记前 n 次检查发现 S_n 个不合格品,而 $v_n = S_n/n$ 为不合格品出现的频率.当检查继续下去,我们就发现频率序列 $\{v_n\}$ 有如下两个现象:

(1)频率 v_n 对概率 p 的绝对偏差 $|v_n - p|$ 将随 n 增大而呈现逐渐减小的趋势,但无法说它收敛于零.

(2)由于频率的随机性,绝对偏差 $|v_n - p|$ 时大时小.虽然我们无法排除大偏差发生的可能性,但随着 n 不断增大,大偏差发生的可能性会越来越小.这是一种新的极限概念.

下面我们用数学式子将上述概念表达出来.对任意给定的 $\varepsilon > 0$,事件 $\{|v_n - p| \geqslant \varepsilon\}$ 出现了就认为大偏差发生了.而大偏差发生的可能性越来越小,相当于

$$P(|v_n - p| \geqslant \varepsilon) \to 0, (n \to \infty).$$

这时就可称频率序列 $\{v_n\}$ 依概率收敛.这就是"频率稳定于概率"的含义.

下面给出一般的随机变量序列 $\{X_n\}$ 依概率收敛于一个随机变量 X 的定义.

定义 4.1.1 设 $\{X_n\}$ 为一随机变量序列,X 为一随机变量,如果对任意的 $\varepsilon > 0$,有

$$P(|X_n - X| \geqslant \varepsilon) \to 0 \ (n \to \infty), \tag{4.1.1}$$

则称序列 $\{X_n\}$ **依概率收敛**于 X,记作 $X_n \xrightarrow{P} X$.

依概率收敛的含义是:X_n 对 X 的绝对偏差不小于任一给定量的可能性将随着 n

增大而愈来愈小.或者说,绝对偏差 $|X_n-X|$ 小于任一给定量的可能性将随着 n 增大而愈来愈接近于 1,即(4.1.1)等价于

$$P(|X_n-X|<\varepsilon)\rightarrow 1 \quad (n\rightarrow\infty).$$

特别当 X 为退化分布时,即 $P(X=c)=1$,则称序列 $\{X_n\}$ 依概率收敛于 c,即 $X_n\xrightarrow{P}c$.

以下我们先给出依概率收敛于常数的四则运算性质.

定理 4.1.1 设 $\{X_n\}$,$\{Y_n\}$ 是两个随机变量序列,a,b 是两个常数.如果

$$X_n\xrightarrow{P}a, \qquad Y_n\xrightarrow{P}b,$$

则有:(1) $X_n\pm Y_n\xrightarrow{P}a\pm b$;

(2) $X_n\times Y_n\xrightarrow{P}a\times b$;

(3) $X_n\div Y_n\xrightarrow{P}a\div b \ (b\neq 0)$.

证明 (1) 因为

$$\left\{|(X_n+Y_n)-(a+b)|\geqslant\varepsilon\right\}\subset\left\{|X_n-a|\geqslant\frac{\varepsilon}{2}\right\}\cup\left\{|Y_n-b|\geqslant\frac{\varepsilon}{2}\right\},$$

所以

$$0\leqslant P(|(X_n+Y_n)-(a+b)|\geqslant\varepsilon)$$
$$\leqslant P\left(|X_n-a|\geqslant\frac{\varepsilon}{2}\right)+P\left(|Y_n-b|\geqslant\frac{\varepsilon}{2}\right)\rightarrow 0 \quad (n\rightarrow\infty),$$

即

$$P(|(X_n+Y_n)-(a+b)|<\varepsilon)\rightarrow 1 \quad (n\rightarrow\infty),$$

由此得 $X_n+Y_n\xrightarrow{P}a+b$.类似可证 $X_n-Y_n\xrightarrow{P}a-b$.

(2) 为了证明 $X_n\times Y_n\xrightarrow{P}a\times b$,我们分几步进行:

i) 若 $X_n\xrightarrow{P}0$,则有 $X_n^2\xrightarrow{P}0$.这是因为对任意 $\varepsilon>0$,有

$$P(|X_n^2|\geqslant\varepsilon)=P(|X_n|\geqslant\sqrt{\varepsilon})\rightarrow 0 \quad (n\rightarrow\infty).$$

ii) 若 $X_n\xrightarrow{P}a$,则有 $cX_n\xrightarrow{P}ca$.这是因为在 $c\neq 0$ 时,有

$$P(|cX_n-ca|\geqslant\varepsilon)=P(|X_n-a|\geqslant\varepsilon/|c|)\rightarrow 0 \quad (n\rightarrow\infty),$$

而当 $c=0$ 时,结论显然成立.

iii) 若 $X_n\xrightarrow{P}a$,则有 $X_n^2\xrightarrow{P}a^2$.这是因为有以下一系列结论:

$$X_n-a\xrightarrow{P}0, \qquad (X_n-a)^2\xrightarrow{P}0, \qquad 2a(X_n-a)\xrightarrow{P}0,$$
$$(X_n-a)^2+2a(X_n-a)=X_n^2-a^2\xrightarrow{P}0, \qquad 即 X_n^2\xrightarrow{P}a^2.$$

iv) 由 iii)及(1)知

$$X_n^2\xrightarrow{P}a^2, \qquad Y_n^2\xrightarrow{P}b^2, \qquad (X_n+Y_n)^2\xrightarrow{P}(a+b)^2.$$

从而有

$$X_n\times Y_n=\frac{1}{2}\left[(X_n+Y_n)^2-X_n^2-Y_n^2\right]\xrightarrow{P}\frac{1}{2}\left[(a+b)^2-a^2-b^2\right]=ab.$$

(3) 为了证明 $X_n/Y_n\xrightarrow{P}a/b$,我们先证:$1/Y_n\xrightarrow{P}1/b$.这是因为对任意 $\varepsilon>0$,有

$$P\left(\left|\frac{1}{Y_n}-\frac{1}{b}\right|\geqslant\varepsilon\right)=P\left(\left|\frac{Y_n-b}{Y_nb}\right|\geqslant\varepsilon\right)$$

$$=P\left(\left|\frac{Y_n-b}{b^2+b(Y_n-b)}\right|\geqslant\varepsilon,|Y_n-b|<\varepsilon\right)+P\left(\left|\frac{Y_n-b}{b^2+b(Y_n-b)}\right|\geqslant\varepsilon,|Y_n-b|\geqslant\varepsilon\right)$$

$$\leqslant P\left(\frac{|Y_n-b|}{b^2-\varepsilon|b|}\geqslant\varepsilon\right)+P(|Y_n-b|\geqslant\varepsilon)=P(|Y_n-b|\geqslant(b^2-\varepsilon|b|)\varepsilon)+P(|Y_n-b|\geqslant\varepsilon)\rightarrow0(n\rightarrow\infty).$$

这就证明了 $1/Y_n\xrightarrow{P}1/b$，再与 $X_n\xrightarrow{P}a$ 结合，利用(2)即得 $X_n/Y_n\xrightarrow{P}a/b$.这就完成了全部证明.

由此定理可以看出，随机变量序列在概率意义上的极限(即依概率收敛于常数 a)在四则运算下仍然成立.这与数学分析中的数列极限十分类似.类似结论对依概率收敛于 X(随机变量)也成立(见习题4.1第2题).

4.1.2　按分布收敛、弱收敛

我们知道分布函数全面描述了随机变量的统计规律,因此讨论一个分布函数序列 $\{F_n(x)\}$ 收敛到一个极限分布函数 $F(x)$ 是有实际意义的.现在的问题是:如何来定义 $\{F_n(x)\}$ 的收敛性呢? 很自然地,由于 $\{F_n(x)\}$ 是实变量函数序列,我们的一个猜想是:对所有的 x,要求 $F_n(x)\rightarrow F(x)$ $(n\rightarrow\infty)$ 都成立,也即数学分析中的点点收敛.然而遗憾的是,以下例子告诉我们这个要求过严了.

例 4.1.1　设随机变量序列 $\{X_n\}$ 服从如下的退化分布

$$P\left(X_n=\frac{1}{n}\right)=1,\qquad n=1,2,\cdots,$$

它们的分布函数分别为

$$F_n(x)=\begin{cases}0,&x<\dfrac{1}{n},\\1,&x\geqslant\dfrac{1}{n}.\end{cases}$$

首先我们指出:在点点收敛这个要求下,$\{F_n(x)\}$ 的极限函数

$$g(x)=\begin{cases}0,&x\leqslant0,\\1,&x>0.\end{cases}$$

不满足右连续性,即 $g(x)$ 不是一个分布函数.

这说明对分布函数序列 $\{F_n(x)\}$ 而言,要求其点点收敛到一个极限分布函数太苛刻了.如何把点点收敛这要求减弱一些呢?

因为 $F_n(x)$ 是在点 $x=\dfrac{1}{n}$ 处有跳跃,所以当 $n\rightarrow\infty$ 时,跳跃点位置趋于 0,于是我们很自然地认为 $\{F_n(x)\}$ 应该收敛于点 $x=0$ 处的退化分布,即

$$F(x)=\begin{cases}0,&x<0,\\1,&x\geqslant0.\end{cases}$$

但是,对任意的 n,有 $F_n(0)=0$,而 $F(0)=1$,所以
$$\lim_{n\to\infty}F_n(0)=0\neq 1=F(0).$$

从这个例子我们得到启示:收敛关系不成立的点 $x=0$ 恰好是 $F(x)$ 的间断点.这就启示我们,可以撇开这些间断点而只考虑 $F(x)$ 的连续点.这就是以下给出的关于分布函数列的弱收敛定义.

定义 4.1.2 设随机变量 $X,X_1,X_2,\cdots$ 的分布函数分别为 $F(x),F_1(x),F_2(x),\cdots$. 若对 $F(x)$ 的任一连续点 x,都有
$$\lim_{n\to\infty}F_n(x)=F(x),\tag{4.1.2}$$
则称 $\{F_n(x)\}$ **弱收敛于** $F(x)$,记作
$$F_n(x)\xrightarrow{\ W\ }F(x).\tag{4.1.3}$$
也称相应的随机变量序列 $\{X_n\}$ **按分布收敛于** X,记作
$$X_n\xrightarrow{\ L\ }X.\tag{4.1.4}$$

以上定义的"弱收敛"是自然的,因为它比在每一点上都收敛的要求的确"弱"了些.若 $F(x)$ 是直线上的连续函数,则弱收敛就是点点收敛.

注意,在上述定义中,分布函数序列 $\{F_n(x)\}$ 称为弱收敛,而随机变量序列 $\{X_n\}$ 则称为按分布收敛,这是在两种不同场合给出的两个不同名称,但其本质含义是一样的,都要求在 $F(x)$ 的连续点上有(4.1.2)式.

下面的定理说明依概率收敛是一种比按分布收敛更强的收敛性.

定理 4.1.2 $X_n\xrightarrow{\ P\ }X\implies X_n\xrightarrow{\ L\ }X.$

证明 设随机变量 $X,X_1,X_2,\cdots$ 的分布函数分别为 $F(x),F_1(x),F_2(x),\cdots$.为证 $X_n\xrightarrow{\ L\ }X$,相当于证 $F_n(x)\xrightarrow{\ W\ }F(x)$,所以只需证:对所有的 x,有
$$F(x-0)\leqslant\varliminf_{n\to\infty}F_n(x)\leqslant\varlimsup_{n\to\infty}F_n(x)\leqslant F(x+0).\tag{4.1.5}$$
因为若上式成立,则当 x 是 $F(x)$ 的连续点时,有 $F(x-0)=F(x+0)$,由此即可得 $F_n(x)\xrightarrow{\ W\ }F(x)$.

为证(4.1.5)式,先令 $x'<x$,则
$$\begin{aligned}\{X\leqslant x'\}&=\{X_n\leqslant x,X\leqslant x'\}\cup\{X_n>x,X\leqslant x'\}\\&\subset\{X_n\leqslant x\}\cup\{|X_n-X|\geqslant x-x'\},\end{aligned}$$
从而有
$$F(x')\leqslant F_n(x)+P(|X_n-X|\geqslant x-x').$$
由 $X_n\xrightarrow{\ P\ }X$,得 $P(|X_n-X|\geqslant x-x')\to 0\ (n\to\infty)$.所以有
$$F(x')\leqslant\varliminf_{n\to\infty}F_n(x).$$
再令 $x'\to x$,即得
$$F(x-0)\leqslant\varliminf_{n\to\infty}F_n(x).$$
同理可证,当 $x''>x$ 时,有
$$\varlimsup_{n\to\infty}F_n(x)\leqslant F(x'').$$

令 $x'' \to x$，即得

$$\varlimsup_{n \to \infty} F_n(x) \leqslant F(x+0).$$

这就证明了定理.

注意，以上定理的逆命题不成立，即由按分布收敛无法推出依概率收敛，见下例.

例 4.1.2　设随机变量 X 的分布列为

$$P(X=-1) = \frac{1}{2}, \qquad P(X=1) = \frac{1}{2}.$$

令 $X_n = -X$，则 X_n 与 X 同分布，即 X_n 与 X 有相同的分布函数，故 $X_n \xrightarrow{L} X$.

但对任意的 $0 < \varepsilon < 2$，有

$$P(|X_n - X| \geqslant \varepsilon) = P(2|X| \geqslant \varepsilon) = 1 \nrightarrow 0,$$

即 X_n 不依概率收敛于 X.

以上例子说明：一般按分布收敛与依概率收敛是不等价的.而下面的定理则说明：当极限随机变量为常数（服从退化分布）时，按分布收敛与依概率收敛是等价的.

定理 4.1.3　若 c 为常数，则 $X_n \xrightarrow{P} c$ 的充要条件是：$X_n \xrightarrow{L} c$.

证明　必要性已由定理 4.1.2 给出，下证充分性.记 X_n 的分布函数为 $F_n(x), n=1,2,\cdots$ 因为常数 c 的分布函数（退化分布）为

$$F(x) = \begin{cases} 0, & x < c, \\ 1, & x \geqslant c. \end{cases}$$

所以对任意的 $\varepsilon > 0$，有

$$\begin{aligned} P(|X_n - c| \geqslant \varepsilon) &= P(X_n \geqslant c+\varepsilon) + P(X_n \leqslant c-\varepsilon) \leqslant P(X_n > c+\varepsilon/2) + P(X_n \leqslant c-\varepsilon) \\ &= 1 - F_n(c+\varepsilon/2) + F_n(c-\varepsilon). \end{aligned}$$

由于 $x = c+\varepsilon/2$ 和 $x = c-\varepsilon$ 均为 $F(x)$ 的连续点，且 $F_n(x) \xrightarrow{W} F(x)$，所以当 $n \to \infty$ 时，有

$$F_n(c+\varepsilon/2) \to F(c+\varepsilon/2) = 1, \qquad F_n(c-\varepsilon) \to F(c-\varepsilon) = 0.$$

由此得

$$P(|X_n - c| \geqslant \varepsilon) \to 0,$$

即 $X_n \xrightarrow{P} c$.定理证毕.

习　题　4.1

1. 如果 $X_n \xrightarrow{P} X$，且 $X_n \xrightarrow{P} Y$.试证：$P(X=Y) = 1$.

2. 如果 $X_n \xrightarrow{P} X, Y_n \xrightarrow{P} Y$.试证：

(1) $X_n + Y_n \xrightarrow{P} X+Y$；

(2) $X_n Y_n \xrightarrow{P} XY$.

3. 如果 $X_n \xrightarrow{P} X, g(x)$ 是直线上的连续函数，试证：$g(X_n) \xrightarrow{P} g(X)$.

4. 如果 $X_n \xrightarrow{P} a$，则对任意常数 c，有

$$cX_n \xrightarrow{P} ca.$$

5. 试证:$X_n \xrightarrow{P} X$ 的充要条件为:当 $n\to\infty$ 时,有

$$E\left(\frac{|X_n - X|}{1 + |X_n - X|}\right) \to 0.$$

6. 设 $D(x)$ 为退化分布:

$$D(x) = \begin{cases} 0, & x < 0, \\ 1, & x \geqslant 0. \end{cases}$$

试问下列分布函数列的极限函数是否仍是分布函数?(其中 $n = 1,2,\cdots$)

(1) $\{D(x+n)\}$;   (2) $\{D(x+1/n)\}$;   (3) $\{D(x-1/n)\}$.

7. 设分布函数列 $\{F_n(x)\}$ 弱收敛于连续的分布函数 $F(x)$,试证:$\{F_n(x)\}$ 在 $(-\infty, \infty)$ 上一致收敛于分布函数 $F(x)$.

8. 如果 $X_n \xrightarrow{L} X$,且数列 $a_n \to a, b_n \to b$.试证:$a_n X_n + b_n \xrightarrow{L} aX+b$.

9. 如果 $X_n \xrightarrow{L} X, Y_n \xrightarrow{P} a$,试证:$X_n + Y_n \xrightarrow{L} X+a$.

10. 如果 $X_n \xrightarrow{L} X, Y_n \xrightarrow{P} 0$,试证:$X_n Y_n \xrightarrow{P} 0$.

11. 如果 $X_n \xrightarrow{L} X, Y_n \xrightarrow{P} a$,且 $Y_n \neq 0$,常数 $a \neq 0$.试证:$X_n/Y_n \xrightarrow{L} X/a$.

12. 设随机变量 X_n 服从柯西分布,其密度函数为

$$p_n(x) = \frac{n}{\pi(1 + n^2 x^2)}, \qquad -\infty < x < \infty.$$

试证:$X_n \xrightarrow{P} 0$.

13. 设随机变量序列 $\{X_n\}$ 独立同分布,其密度函数为

$$p(x) = \begin{cases} 1/\beta, & 0 < x < \beta, \\ 0, & \text{其他}. \end{cases}$$

其中常数 $\beta>0$,令 $Y_n = \max\{X_1, X_2, \cdots, X_n\}$,试证:$Y_n \xrightarrow{P} \beta$.

14. 设随机变量序列 $\{X_n\}$ 独立同分布,其密度函数为

$$p(x) = \begin{cases} e^{-(x-\alpha)}, & x \geqslant \alpha, \\ 0, & x < \alpha. \end{cases}$$

令 $Y_n = \min\{X_1, X_2, \cdots, X_n\}$,试证:$Y_n \xrightarrow{P} \alpha$.

15. 设随机变量序列 $\{X_n\}$ 独立同分布,且 $X_i \sim U(0,1)$.令 $Y_n = \left(\prod_{i=1}^{n} X_i\right)^{\frac{1}{n}}$,试证明:$Y_n \xrightarrow{P} c$,其中 c 为常数,并求出 c.

16. 设分布函数列 $\{F_n(x)\}$ 弱收敛于分布函数 $F(x)$,且 $F_n(x)$ 和 $F(x)$ 都是连续、严格单调函数,又设 ξ 服从 $(0,1)$ 上的均匀分布,试证:$F_n^{-1}(\xi) \xrightarrow{P} F^{-1}(\xi)$.

17. 设随机变量序列 $\{X_n\}$ 独立同分布,数学期望、方差均存在,且 $E(X_n) = \mu$.试证:

$$\frac{2}{n(n+1)} \sum_{k=1}^{n} k \cdot X_k \xrightarrow{P} \mu.$$

18. 设随机变量序列 $\{X_n\}$ 独立同分布,数学期望、方差均存在,且

$$E(X_n) = 0, \qquad \text{Var}(X_n) = \sigma^2.$$

试证:

$$\frac{1}{n}\sum_{k=1}^{n}X_k^2 \xrightarrow{P} \sigma^2.$$

19. 设随机变量序列 $\{X_n\}$ 独立同分布,且 $\mathrm{Var}(X_n)=\sigma^2$ 存在,令

$$\overline{X}=\frac{1}{n}\sum_{i=1}^{n}X_i,\qquad S_n^2=\frac{1}{n}\sum_{i=1}^{n}(X_i-\overline{X})^2.$$

试证: $S_n^2 \xrightarrow{P} \sigma^2.$

20. 将 n 个编号为 1 至 n 的球放入 n 个编号为 1 至 n 的盒子中,每个盒子只能放一个球,记

$$X_i=\begin{cases}1, & \text{编号为 } i \text{ 的球放入编号为 } i \text{ 的盒子,}\\ 0, & \text{其他,}\end{cases}$$

$S_n=\sum_{i=1}^{n}X_i$,试证明:

$$\frac{S_n-E(S_n)}{n}\xrightarrow{P}0.$$

§4.2　特 征 函 数

设 $p(x)$ 是随机变量 X 的密度函数,则 $p(x)$ 的傅里叶(Fourier)变换是

$$\varphi(t)=\int_{-\infty}^{\infty}\mathrm{e}^{\mathrm{i}tx}p(x)\mathrm{d}x,$$

其中 $\mathrm{i}=\sqrt{-1}$ 是虚数单位.由数学期望的概念知, $\varphi(t)$ 恰好是 $E(\mathrm{e}^{\mathrm{i}tX})$.这就是本节要讨论的特征函数,它是处理许多概率论问题的有力工具.它能把寻求独立随机变量和的分布的卷积运算(积分运算)转换成乘法运算,还能把求分布的各阶原点矩(积分运算)转换成微分运算,特别地,它能把寻求随机变量序列的极限分布转换成一般的函数极限问题.下面从特征函数的定义开始介绍它们.

4.2.1　特征函数的定义

先介绍一下复随机变量的概念.

特征函数除考虑取实数值的随机变量外,还要考虑取复数值的随机变量,后者简称为复随机变量.复随机变量定义为 $Z=Z(w)=X(w)+\mathrm{i}Y(w)$,其中 $X(w)$ 与 $Y(w)$ 是定义在 Ω 上的实随机变量.而 $\overline{Z}(w)=X(w)-\mathrm{i}Y(w)$ 称为 $Z(w)$ 的复共轭随机变量.复随机变量 $Z=X+\mathrm{i}Y$ 的模 $|Z|$ 定义为 $\sqrt{X^2+Y^2}$,或 $|Z|^2=X^2+Y^2$,且 $Z\overline{Z}=X^2+Y^2=|Z|^2$.

与随机变量有关的一些概念和定义,一般都可类似地移到复随机变量场合.例如,若随机变量 X 与 Y 的数学期望 $E(X)$ 与 $E(Y)$ 都存在,则复随机变量 $Z=X+\mathrm{i}Y$ 的数学期望定义为 $E(Z)=E(X)+\mathrm{i}E(Y)$.又如复随机变量 $Z_1=X_1+\mathrm{i}Y_1$ 与 $Z_2=X_2+\mathrm{i}Y_2$ 相互独立当且仅当 (X_1,Y_1) 与 (X_2,Y_2) 相互独立((X_1,Y_1,X_2,Y_2) 的联合分布 $F_{X_1,Y_1,X_2,Y_2}(x_1,y_1,x_2,y_2)$ 等于其边际分布 $F_{X_1,Y_1}(x_1,y_1)$ 和 $F_{X_2,Y_2}(x_2,y_2)$ 的乘积).在欧拉公式 $\mathrm{e}^{\mathrm{i}X}=\cos X+\mathrm{i}\sin X$ 中若 X 是实随机变量,则 $E(\mathrm{e}^{\mathrm{i}X})=E(\cos X)+\mathrm{i}E(\sin X)$,其模 $|\mathrm{e}^{\mathrm{i}X}|=\sqrt{\cos^2 X+\sin^2 X}=1$.若 X 与 Y 独立,则 $\mathrm{e}^{\mathrm{i}X}$ 与 $\mathrm{e}^{\mathrm{i}Y}$ 也独立.

下面我们给出特征函数的定义.

定义 4.2.1 设 X 是一个随机变量,称

$$\varphi(t) = E(\mathrm{e}^{\mathrm{i}tX}), \qquad -\infty < t < \infty, \qquad (4.2.1)$$

为 X 的**特征函数**.

因为 $|\mathrm{e}^{\mathrm{i}tX}| = 1$,所以 $E(\mathrm{e}^{\mathrm{i}tX})$ 总是存在的,即任一随机变量的特征函数总是存在的.

当离散随机变量 X 的分布列为 $p_k = P(X = x_k)$,$k = 1, 2, \cdots$,则 X 的特征函数为

$$\varphi(t) = \sum_{k=1}^{\infty} \mathrm{e}^{\mathrm{i}tx_k} p_k, \qquad -\infty < t < \infty. \qquad (4.2.2)$$

当连续随机变量 X 的密度函数为 $p(x)$,则 X 的特征函数为

$$\varphi(t) = \int_{-\infty}^{\infty} \mathrm{e}^{\mathrm{i}tx} p(x) \, \mathrm{d}x, \qquad -\infty < t < \infty. \qquad (4.2.3)$$

与随机变量的数学期望、方差及各阶矩一样,特征函数只依赖于随机变量的分布,分布相同则特征函数也相同,所以我们也常称为某**分布的特征函数**.

例 4.2.1 常用分布的特征函数(一)

(1) **单点分布** $P(X = a) = 1$,其特征函数为

$$\varphi(t) = \mathrm{e}^{\mathrm{i}ta}.$$

(2) **0-1 分布** $P(X = x) = p^x(1-p)^{1-x}$,$x = 0, 1$,其特征函数为

$$\varphi(t) = p\mathrm{e}^{\mathrm{i}t} + q, \qquad 其中 \ q = 1 - p.$$

(3) **泊松分布** $P(\lambda)$ $\quad P(X = k) = \dfrac{\lambda^k}{k!}\mathrm{e}^{-\lambda}$,$k = 0, 1, \cdots$,其特征函数为

$$\varphi(t) = \sum_{k=0}^{\infty} \mathrm{e}^{\mathrm{i}kt} \frac{\lambda^k}{k!} \mathrm{e}^{-\lambda} = \mathrm{e}^{-\lambda} \mathrm{e}^{\lambda \mathrm{e}^{\mathrm{i}t}} = \mathrm{e}^{\lambda(\mathrm{e}^{\mathrm{i}t} - 1)}.$$

(4) **均匀分布** $U(a, b)$ $\quad$ 因为密度函数为

$$p(x) = \begin{cases} \dfrac{1}{b-a}, & a < x < b, \\ 0, & 其他, \end{cases}$$

所以其特征函数为

$$\varphi(t) = \int_a^b \frac{\mathrm{e}^{\mathrm{i}tx}}{b-a} \mathrm{d}x = \frac{\mathrm{e}^{\mathrm{i}bt} - \mathrm{e}^{\mathrm{i}at}}{\mathrm{i}t(b-a)}.$$

(5) **标准正态分布** $N(0, 1)$ $\quad$ 因为密度函数为

$$p(x) = \frac{1}{\sqrt{2\pi}} \mathrm{e}^{-\frac{x^2}{2}}, \qquad -\infty < x < \infty,$$

所以其特征函数为

$$\varphi(t) = \frac{1}{\sqrt{2\pi}} \int_{-\infty}^{\infty} \mathrm{e}^{\mathrm{i}tx} \mathrm{e}^{-\frac{x^2}{2}} \mathrm{d}x = \frac{1}{\sqrt{2\pi}} \int_{-\infty}^{\infty} \sum_{n=0}^{\infty} \frac{(\mathrm{i}tx)^n}{n!} \mathrm{e}^{-\frac{x^2}{2}} \mathrm{d}x = \sum_{n=0}^{\infty} \frac{(\mathrm{i}t)^n}{n!} \left[\frac{1}{\sqrt{2\pi}} \int_{-\infty}^{\infty} x^n \mathrm{e}^{-\frac{x^2}{2}} \mathrm{d}x \right],$$

上式中方括号内正是标准正态分布的 n 阶矩 $E(X^n)$.当 n 为奇数时 $E(X^n) = 0$;当 n 为偶数时,如 $n = 2m$ 时,

$$E(X^n) = E(X^{2m}) = (2m-1)!! = \frac{(2m)!}{2^m \cdot m!},$$

代回原式,可得标准正态分布的特征函数

$$\varphi(t) = \sum_{m=0}^{\infty} \frac{(\mathrm{i}t)^{2m}}{(2m)!} \cdot \frac{(2m)!}{2^m \cdot m!} = \sum_{m=0}^{\infty} \left(-\frac{t^2}{2}\right)^m \frac{1}{m!} = \mathrm{e}^{-\frac{t^2}{2}}$$

有了标准正态分布的特征函数,再利用下节给出的特征函数的性质,就很容易得到一般正态分布 $N(\mu, \sigma^2)$ 的特征函数,见例 4.2.2.

（6）**指数分布** $Exp(\lambda)$　因为密度函数为

$$p(x) = \begin{cases} \lambda \mathrm{e}^{-\lambda x}, & x \geqslant 0, \\ 0, & x < 0, \end{cases}$$

所以其特征函数为

$$\varphi(t) = \int_0^\infty \mathrm{e}^{\mathrm{i}tx} \lambda \mathrm{e}^{-\lambda x} \mathrm{d}x = \lambda \left[\int_0^\infty \cos(tx) \mathrm{e}^{-\lambda x} \mathrm{d}x + \mathrm{i} \int_0^\infty \sin(tx) \mathrm{e}^{-\lambda x} \mathrm{d}x\right]$$

$$= \lambda\left(\frac{\lambda}{\lambda^2 + t^2} + \mathrm{i}\frac{t}{\lambda^2 + t^2}\right) = \left(1 - \frac{\mathrm{i}t}{\lambda}\right)^{-1}.$$

以上积分中用到了复变函数中的欧拉公式 $\mathrm{e}^{\mathrm{i}tx} = \cos(tx) + \mathrm{i}\sin(tx)$.

4.2.2　特征函数的性质

现在我们来研究特征函数的一些性质,其中 $\varphi_X(t)$ 表示 X 的特征函数,其他类似.

性质 4.2.1　$|\varphi(t)| \leqslant \varphi(0) = 1.$　　　　　　　　　　　　　　　　（4.2.4）

性质 4.2.2　$\varphi(-t) = \overline{\varphi(t)}$,其中 $\overline{\varphi(t)}$ 表示 $\varphi(t)$ 的共轭.　　　（4.2.5）

性质 4.2.3　若 $Y = aX + b$,其中 a, b 是常数,则

$$\varphi_Y(t) = \mathrm{e}^{\mathrm{i}bt} \varphi_X(at).$$　　　　　　　　　（4.2.6）

性质 4.2.4　独立随机变量和的特征函数为每个随机变量的特征函数的积,即设 X 与 Y 相互独立,则

$$\varphi_{X+Y}(t) = \varphi_X(t)\varphi_Y(t).$$　　　　　　　　（4.2.7）

性质 4.2.5　若 $E(X^l)$ 存在,则 X 的特征函数 $\varphi(t)$ 可 l 次求导,且对 $1 \leqslant k \leqslant l$,有

$$\varphi^{(k)}(0) = \mathrm{i}^k E(X^k).$$　　　　　　　　　（4.2.8）

上式提供了一条求随机变量的各阶矩的途径,特别可用下式去求数学期望和方差.

$$E(X) = \frac{\varphi'(0)}{\mathrm{i}}, \qquad \mathrm{Var}(X) = -\varphi''(0) + (\varphi'(0))^2.$$　　　（4.2.9）

证明　在此我们仅对连续场合进行证明,而在离散场合的证明是类似的.

（1）$|\varphi(t)| = \left|\int_{-\infty}^{\infty} \mathrm{e}^{\mathrm{i}tx} p(x) \mathrm{d}x\right| \leqslant \int_{-\infty}^{\infty} |\mathrm{e}^{\mathrm{i}tx}| p(x) \mathrm{d}x = \int_{-\infty}^{\infty} p(x) \mathrm{d}x = \varphi(0) = 1.$

（2）$\varphi(-t) = \int_{-\infty}^{\infty} \mathrm{e}^{-\mathrm{i}tx} p(x) \mathrm{d}x = \overline{\int_{-\infty}^{\infty} \mathrm{e}^{\mathrm{i}tx} p(x) \mathrm{d}x} = \overline{\varphi(t)}.$

（3）$\varphi_Y(t) = E(\mathrm{e}^{\mathrm{i}t(aX+b)}) = \mathrm{e}^{\mathrm{i}bt} E(\mathrm{e}^{\mathrm{i}atX}) = \mathrm{e}^{\mathrm{i}bt} \varphi_X(at).$

（4）因为 X 与 Y 相互独立,所以 $\mathrm{e}^{\mathrm{i}tX}$ 与 $\mathrm{e}^{\mathrm{i}tY}$ 也是独立的,从而有

$$E(\mathrm{e}^{\mathrm{i}t(X+Y)}) = E(\mathrm{e}^{\mathrm{i}tX}\mathrm{e}^{\mathrm{i}tY}) = E(\mathrm{e}^{\mathrm{i}tX})E(\mathrm{e}^{\mathrm{i}tY}) = \varphi_X(t) \cdot \varphi_Y(t).$$

（5）因为 $E(X^l)$ 存在,也就是

$$\int_{-\infty}^{\infty} |x|^l p(x)\,\mathrm{d}x < \infty,$$

于是含参变量 t 的广义积分 $\int_{-\infty}^{\infty} \mathrm{e}^{\mathrm{i}tx} p(x)\,\mathrm{d}x$ 可以对 t 求导 l 次,于是对 $0 \leqslant k \leqslant l$,有

$$\varphi^{(k)}(t) = \int_{-\infty}^{\infty} \mathrm{i}^k x^k \mathrm{e}^{\mathrm{i}tx} p(x)\,\mathrm{d}x = \mathrm{i}^k E(X^k \mathrm{e}^{\mathrm{i}tX}),$$

令 $t=0$ 即得

$$\varphi^{(k)}(0) = \mathrm{i}^k E(X^k).$$

至此上述 5 条性质全部得证.

下例是利用性质 4.2.3 和性质 4.2.4 来求另一些常用分布的特征函数.

例 4.2.2 常用分布的特征函数(二)

（1）**二项分布** $b(n,p)$　设随机变量 $Y \sim b(n,p)$,则 $Y = X_1 + X_2 + \cdots + X_n$,其中诸 X_i 是相互独立同分布的随机变量,且 $X_i \sim b(1,p)$.由例 4.2.1(2)知

$$\varphi_{X_i}(t) = p\mathrm{e}^{\mathrm{i}t} + q.$$

所以由独立随机变量和的特征函数为特征函数的积,得

$$\varphi_Y(t) = (p\mathrm{e}^{\mathrm{i}t} + q)^n.$$

（2）**正态分布** $N(\mu, \sigma^2)$　设随机变量 $Y \sim N(\mu, \sigma^2)$,则 $X = (Y-\mu)/\sigma \sim N(0,1)$.由例 4.2.1 知

$$\varphi_X(t) = \mathrm{e}^{-\frac{t^2}{2}}.$$

所以由 $Y = \sigma X + \mu$ 和性质 4.2.3 得

$$\varphi_Y(t) = \varphi_{\sigma X + \mu}(t) = \mathrm{e}^{\mathrm{i}\mu t}\varphi_X(\sigma t) = \exp\left\{\mathrm{i}\mu t - \frac{\sigma^2 t^2}{2}\right\}.$$

（3）**伽马分布** $Ga(n, \lambda)$　设随机变量 $Y \sim Ga(n, \lambda)$,则 $Y = X_1 + X_2 + \cdots + X_n$,其中 X_i 独立同分布,且 $X_i \sim Exp(\lambda)$.由例 4.2.1 知

$$\varphi_{X_i}(t) = \left(1 - \frac{\mathrm{i}t}{\lambda}\right)^{-1}.$$

所以由独立随机变量和的特征函数为特征函数的积,得

$$\varphi_Y(t) = (\varphi_{X_1}(t))^n = \left(1 - \frac{\mathrm{i}t}{\lambda}\right)^{-n}.$$

进一步,当 α 为任一正实数时,我们可得 $Ga(\alpha, \lambda)$ 分布的特征函数为

$$\varphi(t) = \left(1 - \frac{\mathrm{i}t}{\lambda}\right)^{-\alpha}.$$

（4）**$\chi^2(n)$ 分布**　因为 $\chi^2(n) = Ga(n/2, 1/2)$,所以 $\chi^2(n)$ 分布的特征函数为

$$\varphi(t) = (1 - 2\mathrm{i}t)^{-n/2}.$$

上述常用分布的特征函数汇总在表 4.2.1 中.

表 4.2.1 常用分布的特征函数

分 布	分布列 p_k 或分布密度 $p(x)$	特征函数 $\varphi(t)$
单点分布	$P(X=a)=1$	e^{ita}
0-1 分布	$p_k=p^k q^{1-k}, q=1-p, k=0,1$	$pe^{it}+q$
二项分布 $b(n,p)$	$p_k=\binom{n}{k}p^k q^{n-k}, \quad k=0,1,\cdots,n$	$(pe^{it}+q)^n$
泊松分布 $P(\lambda)$	$p_k=\dfrac{\lambda^k}{k!}e^{-\lambda}, \quad k=0,1,\cdots$	$e^{\lambda(e^{it}-1)}$
几何分布 $Ge(p)$	$p_k=pq^{k-1}, \quad k=1,2,\cdots$	$\dfrac{pe^{it}}{1-qe^{it}}$
负二项分布 $Nb(r,p)$	$p_k=\binom{k-1}{r-1}p^r q^{k-r}, \quad k=r,r+1,\cdots$	$\left(\dfrac{pe^{it}}{1-qe^{it}}\right)^r$
均匀分布 $U(a,b)$	$p(x)=\dfrac{1}{b-a}, \quad a<x<b$	$\dfrac{e^{ibt}-e^{iat}}{it(b-a)}$
正态分布 $N(\mu,\sigma^2)$	$p(x)=\dfrac{1}{\sqrt{2\pi}\,\sigma}\exp\left\{-\dfrac{(x-\mu)^2}{2\sigma^2}\right\}$	$\exp\left(i\mu t-\dfrac{\sigma^2 t^2}{2}\right)$
指数分布 $Exp(\lambda)$	$p(x)=\lambda e^{-\lambda x}, \quad x\geq 0$	$\left(1-\dfrac{it}{\lambda}\right)^{-1}$
伽马分布 $Ga(\alpha,\lambda)$	$p(x)=\dfrac{\lambda^\alpha}{\Gamma(\alpha)}x^{\alpha-1}e^{-\lambda x}, \quad x\geq 0$	$\left(1-\dfrac{it}{\lambda}\right)^{-\alpha}$
$\chi^2(n)$ 分布	$p(x)=\dfrac{x^{n/2-1}e^{-x/2}}{\Gamma(n/2)2^{n/2}}, \quad x\geq 0$	$(1-2it)^{-n/2}$
贝塔分布 $Be(a,b)$	$p(x)=\dfrac{\Gamma(a+b)}{\Gamma(a)\Gamma(b)}x^{a-1}(1-x)^{b-1}, \quad 0<x<1$	$\dfrac{\Gamma(a+b)}{\Gamma(a)}\sum\limits_{k=0}^{\infty}\dfrac{(it)^k}{k!}\dfrac{\Gamma(a+k)}{\Gamma(a+b+k)\Gamma(k+1)}$
柯西分布 $Cau(0,1)$	$p(x)=\dfrac{1}{\pi(1+x^2)}, \quad -\infty<x<\infty$	$e^{-|t|}$

下例是利用性质 4.2.5 来求分布的数学期望和方差.

例 4.2.3 利用特征函数的方法求伽马分布 $Ga(\alpha,\lambda)$ 的数学期望和方差.

解 因为伽马分布 $Ga(\alpha,\lambda)$ 的特征函数及其一、二阶导数为

$$\varphi(t)=\left(1-\frac{it}{\lambda}\right)^{-\alpha},$$

$$\varphi'(t)=\frac{\alpha i}{\lambda}\left(1-\frac{it}{\lambda}\right)^{-\alpha-1}, \quad \varphi'(0)=\frac{\alpha i}{\lambda},$$

$$\varphi''(t)=\frac{\alpha(\alpha+1)i^2}{\lambda^2}\left(1-\frac{it}{\lambda}\right)^{-\alpha-2}, \quad \varphi''(0)=-\frac{\alpha(\alpha+1)}{\lambda^2},$$

所以由(4.2.9)式得

$$E(X) = \frac{\varphi'(0)}{i} = \frac{\alpha}{\lambda},$$

$$\mathrm{Var}(X) = -\varphi''(0) + (\varphi'(0))^2 = \frac{\alpha(\alpha+1)}{\lambda^2} + \left(\frac{\alpha i}{\lambda}\right)^2$$

$$= \frac{\alpha(\alpha+1)}{\lambda^2} - \frac{\alpha^2}{\lambda^2} = \frac{\alpha}{\lambda^2}.$$

特征函数还有以下一些优良性质.

定理 4.2.1(一致连续性)　随机变量 X 的特征函数 $\varphi(t)$ 在 $(-\infty,\infty)$ 上一致连续.

证明　设 X 是连续随机变量(离散随机变量的证明是类似的),其密度函数为 $p(x)$,则对任意实数 t,h 和正数 $a>0$,有

$$|\varphi(t+h) - \varphi(t)| = \left|\int_{-\infty}^{\infty}(\mathrm{e}^{ihx}-1)\mathrm{e}^{itx}p(x)\,\mathrm{d}x\right|$$

$$\leqslant \int_{-\infty}^{\infty}|\mathrm{e}^{ihx}-1|p(x)\,\mathrm{d}x$$

$$\leqslant \int_{-a}^{a}|\mathrm{e}^{ihx}-1|p(x)\,\mathrm{d}x + 2\int_{|x|\geqslant a}p(x)\,\mathrm{d}x.$$

对任意的 $\varepsilon>0$,先取定一个充分大的 a,使得

$$2\int_{|x|\geqslant a}p(x)\,\mathrm{d}x < \frac{\varepsilon}{2},$$

然后对任意的 $x\in[-a,a]$,只要取 $\delta=\dfrac{\varepsilon}{2a}$,则当 $|h|<\delta$ 时,便有

$$|\mathrm{e}^{ihx}-1| = |\mathrm{e}^{\frac{h}{2}x}(\mathrm{e}^{\frac{i}{2}hx}-\mathrm{e}^{-\frac{i}{2}hx})| = 2\left|\sin\frac{hx}{2}\right| \leqslant 2\left|\frac{hx}{2}\right| \leqslant ha < \frac{\varepsilon}{2}.$$

从而对所有的 $t\in(-\infty,\infty)$,有

$$|\varphi(t+h) - \varphi(t)| < \int_{-a}^{a}\frac{\varepsilon}{2}p(x)\,\mathrm{d}x + \frac{\varepsilon}{2} \leqslant \varepsilon,$$

即 $\varphi(t)$ 在 $(-\infty,\infty)$ 上一致连续.

定理 4.2.2(非负定性)　随机变量 X 的特征函数 $\varphi(t)$ 是非负定的,即对任意正整数 n 及 n 个实数 $t_1,t_2,\cdots,t_n$ 和 n 个复数 $z_1,z_2,\cdots,z_n$,有

$$\sum_{k=1}^{n}\sum_{j=1}^{n}\varphi(t_k-t_j)z_k\overline{z_j} \geqslant 0. \tag{4.2.10}$$

证明　仍设 X 是连续随机变量(离散随机变量的证明是类似的),其密度函数为 $p(x)$,则有

$$\sum_{k=1}^{n}\sum_{j=1}^{n}\varphi(t_k-t_j)z_k\overline{z_j} = \sum_{k=1}^{n}\sum_{j=1}^{n}z_k\overline{z_j}\int_{-\infty}^{\infty}\mathrm{e}^{i(t_k-t_j)x}p(x)\,\mathrm{d}x$$

$$= \int_{-\infty}^{\infty}\sum_{k=1}^{n}\sum_{j=1}^{n}z_k\overline{z_j}\mathrm{e}^{i(t_k-t_j)x}p(x)\,\mathrm{d}x$$

$$= \int_{-\infty}^{\infty}\left(\sum_{k=1}^{n}z_k\mathrm{e}^{it_kx}\right)\left(\sum_{j=1}^{n}\overline{z_j}\mathrm{e}^{-it_jx}\right)p(x)\,\mathrm{d}x$$

$$= \int_{-\infty}^{\infty} \Big| \sum_{k=1}^{n} z_k e^{it_k x} \Big|^2 p(x) \mathrm{d}x \geqslant 0.$$

这就证明了 (4.2.10) 式.

4.2.3 特征函数唯一决定分布函数

由特征函数的定义可知,随机变量的分布唯一地确定了它的特征函数.前面的讨论实际上都是从随机变量的分布出发,讨论特征函数及其性质.要注意的是:如果两个分布的数学期望、方差及各阶矩都相等,也无法证明此两个分布相等.但特征函数却不同,它有着比数学期望、方差及各阶矩更优良的性质:即特征函数完全决定了分布,也就是说,两个分布函数相等当且仅当它们所对应的特征函数相等.下面来讨论这个问题.

定理 4.2.3(逆转公式) 设 $F(x)$ 和 $\varphi(t)$ 分别为随机变量 X 的分布函数和特征函数,则对 $F(x)$ 的任意两个连续点 $x_1 < x_2$,有

$$F(x_2) - F(x_1) = \lim_{T \to \infty} \frac{1}{2\pi} \int_{-T}^{T} \frac{\mathrm{e}^{-itx_1} - \mathrm{e}^{-itx_2}}{\mathrm{i}t} \varphi(t) \mathrm{d}t. \qquad (4.2.11)$$

证明 设 X 是连续随机变量(离散随机变量的证明是类似的),其密度函数为 $p(x)$.记

$$J_T = \frac{1}{2\pi} \int_{-T}^{T} \frac{\mathrm{e}^{-itx_1} - \mathrm{e}^{-itx_2}}{\mathrm{i}t} \varphi(t) \mathrm{d}t = \frac{1}{2\pi} \int_{-T}^{T} \left[\int_{-\infty}^{\infty} \frac{\mathrm{e}^{-itx_1} - \mathrm{e}^{-itx_2}}{\mathrm{i}t} \mathrm{e}^{itx} p(x) \mathrm{d}x \right] \mathrm{d}t.$$

对任意的实数 a,有

$$|\mathrm{e}^{\mathrm{i}a} - 1| \leqslant |a|,$$

事实上,对 $a \geqslant 0$ 有

$$|\mathrm{e}^{\mathrm{i}a} - 1| = \left| \int_0^a \mathrm{e}^{\mathrm{i}x} \mathrm{d}x \right| \leqslant \int_0^a |\mathrm{e}^{\mathrm{i}x}| \mathrm{d}x = a,$$

对 $a < 0$ 有

$$|\mathrm{e}^{\mathrm{i}a} - 1| = |\mathrm{e}^{\mathrm{i}a}(\mathrm{e}^{\mathrm{i}|a|} - 1)| = |\mathrm{e}^{\mathrm{i}|a|} - 1| \leqslant |a|.$$

因此

$$\left| \frac{\mathrm{e}^{-itx_1} - \mathrm{e}^{-itx_2}}{\mathrm{i}t} \mathrm{e}^{itx} \right| \leqslant x_2 - x_1,$$

即 J_T 中被积函数有界,所以可以交换积分次序,从而得

$$J_T = \frac{1}{2\pi} \int_{-\infty}^{\infty} \left[\int_{-T}^{T} \frac{\mathrm{e}^{-itx_1} - \mathrm{e}^{-itx_2}}{\mathrm{i}t} \mathrm{e}^{itx} \mathrm{d}t \right] p(x) \mathrm{d}x$$

$$= \frac{1}{2\pi} \int_{-\infty}^{\infty} \left[\int_0^T \frac{\mathrm{e}^{it(x-x_1)} - \mathrm{e}^{-it(x-x_1)} - \mathrm{e}^{it(x-x_2)} + \mathrm{e}^{-it(x-x_2)}}{\mathrm{i}t} \mathrm{d}t \right] p(x) \mathrm{d}x$$

$$= \frac{1}{\pi} \int_{-\infty}^{\infty} \left[\int_0^T \left(\frac{\sin t(x-x_1)}{t} - \frac{\sin t(x-x_2)}{t} \right) \mathrm{d}t \right] p(x) \mathrm{d}x.$$

又记

$$g(T, x, x_1, x_2) = \frac{1}{\pi} \int_0^T \left[\frac{\sin t(x-x_1)}{t} - \frac{\sin t(x-x_2)}{t} \right] \mathrm{d}t,$$

则由数学分析中的狄利克雷（Dirichlet）积分

$$D(a) = \frac{1}{\pi} \int_0^\infty \frac{\sin at}{t} dt = \begin{cases} \frac{1}{2}, & a > 0, \\ 0, & a = 0, \\ -\frac{1}{2}, & a < 0. \end{cases}$$

知

$$\lim_{T \to \infty} g(T, x, x_1, x_2) = D(x - x_1) - D(x - x_2).$$

分别考察 x 在区间 (x_1, x_2) 的端点及内外时相应狄利克雷积分的值即可得

$$\lim_{T \to \infty} g(T, x, x_1, x_2) = \begin{cases} 0, & x < x_1 \text{ 或 } x > x_2, \\ \frac{1}{2}, & x = x_1 \text{ 或 } x = x_2, \\ 1, & x_1 < x < x_2, \end{cases}$$

且 $|g(T, x, x_1, x_2)|$ 有界，从而可以把积分号与极限号交换，故有

$$\lim_{T \to \infty} J_T = \int_{-\infty}^\infty \lim_{T \to \infty} g(T, x, x_1, x_2) p(x) dx = \int_{x_1}^{x_2} p(x) dx = F(x_2) - F(x_1).$$

定理得证.

定理 4.2.4（唯一性定理） 随机变量的分布函数由其特征函数唯一决定.

证明 对 $F(x)$ 的每一个连续点 x，当 y 沿着 $F(x)$ 的连续点趋于 $-\infty$ 时，由逆转公式得

$$F(x) = \lim_{y \to -\infty} \lim_{T \to \infty} \frac{1}{2\pi} \int_{-T}^T \frac{e^{-ity} - e^{-itx}}{it} \varphi(t) dt,$$

而分布函数由其连续点上的值唯一决定，故结论成立.

特别，当 X 为连续随机变量，有下述更强的结果.

定理 4.2.5 若 X 为连续随机变量，其密度函数为 $p(x)$，特征函数为 $\varphi(t)$. 如果 $\int_{-\infty}^\infty |\varphi(t)| dt < \infty$，则

$$p(x) = \frac{1}{2\pi} \int_{-\infty}^\infty e^{-itx} \varphi(t) dt. \tag{4.2.12}$$

证明 记 X 的分布函数为 $F(x)$，由逆转公式知

$$p(x) = \lim_{\Delta x \to 0} \frac{F(x + \Delta x) - F(x)}{\Delta x} = \lim_{\Delta x \to 0} \frac{1}{2\pi} \int_{-\infty}^\infty \frac{e^{-itx} - e^{-it(x+\Delta x)}}{it \cdot \Delta x} \varphi(t) dt.$$

再次利用不等式 $|e^{ia} - 1| \leqslant |a|$，就有

$$\left| \frac{e^{-itx} - e^{-it(x+\Delta x)}}{it \cdot \Delta x} \right| \leqslant 1.$$

又因为 $\int_{-\infty}^\infty |\varphi(t)| dt < \infty$，所以可以交换极限号和积分号，即

$$p(x) = \frac{1}{2\pi} \int_{-\infty}^\infty \lim_{\Delta x \to 0} \frac{e^{-itx} - e^{-it(x+\Delta x)}}{it \cdot \Delta x} \varphi(t) dt = \frac{1}{2\pi} \int_{-\infty}^\infty e^{-itx} \varphi(t) dt.$$

定理得证.

（4.2.12）式在数学分析中也称为傅里叶逆变换，所以（4.2.3）式和（4.2.12）式实质上是一对互逆的变换：

$$\varphi(t) = \int_{-\infty}^{\infty} e^{itx} p(x) \, dx,$$

$$p(x) = \frac{1}{2\pi} \int_{-\infty}^{\infty} e^{-itx} \varphi(t) \, dt.$$

即特征函数是密度函数的傅里叶变换，而密度函数是特征函数的傅里叶逆变换.

在此着重指出：在概率论中，独立随机变量和的问题占有"中心"地位，用卷积公式去处理独立随机变量和的问题相当复杂，而引入了特征函数可以很方便地用特征函数相乘求得独立随机变量和的特征函数，再由唯一性定理，从独立随机变量和的特征函数来识别独立随机变量和的分布.由此大大简化了处理独立随机变量和的难度.读者可从下例中体会出这一点.

例 4.2.4 在 3.3 节中，我们用卷积公式通过复杂的计算证明了二项分布、泊松分布、伽马分布和 χ^2 分布的可加性.现在用特征函数方法（性质 4.2.4 和唯一性定理）可以很方便地证明正态分布的可加性.

设随机变量 $X \sim N(\mu_1, \sigma_1^2)$，$Y \sim N(\mu_2, \sigma_2^2)$，且 X 与 Y 独立，其特征函数分别为

$$\varphi_X(t) = e^{i t \mu_1 - \frac{\sigma_1^2 t^2}{2}}, \quad \varphi_Y(t) = e^{i t \mu_2 - \frac{\sigma_2^2 t^2}{2}},$$

所以由性质 4.2.4 得

$$\varphi_{X+Y}(t) = \varphi_X(t) \cdot \varphi_Y(t) = e^{i t (\mu_1 + \mu_2) - \frac{(\sigma_1^2 + \sigma_2^2) t^2}{2}}.$$

这正是 $N(\mu_1 + \mu_2, \sigma_1^2 + \sigma_2^2)$ 的特征函数，再由特征函数的唯一性定理，即知

$$X + Y \sim N(\mu_1 + \mu_2, \sigma_1^2 + \sigma_2^2).$$

同理可证：若 X_j 相互独立，且 $X_j \sim N(\mu_j, \sigma_j^2)$，$j = 1, 2, \cdots, n$，则

$$\sum_{j=1}^{n} X_j \sim N\left(\sum_{j=1}^{n} \mu_j, \sum_{j=1}^{n} \sigma_j^2 \right).$$

例 4.2.5 已知连续随机变量的特征函数如下，求其分布：

（1）$\varphi_1(t) = e^{-|t|}$； （2）$\varphi_2(t) = \dfrac{\sin at}{at}$.

解 （1）由逆转公式（4.2.12）可知其密度函数为

$$p(x) = \frac{1}{2\pi} \int_{-\infty}^{\infty} e^{-ixt} \cdot e^{-|t|} \, dt$$

$$= \frac{1}{2\pi} \int_{0}^{\infty} e^{-(1+ix)t} \, dt + \frac{1}{2\pi} \int_{-\infty}^{0} e^{(1-ix)t} \, dt$$

$$= \frac{1}{2\pi} \left(\frac{1}{1 + ix} + \frac{1}{1 - ix} \right) = \frac{1}{\pi(1 + x^2)}.$$

这是柯西分布，所以特征函数 $\varphi_1(t) = e^{-|t|}$ 对应的是柯西分布.

（2）$\varphi_2(t) = \dfrac{\sin at}{at}$ 是均匀分布 $U(-a, a)$ 的特征函数，由唯一性定理知，该特征函数

对应的分布不是别的,只能是均匀分布 $U(-a,a)$.

下面的定理指出:分布函数序列的弱收敛性与相应的特征函数序列的点点收敛性是等价的.

定理 4.2.6 分布函数序列 $\{F_n(x)\}$ 弱收敛于分布函数 $F(x)$ 的充要条件是 $\{F_n(x)\}$ 的特征函数序列 $\{\varphi_n(t)\}$ 收敛于 $F(x)$ 的特征函数 $\varphi(t)$.

这个定理的证明只涉及数学分析的一些结果,且证明比较冗长(参阅文献[1]),在此就不介绍了.通常把以上定理称为特征函数的连续性定理,因为它表明分布函数与特征函数的一一对应关系有连续性.

例 4.2.6 若 X_λ 服从参数为 λ 的泊松分布,证明:

$$\lim_{\lambda \to \infty} P\left(\frac{X_\lambda - \lambda}{\sqrt{\lambda}} \leqslant x\right) = \frac{1}{\sqrt{2\pi}} \int_{-\infty}^{x} e^{-\frac{t^2}{2}} dt.$$

证明 已知 X_λ 的特征函数为 $\varphi_\lambda(t) = \exp\{\lambda(e^{it}-1)\}$,故 $Y_\lambda = \dfrac{X_\lambda - \lambda}{\sqrt{\lambda}}$ 的特征函数为

$$g_\lambda(t) = \varphi_\lambda\left(\frac{t}{\sqrt{\lambda}}\right) \exp\{-i\sqrt{\lambda}\,t\} = \exp\left\{\lambda\left(e^{i\frac{t}{\sqrt{\lambda}}} - 1\right) - i\sqrt{\lambda}\,t\right\}.$$

对任意的 t,有

$$\exp\left\{i\frac{t}{\sqrt{\lambda}}\right\} = 1 + \frac{it}{\sqrt{\lambda}} - \frac{t^2}{2!\,\lambda} + o\left(\frac{1}{\lambda}\right),$$

于是

$$\lambda\left(e^{i\frac{t}{\sqrt{\lambda}}} - 1\right) - i\sqrt{\lambda}\,t = -\frac{t^2}{2} + \lambda \cdot o\left(\frac{1}{\lambda}\right) \to -\frac{t^2}{2}, \qquad \lambda \to \infty.$$

从而有

$$\lim_{\lambda \to \infty} g_\lambda(t) = e^{-t^2/2},$$

而 $e^{-t^2/2}$ 正是标准正态分布 $N(0,1)$ 的特征函数,由定理 4.2.6 即知结论成立.

习 题 4.2

1. 设离散随机变量 X 的分布列如下,试求 X 的特征函数.

X	0	1	2	3
P	0.4	0.3	0.2	0.1

2. 设离散随机变量 X 服从几何分布

$$P(X = k) = (1-p)^{k-1} p, \qquad k = 1,2,\cdots.$$

试求 X 的特征函数,并以此求 $E(X)$ 和 $\mathrm{Var}(X)$.

3. 设离散随机变量 X 服从帕斯卡分布

$$P(X = k) = \binom{k-1}{r-1} p^r (1-p)^{k-r}, \qquad k = r, r+1, \cdots.$$

试求 X 的特征函数.

4. 求下列分布函数的特征函数,并由特征函数求其数学期望和方差:

$(1)\ F_1(x) = \dfrac{a}{2} \displaystyle\int_{-\infty}^{x} e^{-a|t|}\,dt \qquad (a > 0);$

$(2)\ F_2(x) = \dfrac{a}{\pi} \displaystyle\int_{-\infty}^{x} \dfrac{1}{t^2 + a^2}\,dt \qquad (a > 0).$

5. 设随机变量 $X \sim N(\mu, \sigma^2)$,试用特征函数的方法求 X 的 3 阶及 4 阶中心矩.

6. 试用特征函数的方法证明二项分布的可加性:若随机变量 $X \sim b(n, p)$,$Y \sim b(m, p)$,且 X 与 Y 独立,则 $X+Y \sim b(n+m, p)$.

7. 试用特征函数的方法证明泊松分布的可加性:若随机变量 $X \sim P(\lambda_1)$,$Y \sim P(\lambda_2)$,且 X 与 Y 独立,则 $X+Y \sim P(\lambda_1+\lambda_2)$.

8. 试用特征函数的方法证明伽马分布的可加性:若随机变量 $X \sim Ga(\alpha_1, \lambda)$,$Y \sim Ga(\alpha_2, \lambda)$,且 X 与 Y 独立,则 $X+Y \sim Ga(\alpha_1+\alpha_2, \lambda)$.

9. 试用特征函数的方法证明 χ^2 分布的可加性:若随机变量 $X \sim \chi^2(n)$,$Y \sim \chi^2(m)$,且 X 与 Y 独立,则 $X+Y \sim \chi^2(n+m)$.

10. 设随机变量 X_i 独立同分布,且 $X_i \sim Exp(\lambda)$,$i = 1, 2, \cdots, n$.试用特征函数的方法证明:

$$Y_n = \sum_{i=1}^{n} X_i \sim Ga(n, \lambda).$$

11. 设连续随机变量 X 服从柯西分布,密度函数如下:

$$p(x) = \frac{1}{\pi} \cdot \frac{\lambda}{\lambda^2 + (x - \mu)^2}, \qquad -\infty < x < \infty,$$

其中参数 $\lambda > 0$,$-\infty < \mu < \infty$,常记为 $X \sim Cau(\lambda, \mu)$.

(1) 试证 X 的特征函数为 $\exp\{i\mu t - \lambda|t|\}$,且利用此结果证明柯西分布的可加性;

(2) 当 $\mu = 0$,$\lambda = 1$ 时,记 $Y = X$,试证 $\varphi_{X+Y}(t) = \varphi_X(t) \cdot \varphi_Y(t)$,但是 X 与 Y 不独立;

(3) 若 $X_1, X_2, \cdots, X_n$ 相互独立,且服从同一柯西分布,试证:$\dfrac{1}{n}(X_1+X_2+\cdots+X_n)$ 与 X_1 同分布.

12. 设连续随机变量 X 的密度函数为 $p(x)$,试证:$p(x)$ 关于原点对称的充要条件是它的特征函数是实的偶函数.

13. 设随机变量 $X_1, X_2, \cdots, X_n$ 独立同分布,且都服从 $N(\mu, \sigma^2)$ 分布,试求 $\overline{X} = \dfrac{1}{n}\displaystyle\sum_{i=1}^{n} X_i$ 的分布.

14. 利用特征函数方法证明如下的泊松定理:设有一列二项分布 $\{b(k, n, p_n)\}$,若 $\lim\limits_{n \to \infty} np_n = \lambda$,则

$$\lim_{n \to \infty} b(k, n, p_n) = \frac{\lambda^k}{k!} e^{-\lambda}, \quad k = 0, 1, 2, \cdots.$$

15. 设随机变量 $X \sim Ga(\alpha, \lambda)$,证明:当 $\alpha \to \infty$ 时,随机变量 $(\lambda X - \alpha)/\sqrt{\alpha}$ 按分布收敛于标准正态变量.

§4.3 大数定律

大数定律有多种形式,下面从最简单的伯努利大数定律说起,逐步介绍各种大数定律.

4.3.1 伯努利大数定律

记 S_n 为 n 重伯努利试验中事件 A 出现的次数,称 $\dfrac{S_n}{n}$ 为事件 A 出现的频率.

如果记一次试验中 A 发生的概率为 p，则 S_n 服从二项分布 $b(n,p)$，因此频率 $\dfrac{S_n}{n}$ 的数学期望与方差分别为

$$E\left(\frac{S_n}{n}\right) = p, \quad \text{Var}\left(\frac{S_n}{n}\right) = \frac{p(1-p)}{n}. \tag{4.3.1}$$

下面我们讨论 $n \to \infty$ 时，频率 $\dfrac{S_n}{n}$ 与概率 p 的绝对偏差 $\left|\dfrac{S_n}{n}-p\right|$ 的极限状态.

按数学分析中的数列极限概念，若 $\{S_n\}$ 为数列，则数列 $\left\{\dfrac{S_n}{n}\right\}$ 的极限为 p 意味着对任意的 $\varepsilon > 0$，当 n 充分大时，绝对偏差必定会小于 ε，即

$$\left|\frac{S_n}{n} - p\right| < \varepsilon.$$

然而，当 S_n 为 n 重伯努利试验中成功（A 出现）的次数（是一个随机变量）时，上述现象不会再现，即不能指望对任意样本点 ω（长为 n 的 0,1 序列），频率 S_n/n 对成功概率 p 的绝对偏差都小于 ε，即使充分小的 $\varepsilon > 0$ 和很大的 n，也不能指望对任意样本点 ω，不等式

$$\left|\frac{S_n}{n}-p\right| \leqslant \varepsilon, \quad \omega \in \Omega \tag{4.3.2}$$

都成立. 譬如，对 $0 < p < 1$ 有

$$P\left(\frac{S_n}{n} = 1\right) = P(X_1 = 1, X_2 = 1, \cdots, X_n = 1) = p^n,$$

$$P\left(\frac{S_n}{n} = 0\right) = P(X_1 = 0, X_2 = 0, \cdots, X_n = 0) = (1-p)^n.$$

对充分小的 $\varepsilon > 0$，不等式（4.3.2）式并不能永远成立.

不过，应该看到，当 n 很大时，事件 $\{S_n/n = 1\}$ 和 $\{S_n/n = 0\}$ 的概率都很微小，当然希望大偏差 $|S_n/n - p| \geqslant \varepsilon$ 的概率也很小，且随着 n 增大而愈来愈小. 特别希望有如下的概率陈述.

$$\lim_{n \to \infty} P\left(\left|\frac{S_n}{n} - p\right| \geqslant \varepsilon\right) = 0. \tag{4.3.3}$$

下面的伯努利大数定律就对上述讨论作了一个很好的总结，并作出了肯定的回答.

定理 4.3.1（伯努利大数定律） 设 S_n 为 n 重伯努利试验中事件 A 发生的次数，p 为每次试验中 A 出现的概率，则对任意的 $\varepsilon > 0$，有

$$\lim_{n \to \infty} P\left(\left|\frac{S_n}{n} - p\right| < \varepsilon\right) = 1.$$

证明 因为 $S_n \sim b(n,p)$，且 $\dfrac{S_n}{n}$ 的数学期望和方差如（4.3.1）式所示. 所以由切比雪夫不等式得

$$1 \geqslant P\left(\left| \frac{S_n}{n} - p \right| < \varepsilon \right) \geqslant 1 - \frac{\mathrm{Var}\left(\dfrac{S_n}{n} \right)}{\varepsilon^2} = 1 - \frac{p(1-p)}{n\varepsilon^2}. \qquad (4.3.4)$$

当 $n \to \infty$ 时, 上式右端趋于 1, 因此

$$\lim_{n \to \infty} P\left(\left| \frac{S_n}{n} - p \right| < \varepsilon \right) = 1.$$

结论得证.

伯努利大数定律说明: 随着 n 的增大, 事件 A 发生的频率 $\dfrac{S_n}{n}$ 与其概率 p 的偏差 $\left| \dfrac{S_n}{n} - p \right|$ 大于预先给定的精度 ε 的可能性愈来愈小, 要多小有多小. 这就是频率稳定于概率的含义.

譬如, 抛一枚硬币出现正面的概率 $p = 0.5$. 若把这枚硬币连抛 10 次, 则因为 n 较小, 发生偏差的可能性有时会大一些, 有时会小一些. 若把这枚硬币连抛 10 万次, 由切比雪夫不等式知: 正面出现的频率与 0.5 的偏差大于预先给定的精度 ε (若取精度 $\varepsilon = 0.01$) 的可能性

$$P\left(\left| \frac{S_n}{n} - 0.5 \right| > 0.01 \right) \leqslant \frac{0.5 \times 0.5}{n 0.01^2} = \frac{10^4}{4n}.$$

大偏差发生的可能性小于 $1/40 = 2.5\%$. 当 $n = 10^6$ 时, 大偏差发生的可能性小于 $1/400 = 0.25\%$. 可见试验次数愈多, 大偏差发生的可能性愈小.

伯努利大数定律提供了用频率来确定概率的理论依据. 譬如要估计某种产品的不合格品率 p, 则可从该种产品中随机抽取 n 件, 当 n 很大时, 这 n 件产品中的不合格品的比例可作为不合格品率 p 的估计值.

例 4.3.1 (用蒙特卡罗方法计算定积分 (随机投点法)) 设 $0 \leqslant f(x) \leqslant 1$, 求 $f(x)$ 在区间 $[0,1]$ 上的积分值

$$J = \int_0^1 f(x) \, \mathrm{d}x.$$

设二维随机变量 (X,Y) 服从正方形 $\{0 \leqslant x \leqslant 1, 0 \leqslant y \leqslant 1\}$ 上的均匀分布, 则可知 X 服从 $[0,1]$ 上的均匀分布, Y 也服从 $[0,1]$ 上的均匀分布, 且 X 与 Y 独立. 又记事件

$$A = \{Y \leqslant f(X)\},$$

则 A 的概率为

$$p = P(Y \leqslant f(X)) = \int_0^1 \int_0^{f(x)} \mathrm{d}y \mathrm{d}x = \int_0^1 f(x) \, \mathrm{d}x = J,$$

即定积分的值 J 就是事件 A 的概率 p (见图 4.3.1) 由伯努利大数定律, 我们可以用重复试验中 A 出现的频率作为 p 的估计值. 这种求定积分的方法也称为随机投点法, 即将 (X,Y) 看成是向正方形 $\{0 \leqslant x \leqslant 1, 0 \leqslant y \leqslant 1\}$ 内随机投的点, 用随机点落在区域 $\{y \leqslant f(x)\}$ 中的频率作为定积分的近似值.

下面用蒙特卡罗方法得到 A 出现的频率:

(1) 先用计算机产生 $(0,1)$ 上均匀分布的 $2n$ 个随机数, 组成 n 对随机数 (x_i, y_i),

$i=1,2,\cdots,n$,这里 n 可以很大,譬如 $n=10^4$,甚至 $n=10^5$.

（2）对 n 对数据 (x_i,y_i),$i=1,2,\cdots,n$,记录满足如下不等式

$$y_i \leqslant f(x_i)$$

的次数,这就是事件 A 发生的频数 S_n.由此可得事件 A 发生的频率 $\dfrac{S_n}{n}$,则 $J \approx \dfrac{S_n}{n}$.

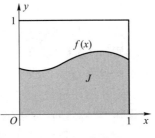

图 4.3.1　随机投点法

譬如计算 $\int_0^1 e^{-x^2/2}/\sqrt{2\pi}\,dx$,其精确值和在 $n=10^4$,$n=10^5$ 时的模拟值如下:

精确值	$n=10^4$	$n=10^5$
0.341 344	0.340 698	0.341 355

注意,对于一般区间 $[a,b]$ 上的定积分

$$J' = \int_a^b g(x)\,dx,$$

作线性变换 $y=(x-a)/(b-a)$,即可化成 $[0,1]$ 区间上的积分.进一步若 $c \leqslant g(x) \leqslant d$,可令

$$f(y) = \frac{1}{d-c}\big[g(a+(b-a)y)-c\big],$$

则 $0 \leqslant f(y) \leqslant 1$.此时有

$$J' = \int_a^b g(x)\,dx = S_0 \int_0^1 f(y)\,dy + c(b-a),$$

其中 $S_0=(b-a)(d-c)$.这说明以上用蒙特卡罗方法计算定积分的方法带有普遍意义.

4.3.2　常用的几个大数定律

一、大数定律的一般形式

伯努利大数定律讨论的是一个相互独立同分布的随机变量序列 $\{X_n\}$,其共同分布为二点分布 $b(1,p)$.即记

$$X_i = \begin{cases} 1, & \text{第 } i \text{ 次试验中事件 } A \text{ 发生,} \\ 0, & \text{第 } i \text{ 次试验中事件 } A \text{ 不发生,} \end{cases} \quad i=1,2,\cdots,$$

则 $\{X_n\}$ 是独立的二点分布随机变量序列,现考察该序列的前 n 个随机变量之和 $S_n = \sum_{i=1}^n X_i$,则

$$\frac{S_n}{n} = \frac{1}{n}\sum_{i=1}^n X_i, \qquad p = E\left(\frac{1}{n}\sum_{i=1}^n X_i\right) = \frac{1}{n}\sum_{i=1}^n E(X_i).$$

那么伯努利大数定律的结论为:对任意的 $\varepsilon>0$,有

$$\lim_{n\to\infty} P\left(\left|\frac{1}{n}\sum_{i=1}^n X_i - \frac{1}{n}\sum_{i=1}^n E(X_i)\right| < \varepsilon\right) = 1. \tag{4.3.5}$$

一般的大数定律都涉及一个随机变量序列$\{X_n\}$,大数定律的结论都形如(4.3.5)式,为此我们给出如下定义.

定义 4.3.1 设有一随机变量序列$\{X_n\}$,假如它具有形如(4.3.5)式的性质,则称该随机变量序列$\{X_n\}$服从**大数定律**.

现在的问题是:随机变量序列$\{X_n\}$在什么条件下服从大数定律?以下给出一些大数定律,它们之间的差别表现在条件上:有的是相互独立的随机变量序列,有的是相依的随机变量序列,有的是同分布的随机变量序列,有的是不同分布的随机变量序列,等等.

二、切比雪夫大数定律

利用切比雪夫不等式就可证明下面的切比雪夫大数定律.

定理 4.3.2(切比雪夫大数定律) 设$\{X_n\}$为一列两两不相关的随机变量序列,若每个X_i的方差存在,且有共同的上界,即$\mathrm{Var}(X_i) \leqslant c, i = 1, 2, \cdots$,则$\{X_n\}$服从大数定律,即对任意的$\varepsilon > 0$,(4.3.5)式成立.

证明 因为$\{X_n\}$两两不相关,故

$$\mathrm{Var}\left(\frac{1}{n} \sum_{i=1}^{n} X_i \right) = \frac{1}{n^2} \sum_{i=1}^{n} \mathrm{Var}(X_i) \leqslant \frac{c}{n}.$$

再由切比雪夫不等式得到:对任意的$\varepsilon > 0$,有

$$P\left(\left| \frac{1}{n} \sum_{i=1}^{n} X_i - \frac{1}{n} \sum_{i=1}^{n} E(X_i) \right| < \varepsilon \right) \geqslant 1 - \frac{\mathrm{Var}\left(\dfrac{1}{n} \sum\limits_{i=1}^{n} X_i \right)}{\varepsilon^2} \geqslant 1 - \frac{c}{n\varepsilon^2}.$$

于是当$n \to \infty$时,有

$$\lim_{n \to \infty} P\left(\left| \frac{1}{n} \sum_{i=1}^{n} X_i - \frac{1}{n} \sum_{i=1}^{n} E(X_i) \right| < \varepsilon \right) = 1.$$

注意,切比雪夫大数定律只要求$\{X_n\}$互不相关,并不要求它们是同分布的.因此,我们很容易推出:如果$\{X_n\}$是独立同分布的随机变量序列,且方差有限,则$\{X_n\}$必定服从大数定律.伯努利大数定律是切比雪夫大数定律的特例.

例 4.3.2 设$\{X_n\}$是独立同分布的随机变量序列,$E(X_n^4) < \infty$.若令$E(X_n) = \mu$,$\mathrm{Var}(X_n) = \sigma^2$,考察

$$Y_n = (X_n - \mu)^2, \qquad n = 1, 2, \cdots,$$

则随机变量序列$\{Y_n\}$服从大数定律,即对任意的$\varepsilon > 0$,有

$$\lim_{n \to \infty} P\left(\left| \frac{1}{n} \sum_{i=1}^{n} (X_i - \mu)^2 - \sigma^2 \right| \geqslant \varepsilon \right) = 0.$$

证明 显然$\{Y_n\}$是独立同分布随机变量序列,其方差

$$\mathrm{Var}(Y_n) = \mathrm{Var}(X_n - \mu)^2 = E(X_n - \mu)^4 - \sigma^4.$$

由于$E(X_n^4)$存在,故$E(X_n^3), E(X_n^2), E(X_n - \mu)^4$也都存在.由切比雪夫大数定律知

$$\lim_{n \to \infty} P\left(\left| \frac{1}{n} \sum_{i=1}^{n} Y_i - \frac{1}{n} \sum_{i=1}^{n} E(Y_i) \right| \geqslant \varepsilon \right) = 0.$$

其中

$$\frac{1}{n}\sum_{i=1}^{n}Y_i=\frac{1}{n}\sum_{i=1}^{n}(X_i-\mu)^2,\qquad \frac{1}{n}\sum_{i=1}^{n}E(Y_i)=\sigma^2.$$

故$\{Y_n\}$服从大数定律.

三、马尔可夫(Markov)大数定律

注意到以上大数定律的证明中,只要有

$$\frac{1}{n^2}\mathrm{Var}\Big(\sum_{i=1}^{n}X_i\Big)\rightarrow0,\qquad\qquad(4.3.6)$$

则大数定律就能成立.这个条件(4.3.6)被称为**马尔可夫条件**.

定理 4.3.3(马尔可夫大数定律)   对随机变量序列$\{X_n\}$,若(4.3.6)式成立,则$\{X_n\}$服从大数定律,即对任意的$\varepsilon>0$,(4.3.5)式成立.

证明   利用切比雪夫不等式即可证得.

马尔可夫大数定律的重要性在于:对$\{X_n\}$已经没有任何同分布、独立性、不相关的假定.切比雪夫大数定律显然可由马尔可夫大数定律推出.

例 4.3.3   设$\{X_n\}$为一同分布、方差存在的随机变量序列,且X_n仅与相邻的X_{n-1}和X_{n+1}相关,而与其他的X_i不相关.试问该随机变量序列$\{X_n\}$是否服从大数定律?

解 $\{X_n\}$为相依随机变量序列,考虑其马尔可夫条件

$$\frac{1}{n^2}\mathrm{Var}\Big(\sum_{i=1}^{n}X_i\Big)=\frac{1}{n^2}\Big[\sum_{i=1}^{n}\mathrm{Var}(X_i)+2\sum_{i=1}^{n-1}\mathrm{Cov}(X_i,X_{i+1})\Big].$$

记$\mathrm{Var}(X_n)=\sigma^2$,则$|\mathrm{Cov}(X_i,X_j)|\leqslant\sigma^2$,于是有

$$\frac{1}{n^2}\mathrm{Var}\Big(\sum_{i=1}^{n}X_i\Big)\leqslant\frac{1}{n^2}\big[n\sigma^2+2(n-1)\sigma^2\big]\rightarrow0\ (n\rightarrow\infty),$$

即马尔可夫条件成立,故$\{X_n\}$服从大数定律.

四、辛钦(Khinchin)大数定律

我们已经知道,一个随机变量的方差存在,则其数学期望必定存在;但反之不成立,即一个随机变量的数学期望存在,则其方差不一定存在.以上几个大数定律均假设随机变量序列$\{X_n\}$的方差存在,以下的辛钦大数定律去掉了这一假设,仅设每个X_i的数学期望存在,但同时要求$\{X_n\}$为独立同分布的随机变量序列.伯努利大数定律也是辛钦大数定律的特例.

定理 4.3.4(辛钦大数定律)   设$\{X_n\}$为一独立同分布的随机变量序列,若X_i的数学期望存在,则$\{X_n\}$服从大数定律,即对任意的$\varepsilon>0$,(4.3.5)式成立.

证明   设$\{X_n\}$独立同分布,且$E(X_i)=a,i=1,2,\cdots$.现在要证明

$$\frac{1}{n}\sum_{k=1}^{n}X_k\xrightarrow{P}a,\qquad n\rightarrow\infty.$$

为此记

$$Y_n=\frac{1}{n}\sum_{k=1}^{n}X_k.$$

由定理 4.1.3 知,只需证$Y_n\xrightarrow{L}a$.又由定理 4.2.6 知,只需证$\varphi_{Y_n}(t)\rightarrow\mathrm{e}^{iat}$.

因为 $\{X_n\}$ 同分布，所以它们有相同的特征函数，记这个特征函数为 $\varphi(t)$. 又因为 $\varphi'(0)/\mathrm{i}=E(X_i)=a$，从而 $\varphi(t)$ 在 0 点展开式为

$$\varphi(t)=\varphi(0)+\varphi'(0)t+o(t)=1+\mathrm{i}at+o(t).$$

再由 $\{X_n\}$ 的独立性知 Y_n 的特征函数为

$$\varphi_{Y_n}(t)=\left[\varphi\left(\frac{t}{n}\right)\right]^n=\left[1+\mathrm{i}a\,\frac{t}{n}+o\left(\frac{1}{n}\right)\right]^n.$$

对任意的 t 有

$$\lim_{n\to\infty}\left[\varphi\left(\frac{t}{n}\right)\right]^n=\lim_{n\to\infty}\left[1+\mathrm{i}a\,\frac{t}{n}+o\left(\frac{1}{n}\right)\right]^n=\mathrm{e}^{\mathrm{i}at}.$$

而 $\mathrm{e}^{\mathrm{i}at}$ 正是退化分布的特征函数，由此证得了 $Y_n\xrightarrow{P}a$. 至此定理得证.

辛钦大数定律提供了求随机变量数学期望 $E(X)$ 的近似值的方法：设想对随机变量 X 独立重复地观察 n 次，第 k 次观察值为 X_k，则 $X_1,X_2,\cdots,X_n$ 应该是相互独立的，且它们的分布应该与 X 的分布相同. 所以，在 $E(X)$ 存在的条件下，按照辛钦大数定律，当 n 足够大时，可以把平均观察值

$$\frac{1}{n}\sum_{i=1}^n X_i$$

作为 $E(X)$ 的近似值. 这种做法的一个优点是我们可以不必去管 X 的分布究竟是怎样的，我们的目的只是寻求数学期望的近似值.

事实上，用观察值的平均去近似随机变量的均值在实际生活中是常用的方法. 譬如，用观察到的某地区 5 000 个人的平均寿命作为该地区的人均寿命的近似值是合适的，这种做法的依据就是辛钦大数定律.

由辛钦大数定律我们很容易地得出：如果 $\{X_n\}$ 为一独立同分布的随机变量序列，且 $E(|X_i|^k)$ 存在，其中 k 为正整数，则 $\{X_n^k\}$ 服从大数定律. 这个结论在数理统计中是很有用的，也就是我们可以将 $\dfrac{1}{n}\sum_{i=1}^n X_i^k$ 作为 $E(X_i^k)$ 的近似值.

例 4.3.4（用蒙特卡罗方法计算定积分（平均值法））　计算定积分

$$J=\int_0^1 f(x)\,\mathrm{d}x.$$

设随机变量 X 服从 $(0,1)$ 上的均匀分布，则 $Y=f(X)$ 的数学期望为

$$E(f(X))=\int_0^1 f(x)\,\mathrm{d}x=J.$$

所以估计 J 的值就是估计 $f(X)$ 的数学期望的值. 由辛钦大数定律，可以用 $f(X)$ 的观察值的平均去估计 $f(X)$ 的数学期望的值. 具体做法如下：先用计算机产生 n 个 $(0,1)$ 上均匀分布的随机数 x_i，$i=1,2,\cdots,n$，然后对每个 x_i 计算 $f(x_i)$，最后得 J 的估计值为

$$J\approx\frac{1}{n}\sum_{i=1}^n f(x_i).$$

譬如计算 $\int_0^1 \mathrm{e}^{-x^2/2}/\sqrt{2\pi}\,\mathrm{d}x$，其精确值和在 $n=10^4$，$n=10^5$ 时的一次模拟值如下：

精确值	$n = 10^4$	$n = 10^5$
0.341 344	0.341 329	0.341 334

正如例 4.3.1 中所说明的,可以通过线性变换将 $[a,b]$ 区间上的定积分化成 $[0,1]$ 区间上的定积分,所以以上计算定积分的方法带有普遍意义.

习　题　4.3

1. 设 $\{X_k\}$ 为独立随机变量序列,且

$$P(X_k = \pm \sqrt{\ln k}) = \frac{1}{2}, \qquad k = 1,2,\cdots.$$

证明 $\{X_k\}$ 服从大数定律.

2. 设 $\{X_k\}$ 为独立随机变量序列,且

$$P(X_k = \pm 2^k) = \frac{1}{2^{2k+1}}, \quad P(X_k = 0) = 1 - \frac{1}{2^{2k}}, \qquad k = 1,2,\cdots.$$

证明 $\{X_k\}$ 服从大数定律.

3. 设 $\{X_n\}$ 为独立随机变量序列,且 $P(X_1 = 0) = 1$,

$$P(X_n = \pm \sqrt{n}) = \frac{1}{n}, \quad P(X_n = 0) = 1 - \frac{2}{n}, \qquad n = 2,3,\cdots.$$

证明 $\{X_n\}$ 服从大数定律.

4. 在伯努利试验中,事件 A 出现的概率为 p,令

$$X_n = \begin{cases} 1, & \text{若在第 } n \text{ 次及第 } n+1 \text{ 次试验中 } A \text{ 出现,} \\ 0, & \text{其他.} \end{cases}$$

证明 $\{X_n\}$ 服从大数定律.

5. 设 $\{X_n\}$ 为独立的随机变量序列,且

$$P(X_n = 1) = p_n, \qquad P(X_n = 0) = 1 - p_n, \quad n = 1,2,\cdots.$$

证明 $\{X_n\}$ 服从大数定律.

6. 设 $\{X_n\}$ 为独立同分布的随机变量序列,其共同的分布函数为

$$F(x) = \frac{1}{2} + \frac{1}{\pi}\arctan\frac{x}{a}, \qquad -\infty < x < \infty.$$

试问:辛钦大数定律对此随机变量序列是否适用?

7. 设 $\{X_n\}$ 为独立同分布的随机变量序列,其共同分布为

$$P\left(X_n = \frac{2^k}{k^2}\right) = \frac{1}{2^k}, \qquad k = 1,2,\cdots.$$

试问 $\{X_n\}$ 是否服从大数定律?

8. 设 $\{X_n\}$ 为独立同分布的随机变量序列,其共同分布为

$$P(X_n = k) = \frac{c}{k^2 \cdot \lg^2 k}, \qquad k = 2,3,\cdots.$$

其中

$$c = \left(\sum_{k=2}^{\infty} \frac{1}{k^2 \cdot \lg^2 k}\right)^{-1},$$

试问 $\{X_n\}$ 是否服从大数定律?

9. 设 $\{X_n\}$ 为独立的随机变量序列,其中 X_n 服从参数为 $\sqrt{n}$ 的泊松分布,试问 $\{X_n\}$ 是否服从大数定律?

10. 设 $\{X_n\}$ 为独立的随机变量序列,证明:若诸 X_n 的方差 σ_n^2 一致有界,即存在常数 c,使得

$$\sigma_n^2 \leqslant c, \qquad n = 1, 2, \cdots,$$

则 $\{X_n\}$ 服从大数定律.

11. (泊松大数定律) 设 S_n 为 n 次独立试验中事件 A 出现的次数,而事件 A 在第 i 次试验时出现的概率为 $p_i, i = 1, 2, \cdots, n, \cdots$,则对任意的 $\varepsilon > 0$,有

$$\lim_{n \to \infty} P\left(\left| \frac{S_n}{n} - \frac{1}{n} \sum_{i=1}^{n} p_i \right| < \varepsilon \right) = 1.$$

12. (伯恩斯坦(Bernstein)大数定律) 设 $\{X_n\}$ 是方差一致有界的随机变量序列,且当 $|k-l| \to \infty$ 时,一致地有 $\operatorname{Cov}(X_k, X_l) \to 0$,证明 $\{X_n\}$ 服从大数定律.

13. (格涅坚科(Gnedenko)大数定律) 设 $\{X_n\}$ 是随机变量序列,若记

$$Y_n = \frac{1}{n} \sum_{i=1}^{n} X_i, \qquad a_n = \frac{1}{n} \sum_{i=1}^{n} E(X_i).$$

则 $\{X_n\}$ 服从大数定律的充要条件是

$$\lim_{n \to \infty} E\left(\frac{(Y_n - a_n)^2}{1 + (Y_n - a_n)^2} \right) = 0.$$

14. 设 $\{X_n\}$ 为独立同分布的随机变量序列,方差存在.又设 $\sum_{n=1}^{\infty} a_n$ 为绝对收敛级数.令 $Y_n = \sum_{i=1}^{n} X_i$,证明 $\{a_n Y_n\}$ 服从大数定律.

15. 设 $\{X_n\}$ 为独立同分布的随机变量序列,方差存在,令 $Y_n = \sum_{i=1}^{n} X_i$.又设 $\{a_n\}$ 为一列常数,如果存在常数 $c > 0$,使得对一切 n 有 $|na_n| \leqslant c$,证明 $\{a_n Y_n\}$ 服从大数定律.

16. 设 $\{X_n\}$ 为独立同分布的随机变量序列,其方差有限,且 X_n 不恒为常数.如果 $S_n = \sum_{i=1}^{n} X_i$,试证:随机变量序列 $\{S_n\}$ 不服从大数定律.

17. 分别用随机投点法和平均值法计算下列定积分:

$$J_1 = \int_0^1 \frac{e^x - 1}{e - 1} dx, \qquad J_2 = \int_{-1}^{1} e^x dx.$$

§4.4 中心极限定理

4.4.1 独立随机变量和

大数定律讨论的是在什么条件下,随机变量序列的算术平均依概率收敛到其均值的算术平均.现在我们来讨论在什么条件下,独立随机变量和

$$Y_n = \sum_{i=1}^{n} X_i$$

的分布函数会收敛于正态分布.以下我们先给出一个独立随机变量和的例子.

例 4.4.1 误差是人们经常遇到且感兴趣的随机变量,大量的研究表明,误差的产生是由大量微小的相互独立的随机因素叠加而成的.譬如一位操作者在机床上加工机械轴,使其直径符合规定要求,但加工后的机械轴与规定要求总有一定的误差,这是因为在加工时受到一些随机因素的影响,它们是

- 在机床方面有机床振动与转速的影响.
- 在刀具方面有装配与磨损的影响.
- 在材料方面有钢材的成分、产地的影响.
- 在操作者方面有注意力集中程度、当天的情绪的影响.
- 在测量方面有量具误差、测量技术的影响.
- 在环境方面有车间的温度、湿度、照明、工作电压的影响.
- 在具体场合还可列出许多其他影响因素.

由于这些因素很多,每个因素对加工精度的影响都是很微小的,每个因素的出现都是随机的、是人们无法控制的、时有时无、时大时小、时正时负.这些因素的综合影响最后使每个机械轴的直径产生误差,若将这个误差记为 Y_n,那么 Y_n 是随机变量,且可以将 Y_n 看作很多微小的随机波动 $X_1, X_2, \cdots, X_n$ 之和,即

$$Y_n = X_1 + X_2 + \cdots + X_n,$$

这里 n 是很大的,人们关心的是当 $n \to \infty$ 时,"Y_n 的分布是什么?"

当然,我们可以用卷积公式去计算 Y_n 的分布.但是这样的计算是相当复杂的、不易实现的.从下面例子可以看出这一点.

例 4.4.2 设 $\{X_n\}$ 为独立同分布的随机变量序列,其共同分布为区间 $(0,1)$ 上的均匀分布.记 $Y_n = \sum_{i=1}^{n} X_i$,$p_n(y)$ 为 Y_n 的密度函数,用卷积公式可以求出

$$p_1(y) = \begin{cases} 1, & 0 < y < 1, \\ 0, & \text{其他.} \end{cases}$$

$$p_2(y) = \begin{cases} y, & 0 < y < 1, \\ 2 - y, & 1 \leq y < 2, \\ 0, & \text{其他.} \end{cases}$$

$$p_3(y) = \begin{cases} y^2/2, & 0 < y < 1, \\ -(y - 3/2)^2 + 3/4, & 1 \leq y < 2, \\ (3 - y)^2/2, & 2 \leq y < 3, \\ 0, & \text{其他.} \end{cases}$$

$$p_4(y) = \begin{cases} y^3/6, & 0 < y < 1, \\ [y^3 - 4(y - 1)^3]/6, & 1 \leq y < 2, \\ [(4 - y)^3 - 4(3 - y)^3]/6, & 2 \leq y < 3, \\ (4 - y)^3/6, & 3 \leq y < 4, \\ 0, & \text{其他.} \end{cases}$$

将 $p_1(y), p_2(y), p_3(y), p_4(y)$ 表示在图 4.4.1 中.从图上我们可以看出:随着 n 的增加,$p_n(y)$ 的图形愈来愈光滑,且愈来愈接近正态曲线.

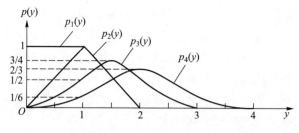

图 4.4.1 均匀分布的卷积

可以设想,当 $n = 100$ 时,$p_{100}(x)$ 的非零区域为 $(0,100)$,若用卷积公式可以分 100 段求出 $p_{100}(x)$ 的表达式,它们分别是 99 次多项式.如此复杂的形式即使求出(当然没有人去求),也无法使用.这就迫使人们去寻求近似分布.若记 Y_n 的分布函数为 $F_n(x)$,在弱收敛的含义下,求出其极限分布 $F(x)$,那么当 n 很大时,就可用 $F(x)$ 作为 $F_n(x)$ 的近似分布.

为了使寻求 Y_n 的极限分布有意义,有必要先研究一下问题的提法.在图 4.4.1 上可以看出:当 n 增大时,$p_n(y)$ 的中心右移,且 $p_n(y)$ 的方差增大.这意味着当 $n \to \infty$ 时,Y_n 的分布中心会趋向 ∞,其方差也趋向 ∞,分布极不稳定.为了克服这个缺点,在中心极限定理的研究中均对 Y_n 进行标准化

$$Y_n^* = \frac{Y_n - E(Y_n)}{\sqrt{\mathrm{Var}(Y_n)}},$$

由于 $E(Y_n^*) = 0$,$\mathrm{Var}(Y_n^*) = 1$,这就有可能看出 Y_n^* 的极限分布是否为标准正态分布 $N(0,1)$.

中心极限定理就是研究随机变量和的极限分布在什么条件下为正态分布的问题.

4.4.2 独立同分布下的中心极限定理

定理 4.4.1(林德伯格–莱维(Lindeberg-Lévy)中心极限定理) 设 $\{X_n\}$ 是独立同分布的随机变量序列,且 $E(X_i) = \mu$,$\mathrm{Var}(X_i) = \sigma^2 > 0$ 存在,若记

$$Y_n^* = \frac{X_1 + X_2 + \cdots + X_n - n\mu}{\sigma\sqrt{n}},$$

则对任意实数 y,有

$$\lim_{n \to \infty} P(Y_n^* \leqslant y) = \Phi(y) = \frac{1}{\sqrt{2\pi}} \int_{-\infty}^{y} \mathrm{e}^{-\frac{t^2}{2}} \mathrm{d}t. \tag{4.4.1}$$

证明 为证 (4.4.1) 式,只需证 $\{Y_n^*\}$ 的分布函数列弱收敛于标准正态分布.又由定理 4.2.6,只需证 $\{Y_n^*\}$ 的特征函数列收敛于标准正态分布的特征函数.为此设 $X_n - \mu$ 的特征函数为 $\varphi(t)$,则 Y_n^* 的特征函数为

$$\varphi_{Y_n^*}(t) = \left[\varphi\left(\frac{t}{\sigma\sqrt{n}} \right) \right]^n.$$

又因为 $E(X_n - \mu) = 0$,$\mathrm{Var}(X_n - \mu) = \sigma^2$,所以有

$$\varphi'(0) = 0, \qquad \varphi''(0) = -\sigma^2.$$

于是特征函数 $\varphi(t)$ 有展开式

$$\varphi(t) = \varphi(0) + \varphi'(0)t + \varphi''(0)\frac{t^2}{2} + o(t^2) = 1 - \frac{1}{2}\sigma^2 t^2 + o(t^2).$$

从而有

$$\lim_{n\to\infty}\varphi_{Y_n^*}(t) = \lim_{n\to\infty}\left[1 - \frac{t^2}{2n} + o\left(\frac{t^2}{n}\right)\right]^n = \mathrm{e}^{-t^2/2},$$

而 $\mathrm{e}^{-t^2/2}$ 正是 $N(0,1)$ 分布的特征函数, 定理得证.

定理 4.4.1 只假设 $\{X_n\}$ 独立同分布、方差存在, 不管原来的分布是什么, 只要 n 充分大, 就可以用正态分布去逼近随机变量和的分布, 所以这个定理有着广泛的应用. 它同时揭示了这样的事实: 测量误差近似地服从正态分布. 以下给出一些林德伯格-莱维中心极限定理的应用例子.

例 4.4.3（正态随机数的产生）　在随机模拟（蒙特卡罗方法）中经常需要产生正态分布 $N(\mu,\sigma^2)$ 的随机数, 一般统计软件都有产生正态随机数的功能. 它是如何产生的呢? 下面介绍用中心极限定理通过 $(0,1)$ 上均匀分布的随机数来产生正态分布 $N(\mu,\sigma^2)$ 的随机数的一种方法.

设随机变量 X 服从 $(0,1)$ 上的均匀分布, 则其数学期望与方差分别为 $1/2$ 和 $1/12$. 由此得 12 个相互独立的 $(0,1)$ 上均匀分布随机变量和的数学期望与方差分别为 6 和 1. 因此我们可以如下产生正态分布 $N(\mu,\sigma^2)$ 的随机数.

(1) 从计算机中产生 12 个 $(0,1)$ 上均匀分布的随机数, 记为 $x_1, x_2, \cdots, x_{12}$.

(2) 计算 $y = x_1 + x_2 + \cdots + x_{12} - 6$, 则由林德伯格-莱维中心极限定理知, 可将 y 近似看成来自标准正态分布 $N(0,1)$ 的一个随机数.

(3) 计算 $z = \mu + \sigma y$, 则可将 z 看成来自正态分布 $N(\mu,\sigma^2)$ 的一个随机数.

(4) 重复 (1)—(3) n 次, 就可得到 $N(\mu,\sigma^2)$ 分布的 n 个随机数.

从这个例子可以看出, 由 12 个均匀分布的随机数得到 1 个正态分布的随机数是利用了林德伯格-莱维中心极限定理.

例 4.4.4（数值计算中的误差分析）　在数值计算中, 任何实数 x 都只能用一定位数的小数 x' 来近似. 譬如在计算中取 5 位小数, 第 6 位以后的小数都用四舍五入的方法舍去, 如 $\pi = 3.141\,592\,654\cdots$ 和 $\mathrm{e} = 2.718\,281\,828\cdots$ 的近似数为 $\pi' = 3.141\,59$ 和 $\mathrm{e}' = 2.718\,28$.

现在如果要求 n 个实数 $x_i(i = 1, 2, \cdots, n)$ 的和 S, 在数值计算中, 只能用 x_i 的近似数 x_i' 来得到 S 的近似数 S', 记个别误差为 $\varepsilon_i = x_i - x_i'$, 则总误差为

$$S - S' = \sum_{i=1}^{n} x_i - \sum_{i=1}^{n} x_i' = \sum_{i=1}^{n} \varepsilon_i.$$

若在数值计算中, 取 k 位小数, 则可认为 ε_i 服从区间 $(-0.5\times10^{-k}, 0.5\times10^{-k})$ 上的均匀分布, 且相互独立. 下面我们来估计总误差. 一种粗略的估计方法是: 由于 $|\varepsilon_i| \leqslant 0.5\times10^{-k}$, 所以

$$\left|\sum_{i=1}^{n}\varepsilon_i\right| \leqslant n\times0.5\times10^{-k}. \tag{4.4.2}$$

现在用中心极限定理来估计: 因为 $\{\varepsilon_i\}$ 独立同分布, 且

$$E(\varepsilon_i) = 0, \qquad \mathrm{Var}(\varepsilon_i) = \frac{10^{-2k}}{12}.$$

因此对总误差有

$$E\left(\sum_{i=1}^{n} \varepsilon_i\right) = 0, \qquad \mathrm{Var}\left(\sum_{i=1}^{n} \varepsilon_i\right) = \frac{n 10^{-2k}}{12}.$$

由林德伯格-莱维中心极限定理知,对任意的 $z>0$,有

$$P\left(\left|\sum_{i=1}^{n} \varepsilon_i\right| \leqslant z\right) \approx \Phi\left(\frac{z\sqrt{12}}{\sqrt{n 10^{-2k}}}\right) - \Phi\left(-\frac{z\sqrt{12}}{\sqrt{n 10^{-2k}}}\right) = 2\Phi\left(\frac{z\sqrt{12}}{\sqrt{n 10^{-2k}}}\right) - 1.$$

要从上式中求出总误差的上限 z,可令上式右边的概率为 0.99,由此得

$$\Phi\left(\frac{z\sqrt{12}}{\sqrt{n 10^{-2k}}}\right) = 0.995,$$

再查标准正态分布函数的 0.995 分位数得

$$\frac{z\sqrt{12}}{\sqrt{n 10^{-2k}}} = 2.576,$$

由此解得

$$z = \frac{2.576\sqrt{n \times 10^{-2k}}}{\sqrt{12}} = 0.743\,6 \times \sqrt{n \times 10^{-2k}} = 0.743\,6 \times \sqrt{n} \times 10^{-k}.$$

也就是我们有 99% 的把握,可以说

$$\left|\sum_{i=1}^{n} \varepsilon_i\right| \leqslant 0.743\,6 \times \sqrt{n} \times 10^{-k}. \tag{4.4.3}$$

譬如在数值计算中保留 5 位小数,求 10 000 个近似数之和的总误差,用(4.4.2)式估计为 0.05,而用(4.4.3)式估计,可以概率 0.99 保证为 0.000 743 6,即万分之七左右.

从上例可以看出,利用中心极限定理不但可以求总误差的上限,还可以给出一定的可信程度.

4.4.3　二项分布的正态近似

由林德伯格-莱维中心极限定理,马上就可以得到下面的棣莫弗-拉普拉斯中心极限定理.

定理 4.4.2(棣莫弗-拉普拉斯(de Moivre-Laplace)中心极限定理)　设 n 重伯努利试验中,事件 A 在每次试验中出现的概率为 p $(0<p<1)$,记 S_n 为 n 次试验中事件 A 出现的次数,且记

$$Y_n^* = \frac{S_n - np}{\sqrt{npq}}.$$

则对任意实数 y,有

$$\lim_{n \to \infty} P(Y_n^* \leqslant y) = \Phi(y) = \frac{1}{\sqrt{2\pi}} \int_{-\infty}^{y} e^{-\frac{t^2}{2}} \, dt.$$

　　棣莫弗-拉普拉斯中心极限定理是概率论历史上的第一个中心极限定理,它是专门针对二项分布的,因此称为"二项分布的正态近似".前面第二章中定理 2.4.1(泊松定理)给出了"二项分布的泊松近似".两者相比,一般在 p 较小时,用泊松分布近似较好;而在 $np>5$ 和 $n(1-p)>5$ 时,用正态分布近似较好.

　　下面在给出棣莫弗-拉普拉斯中心极限定理的应用之前,先说明两点:

　　(1)因为二项分布是离散分布,而正态分布是连续分布,所以用正态分布作为二项分布的近似计算中,作些修正可以提高精度.若 $k_1<k_2$ 均为整数,一般先作如下修正后再用正态近似 $P(k_1\leqslant S_n\leqslant k_2)=P(k_1-0.5<S_n<k_2+0.5)$.

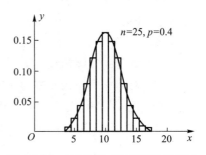

　　譬如 $S_n\sim b(25,0.4)$,$P(5\leqslant S_n\leqslant15)$ 的值为图 4.4.2 中 5 至 15 上长条矩形的面积之和,其精确值为 0.978 0.

图 4.4.2　二项分布正态近似时的修正

　　使用修正的正态近似

$$P(5\leqslant S_n\leqslant15)=P(5-0.5<S_n<15+0.5)$$
$$\approx\Phi\left(\frac{15+0.5-10}{\sqrt{6}}\right)-\Phi\left(\frac{5-0.5-10}{\sqrt{6}}\right)$$
$$=2\Phi(2.245)-1=0.975\ 4.$$

不用修正的正态近似

$$P(5\leqslant S_n\leqslant15)\approx\Phi\left(\frac{15-10}{\sqrt{6}}\right)-\Phi\left(\frac{5-10}{\sqrt{6}}\right)=2\Phi(2.041)-1=0.958\ 8.$$

可见不用修正的正态近似误差较大.

　　(2)对于二项分布的计算,用修正的正态近似还可得

$$P(S_n=k)=P(k-0.5<S_n<k+0.5)=P\left(\frac{k-0.5-np}{\sqrt{npq}}<\frac{S_n-np}{\sqrt{npq}}<\frac{k+0.5-np}{\sqrt{npq}}\right)$$
$$\approx\int_{\frac{k-0.5-np}{\sqrt{npq}}}^{\frac{k+0.5-np}{\sqrt{npq}}}\frac{1}{\sqrt{2\pi}}e^{-\frac{x^2}{2}}dx\approx\frac{1}{\sqrt{2\pi}}e^{-\frac{1}{2}\left(\frac{k-np}{\sqrt{npq}}\right)^2}\cdot\frac{1}{\sqrt{npq}}. \tag{4.4.4}$$

　　譬如,$S_n\sim b(25,0.4)$,则 $P(S_n=10)$ 的精确值为 0.161 2,而用(4.4.4)式计算出的近似值为 0.162 9.

　　在中心极限定理的应用中,若记 $\beta=\Phi(y)$,则由棣莫弗-拉普拉斯中心极限定理给出的近似式

$$P(Y_n^*\leqslant y)\approx\Phi(y)=\beta,$$

可用来解决三类计算问题:① 已知 n,y 求 β;② 已知 n,β 求 y;③ 已知 y,β 求 n.

　　以下我们就分这三类情况给出一些具体的例子.

一、给定 n,y 求 β(求概率)

　　例 4.4.5　一复杂系统由 100 个相互独立工作的部件组成,每个部件正常工作的概率为 0.9.已知整个系统中至少有 85 个部件正常工作,系统才能正常工作.试求系统正常工作的概率.

解 记 $n = 100$，Y_n 为 100 个部件中正常工作的部件数，则

$$Y_n \sim b(100, 0.9), \qquad E(Y_n) = 90, \qquad \text{Var}(Y_n) = 9.$$

所求概率为

$$P(Y_n \geq 85) \approx 1 - \Phi\left(\frac{85 - 0.5 - 90}{3}\right) = 1 - \Phi\left(-\frac{5.5}{3}\right) = \Phi(1.83) = 0.966\ 4.$$

例 4.4.6 某药厂生产的某种药品，声称对某疾病的治愈率为 80%. 现为了检验此治愈率，任意抽取 100 个此种疾病患者进行临床试验，如果至少有 75 人治愈，则此药通过检验. 试在以下两种情况下，分别计算此药通过检验的可能性.

（1）此药的实际治愈率为 80%；

（2）此药的实际治愈率为 70%.

解 记 $n = 100$，Y_n 为 100 个临床受试者中的治愈者人数.

（1）因为 $Y_n \sim b(100, 0.8)$，$E(Y_n) = 80$，$\text{Var}(Y_n) = 16$. 所以通过检验的可能性为

$$P(Y_n \geq 75) \approx 1 - \Phi\left(\frac{75 - 0.5 - 80}{4}\right) = 1 - \Phi\left(-\frac{5.5}{4}\right) = \Phi(1.375) = 0.915\ 5.$$

即此药通过检验的可能性是较大的.

（2）因为 $Y_n \sim b(100, 0.7)$，$E(Y_n) = 70$，$\text{Var}(Y_n) = 21$. 所以通过检验的可能性为

$$P(Y_n \geq 75) \approx 1 - \Phi\left(\frac{75 - 0.5 - 70}{\sqrt{21}}\right) = 1 - \Phi(0.982) = 1 - 0.837\ 0 = 0.163\ 0.$$

即此药通过检验的可能性是很小的.

二、给定 n，β 求 y（求分位数）

例 4.4.7 某车间有同型号的机床 200 台，在一小时内每台机床约有 70% 的时间是工作的. 假定各机床工作是相互独立的，工作时每台机床要消耗电能 15 kW. 问至少要多少电能，才可以有 95% 的可能性保证此车间正常生产.

解 记 $n = 200$，Y_n 为 200 台机床中同时工作的机床数，则 $Y_n \sim b(200, 0.7)$，$E(Y_n) = 140$，$\text{Var}(Y_n) = 42$.

因为 Y_n 台机床同时工作需消耗 $15Y_n$（kW）电能，设供电量为 y（kW），则保证正常生产可用事件 $\{15Y_n \leq y\}$ 表示，由题设 $P(15Y_n \leq y) \geq 0.95$，其中

$$P(15Y_n \leq y) \approx \Phi\left(\frac{y/15 + 0.5 - 140}{\sqrt{42}}\right) \geq 0.95.$$

查标准正态分布表可得标准正态分布的 0.95 分位数为 1.645，故有

$$\frac{y/15 + 0.5 - 140}{\sqrt{42}} \geq 1.645,$$

从中解得 $y \geq 225\ 3$（kW），即此车间每小时至少需要 $225\ 3$（kW）电量，才有 95% 的可能性保证此车间正常生产.

三、给定 y，β 求 n（求样本量）

例 4.4.8 某调查公司受委托，调查某电视节目在 S 市的收视率 p，调查公司将所

有调查对象中收看此节目的频率作为 p 的估计 $\hat{p}$. 现在要保证有 90% 的把握,使得调查所得收视率 $\hat{p}$ 与真实收视率 p 之间的差异不大于 5%. 问至少要调查多少对象(样本量)?

解 设共调查 n 个对象,记

$$X_i = \begin{cases} 1, & \text{第 } i \text{ 个调查对象收看此电视节目}, \\ 0, & \text{第 } i \text{ 个调查对象不看此电视节目}, \end{cases}$$

则 X_i 独立同分布,且 $P(X_i=1)=p$,$P(X_i=0)=1-p$,$i=1,2,\cdots,n$.

又记 n 个被调查对象中,收看此电视节目的人数为 Y_n,则有

$$Y_n = \sum_{i=1}^{n} X_i \sim b(n,p).$$

由大数定律知,当 n 很大时,频率 Y_n/n 与概率 p 很接近,即用频率作为 p 的估计是合适的. 但 Y_n/n 与 p 的接近程度可用中心极限定理算出,根据题意有

$$P\left(\left| \frac{1}{n}\sum_{i=1}^{n} X_i - p \right| < 0.05 \right) \approx 2\Phi\left(0.05\sqrt{\frac{n}{p(1-p)}} \right) - 1 \geq 0.90,$$

所以

$$\Phi\left(0.05\sqrt{\frac{n}{p(1-p)}} \right) \geq 0.95,$$

查标准正态分布表可得标准正态分布的 0.95 分位数为 1.645,故有

$$0.05\sqrt{\frac{n}{p(1-p)}} \geq 1.645,$$

从中解得

$$n \geq p(1-p)\frac{1.645^2}{0.05^2} = p(1-p) \times 1\,082.41.$$

又因为 $p(1-p) \leq 0.25$,所以 $n \geq 270.6$,即至少调查 271 个对象.

4.4.4 独立不同分布下的中心极限定理

前面我们已经在独立同分布的条件下,解决了随机变量和的极限分布问题. 在实际问题中说诸 X_i 具有独立性是常见的,但是很难说诸 X_i 是"同分布"的随机变量. 正如前面所提到的测量误差 Y_n 的产生是由大量"微小的"相互独立的随机因素叠加而成的,即 $Y_n = \sum_{i=1}^{n} X_i$,则诸 X_i 间具有独立性,但不一定同分布. 本节研究独立不同分布随机变量和的极限分布问题,目的是给出极限分布为正态分布的条件.

为使极限分布是正态分布,必须对 $Y_n = \sum_{i=1}^{n} X_i$ 的各项有一定的要求. 譬如若允许从第二项起都等于 0,则极限分布显然由 X_1 的分布完全确定,这时就很难得到什么有意思的结果. 这就告诉我们,要使中心极限定理成立,在和的各项中不应有起突出作用的项,或者说,要求各项在概率意义下"均匀地小". 下面我们来分析如何用数学式子来明确表达这个要求.

设 $\{X_n\}$ 是一个相互独立的随机变量序列,它们具有有限的数学期望和方差:

$$E(X_i) = \mu_i, \quad \mathrm{Var}(X_i) = \sigma_i^2, \qquad i = 1, 2, \cdots.$$

要讨论随机变量的和 $Y_n = \sum\limits_{i=1}^{n} X_i$，我们先将其标准化，即将它减去均值、除以标准差，由于

$$E(Y_n) = \mu_1 + \mu_2 + \cdots + \mu_n,$$

$$\sigma(Y_n) = \sqrt{\mathrm{Var}(Y_n)} = \sqrt{\sigma_1^2 + \sigma_2^2 + \cdots + \sigma_n^2},$$

且记 $\sigma(Y_n) = B_n$，则 Y_n 的标准化为

$$Y_n^* = \frac{Y_n - (\mu_1 + \mu_2 + \cdots + \mu_n)}{B_n} = \sum_{i=1}^{n} \frac{X_i - \mu_i}{B_n}.$$

如果要求 Y_n^* 中各项 $\dfrac{X_i - \mu_i}{B_n}$ "均匀地小"，即对任意的 $\tau > 0$，要求事件

$$A_{ni} = \left\{ \frac{|X_i - \mu_i|}{B_n} > \tau \right\} = \{ |X_i - \mu_i| > \tau B_n \}$$

发生的可能性小，或直接要求其概率趋于 0. 为达到这个目的，我们要求

$$\lim_{n \to \infty} P(\max_{1 \le i \le n} |X_i - \mu_i| > \tau B_n) = 0.$$

因为

$$P(\max_{1 \le i \le n} |X_i - \mu_i| > \tau B_n) = P\left(\bigcup_{i=1}^{n} (|X_i - \mu_i| > \tau B_n) \right) \le \sum_{i=1}^{n} P(|X_i - \mu_i| > \tau B_n),$$

若设诸 X_i 为连续随机变量，其密度函数为 $p_i(x)$，则

$$\text{上式右边} = \sum_{i=1}^{n} \int_{|x - \mu_i| > \tau B_n} p_i(x)\,\mathrm{d}x \le \frac{1}{\tau^2 B_n^2} \sum_{i=1}^{n} \int_{|x - \mu_i| > \tau B_n} (x - \mu_i)^2 p_i(x)\,\mathrm{d}x.$$

因此，只要对任意的 $\tau > 0$，有

$$\lim_{n \to \infty} \frac{1}{\tau^2 B_n^2} \sum_{i=1}^{n} \int_{|x - \mu_i| > \tau B_n} (x - \mu_i)^2 p_i(x)\,\mathrm{d}x = 0, \tag{4.4.5}$$

就可保证 Y_n^* 中各加项"均匀地小".

上述条件 (4.4.5) 称为**林德伯格条件**. 林德伯格证明了满足 (4.4.5) 条件的 Y_n^* 的极限分布是正态分布，这就是下面给出的林德伯格中心极限定理，由于这个定理的证明需要更多的数学工具，所以以下仅叙述定理，略去其证明.

定理 4.4.3（林德伯格中心极限定理）　设独立随机变量序列 $\{X_n\}$ 满足林德伯格条件，则对任意的 x，有

$$\lim_{n \to \infty} P\left(\frac{1}{B_n} \sum_{i=1}^{n} (X_i - \mu_i) \le x \right) = \frac{1}{\sqrt{2\pi}} \int_{-\infty}^{x} \mathrm{e}^{-t^2/2}\,\mathrm{d}t.$$

假如独立随机变量序列 $\{X_n\}$ 具有同分布和方差有限的条件，则必定满足以上 (4.4.5) 林德伯格条件，也就是说定理 4.4.1 是定理 4.4.3 的特例. 这一点是很容易证明的：

设 $\{X_n\}$ 是独立同分布的随机变量序列，为确定起见，设诸 X_i 是连续随机变量，其共同的密度函数为 $p(x)$，$\mu_i = \mu$，$\sigma_i = \sigma$. 这时 $B_n = \sigma\sqrt{n}$，由此得

$$\frac{1}{B_n^2}\sum_{i=1}^{n}\int_{|x-\mu_i|>\tau B_n}(x-\mu_i)^2 p(x)\,\mathrm{d}x = \frac{n}{n\sigma^2}\int_{|x-\mu|>\tau\sigma\sqrt{n}}(x-\mu)^2 p(x)\,\mathrm{d}x.$$

因为方差存在,即

$$\mathrm{Var}(X_i) = \int_{-\infty}^{\infty}(x-\mu)^2 p(x)\,\mathrm{d}x < \infty,$$

所以其尾部积分一定有

$$\lim_{n\to\infty}\int_{|x-\mu|>\tau\sigma\sqrt{n}}(x-\mu)^2 p(x)\,\mathrm{d}x = 0,$$

故林德伯格条件满足.

林德伯格条件虽然比较一般,但该条件较难验证,下面的李雅普诺夫(Lyapunov)条件则比较容易验证,因为它只对矩提出要求,因而便于应用.下面我们仅叙述其结论,证明从略.

定理 4.4.4(李雅普诺夫中心极限定理)　设 $\{X_n\}$ 为独立随机变量序列,若存在 $\delta>0$,满足

$$\lim_{n\to\infty}\frac{1}{B_n^{2+\delta}}\sum_{i=1}^{n}E(|X_i-\mu_i|^{2+\delta}) = 0, \qquad (4.4.6)$$

则对任意的 x,有

$$\lim_{n\to\infty}P\left(\frac{1}{B_n}\sum_{i=1}^{n}(X_i-\mu_i)\leqslant x\right) = \frac{1}{\sqrt{2\pi}}\int_{-\infty}^{x}e^{-t^2/2}\,\mathrm{d}t,$$

其中 μ_i 与 B_n 如前所述.

例 4.4.9　一份考卷由 99 个题目组成,并按由易到难顺序排列.某学生答对第 1 题的概率为 0.99,答对第 2 题的概率为 0.98.一般地,他答对第 i 题的概率为 $1-i/100$, $i=1$,$2,\cdots$.假如该学生回答各题目是相互独立的,并且要正确回答其中 60 个以上(包括 60 个)题目才算通过考试.试计算该学生通过考试的可能性多大.

解　设

$$X_i = \begin{cases} 1, & \text{若学生答对第 } i \text{ 题}, \\ 0, & \text{若学生答错第 } i \text{ 题}. \end{cases}$$

于是诸 X_i 相互独立,且服从不同的二点分布:

$$P(X_i=1)=p_i=1-\frac{i}{100}, \qquad P(X_i=0)=1-p_i=\frac{i}{100}, \quad i=1,2,\cdots,99.$$

而我们要求的是

$$P\left(\sum_{i=1}^{99}X_i\geqslant 60\right).$$

为使用中心极限定理,我们可以设想从 X_{100} 开始的随机变量都与 X_{99} 同分布,且相互独立.下面我们用 $\delta=1$ 来验证随机变量序列 $\{X_n\}$ 满足李雅普诺夫条件(4.4.6),因为

$$B_n = \sqrt{\sum_{i=1}^{n}\mathrm{Var}(X_i)} = \sqrt{\sum_{i=1}^{n}p_i(1-p_i)} \to \infty \quad (n\to\infty),$$

$$E(|X_i-p_i|^3) = (1-p_i)^3 p_i + p_i^3(1-p_i) \leqslant p_i(1-p_i),$$

于是

$$\frac{1}{B_n^3}\sum_{i=1}^{n} E(\,|\,X_i - p_i\,|^3\,) \leqslant \frac{1}{\left[\sum_{i=1}^{n} p_i(1-p_i)\right]^{1/2}} \to 0 \ (n \to \infty),$$

即 $\{X_n\}$ 满足李雅普诺夫条件(4.4.6),所以可以使用中心极限定理.

又因为在 $n=99$ 时,

$$E\Big(\sum_{i=1}^{99} X_i\Big) = \sum_{i=1}^{99} p_i = \sum_{i=1}^{99}\Big(1 - \frac{i}{100}\Big) = 49.5,$$

$$B_{99}^2 = \sum_{i=1}^{99} \mathrm{Var}(X_i) = \sum_{i=1}^{99}\Big(1 - \frac{i}{100}\Big)\Big(\frac{i}{100}\Big) = 16.665,$$

所以该学生通过考试的可能性为

$$P\Big(\sum_{i=1}^{99} X_i \geqslant 60\Big) = P\left(\frac{\sum_{i=1}^{99} X_i - 49.5}{\sqrt{16.665}} \geqslant \frac{60 - 49.5}{\sqrt{16.665}}\right) \approx 1 - \Phi(2.57) = 0.005.$$

由此看出:此学生通过考试的可能性很小,大约只有千分之五.

习　题　4.4

1. 某保险公司多年的统计资料表明,在索赔户中被盗索赔户占 20%,以 X 表示在随机抽查的 100 个索赔户中因被盗向保险公司索赔的户数.

(1) 写出 X 的分布列;

(2) 求被盗索赔户不少于 14 户且不多于 30 户的概率的近似值.

2. 某电子计算机主机有 100 个终端,每个终端有 80% 的时间被使用.若各个终端是否被使用是相互独立的,试求至少有 15 个终端空闲的概率.

3. 有一批建筑房屋用的木柱,其中 80% 的长度不小于 3 m,现从这批木柱中随机地取出 100 根,问其中至少有 30 根短于 3 m 的概率是多少?

4. 掷一颗骰子 100 次,记第 i 次掷出的点数为 $X_i, i = 1,2,\cdots,100$,点数之平均为 $\overline{X} = \dfrac{1}{100}\sum_{i=1}^{100} X_i$,试求概率 $P(3 \leqslant \overline{X} \leqslant 4)$.

5. 连续地掷一颗骰子 80 次,求点数之和超过 300 的概率.

6. 有 10 个灯泡,设每个灯泡的寿命服从指数分布,其平均寿命为 60 天.每次用一个灯泡,当使用的灯泡坏了以后立即换上一个新的,求这些灯泡总共可使用 450 天以上的概率.

7. 设 $X_1, X_2, \cdots, X_{48}$ 为独立同分布的随机变量,共同分布为 $U(0,5)$,其算术平均为 $\overline{X} = \dfrac{1}{48}\sum_{i=1}^{48} X_i$,试求概率 $P(2 \leqslant \overline{X} \leqslant 3)$.

8. 某汽车销售点每天出售的汽车数服从参数为 $\lambda = 2$ 的泊松分布.若一年 365 天都经营汽车销售,且每天出售的汽车数是相互独立的,求一年中售出 700 辆以上汽车的概率.

9. 某餐厅每天接待 400 名顾客,设每位顾客的消费额(单位:元)服从 $(20,100)$ 上的均匀分布,且顾客的消费额是相互独立的.试求:

(1) 该餐厅每天的平均营业额;

(2) 该餐厅每天的营业额在平均营业额±760元内的概率.

10. 一仪器同时收到50个信号,其中第 i 个信号的长度为 U_i, $i=1,2,\cdots,50$. 设 U_i 是相互独立的,且都服从 $(0,10)$ 内的均匀分布,试求 $P\left(\sum_{i=1}^{50} U_i > 300\right)$.

11. 计算机在进行加法运算时对每个加数取整数(取最为接近于它的整数). 设所有的取整误差是相互独立的,且它们都服从 $(-0.5,0.5)$ 上的均匀分布.

(1) 若将 1 500 个数相加,求误差总和的绝对值超过 15 的概率;

(2) 最多几个数加在一起可使得误差总和的绝对值小于 10 的概率不小于 90%?

12. 设备零件的重量都是随机变量,它们相互独立,且服从相同的分布,其数学期望为0.5 kg,标准差为 0.1 kg,问 5 000 只零件的总重量超过 2 510 kg 的概率是多少?

13. 某种产品由 20 个相同部件连接而成,每个部件的长度是均值为 2 mm、标准差为0.02 mm的随机变量.假如这 20 个部件的长度相互独立同分布,且规定产品总长为 (40 ± 0.2) mm 时为合格品,求该产品的不合格品率.

14. 一个保险公司有 10 000 个汽车投保人,每个投保人平均索赔 280 元,标准差为 800 元.求总索赔额超过 2 700 000 元的概率.

15. 有两个班级同时上一门课,甲班有 25 人,乙班有 64 人.该门课程期末考试平均成绩为 78 分,标准差为 14 分.试问:甲班的平均成绩超过 80 分的概率大,还是乙班的平均成绩超过 80 分的概率大?

16. 进行独立重复试验,每次试验中事件 A 发生的概率为 0.25.试问能以 95% 的把握保证 1 000 次试验中事件 A 发生的频率与概率相差多少?此时 A 发生的次数在什么范围内?

17. 设某生产线上组装每件产品的时间服从指数分布,平均需要 10 min,且各件产品的组装时间是相互独立的.

(1) 试求组装 100 件产品需要 15 h 至 20 h 的概率;

(2) 保证有 95% 的可能性,问 16 个小时内最多可以组装多少件产品?

18. 某种福利彩票的奖金额 X 由摇奖决定,其分布列为

X(万元)	5	10	20	30	40	50	100
P	0.2	0.2	0.2	0.1	0.1	0.1	0.1

若一年中要开出 300 个奖,问需要多少奖金总额,才有 95% 的把握能够发放奖金.

19. 一家有 500 间客房的大旅馆的每间客房装有一台 2 kW(千瓦)的空调机.若开房率为 80%,需要多少千瓦的电力才能有 99% 的可能性保证有足够的电力使用空调机?

20. 设某元件是某电气设备的一个关键部件,当该元件失效后立即换上一个新的元件.假定该元件的平均寿命为 100 小时,标准差为 30 小时,试问:应该有多少备件,才能有 0.95 以上的概率,保证这个系统能连续运行 2 000 小时以上?

21. 独立重复地对某物体的长度 a 进行 n 次测量,设各次测量结果 X_i 服从正态分布 $N(a,0.2^2)$. 记 $\overline{X}$ 为 n 次测量结果的算术平均值,为保证有 95% 的把握使平均值与实际值 a 的差异小于 0.1,问至少需要测量多少次?

22. 某工厂每月生产 10 000 台液晶投影机,但它的液晶片车间生产液晶片合格品率为 90%,为了以 99.7% 的可能性保证出厂的液晶投影机都能装上合格的液晶片,试问该液晶片车间每月至少应该生产多少片液晶片?

23. 某产品的合格率为 99%,问包装箱中应该装多少个此种产品,才能有 95% 的可能性使每箱中至少有 100 个合格产品.

24. 为确定某城市成年男子中吸烟者的比例 p,任意调查 n 个成年男子,记其中的吸烟人数为 m,

问 n 至少为多大才能保证 m/n 与 p 的差异小于 0.01 的概率大于 95%.

25. 设 $X \sim Ga(n,1)$，试问 n 应该多大，才能满足

$$P\left(\left|\frac{X}{n}-1\right|>0.1\right)<0.01.$$

26. 设 $\{X_n\}$ 为一独立同分布的随机变量序列，已知 $E(X_i^k)=\alpha_k, k=1,2,3,4$. 试证明：当 n 充分大时，$Y_n=\dfrac{1}{n}\displaystyle\sum_{i=1}^{n}X_i^2$ 近似服从正态分布，并指出此正态分布的参数.

27. 用概率论的方法证明：

$$\lim_{n\to\infty}\left(1+n+\frac{n^2}{2!}+\cdots+\frac{n^n}{n!}\right)e^{-n}=\frac{1}{2}.$$

 **本章小结**

第五章
统计量及其分布

前四章的研究属于概率论的范畴.我们已经看到,随机变量及其概率分布全面地描述了随机现象的统计性质.在概率论的许多问题中,概率分布通常被假定为已知的,而一切计算及推理均基于这个已知的分布进行.在实际问题中,情况往往并非如此,看一个例子.

例 5.0.1 某公司要采购一批产品,每件产品不是合格品就是不合格品,但该批产品总有一个不合格品率 p.由此,若从该批产品中随机抽取一件,用 X 表示抽出产品的不合格品数,不难看出 X 服从一个二点分布 $b(1,p)$,但分布中的参数 p 却是不知道的.显然,p 的大小决定了该批产品的质量,它直接影响采购行为的经济效益.因此,人们会对 p 提出一些问题,比如,

- p 的大小如何.
- p 大概落在什么范围内.
- 能否认为 p 满足设定要求(如 $p \leqslant 0.05$).

诸如例 5.0.1 研究的问题属于统计学的范畴.统计学是一门应用性非常强的学科,它的历史已有三百多年,即使从皮尔逊(K.Pearson,1857—1936)和费希尔(R.A.Fisher,1890—1962)的工作算起,统计学的发展也已有近二百年的历史,并且取得了良好的社会和经济效益.

一般认为,统计学是一门研究如何有效地收集和分析受到随机影响数据的学科.经过多年的研究和发展,统计学已深入到了多个学科中,可以说,凡是一个实际问题涉及一批数据,我们都可以且应该利用统计学方法去分析它、解决它.随着统计学的发展和完善,其研究内容已非常丰富,且形成了多个学科分支,如抽样调查、试验设计、回归分析、多元统计分析、时间序列分析、非参数统计、贝叶斯(Bayes)方法,等等.

下面我们从统计学最基本的概念——总体和样本开始介绍统计学内容.

§5.1 总体与样本

5.1.1 总体与个体

在一个统计问题中,我们把研究对象的全体称为**总体**,构成总体的每个成员称为**个体**.对多数实际问题,总体中的个体是一些实在的人或物.比如,我们要研究某大学的

学生身高情况,则该大学的全体学生构成问题的总体,而每一个学生即是一个个体.事实上,每个学生有许多特征:性别、年龄、身高、体重、民族、籍贯,等等,而在该问题中,我们关心的只是该校学生的身高如何,对其他的特征暂不予考虑.这样,每个学生(个体)所具有的数量指标值——身高就是个体,而将所有身高全体看成总体.这样一来,若抛开实际背景,总体就是一堆数,这堆数中有大有小,有的出现的机会大,有的出现机会小,因此用一个概率分布去描述和归纳总体是恰当的,从这个意义看,**总体就是一个分布**,而其数量指标就是服从这个分布的随机变量.以后说"从总体中抽样"与"从某分布中抽样"是同一个意思.

例 5.1.1 磁带的一个质量指标是一卷磁带(20 m)上的伤痕数.每卷磁带都有一个伤痕数,全部磁带的伤痕数构成一个总体.这个总体中相当一部分是 0(无伤痕,合格品),但也有 1,2,3 等,但多于 8 个的伤痕数非常少见.研究表明,一卷磁带上的伤痕数 X 服从泊松分布 $P(\lambda)$,但分布中的参数 λ 却是不知道的.显然,λ 的大小决定了一批产品的质量,它直接影响生产方的经济效益.

本例中总体分布的类型是明确的,是泊松分布,但总体还含有未知参数 λ,故总体还不是一个特定的泊松分布.要确定最终的总体分布,就是要确定 λ,这是统计学科的任务.

例 5.1.2 考察常见的测量问题.一个测量者对一个物理量 μ 进行重复测量,此时每次可能的测量结果是 $(-\infty,\infty)$ 中的一个实数,因此总体是一个取值于 $(-\infty,\infty)$ 的随机变量 X,关于该总体的分布我们可以知道些什么呢?

有一点是可以确定的,测量结果 X 可以看作物理量 μ 与测量误差 ε 的叠加,即

$$X=\mu+\varepsilon,$$

这里 μ 是一个确定的但未知的量,我们称之为参数,ε 是随机变量.于是关于总体分布的假定主要是关于 ε 的分布的假定.如下几种假定分别在一些场合是合理的.

(1) 由中心极限定理,最常见的是假定随机误差 $\varepsilon\sim N(0,\sigma^2)$,于是测量值的总体就是一个正态分布,即 $X\sim N(\mu,\sigma^2)$,这里总体中有两个未知参数 μ,σ.如何推断 μ 与 σ 是统计学要研究的问题.

(2) 假如我们不仅知道误差服从正态分布,还知道分布的方差(这通常可由测量系统本身的精度决定),于是,就可假定 $\varepsilon\sim N(0,\sigma_0^2)$,其中 σ_0 是一个已知的常数,如此,总体仍是一个正态分布族 $N(\mu,\sigma_0^2)$,但总体中只有一个未知参数 μ.如何推断 μ 是统计学要研究的问题.

(3) 假如我们并没有理由认定误差服从正态分布,但可以认为误差的分布是关于 0 对称的,则总体分布就变为一个分布类型未知但带有某种限制的分布,通常它不能被有限个参数所描述,常称为非参数分布.这个方面的研究有专题讨论,本课程将在第七章作一些探讨.

在有些问题中,我们对每一研究对象可能要观测两个甚至更多个指标,此时可用多维随机向量及其联合分布来描述总体,这种总体称为多维总体.譬如,我们要了解某校大学生的三个指标:年龄、身高、体重,则我们可用一个三维随机向量描述该总体.这是一个三维总体,它是多元分析所研究的对象.

一维和二维总体是基本的,对它们认识清楚了,对研究更高维总体十分有利,因

此,本书中主要研究一维总体,某些地方也会涉及二维总体.

总体还有**有限总体**和**无限总体**,本书将以无限总体作为主要研究对象.

5.1.2 样本

为了了解总体的分布,我们从总体中随机地抽取 n 个个体,记其指标值为 $x_1, x_2, \cdots$, x_n,则 $x_1, x_2, \cdots, x_n$ 称为总体的一个**样本**,n 称为**样本容量**,或简称**样本量**,样本中的个体称为**样品**.

我们首先指出,样本具有所谓的二重性:一方面,由于样本是从总体中随机抽取的,抽取前无法预知它们的数值,因此,样本是随机变量,用大写字母 $X_1, X_2, \cdots, X_n$ 表示;另一方面,样本在抽取以后经观测就有确定的观测值,因此,样本又是一组数值.此时用小写字母 $x_1, x_2, \cdots, x_n$ 表示是恰当的.简单起见,无论是样本还是其观测值,本书中样本一般均用 $x_1, x_2, \cdots, x_n$ 表示,读者应能从上下文中加以区别.

例 5.1.3 啤酒厂生产的瓶装啤酒规定净含量为 640 ml,由于随机性,事实上不可能使得所有的啤酒净含量均为 640 ml.现从某厂生产的啤酒中随机抽取 10 瓶测定其净含量,得到如下结果(单位:ml):

$$641 \quad 635 \quad 640 \quad 637 \quad 642 \quad 638 \quad 645 \quad 643 \quad 639 \quad 640$$

这是一个容量为 10 的样本的观测值,对应的总体为该厂生产的瓶装啤酒的净含量.

例 5.1.4(分组样本) 我们考察某厂生产的某种电子元件的寿命,该厂生产的以及将要生产的所有该种元件的寿命是总体(通常可以认为是无限总体),我们选了 100 只进行寿命试验,由于一些原因,我们不可能每时每刻对试验进行观测,而只能定期(比如每隔 24 h)进行观测,于是,对每个元件,我们只能观测到其寿命落在某个范围内,这就产生了表 5.1.1 所示的一组样本:

表 5.1.1 100 只元件的寿命数据

寿命范围	元件数	寿命范围	元件数	寿命范围	元件数
(0,24]	4	(192,216]	6	(384,408]	4
(24,48]	8	(216,240]	3	(408,432]	4
(48,72]	6	(240,264]	3	(432,456]	1
(72,96]	5	(264,288]	5	(456,480]	2
(96,120]	3	(288,312]	5	(480,504]	2
(120,144]	4	(312,336]	3	(504,528]	3
(144,168]	5	(336,360]	5	(528,552]	1
(168,192]	4	(360,384]	1	>552	13

表 5.1.1 中的样本观测值没有具体的数值,只有一个范围,这样的样本称为**分组样本**,它是一种**不完全样本**.相应地,例 5.1.3 中的 10 个啤酒净含量称为**完全样本**.分组样本与完全样本相比在信息上总有损失,这是分组样本的缺点.为了获得更多信息,应尽量设法获得完全样本,在不得已场合可使用分组样本(如本例).但在实际中,在样本量特别大时(如 $n \geq 100$),又常用分组样本来代替完全样本,这时需要对样本进行分组整

理,它能简明扼要地表示样本,使人们能更好地认识总体,这是分组样本的优点.

从总体中抽取样本可以有不同的抽法,为了能由样本对总体作出较可靠的推断,就希望样本能很好地代表总体.这就需要对抽样方法提出一些要求,最常用的"简单随机抽样"有如下两个要求:

- 样本具有**代表性**,即要求总体中每一个个体都有同等机会被选入样本,这便意味着每一样品 x_i 与总体 X 有相同的分布.

- 样本要有**独立性**,即要求样本中每一样品的取值不影响其他样品的取值,这意味着 $x_1, x_2, \cdots, x_n$ 相互独立.

用简单随机抽样方法得到的样本称为**简单随机样本**,也简称**样本**.除非特别指明,本书中的样本皆为简单随机样本.于是,样本 $x_1, x_2, \cdots, x_n$ 可以看成是相互独立的具有同一分布的随机变量,又称为 i.i.d. 样本,其共同分布即为总体分布.

设总体 X 具有分布函数 $F(x)$, $x_1, x_2, \cdots, x_n$ 为取自该总体的容量为 n 的样本,则样本**联合分布函数**为

$$F(x_1, x_2, \cdots, x_n) = \prod_{i=1}^{n} F(x_i).$$

对无限总体,代表性与独立性容易实现,关键在于排除有意或无意的人为干扰.对有限总体,只要总体所含个体数很大,特别是与样本量相比很大,则独立性也可基本得到满足.

例 5.1.5 设有一批产品共 N 个,需要进行抽样检验以了解其不合格品率 p,现从中抽出 n 个逐一检查它们是否是不合格品.如果把合格品记为 0,不合格品记为 1,则总体为一个二点分布,

$$P(X = 1) = p, \quad P(X = 0) = 1 - p,$$

设想样本是一个一个抽出的,结果记为 $x_1, x_2, \cdots, x_n$.如果采取有放回抽样,则 $x_1, x_2, \cdots, x_n$ 为独立同分布.若采取不放回抽样(实际抽样常是这种),这时,第二次抽到不合格品的概率依赖于第一次抽到的是否是不合格品,如果第一次抽到不合格品,则第二次抽到不合格品的概率为

$$P(x_2 = 1 \mid x_1 = 1) = \frac{Np - 1}{N - 1},$$

而若第一次抽到的是合格品,则第二次抽到不合格品的概率为

$$P(x_2 = 1 \mid x_1 = 0) = \frac{Np}{N - 1}.$$

显然,如此得到的样本不是简单随机样本.但是,当 N 很大时,我们可以看到上述两种情形的概率都近似等于 p.所以当 N 很大,而 n 不大(一个经验法则是 $n/N \leqslant 0.1$)时可以把该样本近似地看成简单随机样本.

习 题 5.1

1. 某地电视台想了解某电视栏目(如:每日晚九点至九点半的体育节目)在该地区的收视率情况,于是委托一家市场咨询公司进行一次电话访查.

（1）该项研究的总体是什么？

（2）该项研究的样本是什么？

2. 某市要调查成年男子的吸烟率,特聘请 50 名统计专业本科生作街头随机调查,要求每位学生调查 100 名成年男子,问该项调查的总体和样本分别是什么,总体用什么分布描述为宜？

3. 设某厂大量生产某种产品,其不合格品率 p 未知,每 m 件产品包装为一盒.为了检查产品的质量,任意抽取 n 盒,查其中的不合格品数,试说明什么是总体,什么是样本,并指出样本的分布.

4. 为估计鱼塘里有多少条鱼,一位统计学家设计了一个方案如下:从鱼塘中打捞出一网鱼,计有 n 条,涂上不会被水冲刷掉的红漆后放回,一天后再从鱼塘里打捞一网,发现共有 m 条鱼,而涂有红漆的鱼则有 k 条,你能估计出鱼塘里大概有多少鱼吗？该问题的总体和样本又分别是什么呢？

5. 某厂生产的电容器的使用寿命服从指数分布,为了解其平均寿命,从中抽出 n 件产品测其实际使用寿命,试说明什么是总体,什么是样本,并指出样本的分布.

6. 美国某高校根据毕业生返校情况记录,宣布该校毕业生的年平均工资为 5 万美元,你对此有何评论？

§5.2　样本数据的整理与显示

5.2.1　经验分布函数

设 $x_1, x_2, \cdots, x_n$ 是取自总体分布函数为 $F(x)$ 的样本,若将样本观测值由小到大进行排列,记为 $x_{(1)}, x_{(2)}, \cdots, x_{(n)}$,则 $x_{(1)}, x_{(2)}, \cdots, x_{(n)}$ 称为**有序样本**,用有序样本定义如下函数

$$F_n(x) = \begin{cases} 0, & \text{当 } x < x_{(1)}, \\ k/n, & \text{当 } x_{(k)} \leq x < x_{(k+1)}, k = 1, 2, \cdots, n-1, \\ 1, & \text{当 } x \geq x_{(n)}, \end{cases}$$

则 $F_n(x)$ 是一非减右连续函数,且满足

$$F_n(-\infty) = 0 \text{ 和 } F_n(\infty) = 1.$$

由此可见,$F_n(x)$ 是一个分布函数,称 $F_n(x)$ 为该样本的**经验分布函数**.

例 5.2.1　某食品厂生产听装饮料,现从生产线上随机抽取 5 听饮料,称得其净重（单位：g）为

$$351 \quad 347 \quad 355 \quad 344 \quad 351$$

这是一个容量为 5 的样本,经排序可得有序样本：

$$x_{(1)} = 344, \quad x_{(2)} = 347, \quad x_{(3)} = 351, \quad x_{(4)} = 351, \quad x_{(5)} = 355,$$

其经验分布函数（其图形如图 5.2.1 所示）为

$$F_n(x) = \begin{cases} 0, & x < 344, \\ 0.2, & 344 \leq x < 347, \\ 0.4, & 347 \leq x < 351, \\ 0.8, & 351 \leq x < 355, \\ 1, & x \geq 355. \end{cases}$$

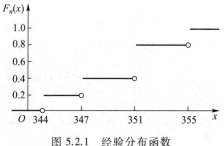

图 5.2.1 经验分布函数

对每一固定的 x，$F_n(x)$ 是样本中事件 $\{x_i \leqslant x\}$ 发生的频率. 当 n 固定时，$F_n(x)$ 是样本的函数，它是一个随机变量. 若对任意给定的实数 x，定义

$$I_i(x) = \begin{cases} 1, & x_i \leqslant x, \\ 0, & x_i > x, \end{cases}$$

则由经验分布函数的定义可以看出，对任意给定的实数 x

$$F_n(x) = \frac{1}{n} \sum_{i=1}^{n} I_i(x).$$

注意到诸 $I_i(x)$ 是独立同分布的随机变量，其共同分布为 $b(1, F(x))$，由伯努利大数定律：只要 n 相当大，$F_n(x)$ 依概率收敛于 $F(x)$. 更深刻的结果也是存在的，这就是格利文科定理，下面我们不加证明地加以介绍.

定理 5.2.1(格利文科(Glivenko)定理) 设 $x_1, x_2, \cdots, x_n$ 是取自总体分布函数为 $F(x)$ 的样本，$F_n(x)$ 是其经验分布函数，当 $n \to \infty$ 时，有

$$P\left(\sup_{-\infty < x < \infty} |F_n(x) - F(x)| \to 0 \right) = 1.$$

定理 5.2.1 表明，当 n 相当大时，经验分布函数是总体分布函数 $F(x)$ 的一个良好的近似. 经典统计学中一切统计推断都以样本为依据，其理由就在于此.

5.2.2 频数频率表

样本数据的整理是统计研究的基础，整理数据的最常用方法之一是给出其频数表或频率表. 我们从一个例子开始介绍.

例 5.2.2 为研究某厂工人生产某种产品的能力，我们随机调查了 20 位工人某天生产的该种产品的数量，数据如下

160	196	164	148	170
175	178	166	181	162
161	168	166	162	172
156	170	157	162	154

对这 20 个数据(样本)进行整理，具体步骤如下：

（1）**对样本进行分组**. 首先确定组数 k，作为一般性的原则，组数通常在 5~20 个，对容量较小的样本，通常将其分为 5 组或 6 组，容量为 100 左右的样本可分 7 到 10 组，容量为 200 左右的样本可分 9 到 13 组，容量为 300 左右及以上的样本可分 12 到 20

组,目的是使用足够的组来表示数据的变异.本例中只有 20 个数据,我们将之分为 5 组,即 $k = 5$.

（2）**确定每组组距**.每组区间长度可以相同也可以不同,实用中常选用长度相同的区间以便于进行比较,此时各组区间的长度称为**组距**,其近似公式为

组距 $d = $（样本最大观测值 － 样本最小观测值）/ 组数.

本例中,数据最大观测值为 196,最小观测值为 148,故组距近似为

$$d = \frac{196 - 148}{5} = 9.6,$$

方便起见,取组距为 10.

（3）**确定每组组限**.各组区间端点为 $a_0, a_0 + d = a_1, a_0 + 2d = a_2, \cdots, a_0 + kd = a_k$,形成如下的分组区间

$$(a_0, a_1], (a_1, a_2], \cdots, (a_{k-1}, a_k],$$

其中 a_0 略小于最小观测值,a_k 略大于最大观测值,本例中可取 $a_0 = 147, a_5 = 197$,于是本例的分组区间为:

$$(147, 157], (157, 167], (167, 177], (177, 187], (187, 197],$$

通常可用每组的组中值来代表该组的变量取值,组中值 =（组上限 + 组下限）/ 2.

（4）**统计样本数据落入每个区间的个数——频数,并列出其频数频率表**.本例的频数频率表见表 5.2.1.从表中可以读出很多信息,如:40% 的工人产量在 157 到 167 之间;产量少于 167 个的有 12 人,占 60%;产量高于 177 的有 3 人,占 15%.

表 5.2.1 例 5.2.2 的频数频率表

组序	分组区间	组中值	频数	频率	累计频率/%
1	(147, 157]	152	4	0.20	20
2	(157, 167]	162	8	0.40	60
3	(167, 177]	172	5	0.25	85
4	(177, 187]	182	2	0.10	95
5	(187, 197]	192	1	0.05	100
合计			20	1	

5.2.3 样本数据的图形显示

前面我们介绍了频数频率分布的表格形式,它也可以用图形表示,这在许多场合更直观.

一、直方图

频数分布最常用的图形表示是**直方图**,它在组距相等场合常用宽度相等的长条矩形表示,矩形的高低表示频数的大小.在图形上,横坐标表示所关心变量的取值区间,纵坐标表示频数,这样就得到频数直方图,图 5.2.2 画出了例5.2.2的频数直方图.若把

纵轴改成频率就得到**频率直方图**.

为使诸长条矩形面积和为1,可将纵轴取为频率/组距,如此得到的直方图称为**单位频率直方图**,或简称**频率直方图**.凡此三种直方图的差别仅在于纵轴刻度的选择,直方图本身并无变化.

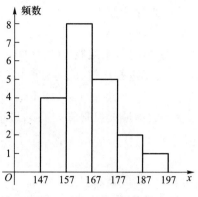

图 5.2.2　例 5.2.2 的频数直方图

二、茎叶图

除直方图外,另一种常用的方法是**茎叶图**,下面我们从一个例子谈起.

例 5.2.3　某公司对应聘人员进行能力测试,测试成绩总分为 150 分.下面是 50 位应聘人员的测试成绩(已经过排序):

64	67	70	72	74	76	76	79	80	81
82	82	83	85	86	88	91	91	92	93
93	93	95	96	96	97	97	99	100	100
102	104	106	106	107	108	108	112	112	114
116	118	119	119	122	123	125	126	128	133

我们用这批数据给出一个茎叶图.把每一个数值分为两部分,前面一部分(百位和十位)称为**茎**,后面部分(个位)称为**叶**,如

数值		分开		茎	和	叶
112	→	11|2	→	11	和	2

然后画一条竖线,**在竖线的左侧写上茎,右侧写上叶,就形成了茎叶图**.应聘人员测试成绩的茎叶图见图5.2.3.

茎叶图的外观很像横放的直方图,但茎叶图中叶增加了具体的数值,使我们对数据的具体取值一目了然,从而保留了数据中全部的信息.

在要比较两组样本时,可画出它们的**背靠背的茎叶图**,这是一个简单直观而有效的对比方法.

例 5.2.4　下面的数据是某厂两个车间某天各 40 名员工生产的产品数量(表 5.2.2).为对其进行比较,我们将这些数据放到一个背靠背茎叶图上(图 5.2.4).

```
 6 | 4 7
 7 | 0 2 4 6 6 9
 8 | 0 1 2 2 3 5 6 8
 9 | 1 1 2 3 3 3 5 6 6 7 7 9
10 | 0 0 2 4 6 6 7 8 8
11 | 2 2 4 6 8 9 9
12 | 2 3 5 6 8
13 | 3
```

图 5.2.3　测试成绩的茎叶图

表 5.2.2　某厂两个车间 40 名员工的产量

甲　车　间						乙　车　间					
50	52	56	61	61	62	56	66	67	67	68	68
64	65	65	65	67	67	72	72	74	75	75	75
67	68	71	72	74	74	75	76	76	76	76	78
76	76	77	77	78	82	78	79	80	81	81	83
83	85	86	86	87	88	83	83	84	84	84	86
90	91	92	93	93	97	86	87	87	88	92	92
100	100	103	105			93	95	98	107		

```
甲车间              6 2 0 | 5 | 6                  乙车间
        8 7 7 7 5 5 5 4 2 1 1 | 6 | 6 7 7 8 8
          8 7 7 6 6 4 4 2 1 | 7 | 2 2 4 5 5 5 5 6 6 6 6 8 8 9
              8 7 6 6 5 3 2 | 8 | 0 1 1 3 3 3 4 4 4 6 6 7 7 8
                7 3 3 2 1 0 | 9 | 2 2 3 5 8
                    5 3 0 0 | 10 | 7
```

图 5.2.4 两车间产量的背靠背茎叶图

在图 5.2.4 中,茎在中间,左边表示甲车间的数据,右边表示乙车间的数据.从茎叶图可以看出,甲车间员工的产量偏于上方,而乙车间员工的产量大多位于中间,乙车间的平均产量要高于甲车间,乙车间各员工的产量比较集中,而甲车间员工的产量则比较分散.

习 题 5.2

1. 以下是某工厂通过抽样调查得到的 10 名工人一周内生产的产品数

$$149 \quad 156 \quad 160 \quad 138 \quad 149 \quad 153 \quad 153 \quad 169 \quad 156 \quad 156$$

试由这批数据构造经验分布函数并作图.

2. 下表是经过整理后得到的分组样本:

组序	1	2	3	4	5
分组区间	(38,48]	(48,58]	(58,68]	(68,78]	(78,88]
频数	3	4	8	3	2

试写出此分组样本的经验分布函数.

3. 假若某地区 30 名 2018 年某专业毕业生实习期满后的月薪数据如下:

9 090	10 860	11 200	9 990	13 200	10 910
10 710	10 810	11 300	13 360	9 670	15 720
8 250	9 140	9 920	12 320	9 500	7 750
12 030	10 250	10 960	8 080	12 240	10 440
8 710	11 640	9 710	9 500	8 660	7 380

(1) 构造该批数据的频率分布表(分 6 组);

(2) 画出直方图.

4. 某公司对其 250 名职工上班所需时间(单位:min)进行了调查,下面是其不完整的频率分布表:

所需时间	频率
0~10	0.10
10~20	0.24
20~30	
30~40	0.18
40~50	0.14

(1) 试将频率分布表补充完整;

（2）该公司上班所需时间在半小时以内的有多少人？

5. 40 种刊物的月发行量（单位：百册）如下：

5 954	5 022	14 667	6 582	6 870	1 840	2 662	4 508
1 208	3 852	618	3 008	1 268	1 978	7 963	2 048
3 077	993	353	14 263	1 714	11 127	6 926	2 047
714	5 923	6 006	14 267	1 697	13 876	4 001	2 280
1 223	12 579	13 588	7 315	4 538	13 304	1 615	8 612

（1）建立该批数据的频数分布表，取组距为 1 700（百册）；

（2）画出直方图.

6. 对下列数据构造茎叶图：

452	425	447	377	341	369	412	399
400	382	366	425	399	398	423	384
418	392	372	418	374	385	439	408
409	428	430	413	405	381	403	479
381	443	441	433	399	379	386	387

7. 根据调查，某集团公司的中层管理人员的年薪（单位：万元）数据如下：

40.6	39.6	37.8	36.2	38.8
38.6	39.6	40.0	34.7	41.7
38.9	37.9	37.0	35.1	36.7
37.1	37.7	39.2	36.9	38.3

试画出茎叶图.

§5.3 统计量及其分布

5.3.1 统计量与抽样分布

样本来自总体，因此样本中含有总体各方面的信息，但这些信息较为分散，有时显得杂乱无章.为将这些分散在样本中的有关总体的信息集中起来以反映总体的各种特征，需要对样本进行加工，表和图是一类加工形式，它使人们从中获得对总体的初步认识.当人们需要从样本获得对总体各种参数的认识时，更有效的加工方法是构造样本的函数，不同的样本函数反映总体的不同特征.

定义 5.3.1 设 $x_1, x_2, \cdots, x_n$ 为取自某总体的样本，若样本函数 $T = T(x_1, x_2, \cdots, x_n)$ 中不含有任何未知参数，则称 T 为**统计量**.统计量的分布称为**抽样分布**.

按照这一定义，若 $x_1, x_2, \cdots, x_n$ 为样本，则 $\sum\limits_{i=1}^{n} x_i$，$\sum\limits_{i=1}^{n} x_i^2$ 以及 5.2.1 节中的 $F_n(x)$ 都是统计量.而当 μ, σ^2 未知时，$x_1 - \mu, x_1/\sigma$ 等均不是统计量.必须指出的是：尽管统计量不依赖于未知参数，但是它的分布是依赖于未知参数的.

下面几小节及 5.4 节我们介绍一些常见的统计量及其抽样分布.

5.3.2　样本均值及其抽样分布

定义 5.3.2　设 $x_1, x_2, \cdots, x_n$ 为取自某总体的样本,其算术平均值称为样本均值,一般用 $\bar{x}$ 表示,即

$$\bar{x} = \frac{x_1 + x_2 + \cdots + x_n}{n} = \frac{1}{n}\sum_{i=1}^{n} x_i. \tag{5.3.1}$$

在分组样本场合,样本均值的近似公式为

$$\bar{x} = \frac{x_1 f_1 + x_2 f_2 + \cdots + x_k f_k}{n} \qquad \left(n = \sum_{i=1}^{k} f_i\right). \tag{5.3.2}$$

其中 k 为组数,x_i 为第 i 组的组中值,f_i 为第 i 组的频数.

例 5.3.1　某单位收集到 20 名青年人某月的娱乐支出费用数据:

790	840	840	880	920	930	940	970	980	990
1000	1010	1010	1020	1020	1080	1100	1130	1180	1250

则该月这 20 名青年的平均娱乐支出为

$$\bar{x} = \frac{1}{20}(790 + 840 + \cdots + 1250) = 994.$$

将这 20 个数据分组可得到如下频数频率表:

表 5.3.1　例 5.3.1 的频数频率分布表

组序	分组区间	组中值	频数	频率(%)
1	$(770, 870]$	820	3	15
2	$(870, 970]$	920	5	25
3	$(970, 1070]$	1020	7	35
4	$(1070, 1170]$	1120	3	15
5	$(1170, 1270]$	1220	2	10
合计			20	100

对表 5.3.1 的分组样本,使用公式(5.3.2)进行计算可得

$$\bar{x} = \frac{1}{20}(820 \times 3 + 920 \times 5 + \cdots + 1220 \times 2) = 1000.$$

我们看到两种计算结果不同.事实上,由于(5.3.2)式未用到真实的样本观测数据,因而给出的是近似结果.

关于样本均值,有如下几个性质.

性质 5.3.1　若把样本中的数据与样本均值之差称为偏差,则样本所有偏差之和为 0,即 $\sum_{i=1}^{n} (x_i - \bar{x}) = 0$.

从均值的计算公式看,它使用了所有的数据,而且每一个数据在计算公式中处于平等的地位.所有数据与样本中心 $\bar{x}$ 的偏差可正可负,且被互相抵消,从而样本的所有偏差之和必为零.

性质 5.3.2　数据观测值与样本均值的偏差平方和最小,即在形如 $\sum (x_i - c)^2$ 的函

数中, $\sum (x_i - \bar{x})^2$ 最小, 其中 c 为任意给定常数.

证明　对任意给定的常数 c,

$$\sum (x_i - c)^2 = \sum (x_i - \bar{x} + \bar{x} - c)^2$$
$$= \sum (x_i - \bar{x})^2 + n(\bar{x} - c)^2 + 2\sum (x_i - \bar{x})(\bar{x} - c)$$
$$= \sum (x_i - \bar{x})^2 + n(\bar{x} - c)^2 \geqslant \sum (x_i - \bar{x})^2.$$

下面考察样本均值的分布.

11	8		样本1	样本2	样本3	样本4
12	13					
8	9		11	8	13	12
11	10		11	13	11	9
9	11		9	10	11	10
10	8		10	11	10	10
10	12		8	9	9	11
11	9					
8	11	样本均值	9.8	10.2	10.8	10.4
10	13					

图 5.3.1　4 个样本的样本均值

例 5.3.2　设有一个由 20 个数组成的总体, 现从该总体同时取出容量为 5 的样本. 图 5.3.1 画出第一个样本的抽样过程, 左侧是该总体, 右侧是从总体中随机地抽出的样本, 记录后, 放回, 再抽第二个样本. 这里一共抽出 4 个样本, 每个样本有 5 个观测值, 我们计算了各个样本的样本均值. 由抽样的随机性, 每一个样本的样本均值都有差别.

设想类似抽取样本 5、样本 6……每次都计算样本均值 $\bar{x}$, 它们之间的差异是由于抽样的随机性引起的. 假如无限制地抽下去, 这样我们可以得到大量的 $\bar{x}$ 的值, 图 5.3.2 就是用这样得到的 500 个 $\bar{x}$ 的值所形成的直方图, 它反映了 $\bar{x}$ 的抽样分布.

它的外形很像正态分布, 这不是偶然的, 有下面定理保证.

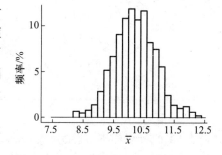

图 5.3.2　500 个样本均值形成的直方图

定理 5.3.1　设 $x_1, x_2, \cdots, x_n$ 是来自某个总体的样本, $\bar{x}$ 为样本均值.

(1) 若总体分布为 $N(\mu, \sigma^2)$, 则 $\bar{x}$ 的**精确分布**为 $N(\mu, \sigma^2/n)$;

(2) 若总体分布未知或不是正态分布, $E(x) = \mu$, $\mathrm{Var}(x) = \sigma^2$ 存在, 则 n 较大时 $\bar{x}$ 的**渐近分布**为 $N(\mu, \sigma^2/n)$, 常记为 $\bar{x} \stackrel{.}{\sim} N(\mu, \sigma^2/n)$. 这里渐近分布是指 n 较大时的近似分布

证明　(1) 利用卷积公式, 可得知 $\sum_{i=1}^{n} x_i \sim N(n\mu, n\sigma^2)$, 由此可知 $\bar{x} \sim N(\mu, \sigma^2/n)$.

(2) 由中心极限定理, $\sqrt{n}(\bar{x} - \mu)/\sigma \stackrel{L}{\longrightarrow} N(0, 1)$, 这表明 n 较大时 $\bar{x}$ 的渐近分布为 $N(\mu, \sigma^2/n)$, 证明完成.

例 5.3.3　图 5.3.3 给出三个不同总体样本均值的分布密度函数. 三个总体分别是:

① 均匀分布② 倒三角分布③ 指数分布,随着样本量的增加,样本均值 $\bar{x}$ 的抽样分布逐渐向正态分布逼近,它们的均值保持不变,而方差则缩小为原来的 $1/n$.当样本量为 30 时,我们看到三个抽样分布都近似于正态分布.下面对之进行具体说明.

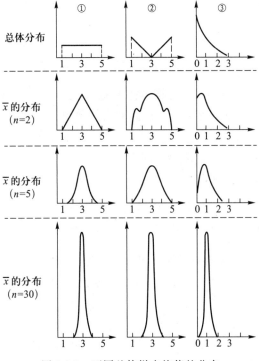

图 5.3.3 不同总体样本均值的分布

① 的总体分布为均匀分布 $U(1,5)$,该总体的均值和方差分别为 3 和 4/3,若从该总体抽取样本容量为 30 的样本,则其样本均值的渐近分布为

$$\bar{x}_1 \stackrel{\cdot}{\sim} N\left(3, \frac{4}{3 \times 30}\right) = N(3, 0.21^2).$$

② 的总体分布的概率密度函数为

$$p(x) = \begin{cases} (3-x)/4, & 1 \leqslant x < 3, \\ (x-3)/4, & 3 \leqslant x \leqslant 5, \\ 0, & \text{其他.} \end{cases}$$

这是一个倒三角分布,可以算得其均值与方差分别为 3 和 2,若从该总体抽取样本容量为 30 的样本,则其样本均值的渐近分布为

$$\bar{x}_2 \stackrel{\cdot}{\sim} N\left(3, \frac{2}{30}\right) = N(3, 0.26^2).$$

③ 的总体分布为指数分布 $Exp(1)$,其均值与方差都等于 1,若从该总体抽取样本容量为 30 的样本,则其样本均值 $\bar{x}_3$ 的分布近似为

$$\bar{x}_3 \stackrel{\cdot}{\sim} N\left(1, \frac{1}{30}\right) = N(1, 0.18^2).$$

这三个总体都不是正态分布,但其样本均值的分布都近似于正态分布,差别表现

在均值与标准差上.图 5.3.3 所示曲线既展示它们的共同之处,又显示它们之间的差别.

5.3.3 样本方差与样本标准差

定义 5.3.3 设 $x_1, x_2, \cdots, x_n$ 为取自某总体的样本,则它关于样本均值 $\bar{x}$ 的平均偏差平方和

$$s_n^2 = \frac{1}{n} \sum_{i=1}^{n} (x_i - \bar{x})^2 \tag{5.3.3}$$

称为**样本方差**.其算术根 $s_n = \sqrt{s_n^2}$ 称为**样本标准差**.相对样本方差而言,样本标准差通常更有实际意义,因为它与样本均值具有相同的度量单位.在 n 不大时,常用

$$s^2 = \frac{1}{n-1} \sum_{i=1}^{n} (x_i - \bar{x})^2 \tag{5.3.4}$$

作为样本方差(也称**无偏方差**,其含义在第六章讲述),其算术根 $s = \sqrt{s^2}$ 也称为样本标准差.在实际中,s^2 比 s_n^2 更常用,在以后讲样本方差通常指的是 s^2.

样本方差(s^2 或 s_n^2)是度量样本散布大小的统计量,使用广泛,在它的这个定义中,n 为样本量,$\sum_{i=1}^{n} (x_i - \bar{x})^2$ 称为偏差平方和,$n-1$ 称为偏差平方和的自由度.其含义是:在 $\bar{x}$ 确定后,n 个偏差 $x_1 - \bar{x}, x_2 - \bar{x}, \cdots, x_n - \bar{x}$ 中只有 $n-1$ 个偏差可以自由变动,而第 n 个则不能自由取值,因为 $\sum(x_i - \bar{x}) = 0$.

样本偏差平方和有三个常用的表达式:

$$\sum (x_i - \bar{x})^2 = \sum x_i^2 - \frac{(\sum x_i)^2}{n} = \sum x_i^2 - n\bar{x}^2. \tag{5.3.5}$$

它们都可用来计算样本方差.

在分组样本场合,样本方差的近似计算公式为

$$s^2 = \frac{1}{n-1} \sum_{i=1}^{k} f_i (x_i - \bar{x})^2 = \frac{1}{n-1} \left(\sum_{i=1}^{k} f_i x_i^2 - n\bar{x}^2 \right), \tag{5.3.6}$$

其中 x_i, f_i 分别为第 i 个区间的组中值和频数,$\bar{x}$ 为(5.3.2)式给出的样本均值近似值.

例 5.3.4 考察例 5.3.1 的样本,我们已经算得 $\bar{x} = 994$,其样本方差与样本标准差分别为

$$s^2 = \frac{1}{20-1} [(790-994)^2 + (840-994)^2 + \cdots + (1250-994)^2] = 13\,393.68,$$

$$s = \sqrt{13\,393.68} = 115.731,$$

对表 5.3.1 的分组样本,我们可以如表 5.3.2 计算(样本均值也由分组样本计算):

表 5.3.2 分组样本方差的计算表

组中值 x	频数 f	xf	$x - \bar{x}$	$(x - \bar{x})^2 f$
820	3	2 460	−180	97 200
920	5	4 600	−80	32 000
1 020	7	7 140	20	2 800

组中值 x	频数 f	xf	$x-\bar{x}$	$(x-\bar{x})^2 f$
1 120	3	3 360	120	43 200
1 220	2	2 440	220	96 800
和	20	20 000		272 000

于是 $\bar{x} = \dfrac{20\ 000}{20} = 1\ 000, s^2 = \dfrac{272\ 000}{20-1} = 14\ 316, s = \sqrt{14\ 316} = 119.6$.

下面的定理给出样本均值的数学期望和方差以及样本方差的数学期望,它不依赖于总体的分布形式.

定理 5.3.2 设总体 X 具有二阶矩,即 $E(X) = \mu$,$\mathrm{Var}(X) = \sigma^2 < \infty$,$x_1, x_2, \cdots, x_n$ 为从该总体得到的样本,$\bar{x}$ 和 s^2 分别是样本均值和样本方差,则

$$E(\bar{x}) = \mu, \qquad \mathrm{Var}(\bar{x}) = \sigma^2/n, \tag{5.3.7}$$

$$E(s^2) = \sigma^2. \tag{5.3.8}$$

此定理表明,样本均值的期望与总体均值相同,而样本均值的方差是总体方差的 $1/n$.

证明 由于

$$E(\bar{x}) = \frac{1}{n} E\left(\sum_{i=1}^{n} x_i \right) = \frac{n\mu}{n} = \mu,$$

$$\mathrm{Var}(\bar{x}) = \frac{1}{n^2} \mathrm{Var}\left(\sum_{i=1}^{n} x_i \right) = \frac{n\sigma^2}{n^2} = \frac{\sigma^2}{n},$$

故 (5.3.7) 式成立. 下证 (5.3.8) 式,注意到

$$\sum_{i=1}^{n} (x_i - \bar{x})^2 = \sum_{i=1}^{n} x_i^2 - n\bar{x}^2,$$

而 $E(x_i^2) = (E(x_i))^2 + \mathrm{Var}(x_i) = \mu^2 + \sigma^2$,$E(\bar{x}^2) = (E(\bar{x}))^2 + \mathrm{Var}(\bar{x}) = \mu^2 + \sigma^2/n$,于是

$$E\left(\sum_{i=1}^{n} (x_i - \bar{x})^2 \right) = n(\mu^2 + \sigma^2) - n(\mu^2 + \sigma^2/n) = (n-1)\sigma^2,$$

两边各除以 $n-1$,即得 (5.3.8) 式.

5.3.4 样本矩及其函数

样本均值和样本方差的更一般的推广是样本矩,这是一类常见的统计量.

定义 5.3.4 设 $x_1, x_2, \cdots, x_n$ 是样本,k 为正整数,则统计量

$$a_k = \frac{1}{n} \sum_{i=1}^{n} x_i^k \tag{5.3.9}$$

称为样本 k 阶原点矩,特别,样本一阶原点矩就是样本均值.统计量

$$b_k = \frac{1}{n} \sum_{i=1}^{n} (x_i - \bar{x})^k \tag{5.3.10}$$

称为样本 k 阶中心矩.特别,样本二阶中心矩就是样本方差.

当总体关于分布中心对称时,我们用 $\bar{x}$ 和 s 刻画样本特征很有代表性,而当其不对称时,只用 $\bar{x}, s$ 就显得很不够.为此,需要一些刻画分布形状的统计量(参见 §2.7.5 和 §2.7.6).这里我们介绍样本偏度和样本峰度,它们都是样本中心矩的函数.

定义 5.3.5 设 $x_1, x_2, \cdots, x_n$ 是样本,则称统计量

$$\hat{\beta}_S = b_3/b_2^{3/2} \tag{5.3.11}$$

为**样本偏度**.

样本偏度 $\hat{\beta}_S$ 反映了样本数据与对称性的偏离程度和偏离方向.如果数据完全对称,则不难看出 $b_3=0$.对不对称的数据则 $b_3 \neq 0$.这里用 b_3 除以 $b_2^{3/2}$ 是为了消除量纲的影响,$\hat{\beta}_S$ 是个相对数,它很好地刻画了数据分布的偏斜方向和程度.如果 $\hat{\beta}_S = 0$,表示样本对称(见图 5.3.4(a));如果 $\hat{\beta}_S$ 明显大于 0,表示样本的右尾长,即样本中有几个较大的数,这反映总体分布是正偏的或右偏的(见图 5.3.4(b));如果 $\hat{\beta}_S$ 明显小于 0,表示分布的左尾长,即样本中有几个特小的数,这反映总体分布是负偏的或左偏的(见图 5.3.4(c)).

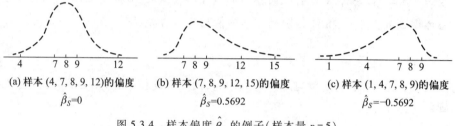

(a) 样本 (4, 7, 8, 9, 12) 的偏度　　(b) 样本 (7, 8, 9, 12, 15) 的偏度　　(c) 样本 (1, 4, 7, 8, 9) 的偏度

$\hat{\beta}_S = 0$　　　　　　　　　$\hat{\beta}_S = 0.5692$　　　　　　　　$\hat{\beta}_S = -0.5692$

图 5.3.4　样本偏度 $\hat{\beta}_S$ 的例子(样本量 $n = 5$)

定义 5.3.6 设 $x_1, x_2, \cdots, x_n$ 是样本,则称统计量

$$\hat{\beta}_k = \frac{b_4}{b_2^2} - 3 \tag{5.3.12}$$

为**样本峰度**.

样本峰度 $\hat{\beta}_k$ 是反映总体分布密度曲线在其峰值附近的陡峭程度和尾部粗细的统计量.当 $\hat{\beta}_k$ 明显大于 0 时,分布密度曲线在其峰值附近比正态分布来得陡,尾部更细,称为尖顶型;当 $\hat{\beta}_k$ 明显小于 0 时,分布密度曲线在其峰值附近比正态分布来得平坦,尾部更粗,称为平顶型.

例 5.3.5 表 5.3.3 是两个班(每班 50 名同学)的英语课程的考试成绩.

表 5.3.3　两个班级的英语成绩

成绩	组中值	甲班人数 $f_{甲}$	乙班人数 $f_{乙}$
90~100	95	5	4
80~89	85	10	14
70~79	75	22	16
60~69	65	11	14
50~59	55	1	2
40~49	45	1	0

下面我们分别计算两个班级的平均成绩、标准差、样本偏度及样本峰度.表 5.3.4 和表 5.3.5 分别给出甲班和乙班的计算过程.

表 5.3.4 甲班成绩的计算过程

x	$f_甲$	$x \cdot f_甲$	$(x-\bar{x}_甲)^2 f_甲$	$(x-\bar{x}_甲)^3 f_甲$	$(x-\bar{x}_甲)^4 f_甲$
95	5	475	1 843.20	35 389.440	679 477.248 0
85	10	850	846.40	7 786.880	71 639.296 0
75	22	1 650	14.08	−11.264	9.011 2
65	11	715	1 283.04	−13 856.832	149 653.785 6
55	1	55	432.64	−8 998.912	187 177.369 6
45	1	45	948.64	−29 218.112	899 917.849 6
和	50	3 790	5 368	−8 908.8	1 987 874.56

表 5.3.5 乙班成绩的计算过程

x	$f_乙$	$x \cdot f_乙$	$(x-\bar{x}_乙)^2 f_乙$	$(x-\bar{x}_乙)^3 f_乙$	$(x-\bar{x}_乙)^4 f_乙$
95	4	380	1 474.56	28 311.552	543 581.798 4
85	14	1 190	1 184.96	10 901.632	100 295.014 4
75	16	1 200	10.24	−8.192	6.553 6
65	14	910	1 632.96	−17 635.968	190 468.454 4
55	2	110	865.28	−17 997.824	374 354.739 2
和	50	3 790	5 168	3 571.2	1 208 706.56

可算得两个班的平均成绩、标准差、偏度、峰度分别为:

$$\bar{x}_甲 = \frac{3\ 790}{50} = 75.8, \qquad\qquad \bar{x}_乙 = \frac{3\ 790}{50} = 75.8,$$

$$s_甲 = \sqrt{\frac{5\ 368}{49}} = 10.47, \qquad\qquad s_乙 = \sqrt{\frac{5\ 168}{49}} = 10.27,$$

$$\hat{\beta}_{s_甲} = \frac{-\ 8\ 908.8/50}{(5\ 368/50)^{3/2}} = -\ 0.16, \qquad\qquad \hat{\beta}_{s_乙} = \frac{3\ 571.2/50}{(5\ 168/50)^{3/2}} = 0.068,$$

$$\hat{\beta}_{k_甲} = \frac{1\ 987\ 874.56/50}{(5\ 368/50)^2} - 3 = 0.45, \qquad \hat{\beta}_{k_乙} = \frac{1\ 208\ 706.56/50}{(5\ 168/50)^2} - 3 = -\ 0.74.$$

由此可见,两个班级的平均成绩相同,标准差也几乎相同,样本偏度分别为−0.16和0.068,显示两个班的成绩都是基本对称的.但两个班的样本峰度明显不同.乙班的成绩分布比较平坦,而甲班则稍显尖顶.

5.3.5 次序统计量及其分布

除了样本矩以外,另一类常见的统计量是次序统计量,它在实际和理论中都有广泛的应用.

一、定义

定义 5.3.7 设 $x_1, x_2, \cdots, x_n$ 是取自总体 X 的样本,$x_{(i)}$ 称为该样本的第 i 个次序统计量,它的取值是将样本观测值由小到大排列后得到的第 i 个观测值.其中 $x_{(1)} = \min\{x_1, x_2, \cdots, x_n\}$ 称为该样本的最小次序统计量,$x_{(n)} = \max\{x_1, x_2, \cdots, x_n\}$ 称为该样本

的最大次序统计量. $(x_{(1)}, x_{(2)}, \cdots, x_{(n)})$ 称为该样本的次序统计量.

我们知道,在一个(简单随机)样本中, $x_1, x_2, \cdots, x_n$ 是独立同分布的,而次序统计量 $x_{(1)}, x_{(2)}, \cdots, x_{(n)}$ 则既不独立,分布也不相同,看下例.

例 5.3.6 设总体 X 的分布为仅取 $0,1,2$ 的离散均匀分布,分布列为

x	0	1	2
p	1/3	1/3	1/3

现从中抽取容量为 3 的样本,其一切可能取值有 $3^3 = 27$ 种,现将它们列在表 5.3.6 左侧,其右侧是相应的次序统计量观测值.

表 5.3.6 例 5.3.6 中样本取值及其次序统计量取值

x_1	x_2	x_3	$x_{(1)}$	$x_{(2)}$	$x_{(3)}$	x_1	x_2	x_3	$x_{(1)}$	$x_{(2)}$	$x_{(3)}$
0	0	0	0	0	0	1	2	0	0	1	2
0	0	1	0	0	1	2	1	0	0	1	2
0	1	0	0	0	1	0	2	2	0	2	2
1	0	0	0	0	1	2	0	2	0	2	2
0	0	2	0	0	2	2	2	0	0	2	2
0	2	0	0	0	2	1	1	2	1	1	2
2	0	0	0	0	2	1	2	1	1	1	2
0	1	1	0	1	1	2	1	1	1	1	2
1	0	1	0	1	1	1	2	2	1	2	2
1	1	0	0	1	1	2	1	2	1	2	2
0	1	2	0	1	2	2	2	1	1	2	2
0	2	1	0	1	2	1	1	1	1	1	1
1	0	2	0	1	2	2	2	2	2	2	2
2	0	1	0	1	2						

由于样本取上述每一组观测值的概率相同,都为 $1/27$,由此可给出 $x_{(1)}, x_{(2)}, x_{(3)}$ 的分布列如下:

$x_{(1)}$	0	1	2
p	$\dfrac{19}{27}$	$\dfrac{7}{27}$	$\dfrac{1}{27}$

$x_{(2)}$	0	1	2
p	$\dfrac{7}{27}$	$\dfrac{13}{27}$	$\dfrac{7}{27}$

$x_{(3)}$	0	1	2
p	$\dfrac{1}{27}$	$\dfrac{7}{27}$	$\dfrac{19}{27}$

我们可以清楚地看到这三个次序统计量的分布是不相同的.

进一步,我们可以给出两个次序统计量的联合分布,如, $x_{(1)}$ 和 $x_{(2)}$ 的联合分布列为

$x_{(1)}$	$x_{(2)}$		
	0	1	2
0	7/27	9/27	3/27
1	0	4/27	3/27
2	0	0	1/27

因为 $P(x_{(1)}=0)P(x_{(2)}=0)=\dfrac{19}{27}\times\dfrac{7}{27}$，而 $P(x_{(1)}=0,x_{(2)}=0)=\dfrac{7}{27}$，两者不等，由此可看出 $x_{(1)}$ 和 $x_{(2)}$ 是不独立的.

接下来我们讨论次序统计量的抽样分布，它们常用在连续总体上，故我们仅就总体 X 的分布为连续的情况进行叙述.

二、单个次序统计量的分布

定理 5.3.3　设总体 X 的密度函数为 $p(x)$，分布函数为 $F(x)$，$x_1,x_2,\cdots,x_n$ 为样本，则第 k 个次序统计量 $x_{(k)}$ 的密度函数为

$$p_k(x)=\frac{n!}{(k-1)!\,(n-k)!}(F(x))^{k-1}(1-F(x))^{n-k}p(x). \tag{5.3.13}$$

证明　对任意的实数 x，考虑次序统计量 $x_{(k)}$ 取值落在小区间 $(x,x+\Delta x]$ 内这一事件，它等价于"样本容量为 n 的样本中有 1 个观测值落在 $(x,x+\Delta x]$ 之间（多于一个观测值落在区间 $(x,x+\Delta x]$ 的概率是 Δx 的高阶无穷小量，后同），而有 $k-1$ 个观测值小于等于 x，有 $n-k$ 个观测值大于 $x+\Delta x$"，其直观示意见图 5.3.5.

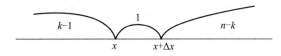

图 5.3.5　$x_{(k)}$ 取值的示意图

样本的每一个分量小于等于 x 的概率为 $F(x)$，落入区间 $(x,x+\Delta x]$ 的概率为 $F(x+\Delta x)-F(x)$，大于 $x+\Delta x$ 的概率为 $1-F(x+\Delta x)$，而将 n 个分量分成这样的三组，总的分法有 $\dfrac{n!}{(k-1)!1!\,(n-k)!}$ 种. 于是，若以 $F_k(x)$ 记 $x_{(k)}$ 的分布函数，则由多项分布可得

$$F_k(x+\Delta x)-F_k(x)\approx\frac{n!}{(k-1)!\,(n-k)!}(F(x))^{k-1}(F(x+\Delta x)-F(x))(1-F(x+\Delta x))^{n-k},$$

两边除以 Δx，并令 $\Delta x\to 0$，即有

$$\begin{aligned}
p_k(x)&=\lim_{\Delta x\to 0}\frac{F_k(x+\Delta x)-F_k(x)}{\Delta x}\\
&=\frac{n!}{(k-1)!\,(n-k)!}(F(x))^{k-1}p(x)(1-F(x))^{n-k},
\end{aligned}$$

其中 $p_k(x)$ 的非零区间与总体的非零区间相同. 特别，令 $k=1$ 和 $k=n$ 即得到最小次序统计量 $x_{(1)}$ 和最大次序统计量 $x_{(n)}$ 的密度函数分别为

$$p_1(x)=n\cdot(1-F(x))^{n-1}p(x), \tag{5.3.14}$$

$$p_n(x)=n\cdot(F(x))^{n-1}p(x). \tag{5.3.15}$$

例 5.3.7　设总体密度函数为

$$p(x)=3x^2,\qquad 0<x<1,$$

现从该总体抽得一个容量为 5 的样本，试计算 $P(x_{(2)}<1/2)$.

解　我们首先应求出 $x_{(2)}$ 的分布. 由总体密度函数不难求出总体分布函数为

$$F(x) = \begin{cases} 0, & x \leq 0, \\ x^3, & 0 < x < 1, \\ 1, & x \geq 1. \end{cases}$$

由公式(5.3.13)可以得到 $x_{(2)}$ 的密度函数为

$$\begin{aligned} p_2(x) &= \frac{5!}{(2-1)!\,(5-2)!}(F(x))^{2-1}p(x)(1-F(x))^{5-2} \\ &= 20 \cdot x^3 \cdot 3x^2 \cdot (1-x^3)^3 \\ &= 60x^5(1-x^3)^3, \qquad\qquad 0 < x < 1, \end{aligned}$$

于是

$$\begin{aligned} P(x_{(2)} < 1/2) &= \int_0^{1/2} 60x^5(1-x^3)^3 \mathrm{d}x \\ &= \int_0^{1/8} 20y(1-y)^3 \mathrm{d}y = \int_{7/8}^1 20(z^3-z^4)\mathrm{d}z \\ &= 5\left(1-\left(\frac{7}{8}\right)^4\right) - 4\left(1-\left(\frac{7}{8}\right)^5\right) = 0.120\,7. \end{aligned}$$

例 5.3.8 设总体分布为 $U(0,1)$，$x_1, x_2, \cdots, x_n$ 为样本，则其第 k 个次序统计量的密度函数为

$$p_k(x) = \frac{n!}{(k-1)!\,(n-k)!}x^{k-1}(1-x)^{n-k}, \qquad 0 < x < 1,$$

这就是 §2.5 中介绍的贝塔分布 $Be(k, n-k+1)$，从而有 $E(x_{(k)}) = \dfrac{k}{n+1}$.

三、多个次序统计量及其函数的分布

下面我们讨论任意两个次序统计量的联合分布.对三个或三个以上次序统计量的分布可参照进行.

定理 5.3.4 在定理 5.3.3 的记号下，次序统计量 $(x_{(i)}, x_{(j)})$ $(i<j)$ 的联合分布密度函数为

$$\begin{aligned} p_{ij}(y,z) = {}&\frac{n!}{(i-1)!\,(j-i-1)!\,(n-j)!}[F(y)]^{i-1}[F(z)-F(y)]^{j-i-1} \cdot \\ &[1-F(z)]^{n-j}p(y)p(z), \qquad y \leq z, \end{aligned} \qquad (5.3.16)$$

证明 对增量 $\Delta y, \Delta z$ 以及 $y<z$，事件 $\{x_{(i)} \in (y, y+\Delta y], x_{(j)} \in (z, z+\Delta z]\}$ 可以表述为"容量为 n 的样本 $x_1, x_2, \cdots, x_n$ 中有 $i-1$ 个观测值小于等于 y，一个落入区间 $(y, y+\Delta y]$，$j-i-1$ 个落入区间 $(y+\Delta y, z]$，一个落入区间 $(z, z+\Delta z]$，而余下 $n-j$ 个大于 $z+\Delta z$"（见图 5.3.6）.

于是由多项分布可得

$$\begin{aligned} &P(x_{(i)} \in (y, y+\Delta y), x_{(j)} \in (z, z+\Delta z)) \\ &\approx \frac{n!}{(i-1)!1!\,(j-i-1)!1!\,(n-j)!}[F(y)]^{i-1}p(y)\Delta y[F(z) - \\ &\quad F(y+\Delta y)]^{j-i-1}p(z)\Delta z[1-F(z+\Delta z)]^{n-j}, \end{aligned}$$

图 5.3.6　$x_{(i)}$ 与 $x_{(j)}$ 取值的示意图

考虑到 $F(x)$ 的连续性,当 $\Delta y \to 0, \Delta z \to 0$ 时有 $F(y+\Delta y) \to F(y)$, $F(z+\Delta z) \to F(z)$,于是

$$p_{ij}(y,z) = \lim_{\Delta y \to 0, \Delta z \to 0} \frac{P(x_{(i)} \in (y, y+\Delta y), x_{(j)} \in (z, z+\Delta z))}{\Delta y \cdot \Delta z}$$

$$= \frac{n!}{(i-1)!\,(j-i-1)!\,(n-j)!} [F(y)]^{i-1} [F(z) - $$

$$F(y)]^{j-i-1} [1 - F(z)]^{n-j} p(y) p(z).$$

定理得证.

　　在实际问题中会用到一些次序统计量的函数,如:$R_n = x_{(n)} - x_{(1)}$ 称为**样本极差**,是一个很常用的统计量,要推导这个统计量的分布原则上并不难,我们只要使用定理 5.3.4 以及第三章讲过的随机变量函数的分布求法即可解决.但它们的分布常用积分表示,只在很少几种场合可用初等函数表示,下面是一个样本极差的分布可用初等函数表示的例子.

　　例 5.3.9　设总体分布为 $U(0,1)$,$x_1, x_2, \cdots, x_n$ 为其样本,则 $(Y, Z) = (x_{(1)}, x_{(n)})$ 的联合密度函数为

$$p(y,z) = n(n-1)(z-y)^{n-2}, \qquad 0 < y < z < 1.$$

令 $R = Z - Y$,由 $R > 0, 0 < Y < Z < 1$,可以推出 $0 < Y = Z - R \leqslant 1 - R$,则 (Y, R) 的联合分布密度为

$$p(y,r) = n(n-1)r^{n-2}, \qquad y > 0, r > 0, y + r < 1,$$

于是 R 的边际密度函数为

$$p_R(r) = \int_0^{1-r} n(n-1)r^{n-2}\mathrm{d}y = n(n-1)r^{n-2}(1-r), \qquad 0 < r < 1,$$

这正是参数为 $(n-1, 2)$ 的贝塔分布.

5.3.6　样本分位数与样本中位数

　　样本中位数 $m_{0.5}$ 也是一个很常见的统计量,它也是次序统计量的函数,通常如下定义:

$$m_{0.5} = \begin{cases} x_{\left(\frac{n+1}{2}\right)}, & n \text{ 为奇数}, \\ \dfrac{1}{2}\left(x_{\left(\frac{n}{2}\right)} + x_{\left(\frac{n}{2}+1\right)}\right), & n \text{ 为偶数}. \end{cases}$$

譬如,若 $n = 5$,则 $m_{0.5} = x_{(3)}$,若 $n = 6$,则 $m_{0.5} = \dfrac{1}{2}(x_{(3)} + x_{(4)})$.

　　更一般地,样本 p 分位数 m_p 可如下定义:

$$m_p = \begin{cases} x_{([np+1])}, & \text{若 } np \text{ 不是整数}, \\ \dfrac{1}{2}(x_{(np)} + x_{(np+1)}), & \text{若 } np \text{ 是整数}. \end{cases}$$

譬如,若 $n=10,p=0.35$,则 $m_{0.35}=x_{(4)}$,若 $n=20,p=0.45$,则 $m_{0.45}=\dfrac{1}{2}(x_{(9)}+x_{(10)})$.

对多数总体而言,要给出样本 p 分位数的精确分布通常不是一件容易的事. 幸运的是当 $n\to\infty$ 时样本 p 分位数的渐近分布有比较简单的表达式,我们这里不加证明地给出如下定理.

定理 5.3.5 设总体密度函数为 $p(x)$,x_p 为其 p 分位数,$p(x)$ 在 x_p 处连续且 $p(x_p)>0$,则当 $n\to\infty$ 时样本 p 分位数 m_p 的渐近分布为

$$m_p \stackrel{\cdot}{\sim} N\left(x_p,\frac{p(1-p)}{n\cdot p^2(x_p)}\right). \tag{5.3.17}$$

特别,对样本中位数,当 $n\to\infty$ 时近似地有

$$m_{0.5} \stackrel{\cdot}{\sim} N\left(x_{0.5},\frac{1}{4n\cdot p^2(x_{0.5})}\right). \tag{5.3.18}$$

例 5.3.10 设总体为柯西分布,密度函数为

$$p(x;\theta)=\frac{1}{\pi(1+(x-\theta)^2)},\qquad -\infty<x<\infty,$$

其分布函数为

$$F(x;\theta)=\frac{1}{2}+\frac{1}{\pi}\arctan(x-\theta).$$

不难看出 θ 是该总体的中位数,即 $x_{0.5}=\theta$. 设 $x_1,x_2,\cdots,x_n$ 是来自该总体的样本,当样本量 n 较大时,样本中位数 $m_{0.5}$ 的渐近分布为

$$m_{0.5} \stackrel{\cdot}{\sim} N\left(\theta,\frac{\pi^2}{4n}\right).$$

通常,样本均值在概括数据方面具有一定的优势. 但样本均值也有其不足之处. 设我们有 5 个数 3,5,9,10,13,则其均值为 $(3+5+9+10+13)/5=8$. 如果我们不小心将 13 错输入为 133(比如在计算机输入时将 3 连按 2 下),则均值即变为 $(3+5+9+10+133)/5=32$. 这说明均值受极端数值影响较大,与之相对应,中位数则不受极端值的影响,因此,当数据中含有极端值时,使用中位数比使用均值更好,中位数的这种抗干扰性在统计中称为具有**稳健性**.

5.3.7 五数概括与箱线图

次序统计量的应用之一是五数概括与箱线图. 在得到有序样本后,容易计算如下五个值:最小观测值 $x_{\min}=x_{(1)}$,最大观测值 $x_{\max}=x_{(n)}$,中位数 $m_{0.5}$,第一 4 分位数 $Q_1=m_{0.25}$ 和第三 4 分位数 $Q_3=m_{0.75}$. 所谓五数概括就是指用这五个数

$$x_{\min},\qquad Q_1,\qquad m_{0.5},\qquad Q_3,\qquad x_{\max}$$

来大致描述一批数据的轮廓.

例 5.3.11 表 5.3.7 是某厂 160 名销售人员某月的销售量数据的有序样本,由该批数据可计算得到:$x_{\min}=45,x_{\max}=319,m_{0.5}=181,Q_1=144,Q_3=212$.

表 5.3.7 某厂 160 名销售员的月销售量的有序样本

45	74	76	80	87	91	92	93	95	96
98	99	104	106	111	113	117	120	122	122
124	126	127	127	129	129	130	131	131	133
134	134	135	136	137	137	139	141	141	143
145	148	149	149	149	150	150	153	153	153
153	154	157	160	160	162	163	163	165	165
167	167	168	170	171	172	173	174	175	175
176	178	178	178	179	179	179	180	181	181
181	182	182	185	185	186	186	187	188	188
188	189	189	191	191	191	192	192	194	194
194	194	195	196	197	197	198	198	198	199
200	201	202	204	204	205	205	206	207	210
214	214	215	215	216	217	218	219	219	221
221	221	221	221	222	223	223	224	227	227
228	229	232	234	234	238	240	242	242	242
244	246	253	253	255	258	282	290	314	319

五数概括的图形表示称为**箱线图**,由箱子和线段组成.图 5.3.7 是例 5.3.11 中样本数据的箱线图,其作法如下:

(1)画一个箱子,其两侧恰为第一 4 分位数和第三 4 分位数,在中位数位置上画一条竖线,它在箱子内.这个箱子包含了样本中 50% 的数据;

(2)在箱子左右两侧各引出一条水平线,分别至最小值和最大值为止.每条线段包含了样本中 25% 的数据.

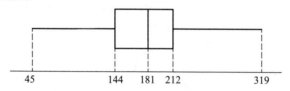

图 5.3.7 月销售量数据的箱线图

箱线图可用来对样本数据分布的形状进行大致的判断.图 5.3.8 给出三种常见的箱线图,分别对应左偏分布、对称分布和右偏分布.

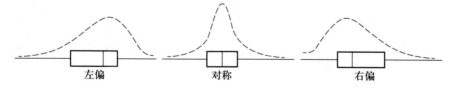

图 5.3.8 三种常见的箱线图及其对应的分布轮廓

如果我们要对几批数据进行比较,则可以在一张纸上同时画出这几批数据的箱线图.图 5.3.9 是根据某厂 20 天生产的某种产品的直径数据画成的箱线图,从图中可以清楚地看出,第 18 天的产品出现了异常.

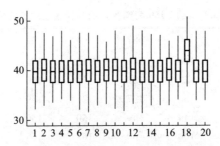

图 5.3.9　20 天生产的某产品的直径的箱线图

习题 5.3

1. 在一批产品中我们随机地检查了 10 箱, 发现每箱中的不合格品数为:

$$4 \quad 5 \quad 6 \quad 0 \quad 3 \quad 1 \quad 4 \quad 2 \quad 1 \quad 4$$

试计算其样本均值、样本方差和样本标准差.

2. 证明: 对任意常数 c, d, 有

$$\sum_{i=1}^{n} (x_i - c)(y_i - d) = \sum_{i=1}^{n} (x_i - \bar{x})(y_i - \bar{y}) + n(\bar{x} - c)(\bar{y} - d).$$

3. 设 $x_1, x_2, \cdots, x_n$ 和 $y_1, y_2, \cdots, y_n$ 是两组样本观测值, 且有如下关系:

$$y_i = 3x_i - 4, i = 1, 2, \cdots, n,$$

试求样本均值 $\bar{x}$ 和 $\bar{y}$ 间的关系以及样本方差 s_x^2 和 s_y^2 间的关系.

4. 记 $\bar{x}_n = \dfrac{1}{n} \sum_{i=1}^{n} x_i, s_n^2 = \dfrac{1}{n-1} \sum_{i=1}^{n} (x_i - \bar{x}_n)^2, n = 1, 2, \cdots$, 证明:

$$\bar{x}_{n+1} = \bar{x}_n + \frac{1}{n+1}(x_{n+1} - \bar{x}_n),$$

$$s_{n+1}^2 = \frac{n-1}{n}s_n^2 + \frac{1}{n+1}(x_{n+1} - \bar{x}_n)^2.$$

5. 从同一总体中抽取两个容量分别为 n, m 的样本, 样本均值分别为 $\bar{x}_1, \bar{x}_2$, 样本方差分别为 s_1^2, s_2^2, 将两组样本合并, 其均值、方差分别为 $\bar{x}, s^2$, 证明:

$$\bar{x} = \frac{n\bar{x}_1 + m\bar{x}_2}{n+m},$$

$$s^2 = \frac{(n-1)s_1^2 + (m-1)s_2^2}{n+m-1} + \frac{nm(\bar{x}_1 - \bar{x}_2)^2}{(n+m)(n+m-1)}.$$

6. 设有容量为 n 的样本 A, 它的样本均值为 $\bar{x}_A$, 样本标准差为 s_A, 样本极差为 R_A, 样本中位数为 m_A. 现对样本中每一个观测值施行变换

$$y = ax + b,$$

如此得到样本 B, 试写出样本 B 的均值、标准差、极差和中位数.

7. 证明: 容量为 2 的样本 x_1, x_2 的方差为

$$s^2 = \frac{1}{2}(x_1 - x_2)^2.$$

8. 设 $x_1, x_2, \cdots, x_n$ 是来自 $U(-1, 1)$ 的样本, 试求 $E(\bar{x})$ 和 $\mathrm{Var}(\bar{x})$.

9. 设总体二阶矩存在，$x_1, x_2, \cdots, x_n$ 是样本，证明 $x_i - \bar{x}$ 与 $x_j - \bar{x}$ $(i \neq j)$ 的相关系数为 $-(n-1)^{-1}$.

10. 设 $x_1, x_2, \cdots, x_n$ 为一个样本，$s^2 = \dfrac{1}{n-1} \sum\limits_{i=1}^{n} (x_i - \bar{x})^2$ 是样本方差，试证：

$$\frac{1}{n(n-1)} \sum_{i<j} (x_i - x_j)^2 = s^2.$$

11. 设总体 4 阶中心矩 $\nu_4 = E[x - E(x)]^4$ 存在，试证：对样本方差 $s^2 = \dfrac{1}{n-1} \sum\limits_{i=1}^{n} (x_i - \bar{x})^2$，有

$$\mathrm{Var}(s^2) = \frac{n(\nu_4 - \sigma^4)}{(n-1)^2} - \frac{2(\nu_4 - 2\sigma^4)}{(n-1)^2} + \frac{\nu_4 - 3\sigma^4}{n(n-1)^2} = \frac{\nu_4}{n} - \frac{(n-3)\sigma^4}{n(n-1)},$$

其中 σ^2 为总体 X 的方差.

12. 设总体 X 的 3 阶矩存在，若 $x_1, x_2, \cdots, x_n$ 是取自该总体的简单随机样本，$\bar{x}$ 为样本均值，s^2 为样本方差，试证：$\mathrm{Cov}(\bar{x}, s^2) = \dfrac{\nu_3}{n}$，其中 $\nu_3 = E[x - E(x)]^3$.

13. 设 $\bar{x}_1$ 与 $\bar{x}_2$ 是从同一正态总体 $N(\mu, \sigma^2)$ 独立抽取的容量相同的两个样本均值. 试确定样本容量 n，使得两样本均值的差超过 σ 的概率不超过 0.01.

14. 利用切比雪夫不等式求抛均匀硬币多少次才能使正面朝上的频率落在 $(0.4, 0.6)$ 间的概率至少为 0.9. 如何才能更精确地计算这个次数？是多少？

15. 从指数总体 $Exp(1/\theta)$ 抽取了 40 个样品，试求 $\bar{x}$ 的渐近分布.

16. 设 $x_1, x_2, \cdots, x_{25}$ 是从均匀分布 $U(0, 5)$ 抽取的样本，试求样本均值 $\bar{x}$ 的渐近分布.

17. 设 $x_1, x_2, \cdots, x_{20}$ 是从二点分布 $b(1, p)$ 抽取的样本，试求样本均值 $\bar{x}$ 的渐近分布.

18. 设 $x_1, x_2, \cdots, x_8$ 是从正态总体 $N(10, 9)$ 中抽取的样本，试求样本均值 $\bar{x}$ 的标准差.

19. 切尾均值也是一个常用的反映样本数据的特征量，其想法是将数据的两端的值舍去，而用剩下的当中的值来计算样本均值，其计算公式是

$$\bar{x}_\alpha = \frac{x_{([n\alpha]+1)} + x_{([n\alpha]+2)} + \cdots + x_{(n-[n\alpha])}}{n - 2[n\alpha]},$$

其中 $0 < \alpha < 1/2$ 是切尾系数，$x_{(1)} \leqslant x_{(2)} \leqslant \cdots \leqslant x_{(n)}$ 是有序样本. 现我们在某高校采访了 16 名大学生，了解他们平时的学习情况，以下数据是大学生每周用于看电视的时间（单位：h）：

$$15 \quad 14 \quad 12 \quad 9 \quad 20 \quad 4 \quad 17 \quad 26 \quad 15 \quad 18 \quad 6 \quad 10 \quad 16 \quad 15 \quad 5 \quad 8$$

取 $\alpha = 1/16$，试计算其切尾均值.

20. 有一个分组样本如下：

区间	组中值	频数
$(145, 155]$	150	4
$(155, 165]$	160	8
$(165, 175]$	170	6
$(175, 185]$	180	2

试求该分组样本的样本均值、样本标准差、样本偏度和样本峰度.

21. 检查四批产品，其批量与不合格品率如下：

批号	批量	不合格品率
1	100	0.05
2	300	0.06
3	250	0.04
4	150	0.03

试求这四批产品的总不合格品率.

22. 设总体以等概率取 $1,2,3,4,5$,现从中抽取一个容量为 4 的样本,试分别求 $x_{(1)}$ 和 $x_{(4)}$ 的分布.

23. 设总体 X 服从几何分布,即 $P(X=k)=pq^{k-1},k=1,2,\cdots$,其中 $0<p<1,q=1-p,x_1,x_2,\cdots,x_n$ 为该总体的样本.求 $x_{(n)},x_{(1)}$ 的概率分布.

24. 设 $x_1,x_2,\cdots,x_{16}$ 是来自 $N(8,4)$ 的样本,试求下列概率:

(1) $P(x_{(16)}>10)$;

(2) $P(x_{(1)}>5)$.

25. 设总体为韦布尔分布,其密度函数为

$$p(x;m,\eta) = \frac{mx^{m-1}}{\eta^m}\exp\left\{-\left(\frac{x}{\eta}\right)^m\right\}, \qquad x>0,m>0,\eta>0.$$

现从中得到样本 $x_1,x_2,\cdots,x_n$,证明 $x_{(1)}$ 仍服从韦布尔分布,并指出其参数.

26. 设总体密度函数为 $p(x)=6x(1-x),0<x<1,x_1,x_2,\cdots,x_9$ 是来自该总体的样本,试求样本中位数的分布.

27. 证明公式

$$\sum_{k=0}^{r}\binom{n}{k}p^k(1-p)^{n-k} = \frac{n!}{r!(n-r-1)!}\int_p^1 x^r(1-x)^{n-r-1}dx,\text{其中 } 0\le p\le 1.$$

28. 设总体 X 的分布函数 $F(x)$ 是连续的,$x_{(1)},x_{(2)},\cdots,x_{(n)}$ 为取自此总体的次序统计量,设 $\eta_i=F(x_{(i)})$,试证:

(1) $\eta_1\le\eta_2\le\cdots\le\eta_n$,且 η_i 是来自均匀分布 $U(0,1)$ 总体的次序统计量;

(2) $E(\eta_i)=\dfrac{i}{n+1},\mathrm{Var}(\eta_i)=\dfrac{i(n+1-i)}{(n+1)^2(n+2)},1\le i\le n$;

(3) η_i 和 η_j 的协方差矩阵为

$$\begin{pmatrix} \dfrac{a_1(1-a_1)}{n+2} & \dfrac{a_1(1-a_2)}{n+2} \\ \dfrac{a_1(1-a_2)}{n+2} & \dfrac{a_2(1-a_2)}{n+2} \end{pmatrix},$$

其中 $a_1=\dfrac{i}{n+1},a_2=\dfrac{j}{n+1}$.

29. 设总体 X 服从 $N(0,1)$,从此总体获得一组样本观测值 $x_1=0,x_2=0.2,x_3=0.25,x_4=-0.3,x_5=-0.1,x_6=2,x_7=0.15,x_8=1,x_9=-0.7,x_{10}=-1$.

(1) 计算 $x=0.15$(即 $x_{(6)}$ 处的 $E\{F(x_{(6)})\},\mathrm{Var}\{F(x_{(6)})\}$;

(2) 计算 $F(x_{(6)})$ 在 $x=0.15$ 的分布函数值.

30. 在下列密度函数下分别寻求容量为 n 的样本中位数 $m_{0.5}$ 的渐近分布:

(1) $p(x)=6x(1-x),0<x<1$;

(2) $p(x)=\dfrac{1}{\sqrt{2\pi}\sigma}\exp\left\{-\dfrac{(x-\mu)^2}{2\sigma^2}\right\}$;

(3) $p(x)=\begin{cases} 2x, & 0<x<1 \\ 0, & \text{其他}; \end{cases}$

(4) $p(x)=\dfrac{\lambda}{2}e^{-\lambda|x|}$.

31. 设总体 X 服从双参数指数分布,其分布函数为

$$F(x) = \begin{cases} 1 - \exp\left\{-\dfrac{x-\mu}{\sigma}\right\}, & x > \mu, \\ 0, & x \le \mu, \end{cases}$$

其中, $-\infty < \mu < \infty$, $\sigma > 0$, $x_{(1)} \le x_{(2)} \le \cdots \le x_{(n)}$ 为样本的次序统计量. 试证明: $(n-i+1)\dfrac{2}{\sigma}(X_{(i)} - X_{(i-1)})$ 服从自由度为 2 的 χ^2 分布 $(i = 2, 3, \cdots, n)$.

32. 设总体 X 的密度函数为

$$p(x) = \begin{cases} 3x^2, & 0 < x < 1, \\ 0, & 其他, \end{cases}$$

$x_{(1)} \le x_{(2)} \le \cdots \le x_{(5)}$ 为容量为 5 的取自此总体的次序统计量, 试证 $\dfrac{x_{(2)}}{x_{(4)}}$ 与 $x_{(4)}$ 相互独立.

33. (1) 设 $x_{(1)}$ 和 $x_{(n)}$ 分别为容量 n 的样本的最小和最大次序统计量, 证明极差 $R_n = x_{(n)} - x_{(1)}$ 的分布函数

$$F_{R_n}(x) = n \int_{-\infty}^{\infty} [F(y+x) - F(y)]^{n-1} p(y)\,\mathrm{d}y,$$

其中 $F(y)$ 与 $p(y)$ 分别为总体的分布函数与密度函数;

(2) 利用 (1) 的结论, 求总体为指数分布 $Exp(\lambda)$ 时, 样本极差 R_n 的分布.

34. 设 $x_1, x_2, \cdots, x_n$ 是来自 $U(0, \theta)$ 的样本, $x_{(1)} \le x_{(2)} \le \cdots \le x_{(n)}$ 为次序统计量, 令

$$y_i = \frac{x_{(i)}}{x_{(i+1)}}, i = 1, 2, \cdots, n-1, \qquad y_n = x_{(n)},$$

证明 $y_1, y_2, \cdots, y_n$ 相互独立.

35. 对下列数据构造箱线图:

472	425	447	377	341	369	412	419
400	382	366	425	399	398	423	384
418	392	372	418	374	385	439	428
429	428	430	413	405	381	403	479
381	443	441	433	419	379	386	387

36. 根据调查, 某集团公司的中层管理人员的年薪数据如下 (单位: 万元):

40.6	39.6	43.8	36.2	40.8	37.3	39.2	42.9
38.6	39.6	40.0	34.7	41.7	45.4	36.9	37.8
44.9	45.4	37.0	35.1	36.7	41.3	38.1	37.9
37.1	37.7	39.2	36.9	44.5	40.4	38.4	38.9
39.9	42.2	43.5	44.8	37.7	34.7	36.3	39.7
42.1	41.5	40.6	38.9	42.2	40.3	35.8	39.2

试画出箱线图.

§5.4 三大抽样分布

大家很快会看到, 有很多统计推断是基于正态分布的假设, 以标准正态变量为基石而构造的三个著名统计量在实际中有广泛的应用, 这是因为这三个统计量不仅有明确背景, 而且其抽样分布的密度函数有显式表达式, 它们被称为统计中的 "三大抽样分布".

若设 $x_1, x_2, \cdots, x_n$ 和 $y_1, y_2, \cdots, y_m$ 是来自标准正态分布的两个相互独立的样本,则此三个统计量的构造及其抽样分布如表 5.4.1 所示.

表 5.4.1　三个著名统计量的构造及其抽样分布

统计量的构造	抽样分布密度函数	期望	方差
$\chi^2 = x_1^2 + x_2^2 + \cdots + x_n^2$	$p(y) = \dfrac{1}{\Gamma\left(\dfrac{n}{2}\right) 2^{n/2}} y^{\frac{n}{2}-1} e^{-\frac{y}{2}} \quad (y>0)$	n	$2n$
$F = \dfrac{(y_1^2 + y_2^2 + \cdots + y_m^2)/m}{(x_1^2 + x_2^2 + \cdots + x_n^2)/n}$	$p(y) = \dfrac{\Gamma\left(\dfrac{m+n}{2}\right) \left(\dfrac{m}{n}\right)^{m/2}}{\Gamma\left(\dfrac{m}{2}\right)\Gamma\left(\dfrac{n}{2}\right)} y^{\frac{m}{2}-1} \cdot$ $\left(1 + \dfrac{m}{n}y\right)^{-\frac{m+n}{2}} \quad (y>0)$	$\dfrac{n}{n-2}$ $(n>2)$	$\dfrac{2n^2(m+n-2)}{m(n-2)^2(n-4)}$ $(n>4)$
$t = \dfrac{y_1}{\sqrt{(x_1^2 + x_2^2 + \cdots + x_n^2)/n}}$	$p(y) = \dfrac{\Gamma\left(\dfrac{n+1}{2}\right)}{\sqrt{n\pi}\,\Gamma\left(\dfrac{n}{2}\right)} \left(1 + \dfrac{y^2}{n}\right)^{-\frac{n+1}{2}}$ $(-\infty < y < \infty)$	0 $(n>1)$	$\dfrac{n}{n-2}$ $(n>2)$

下面我们将对它们逐个进行推导与说明.

5.4.1　χ^2 分布(卡方分布)

定义 5.4.1　设 $X_1, X_2, \cdots, X_n$ 独立同分布于标准正态分布 $N(0,1)$,则 $\chi^2 = X_1^2 + X_2^2 + \cdots + X_n^2$ 的分布称为自由度为 n 的 χ^2 分布,记为 $\chi^2 \sim \chi^2(n)$.

在第三章我们已经指出,若随机变量 $X \sim N(0,1)$,则 $X^2 \sim Ga(1/2, 1/2)$,根据伽马分布的可加性立有 $\chi^2 \sim Ga(n/2, 1/2) = \chi^2(n)$,由此可见,$\chi^2(n)$ 分布是伽马分布的特例,故 $\chi^2(n)$ 分布的密度函数为

$$p(y) = \frac{(1/2)^{\frac{n}{2}}}{\Gamma(n/2)} y^{\frac{n}{2}-1} e^{-\frac{y}{2}}, \qquad y>0. \tag{5.4.1}$$

该密度函数的图像是一个只取非负值的偏态分布,见图 5.4.1,其期望等于自由度,方差等于 2 倍自由度,即 $E(\chi^2) = n$,$\mathrm{Var}(\chi^2) = 2n$.

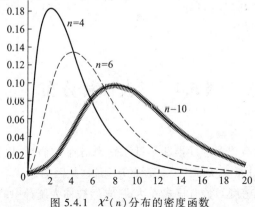

图 5.4.1　$\chi^2(n)$ 分布的密度函数

例 5.4.1 设 $x_1, x_2, \cdots, x_n$ 是来自正态分布 $N(\mu, \sigma^2)$ 的一个样本,其中 μ 是已知常数,求统计量

$$T = \sum_{i=1}^{n} (x_i - \mu)^2 \tag{5.4.2}$$

的分布.

解 令 $y_i = (x_i - \mu)/\sigma, i = 1, 2, \cdots, n$,则 $y_1, y_2, \cdots, y_n$ 是独立同分布随机变量,其共同分布为 $N(0, 1)$,于是由定义 5.4.1 知

$$\frac{T}{\sigma^2} = \sum_{i=1}^{n} \left(\frac{x_i - \mu}{\sigma} \right)^2 = \sum_{i=1}^{n} y_i^2 \sim \chi^2(n),$$

而 T 的密度函数为

$$p(t) = \frac{1}{(2\sigma^2)^{n/2} \Gamma(n/2)} e^{-\frac{t}{2\sigma^2}} t^{\frac{n}{2}-1}, \quad t > 0, \tag{5.4.3}$$

这就是伽马分布 $Ga\left(\dfrac{n}{2}, \dfrac{1}{2\sigma^2}\right)$.(5.4.3)式与(5.4.1)式在变量上只相差一个因子 σ^2.

χ^2 分布有用的一个重要原因即是下面的定理.

定理 5.4.1 设 $x_1, x_2, \cdots, x_n$ 是来自正态总体 $N(\mu, \sigma^2)$ 的样本,其样本均值和样本方差分别为

$$\bar{x} = \frac{1}{n} \sum_{i=1}^{n} x_i \text{ 和 } s^2 = \frac{1}{n-1} \sum_{i=1}^{n} (x_i - \bar{x})^2,$$

则有

(1) $\bar{x}$ 与 s^2 相互独立;

(2) $\bar{x} \sim N(\mu, \sigma^2/n)$;

(3) $\dfrac{(n-1)s^2}{\sigma^2} \sim \chi^2(n-1)$.

证明 $x_1, x_2, \cdots, x_n$ 的联合密度函数为

$$p(x_1, x_2, \cdots, x_n) = (2\pi\sigma^2)^{-n/2} e^{-\sum_{i=1}^{n} \frac{(x_i - \mu)^2}{2\sigma^2}} = (2\pi\sigma^2)^{-n/2} \exp\left\{ -\frac{\sum\limits_{i=1}^{n} x_i^2 - 2n\bar{x}\mu + n\mu^2}{2\sigma^2} \right\}$$

记 $\boldsymbol{X} = (x_1, x_2, \cdots, x_n)^{\mathrm{T}}$,取一个 n 维正交矩阵 $\boldsymbol{A}$,其第一行的每一个元素均为 $1/\sqrt{n}$,如

$$\boldsymbol{A} = \begin{pmatrix} \dfrac{1}{\sqrt{n}} & \dfrac{1}{\sqrt{n}} & \dfrac{1}{\sqrt{n}} & \cdots & \dfrac{1}{\sqrt{n}} \\[2mm] \dfrac{1}{\sqrt{2 \cdot 1}} & -\dfrac{1}{\sqrt{2 \cdot 1}} & 0 & \cdots & 0 \\[2mm] \dfrac{1}{\sqrt{3 \cdot 2}} & \dfrac{1}{\sqrt{3 \cdot 2}} & -\dfrac{2}{\sqrt{3 \cdot 2}} & \cdots & 0 \\[2mm] \vdots & \vdots & \vdots & & \vdots \\[2mm] \dfrac{1}{\sqrt{n(n-1)}} & \dfrac{1}{\sqrt{n(n-1)}} & \dfrac{1}{\sqrt{n(n-1)}} & \cdots & -\dfrac{n-1}{\sqrt{n(n-1)}} \end{pmatrix},$$

令 $\boldsymbol{Y}=(y_1,y_2,\cdots,y_n)^{\mathrm{T}}=\boldsymbol{AX}$,则该变换的雅可比(Jacobi)行列式为 1,且注意到

$$\bar{x}=\frac{1}{\sqrt{n}}y_1,$$

$$\sum_{i=1}^{n}y_i^2=\boldsymbol{Y}^{\mathrm{T}}\boldsymbol{Y}=\boldsymbol{X}^{\mathrm{T}}\boldsymbol{A}^{\mathrm{T}}\boldsymbol{AX}=\sum_{i=1}^{n}x_i^2,$$

于是 $y_1,y_2,\cdots,y_n$ 的联合密度函数为

$$p(y_1,y_2,\cdots,y_n)=(2\pi\sigma^2)^{-n/2}\exp\left\{-\frac{\sum\limits_{i=1}^{n}y_i^2-2\sqrt{n}y_1\mu+n\mu^2}{2\sigma^2}\right\}$$

$$=(2\pi\sigma^2)^{-n/2}\exp\left\{-\frac{\sum\limits_{i=2}^{n}y_i^2+(y_1-\sqrt{n}\mu)^2}{2\sigma^2}\right\}$$

由此,$\boldsymbol{Y}=(y_1,y_2,\cdots,y_n)^{\mathrm{T}}$ 的各个分量相互独立,且都服从正态分布,其方差均为 σ^2,而均值并不完全相同,$y_2,\cdots,y_n$ 的均值为 0,y_1 的均值为 $\sqrt{n}\mu$,这就证明了结论(2).由于

$$(n-1)s^2=\sum_{i=1}^{n}(x_i-\bar{x})^2=\sum_{i=1}^{n}x_i^2-(\sqrt{n}\bar{x})^2=\sum_{i=1}^{n}y_i^2-y_1^2=\sum_{i=2}^{n}y_i^2,$$

这证明了结论(1),由于 $y_2,\cdots,y_n$ 独立同分布于 $N(0,\sigma^2)$,于是

$$\frac{(n-1)s^2}{\sigma^2}=\sum_{i=2}^{n}\left(\frac{y_i}{\sigma}\right)^2\sim\chi^2(n-1).$$

定理证明完成.

当随机变量 $\chi^2\sim\chi^2(n)$ 时,对给定 $\alpha(0<\alpha<1)$,称满足概率等式 $P(\chi^2\leqslant\chi_{1-\alpha}^2(n))=1-\alpha$ 的 $\chi_{1-\alpha}^2(n)$ 是自由度为 n 的 χ^2 分布的 $1-\alpha$ 分位数.分位数 $\chi_{1-\alpha}^2(n)$ 可以从附表 3 中查到.譬如 $n=10$,$\alpha=0.05$,那么从附表 3 上查得

$$\chi_{1-0.05}^2(10)=\chi_{0.95}^2(10)=18.31.$$

5.4.2 F 分布

定义 5.4.2 设随机变量 $X_1\sim\chi^2(m)$,$X_2\sim\chi^2(n)$,X_1 与 X_2 独立,则称 $F=\dfrac{X_1/m}{X_2/n}$ 的分布是自由度为 m 与 n 的 F 分布,记为 $F\sim F(m,n)$,其中 m 称为分子自由度,n 称为分母自由度.

下面分两步来导出 F 分布的密度函数.

第一步,我们导出 $Z=\dfrac{X_1}{X_2}$ 的密度函数.若记 $p_1(x)$ 和 $p_2(x)$ 分别为 $\chi^2(m)$ 和 $\chi^2(n)$ 的密度函数,根据独立随机变量商的分布的密度函数的公式(3.3.22),Z 的密度函数为

$$p_Z(z)=\int_0^{\infty}x_2p_1(zx_2)p_2(x_2)\,\mathrm{d}x_2$$

$$= \frac{z^{\frac{m}{2}-1}}{\Gamma\left(\frac{m}{2}\right)\Gamma\left(\frac{n}{2}\right)2^{\frac{m+n}{2}}}\int_0^\infty x_2^{\frac{m+n}{2}-1}\,\mathrm{e}^{-\frac{x_2}{2}(1+z)}\,\mathrm{d}x_2,$$

运用变换 $u = \dfrac{x_2}{2}(1+z)$，可得

$$p_Z(z) = \frac{z^{\frac{m}{2}-1}(1+z)^{-\frac{m+n}{2}}}{\Gamma\left(\frac{m}{2}\right)\Gamma\left(\frac{n}{2}\right)}\int_0^\infty u^{\frac{m+n}{2}-1}\,\mathrm{e}^{-u}\,\mathrm{d}u,$$

最后的定积分为伽马函数 $\Gamma\left(\dfrac{m+n}{2}\right)$，从而

$$p_Z(z) = \frac{\Gamma\left(\dfrac{m+n}{2}\right)}{\Gamma\left(\dfrac{m}{2}\right)\Gamma\left(\dfrac{n}{2}\right)}z^{\frac{m}{2}-1}(1+z)^{-\frac{m+n}{2}}, \quad z \geqslant 0.$$

第二步，我们导出 $F = \dfrac{n}{m}Z$ 的密度函数，设 F 的取值为 y，对 $y \geqslant 0$，有

$$p_F(y) = p_Z\left(\frac{m}{n}y\right)\cdot\frac{m}{n} = \frac{\Gamma\left(\dfrac{m+n}{2}\right)}{\Gamma\left(\dfrac{m}{2}\right)\Gamma\left(\dfrac{n}{2}\right)}\left(\frac{m}{n}y\right)^{\frac{m}{2}-1}\left(1+\frac{m}{n}y\right)^{-\frac{m+n}{2}}\cdot\frac{m}{n}$$

$$= \frac{\Gamma\left(\dfrac{m+n}{2}\right)\left(\dfrac{m}{n}\right)^{\frac{m}{2}}}{\Gamma\left(\dfrac{m}{2}\right)\Gamma\left(\dfrac{n}{2}\right)}y^{\frac{m}{2}-1}\left(1+\frac{m}{n}y\right)^{-\frac{m+n}{2}}.$$

这就是自由度为 m 与 n 的 F 分布的密度函数. 该密度函数的图像是一个只取非负值的偏态分布（见图 5.4.2）.

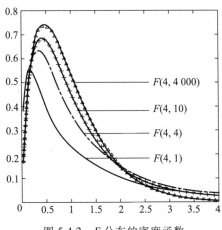

图 5.4.2　F 分布的密度函数

当随机变量 $F \sim F(m,n)$ 时,对给定 α（$0 < \alpha < 1$）,称满足概率等式 $P(F \leqslant F_{1-\alpha}(m,n)) = 1-\alpha$ 的 $F_{1-\alpha}(m,n)$ 是自由度为 m 与 n 的 F 分布的 $1-\alpha$ 分位数.

由 F 分布的构造知,若 $F \sim F(m,n)$,则有 $1/F \sim F(n,m)$,故对给定 $\alpha(0 < \alpha < 1)$,

$$\alpha = P\left(\frac{1}{F} \leqslant F_{\alpha}(n,m) \right) = P\left(F \geqslant \frac{1}{F_{\alpha}(n,m)} \right).$$

从而

$$P\left(F \leqslant \frac{1}{F_{\alpha}(n,m)} \right) = 1 - \alpha,$$

这说明

$$F_{\alpha}(n,m) = \frac{1}{F_{1-\alpha}(m,n)}. \tag{5.4.4}$$

对小的 α,分位数 $F_{1-\alpha}(m,n)$ 可以从附表 5 中查到,而分位数 $F_{\alpha}(m,n)$ 则可通过 (5.4.4) 式得到.

例 5.4.2　若取 $m = 10, n = 5, \alpha = 0.05$,那么从附表 5 上查得

$$F_{1-0.05}(10,5) = F_{0.95}(10,5) = 4.74,$$

利用 (5.4.4) 式可得到

$$F_{0.05}(10,5) = \frac{1}{F_{0.95}(5,10)} = \frac{1}{3.33} = 0.3.$$

推论 5.4.1　设 $x_1, x_2, \cdots, x_m$ 是来自 $N(\mu_1, \sigma_1^2)$ 的样本,$y_1, y_2, \cdots, y_n$ 是来自 $N(\mu_2, \sigma_2^2)$ 的样本,且此两样本相互独立,记

$$s_x^2 = \frac{1}{m-1} \sum_{i=1}^{m} (x_i - \bar{x})^2, \quad s_y^2 = \frac{1}{n-1} \sum_{i=1}^{n} (y_i - \bar{y})^2,$$

其中

$$\bar{x} = \frac{1}{m} \sum_{i=1}^{m} x_i, \quad \bar{y} = \frac{1}{n} \sum_{i=1}^{n} y_i,$$

则有

$$F = \frac{s_x^2 / \sigma_1^2}{s_y^2 / \sigma_2^2} \sim F(m-1, n-1). \tag{5.4.5}$$

特别,若 $\sigma_1^2 = \sigma_2^2$,则 $F = s_x^2 / s_y^2 \sim F(m-1, n-1)$.

证明　由两样本独立可知,s_x^2 与 s_y^2 相互独立,由定理 5.4.1 知,

$$\frac{(m-1)s_x^2}{\sigma_1^2} \sim \chi^2(m-1), \quad \frac{(n-1)s_y^2}{\sigma_2^2} \sim \chi^2(n-1).$$

由 F 分布定义可知 $F \sim F(m-1, n-1)$.

5.4.3　t 分布

定义 5.4.3　设随机变量 X_1 与 X_2 独立且 $X_1 \sim N(0,1)$,$X_2 \sim \chi^2(n)$,则称 $t = \dfrac{X_1}{\sqrt{X_2/n}}$ 的分布为自由度为 n 的 t 分布,记为 $t \sim t(n)$.

下面导出 t 分布的密度函数.由标准正态密度函数的对称性知,X_1 与 $-X_1$ 有相同分布,从而 t 与 $-t$ 有相同分布.这意味着:对任意正实数 y 有

$$P(0 < t < y) = P(0 < -t < y) = P(-y < t < 0),$$

于是

$$P(0 < t < y) = \frac{1}{2}P(t^2 < y^2).$$

由 F 变量构造可知,$t^2 = \dfrac{X_1^2}{X_2/n} \sim F(1,n)$,将上式两边关于 y 求导可得 t 分布的密度函数为

$$p_t(y) = yp_F(y^2) = \frac{\Gamma\left(\dfrac{1+n}{2}\right)\left(\dfrac{1}{n}\right)^{\frac{1}{2}}}{\Gamma\left(\dfrac{1}{2}\right)\Gamma\left(\dfrac{n}{2}\right)}(y^2)^{\frac{1}{2}-1}\left(1 + \frac{1}{n}y^2\right)^{-\frac{1+n}{2}}y$$

$$= \frac{\Gamma\left(\dfrac{n+1}{2}\right)}{\sqrt{n\pi}\,\Gamma\left(\dfrac{n}{2}\right)}\left(1 + \frac{y^2}{n}\right)^{-\frac{n+1}{2}}, \quad -\infty < y < \infty.$$

这就是自由度为 n 的 t 分布的密度函数.

t 分布的密度函数的图像是一个关于纵轴对称的分布(见图 5.4.3),与标准正态分布的密度函数形状类似,只是峰比标准正态分布低一些,尾部的概率比标准正态分布的大一些.

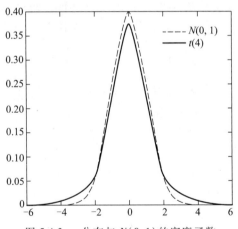

图 5.4.3 t 分布与 $N(0,1)$ 的密度函数

- 自由度为 1 的 t 分布就是标准柯西分布,它的均值不存在.
- $n>1$ 时,t 分布的数学期望存在且为 0.
- $n>2$ 时,t 分布的方差存在,且为 $n/(n-2)$.
- 当自由度较大(如 $n \geqslant 30$)时,t 分布可以用 $N(0,1)$ 分布近似.

t 分布是统计学中的一类重要分布,它与标准正态分布的微小差别是由英国统计

学家戈塞特(Gosset)发现的.在 1908 年以前,统计学的主要用武之地先是社会统计,尤其是人口统计,后来加入生物统计问题.这些问题的特点是,数据一般都是大量的、自然采集的,所用的方法多以中心极限定理为依据,总是归结到正态,K.皮尔逊就是此时统计界的权威,他认为正态分布是上帝赐给人们唯一正确的分布.但到了 20 世纪,受人工控制的试验条件下所得数据的统计分析问题日渐引人注意.此时的数据量一般不大,故那种仅依赖于中心极限定理的传统方法开始受到质疑.这个方向的先驱就是戈塞特和费希尔.

戈塞特年轻时在牛津大学学习数学和化学,1899 年开始在一家酿酒厂担任酿酒化学技师,从事试验和数据分析工作.由于戈塞特接触的样本容量都较小,只有四五个,通过大量试验数据的积累,戈塞特发现 $t=\sqrt{n}(\bar{x}-\mu)/s$ 的分布与传统认为的 $N(0,1)$ 分布并不同,特别是尾部概率相差较大,表 5.4.2 列出了标准正态分布 $N(0,1)$ 和自由度为 4 的 t 分布的一些尾部概率.

表 5.4.2 $N(0,1)$ 和 $t(4)$ 的尾部概率 $P(|X| \geq c)$

	$c=2$	$c=2.5$	$c=3$	$c=3.5$
$X \sim N(0,1)$	0.045 5	0.012 4	0.002 7	0.000 465
$X \sim t(4)$	0.116 1	0.066 8	0.039 9	0.024 9

由此,戈塞特怀疑是否有另一个分布族存在,但他的统计学功底不足以解决他发现的问题,于是,戈塞特于 1906 年到 1907 年到 K.皮尔逊那里学习统计学,并着重研究少量数据的统计分析问题,1908 年他在 Biometrika 杂志上以笔名 Student(工厂不允许其发表论文)发表了使他名垂统计史册的论文:均值的或然误差.在这篇文章中,他提出了如下结果:设 $x_1, x_2, \cdots, x_n$ 是来自 $N(\mu, \sigma^2)$ 的独立同分布样本,μ, σ^2 均未知,则 $\dfrac{\sqrt{n}(\bar{x}-\mu)}{s}$ 服从自由度为 $n-1$ 的 t 分布.可以说,t 分布的发现在统计学史上具有划时代的意义,打破了正态分布一统天下的局面,开创了小样本统计推断的新纪元,小样本统计分析由此引起了广大统计科研工作者的重视.事实上,戈塞特的证明存在着漏洞,费希尔注意到这个问题并于 1922 年给出了此问题的完整证明,并编制了 t 分布的分位数表.

推论 5.4.2 设 $x_1, x_2, \cdots, x_n$ 是来自正态分布 $N(\mu, \sigma^2)$ 的一个样本,$\bar{x}$ 与 s^2 分别是该样本的样本均值与样本方差,则有

$$t = \frac{\sqrt{n}(\bar{x}-\mu)}{s} \sim t(n-1). \tag{5.4.6}$$

证明 由定理 5.4.1(2)可以推出

$$\frac{\bar{x}-\mu}{\sigma/\sqrt{n}} \sim N(0,1),$$

将(5.4.6)左端改写为

$$\frac{\sqrt{n}\,(\bar{x} - \mu)}{s} = \frac{\dfrac{\bar{x} - \mu}{\sigma/\sqrt{n}}}{\sqrt{\dfrac{(n-1)s^2/\sigma^2}{n-1}}}.$$

由于分子是标准正态变量,分母的根号里是自由度为 $n-1$ 的 χ^2 变量除以它的自由度,且分子与分母相互独立,由 t 分布定义可知 $t \sim t(n-1)$,推论证完.

推论 5.4.3 在推论 5.4.1 的记号下,设 $\sigma_1^2 = \sigma_2^2 = \sigma^2$,并记

$$s_w^2 = \frac{(m-1)s_x^2 + (n-1)s_y^2}{m+n-2} = \frac{\displaystyle\sum_{i=1}^{m}(x_i - \bar{x})^2 + \sum_{i=1}^{n}(y_i - \bar{y})^2}{m+n-2},$$

则

$$\frac{(\bar{x} - \bar{y}) - (\mu_1 - \mu_2)}{s_w\sqrt{\dfrac{1}{m} + \dfrac{1}{n}}} \sim t(m+n-2). \tag{5.4.7}$$

证明 由 $\bar{x} \sim N(\mu_1, \sigma^2/m)$,$\bar{y} \sim N(\mu_2, \sigma^2/n)$,$\bar{x}$ 与 $\bar{y}$ 独立,故有

$$\bar{x} - \bar{y} \sim N\left(\mu_1 - \mu_2, \left(\frac{1}{m} + \frac{1}{n}\right)\sigma^2\right),$$

所以

$$\frac{(\bar{x} - \bar{y}) - (\mu_1 - \mu_2)}{\sigma\sqrt{\dfrac{1}{m} + \dfrac{1}{n}}} \sim N(0,1).$$

由定理 5.4.1 知,$\dfrac{(m-1)s_x^2}{\sigma^2} \sim \chi^2(m-1)$,$\dfrac{(n-1)s_y^2}{\sigma^2} \sim \chi^2(n-1)$,且它们相互独立,则由可加性知

$$\frac{(m+n-2)s_w^2}{\sigma^2} = \frac{(m-1)s_x^2 + (n-1)s_y^2}{\sigma^2} \sim \chi^2(m+n-2).$$

由于 $\bar{x} - \bar{y}$ 与 s_w^2 相互独立,根据 t 分布的定义即可得到 (5.4.7) 式.

当随机变量 $t \sim t(n)$ 时,对给定的 $\alpha(0 < \alpha < 1)$,称满足概率公式 $P(t \leqslant t_{1-\alpha}(n)) = 1 - \alpha$ 的 $t_{1-\alpha}(n)$ 是自由度为 n 的 t 分布的 $1-\alpha$ 分位数. 分位数 $t_{1-\alpha}(n)$ 可以从附表 4 中查到. 譬如 $n = 10$,$\alpha = 0.05$,那么从附表 4 上查得 $t_{1-0.05}(10) = t_{0.95}(10) = 1.812\,5$.

由于 t 分布的密度函数关于 0 对称,故其分位数间有如下关系

$$t_{\alpha}(n) = -t_{1-\alpha}(n). \tag{5.4.8}$$

譬如,$t_{0.05}(10) = -t_{0.95}(10) = -1.812\,5$.

当 n 较大时(如 $n \geqslant 30$),t 分布的分位数常可用标准正态分布分位数代替,如 $t_{0.95}(40) = u_{0.95} = 1.645$.

习 题 5.4

1. 在总体 $N(7.6,4)$ 中抽取容量为 n 的样本,如果要求样本均值落在 $(5.6,9.6)$ 内的概率不小于 0.95,则 n 至少为多少?

2. 设 $x_1,x_2,\cdots,x_n$ 是来自 $N(\mu,16)$ 的样本,问 n 多大时才能使得 $P(\,|\bar{x}-\mu|<1)\geqslant 0.95$ 成立?

3. 由正态总体 $N(100,4)$ 抽取两个独立样本,样本均值分别为 $\bar{x},\bar{y}$,样本容量分别为 15,20,试求 $P(\,|\bar{x}-\bar{y}|>0.2)$.

4. 由正态总体 $N(\mu,\sigma^2)$ 抽取容量为 20 的样本,试求 $P\left(10\sigma^2 \leqslant \sum_{i=1}^{20}(x_i-\mu)^2 \leqslant 30\sigma^2\right)$.

5. 设 $x_1,x_2,\cdots,x_{16}$ 是来自 $N(\mu,\sigma^2)$ 的样本,经计算 $\bar{x}=9,s^2=5.32$,试求 $P(\,|\bar{x}-\mu|<0.6)$.

6. 设 $x_1,x_2,\cdots,x_n$ 是来自 $N(\mu,1)$ 的样本,试确定最小的常数 c,使得对任意的 $\mu\geqslant 0$,有 $P(\,|\bar{x}|<c)\leqslant \alpha$.

7. 设随机变量 $X\sim F(n,n)$,证明 $P(X<1)=0.5$.

8. 设随机变量 $X\sim F(n,m)$,证明:$Z=\dfrac{n}{m}X\Big/\left(1+\dfrac{n}{m}X\right)$ 服从贝塔分布,并指出其参数.

9. 设 x_1,x_2 是来自 $N(0,\sigma^2)$ 的样本,试求 $Y=\left(\dfrac{x_1+x_2}{x_1-x_2}\right)^2$ 的分布.

10. 设总体为 $N(0,1)$,x_1,x_2 为样本,试求常数 k,使得

$$P\left(\frac{(x_1+x_2)^2}{(x_1-x_2)^2+(x_1+x_2)^2}>k\right)=0.05.$$

11. 设 $x_1,x_2,\cdots,x_n$ 是来自 $N(\mu_1,\sigma^2)$ 的样本,$y_1,y_2,\cdots,y_m$ 是来自 $N(\mu_2,\sigma^2)$ 的样本,c,d 是任意两个不为 0 的常数,证明:

$$t=\frac{c(\bar{x}-\mu_1)+d(\bar{y}-\mu_2)}{s_w\sqrt{\dfrac{c^2}{n}+\dfrac{d^2}{m}}}\sim t(n+m-2),$$

其中 $s_w^2=\dfrac{(n-1)s_x^2+(m-1)s_y^2}{n+m-2}$.

12. 设 $x_1,x_2,\cdots,x_n,x_{n+1}$ 是来自 $N(\mu,\sigma^2)$ 的样本,$\bar{x}_n=\dfrac{1}{n}\sum_{i=1}^{n}x_i,s_n^2=\dfrac{1}{n-1}\sum_{i=1}^{n}(x_i-\bar{x}_n)^2$,试求常数 c 使得 $t_c=c\dfrac{x_{n+1}-\bar{x}_n}{s_n}$ 服从 t 分布,并指出分布的自由度.

13. 设从方差相等的两个独立正态总体中分别抽取容量为 15,20 的样本,其样本方差分别为 s_1^2,s_2^2,试求 $P(s_1^2/s_2^2>2)$.

14. 设 $x_1,x_2,\cdots,x_{15}$ 是总体 $N(0,\sigma^2)$ 的一个样本,求

$$y=\frac{x_1^2+x_2^2+\cdots+x_{10}^2}{2(x_{11}^2+x_{12}^2+\cdots+x_{15}^2)}$$

的分布.

15. 设 $(x_1,x_2,\cdots,x_{17})$ 是来自正态分布 $N(\mu,\sigma^2)$ 的一个样本,$\bar{x}$ 与 s^2 分别是样本均值与样本方差.求 k,使得 $P(\bar{x}>\mu+ks)=0.95$.

16. 设总体 X 服从 $N(\mu,\sigma^2)$ ，$\sigma^2>0$，从该总体中抽取样本 $x_1,x_2,\cdots,x_{2n}$（$n\geqslant 1$），其样本均值为 $\bar{x}=\dfrac{1}{2n}\sum\limits_{i=1}^{2n}x_i$，求统计量 $y=\sum\limits_{i=1}^{n}(x_i+x_{n+i}-2\bar{x})^2$ 的数学期望.

17. 证明:若随机变量 $t\sim t(k)$，则对 $r<k$ 有

$$E(t^r)=\begin{cases} 0, & r\ \text{为奇数}, \\[2mm] \dfrac{k^{\frac{r}{2}}\Gamma\left(\dfrac{r+1}{2}\right)\Gamma\left(\dfrac{k-r}{2}\right)}{\sqrt{\pi}\,\Gamma\left(\dfrac{k}{2}\right)}, & r\ \text{为偶数}. \end{cases}$$

并由此写出 $E(t)$ 与 $\mathrm{Var}(t)$.

18. 证明:若随机变量 $F\sim F(k,m)$，则当 $-\dfrac{k}{2}<r<\dfrac{m}{2}$ 时有

$$E(F^r)=\frac{m^r\Gamma\left(\dfrac{k}{2}+r\right)\Gamma\left(\dfrac{m}{2}-r\right)}{k^r\Gamma\left(\dfrac{k}{2}\right)\Gamma\left(\dfrac{m}{2}\right)}.$$

由此写出 $E(F)$ 与 $\mathrm{Var}(F)$.

19. 设 $x_1,x_2,\cdots,x_n$ 是来自某连续总体的一个样本.该总体的分布函数 $F(x)$ 是连续严增函数,证明:统计量 $T=-2\sum\limits_{i=1}^{n}\ln F(x_i)$ 服从 $\chi^2(2n)$.

20. 设 $x_1,x_2,\cdots,x_n$ 是来自正态总体 $N(\mu,\sigma^2)$ 的一个样本. $s_n^2=\dfrac{1}{n-1}\sum\limits_{i=1}^{n}(x_i-\bar{x})^2$ 是样本方差, 试求满足 $P\left(\dfrac{s_n^2}{\sigma^2}\leqslant 1.5\right)\geqslant 0.95$ 的最小 n 值.

21. 设 $x_1,x_2,\cdots,x_n$ 独立同分布服从 $N(\mu,\sigma^2)$，$\bar{x}=\dfrac{1}{n}\sum\limits_{i=1}^{n}x_i$，$s^2=\dfrac{1}{n-1}\sum\limits_{i=1}^{n}(x_i-\bar{x})^2$，记 $\xi=(x_1-\bar{x})/s$.试找出 ξ 与 t 分布的联系（提示:作正交变换 $y_1=\sqrt{n}\,\bar{x}$，$y_2=\sqrt{\dfrac{n}{n-1}}(x_1-\bar{x})$，$y_i=\sum\limits_{j=1}^{n}c_{ij}x_j$，$i=3,\cdots,n$）.

22. 设 $x_1,x_2,\cdots,x_n$ 相互独立,x_i 服从 $\chi^2(n_i)$，$i=1,2,\cdots,m$.令 $U_1=\dfrac{x_1}{x_1+x_2}$，$U_2=\dfrac{x_1+x_2}{x_1+x_2+x_3}$，$\cdots$，$U_{m-1}=\dfrac{x_1+x_2+\cdots+x_{m-1}}{x_1+x_2+\cdots+x_m}$.证明:$U_1,U_2,\cdots,U_{m-1}$ 相互独立,且 U_i 服从 $Be\left(\dfrac{n_1+n_2+\cdots+n_i}{2},\dfrac{n_{i+1}}{2}\right)$，$i=1,2,\cdots,m-1$（提示:令 $U_m=x_1+x_2+\cdots+x_m$，作变换 $x_1=U_1U_2\cdots U_m$，$x_2=U_2U_3\cdots U_m-U_1U_2\cdots U_m$，$\cdots$，$x_m=U_m-U_{m-1}U_m$）.

§5.5 充分统计量

5.5.1 充分性的概念

构造统计量就是对样本进行加工,去粗取精,简化样本,便于统计推断.但在加工

过程中是否会丢失样本中关于感兴趣问题的信息? 如果某个统计量包含了样本中关于感兴趣问题的所有信息,则这个统计量对将来的统计推断会非常有用,这就是充分统计量的直观含义,它是费希尔于 1922 年正式提出的,而其思想则源于他与天文学家埃丁顿(Eddington)的有关估计标准差的争论中. 设 $x_1, x_2, \cdots, x_n$ 为来自 $N(\mu, \sigma^2)$ 的独立同分布样本,现要估计 σ. 费希尔主张用样本标准差 s,而埃丁顿则主张用如下的平均绝对偏差

$$d = \sqrt{\frac{\pi}{2}} \frac{1}{n} \sum_{i=1}^{n} | x_i - \bar{x} |. \tag{5.5.1}$$

费希尔认为"在 s 中包含了样本中有关 σ 的全部信息,而 d 则否",换句话说,s 是充分统计量,而 d 不是,故应选用 s.

在给出充分统计量的严格定义之前,我们先看一个例子.

例 5.5.1 为研究某个运动员的打靶命中率 θ,我们对该运动员进行测试,观测其 10 次打靶结果,发现除第 3、6 次未命中外,其余 8 次都命中. 这样的观测结果包含了两种信息:

(1) 打靶 10 次命中 8 次;

(2) 2 次不命中分别出现在第 3 次和第 6 次打靶上.

第二种信息(序号)对了解该运动员的命中率是没有什么帮助的:设想我们对该运动员的观测结果是第 1、2 次未命中,其余都命中,虽然样本观测值是不一样的,但它们提供的关于命中率 θ 的信息是一样的. 因此,在大多数实际问题中,试验编号信息常常对了解总体或其参数是无关紧要的.

一般地,设我们对该运动员进行 n 次观测,得到 $x_1, x_2, \cdots, x_n$,每个 x_i 取值非 0 即 1,命中为 1,不命中为 0,令 $T = x_1 + x_2 + \cdots + x_n$,$T$ 为观测到的命中次数,在这种场合仅仅记录、使用 T 不会丢失任何与命中率 θ 有关的信息,统计上将这种"样本加工不损失信息"称为"充分性".

上面我们直观地给出了关于"充分性"的叙述,接下来我们从概率层面对之进行分析. 我们知道,样本 $X = (x_1, x_2, \cdots, x_n)$ 有一个样本联合分布 $F_\theta(X)$,这个分布包含了样本中一切有关 θ 的信息. 统计量 $T = T(x_1, x_2, \cdots, x_n)$ 也有一个抽样分布 $F_\theta^T(t)$,当我们期望用统计量 T 代替原始样本 X 并且不损失任何有关 θ 的信息时,也就是期望抽样分布 $F_\theta^T(t)$ 像 $F_\theta(X)$ 一样概括了有关 θ 的一切信息. 换言之,我们考察在统计量 T 的取值为 t 的情况下样本 X 的条件分布 $F_\theta(X | T = t)$,可能有两种情况:

- $F_\theta(X | T = t)$ 依赖于参数 θ,此条件分布仍含有 θ 的信息.
- $F_\theta(X | T = t)$ 不依赖于参数 θ,此条件分布已不含 θ 的信息.

后者表明,条件"$T = t$"的出现使得从样本联合分布 $F_\theta(X)$ 到条件分布 $F_\theta(X | T = t)$,有关 θ 的信息消失了,这说明有关 θ 的信息都含在统计量 T 之中. 当已知统计量 T 的取值之后,也就知道了样本中关于 θ 的所有信息,这正是统计量具有充分性的含义.

例 5.5.2 设总体为二点分布 $b(1, \theta)$,$X_1, X_2, \cdots, X_n$ 为样本,令 $T = X_1 + X_2 + \cdots + X_n$,则在给定 T 的取值后,对任意的一组 $x_1, x_2, \cdots, x_n$ $\left(\sum_{i=1}^{n} x_i = t \right)$,有

$$P(X_1 = x_1, X_2 = x_2, \cdots, X_n = x_n \mid T = t)$$

$$= \frac{P\left(X_1 = x_1, X_2 = x_2, \cdots, X_{n-1} = x_{n-1}, X_n = t - \sum\limits_{i=1}^{n-1} x_i\right)}{P\left(\sum\limits_{i=1}^{n} X_i = t\right)}$$

$$= \frac{\prod\limits_{i=1}^{n-1} P(X_i = x_i) \cdot P\left(X_n = t - \sum\limits_{i=1}^{n-1} x_i\right)}{\binom{n}{t} \theta^t (1-\theta)^{n-t}}$$

$$= \frac{\prod\limits_{i=1}^{n-1} \theta^{x_i}(1-\theta)^{1-x_i} \cdot \theta^{t-\sum\limits_{i=1}^{n-1} x_i}(1-\theta)^{1-t+\sum\limits_{i=1}^{n-1} x_i}}{\binom{n}{t} \theta^t (1-\theta)^{n-t}}$$

$$= \frac{\theta^t(1-\theta)^{n-t}}{\binom{n}{t}\theta^t(1-\theta)^{n-t}} = \frac{1}{\binom{n}{t}},$$

该条件分布与 θ 无关. 若令 $S = X_1 + X_2$ $(n>2)$, 由于 S 只是用了前面两个样本观测值, 显然没有包含样本中所有关于 θ 的信息, 在给定 S 的取值 $S=s$ 后, 对任意的一组 $x_1, x_2, \cdots,$ x_n $(x_1 + x_2 = s)$, 有

$$P(X_1 = x_1, X_2 = x_2, \cdots, X_n = x_n \mid S = s)$$

$$= \frac{P(X_1 = x_1, X_2 = s - x_1, X_3 = x_3, \cdots, X_n = x_n)}{P(X_1 + X_2 = s)}$$

$$= \frac{\theta^{s+\sum\limits_{i=3}^{n} x_i}(1-\theta)^{n-s-\sum\limits_{i=3}^{n} x_i}}{\binom{2}{s}\theta^s(1-\theta)^{2-s}} = \frac{\theta^{\sum\limits_{i=3}^{n} x_i}(1-\theta)^{n-2-\sum\limits_{i=3}^{n} x_i}}{\binom{2}{s}},$$

这个分布依赖于未知参数 θ, 这说明样本中有关 θ 的信息没有完全包含在统计量 S 中.

从上例可以直观地看出, 用条件分布与未知参数无关来表示统计量不损失样本中有价值的信息是妥当的. 由此可给出充分统计量的定义.

定义 5.5.1 设 $x_1, x_2, \cdots, x_n$ 是来自某个总体的样本, 总体分布函数为 $F(x;\theta)$, 统计量 $T = T(x_1, x_2, \cdots, x_n)$ 称为 θ 的**充分统计量**, 如果在给定 T 的取值后, $x_1, x_2, \cdots, x_n$ 的条件分布与 θ 无关.

定义 5.5.1 中的未知参数 θ 可以是一维的, 也可以是多维的. 应用中条件分布可用条件分布列或条件密度函数来表示.

例 5.5.3 设 $x_1, x_2, \cdots, x_n$ 是来自 $N(\mu,1)$ 的样本, $T = \bar{x}$, 则 $T \sim N(\mu, 1/n)$, 作变换

$$x_1 = x_1, \quad x_2 = x_2, \quad \cdots, \quad x_{n-1} = x_{n-1}, \quad t = \bar{x}.$$

其雅可比行列式为 n, 故 $x_1, x_2, \cdots, x_{n-1}, t$ 的联合密度函数为

$$p(x_1, x_2, \cdots, x_{n-1}, t; \mu) = n(2\pi)^{-n/2} \exp\left\{ -\frac{1}{2}\left[\sum\limits_{i=1}^{n-1}(x_i - \mu)^2 + \left(nt - \sum\limits_{i=1}^{n-1} x_i - \mu\right)^2 \right] \right\}$$

$$= n(2\pi)^{-n/2}\exp\left\{-\frac{1}{2}\Big[\sum_{i=1}^{n-1}x_i^2 + n\mu^2 + (nt)^2 + \Big(\sum_{i=1}^{n-1}x_i\Big)^2 - 2nt\mu - 2nt\sum_{i=1}^{n-1}x_i\Big]\right\}$$

$$= n(2\pi)^{-n/2}\exp\left\{-\frac{1}{2}\Big[n(t-\mu)^2 + \sum_{i=1}^{n-1}x_i^2 + \Big(\sum_{i=1}^{n-1}x_i - nt\Big)^2 - nt^2\Big]\right\},$$

从而条件密度函数 $p_\mu(x_1,x_2,\cdots,x_{n-1}\,|\,T=t)$ 为

$$p_\mu(x_1,x_2,\cdots,x_{n-1}\,|\,T=t)=\frac{p_\mu(x_1,x_2,\cdots,x_{n-1},t)}{p_\mu(t)}$$

$$=\frac{n(2\pi)^{-n/2}\exp\left\{-\frac{1}{2}\Big[n(t-\mu)^2 + \sum_{i=1}^{n-1}x_i^2 + \Big(\sum_{i=1}^{n-1}x_i - nt\Big)^2 - nt^2\Big]\right\}}{(2\pi/n)^{-1/2}\exp\left\{-\frac{n}{2}(t-\mu)^2\right\}}$$

$$=\sqrt{n}\,(2\pi)^{-(n-1)/2}\exp\left\{-\frac{1}{2}\Big[\sum_{i=1}^{n-1}x_i^2 + \Big(\sum_{i=1}^{n-1}x_i - nt\Big)^2 - nt^2\Big]\right\},$$

该分布与 μ 无关, 这说明 $\bar{x}$ 是 μ 的充分统计量.

5.5.2　因子分解定理

在统计学中有一个基本原则: 在充分统计量存在的场合, 任何统计推断都可以基于充分统计量进行, 这可以简化统计推断的程序, 通常将该原则称为**充分性原则**. 然而在一般场合直接由定义 5.5.1 出发验证一个统计量是充分的是困难的, 因为条件分布的计算通常不那么容易. 幸运的是, 我们有一个简单的办法判断一个统计量是否充分, 这就是下面的因子分解定理, 它由统计学家奈曼(Neyman)给出. 为简便起见, 我们引入一个在两种分布类型通用的概念——**概率函数**. $f(x)$ 称为随机变量 X 的概率函数: 在连续场合, $f(x)$ 表示 X 的概率密度函数; 在离散场合, $f(x)$ 表示 X 的概率分布列.

定理 5.5.1　设总体概率函数为 $f(x;\theta)$, $x_1,x_2,\cdots,x_n$ 为样本, 则 $T=T(x_1,x_2,\cdots,x_n)$ (T 可以是一维的, 也可以是多维的) 为充分统计量的充分必要条件是: 存在两个函数 $g(t,\theta)$ 和 $h(x_1,x_2,\cdots,x_n)$ 使得对任意的 θ 和任一组观测值 $x_1,x_2,\cdots,x_n$, 有

$$f(x_1,x_2,\cdots,x_n;\theta)=g(T(x_1,x_2,\cdots,x_n),\theta)h(x_1,x_2,\cdots,x_n),\qquad(5.5.2)$$

其中 $g(t,\theta)$ 是通过统计量 T 的取值而依赖于样本的.

证明　一般性结果的证明超出本课程范围, 此处我们将给出离散随机变量下的证明, 此时, $f(x_1,x_2,\cdots,x_n;\theta)=P(X_1=x_1,X_2=x_2,\cdots,X_n=x_n;\theta)$.

先证必要性. 设 T 是充分统计量, 则在 $T=t$ 下, $P(X_1=x_1,X_2=x_2,\cdots,X_n=x_n\,|\,T=t)$ 与 θ 无关, 记为 $h(x_1,x_2,\cdots,x_n)$ 或 $h(\boldsymbol{X})$, 令 $A(t)=\{\boldsymbol{X}\,|\,T(\boldsymbol{X})=t\}$, 当 $\boldsymbol{X}\in A(t)$ 时有

$$\{T=t\}\supset\{X_1=x_1,X_2=x_2,\cdots,X_n=x_n\},$$

故

$$P(X_1=x_1,X_2=x_2,\cdots,X_n=x_n;\theta)=P(X_1=x_1,X_2=x_2,\cdots,X_n=x_n,T=t;\theta)$$

$$=P(X_1=x_1,X_2=x_2,\cdots,X_n=x_n\,|\,T=t)P(T=t;\theta)$$

$$=h(x_1,x_2,\cdots,x_n)g(t,\theta),$$

其中 $g(t,\theta)=P(T=t;\theta)$, 而 $h(\boldsymbol{X})=P(X_1=x_1,X_2=x_2,\cdots,X_n=x_n\,|\,T=t)$ 与 θ 无关, 必要性得证.

对充分性,由于

$$P(T=t;\theta) = \sum_{\{(x_1,x_2,\cdots,x_n):T(x_1,x_2,\cdots,x_n)=t\}} P(X_1=x_1,X_2=x_2,\cdots,X_n=x_n;\theta)$$

$$= \sum_{\{(x_1,x_2,\cdots,x_n):T(x_1,x_2,\cdots,x_n)=t\}} g(t,\theta)h(x_1,x_2,\cdots,x_n),$$

对任给 $\boldsymbol{X}=(x_1,x_2,\cdots,x_n)$ 和 t,满足 $\boldsymbol{X}\in A(t)$,有

$$P(X_1=x_1,X_2=x_2,\cdots,X_n=x_n \mid T=t)$$

$$= \frac{P(X_1=x_1,X_2=x_2,\cdots,X_n=x_n,T=t;\theta)}{P(T=t;\theta)}$$

$$= \frac{P(X_1=x_1,X_2=x_2,\cdots,X_n=x_n;\theta)}{P(T=t;\theta)}$$

$$= \frac{g(t,\theta)h(x_1,x_2,\cdots,x_n)}{g(t,\theta)\sum_{\{(y_1,y_2,\cdots,y_n):T(y_1,y_2,\cdots,y_n)=t\}} h(y_1,y_2,\cdots,y_n)}$$

$$= \frac{h(x_1,x_2,\cdots,x_n)}{\sum_{\{(y_1,y_2,\cdots,y_n):T(y_1,y_2,\cdots,y_n)=t\}} h(y_1,y_2,\cdots,y_n)},$$

该分布与 θ 无关,这证明了充分性.

例 5.5.4 设 $x_1,x_2,\cdots,x_n$ 是取自总体 $U(0,\theta)$ 的样本,即总体的密度函数为

$$p(x;\theta) = \begin{cases} 1/\theta, & 0 < x < \theta, \\ 0, & \text{其他}. \end{cases}$$

于是样本的联合密度函数为

$$p(x_1;\theta)p(x_2;\theta)\cdots p(x_n;\theta) = \begin{cases} (1/\theta)^n, & 0 < \min\{x_i\} \leqslant \max\{x_i\} < \theta, \\ 0, & \text{其他}. \end{cases}$$

由于诸 $x_i>0$,所以我们可将上式改写为

$$p(x_1;\theta)p(x_2;\theta)\cdots p(x_n;\theta) = (1/\theta)^n I_{\{x_{(n)}<\theta\}},$$

取 $T=x_{(n)}$,并令 $g(t,\theta)=(1/\theta)^n I_{\{t<\theta\}}$,$h(\boldsymbol{X})=1$,由因子分解定理知 $T=x_{(n)}$ 是 θ 的充分统计量.

例 5.5.5 设 $x_1,x_2,\cdots,x_n$ 是取自总体 $N(\mu,\sigma^2)$ 的样本,$\theta=(\mu,\sigma^2)$ 是未知的,则联合密度函数为

$$p(x_1,x_2,\cdots,x_n;\theta) = (2\pi\sigma^2)^{-n/2}\exp\left\{-\frac{1}{2\sigma^2}\sum_{i=1}^{n}(x_i-\mu)^2\right\}$$

$$= (2\pi\sigma^2)^{-n/2}\exp\left\{-\frac{n\mu^2}{2\sigma^2}\right\}\exp\left\{-\frac{1}{2\sigma^2}\left(\sum_{i=1}^{n}x_i^2 - 2\mu\sum_{i=1}^{n}x_i\right)\right\},$$

取 $t_1=\sum_{i=1}^{n}x_i$,$t_2=\sum_{i=1}^{n}x_i^2$,并令

$$g(t_1,t_2,\theta) = (2\pi\sigma^2)^{-n/2}\exp\left\{-\frac{n\mu^2}{2\sigma^2}\right\}\exp\left\{-\frac{1}{2\sigma^2}(t_2-2\mu t_1)\right\},\ h(\boldsymbol{X})=1,$$

则由因子分解定理,$T = (t_1, t_2) = \left(\sum\limits_{i=1}^{n} x_i, \sum\limits_{i=1}^{n} x_i^2 \right)$ 是充分统计量.进一步,我们指出这个统计量与 $(\bar{x}, s^2)$ 是一一对应的,所以,正态总体下常用的 $(\bar{x}, s^2)$ 是 $\theta = (\mu, \sigma^2)$ 的充分统计量.事实上,本例中不难看出有如下分解:

$$p(x_1, x_2, \cdots, x_n; \theta) = (2\pi\sigma^2)^{-n/2} \exp\left\{ -\frac{n(\bar{x}-\mu)^2 + (n-1)s^2}{2\sigma^2} \right\}$$

更一般地,有如下命题.

定理 5.5.2 若统计量 T 是充分统计量,存在某个函数 $h(\cdot)$,使得 T 可以表示为 $t = h(s)$,则统计量 S 也是充分统计量.

证明 由于 T 是充分统计量,由因子分解定理,有如下分解

$$p(x_1, x_2, \cdots, x_n; \theta) = g(T(x_1, x_2, \cdots, x_n), \theta) h(x_1, x_2, \cdots, x_n).$$

由于 $t = h(s)$,于是上式变为

$$p(x_1, x_2, \cdots, x_n; \theta) = g^*(S(x_1, x_2, \cdots, x_n), \theta) h(x_1, x_2, \cdots, x_n),$$

其中 $g^*_{(\cdot; \theta)} = g(h(\cdot; \theta))$,这说明统计量 S 也是充分统计量.

习 题 5.5

1. 设 $x_1, x_2, \cdots, x_n$ 是来自几何分布

$$P(X = x) = \theta(1 - \theta)^x, \quad x = 0, 1, 2, \cdots$$

的样本,证明 $T = \sum\limits_{i=1}^{n} x_i$ 是充分统计量.

2. 设 $x_1, x_2, \cdots, x_n$ 是来自泊松分布 $P(\lambda)$ 的一个样本,证明 $T = \sum\limits_{i=1}^{n} x_i$ 是充分统计量.

3. 设总体为如下离散分布:

x	a_1	a_2	$\cdots$	a_k
p	p_1	p_2	$\cdots$	p_k

$x_1, x_2, \cdots, x_n$ 是来自该总体的样本,

(1) 证明次序统计量 $(x_{(1)}, x_{(2)}, \cdots, x_{(n)})$ 是充分统计量;

(2) 以 n_j 表示 $x_1, x_2, \cdots, x_n$ 中等于 a_j 的个数,证明 $(n_1, n_2, \cdots, n_k)$ 是充分统计量.

4. 设 $x_1, x_2, \cdots, x_n$ 是来自正态分布 $N(\mu, 1)$ 的样本,证明 $T = \sum\limits_{i=1}^{n} x_i$ 是充分统计量.

5. 设 $x_1, x_2, \cdots, x_n$ 是来自

$$p(x; \theta) = \theta \cdot x^{\theta-1}, \quad 0 < x < 1, \theta > 0$$

的样本,试给出一个充分统计量.

6. 设 $x_1, x_2, \cdots, x_n$ 是来自韦布尔分布

$$p(x; \theta) = mx^{m-1} \theta^{-m} e^{-(x/\theta)^m}, \quad x > 0, \theta > 0$$

的样本($m > 0$ 已知),试给出一个充分统计量.

7. 设 $x_1, x_2, \cdots, x_n$ 是来自帕雷托(Pareto)分布

$$p(x; \theta) = \theta \cdot a^{\theta} x^{-(\theta+1)}, \quad x > a, \theta > 0$$

的样本($a > 0$ 已知),试给出一个充分统计量.

8. 设 $x_1, x_2, \cdots, x_n$ 是来自拉普拉斯(Laplace)分布

$$p(x;\theta) = \frac{1}{2\theta}e^{-|x|/\theta}, \quad \theta > 0$$

的样本,试给出一个充分统计量.

9. 设 $x_1, x_2, \cdots, x_n$ 独立同分布,x_1 服从以下分布,求相应的充分统计量:

(1) 负二项分布 $\quad x_1 \sim p(x_1;\theta) = \binom{x_1+r-1}{r-1}\theta^r(1-\theta)^{x_1}, x_1 = 0,1,2,\cdots,r$ 已知;

(2) 离散均匀分布 $\quad x_1 \sim p(x_1;m) = \frac{1}{m}, x_1 = 1,2,\cdots,m, m$ 未知;

(3) 对数正态分布 $\quad x_1 \sim p(x_1;\mu,\sigma) = \frac{1}{\sqrt{2\pi}\sigma x_1}\exp\left\{-\frac{1}{2\sigma^2}(\ln x_1-\mu)^2\right\}, x_1>0$;

(4) 瑞利(Rayleigh)分布 $\quad x_1 \sim p(x_1;\lambda) = 2\lambda x_1 e^{-\lambda x_1^2} \cdot I_{\{x_1 \geq 0\}}$.

10. 设 $x_1, x_2, \cdots, x_n$ 是来自正态分布 $N(\mu,\sigma^2)$ 的样本.

(1) 在 μ 已知时给出 σ^2 的一个充分统计量;

(2) 在 σ^2 已知时给出 μ 的一个充分统计量.

11. 设 $x_1, x_2, \cdots, x_n$ 是来自均匀分布 $U(\theta_1,\theta_2)$ 的样本,试给出一个充分统计量.

12. 设 $x_1, x_2, \cdots, x_n$ 是来自均匀分布 $U(\theta,2\theta)$,$\theta>0$ 的样本,试给出充分统计量.

13. 设 $x_1, x_2, \cdots, x_n$ 是来自伽马分布族 $\{Ga(\alpha,\lambda)|\alpha>0,\lambda>0\}$ 的一个样本,寻求 (α,λ) 的充分统计量.

14. 设 $x_1, x_2, \cdots, x_n$ 是来自贝塔分布族 $\{Be(a,b)|a>0,b>0\}$ 的一个样本,寻求 (a,b) 的充分统计量.

15. 若 $x = (x_1, x_2, \cdots, x_n)$ 为从分布族 $f(x,\theta) = C(\theta)\exp\left\{\sum_{i=1}^{k}Q_i(\theta)T_i(x)\right\}h(x)$ 中抽取的简单样本,试证 $T(x) = \left(\sum_{j=1}^{n}T_1(x_j),\sum_{j=1}^{n}T_2(x_j),\cdots,\sum_{j=1}^{n}T_k(x_j)\right)$ 为充分统计量.

16. 设 $x_1, x_2, \cdots, x_n$ 是来自正态总体 $N(\mu,\sigma_1^2)$ 的样本,$y_1, y_2, \cdots, y_m$ 是来自另一正态总体 $N(\mu, \sigma_2^2)$ 的样本,这两个样本相互独立,试给出 $(\mu,\sigma_1^2,\sigma_2^2)$ 的充分统计量.

17. 设 $\binom{x_i}{y_i}, i = 1,2,\cdots,n$ 是来自正态分布族

$$\left\{N\left(\binom{\theta_1}{\theta_2}, \begin{pmatrix} \sigma_1^2 & \rho\sigma_1\sigma_2 \\ \rho\sigma_1\sigma_2 & \sigma_2^2 \end{pmatrix}\right), -\infty < \theta_1, \theta_2 < \infty, \sigma_1, \sigma_2 > 0, |\rho| \leq 1\right\}$$

的一个二维样本,寻求 $(\theta_1,\sigma_1,\theta_2,\sigma_2,\rho)$ 的充分统计量.

18. 设二维随机变量 $X = \binom{X_1}{X_2}$ 服从二元正态分布,其均值向量为零向量,协方差阵为

$$\begin{pmatrix} \sigma^2+r^2 & \sigma^2-r^2 \\ \sigma^2-r^2 & \sigma^2+r^2 \end{pmatrix}, \sigma>0, r>0.$$

$\binom{x_{1i}}{x_{2i}}, i = 1,2,\cdots,n$ 是来自该总体的样本.证明:二维统计量 $T = \left(\sum_{i=1}^{n}(x_{1i}+x_{2i})^2, \sum_{i=1}^{n}(x_{1i}-x_{2i})^2\right)$ 是该二元正态分布族的充分统计量.

19. 设 $x_1, x_2, \cdots, x_n$ 是来自两参数指数分布

$$p(x;\theta,\mu) = \frac{1}{\theta}e^{-(x-\mu)/\theta}, \quad x > \mu, \theta > 0$$

的样本,证明 $(\bar{x}, x_{(1)})$ 是充分统计量.

20. 设随机变量 $Y_i \sim N(\beta_0 + \beta_1 x_i, \sigma^2)$, $i = 1, 2, \cdots, n$, 诸 Y_i 独立, $x_1, x_2, \cdots, x_n$ 是已知常数, 证明 $\left(\sum\limits_{i=1}^{n} Y_i, \sum\limits_{i=1}^{n} x_i Y_i, \sum\limits_{i=1}^{n} Y_i^2 \right)$ 是充分统计量.

 本章小结

第六章
参数估计

在上一章中,我们主要讲述了几个常用统计量的抽样分布及充分统计量.我们回想一下,引进统计量的目的在于对感兴趣的问题进行统计推断,而在实际中,我们感兴趣的问题多是与分布族中的未知参数有关的.从本章开始,我们将讨论参数的估计和检验问题.本章将介绍参数的估计问题.

这里参数是指如下三类未知参数:

• 分布中所含的未知参数 θ.如:二点分布 $b(1,p)$ 中的概率 p,正态分布 $N(\mu,\sigma^2)$ 中的 μ 和 σ^2.

• 分布中所含的未知参数 θ 的函数.如:服从正态分布 $N(\mu,\sigma^2)$ 的变量 X 不超过某给定值 a 的概率 $P(X\leqslant a)=\Phi\left(\dfrac{a-\mu}{\sigma}\right)$ 是未知参数 μ,σ 的函数;单位产品的缺陷数 X 通常服从泊松分布 $P(\lambda)$,则单位产品合格(无缺陷)的概率 $P(X=0)=\mathrm{e}^{-\lambda}$ 是未知参数 λ 的函数.

• 分布的各种特征数也都是未知参数.如:均值 $E(X)$,方差 $\mathrm{Var}(X)$,分布中位数等.

一般场合,常用 θ 表示参数,参数 θ 所有可能取值组成的集合称为参数空间,常用 Θ 表示.参数估计问题就是根据样本构造适当的统计量对上述各种未知参数作出估计.

参数估计的形式有两种:点估计与区间估计.这里我们从点估计开始.

§6.1　点估计的概念与无偏性

6.1.1　点估计及无偏性

定义 6.1.1　设 $x_1,x_2,\cdots,x_n$ 是来自总体的一个样本,用于估计未知参数 θ 的统计量 $\hat{\theta}=\hat{\theta}(x_1,x_2,\cdots,x_n)$ 称为 θ 的估计量,或称为 θ 的**点估计**,简称**估计**.

在这里如何构造统计量 $\hat{\theta}$ 并没有明确的规定,只要它满足一定的合理性即可.最常见的合理性要求是所谓的无偏性.

定义 6.1.2　设 $\hat{\theta}=\hat{\theta}(x_1,x_2,\cdots,x_n)$ 是 θ 的一个估计,θ 的参数空间为 Θ,若对任意

的 $\theta \in \Theta$, 有

$$E_{\theta}(\hat{\theta}) = \theta, \qquad (6.1.1)$$

则称 $\hat{\theta}$ 是 θ 的**无偏估计**, 否则称为**有偏估计**.

无偏性要求可以改写为 $E_{\theta}(\hat{\theta} - \theta) = 0$, 这表示无偏估计没有系统偏差. 当我们使用 $\hat{\theta}$ 估计 θ 时, 由于样本的随机性, $\hat{\theta}$ 与 θ 总是有偏差的, 这种偏差时而 (对某些样本观测值) 为正, 时而 (对另一些样本观测值) 为负, 时而大, 时而小. 无偏性表示, 把这些偏差平均起来其值为 0, 这就是无偏估计的含义. 而若估计不具有无偏性, 则无论使用多少次, 其平均也会与参数真值有一定的距离, 这个距离就是系统误差.

例 6.1.1 对任一总体而言, 样本均值是总体均值的无偏估计. 当总体 k 阶矩存在时, 样本 k 阶原点矩 a_k 是总体 k 阶原点矩 μ_k 的无偏估计. 但对 k 阶中心矩则不一样, 譬如, 样本方差 s_n^2 就不是总体方差 σ^2 的无偏估计, 因由定理 5.3.2 可得

$$E(s_n^2) = \frac{n-1}{n}\sigma^2.$$

对此, 有如下两点说明:

(1) 当样本量趋于无穷时, 有 $E(s_n^2) \to \sigma^2$, 我们称 s_n^2 为 σ^2 的**渐近无偏估计**, 这表明当样本量较大时, s_n^2 可近似看作 σ^2 的无偏估计.

(2) 若对 s_n^2 作如下修正:

$$s^2 = \frac{ns_n^2}{n-1} = \frac{1}{n-1}\sum_{i=1}^{n}(x_i - \bar{x})^2, \qquad (6.1.2)$$

则 s^2 是总体方差的无偏估计. 这种简单的修正方法在一些场合常被采用. (6.1.2) 式定义的 s^2 也称为样本方差, 它比 s_n^2 更常用. 这是因为在 $n \geq 2$ 时, $s_n^2 < s^2$, 因此用 s_n^2 估计 σ^2 有偏小的倾向, 特别在小样本场合要使用 s^2 估计 σ^2.

无偏性不具有不变性. 即若 $\hat{\theta}$ 是 θ 的无偏估计, 一般而言, 其函数 $g(\hat{\theta})$ 不是 $g(\theta)$ 的无偏估计, 除非 $g(\theta)$ 是 θ 的线性函数. 譬如, s^2 是 σ^2 的无偏估计, 但 s 不是 σ 的无偏估计. 下面我们以正态分布为例加以说明.

例 6.1.2 设总体为 $N(\mu, \sigma^2)$, $x_1, x_2, \cdots, x_n$ 是样本, 我们已经指出 s^2 是 σ^2 的无偏估计. 下面来考察 s 是否是 σ 的无偏估计. 由定理 5.4.1 知, $Y = \dfrac{(n-1)s^2}{\sigma^2} \sim \chi^2(n-1)$, 其密度函数为

$$p(y) = \frac{1}{2^{\frac{n-1}{2}}\Gamma\left(\dfrac{n-1}{2}\right)} y^{\frac{n-1}{2}-1} e^{-\frac{y}{2}}, \quad y > 0.$$

从而

$$E(Y^{1/2}) = \int_0^\infty y^{1/2} p(y)\,\mathrm{d}y = \frac{1}{2^{\frac{n-1}{2}}\Gamma\left(\dfrac{n-1}{2}\right)} \int_0^\infty y^{\frac{n}{2}-1} e^{-\frac{y}{2}}\,\mathrm{d}y$$

$$= \frac{2^{\frac{n}{2}}\Gamma\left(\frac{n}{2}\right)}{2^{\frac{n-1}{2}}\Gamma\left(\frac{n-1}{2}\right)} = \sqrt{2}\,\frac{\Gamma\left(\frac{n}{2}\right)}{\Gamma\left(\frac{n-1}{2}\right)}.$$

由此,我们有

$$E(s) = \frac{\sigma}{\sqrt{n-1}}E(Y^{1/2}) = \sqrt{\frac{2}{n-1} \cdot \frac{\Gamma(n/2)}{\Gamma((n-1)/2)}} \cdot \sigma \equiv \frac{\sigma}{c_n}.$$

这说明 s 不是 σ 的无偏估计,利用修正技术可得 $c_n \cdot s$ 是 σ 的无偏估计,其中 $c_n = \sqrt{\frac{n-1}{2} \cdot \frac{\Gamma((n-1)/2)}{\Gamma(n/2)}}$ 是修偏系数,表 6.1.1 给出了 c_n 的部分取值.可以证明,当 $n \to \infty$ 时有 $c_n \to 1$,这说明 s 是 σ 的渐近无偏估计,从而在样本容量较大时,不经修正的 s 也是 σ 的一个很好的估计.

表 6.1.1　正态标准差的修偏系数表

n	c_n	n	c_n	n	c_n	n	c_n	n	c_n
		7	1.042 4	13	1.021 0	19	1.014 0	25	1.010 5
2	1.253 3	8	1.036 2	14	1.019 4	20	1.013 2	26	1.010 0
3	1.128 4	9	1.031 7	15	1.018 0	21	1.012 6	27	1.009 7
4	1.085 4	10	1.028 1	16	1.016 8	22	1.012 0	28	1.009 3
5	1.063 8	11	1.025 3	17	1.015 7	23	1.011 4	29	1.009 0
6	1.050 9	12	1.023 0	18	1.014 8	24	1.010 9	30	1.008 7

大偏差通常被视为估计的一种不足,有人提出了多种缩小偏差的方法.下面的刀切法就是由 Quenouille 于 1949 年和 1956 年提出的,而正式命名则由图基(Tukey)于 1958 年给出.

例 6.1.3 (刀切法, jackknife)　设 $T(\boldsymbol{x})$ 是基于样本 $\boldsymbol{x} = (x_1, x_2, \cdots, x_n)$ 的关于参数 $g(\theta)$ 的估计量,且满足 $E_\theta(T(\boldsymbol{x})) = g(\theta) + O\left(\frac{1}{n}\right)$.如以 $\boldsymbol{x}_{(-i)}$ 表示从样本中删去 x_i 后的向量,则 $T(\boldsymbol{x})$ 的**刀切统计量**定义为

$$T_J(\boldsymbol{x}) = nT(\boldsymbol{x}) - \frac{n-1}{n}\sum_{i=1}^{n}T(\boldsymbol{x}_{(-i)}). \tag{6.1.3}$$

可以证明:由(6.1.3)式定义的刀切统计量具有如下性质:

$$E_\theta(T_J(\boldsymbol{x})) = g(\theta) + O\left(\frac{1}{n^2}\right),$$

并且其方差不会增大.

譬如,设总体为 $b(1,\theta)$,$x_1, x_2, \cdots, x_n$ 是其样本,又设 $g(\theta) = \theta^2$,则 $T(\boldsymbol{x}) = \bar{x}^2$ 是 $g(\theta)$ 的一个估计,且

$$E(T(\boldsymbol{x})) = \theta^2 + \frac{\theta(1-\theta)}{n} = g(\theta) + O\left(\frac{1}{n}\right).$$

下面应用刀切法,注意到

$$T(\boldsymbol{x}_{(-i)}) = \left(\frac{\sum\limits_{j=1}^{n} x_j - x_i}{n-1}\right)^2 = \frac{n^2 \bar{x}^2 + x_i^2 - 2n x_i \bar{x}}{(n-1)^2},$$

于是

$$T_J(\boldsymbol{x}) = n \bar{x}^2 - \frac{n-1}{n} \sum_{i=1}^{n} \frac{n^2 \bar{x}^2 + x_i^2 - 2n x_i \bar{x}}{(n-1)^2} = \frac{n \bar{x}^2}{n-1} - \frac{\sum\limits_{i=1}^{n} x_i^2}{n(n-1)}.$$

可以验证 $ET_J(\boldsymbol{x}) = g(\theta)$. 关于刀切法的详细介绍,有兴趣的读者可参考 Efron 的专著 [20].

　　并不是所有的参数都存在无偏估计,当参数存在无偏估计时,我们称该参数是**可估的**,否则称它是**不可估的**.下面是一个参数不可估的例子.

　　例 6.1.4　设总体为二点分布 $b(1,p)$, $0<p<1$, $x_1, x_2, \cdots, x_n$ 是样本,我们说明参数 $\theta = 1/p$ 是不可估的.

　　首先,$T = x_1 + x_2 + \cdots + x_n$ 是充分统计量,$T \sim b(n,p)$. 若有一个 $\hat{\theta} = \hat{\theta}(t)$ 是 θ 的无偏估计,则有

$$E_\theta(\hat{\theta}) = \sum_{i=1}^{n} \binom{n}{i} \hat{\theta}(i) p^i (1-p)^{n-i} = \frac{1}{p}$$

或

$$\sum_{i=1}^{n} \binom{n}{i} \hat{\theta}(i) p^{i+1} (1-p)^{n-i} - 1 = 0, \quad 0 < p < 1.$$

这是 p 的 $n+1$ 次方程,最多有 $n+1$ 个实根,要使它对 $(0,1)$ 中所有的 p 都成立是不可能的,故参数 $\theta = 1/p$ 是不可估的.

　　其次,若有某个 $h(x_1, x_2, \cdots, x_n)$ 是 θ 的无偏估计,则令 $\tilde{\theta} = E(h(x_1, x_2, \cdots, x_n)/T)$,由重期望公式知 $E_p(\tilde{\theta}) = E_p(E(h(x_1, x_2, \cdots, x_n)/T)) = E_p(h(x_1, x_2, \cdots, x_n)) = \theta$,这说明 $\tilde{\theta}(T)$ 是 θ 的无偏估计,由前述,这是不可能的.

6.1.2　有效性

　　当参数可估时,其无偏估计可以有很多,如何在无偏估计中进行选择? 直观的想法是希望该估计围绕参数真值的波动越小越好,波动大小可以用方差来衡量,因此人们常用无偏估计的方差的大小作为度量无偏估计优劣的标准,这就是有效性.

　　定义 6.1.3　设 $\hat{\theta}_1, \hat{\theta}_2$ 是 θ 的两个无偏估计,如果对任意的 $\theta \in \Theta$ 有

$$\text{Var}(\hat{\theta}_1) \leqslant \text{Var}(\hat{\theta}_2),$$

且至少有一个 $\theta \in \Theta$ 使得上述不等号严格成立,则称 $\hat{\theta}_1$ 比 $\hat{\theta}_2$ 有效.

　　例 6.1.5　设 $x_1, x_2, \cdots, x_n$ 是取自某总体的样本,记总体均值为 μ,总体方差为 σ^2,

则 $\hat{\mu}_1 = x_1, \hat{\mu}_2 = \bar{x}$ 都是 μ 的无偏估计,但

$$\mathrm{Var}(\hat{\mu}_1) = \sigma^2, \quad \mathrm{Var}(\hat{\mu}_2) = \sigma^2/n.$$

显然,只要 $n>1$,$\hat{\mu}_2$ 比 $\hat{\mu}_1$ 有效.这表明,用全部数据的平均估计总体均值要比只使用部分数据更有效.

例 6.1.6 设 $x_1, x_2, \cdots, x_n$ 是来自均匀总体 $U(0,\theta)$ 的样本,人们常用最大观测值 $x_{(n)}$ 来估计 θ(参见例 6.3.5),由于 $E(x_{(n)}) = \dfrac{n}{n+1}\theta$,所以 $x_{(n)}$ 不是 θ 的无偏估计,但它是 θ 的渐近无偏估计.经过修偏后可以得到 θ 的一个无偏估计 $\hat{\theta}_1 = \dfrac{n+1}{n} x_{(n)}$.且

$$\mathrm{Var}(\hat{\theta}_1) = \left(\frac{n+1}{n}\right)^2 \mathrm{Var}(x_{(n)}) = \left(\frac{n+1}{n}\right)^2 \frac{n}{(n+1)^2(n+2)}\theta^2 = \frac{\theta^2}{n(n+2)}.$$

另一方面,由于总体均值为 $\theta/2$,人们也可以使用样本均值估计总体均值(见 6.2 节),于是可得到 θ 的另一个无偏估计 $\hat{\theta}_2 = 2\bar{x}$,且

$$\mathrm{Var}(\hat{\theta}_2) = 4\mathrm{Var}(\bar{x}) = \frac{4}{n}\mathrm{Var}(X) = \frac{4}{n} \cdot \frac{\theta^2}{12} = \frac{\theta^2}{3n},$$

两项比较知道,当 $n>1$ 时,$\hat{\theta}_1$ 比 $\hat{\theta}_2$ 有效.

习 题 6.1

1. 设 x_1, x_2, x_3 是取自某总体容量为 3 的样本,试证下列统计量都是该总体均值 μ 的无偏估计,在方差存在时指出哪一个估计的有效性最差.

(1) $\hat{\mu}_1 = \dfrac{1}{2}x_1 + \dfrac{1}{3}x_2 + \dfrac{1}{6}x_3$;

(2) $\hat{\mu}_2 = \dfrac{1}{3}x_1 + \dfrac{1}{3}x_2 + \dfrac{1}{3}x_3$;

(3) $\hat{\mu}_3 = \dfrac{1}{6}x_1 + \dfrac{1}{6}x_2 + \dfrac{2}{3}x_3$.

2. 设 $x_1, x_2, \cdots, x_n$ 是来自 $Exp(\lambda)$ 的样本,已知 $\bar{x}$ 为 $1/\lambda$ 的无偏估计,试说明 $1/\bar{x}$ 是否为 λ 的无偏估计.

3. 设 $\hat{\theta}$ 是参数 θ 的无偏估计,且有 $\mathrm{Var}(\hat{\theta})>0$,试证 $(\hat{\theta})^2$ 不是 θ^2 的无偏估计.

4. 设总体 $X \sim N(\mu, \sigma^2)$,$x_1, x_2, \cdots, x_n$ 是来自该总体的一个样本.试确定常数 c 使 $c\sum\limits_{i=1}^{n-1}(x_{i+1}-x_i)^2$ 为 σ^2 的无偏估计.

5. 设 $x_1, x_2, \cdots, x_n$ 是来自下列总体的简单样本,

$$p(x,\theta) = \begin{cases} 1, & \theta - \dfrac{1}{2} \leqslant x \leqslant \theta + \dfrac{1}{2}, \\ 0, & \text{其他}, \end{cases} \quad -\infty < \theta < \infty,$$

证明样本均值 $\bar{x}$ 及 $\dfrac{1}{2}(x_{(1)}+x_{(n)})$ 都是 θ 的无偏估计,问何者更有效?

6. 设 x_1,x_2,x_3 服从均匀分布 $U(0,\theta)$,试证 $\dfrac{4}{3}x_{(3)}$ 及 $4x_{(1)}$ 都是 θ 的无偏估计,哪个更有效?

7. 设从均值为 μ,方差为 $\sigma^2>0$ 的总体中分别抽取容量为 n_1 和 n_2 的两独立样本,$\bar{x}_1$ 和 $\bar{x}_2$ 分别是这两个样本的均值.试证,对于任意常数 a,b $(a+b=1)$,$Y=a\bar{x}_1+b\bar{x}_2$ 都是 μ 的无偏估计,并确定常数 a,b 使 $\mathrm{Var}(Y)$ 达到最小.

8. 设总体 X 的均值为 μ,方差为 σ^2,$x_1,x_2,\cdots,x_n$ 是来自该总体的一个样本,$T(x_1,x_2,\cdots,x_n)$ 为 μ 的任一线性无偏估计量.证明 $\bar{x}$ 与 T 的相关系数为 $\sqrt{\mathrm{Var}(\bar{x})/\mathrm{Var}(T)}$.

9. 设有 k 台仪器,已知用第 i 台仪器测量的标准差为 σ_i $(i=1,2,\cdots,k)$.用这些仪器独立地对某一物理量 θ 各观察一次,分别得到 $x_1,x_2,\cdots,x_k$,设仪器都没有系统偏差.问 $a_1,a_2,\cdots,a_k$ 应取何值,方能使 $\hat{\theta}=\displaystyle\sum_{i=1}^{k}a_ix_i$ 成为 θ 的无偏估计,且方差达到最小?

10. 设 $x_1,x_2,\cdots,x_n$ 是来自 $N(\theta,1)$ 的样本,证明 $g(\theta)=|\theta|$ 没有无偏估计(提示:利用 $g(\theta)$ 在 $\theta=0$ 处不可导).

11. 设总体 X 服从正态分布 $N(\mu,\sigma^2)$,$x_1,x_2,\cdots,x_n$ 为来自总体 X 的样本,为了得到标准差 σ 的估计量,考虑统计量:

$$y_1=\frac{1}{n}\sum_{i=1}^{n}|x_i-\bar{x}|,\ \bar{x}=\frac{1}{n}\sum_{i=1}^{n}x_i,\ n\geqslant 2,$$

$$y_2=\frac{1}{n(n-1)}\sum_{i=1}^{n}\sum_{j=1}^{n}|x_i-x_j|,\ n\geqslant 2,$$

求常数 C_1 与 C_2,使得 C_1y_1 与 C_2y_2 都是 σ 的无偏估计.

§6.2 矩估计及相合性

6.2.1 替换原理和矩法估计

1900 年 K.皮尔逊提出了一个替换原理,后来人们称此方法为矩法.

替换原理常指如下两句话:

- 用样本矩去替换总体矩,这里的矩可以是原点矩也可以是中心矩.
- 用样本矩的函数去替换相应的总体矩的函数.

根据这个替换原理,在总体分布形式未知场合也可对各种参数作出估计,譬如:

- 用样本均值 $\bar{x}$ 估计总体均值 $E(X)$.
- 用样本方差 s^2 估计总体方差 $\mathrm{Var}(X)$.
- 用事件 A 出现的频率估计事件 A 发生的概率.
- 用样本的 p 分位数估计总体的 p 分位数,特别,用样本中位数估计总体中位数.

例 6.2.1 对某型号的 20 辆汽车记录其每 5 L 汽油的行驶里程(单位:km),观测数据如下:

| 29.8 | 27.6 | 28.3 | 27.9 | 30.1 | 28.7 | 29.9 | 28.0 | 27.9 | 28.7 |
| 28.4 | 27.2 | 29.5 | 28.5 | 28.0 | 30.0 | 29.1 | 29.8 | 29.6 | 26.9 |

这是一个容量为 20 的样本观测值,对应总体是该型号汽车每 5 L 汽油的行驶里程,其分布形式尚不清楚,可用矩法估计其均值、方差和中位数等.本例中经计算有

$$\bar{x} = 28.695, \quad s^2 = 0.966\,8, \quad m_{0.5} = 28.6,$$

由此给出总体均值、方差和中位数的估计分别为 28.695, 0.966 8 和 28.6.

矩法估计的统计思想(替换原理)十分简单明确,众人都能接受,使用场合甚广.它的实质是用经验分布函数去替换总体分布,其理论基础是格利文科定理.

6.2.2 概率函数已知时未知参数的矩估计

设总体具有已知的概率函数 $p(x;\theta_1,\theta_2,\cdots,\theta_k)$, $(\theta_1,\theta_2,\cdots,\theta_k) \in \Theta$ 是未知参数或参数向量,$x_1,x_2,\cdots,x_n$ 是样本,假定总体的 k 阶原点矩 μ_k 存在,则对所有的 j, $0<j<k$, μ_j 都存在,若假设 $\theta_1,\theta_2,\cdots,\theta_k$ 能够表示成 $\mu_1,\mu_2,\cdots,\mu_k$ 的函数 $\theta_j = \theta_j(\mu_1,\mu_2,\cdots,\mu_k)$,则可给出诸 θ_j 的矩估计:

$$\hat{\theta}_j = \theta_j(a_1,a_2,\cdots,a_k), \quad j=1,2,\cdots,k,$$

其中 $a_1,a_2,\cdots,a_k$ 是前 k 阶样本原点矩 $a_j = \dfrac{1}{n}\sum_{i=1}^{n} x_i^j$. 进一步,如果我们要估计 $\theta_1,\theta_2,\cdots,\theta_k$ 的函数 $\eta = g(\theta_1,\theta_2,\cdots,\theta_k)$,则可直接得到 η 的矩估计

$$\hat{\eta} = g(\hat{\theta}_1,\hat{\theta}_2,\cdots,\hat{\theta}_k),$$

当 $k=1$ 时,我们通常可以由样本均值出发对未知参数进行估计;如果 $k=2$,我们可以由一阶、二阶原点矩(或二阶中心矩)出发估计未知参数.

例 6.2.2 设总体为指数分布,其密度函数为

$$p(x;\lambda) = \lambda e^{-\lambda x}, \quad x \geqslant 0,$$

$x_1,x_2,\cdots,x_n$ 是样本,此处 $k=1$,由于 $E(X) = 1/\lambda$,亦即 $\lambda = 1/E(X)$,故 λ 的矩估计为

$$\hat{\lambda} = 1/\bar{x}.$$

另外,由于 $\mathrm{Var}(X) = 1/\lambda^2$,其反函数为 $\lambda = 1/\sqrt{\mathrm{Var}(X)}$,因此,从替换原理来看,$\lambda$ 的矩估计也可取为

$$\hat{\lambda}_1 = 1/s,$$

s 为样本标准差.这说明矩估计可能是不唯一的,此时通常应该尽量采用低阶矩给出未知参数的估计.

例 6.2.3 设 $x_1,x_2,\cdots,x_n$ 是来自均匀分布 $U(a,b)$ 的样本,a 与 b 均是未知参数,这里 $k=2$,由于

$$E(X) = \frac{a+b}{2}, \quad \mathrm{Var}(X) = \frac{(b-a)^2}{12},$$

不难推出

$$a = E(X) - \sqrt{3\mathrm{Var}(X)}, \quad b = E(X) + \sqrt{3\mathrm{Var}(X)},$$

由此即可得到 a,b 的矩估计:

$$\hat{a} = \bar{x} - \sqrt{3}s, \quad \hat{b} = \bar{x} + \sqrt{3}s,$$

若从均匀分布总体 $U(a,b)$ 获得如下一个容量为 5 的样本:

$$4.5 \quad 5.0 \quad 4.7 \quad 4.0 \quad 4.2$$

经计算,有 $\bar{x} = 4.48, s = 0.396\ 2$,于是可得 a, b 的矩估计为

$$\hat{a} = 4.48 - 0.396\ 2\sqrt{3} = 3.793\ 8,$$

$$\hat{b} = 4.48 + 0.396\ 2\sqrt{3} = 5.166\ 2.$$

6.2.3　相合性

我们知道,点估计是一个统计量,因此它是一个随机变量,在样本量一定的条件下,我们不可能要求它完全等同于参数的真实取值.但如果我们有足够的观测值,根据格利文科定理,随着样本量的不断增大,经验分布函数逼近真实分布函数,因此完全可以要求估计量随着样本量的不断增大而逼近参数真值,这就是相合性,其定义如下.

定义 6.2.1　设 $\theta \in \Theta$ 为未知参数,$\hat{\theta}_n = \hat{\theta}_n(x_1, x_2, \cdots, x_n)$ 是 θ 的一个估计量,n 是样本容量,若对任何一个 $\varepsilon > 0$,有

$$\lim_{n \to \infty} P(|\hat{\theta}_n - \theta| \geqslant \varepsilon) = 0, \tag{6.2.1}$$

则称 $\hat{\theta}_n$ 为参数 θ 的**相合估计**.

相合性被认为是对估计的一个最基本要求,如果一个估计量,在样本量不断增大时,它都不能把被估参数估计到任意指定的精度,那么这个估计是很值得怀疑的.通常,不满足相合性要求的估计不予考虑.

若把依赖于样本量 n 的估计量 $\hat{\theta}_n$ 看作一个随机变量序列,相合性就是 $\hat{\theta}_n$ 依概率收敛于 θ,所以证明估计的相合性可应用依概率收敛的性质及各种大数定律.

例 6.2.4　设 $x_1, x_2, \cdots$ 是来自正态总体 $N(\mu, \sigma^2)$ 的样本序列,则由辛钦大数定律及依概率收敛的性质知:

- $\bar{x}$ 是 μ 的相合估计.
- s_n^2 是 σ^2 的相合估计.
- s^2 也是 σ^2 的相合估计.

由此可见参数的相合估计不止一个.

在判断估计的相合性时下述两个定理是很有用的.

定理 6.2.1　设 $\hat{\theta}_n = \hat{\theta}_n(x_1, x_2, \cdots, x_n)$ 是 θ 的一个估计量,若

$$\lim_{n \to \infty} E(\hat{\theta}_n) = \theta, \quad \lim_{n \to \infty} \mathrm{Var}(\hat{\theta}_n) = 0, \tag{6.2.2}$$

则 $\hat{\theta}_n$ 是 θ 的相合估计.

证明　对任意的 $\varepsilon > 0$,由切比雪夫不等式有

$$P\left(|\hat{\theta}_n - E(\hat{\theta}_n)| \geqslant \frac{\varepsilon}{2}\right) \leqslant \frac{4}{\varepsilon^2} \mathrm{Var}(\hat{\theta}_n).$$

另一方面,由 $\lim_{n \to \infty} E(\hat{\theta}_n) = \theta$ 可知,当 n 充分大时有

$$|E(\hat{\theta}_n) - \theta| < \frac{\varepsilon}{2}.$$

注意到此时如果 $|\hat{\theta}_n - E(\hat{\theta}_n)| < \dfrac{\varepsilon}{2}$，就有

$$|\hat{\theta}_n - \theta| \leqslant |\hat{\theta}_n - E(\hat{\theta}_n)| + |E(\hat{\theta}_n) - \theta| < \varepsilon,$$

故

$$\left\{ |\hat{\theta}_n - E(\hat{\theta}_n)| < \frac{\varepsilon}{2} \right\} \subset \{|\hat{\theta}_n - \theta| < \varepsilon\},$$

等价地

$$\left\{ |\hat{\theta}_n - E(\hat{\theta}_n)| \geqslant \frac{\varepsilon}{2} \right\} \supset \{|\hat{\theta}_n - \theta| \geqslant \varepsilon\}.$$

由此即有

$$P(|\hat{\theta}_n - \theta| \geqslant \varepsilon) \leqslant P\left(|\hat{\theta}_n - E(\hat{\theta}_n)| \geqslant \frac{\varepsilon}{2}\right) \leqslant \frac{4}{\varepsilon^2} \mathrm{Var}(\hat{\theta}_n) \to 0 \ (n \to \infty),$$

定理得证.

例 6.2.5 设 $x_1, x_2, \cdots, x_n$ 是来自均匀总体 $U(0, \theta)$ 的样本，证明 $x_{(n)}$ 是 θ 的相合估计.

证明 由次序统计量的分布，我们知道 $\hat{\theta} = x_{(n)}$ 的分布密度函数为

$$p(y) = ny^{n-1}/\theta^n, \quad y < \theta.$$

故有

$$E(\hat{\theta}) = \int_0^\theta ny^n \mathrm{d}y/\theta^n = \frac{n}{n+1}\theta \to \theta \ (n \to \infty),$$

$$E(\hat{\theta}^2) = \int_0^\theta ny^{n+1} \mathrm{d}y/\theta^n = \frac{n}{n+2}\theta^2,$$

$$\mathrm{Var}(\hat{\theta}) = \frac{n}{n+2}\theta^2 - \left(\frac{n}{n+1}\theta\right)^2 = \frac{n}{(n+1)^2(n+2)}\theta^2 \to 0 \quad (n \to \infty).$$

由定理 6.2.1 可知，$x_{(n)}$ 是 θ 的相合估计.

定理 6.2.2 若 $\hat{\theta}_{n1}, \hat{\theta}_{n2}, \cdots, \hat{\theta}_{nk}$ 分别是 $\theta_1, \theta_2, \cdots, \theta_k$ 的相合估计，$\eta = g(\theta_1, \theta_2, \cdots, \theta_k)$ 是 $\theta_1, \theta_2, \cdots, \theta_k$ 的连续函数，则 $\hat{\eta}_n = g(\hat{\theta}_{n1}, \hat{\theta}_{n2}, \cdots, \hat{\theta}_{nk})$ 是 η 的相合估计.

证明 由函数 g 的连续性，对任意给定的 $\varepsilon > 0$，存在一个 $\delta > 0$，当 $|\hat{\theta}_{nj} - \theta_j| < \delta, j = 1, 2, \cdots, k$ 时，有

$$|g(\hat{\theta}_{n1}, \hat{\theta}_{n2}, \cdots, \hat{\theta}_{nk}) - g(\theta_1, \theta_2, \cdots, \theta_k)| < \varepsilon. \tag{6.2.3}$$

又由 $\hat{\theta}_{n1}, \hat{\theta}_{n2}, \cdots, \hat{\theta}_{nk}$ 的相合性，对给定的 $\delta > 0$，对任意给定的 $v > 0$，存在正整数 N，使得 $n \geqslant N$ 时，

$$P\left(|\hat{\theta}_{nj} - \theta_j| \geqslant \delta\right) < v/k, \quad j = 1, 2, \cdots, k.$$

从而有

$$P\left(\bigcap_{j=1}^k \{|\hat{\theta}_{nj} - \theta_j| < \delta\}\right) = 1 - P\left(\bigcup_{j=1}^k \{|\hat{\theta}_{nj} - \theta_j| \geqslant \delta\}\right)$$

$$\geqslant 1 - \sum_{j=1}^{k} P(\,|\hat{\theta}_{nj} - \theta_j| \geqslant \delta)$$

$$> 1 - k \cdot v/k = 1 - v.$$

根据 $(6.2.3)$，$\bigcap_{j=1}^{k} \{\,|\hat{\theta}_{nj} - \theta_j| < \delta\} \subset \{\,|\hat{\eta}_n - \eta| < \varepsilon\}$，故有

$$P\left(\,|\hat{\eta}_n - \eta| < \varepsilon\right) > 1 - v,$$

由 v 的任意性，定理得证.

由大数定律及定理 6.2.2，我们可以看到，矩估计一般都具有相合性.比如：

- 样本均值是总体均值的相合估计.
- 样本标准差是总体标准差的相合估计.
- 样本变异系数 $s/\bar{x}$ 是总体变异系数的相合估计.

例 6.2.6 设一个试验有三种可能结果，其发生概率分别为

$$p_1 = \theta^2, \quad p_2 = 2\theta(1 - \theta), \quad p_3 = (1 - \theta)^2.$$

现做了 n 次试验，观测到三种结果发生的次数分别为 n_1, n_2, n_3，可以采用频率替换方法估计 θ.由于可以有三个不同的 θ 的表达式

$$\theta = \sqrt{p_1}, \quad \theta = 1 - \sqrt{p_3}, \quad \theta = p_1 + p_2/2.$$

从而可以给出 θ 的三种不同的频率替换估计，它们分别是

$$\hat{\theta}_1 = \sqrt{n_1/n}, \quad \hat{\theta}_2 = 1 - \sqrt{n_3/n}, \quad \hat{\theta}_3 = (n_1 + n_2/2)/n.$$

由大数定律，$n_1/n, n_2/n, n_3/n$ 分别是 p_1, p_2, p_3 的相合估计，由定理 6.2.2 知，上述三个估计都是 θ 的相合估计.

习 题 6.2

1. 从一批电子元件中抽取 8 个进行寿命测试，得到如下数据（单位：h）：

$$1\,050 \quad 1\,100 \quad 1\,130 \quad 1\,040 \quad 1\,250 \quad 1\,300 \quad 1\,200 \quad 1\,080$$

试对这批元件的平均寿命以及寿命分布的标准差给出矩估计.

2. 设总体 $X \sim U(0, \theta)$，现从该总体中抽取容量为 10 的样本，样本值为：

$$0.5 \quad 1.3 \quad 0.6 \quad 1.7 \quad 2.2 \quad 1.2 \quad 0.8 \quad 1.5 \quad 2.0 \quad 1.6$$

试对参数 θ 给出矩估计.

3. 设总体分布列如下，$x_1, x_2, \cdots, x_n$ 是样本，试求未知参数的矩估计：

(1) $P(X=k) = \dfrac{1}{N}, k = 0, 1, 2, \cdots, N-1, N$（正整数）是未知参数；

(2) $P(X=k) = (k-1)\theta^2(1-\theta)^{k-2}, k=2, 3, \cdots, 0 < \theta < 1$.

4. 设总体密度函数如下，$x_1, x_2, \cdots, x_n$ 是样本，试求未知参数的矩估计：

(1) $p(x;\theta) = \dfrac{2}{\theta^2}(\theta-x), 0 < x < \theta, \theta > 0$；

(2) $p(x;\theta) = (\theta+1)x^{\theta}, 0 < x < 1, \theta > 0$；

(3) $p(x;\theta) = \sqrt{\theta}x^{\sqrt{\theta}-1}, 0 < x < 1, \theta > 0$；

（4）$p(x;\theta,\mu)=\dfrac{1}{\theta}e^{-\frac{x-\mu}{\theta}},x>\mu,\theta>0.$

5. 设总体为 $N(\mu,1)$，现对该总体观测 n 次，发现有 k 次观测值为正，使用频率替换方法求 μ 的估计.

6. 甲、乙两个校对员彼此独立对同一本书的样稿进行校对，校完后，甲发现 a 个错字，乙发现 b 个错字，其中共同发现的错字有 c 个，试用矩估计给出如下两个未知参数的估计：

（1）该书样稿的总错字个数；

（2）未被发现的错字个数.

7. 设总体 X 服从二项分布 $b(m,p)$，其中 m,p 为未知参数，$x_1,x_2,\cdots,x_n$ 为 X 的一个样本，求 m 与 p 的矩估计.

§6.3 最大似然估计与 EM 算法

最大似然估计（MLE）最早是由德国数学家高斯（Gauss）在 1821 年针对正态分布提出的，但一般将之归功于费希尔，因为费希尔在 1922 年再次提出了这种想法并证明了它的一些性质而使得最大似然法得到了广泛的应用.本节将给出最大似然估计的定义与计算及求取某些复杂情况下 MLE 的一种有效算法——EM 算法，并介绍最大似然估计的渐近正态性.

6.3.1 最大似然估计

为了叙述最大似然原理的直观想法，先看两个例子.

例 6.3.1 设有外形完全相同的两个箱子，甲箱中有 99 个白球和 1 个黑球，乙箱中有 99 个黑球和 1 个白球，今随机地抽取一箱，并从中随机抽取一球，结果取得白球，问这球是从哪一个箱子中取出？

解 不管是哪一个箱子，从箱子中任取一球都有两个可能的结果：A 表示"取出白球"，B 表示"取出黑球".如果我们取出的是甲箱，则 A 发生的概率为0.99，而如果取出的是乙箱，则 A 发生的概率为 0.01.现在一次试验中结果 A 发生了，人们的第一印象就是："此白球（A）最像从甲箱取出的"，或者说，应该认为试验条件对结果 A 出现有利，从而可以推断这球是从甲箱中取出的.这个推断很符合人们的经验事实，这里"最像"就是"最大似然"之意.这种想法常称为"最大似然原理".

本例中假设的数据很极端.一般地，我们可以这样设想：有两个箱子中各有 100 只球，甲箱中白球的比例是 p_1，乙箱中白球的比例是 p_2，已知 $p_1>p_2$，现随机地抽取一个箱子并从中抽取一球，假定取到的是白球，如果我们要在两个箱子中进行选择，由于甲箱中白球的比例高于乙箱，根据最大似然原理，我们应该推断该球来自甲箱.

例 6.3.2 设产品分为合格品与不合格品两类，我们用一个随机变量 X 来表示某个产品经检查后的不合格品数，则 $X=0$ 表示合格品，$X=1$ 表示不合格品，则 X 服从二点分布 $b(1,p)$，其中 p 是未知的不合格品率.现抽取 n 个产品看其是否合格，得到样本 $x_1,x_2\cdots,x_n$，这批观测值发生的概率为

$$P(X_1 = x_1, X_2 = x_2, \cdots, X_n = x_n; p) = \prod_{i=1}^{n} p^{x_i} (1-p)^{1-x_i} = p^{\sum_{i=1}^{n} x_i} (1-p)^{n-\sum_{i=1}^{n} x_i}, \quad (6.3.1)$$

由于 p 是未知的,根据最大似然原理,我们应选择 p 使得(6.3.1)表示的概率尽可能大. 将(6.3.1)看作未知参数 p 的函数,用 $L(p)$ 表示,称作**似然函数**,亦即

$$L(p) = p^{\sum_{i=1}^{n} x_i} (1-p)^{n-\sum_{i=1}^{n} x_i}, \quad (6.3.2)$$

要求(6.3.2)的最大值点不是难事,将(6.3.2)两端取对数并关于 p 求导令其为 0,即得如下方程,又称似然方程:

$$\frac{\partial \ln L(p)}{\partial p} = \frac{\sum_{i=1}^{n} x_i}{p} - \frac{n - \sum_{i=1}^{n} x_i}{1 - p} = 0. \quad (6.3.3)$$

解之即得 p 的**最大似然估计**,为

$$\hat{p} = \hat{p}(x_1, x_2, \cdots, x_n) = \sum_{i=1}^{n} x_i / n = \bar{x}.$$

由例 6.3.2 我们可以看到求最大似然估计的基本思路. 对离散总体,设有样本观测值 $x_1, x_2, \cdots, x_n$,我们写出该观测值出现的概率,它一般依赖于某个或某些参数,用 θ 表示,将该概率看成 θ 的函数,用 $L(\theta)$ 表示,又称似然函数,即

$$L(\theta) = P(X_1 = x_1, X_2 = x_2, \cdots, X_n = x_n; \theta),$$

求最大似然估计就是找 θ 的估计值 $\hat{\theta} = \hat{\theta}(x_1, x_2, \cdots, x_n)$ 使得上式的 $L(\theta)$ 达到最大.

对连续总体,样本观测值 $x_1, x_2, \cdots, x_n$ 出现的概率总是为 0 的,但我们可用联合概率密度函数来表示随机变量在观测值附近出现的可能性大小,也将其称为似然函数,由此,我们给出如下定义.

定义 6.3.1　设总体的概率函数为 $p(x; \theta), \theta \in \Theta$,其中 θ 是一个未知参数或几个未知参数组成的参数向量,Θ 是参数空间,$x_1, x_2, \cdots, x_n$ 是来自该总体的样本,将样本的联合概率函数看成 θ 的函数,用 $L(\theta; x_1, x_2, \cdots, x_n)$ 表示,简记为 $L(\theta)$,

$$L(\theta) = L(\theta; x_1, x_2, \cdots, x_n) = p(x_1; \theta) p(x_2; \theta) \cdots p(x_n; \theta), \quad (6.3.4)$$

$L(\theta)$ 称为样本的**似然函数**. 如果某统计量 $\hat{\theta} = \hat{\theta}(x_1, x_2, \cdots, x_n)$ 满足

$$L(\hat{\theta}) = \max_{\theta \in \Theta} L(\theta), \quad (6.3.5)$$

则称 $\hat{\theta}$ 是 θ 的**最大似然估计**,简记为 MLE(maximum likelihood estimate).

由于 $\ln x$ 是 x 的单调增函数,因此,使对数似然函数 $\ln L(\theta)$ 达到最大与使 $L(\theta)$ 达到最大是等价的. 人们通常更习惯于由 $\ln L(\theta)$ 出发寻找 θ 的最大似然估计. 当 $L(\theta)$ 是可微函数时,求导是求最大似然估计最常用的方法,此时对对数似然函数求导更加简单些.

注意,从最大似然估计的定义可以看出,若 $L(\theta)$ 与联合概率函数相差一个与 θ 无关的比例因子,不会影响最大似然估计,因此,可以在 $L(\theta)$ 中剔去与 θ 无关的因子.

例 6.3.3(续例 6.2.6)　在例 6.2.6 中我们给出了 θ 的三个矩估计,这里考虑 θ 的最大似然估计. 似然函数为

$$L(\theta) = (\theta^2)^{n_1} [2\theta(1-\theta)]^{n_2} [(1-\theta)^2]^{n_3} = 2^{n_2} \theta^{2n_1 + n_2} (1-\theta)^{2n_3 + n_2},$$

其对数似然函数为

$$\ln L(\theta) = (2n_1 + n_2)\ln \theta + (2n_3 + n_2)\ln(1-\theta) + n_2 \ln 2.$$

将之关于 θ 求导并令其为 0 得到似然方程

$$\frac{2n_1 + n_2}{\theta} - \frac{2n_3 + n_2}{1-\theta} = 0.$$

解之,得

$$\hat{\theta} = \frac{2n_1 + n_2}{2(n_1 + n_2 + n_3)} = \frac{2n_1 + n_2}{2n}.$$

由于

$$\frac{\partial^2 \ln L(\theta)}{\partial \theta^2} = -\frac{2n_1 + n_2}{\theta^2} - \frac{2n_3 + n_2}{(1-\theta)^2} < 0,$$

所以 $\hat{\theta}$ 是极大值点.

例 6.3.4 对正态总体 $N(\mu, \sigma^2)$,$\theta = (\mu, \sigma^2)$ 是二维参数,设有样本 $x_1, x_2, \cdots, x_n$,则似然函数及其对数分别为

$$L(\mu, \sigma^2) = \prod_{i=1}^{n} \left(\frac{1}{\sqrt{2\pi}\,\sigma} \exp\left\{ -\frac{(x_i - \mu)^2}{2\sigma^2} \right\} \right) = (2\pi\sigma^2)^{-n/2} \exp\left\{ -\frac{1}{2\sigma^2} \sum_{i=1}^{n} (x_i - \mu)^2 \right\},$$

$$\ln L(\mu, \sigma^2) = -\frac{1}{2\sigma^2} \sum_{i=1}^{n} (x_i - \mu)^2 - \frac{n}{2}\ln \sigma^2 - \frac{n}{2}\ln(2\pi),$$

将 $\ln L(\mu, \sigma^2)$ 分别关于两个分量求偏导并令其为 0 即得到似然方程组

$$\frac{\partial \ln L(\mu, \sigma^2)}{\partial \mu} = \frac{1}{\sigma^2} \sum_{i=1}^{n} (x_i - \mu) = 0, \tag{6.3.6}$$

$$\frac{\partial \ln L(\mu, \sigma^2)}{\partial \sigma^2} = \frac{1}{2\sigma^4} \sum_{i=1}^{n} (x_i - \mu)^2 - \frac{n}{2\sigma^2} = 0. \tag{6.3.7}$$

解此方程组,由 (6.3.6) 式可得 μ 的最大似然估计为

$$\hat{\mu} = \frac{1}{n} \sum_{i=1}^{n} x_i = \bar{x},$$

将之代入 (6.3.7) 式给出 σ^2 的最大似然估计

$$\hat{\sigma}^2 = \frac{1}{n} \sum_{i=1}^{n} (x_i - \bar{x})^2 = s_n^2,$$

利用二阶导函数矩阵的非正定性可以说明上述估计使得似然函数取极大值.

虽然求导函数是求最大似然估计最常用的方法,但并不是在所有场合求导都是有效的,下面的例子说明了这个问题.

例 6.3.5 设 $x_1, x_2, \cdots, x_n$ 是来自均匀总体 $U(0, \theta)$ 的样本,试求 θ 的最大似然估计.

解 似然函数

$$L(\theta) = \frac{1}{\theta^n} \prod_{i=1}^{n} I_{\{0 < x_i \leqslant \theta\}} = \frac{1}{\theta^n} I_{\{x_{(n)} \leqslant \theta\}},$$

要使 $L(\theta)$ 达到最大,首先一点是示性函数取值应该为 1,其次是 $1/\theta^n$ 尽可能大.由于 $1/\theta^n$ 是 θ 的单调减函数,所以 θ 的取值应尽可能小,但示性函数为 1 决定了 θ 不能小于 $x_{(n)}$,由此给出 θ 的最大似然估计 $\hat{\theta} = x_{(n)}$.

最大似然估计有一个简单而有用的性质:如果 $\hat{\theta}$ 是 θ 的最大似然估计,则对任一函数 $g(\theta)$,$g(\hat{\theta})$ 是其最大似然估计.该性质称为最大似然估计的**不变性**,从而使一些复杂结构的参数的最大似然估计的获得变得容易了.

例 6.3.6 设 $x_1, x_2, \cdots, x_n$ 是来自正态总体 $N(\mu, \sigma^2)$ 的样本,在例 6.3.4 中已求得 μ 和 σ^2 的最大似然估计为

$$\hat{\mu} = \bar{x}, \quad \hat{\sigma}^2 = s_n^2.$$

于是由最大似然估计的不变性可得如下参数的最大似然估计,它们是

- 标准差 σ 的 MLE 是 $\hat{\sigma} = s_n$.

- 概率 $P(X < 3) = \Phi\left(\dfrac{3-\mu}{\sigma}\right)$ 的 MLE 是 $\Phi\left(\dfrac{3-\bar{x}}{s_n}\right)$.

- 总体 0.90 分位数 $x_{0.90} = \mu + \sigma u_{0.90}$ 的 MLE 是 $\bar{x} + s_n u_{0.90}$,其中 $u_{0.90}$ 为标准正态分布的 0.90 分位数.

6.3.2 EM 算法

MLE 是一种非常有效的参数估计方法,但当分布中有多余参数或数据为截尾或缺失时,其 MLE 的求取是比较困难的.Dempster 等人于 1977 年提出了 EM 算法,其出发点是把求 MLE 的过程分两步走,第一步求期望,以便把多余的部分去掉,第二步求极大值.本小节将简单介绍这种非常有用的方法.

例 6.3.7 设一次试验可能有四个结果,其发生的概率分别为 $\dfrac{1}{2} - \dfrac{\theta}{4}, \dfrac{1-\theta}{4}, \dfrac{1+\theta}{4}, \dfrac{\theta}{4}$,其中 $\theta \in (0,1)$,现进行了 197 次试验,四种结果的发生次数分别为 75,18,70,34.试求 θ 的 MLE.

解 以 y_1, y_2, y_3, y_4 表示四种结果发生的次数,此时总体分布为多项分布,故其似然函数

$$L(\theta; y) \propto \left(\frac{1}{2} - \frac{\theta}{4}\right)^{y_1} \left(\frac{1-\theta}{4}\right)^{y_2} \left(\frac{1+\theta}{4}\right)^{y_3} \left(\frac{\theta}{4}\right)^{y_4} \propto (2-\theta)^{y_1} (1-\theta)^{y_2} (1+\theta)^{y_3} \theta^{y_4}.$$

要由此式求解 θ 的 MLE 是比较麻烦的,由于其对数似然方程是一个三次多项式.

我们可以通过引入 2 个变量 z_1, z_2 后,使得求解变得比较容易.现假设第一种结果可以分成两部分,其发生概率分别为 $\dfrac{1-\theta}{4}$ 和 $\dfrac{1}{4}$,令 z_1 和 $y_1 - z_1$ 分别表示落入这两部分的

次数;再假设第三种结果分成两部分,其发生概率分别为$\dfrac{\theta}{4}$和$\dfrac{1}{4}$,令z_2和y_3-z_2分别表示落入这两部分的次数.显然,z_1,z_2是我们人为引入的,它是不可观测的(在文献中称之为 latent variable,即**潜变量**).也称数据(y,z)为**完全数据**(complete data),而观测到的数据y称为**不完全数据**.此时,完全数据的似然函数

$$L(\theta;y,z) \propto \left(\frac{1}{4}\right)^{y_1-z_1}\left(\frac{1-\theta}{4}\right)^{z_1+y_2}\left(\frac{1}{4}\right)^{y_3-z_2}\left(\frac{\theta}{4}\right)^{z_2+y_4} \propto \theta^{z_2+y_4}(1-\theta)^{z_1+y_2},$$

其对数似然为

$$l(\theta;y,z) = (z_2+y_4)\ln\theta + (z_1+y_2)\ln(1-\theta).$$

如果(y,z)均已知,则由上式很容易求得θ的 MLE,但遗憾的是,我们仅知道y,而不知道z的值.但是我们注意到,当y及θ已知时,$z_1 \sim b\left(y_1,\dfrac{1-\theta}{2-\theta}\right)$,$z_2 \sim b\left(y_3,\dfrac{\theta}{1+\theta}\right)$,于是,Dempster 等人建议分如下两步进行迭代求解:

E 步:在已有观测数据y及第i步估计值$\theta=\theta^{(i)}$的条件下,求基于完全数据的对数似然函数的期望(即把其中与z有关的部分积分掉):

$$Q(\theta|y,\theta^{(i)}) = E_z l(\theta;y,z). \tag{6.3.8}$$

M 步:求$Q(\theta|y,\theta^{(i)})$关于θ的最大值$\theta^{(i+1)}$,即找$\theta^{(i+1)}$使得

$$Q(\theta^{(i+1)}|y,\theta^{(i)}) = \max_{\theta} Q(\theta|y,\theta^{(i)}). \tag{6.3.9}$$

这样就完成了由$\theta^{(i)}$到$\theta^{(i+1)}$的一次迭代.重复(6.3.8)和(6.3.9)式,直至收敛即可得到θ的 MLE.

对于本例,其 E 步为:

$$Q(\theta|y,\theta^{(i)}) = (E(z_2|y,\theta^{(i)})+y_4)\ln\theta + (E(z_1|y,\theta^{(i)})+y_2)\ln(1-\theta)$$
$$= \left(\frac{\theta^{(i)}}{1+\theta^{(i)}}y_3+y_4\right)\ln\theta + \left(\frac{1-\theta^{(i)}}{2-\theta^{(i)}}y_1+y_2\right)\ln(1-\theta).$$

其 M 步即为上式关于θ求导,并令其等于 0,即

$$\frac{\dfrac{\theta^{(i)}}{1+\theta^{(i)}}y_3+y_4}{\theta^{(i+1)}} - \frac{\dfrac{1-\theta^{(i)}}{2-\theta^{(i)}}y_1+y_2}{1-\theta^{(i+1)}} = 0,$$

解之,得如下迭代公式:

$$\theta^{(i+1)} = \frac{\dfrac{\theta^{(i)}}{1+\theta^{(i)}}y_3+y_4}{\dfrac{\theta^{(i)}}{1+\theta^{(i)}}y_3+y_4+\dfrac{1-\theta^{(i)}}{2-\theta^{(i)}}y_1+y_2},$$

开始时可取任意一个初值进行迭代.如取$\theta^{(0)} = 0.5$,则 13 次迭代后可求得θ的 MLE 为 0.606 747,迭代过程如下表:

序号 i	$\theta^{(i)}$	$\dfrac{\theta^{(i)}}{1+\theta^{(i)}}y_3+y_4$	$\dfrac{1-\theta^{(i)}}{2-\theta^{(i)}}y_1+y_2$	$\theta^{(i+1)}$
0	0.5	57.333 333	43.000 000	0.571 429
1	0.571 429	59.454 545	40.500 000	0.594 816
2	0.594 816	60.107 784	39.626 214	0.602 681
3	0.602 681	60.323 186	39.325 786	0.605 357
4	0.605 357	60.395 987	39.222 803	0.606 271
5	0.606 271	60.420 804	39.187 529	0.606 584
6	0.606 584	60.429 289	39.175 449	0.606 691
7	0.606 691	60.432 193	39.171 312	0.606 728
8	0.606 728	60.433 187	39.169 896	0.606 740
9	0.606 740	60.433 527	39.169 411	0.606 744
10	0.606 744	60.433 644	39.169 245	0.606 746
11	0.606 746	60.433 684	39.169 188	0.606 746
12	0.606 746	60.433 697	39.169 168	0.606 747
13	0.606 747	60.433 702	39.169 162	0.606 747

说明:(1) 我们以 z_1 为例说明它的分布.以 A_1 表示第一种结果出现, B_1, B_2 分别表示我们所定义的两个事件, $A_1 = B_1 \cup B_2$.由定义知它们是独立的,且 $P(A_1) = \dfrac{1}{2} - \dfrac{\theta}{4}$, $P(B_1) = \dfrac{1-\theta}{4}$, $P(B_2) = \dfrac{1}{4}$,故 $P(B_1 \mid A_1) = \dfrac{P(B_1)}{P(A_1)} = \dfrac{1-\theta}{2-\theta}$,从而在 $Y_1 = y_1$ 的条件下, $z_1 \sim b\left(y_1, \dfrac{1-\theta}{2-\theta}\right)$.

(2)(6.3.8)式右边的期望是关于 Z 在 $\theta = \theta^{(i)}$ 的条件下求取的,而其余的参数不变,故左边与 $\theta^{(i)}$ 有关.

(3) 在很一般的条件下,EM 算法是收敛的,参见文献[22].

6.3.3　渐近正态性

最大似然估计有一个良好的性质:它通常具有渐近正态性.

定义 6.3.2　参数 θ 的相合估计 $\hat{\theta}_n$ 称为渐近正态的,若存在趋于 0 的非负常数序列 $\sigma_n(\theta)$,使得 $\dfrac{\hat{\theta}_n - \theta}{\sigma_n(\theta)}$ 依分布收敛于标准正态分布.这时也称 $\hat{\theta}_n$ 服从**渐近正态分布** $N(\theta, \sigma_n^2(\theta))$,记为 $\hat{\theta}_n \sim AN(\theta, \sigma_n^2(\theta))$. $\sigma_n^2(\theta)$ 称为 $\hat{\theta}_n$ 的**渐近方差**.

上述定义中趋于 0 的数列 $\sigma_n(\theta)$ 表示着估计量 $\hat{\theta}_n$ 依概率收敛于 θ 的速度.因为只

有当"$\sigma_n(\theta)$趋于 0 的速度"与"$\hat{\theta}_n$依概率收敛于 θ 的速度"相当(即同阶),其比值

$(\hat{\theta}_n-\theta)/\sigma_n(\theta)$的分布才可能稳定地收敛于标准正态分布$N(0,1)$.倘若 $\sigma_n(\theta)$趋于 0 的
速度过快,则其比值会趋于∞;倘若 $\sigma_n(\theta)$趋于 0 的速度过慢,则其比值会趋于 0;只有
当 $\sigma_n(\theta)$趋于 0 的速度不快不慢时,其比值才可能按分布收敛于 $N(0,1)$.所以 $\sigma_n(\theta)$

趋于 0 的速度就是 $\hat{\theta}_n$依概率收敛于 θ 的速度.故把 $\sigma_n^2(\theta)$称为渐近方差是适当的.

例 6.3.8 设总体为泊松分布 $P(\lambda)$,无论是矩估计还是最大似然估计,我们都得
到一样的 λ 的估计:样本均值,即

$$\hat{\lambda}_n = \bar{x}_n = \frac{1}{n}\sum_{i=1}^n x_i.$$

由中心极限定理,$(\hat{\lambda}_n-\lambda)/\sqrt{\lambda/n}$依分布收敛于 $N(0,1)$,因此,$\hat{\lambda}_n$ 是渐近正态的,且

$$\hat{\lambda}_n \sim AN(\lambda,\lambda/n),$$

这里常数序列 $\sigma_n(\lambda)=\sqrt{\lambda/n}\to 0$.它表示 $\hat{\lambda}_n$依概率收敛于 λ 的速度为 $1/\sqrt{n}$,以后会看
到,大多数渐近正态估计都是以 $1/\sqrt{n}$速度依概率收敛于被估参数.

关于渐近正态性的详细的讨论超出本课程范围,我们主要指出两点:其一是不加
证明地给出关于最大似然估计的渐近正态性的结论,其二说明渐近正态性常被用来对
不同的相合估计进行比较,主要比较其渐近方差大小.

定理 6.3.1 设总体 X 有密度函数 $p(x;\theta)$,$\theta\in\Theta$,Θ 为非退化区间,假定

(1) 对任意的 x,偏导数$\frac{\partial\ln p}{\partial\theta}$,$\frac{\partial^2\ln p}{\partial\theta^2}$和$\frac{\partial^3\ln p}{\partial\theta^3}$对所有 $\theta\in\Theta$ 都存在;

(2) $\forall\theta\in\Theta$,有

$$\left|\frac{\partial p}{\partial\theta}\right| < F_1(x),\quad \left|\frac{\partial^2 p}{\partial\theta^2}\right| < F_2(x),\quad \left|\frac{\partial^3\ln p}{\partial\theta^3}\right| < F_3(x),$$

其中函数 $F_1(x),F_2(x),F_3(x)$满足

$$\int_{-\infty}^\infty F_1(x)\mathrm{d}x < \infty,\quad \int_{-\infty}^\infty F_2(x)\mathrm{d}x < \infty,$$

$$\sup_{\theta\in\Theta}\int_{-\infty}^\infty F_3(x)p(x;\theta)\mathrm{d}x < \infty;$$

(3) $\forall\theta\in\Theta,0<I(\theta)\equiv\int_{-\infty}^\infty\left(\frac{\partial\ln p}{\partial\theta}\right)^2 p(x;\theta)\mathrm{d}x < \infty.$

若 $x_1,x_2,\cdots,x_n$ 是来自该总体的样本,则存在未知参数 θ 的最大似然估计$\hat{\theta}_n=$
$\hat{\theta}_n(x_1,x_2,\cdots,x_n)$,且 $\hat{\theta}_n$ 具有相合性和渐近正态性,$\hat{\theta}_n\sim AN\left(\theta,\frac{1}{nI(\theta)}\right)$.

定理 6.3.1 表明,最大似然估计通常是渐近正态的,且其渐近方差 $\sigma_n^2(\theta)=$
$(nI(\theta))^{-1}$有一个统一的形式,其中 $I(\theta)$称为费希尔信息量.它的具体定义在下节给出.
这里只要求按总体分布 $p(x;\theta)$去计算费希尔信息量和渐近方差即可.

例 6.3.9 设 $x_1,x_2,\cdots,x_n$ 是来自 $N(\mu,\sigma^2)$的样本,可以验证该总体分布在 σ^2 已
知或 μ 已知时均满足定理 6.3.1 的三个条件.

（1）在 σ^2 已知时, μ 的 MLE 为 $\hat{\mu}=\bar{x}$, 由定理 6.3.1 知, $\hat{\mu}$ 服从渐近正态分布, 下面求 $I(\mu)$,

$$\ln p(x) = -\ln\sqrt{2\pi} - \frac{1}{2}\ln \sigma^2 - \frac{(x-\mu)^2}{2\sigma^2},$$

$$\frac{\partial\ln p}{\partial\mu} = \frac{x-\mu}{\sigma^2},$$

$$I(\mu) = E\left(\frac{x-\mu}{\sigma^2}\right)^2 = \frac{1}{\sigma^2}.$$

从而有 $\hat{\mu}\sim AN(\mu,\sigma^2/n)$, 这与 μ 的精确分布相同.

（2）在 μ 已知时, σ^2 的 MLE 为 $\hat{\sigma}^2 = \frac{1}{n}\sum_{i=1}^{n}(x_i-\mu)^2$, 下求 $I(\sigma^2)$,

$$\frac{\partial\ln p}{\partial\sigma^2} = -\frac{1}{2\sigma^2} + \frac{1}{2\sigma^4}(x-\mu)^2 = \frac{(x-\mu)^2-\sigma^2}{2\sigma^4},$$

$$I(\sigma^2) = \frac{E[(x-\mu)^2-\sigma^2]^2}{4\sigma^8} = \frac{\mathrm{Var}((x-\mu)^2)}{4\sigma^8} = \frac{1}{2\sigma^4},$$

从而有 $\hat{\sigma}^2 \sim AN(\sigma^2,2\sigma^4/n)$.

在有多个相合估计时, 常用其渐近正态分布的方差比较好坏.

例 6.3.10（续例 6.2.6）　在那里我们给出 θ 的三种不同的相合估计, 它们分别是:

$$\hat{\theta}_1 = \sqrt{n_1/n}, \quad \hat{\theta}_2 = 1-\sqrt{n_3/n}, \quad \hat{\theta}_3 = (n_1+n_2/2)/n,$$

可以证明它们都是渐近正态估计, 即

$$\frac{\sqrt{n}(\hat{\theta}_i-\theta)}{\sigma_i(\theta)} \sim AN(0,1), \quad i=1,2,3.$$

诸 $\sigma_i^2(\theta)$ 分别为（见[15]）

$$\sigma_1^2(\theta) = \frac{1-\theta^2}{4}, \quad \sigma_2^2(\theta) = \frac{1-(1-\theta)^2}{4}, \quad \sigma_3^2(\theta) = \frac{\theta(1-\theta)}{2},$$

比较三个渐近方差可以知道（见图 6.3.1）, 前两个估计各有优劣, 而第三个估计一致好于前两个估计, 而第三个估计正是最大似然估计.

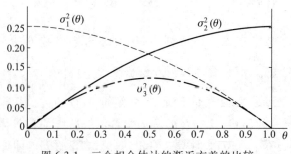

图 6.3.1　三个相合估计的渐近方差的比较

习 题 6.3

1. 设总体概率函数如下，$x_1, x_2, \cdots, x_n$ 是样本，试求未知参数的最大似然估计.

（1）$p(x;\theta) = \sqrt{\theta} x^{\sqrt{\theta}-1}, 0<x<1, \theta>0$；

（2）$p(x;\theta) = \theta c^{\theta} x^{-(\theta+1)}, x>c, c>0$ 已知，$\theta>1$.

2. 设总体概率函数如下，$x_1, x_2, \cdots, x_n$ 是样本，试求未知参数的最大似然估计.

（1）$p(x;\theta) = c\theta^c x^{-(c+1)}, x>\theta, \theta>0, c>0$ 已知；

（2）$p(x;\theta,\mu) = \dfrac{1}{\theta} e^{-\frac{x-\mu}{\theta}}, x>\mu, \theta>0$；

（3）$p(x;\theta) = (k\theta)^{-1}, \theta<x<(k+1)\theta, \theta>0, k>0$ 已知.

3. 设总体概率函数如下，$x_1, x_2, \cdots, x_n$ 是样本，试求未知参数的最大似然估计.

（1）$p(x;\theta) = \dfrac{1}{2\theta} e^{-|x|/\theta}, \theta>0$；

（2）$p(x;\theta) = 1, \theta-1/2<x<\theta+1/2$；

（3）$p(x;\theta_1,\theta_2) = \dfrac{1}{\theta_2-\theta_1}, \theta_1<x<\theta_2$.

4. 一地质学家为研究密歇根湖的湖滩地区的岩石成分，随机地自该地区取 100 个样品，每个样品有 10 块石子，记录了每个样品中属石灰石的石子数.假设这 100 次观察相互独立，求这地区石子中石灰石的比例 p 的最大似然估计.该地质学家所得的数据如下：

样本中的石子数	0	1	2	3	4	5	6	7	8	9	10
样品个数	0	1	6	7	23	26	21	12	3	1	0

5. 在遗传学研究中经常要从截尾二项分布中抽样，其总体概率函数为

$$P(X = k;p) = \frac{\binom{m}{k} p^k (1-p)^{m-k}}{1-(1-p)^m}, \quad k = 1,2,\cdots,m.$$

若已知 $m=2$，$x_1, x_2, \cdots, x_n$ 是样本，试求 p 的最大似然估计.

6. 已知在文学家萧伯纳的 "*The Intelligent Woman's Guide to Socialism and Capitalism*" 一书中，一个句子的单词数 X 近似地服从对数正态分布，即 $Z = \ln X \sim N(\mu, \sigma^2)$.今从该书中随机地取 20 个句子，这些句子中的单词数分别为

$$52 \quad 24 \quad 15 \quad 67 \quad 15 \quad 22 \quad 63 \quad 26 \quad 16 \quad 32$$
$$7 \quad 33 \quad 28 \quad 14 \quad 7 \quad 29 \quad 10 \quad 6 \quad 59 \quad 30$$

求该书中一个句子单词数均值 $E(X) = e^{\mu+\sigma^2/2}$ 的最大似然估计.

7. 设总体 $X \sim U(\theta, 2\theta)$，其中 $\theta>0$ 是未知参数，$x_1, x_2, \cdots, x_n$ 为取自该总体的样本，$\bar{x}$ 为样本均值.

（1）证明 $\hat{\theta} = \dfrac{2}{3}\bar{x}$ 是参数 θ 的无偏估计和相合估计；

（2）求 θ 的最大似然估计，它是无偏估计吗？是相合估计吗？

8. 设 $x_1, x_2, \cdots, x_n$ 是来自密度函数为 $p(x;\theta) = e^{-(x-\theta)}, x>\theta$ 的总体的样本.

（1）求 θ 的最大似然估计 $\hat{\theta}_1$，它是否是相合估计？是否是无偏估计？

（2）求 θ 的矩估计 $\hat{\theta}_2$，它是否是相合估计？是否是无偏估计？

9. 为了估计湖中有多少条鱼，从中捞出 1 000 条，标上记号后放回湖中，然后再捞出 150 条鱼发现其中有 10 条鱼有记号.问湖中有多少条鱼，才能使 150 条鱼中出现 10 条带记号的鱼的概率最大？

10. 证明：对正态分布 $N(\mu,\sigma^2)$，若只有一个观测值，则 σ^2 的最大似然估计不存在.

§6.4 最小方差无偏估计

我们已经看到，寻求点估计有各种不同的方法，为了在不同的点估计间进行比较选择，就必须对各种点估计的好坏给出评价标准.统计学中给出了众多的估计量评价标准，对同一估计量使用不同的评价标准可能会得到完全不同的结论，因此，在评价某一个估计好坏时首先要说明是在哪一个标准下，否则所论好坏则毫无意义.

6.4.1 均方误差

相合性和渐近正态性是在大样本场合下评价估计好坏的两个重要标准，在样本量不是很大时，人们更加倾向于使用一些基于小样本的评价标准，此时，对无偏估计常使用方差，对有偏估计常使用均方误差.

一般而言，在样本量一定时，评价一个点估计的好坏使用的度量指标总是点估计值 $\hat{\theta}$ 与参数真值 θ 的距离的函数，最常用的函数是距离的平方.由于 $\hat{\theta}$ 具有随机性，可以对该函数求期望，这就是下式给出的**均方误差**

$$\text{MSE}(\hat{\theta}) = E(\hat{\theta} - \theta)^2. \tag{6.4.1}$$

均方误差是评价点估计的最一般的标准.自然，我们希望估计的均方误差越小越好.注意到

$$\text{MSE}(\hat{\theta}) = E[(\hat{\theta} - E(\hat{\theta})) + (E(\hat{\theta}) - \theta)]^2$$
$$= E(\hat{\theta} - E(\hat{\theta}))^2 + (E(\hat{\theta}) - \theta)^2 + 2E[(\hat{\theta} - E(\hat{\theta}))(E(\hat{\theta}) - \theta)]$$
$$= \text{Var}(\hat{\theta}) + (E(\hat{\theta}) - \theta)^2.$$

因此，**均方误差由点估计的方差与偏差** $|E(\hat{\theta}) - \theta|$ **的平方两部分组成.**如果 $\hat{\theta}$ 是 θ 的无偏估计，则 $\text{MSE}(\hat{\theta}) = \text{Var}(\hat{\theta})$，此时用均方误差评价点估计与用方差是完全一样的，这也说明了用方差考察无偏估计有效性是合理的.当 $\hat{\theta}$ 不是 θ 的无偏估计时，就要看其均方误差 $\text{MSE}(\hat{\theta})$，即不仅要看其方差大小，还要看其偏差大小.下面的例子说明在均方误差的含义下有些有偏估计优于无偏估计.

例 6.4.1 在例 6.1.6 中我们曾指出：对均匀总体 $U(0,\theta)$，由 θ 的最大似然估计得

到的无偏估计是 $\hat{\theta} = (n+1)x_{(n)}/n$，它的均方误差

$$\text{MSE}(\hat{\theta}) = \text{Var}(\hat{\theta}) = \frac{\theta^2}{n(n+2)}.$$

现我们考虑 θ 的形如 $\hat{\theta}_\alpha = \alpha \cdot x_{(n)}$ 的估计，其均方误差为

$$\text{MSE}(\hat{\theta}_\alpha) = \text{Var}(\alpha \cdot x_{(n)}) + (\alpha E x_{(n)} - \theta)^2$$

$$= \alpha^2 \text{Var}(x_{(n)}) + \left(\alpha \frac{n}{n+1}\theta - \theta\right)^2$$

$$= \alpha^2 \frac{n}{(n+1)^2(n+2)}\theta^2 + \left(\frac{n \cdot \alpha}{n+1} - 1\right)^2 \theta^2.$$

用求导的方法不难求出当 $\alpha_0 = \dfrac{n+2}{n+1}$ 时上述均方误差达到最小，且 $\text{MSE}\left(\dfrac{n+2}{n+1}x_{(n)}\right) =$

$\dfrac{\theta^2}{(n+1)^2}$，这表明，$\hat{\theta}_0 = \dfrac{n+2}{n+1}x_{(n)}$ 虽是 θ 的有偏估计，但在 $n \geq 2$ 时其均方误差 $\text{MSE}(\hat{\theta}_0) =$

$\dfrac{\theta^2}{(n+1)^2} < \dfrac{\theta^2}{n(n+2)} = \text{MSE}(\hat{\theta})$. 所以在均方误差的标准下，有偏估计 $\hat{\theta}_0$ 优于无偏估计 $\hat{\theta}$.

定义 6.4.1 设有样本 $x_1, x_2, \cdots, x_n$，对待估参数 θ，设有一个估计类，称 $\hat{\theta}(x_1, x_2, \cdots, x_n)$ 是该估计类中 θ 的**一致最小均方误差估计**，如果对该估计类中另外任意一个 θ 的估计 $\tilde{\theta}$，在参数空间 Θ 上都有

$$\text{MSE}_\theta(\hat{\theta}) \leq \text{MSE}_\theta(\tilde{\theta}). \tag{6.4.2}$$

一致最小均方误差估计通常是在一个确定的估计类中进行的，正如例 6.4.1 所示，在例 6.4.1 中我们把估计限制在 $x_{(n)}$ 的倍数中.若不对估计加以限制（即考虑所有可能的估计），则一致最小均方误差估计是不存在的，从而没有意义.事实上，若 $\hat{\theta}$ 是 θ 的所有估计中的一致最小均方误差估计，取定任一个 $\theta_0 \in \Theta$，令 $\tilde{\theta} \equiv \theta_0$，它是 θ 的一个有特别倾向的估计，且 $\text{MSE}_{\theta_0}(\tilde{\theta}) = 0$，于是要求一致最小均方误差估计 $\hat{\theta}$ 在 θ_0 处也有 $\text{MSE}_{\theta_0}(\hat{\theta}) = 0$，由 θ_0 的任意性，这意味着 $\text{MSE}_\theta(\hat{\theta})$ 处处为 0，这显然是做不到的.

既然一致最小均方误差估计一般都不存在，人们通常就对估计提一些合理性要求，前述无偏性就是一个最常见的合理性要求.

6.4.2 一致最小方差无偏估计

我们已经指出，均方误差由点估计的方差与偏差的平方两部分组成.当要求 $\hat{\theta}$ 是 θ 的无偏估计时，均方误差就简化为估计的方差，此时一致最小均方误差估计即为一致最小方差无偏估计.它的一般定义如下：

定义 6.4.2　对参数估计问题,设 $\hat{\theta}$ 是 θ 的一个无偏估计,如果对另外任意一个 θ 的无偏估计 $\tilde{\theta}$,在参数空间 Θ 上都有

$$\mathrm{Var}_\theta(\hat{\theta}) \leqslant \mathrm{Var}_\theta(\tilde{\theta}),$$

则称 $\hat{\theta}$ 是 θ 的**一致最小方差无偏估计**,简记为 UMVUE.

关于 UMVUE,有如下一个判断准则.

定理 6.4.1　设 $X=(x_1,x_2,\cdots,x_n)$ 是来自某总体的一个样本,$\hat{\theta}=\hat{\theta}(X)$ 是 θ 的一个无偏估计,$\mathrm{Var}(\hat{\theta})<\infty$.则 $\hat{\theta}$ 是 θ 的 UMVUE 的充要条件是,对任意一个满足 $E(\varphi(X))=0$ 和 $\mathrm{Var}(\varphi(X))<\infty$ 的 $\varphi(X)$,都有

$$\mathrm{Cov}_\theta(\hat{\theta},\varphi)=0, \quad \forall\, \theta\in\Theta.$$

这个定理表明:θ 的 UMVUE 必与任一零的无偏估计不相关,反之亦然,这是 UMVUE 的重要特征.

证明　先证充分性.对 θ 的任意一个无偏估计 $\tilde{\theta}$,令 $\varphi=\tilde{\theta}-\hat{\theta}$,则

$$E(\varphi) = E(\tilde{\theta}) - E(\hat{\theta}) = 0.$$

于是

$$\mathrm{Var}(\tilde{\theta})=E(\tilde{\theta}-\theta)^2=E[\,(\tilde{\theta}-\hat{\theta})+(\hat{\theta}-\theta)\,]^2=E(\varphi^2)+\mathrm{Var}(\hat{\theta})+2\mathrm{Cov}(\varphi,\hat{\theta})\geqslant\mathrm{Var}(\hat{\theta}).$$

这表明 $\hat{\theta}$ 在 θ 的无偏估计类中方差一致最小.

采用反证法证必要性.设 $\hat{\theta}$ 是 θ 的 UMVUE,$\varphi(X)$ 满足 $E_\theta(\varphi(X))=0$,$\mathrm{Var}_\theta(\varphi(X))<\infty$,倘若在参数空间 Θ 中有一个 θ_0 使得 $\mathrm{Cov}_{\theta_0}(\hat{\theta},\varphi(X))\overset{\Delta}{=\!=}a\neq0$,取 $b=-\dfrac{a}{\mathrm{Var}_{\theta_0}(\varphi(X))}\neq0$,则

$$b^2\mathrm{Var}_{\theta_0}(\varphi(X))+2ab=b(-a+2a)=-\frac{a^2}{\mathrm{Var}_{\theta_0}(\varphi(X))}<0$$

令 $\tilde{\theta}=\hat{\theta}+b\varphi(X)$,则 $E_\theta(\tilde{\theta})=E_\theta(\hat{\theta})+bE_\theta(\varphi(X))=\theta$,这说明 $\tilde{\theta}$ 也是 θ 的无偏估计,但其方差

$$\mathrm{Var}_{\theta_0}(\tilde{\theta})=E_{\theta_0}(\hat{\theta}+b\varphi(X)-\theta)^2=E_{\theta_0}(\hat{\theta}-\theta)^2+b^2E_{\theta_0}(\varphi(X)^2)+2bE_{\theta_0}((\hat{\theta}-\theta)\varphi(X))$$

$$=\mathrm{Var}_{\theta_0}(\hat{\theta})+b^2\mathrm{Var}_{\theta_0}(\varphi(X))+2ab<\mathrm{Var}_{\theta_0}(\hat{\theta}),$$

这与 $\hat{\theta}$ 是 θ 的 UMVUE 矛盾,这就证明了对参数空间 Θ 中任意的 θ 都有 $\mathrm{Cov}_\theta(\hat{\theta},\varphi(X))=0$.定理得证.

例 6.4.2　设 $x_1,x_2,\cdots,x_n$ 是来自指数分布 $Exp(1/\theta)$ 的样本,则根据因子分解定理可知,$T=x_1+x_2+\cdots+x_n$ 是 θ 的充分统计量,由于 $E(T)=n\theta$,所以 $\bar{x}=T/n$ 是 θ 的无偏估计.设 $\varphi=\varphi(x_1,x_2,\cdots,x_n)$ 是 0 的任一无偏估计,则

$$E(\varphi(x_1,\cdots,x_n)) = \int_0^\infty \cdots \int_0^\infty \varphi(x_1,\cdots,x_n) \cdot \prod_{i=1}^n \left\{ \frac{1}{\theta} \cdot e^{-x_i/\theta} \right\} dx_1 \cdots dx_n = 0,$$

即

$$\int_0^\infty \cdots \int_0^\infty \varphi(x_1,\cdots,x_n) \cdot e^{-(x_1+\cdots+x_n)/\theta} dx_1 \cdots dx_n = 0,$$

两端对 θ 求导,得

$$\int_0^\infty \cdots \int_0^\infty \frac{n\,\bar{x}}{\theta^2} \varphi(x_1,\cdots,x_n) \cdot e^{-(x_1+\cdots+x_n)/\theta} dx_1 \cdots dx_n = 0.$$

这说明 $E(\bar{x} \cdot \varphi) = 0$,从而

$$\mathrm{Cov}(\bar{x},\varphi) = E(\bar{x} \cdot \varphi) - E(\bar{x}) \cdot E(\varphi) = 0.$$

由定理 6.4.1,$\bar{x}$ 是 θ 的 UMVUE.

6.4.3 充分性原则

我们在例 6.1.6 中比较了均匀分布 $U(0,\theta)$ 的两个无偏估计 $\hat{\theta}_1 = \dfrac{n+1}{n} x_{(n)}$ 与 $\hat{\theta}_2 = 2\bar{x}$ 的优劣,注意到较好的那个无偏估计是充分统计量的函数,这不是偶然的,事实上,若充分统计量和 UMVUE 存在,则 UMVUE 一定可以表示为充分统计量的函数.下面我们介绍这方面的有关结论.

定理 6.4.2 设总体概率函数是 $p(x;\theta)$,$x_1, x_2, \cdots, x_n$ 是其样本,$T = T(x_1, x_2, \cdots, x_n)$ 是 θ 的充分统计量,则对 θ 的任一无偏估计 $\hat{\theta} = \hat{\theta}(x_1, x_2, \cdots, x_n)$,令 $\tilde{\theta} = E(\hat{\theta} | T)$,则 $\tilde{\theta}$ 也是 θ 的无偏估计,且

$$\mathrm{Var}(\tilde{\theta}) \leqslant \mathrm{Var}(\hat{\theta}).$$

证明 由于 $T = T(x_1, x_2, \cdots, x_n)$ 是充分统计量,故而 $\tilde{\theta} = E(\hat{\theta} | T)$ 与 θ 无关,因此它也是 θ 的一个估计(统计量),根据重期望公式,有

$$E(\tilde{\theta}) = E[E(\hat{\theta} | T)] = E(\hat{\theta}) = \theta,$$

故 $\tilde{\theta}$ 是 θ 的无偏估计.再考察其方差

$$\mathrm{Var}(\hat{\theta}) = E[(\hat{\theta}-\tilde{\theta}) + (\tilde{\theta}-\theta)]^2 = E(\hat{\theta}-\tilde{\theta})^2 + E(\tilde{\theta}-\theta)^2 + 2E[(\hat{\theta}-\tilde{\theta})(\tilde{\theta}-\theta)],$$

由于

$$E[(\hat{\theta}-\tilde{\theta})(\tilde{\theta}-\theta)] = E\{E[(\hat{\theta}-\tilde{\theta})(\tilde{\theta}-\theta) | T]\} = E\{(\tilde{\theta}-\theta) E[(\hat{\theta}-\tilde{\theta}) | T]\} = 0,$$

由此即有

$$\mathrm{Var}(\hat{\theta}) = E(\hat{\theta}-\tilde{\theta})^2 + \mathrm{Var}(\tilde{\theta}),$$

由于上式右端第一项非负,这就证明了第二个结论.

定理 6.4.2 说明,如果无偏估计不是充分统计量的函数,则将之对充分统计量求条件期望可以得到一个新的无偏估计,该估计的方差比原来的估计的方差要小,从而降低了无偏估计的方差.换言之,考虑 θ 的估计问题只需要在基于充分统计量的函数中进行即可,该说法对所有的统计推断问题都是成立的,这便是所谓的**充分性原则**.

例 6.4.3 设 $x_1,x_2,\cdots,x_n$ 是来自 $b(1,p)$ 的样本,则 $\bar{x}$(或 $T=n\bar{x}$)是 p 的充分统计量.为估计 $\theta=p^2$,可令

$$\hat{\theta}_1 = \begin{cases} 1, & x_1=1,x_2=1, \\ 0, & 其他. \end{cases}$$

由于

$$E(\hat{\theta}_1) = P(x_1=1,x_2=1) = p\cdot p = \theta,$$

所以 $\hat{\theta}_1$ 是 θ 的无偏估计.这个估计并不好,它只使用了两个观测值,但便于我们用定理 6.4.2 对之加以改进:求 $\hat{\theta}_1$ 关于充分统计量 $T=\sum_{i=1}^n x_i$ 的条件期望,过程如下.

$$\hat{\theta} = E(\hat{\theta}_1 \mid T=t) = P(\hat{\theta}_1=1 \mid T=t) = \frac{P(x_1=1,x_2=1,T=t)}{P(T=t)}$$

$$= \frac{P\left(x_1=1,x_2=1,\sum_{i=3}^n x_i=t-2\right)}{P(T=t)} = \frac{p\cdot p\cdot \binom{n-2}{t-2}p^{t-2}(1-p)^{n-t}}{\binom{n}{t}p^t(1-p)^{n-t}}$$

$$= \binom{n-2}{t-2}\Big/\binom{n}{t} = \frac{t(t-1)}{n(n-1)},$$

其中 $t=\sum_{i=1}^n x_i$. 可以验证,$\hat{\theta}$ 是 θ 的无偏估计,且 $\mathrm{Var}(\hat{\theta})<\mathrm{Var}(\hat{\theta}_1)$.

6.4.4 克拉默–拉奥不等式

我们在定理 6.3.1 中已指出,最大似然估计的渐近方差主要由费希尔信息量 $I(\theta)$ 决定.本节先介绍 $I(\theta)$,然后讲述克拉默–拉奥(Cramer-Rao)不等式,有时它可用来判断 UMVUE.

定义 6.4.3 设总体的概率函数 $p(x;\theta),\theta\in\Theta$ 满足下列条件:

(1) 参数空间 Θ 是直线上的一个开区间;

(2) 支撑 $S=\{x:p(x;\theta)>0\}$ 与 θ 无关;

(3) 导数 $\frac{\partial}{\partial\theta}p(x;\theta)$ 对一切 $\theta\in\Theta$ 都存在;

(4) 对 $p(x;\theta)$,积分与微分运算可交换次序,即

$$\frac{\partial}{\partial\theta}\int_{-\infty}^{\infty}p(x;\theta)\mathrm{d}x = \int_{-\infty}^{\infty}\frac{\partial}{\partial\theta}p(x;\theta)\mathrm{d}x;$$

(5) 期望 $E\left[\frac{\partial}{\partial\theta}\ln p(x;\theta)\right]^2$ 存在,

则称

$$I(\theta) = E\left[\frac{\partial}{\partial\theta}\ln p(x;\theta)\right]^2 \tag{6.4.3}$$

为总体分布的费希尔信息量.

费希尔信息量是统计学中一个基本概念,很多的统计结果都与费希尔信息量有关.如最大似然估计的渐近方差,无偏估计的方差的下界等都与费希尔信息量 $I(\theta)$ 有关.$I(\theta)$ 的种种性质显示,"$I(\theta)$ 越大"可被解释为总体分布中包含未知参数 θ 的信息越多.

例 6.4.4 设总体为泊松分布 $P(\lambda)$,其分布列为

$$p(x;\lambda) = \frac{\lambda^x}{x!}e^{-\lambda}, \quad x = 0,1,\cdots,$$

可以验证定义 6.4.3 的条件满足,且

$$\ln p(x;\lambda) = x\ln\lambda - \lambda - \ln(x!),$$

$$\frac{\partial}{\partial\lambda}\ln p(x;\lambda) = \frac{x}{\lambda} - 1.$$

于是

$$I(\lambda) = E\left(\frac{x-\lambda}{\lambda}\right)^2 = \frac{1}{\lambda}.$$

例 6.4.5 设总体为指数分布,其密度函数为

$$p(x;\theta) = \frac{1}{\theta}\exp\left\{-\frac{x}{\theta}\right\}, x > 0, \theta > 0.$$

可以验证定义 6.4.3 的条件满足,且

$$\frac{\partial}{\partial\theta}\ln p(x;\theta) = -\frac{1}{\theta} + \frac{x}{\theta^2} = \frac{x-\theta}{\theta^2},$$

于是

$$I(\theta) = E\left(\frac{x-\theta}{\theta^2}\right)^2 = \frac{\mathrm{Var}(x)}{\theta^4} = \frac{1}{\theta^2},$$

定理 6.4.3(克拉默-拉奥不等式) 设总体分布 $p(x;\theta)$ 满足定义 6.4.3 的条件,$x_1,$ $x_2,\cdots,x_n$ 是来自该总体的样本,$T = T(x_1,x_2,\cdots,x_n)$ 是 $g(\theta)$ 的任一个无偏估计,$g'(\theta) = \frac{\partial g(\theta)}{\partial\theta}$ 存在,且对 Θ 中一切 θ,对

$$g(\theta) = \int_{-\infty}^{\infty}\cdots\int_{-\infty}^{\infty} T(x_1,\cdots,x_n)\prod_{i=1}^{n}p(x_i;\theta)\mathrm{d}x_1\cdots\mathrm{d}x_n$$

的微商可在积分号下进行,即

$$g'(\theta) = \int_{-\infty}^{\infty}\cdots\int_{-\infty}^{\infty} T(x_1,\cdots,x_n)\frac{\partial}{\partial\theta}\Big(\prod_{i=1}^{n}p(x_i;\theta)\Big)\mathrm{d}x_1\cdots\mathrm{d}x_n$$

$$= \int_{-\infty}^{\infty}\cdots\int_{-\infty}^{\infty} T(x_1,\cdots,x_n)\left[\frac{\partial}{\partial\theta}\ln\prod_{i=1}^{n}p(x_i;\theta)\right]\prod_{i=1}^{n}p(x_i;\theta)\mathrm{d}x_1\cdots\mathrm{d}x_n. \tag{6.4.4}$$

对离散总体,则将上述积分改为求和符号后,等式仍然成立.则有

$$\mathrm{Var}(T) \geqslant [g'(\theta)]^2/(nI(\theta)). \tag{6.4.5}$$

(6.4.5)称为**克拉默-拉奥(C-R)不等式**,$[g'(\theta)]^2/(nI(\theta))$ 称为 $g(\theta)$ 的无偏估计的

方差的 **C-R 下界**,简称 $g(\theta)$ 的 C-R 下界.特别,对 θ 的无偏估计 $\hat{\theta}$,有 $\mathrm{Var}(\hat{\theta}) \geqslant (nI(\theta))^{-1}$.

证明　以连续总体为例加以证明.由 $\displaystyle\int_{-\infty}^{\infty} p(x_i;\theta)\mathrm{d}x_i = 1, i = 1,2,\cdots,n$,两边对 θ 求导,由于积分与微分可交换次序,于是有

$$0 = \int_{-\infty}^{\infty} \frac{\partial}{\partial\theta} p(x_i;\theta)\mathrm{d}x_i = \int_{-\infty}^{\infty}\left[\frac{\partial}{\partial\theta}\ln p(x_i;\theta)\right] p(x_i;\theta)\mathrm{d}x_i = E\left[\frac{\partial}{\partial\theta}\ln p(x_i;\theta)\right],$$

记 $Z = \dfrac{\partial}{\partial\theta}\ln\prod_{i=1}^{n} p(x_i;\theta) = \sum_{i=1}^{n} \dfrac{\partial}{\partial\theta}\ln p(x_i;\theta)$,则 $E(Z) = \sum_{i=1}^{n} E\left[\dfrac{\partial}{\partial\theta}\ln p(x_i;\theta)\right] = 0$,从而

$$E(Z^2) = \mathrm{Var}(Z) = \sum_{i=1}^{n} \mathrm{Var}\left(\frac{\partial}{\partial\theta}\ln p(x_i;\theta)\right) = \sum_{i=1}^{n} E\left[\frac{\partial}{\partial\theta}\ln p(x_i;\theta)\right]^2 = nI(\theta),$$

又由 $(6.4.4)$,$g'(\theta) = E(TZ) = E((T-g(\theta))Z)$,据施瓦茨不等式,有

$$[g'(\theta)]^2 \leqslant E[(T - g(\theta))^2]E(Z^2) = \mathrm{Var}(T)\mathrm{Var}(Z),$$

由此,$(6.4.5)$ 得证.关于离散总体可类似证明.

注意,如果 $(6.4.5)$ 中等号成立,则称 $T = T(x_1,x_2,\cdots,x_n)$ 是 $g(\theta)$ 的**有效估计**,有效估计一定是 UMVUE.

例 6.4.6　设总体分布列为 $p(x;\theta) = \theta^x(1-\theta)^{1-x}, x = 0,1$,它满足定义 6.4.3 的所有条件,可以算得该分布的费希尔信息量为 $I(\theta) = \dfrac{1}{\theta(1-\theta)}$,若 $x_1,x_2,\cdots,x_n$ 是该总体的样本,则 θ 的 C-R 下界为 $(nI(\theta))^{-1} = \theta(1-\theta)/n$.大家知道 $\overline{x} = \dfrac{1}{n}\sum_{i=1}^{n} x_i$ 是 θ 的无偏估计,且其方差等于 $\theta(1-\theta)/n$,故 $\overline{x}$ 的方差达到了 C-R 下界,所以,$\overline{x}$ 是 θ 的有效估计,它也是 θ 的 UMVUE.

例 6.4.7　设总体为指数分布 $Exp(1/\theta)$,它满足定义 6.4.3 的所有条件,例 6.4.5 中已经算出该分布的费希尔信息量为 $I(\theta) = \theta^{-2}$,若 $x_1,x_2,\cdots,x_n$ 是样本,则 θ 的 C-R 下界为 $(nI(\theta))^{-1} = \theta^2/n$.而 $\overline{x} = \dfrac{1}{n}\sum_{i=1}^{n} x_i$ 是 θ 的无偏估计,且其方差等于 θ^2/n,达到了 C-R 下界,所以,$\overline{x}$ 是 θ 的有效估计,它也是 θ 的 UMVUE.

应该指出,能达到 C-R 下界的无偏估计(如上两例)并不多.大多数场合无偏估计都达不到其 C-R 下界,下面是一个这样的例子.

例 6.4.8　设总体为正态分布 $N(0,\sigma^2)$,它满足定义 6.4.3 的所有条件,下面计算它的费希尔信息量.由于 $p(x;\sigma^2) = (2\pi\sigma^2)^{-1/2}\exp\left\{-\dfrac{x^2}{2\sigma^2}\right\}$,注意到 $x^2/\sigma^2 \sim \chi^2(1)$,故

$$I(\sigma^2) = E\left[\frac{\partial}{\partial\sigma^2}\ln p(x;\sigma^2)\right]^2 = E\left(\frac{x^2}{2\sigma^4} - \frac{1}{2\sigma^2}\right)^2 = \frac{1}{4\sigma^4}\mathrm{Var}\left(\frac{x^2}{\sigma^2}\right) = \frac{1}{2\sigma^4}.$$

若 $x_1,x_2,\cdots,x_n$ 是样本,则 σ^2 的无偏估计的 C-R 下界为 $\dfrac{2\sigma^4}{n}$,而 $\hat{\sigma}^2 = \dfrac{1}{n}\sum_{i=1}^{n} x_i^2$ 是 σ^2 的无偏估计,其方差达到了 C-R 下界,故 $\hat{\sigma}^2$ 是 σ^2 的 UMVUE.另一方面,令 $\sigma = g(\sigma^2) = $

$\sqrt{\sigma^2}$，则 σ 的 C-R 下界为

$$\frac{[g'(\sigma^2)]^2}{nI(\sigma^2)} = \frac{[1/(2\sigma)]^2}{n/(2\sigma^4)} = \frac{\sigma^2}{2n},$$

σ 的无偏估计（参见例 6.1.2）为

$$\hat{\sigma} = \sqrt{\frac{n}{2}} \cdot \frac{\Gamma(n/2)}{\Gamma((n+1)/2)} \sqrt{\frac{1}{n}\sum_{i=1}^{n}x_i^2}.$$

可以证明，这是 σ 的 UMVUE，且其方差大于 C-R 下界.这表明所有 σ 的无偏估计的方差都大于其 C-R 下界.

习 · 题 6.4

1. 设总体概率函数是 $p(x;\theta)$，$x_1,x_2,\cdots,x_n$ 是其样本，$T=T(x_1,x_2,\cdots,x_n)$ 是 θ 的充分统计量，则对 $g(\theta)$ 的任一估计 $\hat{g}$，令 $\tilde{g}=E(\hat{g}\mid T)$，证明：$\mathrm{MSE}(\tilde{g})\leqslant\mathrm{MSE}(\hat{g})$.这说明，在均方误差准则下，人们只需要考虑基于充分统计量的估计.

2. 设 T_1,T_2 分别是 θ_1,θ_2 的 UMVUE，证明：对任意的（非零）常数 a,b，aT_1+bT_2 是 $a\theta_1+b\theta_2$ 的 UMVUE.

3. 设 T 是 $g(\theta)$ 的 UMVUE，$\hat{g}$ 是 $g(\theta)$ 的无偏估计，证明，若 $\mathrm{Var}(\hat{g})<\infty$，则 $\mathrm{Cov}(T,\hat{g})\geqslant 0$.

4. 设总体 $X\sim N(\mu,\sigma^2)$，$x_1,x_2,\cdots,x_n$ 为样本，证明，$\bar{x}=\dfrac{1}{n}\sum_{i=1}^{n}x_i$，$s^2=\dfrac{1}{n-1}\sum_{i=1}^{n}(x_i-\bar{x})^2$ 分别为 μ,σ^2 的 UMVUE.

5. 设总体 $p(x;\theta)$ 的费希尔信息量存在，若二阶导数 $\dfrac{\partial^2}{\partial\theta^2}p(x;\theta)$ 对一切的 $\theta\in\Theta$ 存在，证明费希尔信息量

$$I(\theta) = -E\left(\frac{\partial^2}{\partial\theta^2}\ln p(x;\theta)\right).$$

6. 设总体密度函数为 $p(x;\theta)=\theta x^{\theta-1}$，$0<x<1$，$\theta>0$，$x_1,x_2,\cdots,x_n$ 是样本.
（1）求 $g(\theta)=1/\theta$ 的最大似然估计；
（2）求 $g(\theta)$ 的有效估计.

7. 设总体密度函数为 $p(x;\theta)=\dfrac{2\theta}{x^3}\mathrm{e}^{-\theta/x^2}$，$x>0$，$\theta>0$，求 θ 的费希尔信息量 $I(\theta)$.

8. 设总体密度函数为 $p(x;\theta)=\theta c^{\theta}x^{-(\theta+1)}$，$x>c$，$c>0$ 已知，$\theta>0$，求 θ 的费希尔信息量 $I(\theta)$.

9. 设总体分布列为 $P(X=x)=(x-1)\theta^2(1-\theta)^{x-2}$，$x=2,3,\cdots$，$0<\theta<1$，求 θ 的费希尔信息量 $I(\theta)$.

10. 设 $x_1,x_2,\cdots,x_n$ 是来自 $Ga(\alpha,\lambda)$ 的样本，$\alpha>0$ 已知，试证明，$\bar{x}/\alpha$ 是 $g(\lambda)=1/\lambda$ 的有效估计，从而也是 UMVUE.

11. 设 $x_1,x_2,\cdots,x_m$ i.i.d. $\sim N(a,\sigma^2)$，$y_1,y_2,\cdots,y_n$ i.i.d. $\sim N(a,2\sigma^2)$，求 a 和 σ^2 的 UMVUE.

12. 设 $x_1,x_2,\cdots,x_n$ i.i.d. $\sim N(\mu,1)$，求 μ^2 的 UMVUE.证明此 UMVUE 达不到 C-R 不等式的下界，即它不是有效估计.

13. 对泊松分布 $P(\theta)$.

（1）求 $I\left(\dfrac{1}{\theta}\right)$；

（2）找一个函数 $g(\cdot)$，使 $g(\theta)$ 的费希尔信息量与 θ 无关.

14. 设 $x_1, x_2, \cdots, x_n$ 为独立同分布变量，$0 < \theta < 1$,

$$P(x_1 = -1) = \frac{1-\theta}{2}, \quad P(x_1 = 0) = \frac{1}{2}, \quad P(x_1 = 1) = \frac{\theta}{2}.$$

（1）求 θ 的 MLE $\hat{\theta}_1$，并问 $\hat{\theta}_1$ 是否是无偏的；

（2）求 θ 的矩估计 $\hat{\theta}_2$；

（3）计算 θ 的无偏估计的方差的 C-R 下界.

15. 设总体 $X \sim Exp(1/\theta)$，$x_1, x_2, \cdots, x_n$ 是样本，θ 的矩估计和最大似然估计都是 $\bar{x}$，它也是 θ 的相合估计和无偏估计，试证明在均方误差准则下存在优于 $\bar{x}$ 的估计（提示：考虑 $\hat{\theta}_a = a\bar{x}$，找均方误差最小者）.

§6.5 贝叶斯估计

在统计学中有两个大的学派：频率学派（也称经典学派）和贝叶斯学派.本书主要介绍频率学派的理论和方法，此一小节将对贝叶斯学派做些介绍.

6.5.1 统计推断的基础

我们在前面已经讲过，统计推断是根据样本信息对总体分布或总体的特征数进行推断，事实上，这是经典学派对统计推断的规定，这里的统计推断使用到两种信息：**总体信息**和**样本信息**；而贝叶斯学派认为，除了上述两种信息以外，统计推断还应该使用第三种信息：**先验信息**.下面我们先把三种信息加以说明.

1. 总体信息

总体信息即总体分布或总体所属分布族提供的信息.譬如，若已知"总体是正态分布"，则我们就知道很多信息.譬如：总体的一切阶矩都存在，总体密度函数关于均值对称，总体的所有性质由其一、二阶矩决定，有许多成熟的统计推断方法可供我们选用等.总体信息是很重要的信息，为了获取此种信息往往耗资巨大.比如，我国为确认国产轴承寿命分布为韦布尔分布前后花了五年时间，处理了几千个数据后才定下的.

2. 样本信息

样本信息即抽取样本所得观测值提供的信息.譬如，在有了样本观测值后，我们可以根据它大概知道总体的一些特征数，如总体均值、总体方差等在一个什么范围内.这是最"新鲜"的信息，并且越多越好，希望通过样本对总体分布或总体的某些特征作出较精确的统计推断.没有样本就没有统计学可言.

3. 先验信息

如果我们把抽取样本看作做一次试验，则样本信息就是试验中得到的信息.实际中，人们在试验之前对要做的问题在经验上和资料上总是有所了解的，这些信息对统计推断是有益的.先验信息即是抽样（试验）之前有关统计问题的一些信息.一般说来，先验信息来源于经验和历史资料.先验信息在日常生活和工作中是很重要的.先看一个例子.

例 6.5.1 在某工厂的产品中每天要抽检 n 件以确定该厂产品的质量是否满足要求.产品质量可用不合格品率 p 来度量,也可以用 n 件抽查产品中的不合格品件数 θ 表示.由于生产过程有连续性,可以认为每天的产品质量是有关联的,即是说,在估计现在的 p 时,以前所积累的资料应该是可供使用的,这些积累的历史资料就是先验信息.为了能使用这些先验信息,需要对它进行加工.譬如,在经过一段时间后,就可根据历史资料对过去 n 件产品中的不合格品件数 θ 构造一个分布

$$P(\theta = i) = \pi_i, \quad i = 1, 2, \cdots, n. \tag{6.5.1}$$

这种对先验信息进行加工获得的分布今后称为先验分布.这种先验分布是对该厂过去产品的不合格品率的一个全面看法.

基于上述三种信息进行统计推断的统计学称为贝叶斯统计学.它与经典统计学的差别就在于是否利用先验信息.贝叶斯统计在重视使用总体信息和样本信息的同时,还注意先验信息的收集、挖掘和加工,使它数量化,形成先验分布,参加到统计推断中来.忽视先验信息的利用,有时是一种浪费,有时还会导出不合理的结论.

贝叶斯学派的基本观点是:**任一未知量 θ 都可看作随机变量,可用一个概率分布去描述,这个分布称为先验分布**;在获得样本之后,总体分布、样本与先验分布通过贝叶斯公式结合起来得到一个关于未知量 θ 的新分布——后验分布;任何关于 θ 的统计推断都应该基于 θ 的后验分布进行.

关于未知量是否可看作随机变量在经典学派与贝叶斯学派间争论了很长时间.因为任一未知量都有不确定性,而在表述不确定性的程度时,概率与概率分布是最好的语言,因此把它看成随机变量是合理的.如今经典学派已不反对这一观点:著名的美国经典统计学家莱曼(Lehmann,E.L.)在他的《点估计理论》一书中写道:"把统计问题中的参数看作随机变量的实现要比看作未知参数更合理一些".如今两派的争论焦点是:**如何利用各种先验信息合理地确定先验分布**.这在有些场合是容易解决的,但在很多场合是相当困难的,关于这方面问题的讨论可参阅文献[11].

6.5.2 贝叶斯公式的密度函数形式

贝叶斯公式的事件形式已在 §1.4 节中叙述.这里用随机变量的概率函数再一次叙述贝叶斯公式,并从中介绍贝叶斯学派的一些具体想法.

(1)总体依赖于参数 θ 的概率函数在经典统计中记为 $p(x; \theta)$,它表示参数空间 Θ 中不同的 θ 对应不同的分布.在贝叶斯统计中应记为 $p(x|\theta)$,它表示在随机变量 θ 取某个给定值时总体的**条件概率函数**.

(2)根据参数 θ 的先验信息确定**先验分布 $\pi(\theta)$**.

(3)从贝叶斯观点看,样本 $\boldsymbol{X} = (x_1, x_2, \cdots, x_n)$ 的产生要分两步进行.首先**设想**从先验分布 $\pi(\theta)$ 产生一个个体 θ_0.这一步是"老天爷"做的,人们是看不到的,故用"设想"二字.第二步从 $p(\boldsymbol{X}|\theta_0)$ 中产生一组样本.这时样本 $\boldsymbol{X} = (x_1, x_2, \cdots, x_n)$ 的**联合条件概率函数**为

$$p(\boldsymbol{X} \mid \theta_0) = p(x_1, x_2, \cdots, x_n \mid \theta_0) = \prod_{i=1}^{n} p(x_i \mid \theta_0),$$

这个分布综合了总体信息和样本信息.

（4）由于 θ_0 是设想出来的，仍然是未知的，它是按先验分布 $\pi(\theta)$ 产生的.为把先验信息综合进去，不能只考虑 θ_0，对 θ 的其他值发生的可能性也要加以考虑，故要用 $\pi(\theta)$ 进行综合.这样一来，样本 X 和参数 θ 的**联合分布**为

$$h(X,\theta) = p(X \mid \theta)\pi(\theta).$$

这个联合分布把总体信息、样本信息和先验信息三种可用信息都综合进去了.

（5）我们的目的是要对未知参数 θ 作统计推断.在没有样本信息时，我们只能依据先验分布对 θ 作出推断.在有了样本观测值 $X = (x_1, x_2, \cdots, x_n)$ 之后，我们应依据 $h(X, \theta)$ 对 θ 作出推断.若把 $h(X,\theta)$ 作如下分解：

$$h(X,\theta) = \pi(\theta \mid X)m(X),$$

其中 $m(X)$ 是 X 的边际概率函数

$$m(X) = \int_{\Theta} h(X,\theta)\,\mathrm{d}\theta = \int_{\Theta} p(X \mid \theta)\pi(\theta)\,\mathrm{d}\theta, \qquad (6.5.2)$$

它与 θ 无关，或者说 $m(X)$ 中不含 θ 的任何信息.因此能用来对 θ 作出推断的仅是条件分布 $\pi(\theta|X)$，它的计算公式是

$$\pi(\theta \mid X) = \frac{h(X,\theta)}{m(X)} = \frac{p(X \mid \theta)\pi(\theta)}{\displaystyle\int_{\Theta} p(X \mid \theta)\pi(\theta)\,\mathrm{d}\theta}. \qquad (6.5.3)$$

这个条件分布称为 θ 的**后验分布**，它集中了总体、样本和先验中有关 θ 的一切信息.(6.5.3)式就是用密度函数表示的贝叶斯公式，它也是用总体和样本对先验分布 $\pi(\theta)$ 作调整的结果，它要比 $\pi(\theta)$ 更接近 θ 的实际情况.

6.5.3 贝叶斯估计

由后验分布 $\pi(\theta|X)$ 估计 θ 有三种常用的方法：
- 使用后验分布的密度函数最大值点作为 θ 的点估计的**最大后验估计**.
- 使用后验分布的中位数作为 θ 的点估计的**后验中位数估计**.
- 使用后验分布的均值作为 θ 的点估计的**后验期望估计**.

用得最多的是后验期望估计，它一般也简称为**贝叶斯估计**，记为 $\hat{\theta}_B$.

例 6.5.2 设某事件 A 在一次试验中发生的概率为 θ，为估计 θ，对试验进行了 n 次独立观测，其中事件 A 发生了 X 次，显然 $X \mid \theta \sim b(n, \theta)$，即

$$P\left(X = x \mid \theta\right) = \binom{n}{x} \theta^x (1 - \theta)^{n-x}, \quad x = 0, 1, \cdots, n.$$

假若我们在试验前对事件 A 没有什么了解，从而对其发生的概率 θ 也没有任何信息.在这种场合，贝叶斯本人建议采用"同等无知"的原则使用区间 $(0,1)$ 上的均匀分布 $U(0,1)$ 作为 θ 的先验分布，因为它取 $(0,1)$ 上的每一点的机会均等.贝叶斯的这个建议被后人称为**贝叶斯假设**.由此即可利用贝叶斯公式求出 θ 的后验分布.具体如下：先写出 X 和 θ 的联合分布

$$h(x,\theta) = \binom{n}{x} \theta^x (1 - \theta)^{n-x}, \quad x = 0, 1, \cdots, n, \quad 0 < \theta < 1,$$

然后求 X 的边际分布

$$m(x) = \binom{n}{x} \int_0^1 \theta^x (1 - \theta)^{n-x} \mathrm{d}\theta = \binom{n}{x} \frac{\Gamma(x+1)\Gamma(n-x+1)}{\Gamma(n+2)},$$

最后求出 θ 的后验分布

$$\pi(\theta \mid x) = \frac{h(x,\theta)}{m(x)} = \frac{\Gamma(n+2)}{\Gamma(x+1)\Gamma(n-x+1)} \theta^{(x+1)-1} (1-\theta)^{(n-x+1)-1}, \quad 0 < \theta < 1.$$

最后的结果说明 $\theta \mid x \sim Be(x+1, n-x+1)$，其后验期望估计为

$$\hat{\theta}_B = E(\theta \mid x) = \frac{x+1}{n+2}. \tag{6.5.4}$$

假如不用先验信息，只用总体信息与样本信息，那么事件 A 发生的概率的最大似然估计为

$$\hat{\theta}_M = \frac{x}{n},$$

它与贝叶斯估计是不同的两个估计.某些场合，贝叶斯估计要比最大似然估计更合理一点.比如，在产品抽样检验中只区分合格品和不合格品，θ 表示不合格品率，对质量好的产品批，抽检的产品常为合格品，但"抽检 3 个全是合格品"与"抽检 10 个全是合格品"这两个事件在人们心目中留下的印象是不同的，后者的质量比前者更信得过.这种差别在不合格品率 θ 的最大似然估计 $\hat{\theta}_M$ 中反映不出来（两者都为 0），而用贝叶斯估计 $\hat{\theta}_B$ 则有所反映，两者分别是 $1/(3+2) = 0.20$ 和 $1/(10+2) = 0.083$.类似地，对质量差的产品批，抽检的产品常为不合格品，这时"抽检 3 个全是不合格品"与"抽检 10 个全是不合格品"也是有差别的两个事件，前者质量很差，后者则不可救药.这种差别用 $\hat{\theta}_M$ 也反映不出（两者都是 1），而 $\hat{\theta}_B$ 则分别是 $(3+1)/(3+2) = 0.80$ 和 $(10+1)/(10+2) = 0.917$.由此可以看到，在这些极端情况下，贝叶斯估计比最大似然估计更符合人们的理念.

例 6.5.3 设 $x_1, x_2, \cdots, x_n$ 是来自正态分布 $N(\mu, \sigma_0^2)$ 的一个样本，其中 σ_0^2 已知，μ 未知，假设 μ 的先验分布亦为正态分布 $N(\theta, \tau^2)$，其中先验均值 θ 和先验方差 τ^2 均已知，试求 μ 的贝叶斯估计.

解 样本 $\boldsymbol{X}$ 的分布和 μ 的先验分布分别为

$$p(\boldsymbol{X} \mid \mu) = (2\pi\sigma_0^2)^{-n/2} \exp\left\{ -\frac{1}{2\sigma_0^2} \sum_{i=1}^n (x_i - \mu)^2 \right\},$$

$$\pi(\mu) = (2\pi\tau^2)^{-1/2} \exp\left\{ -\frac{1}{2\tau^2}(\mu - \theta)^2 \right\},$$

由此可以写出 $\boldsymbol{X}$ 与 μ 的联合分布

$$h(\boldsymbol{X}, \mu) = k_1 \cdot \exp\left\{ -\frac{1}{2} \left[\frac{n\mu^2 - 2n\mu\bar{x} + \sum_{i=1}^n x_i^2}{\sigma_0^2} + \frac{\mu^2 - 2\theta\mu + \theta^2}{\tau^2} \right] \right\}.$$

其中 $\bar{x} = \frac{1}{n} \sum_{i=1}^n x_i$，$k_1 = (2\pi)^{-(n+1)/2} \tau^{-1} \sigma_0^{-n}$. 若记

$$A = \frac{n}{\sigma_0^2} + \frac{1}{\tau^2}, \quad B = \frac{n\bar{x}}{\sigma_0^2} + \frac{\theta}{\tau^2}, \quad C = \frac{\sum\limits_{i=1}^{n} x_i^2}{\sigma_0^2} + \frac{\theta^2}{\tau^2},$$

则有

$$h(\boldsymbol{X}, \mu) = k_1 \exp\left\{-\frac{1}{2}\left[A\mu^2 - 2B\mu + C\right]\right\} = k_1 \exp\left\{-\frac{(\mu - B/A)^2}{2/A} - \frac{1}{2}(C - B^2/A)\right\}.$$

注意到 A, B, C 均与 μ 无关, 由此容易算得样本的边际密度函数

$$m(\boldsymbol{X}) = \int_{-\infty}^{\infty} h(\boldsymbol{X}, \mu)\,\mathrm{d}\mu = k_1 \exp\left\{-\frac{1}{2}(C - B^2/A)\right\}(2\pi/A)^{1/2},$$

应用贝叶斯公式即可得到后验分布

$$\pi(\mu \mid \boldsymbol{X}) = \frac{h(\boldsymbol{X}, \mu)}{m(\boldsymbol{X})} = (2\pi/A)^{-1/2} \exp\left\{-\frac{1}{2/A}(\mu - B/A)^2\right\}.$$

这说明在样本给定后, μ 的后验分布为 $N(B/A, 1/A)$, 即

$$\mu \mid \boldsymbol{X} \sim N\left(\frac{n\bar{x}\sigma_0^{-2} + \theta\tau^{-2}}{n\sigma_0^{-2} + \tau^{-2}}, \frac{1}{n\sigma_0^{-2} + \tau^{-2}}\right),$$

后验均值即为其贝叶斯估计

$$\hat{\mu} = \frac{n/\sigma_0^2}{n/\sigma_0^2 + 1/\tau^2}\bar{x} + \frac{1/\tau^2}{n/\sigma_0^2 + 1/\tau^2}\theta.$$

它是样本均值 $\bar{x}$ 与先验均值 θ 的加权平均. 当总体方差 σ_0^2 较小或样本量 n 较大时, 样本均值 $\bar{x}$ 的权重较大; 当先验方差 τ^2 较小时, 先验均值 θ 的权重较大, 这一综合很符合人们的经验.

6.5.4 共轭先验分布

从贝叶斯公式可以看出, 整个贝叶斯统计推断只要先验分布确定后就没有理论上的困难. 关于先验分布的确定有多种途径, 此处我们介绍一类最常用的先验分布类——共轭先验分布.

定义 6.5.1 设 θ 是总体分布 $p(x;\theta)$ 中的参数, $\pi(\theta)$ 是其先验分布, 若对任意来自 $p(x;\theta)$ 的样本观测值得到的后验分布 $\pi(\theta \mid \boldsymbol{X})$ 与 $\pi(\theta)$ 属于同一个分布族, 则称该分布族是 θ 的**共轭先验分布(族)**.

例 6.5.4 在例 6.5.2 中, 我们知道 $(0,1)$ 上的均匀分布就是贝塔分布的一个特例 $Be(1,1)$, 其对应的后验分布则是贝塔分布 $Be(x+1, n-x+1)$. 更一般地, 设 θ 的先验分布是 $Be(a,b)$, $a>0$, $b>0$, a,b 均已知, 则由贝叶斯公式可以求出后验分布为 $Be(x+a, n-x+b)$, 这说明贝塔分布是伯努利试验中成功概率的共轭先验分布.

类似地, 由例 6.5.3 可以看出, 在方差已知时正态总体均值的共轭先验分布是正态分布.

习 题 6.5

1. 设一箱产品中的不合格品个数服从泊松分布 $P(\lambda)$，λ 有两个可能取值：1.5 和 1.8，且先验分布为
$$P(\lambda = 1.5) = 0.45, \quad P(\lambda = 1.8) = 0.55,$$
现检查了一箱产品，发现有 3 个不合格品，试求 λ 的后验分布.

2. 设总体为均匀分布 $U(\theta, \theta+1)$，θ 的先验分布是均匀分布 $U(10, 16)$. 现有三个观测值：11.7，12.1，12.0. 求 θ 的后验分布.

3. 设 $x_1, x_2, \cdots, x_n$ 是来自几何分布的样本，总体分布列为
$$P(X = k \mid \theta) = \theta(1 - \theta)^k, \quad k = 0, 1, 2, \cdots,$$
θ 的先验分布是均匀分布 $U(0, 1)$.

（1）求 θ 的后验分布；

（2）若 4 次观测值为 4,3,1,6，求 θ 的贝叶斯估计.

4. 验证：泊松分布的均值 λ 的共轭先验分布是伽马分布.

5. 验证：正态总体方差（均值已知）的共轭先验分布是倒伽马分布（称 X 服从倒伽马分布，如果 $1/X$ 服从伽马分布）.

6. 设 $x_1, x_2, \cdots, x_n$ 是来自如下总体的一个样本
$$p(x \mid \theta) = \frac{2x}{\theta^2}, \quad 0 < x < \theta.$$

（1）若 θ 的先验分布为均匀分布 $U(0, 1)$，求 θ 的后验分布；

（2）若 θ 的先验分布为 $\pi(\theta) = 3\theta^2, 0 < \theta < 1$，求 θ 的后验分布.

7. 设 $x_1, x_2, \cdots, x_n$ 是来自如下总体的一个样本
$$p(x \mid \theta) = \theta x^{\theta-1}, \quad 0 < x < 1.$$
若取 θ 的先验分布为伽马分布，即 $\theta \sim Ga(\alpha, \lambda)$，求 θ 的后验期望估计.

8. 设 $x_1, x_2, \cdots, x_n$ 是来自均匀分布 $U(0, \theta)$ 的样本，θ 的先验分布是帕雷托分布，其密度函数为
$$\pi(\theta) = \frac{\beta \theta_0^\beta}{\theta^{\beta+1}}, \theta > \theta_0,$$ 其中 β, θ_0 是两个已知的常数.

（1）验证：帕雷托分布是 θ 的共轭先验分布；

（2）求 θ 的贝叶斯估计.

9. 设指数分布 $Exp(\theta)$ 中未知参数 θ 的先验分布为伽马分布 $Ga(\alpha, \lambda)$，现从先验信息得知：先验均值为 0.000 2，先验标准差为 0.01，试确定先验分布.

10. 设 $x_1, x_2, \cdots, x_n$ 为来自如下幂级数分布的样本，总体分布密度为
$$p(x; c, \theta) = cx^{c-1}\theta^{-c}I_{\{0 \leqslant x \leqslant \theta\}} \ (c > 0, \theta > 0),$$

证明：（1）若 c 已知，则 θ 的共轭先验分布为帕雷托分布；

（2）若 θ 已知，则 c 的共轭先验分布为伽马分布.

11. 某人每天早上在汽车站等公共汽车的时间（单位：min）服从均匀分布 $U(0, \theta)$，其中 θ 未知，假设 θ 的先验分布为
$$\pi(\theta) = \begin{cases} 192/\theta^4 & \theta \geqslant 4, \\ 0, & \theta < 4. \end{cases}$$
假如此人在三个早上等车的时间分别为 5,3,8 min，求 θ 的后验分布.

12. 从正态总体 $N(\theta, 2^2)$ 中随机抽取容量为 100 的样本，又设 θ 的先验分布为正态分布，证明：不管先验分布的标准差为多少，后验分布的标准差一定小于 1/5.

13. 设随机变量 X 服从负二项分布,其概率分布为

$$f(x|p) = \binom{x-1}{k-1} p^k (1-p)^{x-k}, \quad x = k, k+1, \cdots.$$

证明其成功概率 p 的共轭先验分布族为贝塔分布族.

14. 从一批产品中抽检 100 个,发现 3 个不合格,假定该产品不合格率 θ 的先验分布为贝塔分布 $Be(2,200)$,求 θ 的后验分布.

§6.6 区 间 估 计

参数的点估计给出了一个具体的数值,便于计算和使用,但其精度如何,点估计本身不能回答,需要由其分布来反映.实际中,度量一个点估计的精度的最直观的方法就是给出未知参数的一个区间,这便产生区间估计的概念.

6.6.1 区间估计的概念

设 θ 是总体的一个参数,$x_1, x_2, \cdots, x_n$ 是样本,所谓区间估计就是要找两个统计量 $\hat{\theta}_L = \hat{\theta}_L(x_1, x_2, \cdots, x_n)$ 和 $\hat{\theta}_U = \hat{\theta}_U(x_1, x_2, \cdots, x_n)$,使得 $\hat{\theta}_L < \hat{\theta}_U$,在得到样本观测值之后,就把 θ 估计在区间 $[\hat{\theta}_L, \hat{\theta}_U]$ 内.由于样本的随机性,区间 $[\hat{\theta}_L, \hat{\theta}_U]$ 盖住未知参数 θ 的可能性并不确定,人们通常要求区间 $[\hat{\theta}_L, \hat{\theta}_U]$ 盖住 θ 的概率 $P(\hat{\theta}_L \leq \theta \leq \hat{\theta}_U)$ 尽可能大,但这必然导致区间长度增大,为解决此矛盾,把区间 $[\hat{\theta}_L, \hat{\theta}_U]$ 盖住 θ 的概率(以后称为置信水平)事先给定,这就引入如下置信区间的概念.

定义 6.6.1 设 θ 是总体的一个参数,其参数空间为 $\Theta, x_1, x_2, \cdots, x_n$ 是来自该总体的样本,对给定的一个 α $(0 < \alpha < 1)$,假设有两个统计量 $\hat{\theta}_L = \hat{\theta}_L(x_1, x_2, \cdots, x_n)$ 和 $\hat{\theta}_U = \hat{\theta}_U(x_1, x_2, \cdots, x_n)$,若对任意的 $\theta \in \Theta$,有

$$P_\theta(\hat{\theta}_L \leq \theta \leq \hat{\theta}_U) \geq 1 - \alpha, \tag{6.6.1}$$

则称随机区间 $[\hat{\theta}_L, \hat{\theta}_U]$ 为 θ 的**置信水平为 $1-\alpha$ 的置信区间**,或简称 $[\hat{\theta}_L, \hat{\theta}_U]$ 是 θ 的 $1-\alpha$ **置信区间**,$\hat{\theta}_L$ 和 $\hat{\theta}_U$ 分别称为 θ 的(双侧)**置信下限**和**置信上限**.

置信水平 $1-\alpha$ 有一个频率解释:在大量重复使用 θ 的置信区间 $[\hat{\theta}_L, \hat{\theta}_U]$ 时,每次得到的样本观测值是不同的,从而每次得到的区间也是不一样的.对一次具体的观测值而言,θ 可能在 $[\hat{\theta}_L, \hat{\theta}_U]$ 内,也可能不在.平均而言,在这大量的区间估计观测值中,至少有 $100(1-\alpha)\%$ 包含 θ.下例中的图 6.6.1 和图 6.6.2 直观地显示了该种频率意义.

例 6.6.1 设 $x_1, x_2, \cdots, x_{10}$ 是来自 $N(\mu, \sigma^2)$ 的样本,则 μ 的置信水平为 $1-\alpha$ 的置信区间为

$$\left[\bar{x} - t_{1-\alpha/2}(9)s/\sqrt{10}, \quad \bar{x} + t_{1-\alpha/2}(9)s/\sqrt{10} \right],$$

其中 $\bar{x}, s$ 分别为样本均值和样本标准差.这个置信区间的由来将在 6.6.3 节中说明,这里用它来说明置信区间与置信水平的含义.

若取 $\alpha = 0.10$,则 $t_{0.95}(9) = 1.833\,1$,上式化为

$$[\bar{x} - 0.579\,7s, \quad \bar{x} + 0.579\,7s].$$

现假定 $\mu = 15, \sigma^2 = 4$,则我们可以用随机模拟方法由 $N(15,4)$ 产生一个容量为 10 的样本,如下即是这样一个样本:

$$\begin{array}{ccccc} 14.85 & 13.01 & 13.50 & 14.93 & 16.97 \\ 13.80 & 17.95 & 13.37 & 16.29 & 12.38 \end{array}$$

由该样本可以算得

$$\bar{x} = 14.705, \quad s = 1.843.$$

从而得到 μ 的一个区间估计为

$$[14.705 \mp 0.579\,7 \times 1.843] = [13.637, 15.773],$$

该区间包含 μ 的真值——15.现重复这样的方法 100 次,可以得到 100 个样本,也就得到 100 个区间,我们将这 100 个区间画在图 6.6.1 上.由图 6.6.1 可以看出,这 100 个区间中有 91 个包含参数真值 15,另外 9 个不包含参数真值.这是置信水平 $1-\alpha = 0.90$ 的一个合理解释.

若取 $\alpha = 0.50$,则 $t_{0.75}(9) = 0.702\,7$,于是 μ 的置信水平为 0.50 的置信区间为

$$[\bar{x} - 0.222\,2s, \quad \bar{x} + 0.222\,2s].$$

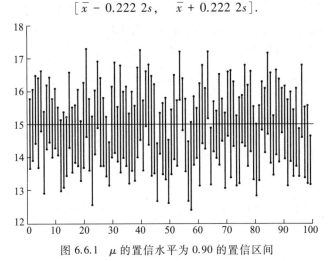

图 6.6.1 μ 的置信水平为 0.90 的置信区间

对上述样本,μ 的区间估计为

$$[14.705 \mp 0.222\,2 \times 1.843] = [14.295, 15.115],$$

该区间也包含了参数真值,类似地,我们也可以给出 100 个这样的区间,见图6.6.2.由图 6.6.2 可以看出,这 100 个区间中有 50 个包含参数真值 15,另外 50 个不包含参数真值.这是置信水平 $1-\alpha = 0.50$ 的一个合理解释.当然,若换 100 个样本,也不一定正好 50%包含真值,但应差不多,譬如,49 个或 51 个都是合理的.

在定义 6.6.1 中使用不等式给出了区间估计的定义,主要是照顾到总体为离散分布场合.而当总体为连续分布场合,为了用足置信水平,实际中常用的都是等式,这便

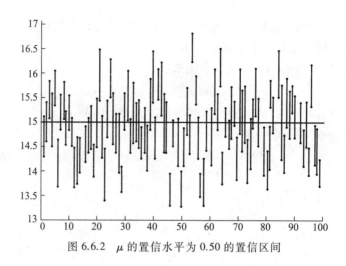

图 6.6.2　μ 的置信水平为 0.50 的置信区间

给出如下一个定义.

定义 6.6.2　沿用定义 6.6.1 的记号,如对给定的 α $(0<\alpha<1)$,对任意的 $\theta \in \Theta$,有

$$P_\theta(\hat{\theta}_L \leqslant \theta \leqslant \hat{\theta}_U) = 1 - \alpha, \tag{6.6.2}$$

则称 $[\hat{\theta}_L, \hat{\theta}_U]$ 为 θ 的 $1-\alpha$ **同等置信区间**.

在一些实际问题中,人们感兴趣的有时仅仅是未知参数的一个下限或一个上限.譬如,对某种产品的平均寿命来说,我们希望它越大越好,因此人们关心的是它的 0.90 置信下限是多少,此下限标志了该产品的质量,它的一般定义如下.

定义 6.6.3　设 $\hat{\theta}_L = \hat{\theta}_L(x_1, x_2, \cdots, x_n)$ 是统计量,对给定的 $\alpha \in (0,1)$ 和任意的 $\theta \in \Theta$,有

$$P_\theta(\hat{\theta}_L \leqslant \theta) \geqslant 1 - \alpha, \qquad \forall \theta \in \Theta, \tag{6.6.3}$$

则称 $\hat{\theta}_L$ 为 θ 的置信水平为 $1-\alpha$ 的**(单侧)置信下限**.假如等号对一切 $\theta \in \Theta$ 成立,则称 $\hat{\theta}_L$ 为 θ 的 $1-\alpha$ **同等置信下限**.

类似地,对某些指标人们希望它越小越好.比如,某种药品的毒性.这引出了置信上限的概念.

定义 6.6.4　设 $\hat{\theta}_U = \hat{\theta}_U(x_1, x_2, \cdots, x_n)$ 是统计量,对给定的 $\alpha \in (0,1)$ 和任意的 $\theta \in \Theta$,有

$$P_\theta(\hat{\theta}_U \geqslant \theta) \geqslant 1 - \alpha, \tag{6.6.4}$$

则称 $\hat{\theta}_U$ 为 θ 的置信水平为 $1-\alpha$ 的**(单侧)置信上限**.若等号对一切 $\theta \in \Theta$ 成立,则称 $\hat{\theta}_U$ 为 θ 的 $1-\alpha$ **同等置信上限**.

不难看出,单侧置信下限和单侧置信上限都是置信区间的特殊情形.因此,寻求置信区间的方法可以用来寻找置信限.接下来我们主要介绍寻找置信区间的方法.

6.6.2　枢轴量法

构造未知参数 θ 的置信区间的最常用的方法是枢轴量法,其步骤可以概括为如下

三步:

（1）设法构造一个样本和 θ 的函数 $G = G(x_1, x_2, \cdots, x_n, \theta)$ 使得 G 的分布不依赖于未知参数. 一般称具有这种性质的 G 为**枢轴量**.

（2）适当地选择两个常数 c, d, 使对给定的 α $(0 < \alpha < 1)$, 有

$$P(c \leqslant G \leqslant d) = 1 - \alpha. \tag{6.6.5}$$

在离散场合, 上式等号改为大于等于 $(\geqslant)$.

（3）假如能将 $c \leqslant G \leqslant d$ 进行不等式等价变形化为 $\hat{\theta}_L \leqslant \theta \leqslant \hat{\theta}_U$, 则有

$$P_\theta(\hat{\theta}_L \leqslant \theta \leqslant \hat{\theta}_U) = 1 - \alpha, \tag{6.6.6}$$

这表明 $[\hat{\theta}_L, \hat{\theta}_U]$ 是 θ 的 $1-\alpha$ 同等置信区间.

上述构造置信区间的关键在于构造枢轴量 G, 故把这种方法称为**枢轴量法**. 枢轴量的寻找一般从 θ 的点估计出发. 而满足 (6.6.5) 的 c, d 可以有很多, 选择的目的是希望 (6.6.6) 中的平均长度 $E_\theta(\hat{\theta}_U - \hat{\theta}_L)$ 尽可能短.

假如可以找到这样的 c, d 使 $E_\theta(\hat{\theta}_U - \hat{\theta}_L)$ 达到最短当然是最好的, 不过在不少场合很难做到这一点. 故常这样选择 c 和 d, 使得两个尾部概率各为 $\alpha/2$, 即

$$P_\theta(G < c) = P_\theta(G > d) = \alpha/2, \tag{6.6.7}$$

这样得到的置信区间称为**等尾置信区间**. 实用的置信区间大都是等尾置信区间.

例 6.6.2 设 $x_1, x_2, \cdots, x_n$ 是来自均匀总体 $U(0, \theta)$ 的一个样本, 试对设定的 α $(0 < \alpha < 1)$ 给出 θ 的 $1-\alpha$ 同等置信区间.

解 我们采用枢轴量法分三步进行.

（1）我们已知 θ 的最大似然估计为样本的最大次序统计量 $x_{(n)}$, 而 $x_{(n)}/\theta$ 的密度函数为

$$p(y; \theta) = ny^{n-1}, \qquad 0 < y < 1,$$

它与参数 θ 无关, 故可取 $x_{(n)}/\theta$ 作为枢轴量 G.

（2）由于 $x_{(n)}/\theta$ 的分布函数为 $F(y) = y^n$, $0 < y < 1$, 故 $P(c \leqslant x_{(n)}/\theta \leqslant d) = d^n - c^n$, 因此我们可以选择适当的 c 和 d 满足

$$d^n - c^n = 1 - \alpha.$$

（3）利用不等式变形可容易地给出 θ 的 $1-\alpha$ 同等置信区间为 $[x_{(n)}/d, x_{(n)}/c]$, 该区间的平均长度为 $\left(\dfrac{1}{c} - \dfrac{1}{d}\right) E(x_{(n)})$. 不难看出, 在 $0 \leqslant c < d \leqslant 1$ 及 $d^n - c^n = 1 - \alpha$ 的条件下, 当 $d = 1, c = \sqrt[n]{\alpha}$ 时, $\dfrac{1}{c} - \dfrac{1}{d}$ 取最小值, 这说明 $[x_{(n)}, x_{(n)}/\sqrt[n]{\alpha}]$ 是 θ 的此类区间估计中置信水平为 $1-\alpha$ 最短置信区间.

6.6.3　单个正态总体参数的置信区间

正态总体 $N(\mu, \sigma^2)$ 是最常见的分布, 本小节中我们讨论它的两个参数的置信区间.

一、σ 已知时 μ 的置信区间

在这种情况下, 由于 μ 的点估计为 $\bar{x}$, 其分布为 $N(\mu, \sigma^2/n)$, 因此枢轴量可选为

$G = \dfrac{\bar{x} - \mu}{\sigma/\sqrt{n}} \sim N(0,1)$，$c$ 和 d 应满足 $P(c \leqslant G \leqslant d) = \Phi(d) - \Phi(c) = 1 - \alpha$，经过不等式变形可得

$$P_\mu(\bar{x} - d\sigma/\sqrt{n} \leqslant \mu \leqslant \bar{x} - c\sigma/\sqrt{n}) = 1 - \alpha,$$

该区间长度为 $(d-c)\sigma/\sqrt{n}$. 由于标准正态分布为单峰对称的，从图 6.6.3 上不难看出在 $\Phi(d) - \Phi(c) = 1 - \alpha$ 的条件下，当 $d = -c = u_{1-\alpha/2}$ 时，$d-c$ 达到最小，由此给出了 μ 的 $1-\alpha$ 同等置信区间为

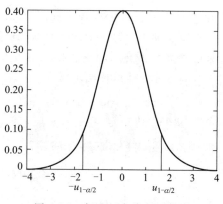

图 6.6.3 标准正态分布示意图

$$[\bar{x} - u_{1-\alpha/2}\sigma/\sqrt{n}, \quad \bar{x} + u_{1-\alpha/2}\sigma/\sqrt{n}]. \qquad (6.6.8)$$

这是一个以 $\bar{x}$ 为中心，半径为 $u_{1-\alpha/2}\sigma/\sqrt{n}$ 的对称区间，常将之表示为 $\bar{x} \pm u_{1-\alpha/2}\sigma/\sqrt{n}$.

例 6.6.3 用天平称量某物体的质量 9 次，得平均值为 $\bar{x} = 15.4(\text{g})$，已知天平称量结果为正态分布，其标准差为 $0.1(\text{g})$. 试求该物体质量的 0.95 置信区间.

解 此处 $1-\alpha = 0.95$，$\alpha = 0.05$，查表知 $u_{0.975} = 1.96$，于是该物体质量 μ 的 0.95 置信区间为

$$\bar{x} \pm u_{1-\alpha/2}\sigma/\sqrt{n} = 15.4 \pm 1.96 \times 0.1/\sqrt{9} = 15.4 \pm 0.065\ 3,$$

从而该物体质量的 0.95 置信区间为 $[15.334\ 7, 15.465\ 3]$.

例 6.6.4 设总体为正态分布 $N(\mu, 1)$，为得到 μ 的置信水平为 0.95 的置信区间且长度不超过 1.2，样本容量应为多大？

解 由题设条件知 μ 的 0.95 置信区间为

$$[\bar{x} - u_{1-\alpha/2}/\sqrt{n}, \quad \bar{x} + u_{1-\alpha/2}/\sqrt{n}],$$

其区间长度为 $2u_{1-\alpha/2}/\sqrt{n}$，它仅依赖于样本容量 n 而与样本具体取值无关. 现要求 $2u_{1-\alpha/2}/\sqrt{n} \leqslant 1.2$，立即有 $n \geqslant (2/1.2)^2 u_{1-\alpha/2}^2$. 现 $1-\alpha = 0.95$，故 $u_{1-\alpha/2} = 1.96$，从而 $n \geqslant (5/3)^2 \times 1.96^2 = 10.67 \approx 11$. 即样本容量至少为 11 时才能使得 μ 的置信水平为 0.95 的置信区间长度不超过 1.2.

二、σ 未知时 μ 的置信区间

这时可用 t 统计量，因为 $t = \dfrac{\sqrt{n}(\bar{x} - \mu)}{s} \sim t(n-1)$，因此 t 可以用来作为枢轴量. 完全类似于上一小节，可得到 μ 的 $1-\alpha$ 置信区间为

$$\bar{x} \pm t_{1-\alpha/2}(n-1)s/\sqrt{n} \qquad (6.6.9)$$

此处 $s^2 = \dfrac{1}{n-1}\sum_{i=1}^{n}(x_i - \bar{x})^2$ 是 σ^2 的无偏估计.

例 6.6.5 假设轮胎的寿命服从正态分布. 为估计某种轮胎的平均寿命，现随机地抽 12 只轮胎试用，测得它们的寿命（单位：万千米）如下：

$$4.68 \quad 4.85 \quad 4.32 \quad 4.85 \quad 4.61 \quad 5.02$$
$$5.20 \quad 4.60 \quad 4.58 \quad 4.72 \quad 4.38 \quad 4.70$$

试求平均寿命的 0.95 置信区间.

解 此处正态总体标准差未知,可使用 t 分布求均值的置信区间.本例中经计算有 $\bar{x} = 4.709\,2$,$s^2 = 0.061\,5$.取 $\alpha = 0.05$,查表知 $t_{0.975}(11) = 2.201\,0$,于是平均寿命的 0.95 置信区间为

$$4.709\,2 \pm 2.201\,0 \cdot \sqrt{0.061\,5}/\sqrt{12} = [\,4.551\,6, 4.866\,8\,].$$

在实际问题中,由于轮胎的寿命越长越好,因此可以只求平均寿命的置信下限,也即构造单侧的置信下限.由于

$$P\left(\frac{\sqrt{n}\,(\bar{x} - \mu)}{s} < t_{1-\alpha}(n-1) \right) = 1 - \alpha.$$

由不等式变形可知 μ 的 $1-\alpha$ 置信下限为 $\bar{x} - t_{1-\alpha}(n-1)s/\sqrt{n}$.将 $t_{0.95}(11) = 1.795\,9$ 代入计算可得平均寿命 μ 的 0.95 置信下限为 $4.580\,6$(万千米).

三、σ^2 的置信区间

此时虽然也可以就 μ 是否已知分两种情况讨论 σ^2 的置信区间,在实际中 σ^2 未知时 μ 已知的情形是极为罕见的,所以我们只在 μ 未知的条件下讨论 σ^2 的置信区间.

枢轴量不难给出.大家知道,σ^2 可用样本方差 s^2 估计.在 §5.4 中我们已经证明 $\dfrac{(n-1)s^2}{\sigma^2} \sim \chi^2(n-1)$,由于 χ^2 分布是偏态分布,寻找平均长度最短区间很难实现,一般都改为寻找等尾置信区间:把 α 平分为两部分,在 χ^2 分布两侧各截面积为 $\alpha/2$ 的部分,即采用 χ^2 的两个分位数 $\chi^2_{\alpha/2}(n-1)$ 和 $\chi^2_{1-\alpha/2}(n-1)$(见图 6.6.4),它们满足

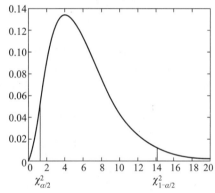

图 6.6.4 χ^2 分布置信区间示意图

$$P\left(\chi^2_{\alpha/2} \leqslant \frac{(n-1)s^2}{\sigma^2} \leqslant \chi^2_{1-\alpha/2} \right) = 1 - \alpha.$$

由此给出 σ^2 的 $1-\alpha$ 置信区间为

$$[\,(n-1)s^2/\chi^2_{1-\alpha/2}(n-1), (n-1)s^2/\chi^2_{\alpha/2}(n-1)\,]. \tag{6.6.10}$$

将 (6.6.10) 的两端开方即得到标准差 σ 的 $1-\alpha$ 置信区间.

例 6.6.6 某厂生产的零件质量服从正态分布 $N(\mu, \sigma^2)$,现从该厂生产的零件中抽取 9 个,测得其质量(单位:g)为

45.3 45.4 45.1 45.3 45.5 45.7 45.4 45.3 45.6

试求总体标准差 σ 的 0.95 置信区间.

解 由数据可算得 $s^2 = 0.032\,5$,$(n-1)s^2 = 8 \times 0.032\,5 = 0.26$,这里 $\alpha = 0.05$,查表知 $\chi^2_{0.025}(8) = 2.179\,7$,$\chi^2_{0.975}(8) = 17.534\,5$,代入 (6.6.10) 式可得 σ^2 的 0.95 置信区间为

$$\left[\frac{0.26}{17.534\,5}, \frac{0.26}{2.179\,7} \right] = [\,0.014\,8, 0.119\,3\,].$$

从而 σ 的 0.95 置信区间为 $[\,0.121\,8, 0.345\,4\,]$.

6.6.4 大样本置信区间

在有些场合,寻找枢轴量及其分布比较困难.在样本量充分大时,可用渐近分布来构造近似的置信区间,一个典型的例子是关于比例 p 的置信区间.

设 $x_1, x_2, \cdots, x_n$ 是来自二点分布 $b(1, p)$ 的样本,现要求 p 的 $1-\alpha$ 置信区间.由中心极限定理知,样本均值 $\bar{x}$ 的渐近分布为 $N\left(p, \dfrac{p(1-p)}{n}\right)$,因此有

$$u = \frac{\bar{x} - p}{\sqrt{p(1-p)/n}} \overset{\cdot}{\sim} N(0, 1).$$

这个 u 可作为近似枢轴量,对给定 α,利用标准正态分布的 $1-\alpha/2$ 分位数 $u_{1-\alpha/2}$ 可得

$$P\left(\left| \frac{\bar{x} - p}{\sqrt{p(1-p)/n}} \right| \leqslant u_{1-\alpha/2} \right) \approx 1 - \alpha,$$

括号里的事件等价于

$$(\bar{x} - p)^2 \leqslant u_{1-\alpha/2}^2 p(1-p)/n,$$

记 $\lambda = u_{1-\alpha/2}^2$,上述不等式可化为

$$\left(1 + \frac{\lambda}{n}\right) p^2 - \left(2\bar{x} + \frac{\lambda}{n}\right) p + \bar{x}^2 \leqslant 0,$$

左侧 p 的二次三项式的判别式

$$\left(2\bar{x} + \frac{\lambda}{n}\right)^2 - 4\left(1 + \frac{\lambda}{n}\right)\bar{x}^2 = \frac{4\bar{x}(1-\bar{x})}{n}\lambda + \frac{\lambda^2}{n^2} > 0,$$

故此二次三项式的图形是开口向上并与 x 轴有两个交点的曲线(见图 6.6.5).记此两个交点的横坐标为 $\hat{p}_L$ 和 $\hat{p}_U$,则有

$$P(\hat{p}_L \leqslant p \leqslant \hat{p}_U) = 1 - \alpha.$$

这里 $\hat{p}_L$ 和 $\hat{p}_U$ 是该二次三项式的两个根,它们可表示为

$$\frac{1}{1 + \dfrac{\lambda}{n}}\left(\bar{x} + \frac{\lambda}{2n} \pm \sqrt{\frac{\bar{x}(1-\bar{x})}{n}\lambda + \frac{\lambda^2}{4n^2}} \right).$$

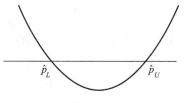

图 6.6.5 二次三项式及其根示意图

由于 n 比较大,在实用中通常略去 λ/n 项,于是可将置信区间近似为

$$\left[\bar{x} - u_{1-\alpha/2}\sqrt{\frac{\bar{x}(1-\bar{x})}{n}}, \quad \bar{x} + u_{1-\alpha/2}\sqrt{\frac{\bar{x}(1-\bar{x})}{n}} \right]. \tag{6.6.11}$$

例 6.6.7 对某事件 A 作 120 次观察,A 发生 36 次.试给出事件 A 发生概率 p 的 0.95 置信区间.

解 此处 $n=120, \bar{x}=36/120=0.3$，而 $u_{0.975}=1.96$，于是 p 的 0.95（双侧）置信下限和上限分别为

$$\hat{p}_L = 0.3 - 1.96 \times \sqrt{\frac{0.3 \times 0.7}{120}} = 0.218,$$

$$\hat{p}_U = 0.3 + 1.96 \times \sqrt{\frac{0.3 \times 0.7}{120}} = 0.382,$$

故所求的近似置信区间为 $[0.218, 0.382]$.

关于泊松分布中参数 λ 的置信区间亦可用类似方法确定，见习题 6.6 第 7 题.

6.6.5 样本量的确定

在统计中，样本量越大，估计的精度越高，但大样本量需要的经费高，实施的时间也长，投入人力也多，所以实用中人们往往关心如下问题：在一定要求下，至少需要多大的样本量？这就是样本量的确定问题.

样本量的确定有多种方法，不同场合使用不同方法.这里介绍估计比率 p 所需样本量.很多实际问题都需要估计比率，如不合格品率、吸烟率、新生儿中男婴出生率、某项政策支持率等.在这些场合至少需要多大样本量才能保证所得估计得到一定精度呢？下面通过一个具体例子讨论该问题.

例 6.6.8 某传媒公司欲调查电视台某综艺节目收视率 p，为使得 p 的 $1-\alpha$ 置信区间长度不超过 $2d_0$，问应至少调查多少用户？

这是典型的抽样调查问题，在抽样调查中，置信水平 $1-\alpha$ 也称为**保证概率**，置信区间的半径（长度的一半）d_0 也称为**绝对误差**.

解 这是关于二点分布比例 p 的置信区间问题，由 (6.6.11) 式知，p 的 $1-\alpha$ 近似置信区间半径为 $u_{1-\alpha/2}\sqrt{\bar{x}(1-\bar{x})/n}$，这是一个随机变量，但由于 $\bar{x} \in (0,1)$，所以对任意的观测值有 $\bar{x}(1-\bar{x}) \leq 0.5^2 = 0.25$.这也就是说 p 的 $1-\alpha$ 的置信区间半径不会超过 $u_{1-\alpha/2}/(2\sqrt{n})$.现要求 p 的 $1-\alpha$ 的置信区间半径不超过 d_0，只需要 $u_{1-\alpha/2}/(2\sqrt{n}) \leq d_0$ 即可，从而

$$n \geq \left(\frac{u_{1-\alpha/2}}{2d_0}\right)^2. \tag{6.6.12}$$

这是在估计比例 p 场合确定样本量的公式.比如，若取 $d_0=0.02, \alpha=0.05$，则

$$n \geq \left(\frac{u_{0.975}}{0.04}\right)^2 = \left(\frac{1.96}{0.04}\right)^2 = 2\,401.$$

这表明，要使综艺节目收视率 p 的 0.95 置信区间的半径不超过 0.02，则至少需要对 2 401 个用户作调查.或者说，至少需调查 2 401 个用户，才能以概率 0.95 保证调查所得比例估计值 $\hat{p}$ 与真值 p 的差异不大于 0.02.

表 6.6.1 给出了部分常见的要求下样本量的结果，可以看到，若要置信区间长度小而置信水平高，则可能需要很大的样本量.

表 6.6.1 部分 $(1-\alpha, d_0)$ 组合下的样本量

$1-\alpha$	$2d_0$							
	0.005	0.01	0.02	0.03	0.04	0.05	0.1	0.2
0.8	65 695	16 424	4 106	1 825	1 027	657	165	42
0.85	82 891	20 723	5 181	2 303	1 296	829	208	52
0.9	108 222	27 056	6 764	3 007	1 691	1 083	271	68
0.95	153 659	38 415	9 604	4 269	2 401	1 537	385	97
0.99	265 396	66 349	16 588	7 373	4 147	2 654	664	166

说明:表 6.6.1 中的结果是使用软件直接计算得到的,其计算使用的正态分布分位数是精确值,故结果与使用正态分布分位数近似值得到的结果略有差别.

譬如,若要求置信水平为 0.99,置信区间长度不超过 0.01,则要求样本量为 66 349,这是一个很大的样本量.有时,若对比率 p 有所了解,则可以适当减少对样本量的要求.比如,我们知道任意电视节目的收视率都不会很大,若已知 p 不会达到 0.2,则由大数定律,我们可近似认为 $\bar{x} \leq 0.2$,于是 $\bar{x}(1-\bar{x}) \leq 0.16$,从而 p 的 $1-\alpha$ 的置信区间半径 $u_{1-\alpha/2}\sqrt{\bar{x}(1-\bar{x})/n}$ 的上界由 $u_{1-\alpha/2}/(2\sqrt{n})$ 变为 $0.4u_{1-\alpha/2}/\sqrt{n}$.现要求 p 的 $1-\alpha$ 的置信区间半径不超过 d_0,只需要 $0.4u_{1-\alpha/2}/\sqrt{n} \leq d_0$,从而 $n \geq \left(\dfrac{0.4u_{1-\alpha/2}}{d_0}\right)^2$ 即可,这可大大降低样本量,譬如,若要求置信水平为 0.99,置信区间长度不超过 0.01,则样本量从 66 349 降为 42 463.

6.6.6 两个正态总体下的置信区间

设 $x_1, x_2, \cdots, x_m$ 是来自 $N(\mu_1, \sigma_1^2)$ 的样本,$y_1, y_2, \cdots, y_n$ 是来自 $N(\mu_2, \sigma_2^2)$ 的样本,且两个样本相互独立.$\bar{x}$ 与 $\bar{y}$ 分别是它们的样本均值,$s_x^2 = \dfrac{1}{m-1}\sum_{i=1}^{m}(x_i - \bar{x})^2$ 和 $s_y^2 = \dfrac{1}{n-1}\sum_{i=1}^{n}(y_i - \bar{y})^2$ 分别是它们的样本方差.下面讨论两个均值差和两个方差比的置信区间.

一、$\mu_1 - \mu_2$ 的置信区间

它的几种特殊情况已获得圆满的解决.下面我们对此问题分几种情况分别叙述,读者应留意它们之间的差别及其处理方法.

1. σ_1^2 和 σ_2^2 已知时

此时有 $\bar{x} - \bar{y} \sim N\left(\mu_1 - \mu_2, \dfrac{\sigma_1^2}{m} + \dfrac{\sigma_2^2}{n}\right)$,取枢轴量为

$$u = \frac{\bar{x} - \bar{y} - (\mu_1 - \mu_2)}{\sqrt{\dfrac{\sigma_1^2}{m} + \dfrac{\sigma_2^2}{n}}} \sim N(0,1),$$

沿用前面多次用过的方法可以得到 $\mu_1-\mu_2$ 的 $1-\alpha$ 置信区间为

$$\bar{x} - \bar{y} \pm u_{1-\alpha/2}\sqrt{\frac{\sigma_1^2}{m} + \frac{\sigma_2^2}{n}}$$

2. $\sigma_1^2 = \sigma_2^2 = \sigma^2$ 未知时

此时有

$$\bar{x} - \bar{y} \sim N\left(\mu_1 - \mu_2, \left(\frac{1}{m} + \frac{1}{n}\right)\sigma^2\right),$$

$$\frac{(m-1)s_x^2 + (n-1)s_y^2}{\sigma^2} \sim \chi^2(m+n-2),$$

由于 $\bar{x}, \bar{y}, s_x^2, s_y^2$ 相互独立,故可构造如下服从 t 分布 $t(m+n-2)$ 的枢轴量

$$t = \sqrt{\frac{mn(m+n-2)}{m+n}} \frac{\bar{x} - \bar{y} - (\mu_1 - \mu_2)}{\sqrt{(m-1)s_x^2 + (n-1)s_y^2}} \sim t(m+n-2).$$

记 $s_w^2 = \dfrac{(m-1)s_x^2 + (n-1)s_y^2}{m+n-2}$,则 $\mu_1-\mu_2$ 的 $1-\alpha$ 置信区间为

$$\bar{x} - \bar{y} \pm \sqrt{\frac{m+n}{mn}} s_w t_{1-\alpha/2}(m+n-2)$$

3. $\sigma_2^2/\sigma_1^2 = c$ 已知时

此时的处理方法与 2 中完全类似,只需注意到

$$\bar{x} - \bar{y} \sim N\left(\mu_1 - \mu_2, \frac{\sigma_1^2}{m} + \frac{\sigma_2^2}{n}\right) = N\left(\mu_1 - \mu_2, \sigma_1^2\left(\frac{1}{m} + \frac{c}{n}\right)\right),$$

$$\frac{(m-1)s_x^2 + (n-1)s_y^2/c}{\sigma_1^2} = \frac{(m-1)s_x^2}{\sigma_1^2} + \frac{(n-1)s_y^2}{\sigma_2^2} \sim \chi^2(m+n-2),$$

由于 $\bar{x}, \bar{y}, s_x^2, s_y^2$ 相互独立,仍可构造如下服从 t 分布 $t(m+n-2)$ 的枢轴量

$$t = \frac{\bar{x} - \bar{y} - (\mu_1 - \mu_2)}{\sqrt{(m-1)s_x^2 + (n-1)s_y^2/c}} \sqrt{\frac{mn(m+n-2)}{mc+n}} \sim t(m+n-2),$$

记 $s_w^2 = \dfrac{(m-1)s_x^2 + (n-1)s_y^2/c}{m+n-2}$,则 $\mu_1-\mu_2$ 的 $1-\alpha$ 置信区间为

$$\bar{x} - \bar{y} \pm \sqrt{\frac{mc+n}{mn}} s_w t_{1-\alpha/2}(m+n-2),$$

4. 当 m 和 n 都很大时的近似置信区间

若对 σ_1^2, σ_2^2 没有什么信息,当 m, n 都很大时,由中心极限定理知

$$\frac{\bar{x} - \bar{y} - (\mu_1 - \mu_2)}{\sqrt{\frac{s_x^2}{m} + \frac{s_y^2}{n}}} \overset{\cdot}{\sim} N(0,1).$$

由此可给出 $\mu_1-\mu_2$ 的 $1-\alpha$ 近似置信区间为

$$\bar{x} - \bar{y} \pm u_{1-\alpha/2} \sqrt{\frac{s_x^2}{m} + \frac{s_y^2}{n}}.$$

5. 一般情况下的近似置信区间

若对 σ_1^2, σ_2^2 没有什么信息，m, n 也不很大，求 $\mu_1 - \mu_2$ 的精确置信区间是历史上著名的贝伦斯-费希尔(Behrens-Fisher)问题，它是贝伦斯在 1929 年从实际中提出的问题，至今还有学者在做研究. 这里介绍一种近似方法: 令 $s_0^2 = s_x^2/m + s_y^2/n$，取近似枢轴量

$$T = [\bar{x} - \bar{y} - (\mu_1 - \mu_2)]/s_0,$$

此时 T 不服从 $N(0,1)$，但近似服从自由度为 l 的 t 分布，其中 l 由公式

$$l = \frac{s_0^4}{\dfrac{s_x^4}{m^2(m-1)} + \dfrac{s_y^4}{n^2(n-1)}}$$

决定，l 一般不为整数，可以取与 l 最接近的整数代替之. 于是，近似地有 $T \sim t(l)$，从而可得 $\mu_1 - \mu_2$ 的 $1-\alpha$ 近似置信区间为

$$\bar{x} - \bar{y} \pm s_0 t_{1-\alpha/2}(l).$$

例 6.6.9　为比较两个小麦品种的产量，选择 18 块条件相似的试验田，采用相同的耕作方法做试验，结果播种甲品种的 8 块试验田的单位面积产量和播种乙品种的 10 块试验田的单位面积产量(单位:kg)分别为

甲品种：　628　583　510　554　612　523　530　615

乙品种：　535　433　398　470　567　480　498　560　503　426

假定每个品种的单位面积产量均服从正态分布，试求这两个品种平均单位面积产量差的 $1-\alpha$ 置信区间(取 $\alpha = 0.05$).

解　以 $x_1, x_2, \cdots, x_8$ 记甲品种的单位面积产量，$y_1, y_2, \cdots, y_{10}$ 记乙品种的单位面积产量，由样本数据可计算得到

$$\bar{x} = 569.38, \quad s_x^2 = 2\,140.55, \quad m = 8,$$

$$\bar{y} = 487.00, \quad s_y^2 = 3\,256.22, \quad n = 10,$$

下面分两种情况讨论.

(1) 若已知两个品种单位面积产量的标准差相等，则可采用二样本 t 区间. 此处

$$s_w = \sqrt{\frac{(m-1)s_x^2 + (n-1)s_y^2}{m+n-2}} = \sqrt{\frac{7 \times 2\,140.55 + 9 \times 3\,256.22}{16}} = 52.612\,9,$$

$$t_{1-\alpha/2}(m+n-2) = t_{0.975}(16) = 2.119\,9,$$

$$t_{1-\alpha/2}(m+n-2)s_w\sqrt{\frac{1}{m} + \frac{1}{n}} = 2.119\,9 \times 52.612\,9 \times \sqrt{\frac{1}{8} + \frac{1}{10}} = 52.91,$$

故 $\mu_1 - \mu_2$ 的 0.95 置信区间为

$$[569.38 - 487 \pm 52.91] = [29.47, 135.29].$$

(2) 若两个品种单位面积产量的方差不等，则可采用近似 t 区间. 此处

$$s_0^2 = 2\,140.55/8 + 3\,256.22/10 = 593.19, \quad s_0 = 24.36,$$

$$l = \frac{593.19^2}{\dfrac{2\,140.55^2}{8^2 \times 7} + \dfrac{3\,256.22^2}{10^2 \times 9}} = 15.99 \approx 16,$$

$$s_0 t_{0.975}(l) = 24.36 \times 2.119\,9 = 51.64,$$

于是 $\mu_1 - \mu_2$ 的 0.95 近似置信区间为

$$[569.38 - 487 \pm 51.64] = [30.74, 134.02].$$

二、σ_1^2 / σ_2^2 的置信区间

由于 $(m-1)s_x^2/\sigma_1^2 \sim \chi^2(m-1)$，$(n-1)s_y^2/\sigma_2^2 \sim \chi^2(n-1)$，且 s_x^2 与 s_y^2 相互独立，故可仿照 F 变量构造如下枢轴量：

$$F = \frac{s_x^2/\sigma_1^2}{s_y^2/\sigma_2^2} \sim F(m-1, n-1),$$

对给定的置信水平 $1-\alpha$，由

$$P\left(F_{\alpha/2}(m-1, n-1) \leqslant \frac{s_x^2}{s_y^2} \cdot \frac{\sigma_2^2}{\sigma_1^2} \leqslant F_{1-\alpha/2}(m-1, n-1) \right) = 1-\alpha,$$

经不等式变形即给出 σ_1^2/σ_2^2 的如下的 $1-\alpha$ 置信区间：

$$\left[\frac{s_x^2}{s_y^2} \cdot \frac{1}{F_{1-\alpha/2}(m-1, n-1)}, \quad \frac{s_x^2}{s_y^2} \cdot \frac{1}{F_{\alpha/2}(m-1, n-1)} \right].$$

例 6.6.10 某车间有两台自动机床加工一类套筒，假设套筒直径服从正态分布. 现在从两个班次的产品中分别检查了 5 个和 6 个套筒，得其直径（单位：cm）数据如下：

$$\text{甲班：} 5.06 \quad 5.08 \quad 5.03 \quad 5.00 \quad 5.07$$
$$\text{乙班：} 4.98 \quad 5.03 \quad 4.97 \quad 4.99 \quad 5.02 \quad 4.95$$

试求两班加工套筒直径的方差比 $\sigma_\text{甲}^2/\sigma_\text{乙}^2$ 的 0.95 置信区间.

解 此处，$m=5, n=6$，若取 $1-\alpha=0.95$，则查表知

$$F_{0.025}(4,5) = \frac{1}{F_{0.975}(5,4)} = \frac{1}{9.36},$$

$$F_{0.975}(4,5) = 7.39,$$

由数据算得 $s_\text{甲}^2 = 0.001\,07$，$s_\text{乙}^2 = 0.000\,92$，故置信区间的两端分别为

$$\frac{s_\text{甲}^2}{s_\text{乙}^2} \cdot \frac{1}{F_{0.975}(4,5)} = \frac{0.001\,07}{0.000\,92} \times \frac{1}{7.39} = 0.157\,4,$$

$$\frac{s_\text{甲}^2}{s_\text{乙}^2} \cdot \frac{1}{F_{0.025}(4,5)} = \frac{0.001\,07}{0.000\,92} \times 9.36 = 10.886\,1,$$

由此可知 $\sigma_\text{甲}^2/\sigma_\text{乙}^2$ 的 0.95 置信区间为 $[0.157\,4, 10.886\,1]$.

<h1 style="text-align:center;">习 题 6.6</h1>

1. 某厂生产的化纤强度服从正态分布,长期以来其标准差稳定在 $\sigma=0.85$,现抽取了一个容量为 $n=25$ 的样本,测定其强度,算得样本均值为 $\bar{x}=2.25$,试求这批化纤平均强度的置信水平为 0.95 的置信区间.

2. 总体 $X\sim N(\mu,\sigma^2)$,σ^2 已知,问样本容量 n 取多大时才能保证 μ 的置信水平为 95% 的置信区间的长度不大于 k.

3. $0.50,1.25,0.80,2.00$ 是取自总体 X 的样本,已知 $Y=\ln X$ 服从正态分布 $N(\mu,1)$.

（1）求 μ 的置信水平为 95% 的置信区间;

（2）求 X 的数学期望的置信水平为 95% 的置信区间.

4. 用一个仪表测量某一物理量 9 次,得样本均值 $\bar{x}=56.32$,样本标准差 $s=0.22$.

（1）测量标准差 σ 的大小反映了测量仪表的精度,试求 σ 的置信水平为 0.95 置信区间;

（2）求该物理量真值的置信水平为 0.99 的置信区间.

5. 已知某种材料的抗压强度 $X\sim N(\mu,\sigma^2)$,现随机地抽取 10 个试件进行抗压试验,测得数据如下:

482 493 457 471 510 446 435 418 394 469.

（1）求平均抗压强度 μ 的置信水平为 95% 的置信区间;

（2）若已知 $\sigma=30$,求平均抗压强度 μ 的置信水平为 95% 的置信区间;

（3）求 σ 的置信水平为 95% 的置信区间.

6. 在一批货物中随机抽取 80 件,发现有 11 件不合格品,试求这批货物的不合格品率的置信水平为 0.90 的置信区间.

7. 设 $x_1,x_2,\cdots,x_n$ 是来自泊松分布 $P(\lambda)$ 的样本,证明:λ 的近似 $1-\alpha$ 置信区间为

$$\left[\frac{2\bar{x}+\frac{1}{n}u_{1-\alpha/2}^2-\sqrt{\left(2\bar{x}+\frac{1}{n}u_{1-\alpha/2}^2\right)^2-4\bar{x}^2}}{2},\frac{2\bar{x}+\frac{1}{n}u_{1-\alpha/2}^2+\sqrt{\left(2\bar{x}+\frac{1}{n}u_{1-\alpha/2}^2\right)^2-4\bar{x}^2}}{2}\right].$$

8. 某商店某种商品的月销售量服从泊松分布,为合理进货,必须了解销售情况.现记录了该商店过去的一些销售量,数据如下:

月销售量	9	10	11	12	13	14	15	16
月份数	1	6	13	12	9	4	2	1

试求平均月销售量的置信水平为 0.95 的置信区间.

9. 设从总体 $X\sim N(\mu_1,\sigma_1^2)$ 和总体 $Y\sim N(\mu_2,\sigma_2^2)$ 中分别抽取容量为 $n_1=10,n_2=15$ 的独立样本,可计算得 $\bar{x}=82,s_x^2=56.5,\bar{y}=76,s_y^2=52.4$.

（1）若已知 $\sigma_1^2=64,\sigma_2^2=49$,求 $\mu_1-\mu_2$ 的置信水平为 95% 的置信区间;

（2）若已知 $\sigma_1^2=\sigma_2^2$,求 $\mu_1-\mu_2$ 的置信水平为 95% 的置信区间;

（3）若对 σ_1^2,σ_2^2 一无所知,求 $\mu_1-\mu_2$ 的置信水平为 95% 的近似置信区间;

（4）求 σ_1^2/σ_2^2 的置信水平为 95% 的置信区间.

10. 假设人体身高服从正态分布,今抽测甲、乙两地区 18 岁~25 岁女青年身高得数据如下:甲地区抽取 10 名,样本均值 1.64 m,样本标准差 0.2 m;乙地区抽取 10 名,样本均值 1.62 m,样本标准差 0.4 m.求:

（1）两正态总体方差比的置信水平为 95% 的置信区间;

（2）两正态总体均值差的置信水平为 95% 的置信区间.

11. 设总体 X 的密度函数为 $\lambda e^{-\lambda x} I_{\{x>0\}}$，其中 $\lambda>0$ 为未知参数，$x_1,x_2,\cdots,x_n$ 为抽自此总体的简单随机样本，求 λ 的置信水平为 $1-\alpha$ 的置信区间.

12. 设某电子产品的寿命服从指数分布，其密度函数为 $\lambda e^{-\lambda x} I_{\{x>0\}}$，现从此批产品中抽取容量为 9 的样本，测得寿命为（单位：千小时）

$$15 \quad 45 \quad 50 \quad 53 \quad 60 \quad 65 \quad 70 \quad 83 \quad 90$$

求平均寿命 $1/\lambda$ 的置信水平为 0.9 的置信区间和置信上、下限.

13. 设总体 X 的密度函数为

$$p(x;\theta)=\frac{1}{\pi\left[1+(x-\theta)^2\right]},\quad -\infty<x<\infty,\quad -\infty<\theta<\infty,$$

$x_1,x_2,\cdots,x_n$ 为抽自此总体的简单随机样本，求位置参数 θ 的置信水平近似为 $1-\alpha$ 的置信区间.

14. 设 $x_1,x_2,\cdots,x_n$ 为抽自正态总体 $N(\mu,16)$ 的简单随机样本，为使得 μ 的置信水平为 $1-\alpha$ 的置信区间的长度不大于给定的 L，试问样本容量 n 至少要多少？

15. 设 $x_1,x_2,\cdots,x_n$ 为抽自正态总体 $N(\mu,\sigma^2)$ 的简单随机样本.试证：

$$\left[\bar{x}-(\mu+k\sigma)\right]\Big/\left[\sum_{i=1}^{n}(x_i-\bar{x})^2\right]^{1/2}$$

为枢轴量，其中 k 为已知常数.

16. 设 $x_1,x_2,\cdots,x_n$ 是来自 $U(\theta-1/2,\theta+1/2)$ 的样本，求 θ 的置信水平为 $1-\alpha$ 的置信区间（提示：证明 $\frac{x_{(n)}+x_{(1)}}{2}-\theta$ 为枢轴量，并求出对应的密度函数）.

17. 设 $x_1,x_2,\cdots,x_n$ 为抽自均匀分布 $U(\theta_1,\theta_2)$ 的简单随机样本，记 $x_{(1)}\leqslant x_{(2)}\leqslant\cdots\leqslant x_{(n)}$ 为其次序统计量.求：

（1）$\theta_2-\theta_1$ 的置信水平为 $1-\alpha$ 的置信区间；

（2）$\frac{\theta_2+\theta_1}{2}$ 的置信水平为 $1-\alpha$ 的置信区间.

18. 设 $x_1,x_2,\cdots,x_m$ i.i.d.$\sim U(0,\theta_1)$，$y_1,y_2,\cdots,y_n$ i.i.d $\sim U(0,\theta_2)$，$\theta_1>0,\theta_2>0$ 皆未知，且两样本独立.求 $\frac{\theta_1}{\theta_2}$ 的一个置信水平为 $1-\alpha$ 的置信区间（提示：令 $T_1=x_{(m)}$，$T_2=y_{(n)}$，证明 $\frac{T_2}{T_1}\frac{\theta_1}{\theta_2}$ 的分布与 θ_1,θ_2 无关，并求出对应的密度函数）.

19. 设总体 X 的密度函数为

$$p(x,\theta)=e^{-(x-\theta)}I_{\{x>\theta\}},\quad -\infty<\theta<\infty,$$

$x_1,x_2,\cdots,x_n$ 为抽自此总体的简单随机样本.

（1）证明 $x_{(1)}-\theta$ 的分布与 θ 无关，并求出此分布；

（2）求 θ 的置信水平为 $1-\alpha$ 的置信区间.

 本章小结

第七章
假设检验

统计推断的另一个主要内容是(统计)假设检验(hypothesis test).在这一章里我们将讨论(统计)假设的建立及其各种检验.

假设检验是由 K.皮尔逊(K.Pearson)于 20 世纪初提出的,之后由费希尔进行了细化,并最终由奈曼(Neyman)和 E.皮尔逊(E.Pearson)提出了较完整的假设检验理论.

§7.1 假设检验的基本思想与概念

7.1.1 假设检验问题

先从一个实例来考察假设检验的基本思想.

例 7.1.1(女士品茶试验) 一种奶茶由牛奶与茶按一定比例混合而成,可以先倒茶后倒奶(记为 TM),也可以反过来(记为 MT).某女士声称她可以鉴别是 TM 还是 MT,周围品茶的人对此产生了议论,"这怎么可能呢?""她在胡言乱语.""不可想象."在场的费希尔也在思索这个问题,他提议做一项试验来检验如下假设(命题)是否可以接受:

假设 H:该女士无此种鉴别能力.

他准备了 10 杯调制好的奶茶,TM 与 MT 都有.服务员一杯一杯地奉上,让该女士品尝,说出是 TM 还是 MT,结果那位女士竟然正确地分辨出 10 杯奶茶中的每一杯.这时该如何对此作出判断呢?

费希尔的想法是:假如假设 H 是正确的,即该女士无此种鉴别能力,她只能猜,每次猜对的概率为 1/2,10 次都猜对的概率为 $2^{-10} < 0.001$,这是一个很小的概率,在一次试验中几乎不会发生,如今该事件竟然发生了,这只能说明原假设 H 不当,应予以拒绝,而认为该女士确有辨别奶茶中 TM 与 MT 的能力.费希尔用试验结果对假设 H 的对错进行判断的思维方式可归纳如下:

假如试验结果与假设 H 发生矛盾就拒绝原假设 H,否则就接受原假设.

当然,实际操作远非这么简单,假如该女士说对了 9 杯(或 8 杯等),又该如何对 H 作出判断呢?判断会发生错误吗?发生错误的概率是多少?能被控制吗?这里还有很多细节需要研究,费希尔对这些细节作了周密的研究,提出一些新的概念,建立一套可行的方法,形成假设检验理论,为进一步发展假设检验理论与方法打下了牢固基础.

本章将详细讨论其中基础和实用部分,进一步结果可参阅文献[15].

下面再用一个实例引出假设检验中的一些基本概念和操作步骤.

例 7.1.2 某厂生产的合金强度服从正态分布 $N(\theta, 16)$,其中 θ 的设计值为不低于 110 Pa.为保证质量,该厂每天都要对生产情况做例行检查,以判断生产是否正常进行,即该合金的平均强度是否不低于 110 Pa.某天从生产的产品中随机抽取 25 块合金,测得其强度值为 $x_1, x_2, \cdots, x_{25}$,均值为 $\bar{x} = 108.2$ Pa,问当日生产是否正常?

对这个实际问题可作如下分析:

(1) 这不是一个参数估计问题.

(2) 这是在给定总体与样本下,要求对命题"合金平均强度不低于 110 Pa"作出回答:"是"还是"否"? 这类问题称为**统计假设检验问题**,简称**假设检验问题**.

(3) 命题:"合金平均强度不低于 110 Pa"仅涉及参数 θ 范围,因此该命题是否正确将涉及如下两个参数集合:

$$\Theta_0 = \{\theta: \theta \geqslant 110\}, \qquad \Theta_1 = \{\theta: \theta < 110\}.$$

命题成立对应于"$\theta \in \Theta_0$",命题不成立则对应"$\theta \in \Theta_1$".在统计学中这两个非空不相交参数集合都称作**统计假设**,简称**假设**.

(4) 我们的任务是利用所给总体 $N(\theta, 16)$ 和样本均值 $\bar{x} = 108.2$ Pa 判断假设(命题)"$\theta \in \Theta_0$"是否成立.通过样本对一个假设作出"对"或"不对"的具体判断规则就称为该假设的一个**检验**或**检验法则**.检验的结果若是否定该命题,则称拒绝这个假设,否则就称接受该假设.

(5) 若假设可用一个参数的集合表示,该假设检验问题称为**参数假设检验问题**,否则称为**非参数假设检验问题**.例 7.1.2 就是一个参数假设检验问题,而对假设"总体为正态分布"作出检验的问题就是一个非参数假设检验问题.

7.1.2 假设检验的基本步骤

接下来我们来叙述假设检验的基本步骤.

一、建立假设

这里主要叙述参数假设检验问题.设有来自某一个参数分布族 $\{F(x, \theta) \mid \theta \in \Theta\}$ 的样本 $x_1, x_2, \cdots, x_n$,其中 Θ 为参数空间,设 $\Theta_0 \subset \Theta$,且 $\Theta_0 \neq \varnothing$,则命题 $H_0: \theta \in \Theta_0$ 称为一个假设或**原假设**或**零假设**(null hypothesis),若有另一个 $\Theta_1(\Theta_1 \subset \Theta, \Theta_1 \Theta_0 = \varnothing$,常见的一种情况是 $\Theta_1 = \Theta - \Theta_0$),则命题 $H_1: \theta \in \Theta_1$ 称为 H_0 的**对立假设**或**备择假设**(alternative hypothesis).于是,我们感兴趣的一对假设就是

$$H_0: \theta \in \Theta_0 \quad \text{vs} \quad H_1: \theta \in \Theta_1 \tag{7.1.1}$$

其中"vs"是 versus 的缩写,是"对"的意思,即表示 H_0 对 H_1 的假设检验问题.

对于假设(7.1.1),如果 Θ_0 只含一个点,则我们称之为**简单**(simple)**原假设**,否则就称为**复杂**(composite)或**复合原假设**.同样,对于备择假设也有简单与复杂之别.当 H_0 为简单假设时,其形式可写成 $H_0: \theta = \theta_0$.此时的备择假设通常有如下三种可能:

$$H_1': \theta \neq \theta_0, \quad H_1'': \theta < \theta_0, \quad H_1''': \theta > \theta_0.$$

我们称 H_0 vs H_1' 为**双侧假设**或**双边假设**(因备择假设分散在原假设两侧而得名),H_0 vs H_1'' 以及 H_0 vs H_1''' 为**单侧假设**或**单边假设**(因备择假设位于原假设的一侧而得名).

在假设检验中,通常将不宜轻易加以否定的假设作为原假设.在例 7.1.2 中,我们可建立如下一对假设:

$$H_0:\theta\in\Theta_0=\{\theta:\theta\geq 110\} \quad \text{vs} \quad H_1:\theta\in\Theta_1=\{\theta:\theta<110\}$$

或简写为

$$H_0:\theta\geq 110 \quad \text{vs} \quad H_1:\theta<110.$$

二、选择检验统计量,给出拒绝域形式

对于假设(7.1.1)的检验就是指这样的一个法则:当有了具体的样本后,按该法则就可决定是接受 H_0 还是拒绝 H_0,即检验就等价于把样本空间划分成两个互不相交的部分 W 和 $\overline{W}$,当样本属于 W 时,拒绝 H_0;否则接受 H_0.于是,我们称 W 为该检验的**拒绝域**,而 $\overline{W}$ 称为**接受域**.

由样本对原假设进行检验总是通过一个统计量完成的,该统计量称为**检验统计量**.比如,在例 7.1.2 中,样本均值 $\bar{x}$ 就是一个很好的检验统计量,因为要检验的假设是正态总体均值,在方差已知场合,样本均值 $\bar{x}$ 是总体均值的充分统计量.在例 7.1.2 中,总体均值 θ 越大,$\bar{x}$ 取大值的概率越大.亦即,$\bar{x}$ 越大越支持原假设,$\bar{x}$ 越小越支持备择假设,所以拒绝域形如

$$W=\{(x_1,x_2,\cdots,x_n):\bar{x}\leq c\}=\{\bar{x}\leq c\}$$

是合理的,其中临界值 c 待定.

当拒绝域确定了,检验的**判断准则**跟着也确定了:

● 如果 $(x_1,x_2,\cdots,x_n)\in W$,则拒绝 H_0.

● 如果 $(x_1,x_2,\cdots,x_n)\in\overline{W}$,接受 H_0.

由此可见,一个拒绝域 W 唯一确定一个检验法则,反之,一个检验法则也唯一确定一个拒绝域.在两个观测值($n=2$)场合,图 7.1.1 给出拒绝域的示意图.

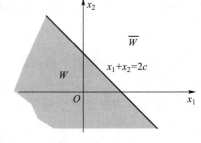

图 7.1.1 拒绝域示意图

通常我们将注意力放在拒绝域上.正如在数学上不能用一个例子去证明一个结论一样,用一个样本(例子)不能证明一个命题(假设)是成立的,但可以用一个例子(样本)推翻一个命题.因此,从逻辑上看,注重拒绝域是适当的.事实上,在"拒绝原假设"和"拒绝备择假设(从而接受原假设)"之间还有一个模糊域,如今我们把它并入接受域(参见图 7.1.1),所以接受域是复杂的,将之称为保留域也许更恰当,但习惯上已把它称为接受域,没有必要再进行改变,只是应注意它的含义.

三、选择显著性水平

由于样本是随机的,故当我们应用某种检验作判断时,可能做出正确的判断,也可能做出错误的判断,因此,可能犯如下两种错误:当 $\theta\in\Theta_0$ 时,样本由于随机性却落入了拒绝域 W,于是我们采取了拒绝 H_0 的错误决策,称这样的错误为**第一类错误**(type

Ⅰ error);当 $\theta \in \Theta_1$ 时,样本却落入了接受域 $\overline{W}$,于是我们采取了接受 H_0 的错误决策,称这样的错误为**第二类错误**(type Ⅱ error).具体的可见表 7.1.1.

表 7.1.1　检验的两类错误

观测数据情况	总 体 情 况	
	H_0 为真	H_1 为真
$(x_1, x_2, \cdots, x_n) \in W$	犯第一类错误	正确
$(x_1, x_2, \cdots, x_n) \in \overline{W}$	正确	犯第二类错误

在实际中,分别称第一类、第二类错误为拒真错误与取伪错误.

由于检验结果受样本的影响,具有随机性,于是,可用总体分布定义犯第一类、第二类错误概率如下:

犯第一类错误概率:$\alpha(\theta) = P_\theta \{ X \in W \}, \theta \in \Theta_0$.

犯第二类错误概率:$\beta(\theta) = P_\theta \{ X \in \overline{W} \}, \theta \in \Theta_1$.

事实上,每一个检验都无法避免犯错误的可能,那能否找到一个检验,使其犯两类错误的概率都尽可能地小呢? 实际上,我们也做不到这一点.为了说明其原因,先引进如下的**势函数**或**功效函数**(power function)的概念.

定义 7.1.1　设检验问题

$$H_0 : \theta \in \Theta_0 \quad \text{vs} \quad H_1 : \theta \in \Theta_1$$

的拒绝域为 W,则样本观测值 X 落在拒绝域 W 内的概率称为该检验的**势函数**,记为

$$g(\theta) = P_\theta(X \in W), \quad \theta \in \Theta = \Theta_0 \cup \Theta_1. \tag{7.1.2}$$

显然,势函数 $g(\theta)$ 是定义在参数空间 Θ 上的一个函数.当 $\theta \in \Theta_0$ 时,$g(\theta) = \alpha(\theta)$,当 $\theta \in \Theta_1$ 时 $g(\theta) = 1 - \beta(\theta)$.由此可见,犯两类错误的概率都是参数 θ 的函数,并可由势函数得到,即

$$g(\theta) = \begin{cases} \alpha(\theta), & \theta \in \Theta_0, \\ 1 - \beta(\theta), & \theta \in \Theta_1, \end{cases} \quad \text{或} \quad \begin{cases} \alpha(\theta) = g(\theta), & \theta \in \Theta_0, \\ \beta(\theta) = 1 - g(\theta), & \theta \in \Theta_1. \end{cases}$$

下面通过例 7.1.2 说明无法使一个检验犯第一类、第二类错误概率同时变小.对例 7.1.2,其拒绝域为 $W = \{ \overline{x} \leqslant c \}$,由(7.1.2)可以算出该检验的势函数

$$g(\theta) = P_\theta(\overline{x} \leqslant c) = P_\theta \left(\frac{\overline{x} - \theta}{4/5} \leqslant \frac{c - \theta}{4/5} \right) = \Phi \left(\frac{c - \theta}{4/5} \right),$$

注意到 $\overline{x} \sim N(\theta, 16/25)$,这个势函数是 θ 的减函数(见图 7.1.2).

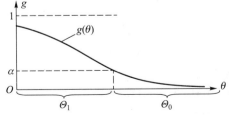

图 7.1.2　例 7.1.2 的势函数 $g(\theta)$

利用这个势函数容易写出其犯两类错误的概率分别为

$$\alpha(\theta) = \Phi\left(\frac{c-\theta}{4/5}\right), \quad \theta \in \Theta_0, \tag{7.1.3}$$

$$\beta(\theta) = 1 - \Phi\left(\frac{c-\theta}{4/5}\right), \quad \theta \in \Theta_1. \tag{7.1.4}$$

由上述两个式子可以看出犯两类错误的概率 $\alpha(\theta), \beta(\theta)$ 间的关系:

- 当 $\alpha(\theta)$ 减小时,由(7.1.3)知,c 也随之减小,再由(7.1.4)知,c 的减小必导致 $\beta(\theta)$ 的增大.

- 当 $\beta(\theta)$ 减小时,由(7.1.4)知,c 会增大,再由(7.1.3)知,c 的增大必导致 $\alpha(\theta)$ 的增大.

这一现象说明:在样本量给定的条件下,$\alpha(\theta)$ 与 $\beta(\theta)$ 中一个减小必导致另一个增大,这不是偶然的,而具有一般性.这进一步说明:在样本量一定的条件下不可能找到一个使 $\alpha(\theta), \beta(\theta)$ 都小的检验.还应注意,犯第二类错误的概率在不少场合不易求出.

既然我们不可能同时控制一个检验的犯第一类、第二类错误的概率,在此背景下,只能采取折中方案.通常的做法是仅限制犯第一类错误的概率,这就是费希尔的显著性检验,下面给出正式定义.

定义 7.1.2 对检验问题 $H_0: \theta \in \Theta_0$ vs $H_1: \theta \in \Theta_1$,如果一个检验满足对任意的 $\theta \in \Theta_0$,都有

$$g(\theta) \leqslant \alpha,$$

则称该检验是**显著性水平为 α 的显著性检验**,简称**水平为 α 的检验**.

提出显著性检验的概念就是要控制犯第一类错误的概率 α,但也不能使得 α 过小(α 过小会导致 β 过大),在适当控制 α 中制约 β.最常用的选择是 $\alpha = 0.05$,有时也选择 $\alpha = 0.10$ 或 $\alpha = 0.01$.

四、给出拒绝域

在确定显著性水平后,我们可以定出检验的拒绝域 W.在例 7.1.2 中,对给定的显著性水平 α,则要求对任意的 $\theta \geqslant 110$ 有 $g(\theta) = \Phi\left(\frac{5(c-\theta)}{4}\right) \leqslant \alpha$,由于 $g(\theta)$ 是关于 θ 的单调减函数(见图 7.1.2),只需要

$$g(110) = \Phi\left(\frac{5(c-110)}{4}\right) = \alpha$$

成立即可.用标准正态分布分位数可把上式改写为 $\frac{5(c-110)}{4} = u_\alpha$,从而 c 的值为 $c = 110 + 0.8u_\alpha$,检验的拒绝域为

$$W = \{\bar{x} \leqslant 110 + 0.8u_\alpha\}.$$

若取 $\alpha = 0.05$,则 $u_{0.05} = -u_{0.95}$,具体 c 值为

$$c = 110 + 0.8u_{0.05} = 110 - 0.8 \times 1.645 = 108.684.$$

所以,检验的拒绝域为

$$W = \{\bar{x} \leqslant 108.684\}.$$

若令 $u = \dfrac{\bar{x}-110}{4/5}$，则拒绝域有另一种表示，即

$$W = \{u \leq u_{0.05}\} = \{u \leq -1.645\}.$$

今后主要用检验统计量 u 表示拒绝域.

五、做出判断

在有了明确的拒绝域 W 后，根据样本观测值我们可以作出判断：

- 当 $u \leq -1.645$ 时，则拒绝 H_0，即接受 H_1.
- 当 $u > -1.645$ 时，则接受 H_0.

在例 7.1.2 中，由于

$$u_0 = \frac{108.2-110}{4/5} = -2.25 < -1.645$$

因此拒绝原假设，即认为该日生产不正常.

综上，一般情况下，寻找某对假设的显著性检验的步骤如下：

- 根据实际问题，建立统计假设 H_0 vs H_1.
- 选取一个合适的检验统计量 $T(\boldsymbol{X})$，使当 H_0 成立时（或 H_0 中某个具体参数下），T 的分布完全已知，并根据 H_0 及 H_1 的特点，确定拒绝域 W 的形式.
- 选择合适的显著性水平 α，确定具体的拒绝域 W.
- 由样本观测值 $x_1, x_2, \cdots, x_n$，计算检验统计量的 $T(x_1, x_2, \cdots, x_n)$，由 $T(x_1, x_2, \cdots, x_n)$ 是否属于 W，作出最终判断.

7.1.3 检验的 p 值

假设检验的结论通常是简单的.在给定的显著性水平下，不是拒绝原假设就是接受原假设.然而有时也会出现这样的情况：在一个较大的显著性水平（比如 $\alpha = 0.05$）下得到拒绝原假设的结论，而在一个较小的显著性水平（比如 $\alpha = 0.01$）下却会得到相反的结论.这种情况在理论上很容易解释：因为显著性水平变小后会导致检验的拒绝域变小，于是原来落在拒绝域中的观测值就可能落入接受域，但这种情况在应用中会带来一些麻烦：假如这时一个人主张选择显著性水平 $\alpha = 0.05$，而另一个人主张选 $\alpha = 0.01$，则第一个人的结论是拒绝 H_0，而后一个人的结论是接受 H_0，我们该如何处理这一问题呢？下面用例 7.1.2 来讨论这个问题.

在上一小节中，我们给出了例 7.1.2 的检验统计量及拒绝域 $W = \{\bar{x} \leq 110 + 0.8u_\alpha\}$，或表示为 $W = \{u \leq u_\alpha\}$，其中 $u_0 = 1.25(\bar{x}-110) = -2.25$.对一些显著性水平，表7.1.2 列出了相应的拒绝域和检验结论.

表 7.1.2 例 7.1.2 中的拒绝域

显著性水平	拒绝域	对应的结论（$u_0 = -2.25$）
$\alpha = 0.1$	$u \leq -1.282$	拒绝 H_0
$\alpha = 0.05$	$u \leq -1.645$	拒绝 H_0
$\alpha = 0.025$	$u \leq -1.96$	拒绝 H_0

续表

显著性水平	拒绝域	对应的结论($u_0 = -2.25$)
$\alpha = 0.01$	$u \leqslant -2.326$	接受 H_0
$\alpha = 0.005$	$u \leqslant -2.576$	接受 H_0

我们看到,不同的 α 有不同的结论.

现在换一个角度来看,在 $\mu = 110$ 时,检验统计量 u 的分布是 $N(0,1)$.此时由样本可算得 u 的值 $u_0 = -2.25$,据此可算得一个概率 $p = P(u \leqslant u_0) = P(u \leqslant -2.25) = \Phi(-2.25) = 0.0122$,若以此为基准来看上述检验问题,亦可作出判断,具体如下:

- 当 $\alpha < 0.0122$ 时,$u_\alpha < -2.25$,由于拒绝域为 $W = \{u \leqslant u_\alpha\}$,于是观测值 $u_0 = -2.25$ 不在拒绝域里,应接受原假设.

- 当 $\alpha \geqslant 0.0122$ 时,$u_\alpha \geqslant -2.25$,由于拒绝域为 $W = \{u \leqslant u_\alpha\}$,于是观测值 $u_0 = -2.25$ 落在拒绝域里,应拒绝原假设.

由此可以看出,0.0122 是能用观测值 $u_0 = -2.25$ 作出"拒绝 H_0"的最小的显著性水平,这就是 p 值.

定义 7.1.3 在一个假设检验问题中,利用样本观测值能够作出拒绝原假设的最小显著性水平称为**检验的 p 值**.

由检验的 p 值与人们心目中的显著性水平 α 进行比较可以很容易作出检验的结论:

- 如果 $p \leqslant \alpha$,则在显著性水平 α 下拒绝 H_0.

- 如果 $p > \alpha$,则在显著性水平 α 下接受 H_0.

p 值在实际中很有用,如今的统计软件中对检验问题一般都会给出检验的 p 值.

我们后面的检验可从两方面进行,其一是建立拒绝域,考察样本观测值是否落入拒绝域而加以判断;其二是根据样本观测值计算检验的 p 值,通过将 p 值与事先设定的显著性水平 α 比较大小而作出判断.两者是等价的,哪个方便用哪个.

实际中,p 很小时(如 $p \leqslant 0.001$)即可拒绝原假设,p 很大时(如 $p > 0.5$)即可接受原假设.只有当 p 与 α 接近时才需比较.这样至少可减少部分争论.

习 题 7.1

1. 设 $x_1, x_2, \cdots, x_n$ 是来自 $N(\mu, 1)$ 的样本,考虑如下假设检验问题

$$H_0: \mu = 2 \quad \text{vs} \quad H_1: \mu = 3,$$

若检验由拒绝域为 $W = \{\bar{x} \geqslant 2.6\}$ 确定.

(1) 当 $n = 20$ 时求检验犯两类错误的概率;

(2) 如果要使得检验犯第二类错误的概率 $\beta \leqslant 0.01$,n 最小应取多少?

(3) 证明:当 $n \to \infty$ 时,$\alpha \to 0$,$\beta \to 0$.

2. 设 $x_1, x_2, \cdots, x_{10}$ 是来自 0-1 总体 $b(1, p)$ 的样本,考虑如下检验问题:

$$H_0: p = 0.2 \quad \text{vs} \quad H_1: p = 0.4,$$

取拒绝域为 $W = \{\bar{x} \geqslant 0.5\}$,求该检验犯两类错误的概率.

3. 设 $x_1, x_2, \cdots, x_{16}$ 是来自正态总体 $N(\mu, 4)$ 的样本,考虑检验问题

$$H_0 : \mu = 6 \quad \text{vs} \quad H_1 : \mu \neq 6,$$

拒绝域取为 $W = \{|\bar{x} - 6| \geq c\}$,试求 c 使得检验的显著性水平为 0.05,并求该检验在 $\mu = 6.5$ 处犯第二类错误的概率.

4. 设总体为均匀分布 $U(0, \theta)$,$x_1, x_2, \cdots, x_n$ 是样本,考虑检验问题

$$H_0 : \theta \geq 3 \quad \text{vs} \quad H_1 : \theta < 3,$$

拒绝域取为 $W = \{x_{(n)} \leq 2.5\}$,求检验犯第一类错误的最大值 α,若要使得该最大值 α 不超过 0.05,n 至少应取多大?

5. 在假设检验问题中,若检验结果是接受原假设,则检验可能犯哪一类错误? 若检验结果是拒绝原假设,则又有可能犯哪一类错误?

6. 设 $x_1, x_2, \cdots, x_{20}$ 是来自 $0-1$ 总体 $b(1, p)$ 的样本,考虑如下检验问题:

$$H_0 : p = 0.2 \quad \text{vs} \quad H_1 : p \neq 0.2,$$

取拒绝域为 $W = \left\{ \sum_{i=1}^{20} x_i \geq 7 \text{ 或 } \sum_{i=1}^{20} x_i \leq 1 \right\}$,

(1) 求 $p = 0, 0.1, 0.2, \cdots, 0.9, 1$ 时的势并由此画出势函数的图;

(2) 求在 $p = 0.05$ 时犯第二类错误的概率.

7. 设一个单一观测的样本 x 取自密度函数为 $p(x)$ 的总体,对 $p(x)$ 考虑统计假设

$$H_0 : p_0(x) = I_{[0,1]}(x) \quad \text{vs} \quad H_1 : p_1(x) = 2x I_{[0,1]}(x).$$

若其拒绝域的形式为 $W = \{x : x \geq c\}$,试确定一个 c,使得犯第一类、第二类错误的概率满足 $\alpha + 2\beta$ 为最小,并求其最小值.

8. 设 $x_1, x_2, \cdots, x_{30}$ 为取自泊松分布 $P(\lambda)$ 的随机样本.

(1) 试给出单侧假设检验问题 $H_0 : \lambda \leq 0.1 \quad \text{vs} \quad H_1 : \lambda > 0.1$ 的显著性水平 $\alpha = 0.05$ 的检验;

(2) 求此检验的势函数 $\beta(\lambda)$ 在 $\lambda = 0.05, 0, 2, 0.3, \cdots, 0, 9$ 时的值,并据此画出 $\beta(\lambda)$ 的图像.

§7.2 正态总体参数假设检验

本节对正态总体参数 μ 和 σ^2 的各种检验分别进行讨论.

7.2.1 单个正态总体均值的检验

设 $x_1, x_2, \cdots, x_n$ 是来自 $N(\mu, \sigma^2)$ 的样本,考虑如下三种关于 μ 的检验问题:

$$\text{I} \quad H_0 : \mu \leq \mu_0 \quad \text{vs} \quad H_1 : \mu > \mu_0, \tag{7.2.1}$$

$$\text{II} \quad H_0 : \mu \geq \mu_0 \quad \text{vs} \quad H_1 : \mu < \mu_0, \tag{7.2.2}$$

$$\text{III} \quad H_0 : \mu = \mu_0 \quad \text{vs} \quad H_1 : \mu \neq \mu_0, \tag{7.2.3}$$

其中 μ_0 是已知常数.由于正态总体含两个参数,总体方差 σ^2 已知与否对检验有影响.下面我们分 σ 已知和未知两种情况叙述.

一、$\sigma = \sigma_0$ 已知时的 u 检验

对于 $(7.2.1)$ 式所示的单侧检验问题 I,由于 μ 的点估计是 $\bar{x}$,且 $\bar{x} \sim N(\mu, \sigma_0^2/n)$,故选用检验统计量

$$u = \frac{\bar{x} - \mu_0}{\sigma_0 / \sqrt{n}} \qquad (7.2.4)$$

是恰当的.直觉告诉我们:当样本均值 $\bar{x}$ 不超过设定均值 μ_0 时,应倾向于接受原假设;当样本均值 $\bar{x}$ 超过 μ_0 时,应倾向于拒绝原假设.可是,在有随机性存在的场合,如果 $\bar{x}$ 比 μ_0 大一点就拒绝原假设似乎不当,只有当 $\bar{x}$ 比 μ_0 大到一定程度时拒绝原假设才是恰当的.这就存在一个临界值 c,拒绝域为

$$W_{\mathrm{I}} = \{ (x_1, x_2, \cdots, x_n) : u \geqslant c \}, \qquad (7.2.5)$$

常简记为 $\{ u \geqslant c \}$.若要求检验的显著性水平为 α,则 c 满足

$$P_{\mu_0}(u \geqslant c) = \alpha.$$

由于在 $\mu = \mu_0$ 时,$u \sim N(0,1)$,故 $c = u_{1-\alpha}$ (见图 7.2.1(a)),最后的拒绝域为

$$W_{\mathrm{I}} = \{ u \geqslant u_{1-\alpha} \}. \qquad (7.2.6)$$

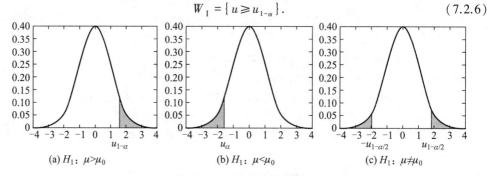

(a) H_1: $\mu > \mu_0$　　(b) H_1: $\mu < \mu_0$　　(c) H_1: $\mu \neq \mu_0$

图 7.2.1 u 检验的拒绝域

该检验用的检验统计量是 u 统计量,故一般称为 u 检验.该检验的势函数是 μ 的函数,它可用正态分布写出,具体如下:对 $\mu \in (-\infty, \infty)$,

$$g(\mu) = P_\mu(\boldsymbol{X} \in W_{\mathrm{I}}) = P_\mu(u \geqslant u_{1-\alpha})$$

$$= P_\mu\left(\frac{\bar{x} - \mu_0}{\sigma_0 / \sqrt{n}} \geqslant u_{1-\alpha} \right)$$

$$= P_\mu\left(\frac{\bar{x} - \mu + \mu - \mu_0}{\sigma_0 / \sqrt{n}} \geqslant u_{1-\alpha} \right)$$

$$= P_\mu\left(\frac{\bar{x} - \mu}{\sigma_0 / \sqrt{n}} \geqslant \frac{\mu_0 - \mu}{\sigma_0 / \sqrt{n}} + u_{1-\alpha} \right)$$

$$= 1 - \Phi(\sqrt{n}(\mu_0 - \mu)/\sigma_0 + u_{1-\alpha}).$$

由此可见,势函数是 μ 的增函数,其图形见图 7.2.2(a).由增函数性质知,只要 $g(\mu_0) = \alpha$,就可保证在 $\mu \leqslant \mu_0$ 时有 $g(\mu) \leqslant \alpha$.所以上述求出的检验是显著性水平为 α 的检验.

下面我们讲述用 p 值进行检验的方法.

类似于 7.1.3 节的讲述,对给定的样本观测值,可以计算出相应的检验统计量 u 的值,记为 $u_0 = \dfrac{\sqrt{n}(\bar{x} - \mu_0)}{\sigma_0}$,这里的 $\bar{x}$ 是样本观测值.因在 $\mu = \mu_0$ 时,u 是服从标准正态分布

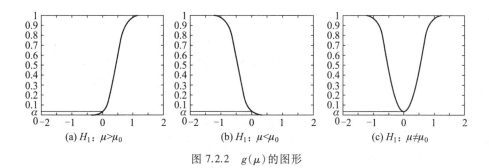

图 7.2.2 $g(\mu)$ 的图形

的随机变量,令

$$p_{\mathrm{I}} = P(u \geqslant u_0) = 1 - \Phi(u_0), \qquad (7.2.7)$$

此即说明 $u_0 = u_{1-p_{\mathrm{I}}}$,于是由正态分布函数的反函数的单调性有如下结论:

- 当 $p_{\mathrm{I}} \leqslant \alpha$ 时,$u_{1-\alpha} \leqslant u_0$,于是观测值落在拒绝域里,应拒绝原假设.
- 当 $p_{\mathrm{I}} > \alpha$ 时,$u_{1-\alpha} > u_0$,于是观测值不在拒绝域里,应接受原假设.

由此可以看出,(7.2.7)计算出的值就是该检验的 p 值.

对检验问题(7.2.2)所示的单侧检验问题 II 的讨论是完全类似的.仍选用 u 作为检验统计量,考虑到(7.2.2)的备择假设 H_1 在左侧,其拒绝域(见图 7.2.1(b))为

$$W_{\mathrm{II}} = \{u \leqslant u_{\alpha}\}. \qquad (7.2.8)$$

而检验的 p 值为

$$p_{\mathrm{II}} = P(u \leqslant u_0) = \Phi(u_0), \qquad (7.2.9)$$

u_0, u 的含义同上,后面还会用到就不再一一指出了.

对检验问题(7.2.3)所示的双侧检验问题 III,也可类似进行讨论,只不过检验的 p 值稍有不同.仍选用 u 作为检验统计量,考虑到(7.2.3)的备择假设 H_1 分散在两侧,故其拒绝域亦应在两侧,即拒绝域应有如下形式

$$W_{\mathrm{III}} = \{|u| \geqslant c\}.$$

对给定的显著性水平 α $(0 < \alpha < 1)$,由 $P_{\mu_0}(|u| \geqslant c) = \alpha$ 可定出 $c = u_{1-\alpha/2}$ (见图 7.2.1(c)),最后的拒绝域为

$$W_{\mathrm{III}} = \{|u| \geqslant u_{1-\alpha/2}\}. \qquad (7.2.10)$$

下面介绍双侧检验的 p 值的计算.在检验统计量分布对称场合,双侧检验的 p 值的计算与单侧检验是类似的,不对称场合我们在后面介绍.

仿上,令

$$p_{\mathrm{III}} = P(|u| \geqslant |u_0|) = 2(1 - \Phi(|u_0|)), \qquad (7.2.11)$$

此即说明 $|u_0| = u_{1-p_{\mathrm{III}}/2}$,这里要用到 u_0 的绝对值是因为对双侧假设检验,观测值可能为正,也可能为负,二者机会相同,于是有类似的结论:

- 当 $p_{\mathrm{III}} \leqslant \alpha$ 时,$u_{1-\alpha/2} \leqslant |u_0|$,于是观测值落在拒绝域里,应拒绝原假设.
- 当 $p_{\mathrm{III}} > \alpha$ 时,$u_{1-\alpha/2} > |u_0|$,于是观测值不在拒绝域里,应接受原假设.

由此可以看出,(7.2.11)计算出的值就是该检验的 p 值.

例 7.2.1 从甲地发送一个信号到乙地.设乙地接收到的信号值是一个服从正态分布 $N(\mu, 0.2^2)$ 的随机变量,其中 μ 为甲地发送的真实信号值.现甲地重复发送同一信号

5 次,乙地接收到的信号值为

$$8.05 \quad 8.15 \quad 8.2 \quad 8.1 \quad 8.25,$$

设接收方有理由猜测甲地发送的信号值为 8,问能否接受这猜测?

解 这是一个假设检验的问题,总体 $X \sim N(\mu, 0.2^2)$,待检验的原假设 H_0 与备择假设 H_1 分别为

$$H_0 : \mu = 8 \quad \text{vs} \quad H_1 : \mu \neq 8.$$

这是一个双侧检验问题,检验的拒绝域为 $\{|u| \geq u_{1-\alpha/2}\}$. 取显著性水平 $\alpha = 0.05$,则查表知 $u_{0.975} = 1.96$. 由该例中观测值可计算得出

$$\bar{x} = 8.15, \quad u_0 = \sqrt{5}(8.15 - 8)/0.2 = 1.68,$$

u_0 值未落入拒绝域 $\{|u| \geq 1.96\}$ 内,故不能拒绝原假设,即接受原假设,可认为猜测成立.

我们也可以采用 p 值完成此次检验. 此处 $u_0 = 1.68$,根据 (7.2.11) 式,

$$p = 2(1 - \Phi(1.68)) = 0.093.$$

由于 p 值大于事先给定的水平 0.05,故不能拒绝原假设,结论是相同的.

进一步,我们从 p 值还可以看到,只要事先给定的显著性水平不高于 0.093,则都不能拒绝原假设;而若事先给定的显著性水平高于 0.093,如事先给定的显著性水平为 0.10,则检验就会作出拒绝原假设的结论.

说明:在实际中也经常会遇到如下两个检验问题:

$$\text{IV} \quad H_0 : \mu = \mu_0 \quad \text{vs} \quad H_1 : \mu > \mu_0,$$
$$\text{V} \quad H_0 : \mu = \mu_0 \quad \text{vs} \quad H_1 : \mu < \mu_0.$$

它仍可用检验统计量 u 施行检验. 检验问题 IV 的拒绝域与检验问题 I 的拒绝域相同,即 $W_{\text{IV}} = \{u \geq u_{1-\alpha}\}$. 这是因为检验问题 IV 与 I 的备择假设相同,而 IV 的原假设是 I 的原假设的子集,由于此时 u 检验的势函数是 μ 的单调增函数,因此,检验问题 IV 的显著性水平为 α 的检验与检验问题 I 的显著性水平为 α 的检验是相同的,从而拒绝域也相同,它们的检验的 p 值也相同. 类似地,检验问题 V 与检验问题 II 的拒绝域以及 p 值也是相同的. 这个现象在以后其他检验中也会出现,结论是相似的. 由此,本文中不再考虑诸如 IV,V 的检验问题(若出现此类检验问题,可归结为检验问题 I,II 处理).

二、σ 未知时的 t 检验

对检验问题 I,由于 σ 未知,无法使用 (7.2.4) 式作检验. 一个自然的想法是将 (7.2.4) 式中未知的 σ 替换成样本标准差 s,这就形成 t 检验统计量

$$t = \frac{\sqrt{n}(\bar{x} - \mu_0)}{s}. \tag{7.2.12}$$

由推论 5.4.2 知,在 $\mu = \mu_0$ 时,$t \sim t(n-1)$,从而检验问题 I 的拒绝域为

$$W_{\text{I}} = \{t \geq t_{1-\alpha}(n-1)\}, \tag{7.2.13}$$

检验的 p 值是类似的,对给定的样本观测值,可以计算出相应的检验统计量 t 的值,记为 $t_0 = \dfrac{\sqrt{n}(\bar{x} - \mu_0)}{s}$,这里的 $\bar{x}, s$ 可由样本观测值算得. 因 t 是服从自由度是 $n-1$ 的 t 分布的随机变量,则

$$p_{\mathrm{I}} = P(t \geqslant t_0). \tag{7.2.14}$$

对另两组检验问题的讨论是完全类似于上一小节的,罗列结果如下:检验问题 Ⅱ 的拒绝域为

$$W_{\mathrm{II}} = \{ t \leqslant t_\alpha(n-1) \}, \tag{7.2.15}$$

p 值为

$$p_{\mathrm{II}} = P(t \leqslant t_0). \tag{7.2.16}$$

检验问题 Ⅲ 的拒绝域为

$$W_{\mathrm{III}} = \{ |t| \geqslant t_{1-\alpha/2}(n-1) \}, \tag{7.2.17}$$

p 值为

$$p_{\mathrm{III}} = P(|t| \geqslant |t_0|), \tag{7.2.18}$$

同样可证明这三个检验都是显著性水平为 α 的检验.

例 7.2.2 某厂生产的某种铝材的长度服从正态分布,其均值设定为 240 cm.现从该厂抽取 5 件产品,测得其长度(单位:cm)为

$$239.7 \quad 239.6 \quad 239 \quad 240 \quad 239.2,$$

试判断该厂此类铝材的长度是否满足设定要求?

这是一个关于正态均值的双侧假设检验问题.原假设是 $H_0: \mu = 240$,备择假设是 $H_1: \mu \neq 240$.由于 σ 未知,故采用 t 检验,其拒绝域为 $\{ |t| \geqslant t_{1-\alpha/2}(n-1) \}$,若取 $\alpha = 0.05$,则查表得 $t_{0.975}(4) = 2.776\,4$.现由样本计算得到 $\bar{x} = 239.5, s = 0.4$,故

$$t_0 = \sqrt{5}(239.5 - 240)/0.4 = -2.795,$$

由于 $|t_0| = 2.795 > 2.776\,4$,故拒绝原假设,认为该厂生产的铝材的长度不满足设定要求.

下面用 p 值再作一次检验.此处 $t_0 = -2.795$,记 t 是服从自由度是 4 的 t 分布的随机变量,则根据 (7.2.18),

$$p = P(|t| \geqslant 2.795) = 2P(t \geqslant 2.795),$$

利用统计软件(如 R 或 Excel)可计算出具体 p 值为 0.0491,由于 p 值小于事先给定的显著性水平 0.05,故拒绝原假设,结论是相同的.

综上,关于单个正态总体的均值的检验问题可汇总成表 7.2.1.

表 7.2.1 单个正态总体均值的假设检验

检验法	H_0	H_1	检验统计量	拒绝域	p 值
u 检验 ($\sigma = \sigma_0$ 已知)	$\mu \leqslant \mu_0$	$\mu > \mu_0$	$u = \dfrac{\bar{x} - \mu_0}{\sigma_0/\sqrt{n}}$	$\{ u \geqslant u_{1-\alpha} \}$	$1 - \Phi(u_0)$
	$\mu \geqslant \mu_0$	$\mu < \mu_0$		$\{ u \leqslant u_\alpha \}$	$\Phi(u_0)$
	$\mu = \mu_0$	$\mu \neq \mu_0$		$\{ |u| \geqslant u_{1-\alpha/2} \}$	$2(1 - \Phi(|u_0|))$
t 检验 (σ 未知)	$\mu \leqslant \mu_0$	$\mu > \mu_0$	$t = \dfrac{\bar{x} - \mu_0}{s/\sqrt{n}}$	$\{ t \geqslant t_{1-\alpha}(n-1) \}$	$P(t \geqslant t_0)$
	$\mu \geqslant \mu_0$	$\mu < \mu_0$		$\{ t \leqslant t_\alpha(n-1) \}$	$P(t \leqslant t_0)$
	$\mu = \mu_0$	$\mu \neq \mu_0$		$\{ |t| \geqslant t_{1-\alpha/2}(n-1) \}$	$P(|t| \geqslant |t_0|)$

注:$u_0 = \sqrt{n}(\bar{x} - \mu_0)/\sigma_0, t_0 = \sqrt{n}(\bar{x} - \mu_0)/s, u$ 是服从 $N(0,1)$ 的随机变量,t 是服从 $t(n-1)$ 的随机变量.

7.2.2 假设检验与置信区间的关系

细心的读者可能会发现,这里用的检验统计量与 6.6.3 节中置信区间所用的枢轴量很相似,这不是偶然的,两者之间存在非常密切的关系,现以标准差未知场合为例叙述如下.

设 $x_1, x_2, \cdots, x_n$ 是来自正态总体 $N(\mu, \sigma^2)$ 的样本,现讨论在 σ 未知场合关于均值 μ 的检验问题.分三种情况:

首先考虑双侧检验问题Ⅲ,显著性水平为 α 的检验的接受域为

$$\overline{W}_{\text{Ⅲ}} = \left\{ \, |\bar{x} - \mu_0| \leqslant \frac{s}{\sqrt{n}} t_{1-\alpha/2}(n-1) \, \right\},$$

它可以改写为

$$\overline{W}_{\text{Ⅲ}} = \left\{ \bar{x} - \frac{s}{\sqrt{n}} t_{1-\alpha/2}(n-1) \leqslant \mu_0 \leqslant \bar{x} + \frac{s}{\sqrt{n}} t_{1-\alpha/2}(n-1) \right\},$$

这里 μ_0 并无限制,若让 μ_0 在 $(-\infty, \infty)$ 内取值,就可得到 μ 的 $1-\alpha$ 置信区间 $\left[\bar{x} \pm \frac{s}{\sqrt{n}} t_{1-\alpha/2}(n-1) \right]$.反之,若有一个如上的 $1-\alpha$ 置信区间,也可获得关于 $H_0:\mu=\mu_0$ 的显著性水平为 α 的显著性检验.所以,"正态均值 μ 的 $1-\alpha$ 置信区间"与"关于 $H_0:\mu=\mu_0$ vs $H_1:\mu \neq \mu_0$ 的双侧检验问题的显著性水平为 α 的检验"是一一对应的.

类似地考虑单侧检验问题Ⅰ,显著性水平为 α 的检验的接受域为

$$\overline{W}_{\text{Ⅰ}} = \left\{ \bar{x} - \mu_0 \leqslant \frac{s}{\sqrt{n}} t_{1-\alpha}(n-1) \right\} = \left\{ \mu_0 \geqslant \bar{x} - \frac{s}{\sqrt{n}} t_{1-\alpha}(n-1) \right\},$$

这就给出了参数 μ 的 $1-\alpha$ 置信下限.反之,对上述给定的 μ 的 $1-\alpha$ 置信下限,我们也可以得到关于 $H_0:\mu \leqslant \mu_0$ 的单侧检验问题的显著性水平为 α 的检验,它们之间也是一一对应的.同样,对单侧检验问题Ⅱ,其显著性水平为 α 的检验与参数 μ 的 $1-\alpha$ 置信上限也是一一对应的.

7.2.3 两个正态总体均值差的检验

设 $x_1, x_2, \cdots, x_m$ 是来自正态总体 $N(\mu_1, \sigma_1^2)$ 的样本,$y_1, y_2, \cdots, y_n$ 是来自另一个正态总体 $N(\mu_2, \sigma_2^2)$ 的样本,两个样本相互独立.考虑如下三类检验问题:

$$\text{Ⅰ} \quad H_0:\mu_1-\mu_2 \leqslant 0 \quad \text{vs} \quad H_1:\mu_1-\mu_2>0. \tag{7.2.19}$$

$$\text{Ⅱ} \quad H_0:\mu_1-\mu_2 \geqslant 0 \quad \text{vs} \quad H_1:\mu_1-\mu_2<0. \tag{7.2.20}$$

$$\text{Ⅲ} \quad H_0:\mu_1-\mu_2 = 0 \quad \text{vs} \quad H_1:\mu_1-\mu_2 \neq 0. \tag{7.2.21}$$

这里对常用的两种情形进行讨论.

一、σ_1, σ_2 已知时的两样本 u 检验

此时 $\mu_1-\mu_2$ 的点估计 $\bar{x}-\bar{y}$ 的分布完全已知,

$$\bar{x}-\bar{y} \sim N\left(\mu_1-\mu_2, \frac{\sigma_1^2}{m} + \frac{\sigma_2^2}{n} \right).$$

由此可采用 u 检验方法,检验统计量为

$$u = \frac{\bar{x} - \bar{y}}{\sqrt{\dfrac{\sigma_1^2}{m} + \dfrac{\sigma_2^2}{n}}}.$$

在 $\mu_1 = \mu_2$ 时, $u \sim N(0,1)$. 检验的拒绝域取决于备择假设的具体内容. 对 (7.2.19) 所示的检验问题 I, 检验的拒绝域与 p 值分别为

$$W_{\mathrm{I}} = \{u \geqslant u_{1-\alpha}\}, \quad p_{\mathrm{I}} = 1 - \varPhi(u_0),$$

其中 $u_0 = \dfrac{\bar{x} - \bar{y}}{\sqrt{\dfrac{\sigma_1^2}{m} + \dfrac{\sigma_2^2}{n}}}$ 是由样本计算得到的检验统计量的值. 对 (7.2.20) 所示的检验问题

II, 检验的拒绝域与 p 值分别为

$$W_{\mathrm{II}} = \{u \leqslant u_{\alpha}\}, \quad p_{\mathrm{II}} = \varPhi(u_0).$$

对 (7.2.21) 所示的检验问题 III, 检验的拒绝域与 p 值分别为

$$W_{\mathrm{III}} = \{|u| \geqslant u_{1-\alpha/2}\}, \quad p_{\mathrm{III}} = 2(1 - \varPhi(|u_0|)).$$

二、$\sigma_1 = \sigma_2 = \sigma$ 但未知时的两样本 t 检验

在 $\sigma_1^2 = \sigma_2^2 = \sigma^2$ 但未知时, 首先

$$\bar{x} - \bar{y} \sim N\left(\mu_1 - \mu_2, \left(\frac{1}{m} + \frac{1}{n}\right)\sigma^2\right),$$

其次, 由于

$$\frac{1}{\sigma^2}\sum_{i=1}^{m}(x_i - \bar{x})^2 \sim \chi^2(m-1), \quad \frac{1}{\sigma^2}\sum_{i=1}^{n}(y_i - \bar{y})^2 \sim \chi^2(n-1),$$

故 $\dfrac{1}{\sigma^2}(\sum(x_i - \bar{x})^2 + \sum(y_i - \bar{y})^2) \sim \chi^2(m+n-2)$, 记

$$s_w^2 = \frac{1}{m+n-2}\left[\sum_{i=1}^{m}(x_i - \bar{x})^2 + \sum_{i=1}^{n}(y_i - \bar{y})^2\right],$$

于是有

$$t = \frac{(\bar{x} - \bar{y}) - (\mu_1 - \mu_2)}{s_w\sqrt{\dfrac{1}{m} + \dfrac{1}{n}}} \sim t(m+n-2).$$

当 $\mu_1 = \mu_2$ 时, 检验统计量为

$$t = \frac{\bar{x} - \bar{y}}{s_w\sqrt{\dfrac{1}{m} + \dfrac{1}{n}}}.$$

对检验问题 I, 检验的拒绝域与 p 值分别为

$$W_{\mathrm{I}} = \{t \geqslant t_{1-\alpha}(m+n-2)\}, \quad p_{\mathrm{I}} = P(t \geqslant t_0),$$

其中 $t_0 = \dfrac{\bar{x} - \bar{y}}{s_w\sqrt{\dfrac{1}{m} + \dfrac{1}{n}}}$ 是由样本计算得到的检验统计量的值, t 是服从自由度是 $n+m-2$

的 t 分布的随机变量. 对检验问题 II, 检验的拒绝域与 p 值分别为

$$W_{\text{II}} = \{ t \leqslant t_{\alpha}(m+n-2) \}, \quad p_{\text{II}} = P(t \leqslant t_0).$$

对检验问题 III,检验的拒绝域与 p 值分别为

$$W_{\text{III}} = \{ |t| \geqslant t_{1-\alpha/2}(m+n-2) \}, \quad p_{\text{III}} = P(|t| \geqslant |t_0|).$$

例 7.2.3 某厂铸造车间为提高铸件的耐磨性而试制了一种镍合金铸件以取代铜合金铸件,为此,从两种铸件中各抽取一个容量分别为 8 和 9 的样本,测得其硬度(一种耐磨性指标)为

镍合金:76.43　76.21　73.58　69.69　65.29　70.83　82.75　72.34,

铜合金:73.66　64.27　69.34　71.37　69.77　68.12　67.27　68.07　62.61.

根据专业经验,硬度服从正态分布,且方差保持不变,试在显著性水平 $\alpha = 0.05$ 下判断镍合金的硬度是否有明显提高.

解　用 X 表示镍合金的硬度,Y 表示铜合金的硬度,则由假定,$X \sim N(\mu_1, \sigma^2)$,$Y \sim N(\mu_2, \sigma^2)$,要检验的假设是:$H_0: \mu_1 = \mu_2$　vs　$H_1: \mu_1 > \mu_2$.由于两者方差未知但相等,故采用两样本 t 检验,经计算,

$$\bar{x} = 73.39, \quad \bar{y} = 68.275\,6,$$

$$\sum_{i=1}^{8} (x_i - \bar{x})^2 = 191.795\,8, \quad \sum_{i=1}^{9} (y_i - \bar{y})^2 = 91.154\,8,$$

从而 $s_w = \sqrt{\dfrac{1}{8+9-2}(191.795\,8+91.154\,8)} = 4.343\,2,$

$$t_0 = \frac{73.39-68.275\,6}{4.343\,2 \times \sqrt{\dfrac{1}{8}+\dfrac{1}{9}}} = 2.423\,4,$$

查表知 $t_{0.95}(15) = 1.753\,1$,由于 $t > t_{0.95}(15)$,故拒绝原假设,可判断镍合金硬度有显著提高.

下面用 p 值再作一次检验.此处 $t_0 = 2.423\,4$,因 t 是服从自由度是 15 的 t 分布的随机变量,则

$$p = P(t \geqslant 2.423\,4),$$

利用任一款统计软件(如 Excel)可计算出具体 p 值为 0.014 2,由于 p 值小于事先给定的显著性水平 0.05,故拒绝原假设,结论是相同的.

利用假设检验与置信区间的关系对其他情况下的检验问题可仿 6.6.6 节中两正态总体均值差的置信区间类似进行,我们下面以表格形式列出(见表 7.2.2),而不作推导.

表 7.2.2　两个正态总体均值的假设检验

检验法	H_0	H_1	检验统计量	拒绝域	p 值
u 检验	$\mu_1 \leqslant \mu_2$	$\mu_1 > \mu_2$	$u = \dfrac{\bar{x}-\bar{y}}{\sqrt{\dfrac{\sigma_1^2}{m}+\dfrac{\sigma_2^2}{n}}}$	$\{ u \geqslant u_{1-\alpha} \}$	$1-\Phi(u_1)$
(υ_1, υ_2	$\mu_1 \geqslant \mu_2$	$\mu_1 < \mu_2$		$\{ u \leqslant u_{\alpha} \}$	$\Phi(u_1)$
已知)	$\mu_1 = \mu_2$	$\mu_1 \neq \mu_2$		$\{ |u| \geqslant u_{1-\alpha/2} \}$	$2(1-\Phi(|u_1|))$
t 检验	$\mu_1 \leqslant \mu_2$	$\mu_1 > \mu_2$	$t = \dfrac{\bar{x}-\bar{y}}{s_w\sqrt{\dfrac{1}{m}+\dfrac{1}{n}}}$	$\{ t \geqslant t_{1-\alpha}(m+n-2) \}$	$P(T_1 \geqslant t_1)$
($\sigma_1 = \sigma_2$	$\mu_1 \geqslant \mu_2$	$\mu_1 < \mu_2$		$\{ t \leqslant t_{\alpha}(m+n-2) \}$	$P(T_1 \leqslant t_1)$
未知)	$\mu_1 = \mu_2$	$\mu_1 \neq \mu_2$		$\{ |t| \geqslant t_{1-\alpha/2}(m+n-2) \}$	$P(|T_1| \geqslant |t_1|)$

检验法	H_0	H_1	检验统计量	拒绝域	p 值
大样本 u 检验 $(m, n$ 充分大$)$	$\mu_1 \leqslant \mu_2$	$\mu_1 > \mu_2$	$u = \dfrac{\bar{x} - \bar{y}}{\sqrt{\dfrac{s_x^2}{m} + \dfrac{s_y^2}{n}}}$	$\{u \geqslant u_{1-\alpha}\}$	$1 - \Phi(u_2)$
	$\mu_1 \geqslant \mu_2$	$\mu_1 < \mu_2$		$\{u \leqslant u_\alpha\}$	$\Phi(u_2)$
	$\mu_1 = \mu_2$	$\mu_1 \neq \mu_2$		$\{|u| \geqslant u_{1-\alpha/2}\}$	$2(1 - \Phi(|u_2|))$
近似 t 检验 $(m, n$ 不很大$)$	$\mu_1 \leqslant \mu_2$	$\mu_1 > \mu_2$	$t = \dfrac{\bar{x} - \bar{y}}{\sqrt{\dfrac{s_x^2}{m} + \dfrac{s_y^2}{n}}}$	$\{t \geqslant t_{1-\alpha}(l)\}$	$P(T_2 \geqslant t_2)$
	$\mu_1 \geqslant \mu_2$	$\mu_1 < \mu_2$		$\{t \leqslant t_\alpha(l)\}$	$P(T_2 \leqslant t_2)$
	$\mu_1 = \mu_2$	$\mu_1 \neq \mu_2$		$\{|t| \geqslant t_{1-\alpha/2}(l)\}$	$P(|T_2| \geqslant |t_2|)$

注:$u_1 = \dfrac{\bar{x} - \bar{y}}{\sqrt{\dfrac{\sigma_1^2}{m} + \dfrac{\sigma_2^2}{n}}}$, $u_2 = \dfrac{\bar{x} - \bar{y}}{\sqrt{\dfrac{s_x^2}{m} + \dfrac{s_y^2}{n}}}$, $t_1 = \dfrac{\bar{x} - \bar{y}}{s_w\sqrt{\dfrac{1}{m} + \dfrac{1}{n}}}$, $t_2 = \dfrac{\bar{x} - \bar{y}}{\sqrt{\dfrac{s_x^2}{m} + \dfrac{s_y^2}{n}}}$, T_1 是服从自由度为 $n+m-2$ 的 t 分布

的随机变量,T_2 是服从自由度为 l 的 t 分布的随机变量,l 与 s_w 的表达式见 6.6.6 节.

7.2.4 成对数据检验

在对两个总体均值进行比较时,有时数据是成对出现的,此时若采用二样本 t 检验所得出的结论有可能是不对的,下面看一个例子.

例 7.2.4 为了比较两种谷物种子的优劣,特选取 10 块土质不全相同的土地,并将每块土地分为面积相同的两部分,分别种植这两种种子,施肥与田间管理在 20 小块土地上都是一样,下面是各小块上的单位产量:

土地	1	2	3	4	5	6	7	8	9	10
种子一的单位产量 x	23	35	29	42	39	29	37	34	35	28
种子二的单位产量 y	30	39	35	40	38	34	36	33	41	31
差 $d = x - y$	-7	-4	-6	2	1	-5	1	1	-6	-3

假定单位产量服从正态分布,试问:两种种子的平均单位产量在显著性水平 $\alpha = 0.05$ 上有无显著差异?

解 假定 $x \sim N(\mu_1, \sigma_1^2)$,$y \sim N(\mu_2, \sigma_2^2)$,且 x 与 y 独立,这里假定两个总体的方差相等是合理的.我们先用二样本 t 检验讨论此问题.为此,记两种种子的单位产量的样本均值分别为 $\bar{x}, \bar{y}$,样本方差分别为 s_x^2, s_y^2.如今要对如下检验问题:

$$H_0: \mu_1 = \mu_2 \quad \text{vs} \quad H_1: \mu_1 \neq \mu_2$$

作出判断.在假定 $\sigma_1^2 = \sigma_2^2 = \sigma^2$ 下,采用二样本 t 检验,检验统计量 t_1 与拒绝域 W_1 分别是

$$t_1 = \frac{\bar{x} - \bar{y}}{s_w / \sqrt{n/2}},$$

$$W_1 = \{|t_1| > t_{1-\alpha/2}(2n-2)\},$$

其中 $s_w^2 = (s_x^2 + s_y^2)/2$,$\alpha$ 是给定的显著性水平.由给出的数据可算得

$$\overline{x}=33.1, \quad \overline{y}=35.7, \quad s_x^2=33.211\,1, \quad s_y^2=14.233\,3, \quad s_w^2=23.722\,2,$$

从而可算得两样本的 t 检验统计量的值 $(s_w=\sqrt{23.722\,2}=4.870\,5)$

$$t_{10}=\frac{33.1-35.7}{4.870\,5/\sqrt{10/2}}=-1.193\,7. \tag{7.2.22}$$

若给定 $\alpha=0.05$, 查表得 $t_{0.975}(18)=2.100\,9$, 由于 $|t_{10}|<2.100\,9$, 故不应拒绝原假设, 即认为两种种子的单位产量平均值没有显著差别. 此处检验的 p 值为 $0.248\,0$.

下面我们换一个角度来讨论此问题. 在这个问题中出现了成对数据, 同一块土地上用两种种子得两个产量, 其差 $d_i=x_i-y_i(i=1,2,\cdots,10)$ 排除了土质差异这个不可控因素的影响, 主要反映两种种子的优劣. 对这种信息我们应加以利用.

在正态性假定下, $d=x-y\sim N(\mu,\sigma_d^2)$, 其中 $\mu=\mu_1-\mu_2, \sigma_d^2=\sigma_1^2+\sigma_2^2$. 原先要比较 μ_1 与 μ_2 的大小, 如今则转化为考察 μ 是否为零, 即考察如下检验问题:

$$H_0:\mu=0 \quad \text{vs} \quad H_1:\mu\neq0,$$

即把双样本的检验问题转化为单样本 t 检验问题. 这时检验的 t 统计量为

$$t_2=\overline{d}/(s_d/\sqrt{n}),$$

其中

$$\overline{d}=\frac{1}{n}\sum_{i=1}^{n}d_i, \quad s_d=\left(\frac{1}{n-1}\sum_{i=1}^{n}(d_i-\overline{d})^2\right)^{1/2}.$$

在给定显著性水平 α 下, 该检验问题的拒绝域是

$$W_2=\{|t_2|\geq t_{1-\alpha/2}(n-1)\},$$

这就是成对数据的 t 检验.

在本例中可算得

$$n=10, \quad \overline{d}=-2.6, s_d=3.502\,4,$$

于是

$$t_{20}=\frac{-2.6}{3.502\,4/\sqrt{10}}=\frac{-2.6}{1.107\,6}=-2.347\,5. \tag{7.2.23}$$

对给定的显著性水平 $\alpha=0.05$, 可查表得 $t_{0.975}(9)=2.262\,2$. 由于 $|t_{20}|>2.262\,2$, 故应拒绝原假设 $H_0:\mu=0$, 即可认为两种种子的平均单位产量有显著差异, 此处检验的 p 值为 $0.043\,5$. 进一步, 平均单位产量差的估计量为 $\hat{\mu}=\overline{x}-\overline{y}=-2.6$, 可见种子 y 要比种子 x 的平均单位产量高.

本问题中两种处理方法得到完全不同的结论, 我们指出成对数据 t 检验方法更加合理. 这是因为成对数据的差 d_i 已消除了试验单元 (如土质) 之间的差别, 从而用于检验的标准差 $s_d=3.502\,4$ (见 $(7.2.23)$) 已排除土质差异的影响, 只保留种子间的差异. 而二样本 t 检验中用于检验的标准差 $s_w=4.870\,5$ 还含有土质差异, 从而使得标准差增大, 导致因子不显著. 所以成对数据场合化为单样本 t 检验所作的结论更可信些. 假如上述问题中 10 块土地的土质完全一样, 即参加比较的试验单元完全一样, 则用二样本 t 检验会更好一些, 因为它可提供更多的自由度去估计误差.

应注意, 成对数据的获得事先要作周密的安排 (即试验设计). 在获得成对数据时不能发生"错位", 从而准确获得"成对数据"的信息.

7.2.5 正态总体方差的检验

一、单个正态总体方差的 χ^2 检验

设 $x_1, x_2, \cdots, x_n$ 是来自 $N(\mu, \sigma^2)$ 的样本,对方差亦可考虑如下三个检验问题:

$$\text{I} \qquad H_0: \sigma^2 \leqslant \sigma_0^2 \quad \text{vs} \quad H_1: \sigma^2 > \sigma_0^2, \tag{7.2.24}$$

$$\text{II} \qquad H_0: \sigma^2 \geqslant \sigma_0^2 \quad \text{vs} \quad H_1: \sigma^2 < \sigma_0^2, \tag{7.2.25}$$

$$\text{III} \qquad H_0: \sigma^2 = \sigma_0^2 \quad \text{vs} \quad H_1: \sigma^2 \neq \sigma_0^2, \tag{7.2.26}$$

其中 σ_0^2 是已知常数.此处通常假定 μ 未知,它们采用的检验统计量是相同的,均为

$$\chi^2 = (n-1)s^2/\sigma_0^2. \tag{7.2.27}$$

在 $\sigma^2 = \sigma_0^2$ 时,$\chi^2 \sim \chi^2(n-1)$,于是,若取显著性水平为 α,则对应三个检验问题的显著性水平为 α 的检验的拒绝域依次为

$$W_{\text{I}} = \{\chi^2 \geqslant \chi_{1-\alpha}^2(n-1)\},$$

$$W_{\text{II}} = \{\chi^2 \leqslant \chi_\alpha^2(n-1)\},$$

$$W_{\text{III}} = \{\chi^2 \leqslant \chi_{\alpha/2}^2(n-1) \text{ 或 } \chi^2 \geqslant \chi_{1-\alpha/2}^2(n-1)\}.$$

χ^2 分布是偏态分布,三种拒绝域形式见图 7.2.3.

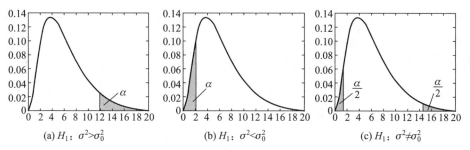

图 7.2.3 三种 χ^2 检验的拒绝域($n-1 = 6, \alpha = 0.05$)

我们亦可给出检验的 p 值.对单侧检验,想法是类似的,记 $\chi_0^2 = (n-1)s^2/\sigma_0^2$ 是由样本计算得到的检验统计量的值,χ^2 表示服从自由度为 $n-1$ 的 χ^2 分布的随机变量,则检验问题 I,II 的 p 值分别为 $p_{\text{I}} = P(\chi^2 \geqslant \chi_0^2)$,$p_{\text{II}} = P(\chi^2 \leqslant \chi_0^2)$.对双侧检验则稍稍复杂一点,事实上,双侧检验的拒绝域在两侧,用 χ_0^2 可算得两个尾部概率 $P(\chi^2 \leqslant \chi_0^2)$ 和 $P(\chi^2 \geqslant \chi_0^2)$,其和为 1,其中必有一个 $\leqslant 0.5$.检验的注意力总放在拒绝域上,故应从中选一个小的与 $\alpha/2$ 比较,从而检验问题 III 的 p 值为

$$p_{\text{III}} = 2\min\{P(\chi^2 \geqslant \chi_0^2), P(\chi^2 \leqslant \chi_0^2)\}. \tag{7.2.28}$$

对这样定义的 p 值,不难发现下述结论仍然是成立的:

- 当 $p_{\text{III}} \leqslant \alpha$ 时,应拒绝原假设.
- 当 $p_{\text{III}} > \alpha$ 时,应接受原假设.

最后说明一点,由于方差与标准差是一一对应关系,不等式 $\sigma^2 \leqslant \sigma_0^2$ 等价于 $\sigma \leqslant \sigma_0$,故上述讨论一样适用于对标准差的检验问题.

例 7.2.5 某类钢板每块的重量 X 服从正态分布,其一项质量指标是钢板重量(单位:N)的方差不得超过 0.016.现从某天生产的钢板中随机抽取 25 块,得其样本方差

$s^2 = 0.025$,问该天生产的钢板重量的方差是否满足要求?

解 这是一个关于正态总体方差的单侧检验问题.原假设为 $H_0 : \sigma^2 \leq 0.016$,备择假设为 $H_1 : \sigma^2 > 0.016$,此处 $n = 25$,若取 $\alpha = 0.05$,则查表知 $\chi^2_{0.95}(24) = 36.415$,现计算可得

$$\chi^2_0 = \frac{(n-1)s^2}{\sigma^2_0} = \frac{24 \times 0.025}{0.016} = 37.5 > 36.415.$$

由此,在显著性水平 0.05 下,我们拒绝原假设,认为该天生产的钢板重量不符合要求.

下面再用 p 值作此次检验.此处 $\chi^2_0 = 37.5$,记 χ^2 是自由度为 24 的 χ^2 分布的随机变量,则

$$p = P(\chi^2 \geq 37.5).$$

利用任一款统计软件(如 Excel)可计算出具体 p 值为 0.039 0,由于 p 值小于事先给定的显著性水平 0.05,故拒绝原假设,结论自然也是相同的.

二、两个正态总体方差比的 F 检验

设 $x_1, x_2, \cdots, x_m$ 是来自 $N(\mu_1, \sigma^2_1)$ 的样本,$y_1, y_2, \cdots, y_n$ 是来自 $N(\mu_2, \sigma^2_2)$ 的样本.考虑如下三个假设检验问题:

$$\text{I} \quad H_0 : \sigma^2_1 \leq \sigma^2_2 \quad \text{vs} \quad H_1 : \sigma^2_1 > \sigma^2_2, \tag{7.2.29}$$

$$\text{II} \quad H_0 : \sigma^2_1 \geq \sigma^2_2 \quad \text{vs} \quad H_1 : \sigma^2_1 < \sigma^2_2, \tag{7.2.30}$$

$$\text{III} \quad H_0 : \sigma^2_1 = \sigma^2_2 \quad \text{vs} \quad H_1 : \sigma^2_1 \neq \sigma^2_2. \tag{7.2.31}$$

此处 μ_1, μ_2 均未知,记 s^2_x, s^2_y 分别是由 $x_1, x_2, \cdots, x_m$ 算得的 σ^2_1 的无偏估计和由 $y_1, y_2, \cdots, y_n$ 算得的 σ^2_2 的无偏估计(两个都是样本方差),则可建立如下的检验统计量:

$$F = \frac{s^2_x}{s^2_y}. \tag{7.2.32}$$

当 $\sigma^2_1 = \sigma^2_2$ 时,$F \sim F(m-1, n-1)$,由此给出三个检验问题对应的拒绝域依次为

$$W_{\text{I}} = \{ F \geq F_{1-\alpha}(m-1, n-1) \},$$

$$W_{\text{II}} = \{ F \leq F_\alpha(m-1, n-1) \},$$

$$W_{\text{III}} = \{ F \leq F_{\alpha/2}(m-1, n-1) \text{ 或 } F \geq F_{1-\alpha/2}(m-1, n-1) \}.$$

此时检验的 p 值的讨论与前述 χ^2 是相似的,记 $F_0 = s^2_x / s^2_y$ 是由样本计算得到的检验统计量的值,F 表示服从 $F(m-1, n-1)$ 分布的随机变量,则检验问题 I,II,III 的 p 值分别为

$$p_{\text{I}} = P(F \geq F_0),$$

$$p_{\text{II}} = P(F \leq F_0),$$

$$p_{\text{III}} = 2 \min \{ P(F \geq F_0), P(F \leq F_0) \}.$$

例 7.2.6 甲、乙两台机床加工某种零件,零件的直径服从正态分布,总体方差反映了加工精度,为比较两台机床的加工精度有无差别,现从各自加工的零件中分别抽取 7 件产品和 8 件产品,测得其直径为

$$X(\text{机床甲}): 16.2 \quad 16.8 \quad 15.8 \quad 15.5 \quad 16.7 \quad 15.6 \quad 15.8,$$

Y(机床乙):15.9　16.0　16.4　16.1　16.5　15.8　15.7　15.0.

这就形成了一个双侧假设检验问题,原假设是 $H_0:\sigma_1^2=\sigma_2^2$,备择假设为 $H_1:\sigma_1^2\neq\sigma_2^2$.此处 $m=7,n=8$,经计算 $s_x^2=0.272\,9,s_y^2=0.216\,4$,于是 $F_0=\dfrac{0.272\,9}{0.216\,4}=1.261$,若取 $\alpha=0.05$,查表知 $F_{0.975}(6,7)=5.12,F_{0.025}(6,7)=\dfrac{1}{F_{0.975}(7,6)}=\dfrac{1}{5.70}=0.175$.其拒绝域为

$$W=\{F\leqslant 0.175\text{ 或 }F\geqslant 5.12\}.$$

由此可见,样本未落入拒绝域,即在显著性水平 0.05 下可以认为两台机床的加工精度无显著差异.

下面再用 p 值做此次检验.此处 $F_0=1.261$,记 F 为服从 $F(6,7)$ 分布的随机变量,由于是双侧检验问题,故

$$p=2\min\{P(F>1.261),P(F\leqslant 1.261)\}=2\min\{0.380\,3,0.619\,7\}=0.760\,6,$$

由于 p 值大于事先给定的显著性水平 0.05,故不能拒绝原假设.

关于正态总体方差的假设检验汇总列于表 7.2.3 中.

表 7.2.3　正态总体方差的假设检验

检验法	H_0	H_1	检验统计量	拒绝域	p 值
χ^2 检验	$\sigma^2\leqslant\sigma_0^2$	$\sigma^2>\sigma_0^2$	$\chi^2=\dfrac{(n-1)s^2}{\sigma_0^2}$	$\chi^2\geqslant\chi_{1-\alpha}^2(n-1)$	$P(\chi^2\geqslant\chi_0^2)$
	$\sigma^2\geqslant\sigma_0^2$	$\sigma^2<\sigma_0^2$		$\chi^2\leqslant\chi_{\alpha}^2(n-1)$	$P(\chi^2\leqslant\chi_0^2)$
	$\sigma^2=\sigma_0^2$	$\sigma^2\neq\sigma_0^2$		$\chi^2\leqslant\chi_{\alpha/2}^2(n-1)$ 或 $\chi^2\geqslant\chi_{1-\alpha/2}^2(n-1)$	$2\min\{P(\chi^2\leqslant\chi_0^2),P(\chi^2\geqslant\chi_0^2)\}$
F 检验	$\sigma_1^2\leqslant\sigma_2^2$	$\sigma_1^2>\sigma_2^2$	$F=\dfrac{s_x^2}{s_y^2}$	$F\geqslant F_{1-\alpha}(m-1,n-1)$	$P(F\geqslant F_0)$
	$\sigma_1^2\geqslant\sigma_2^2$	$\sigma_1^2<\sigma_2^2$		$F\leqslant F_{\alpha}(m-1,n-1)$	$P(F\leqslant F_0)$
	$\sigma_1^2=\sigma_2^2$	$\sigma_1^2\neq\sigma_2^2$		$F\leqslant F_{\alpha/2}(m-1,n-1)$ 或 $F\geqslant F_{1-\alpha/2}(m-1,n-1)$	$2\min\{P(F\leqslant F_0),P(F\geqslant F_0)\}$

习 题 7.2

说明:本节习题均采用拒绝域的形式完成,在可以计算检验的 p 值时要求计算出 p 值.

1. 有一批枪弹,出厂时,其初速率 $v\sim N(950,100)$(单位:m/s).经过较长时间储存,取 9 发进行测试,得样本值(单位:m/s)如下:

914　920　910　934　953　945　912　924　940.

据经验,枪弹经储存后其初速率仍服从正态分布,且标准差保持不变,问是否可以认为这批枪弹的初速率有显著降低($\alpha=0.05$)?

2. 已知某炼铁厂铁水含碳量服从正态分布 $N(4.55,0.108^2)$.现在测定了 9 炉铁水,其平均含碳量为 4.484,如果铁水含碳量的方差没有变化,可否认为现在生产的铁水平均含碳量仍为 4.55($\alpha=$

0.05)?

3. 由经验知某零件质量 $X \sim N(15, 0.05^2)$（单位：g），技术革新后，抽出 6 个零件，测得质量为

14.7　15.1　14.8　15.0　15.2　14.6.

已知方差不变，问平均质量是否仍为 15 g（取 $\alpha = 0.05$）？

4. 化肥厂用自动包装机包装化肥，每包的质量服从正态分布，其平均质量为 100 kg，标准差为 1.2 kg.某日开工后，为了确定这天包装机工作是否正常，随机抽取 9 袋化肥，称得质量（单位：kg）如下：

99.3　98.7　100.5　101.2　98.3　99.7　99.5　102.1　100.5.

设方差稳定不变，问这一天包装机的工作是否正常（取 $\alpha = 0.05$）？

5. 设需要对某正态总体的均值进行假设检验

$$H_0 : \mu = 15 \quad \text{vs} \quad H_1 : \mu < 15.$$

已知 $\sigma^2 = 2.5$，取 $\alpha = 0.05$，若要求当 H_1 中的 $\mu \leq 13$ 时犯第二类错误的概率不超过 0.05，求所需的样本容量.

6. 从一批钢管中抽取 10 根，测得其内径（单位：mm）为

100.36　100.31　99.99　100.11　100.64

100.85　99.42　99.91　99.35　100.10.

设这批钢管内径服从正态分布 $N(\mu, \sigma^2)$，试分别在下列条件下：

（1）已知 $\sigma = 0.5$；

（2）σ 未知，

检验假设（$\alpha = 0.05$）

$$H_0 : \mu = 100 \quad \text{vs} \quad H_1 : \mu > 100.$$

7. 假定考生成绩服从正态分布，在某地一次数学统考中，随机抽取了 36 位考生的成绩，算得平均成绩为 66.5 分，标准差为 15 分，问在显著性水平 0.05 下，是否可以认为这次考试全体考生的平均成绩为 70 分？

8. 一位中学校长在报纸上看到这样的报道："这一城市的初中学生平均每周看 8 h 电视."她认为她所在学校的学生看电视的时间明显小于该数字.为此她在该校随机调查了 100 个学生，得知平均每周看电视的时间 $\bar{x} = 6.5$ h，样本标准差为 $s = 2$ h.问是否可以认为这位校长的看法是对的（取 $\alpha = 0.05$）？

9. 设在木材中抽出 100 根，测其小头直径，得到样本平均数为 $\bar{x} = 11.2$ cm，样本标准差 $s = 2.6$ cm，问能否认为该批木材小头的平均直径不低于 12 cm（取 $\alpha = 0.05$）？

10. 考察一鱼塘中鱼的含汞量，随机地取 10 条鱼测得各条鱼的含汞量（单位：mg）为

0.8　1.6　0.9　0.8　1.2　0.4　0.7　1.0　1.2　1.1.

设鱼的含汞量服从正态分布 $N(\mu, \sigma^2)$，试检验假设 $H_0 : \mu \leq 1.2$ vs $H_1 : \mu > 1.2$（取 $\alpha = 0.10$）.

11. 如果一个矩形的宽度 w 与长度 l 的比 $\dfrac{w}{l} = \dfrac{1}{2}(\sqrt{5} - 1) \approx 0.618$，这样的矩形称为黄金矩形.下面列出从某工艺品工厂随机抽取的 20 个矩形宽度与长度的比值：

0.693　0.749　0.654　0.670　0.662　0.672　0.615　0.606　0.690　0.628

0.668　0.611　0.606　0.609　0.553　0.570　0.844　0.576　0.933　0.630.

设这一工厂生产的矩形的宽度与长度的比值总体服从正态分布，其均值为 μ，试检验假设（取 $\alpha = 0.05$）

$$H_0 : \mu = 0.618 \quad \text{vs} \quad H_1 : \mu \neq 0.618.$$

12. 下面给出两种型号的计算器充电以后所能使用的时间（单位：h）的观测值：

型号 A: 5.5 5.6 6.3 4.6 5.3 5.0 6.2 5.8 5.1 5.2 5.9,

型号 B: 3.8 4.3 4.2 4.0 4.9 4.5 5.2 4.8 4.5 3.9 3.7 4.6.

设两样本独立且数据所属的两总体的密度函数至多差一个平移量.试问能否认为型号 A 的计算器平均使用时间比型号 B 来得长(取 $\alpha = 0.01$)?

13. 从某锌矿的东、西两支矿脉中,各抽取样本容量分别为 9 与 8 的样本进行测试,得样本含锌平均数及样本方差如下:

$$东支: \quad \bar{x}_1 = 0.230, \quad s_1^2 = 0.133\,7,$$
$$西支: \quad \bar{x}_2 = 0.269, \quad s_2^2 = 0.173\,6.$$

若东、西两支矿脉的含锌量都服从正态分布且方差相同,问东、西两支矿脉含锌量的平均值是否可以看作一样?(取 $\alpha = 0.05$)?

14. 在针织品漂白工艺过程中,要考察温度对针织品断裂强力(主要质量指标)的影响.为了比较 70 ℃ 与 80 ℃ 的影响有无差别,在这两个温度下,分别重复做了 8 次试验,得数据(单位:N)如下:

70 ℃ 时的强力: 20.5 18.8 19.8 20.9 21.5 19.5 21.0 21.2,

80 ℃ 时的强力: 17.7 20.3 20.0 18.8 19.0 20.1 20.0 19.1.

根据经验,温度对针织品断裂强力的波动没有影响.问在 70 ℃ 时的平均断裂强力与 80 ℃ 时的平均断裂强力间是否有显著差别(假定断裂强力服从正态分布,取 $\alpha = 0.05$)?

15. 一药厂生产一种新的止痛片,厂方希望验证服用新药片后至开始起作用的时间间隔较原有止痛片至少缩短一半,因此厂方提出需检验假设

$$H_0: \mu_1 = 2\mu_2 \quad \text{vs} \quad H_1: \mu_1 > 2\mu_2.$$

此处 μ_1, μ_2 分别是服用原有止痛片和服用新止痛片后至开始起作用的时间间隔的总体的均值.设两总体均为正态分布且方差分别为已知值 σ_1^2, σ_2^2,现分别在两总体中取一样本 $x_1, x_2, \cdots, x_n$ 和 $y_1, y_2, \cdots, y_m$,设两个样本独立.试给出上述假设检验问题的检验统计量及拒绝域.

16. 对冷却到 -0.72 ℃ 的样品用 A,B 两种测量方法测量其熔化到 0 ℃ 时的潜热,数据如下:

方法 A: 79.98 80.04 80.02 80.04 80.03 80.03 80.04 79.97 80.05 80.03
　　　　　80.02 80.00 80.02,

方法 B: 80.02 79.94 79.98 79.97 80.03 79.95 79.97 79.97.

假设它们服从正态分布,方差相等,试检验:两种测量方法的平均性能是否相等(取 $\alpha = 0.05$)?

17. 为了比较测定污水中氯气含量的两种方法,特在各种场合收集到 8 个污水水样,每个水样均用这两种方法测定氯气含量(单位:mg/l),具体数据如下:

水样号	方法一(x)	方法二(y)	差($d = x-y$)
1	0.36	0.39	-0.03
2	1.35	0.84	0.51
3	2.56	1.76	0.80
4	3.92	3.35	0.57
5	5.35	4.69	0.66
6	8.33	7.70	0.63
7	10.70	10.52	0.18
8	10.91	10.92	-0.01

设总体为正态分布,试比较两种测定方法是否有显著差异,请写出检验的 p 值和结论(取 $\alpha = 0.05$).

18. 一工厂的两个化验室每天同时从工厂的冷却水取样,测量水中的含气量(10^{-6})一次,下面是 7 天的记录:

室甲：　1.15　1.86　0.75　1.82　1.14　1.65　1.90，

室乙：　1.00　1.90　0.90　1.80　1.20　1.70　1.95.

设每对数据的差 $d_i = x_i - y_i$ ($i = 1, 2, \cdots, 7$) 来自正态总体，问两化验室测定结果之间有无显著差异（取 $\alpha = 0.01$）？

19. 为比较正常成年男女所含红血球（单位：$10^4/\mathrm{mm}^2$）的差异，对某地区 156 名成年男性进行测量，其红血球的样本均值为 465.13，样本方差为 54.80^2；对该地区 74 名成年女性进行测量，其红血球的样本均值为 422.16，样本方差为 49.20^2. 试检验：该地区正常成年男女所含红血球的平均值是否有差异（取 $\alpha = 0.05$）？

20. 为比较不同季节出生的女婴体重的方差，从某年 12 月和 6 月出生的女婴中分别随机地抽取 6 名及 10 名，测其体重（单位：g）如下：

12 月：　3 520　2 960　2 560　2 960　3 260　3 960，

6 月：　3 220　3 220　3 760　3 000　2 920　3 740　3 060　3 080　2 940　3 060.

假定新生女婴体重服从正态分布，问新生女婴体重的方差是否是冬季的比夏季的小（取 $\alpha = 0.05$）？

21. 已知维尼纶纤度在正常条件下服从正态分布，且标准差为 0.048. 从某天产品中抽取 5 根纤维，测得其纤度为

$$1.32 \quad 1.55 \quad 1.36 \quad 1.40 \quad 1.44,$$

问这一天纤度的总体标准差是否正常（取 $\alpha = 0.05$）？

22. 某电工器材厂生产一种保险丝. 测量其熔化时间，依通常情况方差为 400，今从某天产品中抽取容量为 25 的样本，测量其熔化时间并计算得 $\bar{x} = 62.24$，$s^2 = 404.77$，问这天保险丝熔化时间分散度与通常有无显著差异（取 $\alpha = 0.05$，假定熔化时间服从正态分布）？

23. 某种导线的质量标准要求其电阻的标准差不得超过 0.005 Ω. 今在一批导线中随机抽取样品 9 根，测得样本标准差为 $s = 0.007$ Ω，设总体为正态分布. 问在显著性水平 $\alpha = 0.05$ 下能否认为这批导线的标准差显著地偏大？

24. 两台车床生产同一种滚珠，滚珠直径服从正态分布. 从中分别抽取 8 个和 9 个产品，测得其直径为

甲车床：　15.0　14.5　15.2　15.5　14.8　15.1　15.2　14.8；

乙车床：　15.2　15.0　14.8　15.2　15.0　15.0　14.8　15.1　14.8.

比较两台车床生产的滚珠直径的方差是否有显著差异（取 $\alpha = 0.05$）.

25. 有两台机器生产金属部件，分别在两台机器所生产的部件中各取一容量为 $m = 14$ 和 $n = 12$ 的样本，测得部件质量的样本方差分别为 $s_1^2 = 15.46$，$s_2^2 = 9.66$，设两样本相互独立，试在显著性水平 $\alpha = 0.05$ 下检验假设

$$H_0 : \sigma_1^2 = \sigma_2^2 \quad \text{vs} \quad H_1 : \sigma_1^2 > \sigma_2^2.$$

26. 测得两批电子器件的样品的电阻（单位：Ω）为

A 批 (x)：　0.140　0.138　0.143　0.142　0.144　0.137；

B 批 (y)：　0.135　0.140　0.142　0.136　0.138　0.140.

设这两批器材的电阻值分别服从分布 $N(\mu_1, \sigma_1^2)$，$N(\mu_2, \sigma_2^2)$，且两样本独立.

（1）试检验两个总体的方差是否相等（取 $\alpha = 0.05$）.

（2）试检验两个总体的均值是否相等（取 $\alpha = 0.05$）.

27. 某厂使用两种不同的原料生产同一类型产品，随机选取使用原料 A 生产的样品 22 件，测得平均质量为 2.36 kg，样本标准差为 0.57 kg. 取使用原料 B 生产的样品 24 件，测得平均质量为 2.55 kg，样本标准差为 0.48 kg. 设产品质量服从正态分布，两个样本独立. 问能否认为使用原料 B 生产的产品平均质量较使用原料 A 显著大（取 $\alpha = 0.05$）？

§7.3 其他分布参数的假设检验

7.3.1 指数分布参数的假设检验

指数分布是一类重要的分布,有广泛的应用.设 $x_1, x_2, \cdots, x_n$ 是来自指数分布 $Exp(1/\theta)$ 的样本,θ 为其均值,现考虑关于 θ 的如下检验问题:

$$\mathrm{I} \quad H_0: \theta \leqslant \theta_0 \quad vs \quad H_1: \theta > \theta_0. \tag{7.3.1}$$

为寻找检验统计量,我们考察参数 θ 的充分统计量 $\bar{x}$.在 $\theta = \theta_0$ 时,$n\bar{x} = \sum_{i=1}^{n} x_i \sim Ga(n, 1/\theta_0)$,由伽马分布性质可知

$$\chi^2 = \frac{2n\bar{x}}{\theta_0} \sim \chi^2(2n), \tag{7.3.2}$$

于是可用 χ^2 作为检验统计量并利用 $\chi^2(2n)$ 的分位数建立检验的拒绝域,对检验问题 (7.3.1),拒绝域形式为 $W_{\mathrm{I}} = \{\chi^2 \geqslant c\}$,对给定的显著性水平 α,可由 $P(W_{\mathrm{I}}) = \alpha$ 获得拒绝域如下:

$$W_{\mathrm{I}} = \{\chi^2 \geqslant \chi^2_{1-\alpha}(2n)\}. \tag{7.3.3}$$

类似本章前面关于检验的 p 值的讨论,记 $\chi^2_0 = \frac{2n\bar{x}}{\theta_0}$ 为由样本算得的检验统计量值,χ^2 表示服从 $\chi^2(2n)$ 分布的随机变量,则检验的 p 值为 $p_{\mathrm{I}} = P(\chi^2 \geqslant \chi^2_0)$.

关于 θ 的另两种检验问题处理方法类似.对检验问题

$$\mathrm{II} \quad H_0: \theta \geqslant \theta_0 \quad vs \quad H_1: \theta < \theta_0 \quad \text{和} \quad \mathrm{III} \quad H_0: \theta = \theta_0 \quad vs \quad H_1: \theta \neq \theta_0,$$

检验统计量不变,拒绝域以及检验的 p 值分别为

$$W_{\mathrm{II}} = \{\chi^2 \leqslant \chi^2_\alpha(2n)\}, \quad p_{\mathrm{II}} = P(\chi^2 \leqslant \chi^2_0),$$

$$W_{\mathrm{III}} = \{\chi^2 \leqslant \chi^2_{\alpha/2}(2n) \text{ 或 } \chi^2 \geqslant \chi^2_{1-\alpha/2}(2n)\}, \quad p_{\mathrm{III}} = 2\min\{P(\chi^2 \geqslant \chi^2_0), P(\chi^2 \leqslant \chi^2_0)\}.$$

例 7.3.1 设我们要检验某种元件的平均寿命不小于 6 000 h,假定元件寿命为指数分布,现取 5 个元件投入试验,观测到如下 5 个失效时间(h):

$$395 \quad 4\ 094 \quad 119 \quad 11\ 572 \quad 6\ 133.$$

这是一个假设检验问题,检验的假设为

$$H_0: \theta \geqslant 6\ 000 \quad vs \quad H_1: \theta < 6\ 000.$$

经计算,$\bar{x} = 4\ 462.6$,故检验统计量为

$$\chi^2_0 = \frac{10\bar{x}}{\theta_0} = \frac{10 \times 4\ 462.6}{6\ 000} = 7.437\ 7,$$

若取 $\alpha = 0.05$,则查表知 $\chi^2_{0.05}(10) = 3.940\ 3$,由于 $7.437\ 7 > 3.940\ 3$,故接受原假设,可以认为平均寿命不低于 6 000 h.该检验的 p 值为 $P(\chi^2 \leqslant 7.437\ 7) = 0.683\ 6$.

7.3.2 比率 p 的检验

比率 p 可看作某事件发生的概率,即可看作二点分布 $b(1, p)$ 中的参数.作 n 次独

立试验,以 x 记该事件发生的次数,则 $x \sim b(n,p)$. 我们可以根据 x 检验关于 p 的一些假设. 先考虑如下单边假设检验问题:

$$\text{I} \qquad H_0: p \leqslant p_0 \quad \text{vs} \quad H_1: p > p_0. \qquad\qquad (7.3.4)$$

直观上看,一个显然的检验方法是取如下的拒绝域 $W = \{x \geqslant c\}$,由于 x 只取整数值,故 c 可限制在非负整数中. 然而,一般情况下对给定的 α,不一定能正好取到一个 c,使得

$$P(x \geqslant c; p_0) = \sum_{i=c}^{n} \binom{n}{i} p_0^i (1 - p_0)^{n-i} = \alpha, \qquad\qquad (7.3.5)$$

能恰巧使得 (7.3.5) 成立的 c 值是罕见的. 这是在对离散总体作假设检验中普遍会遇到的问题,在这种情况下,较常见的是找一个 c_0,使得

$$\sum_{i=c_0}^{n} \binom{n}{i} p_0^i (1 - p_0)^{n-i} > \alpha > \sum_{i=c_0+1}^{n} \binom{n}{i} p_0^i (1 - p_0)^{n-i}.$$

于是,可取 $c = c_0 + 1$,此时相当于把显著性水平由 α 降低到 $\sum_{i=c_0+1}^{n} \binom{n}{i} p_0^i (1 - p_0)^{n-i}$,因为它可保证 (7.3.5) 的左侧不大于 α,从而是显著性水平为 α 的检验.

事实上,在离散场合使用 p 值作检验较为简便,这时可以不用找 c_0,而只需根据观测值 $x = x_0$ 计算检验的 p 值,即

$$p = P(x \geqslant x_0),$$

并将之与事先给定的显著性水平比较大小即可,其中 x 为服从 $b(n, p_0)$ 分布的随机变量. 譬如,$n = 40, p_0 = 0.1, x_0 = 8$,则

$$p = 1 - 0.9^{40} - \binom{40}{1} 0.1 \times 0.9^{39} - \cdots - \binom{40}{7} 0.1^7 \times 0.9^{33} = 0.041\ 9.$$

于是,若取 $\alpha = 0.05$,由于 $p < \alpha$,则应拒绝原假设.

对另两个检验问题的处理是类似的. 检验问题 II $\quad H_0: p \geqslant p_0 \quad$ vs $\quad H_1: p < p_0$ 以及检验问题 III $\quad H_0: p = p_0 \quad$ vs $\quad H_1: p \neq p_0$ 的 p 值分别为

$$p_{\text{II}} = P(x \leqslant x_0), \quad p_{\text{III}} = 2 \min\{P(x \leqslant x_0), P(x \geqslant x_0)\}.$$

例 7.3.2 某厂生产的产品优质品率一直保持在 40%,近期对该厂生产的该类产品抽检 20 件,其中优质品 7 件,在 $\alpha = 0.05$ 下能否认为优质品率仍保持在 40%?

这是一个假设检验问题,以 p 表示优质品率,T 表示 20 件产品中的优质品件数,则 $T \sim b(20, p)$,待检验的一对假设为

$$H_0: p = 0.4 \quad \text{vs} \quad H_1: p \neq 0.4,$$

这是一个双侧检验问题,$n = 20, t_0 = 7$,可计算检验的 p 值为

$$p = 2 \min\{P(T \leqslant 7), P(T \geqslant 7)\} = 2 \min\{0.415\ 9, 0.750\ 0\} = 0.831\ 8,$$

由于 p 远大于 α,故不能拒绝原假设,可以认为优质品率仍保持在 40%。

7.3.3 大样本检验

前一小节我们介绍了对二点分布参数 p 的检验问题(对泊松分布等离散总体的参数的检验是类似的),我们看到临界值的确定比较繁琐,使用不太方便. 当然,使用检验的 p 值就方便多了. 在实际使用中,如果样本量较大,人们还经常采用渐近正态分布构造检验统计量,获得大样本检验. 其一般思路如下:设 $x_1, x_2, \cdots, x_n$ 是来自某总体分布

$F(x;\theta)$ 的样本,又设该总体均值为 θ,方差为 θ 的函数,记为 $\sigma^2(\theta)$.譬如,对二点分布 $b(1,\theta)$,其方差 $\sigma^2(\theta)=\theta(1-\theta)$ 是均值 θ 的函数.现要对下列三类假设检验问题:

$$\text{I} \quad H_0:\theta \leqslant \theta_0 \quad \text{vs} \quad H_1:\theta > \theta_0.$$

$$\text{II} \quad H_0:\theta \geqslant \theta_0 \quad \text{vs} \quad H_1:\theta < \theta_0.$$

$$\text{III} \quad H_0:\theta = \theta_0 \quad \text{vs} \quad H_1:\theta \neq \theta_0.$$

寻找大样本检验方法.在样本容量 n 充分大时,利用中心极限定理知 $\bar{x} \overset{\cdot}{\sim} N(\theta, \sigma^2(\theta)/n)$,故在 $\theta=\theta_0$ 时,可采用如下检验统计量:

$$u = \frac{\sqrt{n}(\bar{x} - \theta_0)}{\sqrt{\sigma^2(\hat{\theta})}} \overset{\cdot}{\sim} N(0,1), \tag{7.3.6}$$

其中 $\hat{\theta}$ 为 θ 的 MLE,并由此可近似地确定拒绝域.对应上述三类检验问题的拒绝域依次为

$$W_{\text{I}} = \{u \geqslant u_{1-\alpha}\},$$

$$W_{\text{II}} = \{u \leqslant u_\alpha\},$$

$$W_{\text{III}} = \{|u| \geqslant u_{1-\alpha/2}\}.$$

检验的近似的 p 值也是可以计算的,与单样本正态总体场合完全一样,此处从略.

例 7.3.3 某厂生产的产品不合格品率不高于 10%,在一次例行检查中,随机抽取 80 件,发现有 11 件不合格品,在 $\alpha=0.05$ 下能否认为不合格品率仍为 10%?

解 这是关于不合格品率 θ 的检验,假设为

$$H_0:\theta \leqslant 0.1 \quad \text{vs} \quad H_1:\theta > 0.1,$$

我们可以仿例 7.3.1 的方法求拒绝域,但要把此拒绝域找出来是困难的,如今 $n=80$ 比较大,因此可采用大样本检验方法.由 (7.3.6) 式,$\theta_0=0.1$,$\sigma^2(\hat{\theta})=\hat{\theta}(1-\hat{\theta})=\dfrac{11}{80} \times \dfrac{69}{80} = 0.1186$,检验统计量为

$$u_0 = \frac{\sqrt{80}\left(\dfrac{11}{80} - 0.1\right)}{\sqrt{0.1186}} = 0.9739.$$

若取 $\alpha=0.05$,则 $u_{0.95}=1.645$,故拒绝域为 $W=\{u \geqslant 1.645\}$.如今 $u_0=0.9739$ 未落入拒绝域,故不能拒绝原假设,可以认为不合格品率仍为 10%.

此处检验的近似的 p 值为 0.1651,而精确的 p 值为 0.1734,两者相差不大.

例 7.3.4 某建筑公司宣称其麾下建筑工地平均每天发生事故数不超过 0.6 起,现记录了该公司麾下建筑工地 200 天的安全生产情况,事故数记录如下:

一天发生的事故数	0	1	2	3	4	5	≥6	合计
天数	102	59	30	8	0	1	0	200

试检验该建筑公司的宣称是否成立(取 $\alpha=0.05$).

解 以 X 记该建筑公司麾下建筑工地一天发生的事故数,可认为 $X \sim P(\lambda)$(见习题 7.4 第 8 题),现要检验的假设是

$$H_0:\lambda \leqslant 0.6 \quad \text{vs} \quad H_1:\lambda > 0.6,$$

由于 $n=200$ 很大,故可以采用大样本检验,泊松分布的均值和方差都是 λ,而 λ 的

MLE 为

$$\hat{\lambda} = \bar{x} = \frac{1}{200}(0 \times 102 + 1 \times 59 + 2 \times 30 + 3 \times 8 + 4 \times 0 + 5 \times 1) = 0.74.$$

由(7.3.6)式,检验统计量为($\lambda_0 = 0.6$)

$$u_0 = \frac{\sqrt{n}(\bar{x} - \lambda_0)}{\sqrt{\hat{\lambda}}} = \frac{\sqrt{200}(0.74 - 0.6)}{\sqrt{0.74}} = 2.302.$$

若取 $\alpha = 0.05$,则 $u_{0.95} = 1.645$,拒绝域为 $W = \{u \geqslant 1.645\}$.如今 $u_0 = 2.302$,已落入拒绝域,故拒绝原假设($p = 0.010\ 7$),认为该建筑公司的宣称明显不成立.

大样本检验是近似的.近似的含义是指检验的实际显著性水平与原先设定的显著性水平有差距,这是由于诸如(7.3.6)式中 u 的分布与 $N(0,1)$ 有距离.如果 n 很大,则这种差异就很小.实用中我们一般并不清楚对一定的 n,u 的分布与 $N(0,1)$ 的差异有多大,因而也就不能确定检验的实际水平与设定水平究竟差多少.在区间估计中也有类似问题.因此,使用大样本检验方法时要注意,尽量使样本足够大.

习 题　7.3

1. 从一批服从指数分布的产品中抽取 10 个进行寿命试验,观测值(单位:h)如下:

  1 643　1 629　426　132　1 522　432　1 759　1 074　528　283

根据这批数据能否认为其平均寿命不低于 1 100 h（取 $\alpha = 0.05$)?

2. 某厂一种元件平均使用寿命为 1 200 h(偏低),现厂里进行技术革新,革新后任选 8 个元件进行寿命试验,测得寿命数据如下:

  2 686　2 001　2 082　792　1 660　4 105　1 416　2 089

假定元件寿命服从指数分布,取 $\alpha = 0.05$,问革新后元件的平均寿命是否有明显提高?

3. 有人称某地成年人中大学毕业生比率不低于 30%.为检验之,随机调查该地 15 名成年人,发现有 3 名大学毕业生,取 $\alpha = 0.05$,问该人看法是否成立? 并给出检验的 p 值.

4. 某大学随机调查 120 名男同学,发现有 50 人非常喜欢看武侠小说,而随机调查的 85 名女同学中有 23 人喜欢,用大样本检验方法在 $\alpha = 0.05$ 下确认:男女同学在喜爱武侠小说方面有无显著差异? 并给出检验的 p 值.

5. 假定电话总机在单位时间内接到的呼叫次数服从泊松分布,现观测了 40 个单位时间,接到的呼叫次数如下:

  0 2 3 2 3 2 1 0 2 2 1 2 2 1 3 1 1 4 1 1
  5 1 2 2 3 3 1 3 1 3 4 0 6 1 1 1 4 0 1 3

在显著性水平 0.05 下能否认为单位时间内平均呼叫次数不低于 2.5 次? 并给出检验的 p 值.

6. 通常每平方米某种布上的疵点数服从泊松分布,现观测该种布 100 m^2,发现有 126 个疵点,在显著性水平为 0.05 下能否认为该种布每平方米上平均疵点数不超过 1 个? 并给出检验的 p 值.

7. 某厂的一批电子产品,其寿命 T 服从指数分布,其密度函数为

$$p(t, \theta) = \theta^{-1} \exp\{-t/\theta\} I_{\{t>0\}},$$

从以往生产情况知平均寿命 $\theta = 2\ 000$ h.为检验当日生产是否稳定,任取 10 件产品进行寿命试验,到全部失效时试验停止,试验得失效寿命数据之和为 30 200.试在显著性水平 $\alpha = 0.05$ 下检验假设

$$H_0 : \theta = 2\ 000 \quad vs \quad H_1 : \theta \neq 2\ 000.$$

8. 设 $x_1, x_2, \cdots, x_n$ 为取自两点分布 $b(1, p)$ 的随机样本.

（1）试求单侧假设检验问题 $H_0:p\leqslant 0.01$ vs $H_1:p>0.01$ 的显著性水平 $\alpha=0.05$ 的检验；

（2）若要这个检验在 $p=0.08$ 时犯第二类错误的概率不超过 0.10，样本容量 n 应为多大？

9. 有一批电子产品共 50 台，产销双方协商同意找出一个检验方案，使得当次品率 $p\leqslant p_0=0.04$ 时拒绝的概率不超过 0.05，而当 $p>p_1=0.30$ 时，接受的概率不超过 0.10，请你帮助找出适当的检验方案.

10. 若在猜硬币正反面游戏中，某人在 100 次试猜中共猜中 60 次，你认为他是否有诀窍（取 $\alpha=0.05$）？

11. 设有两工厂生产的同一种产品，要检验假设 H_0：它们的废品率 p_1,p_2 相同，在第一、二工厂的产品中各抽取 $n_1=1\,500$ 个及 $n_2=1\,800$ 个，分别有废品 300 个及 320 个，问在 5% 显著性水平上应接受还是拒绝 H_0？

§7.4 似然比检验与分布拟合检验

7.4.1 似然比检验的思想

我们在前几节讲述的内容均是关于费希尔提出的显著性检验，类似于在估计中存在着多种估计一样，在假设检验中，也有多种检验方法，如奈曼和 E.皮尔逊于 1928 年提出的似然比检验，它是一种应用较广的检验方法，在假设检验中的地位有如 MLE 在点估计中的地位.

定义 7.4.1 设 $x_1,x_2,\cdots,x_n$ 为来自密度函数为 $p(x;\theta)$，$\theta\in\Theta$ 的总体的样本，考虑如下检验问题：

$$H_0:\theta\in\Theta_0 \quad \text{vs} \quad H_1:\theta\in\Theta_1=\Theta-\Theta_0. \tag{7.4.1}$$

令

$$\Lambda(x_1,x_2,\cdots,x_n)=\frac{\sup\limits_{\theta\in\Theta}p(x_1,x_2,\cdots,x_n;\theta)}{\sup\limits_{\theta\in\Theta_0}p(x_1,x_2,\cdots,x_n;\theta)}, \tag{7.4.2}$$

则我们称统计量 $\Lambda(x_1,x_2,\cdots,x_n)$ 为假设（7.4.1）的**似然比**（likelihood ratio），有时也称之为**广义似然比**.

（7.4.2）式的 $\Lambda(x_1,x_2,\cdots,x_n)$ 也可以写成如下形式：

$$\Lambda(x_1,x_2,\cdots,x_n)=\frac{p(x_1,x_2,\cdots,x_n;\hat{\theta})}{p(x_1,x_2,\cdots,x_n;\hat{\theta}_0)}, \tag{7.4.3}$$

其中 $\hat{\theta}$ 表示在全参数空间 Θ 上 θ 的最大似然估计，$\hat{\theta}_0$ 表示在子参数空间 Θ_0 上 θ 的最大似然估计.也就是说，$\Lambda(x_1,x_2,\cdots,x_n)$ 的分子表示没有假设时的似然函数最大值，分母表示在原假设成立条件下的似然函数最大值，不难看出，如果 $\Lambda(x_1,x_2,\cdots,x_n)$ 的值很大，则说明 $\theta\in\Theta_0$ 的可能性要比 $\theta\in\Theta_1$ 的可能性小，于是，我们有理由认为 H_0 不成立.这样，我们有如下的似然比检验.

定义 7.4.2 当采用（7.4.3）式的似然比统计量 $\Lambda(x_1,x_2,\cdots,x_n)$ 作为检验问题

(7.4.1)的检验统计量,且取其拒绝域为 $W=\{\Lambda(x_1,x_2,\cdots,x_n)\geq c\}$,其中临界值 c 满足

$$P_\theta(\Lambda(x_1,x_2,\cdots,x_n)\geq c)\leq\alpha,\quad\forall\,\theta\in\Theta_0,\tag{7.4.4}$$

则称此检验为显著性水平 α 的**似然比检验**(likelihood ratio test),简记为 LRT.

我们前面讲过的许多检验也可从似然比检验得到解释.

例 7.4.1 设 $x_1,x_2,\cdots,x_n$ 是来自正态总体 $N(\mu,\sigma^2)$ 的样本,μ,σ^2 均未知.试求检验问题

$$H_0:\mu=\mu_0\quad\text{vs}\quad H_1:\mu\neq\mu_0$$

的显著性水平为 α 的似然比检验.

解 记 $\theta=(\mu,\sigma^2)$,样本联合密度函数为

$$p(x_1,x_2,\cdots,x_n;\theta)=(2\pi\sigma^2)^{-\frac{n}{2}}\exp\left\{-\frac{1}{2\sigma^2}\sum_{i=1}^n(x_i-\mu)^2\right\},$$

两个参数空间分别为

$$\Theta_0=\{(\mu_0,\sigma^2)\mid\sigma^2>0\},\quad\Theta=\{(\mu,\sigma^2)\mid\mu\in\mathbf{R},\sigma^2>0\}.$$

利用微分法,我们容易求得在 Θ 上 $\hat\mu=\bar x,\hat\sigma^2=\dfrac{1}{n}\sum_{i=1}^n(x_i-\bar x)^2$ 分别为 μ 与 σ^2 的 MLE,

在 Θ_0 上 $\dfrac{1}{n}\sum_{i=1}^n(x_i-\mu_0)^2$ 是 σ^2 的 MLE,代回各自似然函数后,可得

$$\sup_{\theta\in\Theta_0}p(x_1,x_2,\cdots,x_n;\theta)=\left[2\pi\frac{1}{n}\sum_{i=1}^n(x_i-\mu_0)^2\right]^{-n/2}\mathrm{e}^{-n/2},$$

$$\sup_{\theta\in\Theta}p(x_1,x_2,\cdots,x_n;\theta)=\left[2\pi\frac{1}{n}\sum_{i=1}^n(x_i-\bar x)^2\right]^{-n/2}\mathrm{e}^{-n/2},$$

于是,其似然比统计量为

$$\Lambda(x_1,x_2,\cdots,x_n)=\frac{\sup\limits_{\theta\in\Theta}p(x_1,x_2,\cdots,x_n;\theta)}{\sup\limits_{\theta\in\Theta_0}p(x_1,x_2,\cdots,x_n;\theta)}=\left(\frac{\sum\limits_{i=1}^n(x_i-\mu_0)^2}{\sum\limits_{i=1}^n(x_i-\bar x)^2}\right)^{n/2}$$

$$=\left(\frac{\sum\limits_{i=1}^n(x_i-\bar x)^2+n(\bar x-\mu_0)^2}{\sum\limits_{i=1}^n(x_i-\bar x)^2}\right)^{n/2}=\left(1+\frac{t^2}{n-1}\right)^{n/2},$$

其中 $t=\dfrac{\sqrt n(\bar x-\mu_0)}{s}$ 就是 7.2 节中的 t 检验统计量.

从上式可知,此时的似然比统计量 Λ 是传统的 t 统计量平方的严增函数,于是,两个检验统计量的拒绝域有如下等价关系:

$$\{\Lambda(x_1,x_2,\cdots,x_n)\geq c\}\Longleftrightarrow\{|t|\geq d\},$$

且由 t 的分位数可定出 Λ 的分位数.

又因为当 H_0 成立时,$t\sim t(n-1)$,若我们取 $d=t_{1-\alpha/2}(n-1)$,则用 $c=\left[1+\dfrac{d^2}{n-1}\right]^{n/2}$ 就可控制用 Λ 犯第一类错误的概率不超过 α.由此可见,此时的似然比检验与我们前面讲

过的双侧 t 检验完全等价.

似然比检验是寻找检验统计量的一种思路,它有很好的统计思想,由于本课程范围所限,我们不做更多的讲解,我们只是介绍该方法的思想,并指出如下事实:似然比检验有一个统一的检验统计量,遗憾的是该似然比检验统计量在一般场合至今尚没有统一的精确分布形式,但在很一般的条件下有一个统一的渐近分布[4](对数似然比检验统计量的 2 倍近似服从 χ^2 分布,其自由度为其独立参数个数),这为似然比检验的广泛使用奠定了基础.

7.4.2 分类数据的 χ^2 拟合优度检验

在前面我们讨论的检验问题都是在总体分布形式已知的前提下对分布的参数建立假设并进行检验,它们都属于参数假设检验问题.下面我们对总体分布的形式建立假设并进行检验,这一类检验问题统称为**分布的拟合检验**,它们是一类非参数检验问题.

我们从一个在生物学中很有名的例子开始.

例 7.4.2 在 19 世纪,孟德尔(Mendel)按颜色与形状把豌豆分为四类:黄圆、绿圆、黄皱和绿皱.孟德尔根据遗传学原理判断这四类的比例应为 9:3:3:1.为做验证,孟德尔在一次豌豆实验中收获了 $n = 556$ 个豌豆,其中这四类豌豆的个数分别为 315,108,101,32.该数据是否与孟德尔提出的比例吻合?

这一例子是属于分类数据的检验问题,它的一般情形为:根据某项指标,总体被分成 r 类:$A_1, A_2, \cdots, A_r$.此时我们最关心的是关于各类元素在总体中所占的比率的假设

$$H_0 : A_i \text{ 所占的比率是 } p_{i0}, \quad i = 1, 2, \cdots, r, \tag{7.4.5}$$

其中 p_{i0} 已知,满足 $\sum_{i=1}^{r} p_{i0} = 1$. 记 $x_1, x_2, \cdots, x_n$ 为从此总体抽出的样本,且以 n_i 记这 n 个样本中属于 A_i 的样本个数.由于当 H_0 成立时,在 n 个样本中属于 A_i 类的"理论个数"或"期望个数"为 np_{i0},而我们实际观测到的值为 n_i,故当 H_0 成立时,n_i 与 np_{i0} 应相差不大.于是,K.皮尔逊提出用统计量

$$\chi^2 = \sum_{i=1}^{r} \frac{(n_i - np_{i0})^2}{np_{i0}} \tag{7.4.6}$$

来衡量"理论个数"与实际个数间的差异.

在(7.4.6)式中,分子 $(n_i - np_{i0})^2$ 是实际观测数与期望观测数的偏差的平方,而 $\frac{(n_i - np_{i0})^2}{np_{i0}}$ 可以看成是 $(n_i - np_{i0})^2$ 的规范化,所以(7.4.6)式提供了实际观测数与期望观测数接近程度的一个度量,当 H_0 为真时,它的值应该比较小,所以,其拒绝域为 $\{\chi^2 \geqslant c\}$,其中 c 为待定的临界值.

为了控制上述检验的第一类错误,我们必须知道此检验统计量在原假设成立下的分布,为此,K.皮尔逊证明了如下定理:

定理 7.4.1 在前述各项假定下,在 H_0 成立时,对(7.4.6)式的检验统计量有

$$\chi^2 \xrightarrow{L} \chi^2(r-1).$$

此定理的证明比较复杂,我们仅对最简单的 $r = 2$ 给出证明.当 $r = 2$ 时,$n_1 \sim b(n,$

p_{10}），且 $p_{10}+p_{20}=1$，$n_1+n_2=n$，$n_1-np_{10}=(n-n_2)-n(1-p_{20})=np_{20}-n_2$，故

$$\chi^2=\frac{(n_1-np_{10})^2}{np_{10}}+\frac{(n_2-np_{20})^2}{np_{20}}=\frac{(n_1-np_{10})^2}{np_{10}p_{20}}.$$

而由中心极限定理可知，

$$\frac{n_1-np_{10}}{\sqrt{np_{10}p_{20}}}\xrightarrow{L}N(0,1),$$

故 $\chi^2\xrightarrow{L}\chi^2(1)$. 一般场合的证明此处从略.

根据定理 7.4.1，对于假设（7.4.5），我们可以采取如下的显著性水平近似为 α 的显著性检验：检验统计量如（7.4.6）所示，拒绝域为

$$W=\{\chi^2\geqslant\chi^2_{1-\alpha}(r-1)\}.$$

这就是 K.皮尔逊提出的最早的一个检验方法，通常称之为皮尔逊 χ^2 拟合优度检验.

对于例 7.4.2 中的数据，我们可以做如下的 χ^2 拟合优度检验. 注意到，此时

$$r=4,\quad n=556,\quad n_1=315,\quad n_2=108,\quad n_3=101,\quad n_4=32,$$

待检验的假设为

$$H_0:p_{10}=\frac{9}{16},\quad p_{20}=\frac{3}{16},\quad p_{30}=\frac{3}{16},\quad p_{40}=\frac{1}{16}.$$

由于 $np_{10}=312.75,np_{20}=np_{30}=104.25,np_{40}=34.75$，故

$$\chi^2=\frac{(315-312.75)^2}{312.75}+\frac{(108-104.25)^2}{104.25}+\frac{(101-104.25)^2}{104.25}+\frac{(32-34.75)^2}{34.75}=0.47.$$

若取显著性水平 $\alpha=0.05$，则 $\chi^2_{0.95}(3)=7.8147>0.47$，故没有理由拒绝 H_0，即认为孟德尔的结论是可接受的.

该检验的近似 p 值也是可以计算的，为 $p=P\{\chi^2\geqslant0.47\}=0.9254$，其中 χ^2 表示服从 $\chi^2(3)$ 分布的随机变量. 从 p 值还可以清楚地看出，这批数据与孟德尔的理论吻合得很好.

顺便指出，在此场合，我们也可从似然比检验得到上述皮尔逊 χ^2 拟合优度检验统计量. 事实上，此时样本联合分布为

$$P_\theta(X_1=x_1,X_2=x_2,\cdots,X_n=x_n)=p_1^{n_1}p_2^{n_2}\cdots p_r^{n_r}=\prod_{i=1}^r p_i^{n_i},$$

由此可求得

$$\sup_{\theta\in\Theta}P_\theta(X_1=x_1,X_2=x_2,\cdots,X_n=x_n)=\prod_{i=1}^r\left(\frac{n_i}{n}\right)^{n_i},$$

$$\sup_{\theta\in\Theta_0}P_\theta(X_1=x_1,X_2=x_2,\cdots,X_n=x_n)=\prod_{i=1}^r p_{i0}^{n_i},$$

于是，其似然比统计量为

$$\Lambda(x_1,x_2,\cdots,x_n)=\prod_{i=1}^r\left(\frac{n_i}{np_{i0}}\right)^{n_i}.$$

另外，由于

$$\ln \Lambda(x_1, x_2, \cdots, x_n)$$

$$= \sum_{i=1}^{r} n_i \ln \frac{n_i}{np_{i0}} = \sum_{i=1}^{r} \left[np_{i0} + (n_i - np_{i0}) \right] \ln \left(1 + \frac{n_i - np_{i0}}{np_{i0}} \right)$$

$$= \sum_{i=1}^{r} \left[np_{i0} + (n_i - np_{i0}) \right] \left\{ \frac{n_i - np_{i0}}{np_{i0}} - \frac{1}{2} \left(\frac{n_i - np_{i0}}{np_{i0}} \right)^2 + o(n^{-2}) \right\}$$

$$\approx \frac{1}{2} \sum_{i=1}^{r} \frac{(n_i - np_{i0})^2}{np_{i0}} + o(n^{-1}),$$

所以,

$$2\ln\Lambda(x_1, x_2, \cdots, x_n) \approx \sum_{i=1}^{r} \frac{(n_i - np_{i0})^2}{np_{i0}},$$

由单调性,此处似然比检验与皮尔逊引进的 χ^2 拟合优度检验等价.

关于皮尔逊统计量的进一步应用,有下面几点值得注意:

(1) 在上面的讨论中,我们假定第 i 类 A_i 出现的概率为 p_{i0} 都是已知的,但是,在实际问题中,有时诸 p_{i0} 还依赖于 k 个未知参数,而这 k 个未知参数需要利用样本来估计,这种情况下,K.皮尔逊建立的定理 7.4.1 不再成立.不过,1924 年费希尔证明了,在同样的条件下,可以先用最大似然估计方法估计出这 k 个未知参数,然后再算出 p_{i0} 的估计值 $\hat{p}_i(i=1, 2, \cdots, r)$.这时,类似于(7.4.6)式的统计量

$$\chi^2 = \sum_{i=1}^{r} \frac{(n_i - n\hat{p}_i)^2}{n\hat{p}_i}, \tag{7.4.7}$$

当 $n \to \infty$ 时,还是渐近服从 χ^2 分布,不过自由度为 $r-k-1$.

(2) 无论是(7.4.6)式还是(7.4.7)式,因为用的是渐近分布,所以,对样本大小 n 有一定要求.因此,这种 χ^2 检验法主要用于大样本场合.这一要求体现在实际应用中,一般要求各类的观测数均不小于 5,因此,往往需要把一些相邻的类合并达到要求.

(3) 上述拟合优度检验就是在大样本场合的多项分布检验,但对其他分布亦可提供一种分布检验方法.

7.4.3 分布的 χ^2 拟合优度检验

设 $x_1, x_2, \cdots, x_n$ 是来自总体 $F(x)$ 的样本,有时,需要检验的原假设是

$$H_0: F(x) = F_0(x),$$

其中 $F_0(x)$ 称为理论分布,它可以是一个完全已知的分布,也可以是一个仅依赖于有限个实参数且分布形式已知的分布函数.这个分布检验问题就是检验观测数据是否与理论分布相符合.在样本容量较大时,这类问题可以用 χ^2 拟合优度检验来解决.

这类问题可以分以下两种情况来讨论.

一、总体 X 为离散分布

设总体 X 为取有限或可列个值 $a_1, a_2, \cdots$ 的离散随机变量,我们把相邻的某些 a_i 合并为一类,使得 $a_1, a_2, \cdots$ 被分为有限个类 $A_1, A_2, \cdots, A_r$,并使得样本观测值 $x_1, x_2, \cdots, x_n$ 落入每一个 A_i 内的个数 n_i 不小于 5.记 $P(X \in A_i) = p_i(i=1, 2, \cdots, r)$,那么,假设 H_0:总体分布 $F(x) = F_0(x)$ 就转化为如下假设:

$$H_0:A_i \text{ 所占的比例为 } p_i(i=1,2,\cdots,r).$$

这样,离散分布的拟合检验与前述分类数据的检验问题就完全一样了.

例 7.4.3 我们来考察卢瑟福实验的数据.表 7.4.1 中数据,是卢瑟福以 7.5 s 为时间单位所做的 2 608 次观察得到的数据,观测的是一枚放射性 α 物质在单位时间内放射的质点数.

表 7.4.1 卢瑟福实验数据

质点数 k	0	1	2	3	4	5	6	7	8	9	10	11	12	13	14
观察数 n_k	57	203	383	525	532	408	273	139	45	27	10	4	2	0	0

现在要求检验假设

$$H_0:7.5 \text{ s 中放射出的 } \alpha \text{ 质点数服从泊松分布 } P(\lambda).$$

解 首先估计泊松分布参数 λ,由最大似然估计法知道 $\hat{\lambda}=\bar{x}$,即

$$\hat{\lambda} = \frac{1}{n}\sum_{k=1}^{n}x_i = \frac{\sum_{k=0}^{14}kn_k}{\sum_{k=0}^{14}n_k} = \frac{0 \times 57 + 1 \times 203 + \cdots + 14 \times 0}{57 + 203 + \cdots + 0} = \frac{10\ 094}{2\ 608} = 3.87.$$

其次,计算泊松分布的概率的估计值

$$\hat{p}_k = \frac{\hat{\lambda}^k}{k!}e^{-\hat{\lambda}}, \quad k = 0,1,2,\cdots.$$

为了满足每一类出现的样本观测次数不小于 5,我们把 $k \geqslant 11$ 作为一类,记为第 12 类,并将计算结果列在表 7.4.2 中.由表 7.4.2 可以看到检验统计量的值为

$$\chi^2 = \sum_{i=1}^{12}\frac{(n_i - n\hat{p}_i)^2}{n\hat{p}_i} = 12.896\ 7.$$

此处分布自由度为 $12-1-1=10$,对 $\alpha = 0.05$,查表得临界值 $\chi_{0.95}^2(10) = 18.307\ 0$,拒绝域为 $W = \{\chi^2 \geqslant 18.307\ 0\}$,观察结果的 χ^2 不落在拒绝域,因此不能拒绝 H_0,可以认为该放射性物质在长度为 7.5 秒的时间里放射出的 α 质点数与泊松分布吻合.使用 Excel 可以计算出此处检验的 p 值是 0.229 5.

表 7.4.2 例 7.4.3 的分布拟合检验计算过程

序号 i	质点数	观测数 n_i	概率估计 $\hat{p}_i$	期望观测数 $n\hat{p}_i$	$(n_i-n\hat{p}_i)^2/n\hat{p}_i$
1	0	57	0.020 9	54.5	0.114 7
2	1	203	0.080 7	210.5	0.267 2
3	2	383	0.156 2	407.4	1.461 4
4	3	525	0.201 5	525.5	0.000 5
5	4	532	0.195	508.6	1.076 6
6	5	408	0.150 9	393.5	0.534 3
7	6	273	0.097 3	253.8	1.452 5
8	7	139	0.053 8	140.3	0.012
9	8	45	0.026	67.8	7.667 3

序号 i	质点数	观测数 n_i	概率估计 $\hat{p}_i$	期望观测数 $n\hat{p}_i$	$(n_i-n\hat{p}_i)^2/n\hat{p}_i$
10	9	27	0.011 2	29.2	0.165 8
11	10	10	0.004 3	11.2	0.128 6
12	$\geqslant 11$	6	0.002 2	5.7	0.015 8
总和		2 608	1	2 608	12.896 7

二、总体 X 为连续分布

设总体 X 为连续随机变量,分布函数为 $F_0(x)$,这种情况略为复杂一些.一般采用下列方法:选 $r-1$ 个实数 $a_1<a_2<\cdots<a_{r-1}$,将实数族分为 r 个区间

$$(-\infty,a_1],\quad(a_1,a_2],\quad\cdots,\quad(a_{r-1},\infty),$$

当观测值落入第 i 个区间内,就把它看作属于第 i 类,因此,这 r 个区间就相当于 r 个类.在 H_0 为真时,记

$$p_i=P(a_{i-1}<X\leqslant a_i)=F_0(a_i)-F_0(a_{i-1}),\quad i=1,2,\cdots,r,$$

其中 $a_0=-\infty$,$a_r=\infty$,以 n_i 表示样本的观测值 $x_1,x_2,\cdots,x_n$ 落入区间 $(a_{i-1},a_i]$ 内的个数 $(i=1,2,\cdots,r)$,接下来的做法就与总体只取有限个值的情况一样了,具体看下面例子.

例 7.4.4 某工厂生产一种滚珠,现随机地抽取了 50 件产品,测得其直径(单位:mm)为

15.0	15.8	15.2	15.1	15.9	14.7	14.8	15.5	15.6	15.3
15.0	15.6	15.7	15.8	14.5	15.1	15.3	14.9	14.9	15.2
15.9	15.0	15.3	15.6	15.1	14.9	14.2	14.6	15.8	15.2
15.2	15.0	14.9	14.8	15.1	15.5	15.5	15.1	15.1	15.0
15.3	14.7	14.5	15.5	15.0	14.7	14.6	14.2	14.2	14.5

问滚珠直径是否服从正态分布?

解 设滚珠直径为 X,其分布函数为 $F(x)$,现假设为

$$H_0:F(x)=\Phi\left(\frac{x-\mu}{\sigma}\right).$$

对于此问题,我们首先由数据求得 μ,σ^2 的 MLE 为 $\hat{\mu}=15.1$,$\hat{\sigma}^2=0.437\,9^2$.根据数据特点并考虑到各组观测值个数不低于 5,我们取分点为

$$a_0=-\infty,\quad a_1=14.55,\quad a_2=14.95,\quad a_3=15.35,\quad a_4=15.75,\quad a_5=\infty,$$

由此把数据分为 5 组,各组数据个数分别为

$$n_1=6,\quad n_2=11,\quad n_3=20,\quad n_4=8,\quad n_5=5,$$

再利用公式

$$\hat{p}_i=\Phi\left(\frac{a_i-15.1}{0.437\,9}\right)-\Phi\left(\frac{a_{i-1}-15.1}{0.437\,9}\right),\quad i=1,2,3,4,5$$

求得

$$\hat{p}_1=0.104\,559,\quad \hat{p}_2=0.261\,412,\quad \hat{p}_3=0.349\,998,\quad \hat{p}_4=0.215\,174,\quad \hat{p}_5=0.068\,857.$$

仿例 7.4.3,计算过程如下表所示:

组号	观测数 n_k	概率估计 $\hat{p}_k$	期望观测数 $n\hat{p}_k$	$\dfrac{(n_k-n\hat{p}_k)^2}{n\hat{p}_k}$
1	6	0.104 559	5.228 0	0.114 0
2	11	0.261 412	13.070 6	0.328 0
3	20	0.349 998	17.499 9	0.357 2
4	8	0.215 174	10.758 7	0.707 4
5	5	0.068 857	3.442 9	0.704 3
总和	50	1	50	2.210 9

这里分布自由度为 $5-2-1=2$，若取显著性水平 $\alpha=0.05$，则 $\chi^2_{0.95}(2)=5.991\ 5>2.210\ 9$，故不能拒绝 H_0.

虽然上述的 χ^2 拟合优度检验可以用来检验一般的分布假设，但通过上面的分析不难看出，此时我们检验的假设仅为

$$H_0:p_i=P(a_{i-1}<X\leqslant a_i)=F_0(a_i)-F_0(a_{i-1}),\quad i=1,2,\cdots,r.$$

两者是有着一定区别的，因为不同的分点可能会得到不同的结果（至少不同的分点计算出来的诸 p_i 值是不一样的），由此，对连续分布的这种拟合优度检验处理要慎重，如果对检验的结论有所怀疑时可用不同的分组进行尝试，由于显著性检验看重拒绝，只要有一组分组得到拒绝的结论即当引起重视.

7.4.4　列联表的独立性检验

下面我们分析按两个或多个特征分类的频数数据，这种数据通常称为**交叉分类数据**，它们一般都以表格的形式给出，称为**列联表**. 例如，在考察色盲与性别有无关联时，随机抽取 1 000 人按性别（男或女）及色觉（正常或色盲）两个属性分类，得到如下二维列联表，又称 2×2 表或四格表.

性别	视觉	
	正常	色盲
男	535	65
女	382	18

一般，若总体中的个体可按两个属性 A 与 B 分类，A 有 r 个类 $A_1,A_2,\cdots,A_r$，B 有 c 个类 $B_1,B_2,\cdots,B_c$，从总体中抽取容量大小为 n 的样本，设其中有 n_{ij} 个个体既属于类 A_i 又属于类 B_j，n_{ij} 称为频数，将 $r\times c$ 个 n_{ij} 排列为一个 r 行 c 列的二维列联表，简称 $r\times c$ 列联表（表 7.4.3）.

表 7.4.3　$r\times c$ 列联表

A	B					行和
	1	$\cdots$	j	$\cdots$	c	
1	n_{11}	$\cdots$	n_{1j}	$\cdots$	n_{1c}	$n_1.$
$\vdots$	$\vdots$		$\vdots$		$\vdots$	$\vdots$

A	B					行和
	1	$\cdots$	j	$\cdots$	c	
i	n_{i1}	$\cdots$	n_{ij}	$\cdots$	n_{ic}	$n_{i.}$
$\vdots$	$\vdots$		$\vdots$		$\vdots$	$\vdots$
r	n_{r1}	$\cdots$	n_{rj}	$\cdots$	n_{rc}	$n_{r.}$
列和	$n_{.1}$	$\cdots$	$n_{.j}$	$\cdots$	$n_{.c}$	n

若所考虑的属性多于两个,也可按类似的方式作出列联表,称为多维列联表.本节只限于讨论二维列联表,列联表分析在应用统计,特别在医学、生物学及社会科学中,有着广泛的应用.

列联表分析的基本问题是,考察各属性之间有无关联,即判别两属性是否独立.如在前例中,问题是:色盲与其性别是否有关? 在 $r \times c$ 列联表中,若以 $p_{i.}$, $p_{.j}$ 和 p_{ij} 分别表示总体中的个体仅属于 A_i ,仅属于 B_j 和同时属于 A_i 与 B_j 的概率,可得一个二维离散分布表(表 7.4.4),则"A,B 两属性独立"的假设可以表述为

$$H_0 : p_{ij} = p_{i.} p_{.j}, \quad i = 1, 2, \cdots, r, j = 1, 2, \cdots, c.$$

表 7.4.4 二维离散分布表

A	B					行和
	1	$\cdots$	j	$\cdots$	c	
1	p_{11}	$\cdots$	p_{1j}	$\cdots$	p_{1c}	$p_{1.}$
$\vdots$	$\vdots$		$\vdots$		$\vdots$	$\vdots$
i	p_{i1}	$\cdots$	p_{ij}	$\cdots$	p_{ic}	$p_{i.}$
$\vdots$	$\vdots$		$\vdots$		$\vdots$	$\vdots$
r	p_{r1}	$\cdots$	p_{rj}	$\cdots$	p_{rc}	$p_{r.}$
列和	$p_{.1}$	$\cdots$	$p_{.j}$	$\cdots$	$p_{.c}$	1

这就变为上一小节中诸 p_{ij} 不完全已知时的分布拟合检验.这里诸 p_{ij} 共有 rc 个参数,在原假设 H_0 成立时,这 rc 个参数 p_{ij} 由 $r+c$ 个参数 $p_{1.} , \cdots, p_{r.}$ 和 $p_{.1}, \cdots, p_{.c}$ 决定.在这后 $r+c$ 个参数中存在两个约束条件:$\sum_{i=1}^{r} p_{i.} = 1$, $\sum_{j=1}^{c} p_{.j} = 1$,所以,此时 p_{ij} 实际上由 $r + c - 2$ 个独立参数所确定.据此,检验统计量为

$$\chi^2 = \sum_{i=1}^{r} \sum_{j=1}^{c} \frac{(n_{ij} - n\hat{p}_{ij})^2}{n\hat{p}_{ij}},$$

在原假设 H_0 成立时上式近似服从自由度为 $rc-(r+c-2)-1=(r-1)(c-1)$ 的 χ^2 分布.其中诸 $\hat{p}_{ij}$ 是在 H_0 成立下得到的 p_{ij} 的最大似然估计,其表达式为

$$\hat{p}_{ij} = \hat{p}_{i.} \hat{p}_{.j} = \frac{n_{i.}}{n} \cdot \frac{n_{.j}}{n},$$

对给定的显著性水平 α ($0<\alpha<1$),检验的拒绝域为 $W = \{\chi^2 \geq \chi^2_{1-\alpha}((r-1)(c-1))\}$.

例 7.4.5 为研究儿童智力发展与营养的关系,某研究机构调查了 1 436 名儿童,

得到如表 7.4.5 的数据，试在显著性水平 0.05 下判断智力发展与营养有无关系.

表 7.4.5 儿童智力与营养的调查数据

	智 商				合计
	<80	80~89	90~99	≥100	
营养良好	367	342	266	329	1 304
营养不良	56	40	20	16	132
合计	423	382	286	345	1 436

解 用 A 表示营养状况，它有两个水平：A_1 表示营养良好，A_2 表示营养不良；B 表示儿童智商，它有四个水平，B_1,B_2,B_3,B_4 分别表示表中四种情况.沿用前面的记号，首先建立假设 H_0：营养状况与智商无关联，即 A 与 B 是独立的.统计表示如下：

$$H_0:p_{ij}=p_{i\cdot}p_{\cdot j}, \quad i=1,2,j=1,2,3,4.$$

在原假设 H_0 成立下，我们可以计算诸参数的最大似然估计值，

$$\hat{p}_{1\cdot}=1\,304/1\,436=0.908\,1, \quad \hat{p}_{2\cdot}=132/1\,436=0.091\,9,$$

$$\hat{p}_{\cdot 1}=423/1\,436=0.294\,6, \quad \hat{p}_{\cdot 2}=382/1\,436=0.266\,0,$$

$$\hat{p}_{\cdot 3}=286/1\,436=0.199\,2, \quad \hat{p}_{\cdot 4}=345/1\,436=0.240\,3,$$

进而可给出诸 $n\hat{p}_{ij}=n\hat{p}_{i\cdot}\hat{p}_{\cdot j}$，如

$$n\hat{p}_{11}=1\,436\times0.908\,1\times0.294\,6=384.167\,7,$$

其他结果见表 7.4.6.

表 7.4.6 诸 $n\hat{p}_{ij}$ 的计算结果

	<80	80~89	90~99	≥100	$\hat{p}_{i\cdot}$
营养良好	384.167 7	346.872 4	259.763 1	313.358 8	0.908 1
营养不良	38.877 9	35.103 6	26.288 1	31.712 0	0.091 9
$\hat{p}_{\cdot j}$	0.294 6	0.266 0	0.199 2	0.240 3	

由表 7.4.5 和表 7.4.6 可以计算检验统计量的值

$$\chi^2=\frac{(367-384.167\,7)^2}{384.167\,7}+\frac{(342-346.872\,4)^2}{346.872\,4}+\cdots+\frac{(16-31.712\,0)^2}{31.712\,0}=19.278\,5$$

此处 $r=2,c=4,(r-1)(c-1)=3$，若取 $\alpha=0.05$，查表有 $\chi^2_{0.95}(3)=7.814\,7$，由于 $19.278\,5>7.814\,7$，故拒绝原假设，认为营养状况对智商有影响.本例中检验的 p 值为 $0.000\,2$，拒绝 H_0 的依据较为充足.

习 题 7.4

1. 设 $x_1,x_2,\cdots,x_n$ 为来自 $b(1,p)$ 的样本，试求假设 $H_0:p=p_0$ vs $H_1:p\neq p_0$ 的似然比检验.

2. 设 $x_1,x_2,\cdots,x_n$ 为来自 $N(\mu,\sigma^2)$ 的样本，试求假设 $H_0:\sigma^2=\sigma_0^2$ vs $H_1:\sigma^2\neq\sigma_0^2$ 的似然比检验.

3. 设 $x_1,x_2,\cdots,x_n$ 为来自指数分布 $Exp(\lambda_1)$ 的样本，$y_1,y_2,\cdots,y_m$ 为来自指数分布 $Exp(\lambda_2)$ 的样

本,且两组样本独立,其中 λ_1, λ_2 是未知的正参数.

(1) 求假设 $H_0: \lambda_1 = \lambda_2$ vs $H_1: \lambda_1 \neq \lambda_2$ 的似然比检验;

(2) 证明上述检验法的拒绝域仅依赖于比值 $\sum\limits_{i=1}^{n} x_i \Big/ \sum\limits_{i=1}^{m} y_i$;

(3) 求统计量 $\dfrac{\sum\limits_{i=1}^{n} x_i / (2n)}{\sum\limits_{i=1}^{m} y_i / (2m)}$ 在原假设成立下的分布.

4. 设 $x_1, x_2, \cdots, x_n$ 为来自正态总体 $N(\mu, \sigma^2)$ 的 i.i.d.样本,其中 μ, σ^2 未知.证明关于假设 $H_0: \mu \leqslant \mu_0$ vs $H_1: \mu > \mu_0$ 的单侧 t 检验是似然比检验(显著性水平 $\alpha < 1/2$).

5. 按孟德尔遗传规律,让开淡红花的豌豆随机交配,子代可区分为红花、淡红花和白花三类,且其比例是 $1:2:1$,为了验证这个理论,观察一次实验,得到红花、淡红花和白花的豌豆株数分别为 $26, 66, 28$,这些数据与孟德尔定律是否一致($\alpha = 0.05$)?

6. 掷一颗骰子 60 次,结果如下:

点数	1	2	3	4	5	6
次数	7	8	12	11	9	13

试在显著性水平为 0.05 下检验这颗骰子是否均匀.

7. 检查了一批产品的 100 箱,记录各箱中的不合格品的个数,其结果如下:

不合格品个数	0	1	2	3	4	5	$\geqslant 6$
箱数	35	40	19	3	2	1	0

问能否认为一箱的不合格品个数服从泊松分布(取 $\alpha = 0.05$)?

8. 某建筑工地每天发生事故数现场记录如下:

一天发生的事故数	0	1	2	3	4	5	$\geqslant 6$	合计
天数	102	59	30	8	0	1	0	200

试在显著性水平 $\alpha = 0.05$ 下检验这批数据是否服从泊松分布.

9. 在一批灯泡中抽取 300 只作寿命试验,其结果如下:

寿命(h)	< 100	$[100, 200)$	$[200, 300)$	$\geqslant 300$
灯泡数	121	78	43	58

在显著性水平为 0.05 下能否认为灯泡寿命服从指数分布 $Exp(0.005)$?

10. 下表是上海 1875 年到 1955 年的 81 年间,根据其中 63 年观察到的一年中(5 月到 9 月)下暴雨次数的整理资料

i	0	1	2	3	4	5	6	7	8	$\geqslant 9$
n_i	4	8	14	19	10	4	2	1	1	0

试检验一年中暴雨次数是否服从泊松分布($\alpha = 0.05$).

11. 某种配偶的后代按体格的属性分为三类,各类的数目分别是 $10, 53, 46$.按照某种遗传模型其频率之比应为 $p^2 : 2p(1-p) : (1-p)^2$,问数据与模型是否相符($\alpha = 0.05$)?

12. 设按有无特性 A 与 B 将 n 个样品分成四类,组成 2×2 列联表:

	B	$\bar{B}$	合计
A	a	b	$a+b$
$\bar{A}$	c	d	$c+d$
合计	$a+c$	$b+d$	n

其中 $n=a+b+c+d$,试证明此时列联表独立性检验的 χ^2 统计量可以表示成

$$\chi^2 = \frac{n(ad-bc)^2}{(a+b)(c+d)(a+c)(b+d)}.$$

13. 在研究某种新措施对猪白痢的防治效果问题时,获得了如下数据:

	存活数	死亡数	合计	死亡率
对照	114	36	150	24%
新措施	132	18	150	12%
合计	246	54	300	18%

试问新措施对防治该种疾病是否有显著疗效($\alpha=0.05$)?

14. 某单位调查了 520 名中年以上的脑力劳动者,其中 136 人有高血压史,另外 384 人则无.在有高血压史的 136 人中,经诊断为冠心病及可疑者的有 48 人,在无高血压史的 384 人中,经诊断为冠心病及可疑者的有 36 人.从这个资料,对高血压与冠心病有无关系作检验(取 $\alpha=0.01$).

15. 一项是否应提高小学生的计算机课程的比例的调查结果如下:

年龄	同意	不同意	不知道
55 岁以上	32	28	14
36~55 岁	44	21	17
15~35 岁	47	12	13

问年龄因素是否影响了对问题的回答($\alpha=0.05$)?

§7.5 正态性检验

正态分布是最常用的分布,用来判断总体分布是否为正态分布的检验方法称为正态性检验,它在实际问题中大量使用.接下来我们先叙述简单而又直观的正态性检验——正态概率图,然后介绍国家标准 GB/T 4882-2001 中推荐的、并已被广泛应用的两种正态性检验方法——W 检验和 EP 检验.

7.5.1 正态概率纸

正态概率纸是一种特殊的坐标纸,其横坐标是等间隔的,纵坐标是按标准正态分布函数值给出的,见图 7.5.1.

正态概率纸可用来作正态性检验,方法如下:利用样本数据在概率纸上描点,用目测方法看这些点是否在一条直线附近,若是的话,可以认为该数据来自的总体为正态分布,若明显不在一条直线附近,则认为该数据来自非正态总体.具体操作步骤见下面的例子.

例 7.5.1 随机选取 10 个零件,测得其直径与标准尺寸的偏差(单位:丝,1 丝 = 0.01 mm)如下:

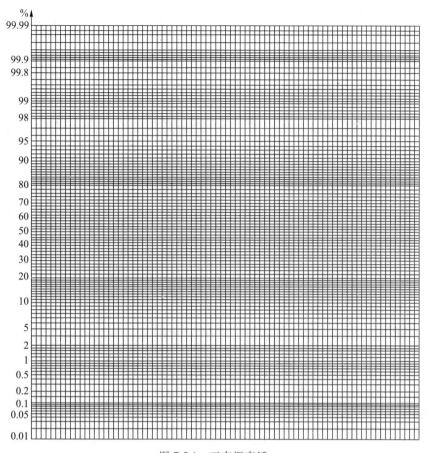

图 7.5.1 正态概率纸

$$9.4 \quad 8.8 \quad 9.6 \quad 10.2 \quad 10.1 \quad 7.2 \quad 11.1 \quad 8.2 \quad 8.6 \quad 9.8$$

在正态概率纸上作图步骤如下:

(1) 首先将数据按从小到大的次序排列: $x_{(1)} \leqslant x_{(2)} \leqslant \cdots \leqslant x_{(n)}$, 具体数据为

$$7.2 \quad 8.2 \quad 8.6 \quad 8.8 \quad 9.4 \quad 9.6 \quad 9.8 \quad 10.1 \quad 10.2 \quad 11.1$$

(2) 对每一个 i, 计算修正频率 $\dfrac{i-0.375}{n+0.25}(i=1,2,\cdots n)$, 结果见表 7.5.1.

表 7.5.1 $x_{(i)}$ 取值及其修正频率

i	$x_{(i)}$	$\dfrac{i-0.375}{n+0.25}$	i	$x_{(i)}$	$\dfrac{i-0.375}{n+0.25}$
1	7.2	0.061	6	9.6	0.549
2	8.2	0.159	7	9.8	0.646
3	8.6	0.256	8	10.1	0.744
4	8.8	0.354	9	10.2	0.841
5	9.4	0.451	10	11.1	0.939

（3）将点 $\left(x_{(i)},\dfrac{i-0.375}{n+0.25}\right)(i=1,2,\cdots,n)$ 逐一描在正态概率图上（图 7.5.2），

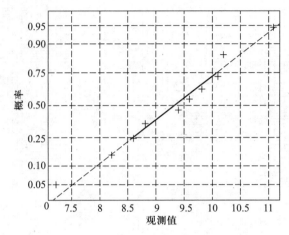

图 7.5.2　例 7.5.1 的正态概率纸

（4）观察上述 n 个点的分布，作如下判断，

● 若诸点在一条直线附近，则认为该批数据来自正态总体.

● 若诸点明显不在一条直线附近，则认为该批数据的总体不是正态分布.

本例中，从图 7.5.2 上可以看到，10 个点基本在一条直线附近，故可认为直径与标准尺寸的偏差服从正态分布.

这里对"修正频率"作一点说明. 对应第 i 个观测值 $x_{(i)}$ 的累计分布函数值 $F(x_{(i)})=P(X\leqslant x_{(i)})$ 是一个概率，可用频率作出估计，即

$$\hat{F}(x_{(i)})=\frac{\text{样本中小于等于 }x_{(i)}\text{ 的个数}}{\text{样本量}}=\frac{i}{n}.$$

这个频率有合理的一面，但也有一些缺陷，即当 $i=n$ 时该频率为 1，这意味着 x 的取值最大为 $x_{(n)}$，不可能再超过 $x_{(n)}$，这往往与实际不符，对此需要修正. 常见的有如下两个修正频率：

$$\hat{F}(x_{(i)})=\frac{i}{n+1},\qquad \hat{F}(x_{(i)})=\frac{i-3/8}{n+1/4},$$

国标 GB/T 4882-2001 推荐使用后者，但并不反对使用前者. 本节中使用后者.

如果从正态概率纸上确认总体是非正态分布时，可对原始数据进行变换后再在正态概率纸上描点，若变换后的点在正态概率纸上近似在一条直线附近，则可以认为变换后的数据来自正态分布，这样的变换称为正态性变换. 常用的正态性变换有如下三个：对数变换 $y=\ln x$、倒数变换 $y=1/x$ 和根号变换 $y=\sqrt{x}$，它们都属于经典的博克斯-考克斯（Box-Cox）变换。

例 7.5.2　随机抽取某种电子元件 10 个，测得其寿命数据如下：

110.47　99.16　97.04　32.62　2 269.82

$$539.35 \quad 179.49 \quad 782.93 \quad 561.10 \quad 286.80$$

图 7.5.3 给出这 10 个点在正态概率纸上的图形,这 10 个点明显不在一条直线附近,所以可认为该电子元件的寿命的分布不是正态分布.对该 10 个寿命数据作对数变换,结果见表 7.5.2.

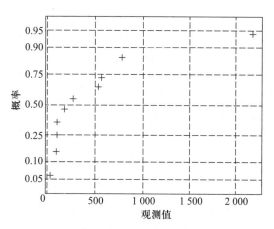

图 7.5.3 例 7.5.2 的正态概率纸

表 7.5.2 对数变换后的数据

i	$x_{(i)}$	$\ln x_{(i)}$	$\dfrac{i-0.375}{n+0.25}$	i	$x_{(i)}$	$\ln x_{(i)}$	$\dfrac{i-0.375}{n+0.25}$
1	32.62	3.484 9	0.061	6	286.80	5.658 8	0.549
2	97.04	4.575 1	0.159	7	539.35	6.290 4	0.646
3	99.16	4.596 7	0.256	8	561.10	6.329 9	0.744
4	110.47	4.704 7	0.354	9	782.93	6.663 0	0.841
5	179.49	5.190 1	0.451	10	2 269.82	7.727 5	0.939

利用表 7.5.2 中最后两列上的数据在正态概率纸上描点,结果见图 7.5.4,从图上可以看到 10 个点近似在一条直线附近,说明对数变换后的数据可以看成来自正态分布.这也意味着,可认为原始数据服从对数正态分布.

7.5.2 W 检验

W 检验是夏皮罗(Shapiro)和威尔克(Wilk)在 1965 年提出来的,这个检验当 $8 \le n \le 50$ 时可以利用.过小样本($n<8$)对偏离正态分布的检验不太有效,过大样本($n>50$)的一些辅助量计算麻烦.

设 $x_1, x_2, \cdots, x_n$ 是来自正态总体 $N(\mu, \sigma^2)$ 的样本,$x_{(1)} \le x_{(2)} \le \cdots \le x_{(n)}$ 为其次序统计量,W 统计量定义为

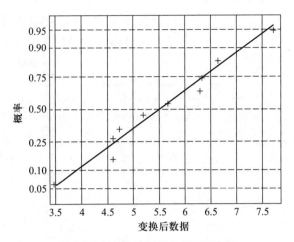

图 7.5.4　变换后数据的正态概率纸

$$W = \frac{\left[\sum_{i=1}^{n}(a_i - \bar{a})(x_{(i)} - \bar{x})\right]^2}{\sum_{i=1}^{n}(a_i - \bar{a})^2 \sum_{i=1}^{n}(x_{(i)} - \bar{x})^2}, \tag{7.5.1}$$

其中系数 $a_1, a_2, \cdots, a_n$ 在样本容量为 n 时有特定的值,可查附表 6. 对于假设 H_0 : 总体分布为 $N(\mu, \sigma^2)$,其检验的拒绝域具有形式 $\{W \leqslant W_\alpha\}$,其中 α 分位数 W_α 可查附表 7.

我们下面介绍检验统计量的来历并给出另外的简化计算表达式,介绍过程中用到有关回归分析(见第八章)的一些知识.

我们分如下 5 步进行说明.

(1) W 检验统计量是 n 个数对 $(x_{(1)}, a_1), (x_{(2)}, a_2), \cdots, (x_{(n)}, a_n)$ 的相关系数的平方,因此,对 $x_{(i)}$ 或对 a_i 作线性变换,该统计量值不变. 例如,令 $u_{(i)} = \dfrac{x_{(i)} - \mu}{\sigma}$ ($i = 1, 2, \cdots, n$),则有

$$W = \frac{\left[\sum_{i=1}^{n}(x_{(i)} - \bar{x})(a_i - \bar{a})\right]^2}{\sum_{i=1}^{n}(x_{(i)} - \bar{x})^2 \sum_{i=1}^{n}(a_i - \bar{a})^2} = \frac{\left[\sum_{i=1}^{n}(u_{(i)} - \bar{u})(a_i - \bar{a})\right]^2}{\sum_{i=1}^{n}(u_{(i)} - \bar{u})^2 \sum_{i=1}^{n}(a_i - \bar{a})^2}. \tag{7.5.2}$$

这说明我们在利用 W 检验统计量时,可以对原始样本观测值作适当的线性变换,简化计算.

(2) 设 $x_1, x_2, \cdots, x_n$ 是来自正态总体 $N(\mu, \sigma^2)$ 的样本,$x_{(1)} \leqslant x_{(2)} \leqslant \cdots \leqslant x_{(n)}$ 为其次序统计量,则由 $u_{(i)} = \dfrac{x_{(i)} - \mu}{\sigma}$ 得到的 $u_{(1)} \leqslant u_{(2)} \leqslant \cdots \leqslant u_{(n)}$ 是来自标准正态分布 $N(0, 1)$ 的次序样本,显然,有

$$x_{(i)} = \sigma u_{(i)} + \mu, \quad i = 1, 2, \cdots, n. \tag{7.5.3}$$

由于 $N(0, 1)$ 不含任何未知参数,故其次序统计量 $u_{(i)}$ 的前二阶矩可算出,并且记

$$E(u_{(i)}) = m_i, \quad i = 1, 2, \cdots, n$$

$$\mathrm{Cov}(u_{(i)}, u_{(j)}) = v_{ij}, \quad i, j = 1, 2, \cdots, n,$$

$$\boldsymbol{m} = \begin{pmatrix} m_1 \\ m_2 \\ \vdots \\ m_n \end{pmatrix} = (m_1, m_2, \cdots, m_n)^{\mathrm{T}},$$

$$\boldsymbol{V} = (v_{ij})_{n \times n}.$$

当在(7.5.3)中用 m_i 代替 $u_{(i)}$ 时会引起误差,若记误差为 ε_i,则可把(7.5.3)转化为

$$x_{(i)} = \sigma m_i + \mu + \varepsilon_i, \quad i = 1, 2, \cdots, n. \tag{7.5.4}$$

其中 $\boldsymbol{\varepsilon} = (\varepsilon_1, \varepsilon_2, \cdots, \varepsilon_n)^{\mathrm{T}}$ 是均值为零、协方差矩阵为 $\sigma^2 \boldsymbol{V}$ 的 n 维随机向量.

作一个直角坐标系,横轴表示 $x_{(i)}$,纵轴表示 m_i,根据(7.5.4)式,在这个坐标系中,n 个点 $(x_{(1)}, m_1)$,$(x_{(2)}, m_2)$,$\cdots$,$(x_{(n)}, m_n)$ 应该大致成一条直线,微小的误差是由 ε_i 引起的.怎样定量地衡量这些点接近直线的程度呢? 这正是 W 检验的出发点.夏皮罗和威尔克首先研究了 $\boldsymbol{x} = (x_{(1)}, x_{(2)}, \cdots, x_{(n)})^{\mathrm{T}}$ 与 $\boldsymbol{m} = (m_1, m_2, \cdots, m_n)^{\mathrm{T}}$ 的相关系数

$$r^2 = \frac{\left[\sum_{i=1}^{n} (x_{(i)} - \bar{x})(m_i - \overline{m}) \right]^2}{\sum_{i=1}^{n} (x_{(i)} - \bar{x})^2 \sum_{i=1}^{n} (m_i - \overline{m})^2}. \tag{7.5.5}$$

显然,r^2 越是接近 1,$\boldsymbol{x} = (x_{(1)}, x_{(2)}, \cdots, x_{(n)})^{\mathrm{T}}$ 与 $\boldsymbol{m} = (m_1, m_2, \cdots, m_n)^{\mathrm{T}}$ 的线性关系越是明显.所以,若用 r^2 检验假设 H_0:总体分布为 $N(\mu, \sigma^2)$,那么该检验的拒绝域具有形式 $\{r^2 \leqslant c\}$,其中 c 为某个常数.

(3) 由于 $\boldsymbol{m} = (m_1, m_2, \cdots, m_n)^{\mathrm{T}}$ 完全确定,由标准正态分布的对称性可以证明 $m_i = -m_{n+1-i}$,即

$$m_1 = -m_n, \quad m_2 = -m_{n-1}, \quad \cdots, \quad m_{[n/2]} = -m_{n+1-[n/2]},$$

且当 n 为奇数时,$m_{(n+1)/2} = 0$.由这一性质得

$$\sum_{i=1}^{n} m_i = 0, \quad \overline{m} = \frac{1}{n} \sum_{i=1}^{n} m_i = 0.$$

(4) 根据 3 中结论,(7.5.5)式的分子部分可简化,注意到

$$\sum_{i=1}^{n} (x_{(i)} - \bar{x})(m_i - \overline{m}) = \sum_{i=1}^{n} m_i x_{(i)} = \sum_{i=1}^{[n/2]} m_i (x_{(i)} - x_{(n+1-i)}),$$

若记 $b_i = \dfrac{m_i}{\sum\limits_{j=1}^{n} m_j^2}$,则可验证:$\hat{\sigma}_1 = \sum\limits_{i=1}^{n} b_i x_{(i)}$ 是正态标准差 σ 的线性无偏估计(LUE),若把(7.5.5)式变为

$$r^2 = \frac{\left[\sum\limits_{i=1}^{[n/2]} b_i (x_{(i)} - x_{(n+1-i)}) \right]^2 \sum\limits_{i=1}^{n} m_i^2}{\sum\limits_{i=1}^{n} (x_{(i)} - \bar{x})^2} = \frac{\sum\limits_{i=1}^{n} m_i^2}{n-1} \cdot \frac{\hat{\sigma}_1^2}{s^2}. \tag{7.5.6}$$

若撇开与样本无关的常数,则在正态性假设 H_0 为真时,上式中分子与分母分别都是正

态方差 σ^2 的无偏估计,相差不会很大.可当 H_0 为假时,其差别就大了.因为分子是在 H_0 为真下构造,而分母 s^2 是通用的.

（5）为了在正态性假设 H_0 为假时能扩大分子与分母的差异,加强区别非正态分布的能力,夏皮罗与威尔克把(7.5.6)的分子换用 σ 的最小方差线性无偏估计（BLUE）,然后再正则化,使最后得到的如下检验统计量 W 位于 0 与 1 之间:

$$W = \frac{\left[\sum_{i=1}^{[n/2]} a_i (x_{(i)} - x_{(n+1-i)}) \right]^2}{\sum_{i=1}^{n} (x_{(i)} - \bar{x})^2}, \tag{7.5.7}$$

其中诸 a_i 可如下得到:

$$C = (c_1, c_2, \cdots, c_n) = \frac{\boldsymbol{m}^{\mathrm{T}} \boldsymbol{V}^{-1}}{\boldsymbol{m}^{\mathrm{T}} \boldsymbol{V}^{-1} \boldsymbol{m}},$$

$$\boldsymbol{a} = (a_1, a_2, \cdots, a_n) = \frac{\boldsymbol{C}}{\sqrt{\boldsymbol{CC}}} = \frac{\boldsymbol{m}^{\mathrm{T}} \boldsymbol{V}^{-1}}{\sqrt{\boldsymbol{m}^{\mathrm{T}} \boldsymbol{V}^{-1} \boldsymbol{V}^{-1} \boldsymbol{m}}}.$$

(7.5.7)式就是最常用的 W 检验的计算公式,其中诸 a_i 可查附表 6.

例 7.5.3 某气象站收集了 44 个独立的年降雨量数据,资料如下(已排序):

520	556	561	616	635	669	686	692	704	707	711
713	714	719	727	735	740	744	745	750	776	777
786	786	791	794	821	822	826	834	837	851	862
873	879	889	900	904	922	926	952	963	1 056	1 074

我们要根据这批数据作正态性检验.

为此,利用(7.5.7)式计算 W 值.首先由这批数据可算得

$$\bar{x} = 785.114, \quad \sum_{i=1}^{44} (x_{(i)} - \bar{x})^2 = 630\ 872.43,$$

我们将计算 W 的过程列于表 7.5.3 中.为便于计算,值 $x_{(k)}, x_{(n+1-k)}$ 和 $d_k = x_{(n+1-k)} - x_{(k)}$ 安排在同一行.

表 7.5.3 某一气象站收集的年降雨量

k	$x_{(k)}$	$x_{(n+1-k)}$	d_k	$a_k(44)$	k	$x_{(k)}$	$x_{(n+1-k)}$	d_k	$a_k(44)$
1	520	1 074	554	0.387 2	12	713	862	149	0.094 3
2	556	1 056	500	0.266 7	13	714	851	137	0.084 2
3	561	963	402	0.232 3	14	719	837	118	0.074 5
4	616	952	336	0.207 2	15	727	834	107	0.065 1
5	635	926	291	0.186 8	16	735	826	91	0.056 0
6	669	922	253	0.169 5	17	740	822	82	0.047 1
7	686	904	218	0.154 2	18	744	821	77	0.038 3
8	692	900	208	0.140 5	19	745	794	49	0.029 6
9	704	889	185	0.127 8	20	750	791	41	0.021 1
10	707	879	172	0.116 0	21	776	786	10	0.012 6
11	711	873	162	0.104 9	22	777	786	9	0.004 2

从表 7.5.3 可以计算出 W 的值为

$$W = \frac{(0.387\ 2 \times 554 + 0.266\ 7 \times 500 + \cdots + 0.004\ 2 \times 9)^2}{630\ 872.43} = 0.982.$$

若取 $\alpha = 0.05$, 查附表 7, 在 $n = 44$ 时给出 $W_{0.05} = 0.944$, 由于计算得到的 W 值大于该值, 所以在显著性水平 $\alpha = 0.05$ 上不拒绝原假设, 即可以认为该批数据服从正态分布.

7.5.3 EP 检验

EP 检验即爱泼斯–普利(Epps-Pulley)检验($n \geqslant 8$).

爱泼斯–普利检验对多种备择假设有较高的效率, 其出发点是利用样本的特征函数与正态分布的特征函数的差的模的平方产生的一个加权积分得到的, 我们这里简单地介绍该检验方法.

设 $x_1, x_2, \cdots, x_n$ 是来自正态总体 $N(\mu, \sigma^2)$ 的样本, EP 检验统计量定义为

$$T_{EP} = 1 + \frac{n}{\sqrt{3}} + \frac{2}{n} \sum_{i=2}^{n} \sum_{j=1}^{i-1} \exp\left\{\frac{-(x_j - x_i)^2}{2s_n^2}\right\} - \sqrt{2} \sum_{i=1}^{n} \exp\left\{\frac{-(x_i - \bar{x})^2}{4s_n^2}\right\}, \quad (7.5.8)$$

其中 $\bar{x}, s_n^2$ 就是前述的样本均值和(除以 n 的)样本方差.

(7.5.8)通常需要编程计算, 其拒绝域为 $\{T_{EP} \geqslant T_{1-\alpha, EP}(n)\}$, $T_{1-\alpha, EP}(n)$ 是样本容量为 n 时 EP 检验统计量(在原假设下的分布)的 $1-\alpha$ 分位数. 附表 11 给出了部分 n 和一些常用 $1-\alpha$ 对应的 T_{EP} 的分位数. 由于 $n = 200$ 时统计量 T_{EP} 的分位数已经非常接近 $n = \infty$ 时 T_{EP} 的分位数, 当 $n > 200$ 时, 统计量 T_{EP} 的分位数可以用 $n = 200$ 时的分位数代替. 对小于 200 而不在表内的 n, 可采用线性插值的方法得到近似的分位数.

下面以国标中的一个例子说明该方法的应用.

例 7.5.4 现要考察某种人造丝纱线的断裂强度的分布类型, 为此进行了 25 次试验, 得到一个容量为 25 的样本, 具体如下:

| 147 | 186 | 141 | 183 | 190 | 123 | 155 | 164 | 183 | 150 | 134 | 170 |
| 144 | 99 | 156 | 176 | 160 | 174 | 153 | 162 | 167 | 179 | 78 | 173 | 168 |

它们是在标准环境下采用适当单位得到的测量值. 为检验总体分布是否是正态, 采用 EP 检验, 经过编程计算, 得到

$$T_{EP} = 0.612.$$

若取显著性水平 $\alpha = 0.01$, 在附表 11 中通过线性插值得 $n = 25$ 时的 0.99 分位数约为 $0.564 + \frac{0.569 - 0.564}{30 - 20} \times (25 - 20) = 0.566\ 5$. 计算得到的 T_{EP} 大于该临界值. 因此在显著性水平 0.01 下拒绝关于诸 x_i 服从正态分布的原假设.

进一步, 有专家根据经验指出, 该人造丝纱线的断裂强度可能服从对数正态分布, 为此先计算对数变换 $y = \lg(204 - x)$ 得到的样本值如下:

1.756	1.255	1.799	1.322	1.146	1.908	1.690	1.602
1.322	1.732	1.845	1.531	1.778	2.021	1.681	1.447
1.643	1.477	1.708	1.623	1.568	1.398	2.100	1.491	1.556

这些对数观测值在正态概率图上似乎散布在一条直线附近. 再考虑采用 EP 检验, 经编程计算, 得基于对数变换观测值的检验统计量值为 0.006, 它远远小于 0.566 5 的临界

值,这说明人造丝纱线的断裂强度服从对数正态分布.

习　题　7.5

1. 在检验了一个车间生产的 20 个轴承外座圈的内径(单位:mm)后得到下面数据:

15.04　15.36　14.57　14.53　15.57　14.69　15.37　14.66　14.52　15.41

15.34　14.28　15.01　14.76　14.38　15.87　13.66　14.97　15.29　14.95

(1) 作正态概率图,并作初步判断;

(2) 请用 W 检验方法检验这组数据是否来自正态分布($\alpha = 0.05$).

2. 抽查克矽平治疗矽肺患者 10 名,得到他们治疗前后的血红蛋白量之差如下:

$$2.7 \quad -1.2 \quad -1.0 \quad 0 \quad 0.7 \quad 2.0 \quad 3.7 \quad -0.6 \quad 0.8 \quad -0.3$$

(1) 作正态概率图,并作初步判断;

(2) 请用 W 检验方法检验治疗前后的血红蛋白量之差是否服从正态分布($\alpha = 0.05$).

3. 某种岩石中的一种元素的含量在 25 个样本中为

0.32　0.25　0.29　0.25　0.28　0.30　0.23　0.23　0.40　0.32　0.35　0.19　0.34

0.33　0.33　0.28　0.28　0.22　0.30　0.24　0.35　0.24　0.30　0.23　0.22

有人认为该样本来自对数正态分布总体,请设法用 W 检验方法作检验($\alpha = 0.05$).

4. 对第 3 题的数据,试用 EP 检验方法检验这些数据是否来自正态总体(取 $\alpha = 0.05$).

§7.6　非参数检验

统计学的基本问题是利用观测到的样本推断总体.在统计推断中,我们对研究的总体常常要作一些假定,最常见的假定是假定总体分布为正态,这样的假定是比较强的.由于实际的总体与假定的总体往往会有差距,那么,这种做法将可能会引起推断结果的错误.这一问题促使人们去研究在总体分布假定比较弱的前提下,如何进行统计推断.非参数检验正是这样的一个领域.

本节,我们介绍几个常用的非参数检验方法.

7.6.1　游程检验

所有的统计推断方法常常要求数据随机取自同一个总体,有时由于种种原因,我们可能怀疑数据不符合随机选取的原则,此时需对数据进行随机性检验.

设 $x_1, x_2, \cdots, x_n$ 为依时间顺序连续得到的一组样本观测值序列.记样本中位数为 m_e,把序列中小于 m_e 的那些 x_i 换成 0,大于或等于 m_e 的那些 x_i 换成 1.这样我们就得到一个由 0 和 1 两个元素组成的序列.我们把以 0 为界的一连串的 1 称为 1 游程,以 1 为界的一连串的 0 称为 0 游程,统称为**游程**.例如序列

$$0 \ 1 \ 0 \ 1 \ 1 \ 1 \ 0 \ 1 \ 1 \ 0 \ 1 \ 0 \ 0 \qquad (7.6.1)$$

它有 5 个 0 游程和 4 个 1 游程.

设序列中 0 和 1 的个数分别为 n_1 和 n_2,其和为样本量 n.一般来说,n_1, n_2 都大于 0,设 R 表示序列的总游程数,则 R 的最小值是 2,最大值为 n,对于(7.6.1)式给出的序

列,$R=9$.若游程总数 R 的值过大(即 0 和 1 呈周期性变化的趋势),或游程总数 R 的值过小(即序列的前一部分 0 占多数,后一部分 1 占多数,或者前一部分 1 占多数,后一部分 0 占多数),可以认为样本数据受到了某些非随机因素的干扰,它不符合随机抽取的原则.因此,对于原假设

$$H_0:\text{样本序列符合随机抽取的原则},$$

该检验的拒绝域应具有形式 $\{R \leqslant c_1\} \cup \{R \geqslant c_2\}$,其中临界值 c_1 和 c_2 要根据 H_0 为真时 R 的分布确定.下面讨论 H_0 为真时 R 的分布,分 R 为偶数与奇数两种情况进行.

由于 0 游程和 1 游程是交替出现的,所以,当 $R=2k$ 时,必有 0 游程和 1 游程个数都是 k;当 $R=2k+1$ 时,要么 0 游程个数是 k 且 1 游程个数是 $k+1$,要么 1 游程个数是 k 且 0 游程个数是 $k+1$.

出现"k 个 0 游程"意味着 n_1 个 0 被分成 k 组,这相当于将 n_1 个不可分辨的球放入 k 个盒中且没有一个盒子是空的,依重复组合公式,共有

$$\binom{n_1-1}{k-1}$$

种可能.所以,在 $R=2k$ 时,k 个 0 游程共有 $\binom{n_1-1}{k-1}$ 种不同方式的安排,类似地,k 个 1 游程也共有 $\binom{n_2-1}{k-1}$ 种不同方式的安排.把 0 游程和 1 游程合在一起有两种可能,一种是 0 游程在前面而 1 游程在后面,另一种则反过来,1 游程在前面而 0 游程在后面.由此可知,出现 $R=2k$ 的情况一共有

$$2\binom{n_1-1}{k-1}\binom{n_2-1}{k-1}$$

种可能,而总的等可能结果一共有 $\binom{n_1+n_2}{n_1}$ 个,从而有

$$P(R=2k)=\frac{2\binom{n_1-1}{k-1}\binom{n_2-1}{k-1}}{\binom{n_1+n_2}{n_1}}, \quad k=1,2,\cdots,\left[\frac{n}{2}\right]. \tag{7.6.2}$$

类似地,在 $R=2k+1$ 时,要么有 k 个 0 游程和 $k+1$ 个 1 游程,要么有 $k+1$ 个 0 游程和 k 个 1 游程.对前一种情况,一定是以 1 游程开始也以 1 游程收尾,共有 $\binom{n_1-1}{k-1}\binom{n_2-1}{k}$ 种可能,对后一种情况,共有 $\binom{n_1-1}{k}\binom{n_2-1}{k-1}$ 种可能,于是有

$$P(R=2k+1)=\frac{\binom{n_1-1}{k-1}\binom{n_2-1}{k}+\binom{n_1-1}{k}\binom{n_2-1}{k-1}}{\binom{n_1+n_2}{n_1}}, \quad k=1,2,\cdots,\left[\frac{n-1}{2}\right]. \tag{7.6.3}$$

由(7.6.2)、(7.6.3)两式,当 n_1,n_2 都不太大时,对于给定的 α $(0<\alpha<1)$,可以计算出游程总数检验的临界值.为方便使用,人们编制了游程总数检验的临界值表(附表12).应用中由(7.6.2)、(7.6.3)两式计算检验的 p 值则更加方便.

例 7.6.1 对某型号的 20 根电缆依次进行耐压试验,测得数据如下:

156.0 255.5 132.0 246.7 867.9 86.4 610.4 125.7 150.4 117.6

201.9 207.2 189.8 585.8 153.1 565.4 511.0 567.0 222.3 141.5

这些数据能否认为受到非随机因素干扰?(例如测量仪器工作条件改变等的影响.)

解 这些观测值的中位数是

$$m_e = \frac{1}{2}(201.9+207.2) = 204.6.$$

于是,将观测值小于 204.6 的数换成 0,将大于 204.6 的数换成 1,这样得到序列

0 1 0 1 1 0 1 0 0 0 0 1 0 1 0 1 0 1 1 1 1 0

其中 0 与 1 的个数都是 10,游程总数 $R=13$.若取 $\alpha=0.05$,查附表 12 知,$P(R\leqslant 6)\leqslant 0.025$ $(c_1=6)$,$P(R\geqslant 16)\leqslant 0.025$ $(c_2=16)$,故其拒绝域为 $W=\{R\leqslant 6$ 或 $R\geqslant 16\}$,如今 $6<13<16$,故可认为该批数据是随机选取的(若取 $\alpha=0.10$,结果是相同的).

我们也可以计算该检验的 p 值从而加以判断.为此,利用(7.6.2)和(7.6.3)式,可计算出游程 R 的分布,具体结果如下表:

r	$P(R=r)$	$P(R\leqslant r)$	r	$P(R=r)$	$P(R\leqslant r)$
2	0.000 0	0.000 0	11	0.171 9	0.585 9
3	0.000 1	0.000 1	12	0.171 9	0.757 8
4	0.000 9	0.001 0	13	0.114 6	0.872 4
5	0.003 5	0.004 5	14	0.076 4	0.948 8
6	0.014 0	0.018 5	15	0.032 7	0.981 5
7	0.032 7	0.051 2	16	0.014 0	0.995 5
8	0.076 4	0.127 6	17	0.003 5	0.999 0
9	0.114 6	0.242 2	18	0.000 9	0.999 9
10	0.171 9	0.414 1	19	0.000 1	1.000 0

检验的 p 值为

$$p = 2\min\{P(R\leqslant 13), P(R\geqslant 13)\} = 2\min\{0.8724, 1-0.7578\} = 0.4844,$$

若取显著性水平 $\alpha=0.1$,可认为这批数据符合随机抽取的原则.

在计算程序越来越先进的今天,对比较大的 n_1,n_2,完全可以计算出 R 的分布,从而给出检验的拒绝域.在实际应用中,当 n_1,n_2 很大时,也可以使用渐近分布,我们不加证明地给出如下结论:当样本随机地取自同一总体,n_1,n_2 都趋于无穷且 n_1/n_2 趋于常数 c 时,有

$$\frac{R-\dfrac{2n_1}{1+c}}{\sqrt{\dfrac{4cn_1}{(1+c)^2}}} \xrightarrow{L} N(0,1).$$

当 n_1, n_2 都比较大时,上式中的 c 可用 n_1/n_2 代替,从而对给定的显著性水平 α,两个临界值可近似取为

$$c_1 = \left[\frac{2n_1 n_2}{n_1 + n_2} \left(1 + \frac{u_{\alpha/2}}{\sqrt{n_1 + n_2}} \right) \right],$$

$$c_2 = \left[\frac{2n_1 n_2}{n_1 + n_2} \left(1 + \frac{u_{1-\alpha/2}}{\sqrt{n_1 + n_2}} \right) \right] + 1.$$

研究表明,当 n_1, n_2 都大于 20 时,上式近似效果是足够好的.

游程检验还可以用于检验两个总体是否有相同分布.设 $x_1, x_2, \cdots, x_n$ 是来自总体 X 的样本,$y_1, y_2, \cdots, y_m$ 是来自总体 Y 的样本,将两组样本合并在一起,按由小到大的顺序排列为 $z_1 \leqslant z_2 \leqslant \cdots \leqslant z_{m+n}$.引入 w_i 如下:若 z_i 是来自总体 X 的观察,则 $w_i = 0$,否则(即 z_i 是来自总体 Y 的观察)$w_i = 1$.这样,我们就得到一个由 0 与 1 两个元素组成的序列

$$w_1, w_2, \cdots, w_{m+n}. \tag{7.6.4}$$

在 X 与 Y 有相同的分布时,$x_1, x_2, \cdots, x_n, y_1, y_2, \cdots, y_m$ 可以看作是从同一个总体中抽取的样本,因而,序列 (7.6.4) 的总游程数 R 将是较大的.而在 X 与 Y 的分布不相同时,序列 (7.6.4) 的总游程数 R 将是较小的.例如,若总体 X 与 Y 分得很开,以至于它们的样本观测值彼此不重叠时,R 的值接近于 2,这时就有把握认为"两个分布不相同".在一般场合,对于原假设 H_0:两个总体分布相同,混合样本的游程数越小就越倾向于拒绝原假设,故检验的拒绝域应具有形式 $\{R \leqslant c\}$,其中 c 为临界值,它可以由 (7.6.2) 和 (7.6.3) 两式算出,当然也可以据此算出检验的 p 值.

7.6.2 符号检验

符号检验是一类重要的非参数检验,它主要用来对总体 p 分位数 x_p 进行检验.对任一连续总体 X,其 p 分位数 x_p $(0 < p < 1)$ 是存在且唯一的,对 x_p 的检验可参看如下例子进行.

例 7.6.2 设总体 X 为连续随机变量,分布函数为 $F(x)$,$x_1, x_2, \cdots, x_n$ 是来自该总体的样本,试检验假设"F 的中位数为 0",即检验如下假设

$$H_0 : F(0) = 0.5 \quad \text{vs} \quad H_1 : F(0) \neq 0.5.$$

解 作符号函数

$$y_i = \begin{cases} 1, & x_i > 0, \\ 0, & x_i \leqslant 0, \end{cases} \qquad S^+ = \sum_{i=1}^{n} y_i.$$

即 S^+ 为 $x_1, x_2, \cdots, x_n$ 中取正数的个数.直观上看,在原假设成立时,S^+ 的取值不应过大也不应过小.在 H_0 为真时,S^+ 服从二项分布 $b(n, 0.5)$,从而,可确定常数 c_1, c_2,使

$$P(S^+ \leqslant c_1) \leqslant \alpha/2, \quad P(S^+ \geqslant c_2) \leqslant \alpha/2,$$

该检验的拒绝域为 $\{0, 1, 2, \cdots, c_1\} \cup \{c_2, c_2 + 1, \cdots, n\}$.当然,这时使用检验的 p 值进行检验将会比较简单.

上述检验问题的统计量 S^+,通常被称为**符号统计量**.一般场合,S^+ 还可用来检验总体分布 F 的 p 分位数,具体如下:设 $x_1, x_2, \cdots, x_n$ 是来自总体 X 的样本,欲检验

$$H_0 : x_p \leqslant x_0 \quad \text{vs} \quad H_1 : x_p > x_0, \tag{7.6.5}$$

其中 $F(x_p) = p, x_0$ 是某个给定常数.

与上面例子一样,记

$$y_i = \begin{cases} 1, & x_i > x_0, \\ 0, & x_i \leqslant x_0, \end{cases}$$

记 $\theta = P(y_i = 1) = P(x_i - x_0 > 0)$,则 $y_1, y_2, \cdots, y_n$ 可以看作是来自二点分布 $b(1, \theta)$ 的样本,从而 $S^+ = \sum\limits_{i=1}^{n} y_i \sim b(n, \theta)$,在 H_0 为真时,有

$$\theta = P(y_i = 1) = P(x_i - x_0 > 0) \leqslant P(x_i - x_p > 0) = 1 - P(x_i - x_p \leqslant 0) = 1 - F(x_p) = 1 - p.$$

反之,若 $\theta \leqslant 1 - p$,则 $\theta = P(x_i - x_0 > 0) \leqslant P(x_i - x_p > 0) = 1 - p$,从而 $x_p \leqslant x_0$,亦即 H_0 为真.所以,检验问题 (7.6.5) 等价于检验问题

$$H_0: \theta \leqslant 1 - p \quad \text{vs} \quad H_1: \theta > 1 - p. \tag{7.6.6}$$

检验问题 (7.6.6) 是二项分布参数的检验问题,由 7.3 节,该检验问题的统计量是 $S^+ = \sum\limits_{i=1}^{n} y_i$,拒绝域形式为

$$W = \{S^+ \geqslant c\}, c = \inf_{k}\left\{k: \sum_{i=k}^{n} \binom{n}{i} p_0^i (1 - p_0)^{n-i} \leqslant \alpha\right\},$$

不难看出,$S^+ = \sum\limits_{i=1}^{n} y_i$ 就是差值

$$x_1 - x_0, \quad x_2 - x_0, \quad \cdots, \quad x_n - x_0$$

中取正号的个数.

上述统计量 $S^+ = \sum\limits_{i=1}^{n} y_i$ 亦称**符号统计量**.利用符号统计量所做的检验称作**符号检验**.

当然,对符号检验,使用检验的 p 值较为简便.记 S_0^+ 为符号统计量的观测值,则检验问题 (7.6.5) 的检验的 p 值为

$$p = P(S^+ \geqslant S_0^+) = \sum_{i=S_0^+}^{n} b(i; n, 1 - p),$$

其中 $b(i; n, 1-p) = \binom{n}{i}(1-p)^i p^{n-i}$ 表示二项分布的概率函数.

类似地,关于分位数其他类型假设检验问题的解详见表 7.6.1,方便起见,我们用检验的 p 值形式列出.

表 7.6.1 三种假设下的符号检验

H_0	H_1	拒绝域形式	检验的 p 值
$x_p \leqslant x_0$	$x_p > x_0$	$W_{\mathrm{I}} = \{S^+ \geqslant c\}$	$\sum\limits_{i=S_0^+}^{n} b(i; n, 1-p)$
$x_p \geqslant x_0$	$x_p < x_0$	$W_{\mathrm{II}} = \{S^+ \leqslant c\}$	$\sum\limits_{i=0}^{s_0^+} b(i; n, 1 - p)$
$x_p = x_0$	$x_p \neq x_0$	$W_{\mathrm{III}} = \{S^+ \leqslant c_1 \text{ 或 } S^+ \geqslant c_2\}$	$2\min\left\{\sum\limits_{i=0}^{s_0^+} b(i; n, 1 - p), \sum\limits_{i=s_0^+}^{n} b(i; n, 1 - p), 0.5\right\}$

例 7.6.3 以往的资料表明,某种圆钢的 90% 的产品的硬度(单位:$\mathrm{kg/mm^2}$)不小

于 103. 为了检验这个结论是否仍旧属实,现在随机挑选 20 根圆钢进行硬度试验,测得其硬度分别是

| 142 | 134 | 119 | 98 | 131 | 102 | 154 | 122 | 93 | 137 |
| 86 | 119 | 161 | 144 | 158 | 165 | 81 | 117 | 128 | 113 |

试检验 $H_0 : x_{0.10} \geqslant 103$ vs $H_1 : x_{0.10} < 103 (\alpha = 0.05)$.

解 作差值 $x_i - 103$,得

| 39 | 31 | 16 | -5 | 28 | -1 | 51 | 19 | -10 | 34 |
| -17 | 16 | 58 | 41 | 55 | 62 | -22 | 14 | 25 | 10 |

其中正值个数 $S_0^+ = 15$,检验的 p 值为

$$p = P(S^+ \leqslant 15) = \sum_{i=0}^{15} \binom{20}{i} 0.1^i 0.9^{20-i} = 0.043 < 0.05,$$

故拒绝 H_0,不能认为该种圆钢的 10% 分位数 $x_{0.10}$ 不小于 103 kg/mm^2.

符号检验除了用于分位数的假设检验问题之外,还可用于成对数据的比较.

例 7.6.4 工厂有两个化验室,每天同时从工厂的冷却水中取样,测量水中的含氯量(单位:10^{-6})一次,记录如下:

i	x_i(化验室 A)	y_i(化验室 B)	差 $x_i - y_i$
1	1.03	1	0.03
2	1.85	1.89	-0.04
3	0.74	0.9	-0.16
4	1.82	1.81	0.01
5	1.14	1.2	-0.06
6	1.65	1.7	-0.05
7	1.92	1.94	-0.02
8	1.01	1.11	-0.1
9	1.12	1.23	-0.11
10	0.9	0.97	-0.07
11	1.4	1.52	-0.12

问两个化验室测定的结果之间有无显著性差异?

分别记化验室 A 和 B 的测量误差为 ξ 和 η. 并假设 ξ 和 η 为连续随机变量,相应的分布函数分别为 F 和 G. 本问题需要检验

$$H_0 : F(x) = G(x) \quad \text{vs} \quad H_1 : F(x) \neq G(x).$$

显然,含氯量的测定值除了与化验室的不同有关外,还与当天的含氯量的多少有关,所以,我们可以认为 x_i 与 y_i 具有下列结构

$$x_i = \mu_i + \xi_i, \quad y_i = \mu_i + \eta_i, \quad i = 1, 2, \cdots, 11,$$

其中未知参数 μ_i 为第 i 天水中的含氯量,ξ_i 与 η_i 为第 i 天的测量误差,$\xi_1, \xi_2, \cdots, \xi_{11}$ 相

互独立,共同分布为 F,$\eta_1,\eta_2,\cdots,\eta_{11}$ 相互独立,共同分布为 G.

不同日的两个数据 x_i 与 x_j 以及 y_i 与 y_j 不一定是同分布的,它们之间的差异不仅与测量误差有关,而且和 μ_i 与 μ_j 的差异有关,因此,它们之间缺乏可比性,很自然地,我们希望把 μ_i 的影响去掉.由于 x_i 与 y_i 是对应的,所以,我们考虑差

$$z_i = x_i - y_i = \xi_i - \eta_i, \quad i = 1,2,\cdots,11.$$

显然,在 $H_0:F(x) = G(x)$ 为真时,Z 的分布关于原点对称.此时可使用符号检验法,以 S^+ 表示 $z_1,z_2,\cdots,z_{11}$ 中正数的个数,此处 $S_0^+ = 2$,故检验的 p 值为

$$p = 2\min\{P(S^+ \leqslant 2), P(S^+ \geqslant 2)\} = 2\sum_{i=0}^{2}\binom{11}{i}0.5^{11} = 0.065\,4.$$

若显著性水平为 $\alpha = 0.05$,则不能拒绝原假设.

7.6.3 秩和检验

类似于例 7.6.1 的中位数检验以及例 7.6.4 的成对数据比较都可以采用符号检验.但有人指出符号检验的一个不足:它只利用了观测值与中心位置之差的正负号,而没有考虑到这些差的绝对值大小.事实上,这些差的绝对值大小度量了观测值距离中心的远近,如果把两者结合起来,自然可以期望检验效果更好,对此,威尔科克森(Wilcoxon)在 1945 年建立了符号秩和检验,下面我们简单介绍有关秩检验内容.

秩检验方法是建立在秩及秩统计量基础上的非参数方法,下面我们先介绍秩的概念.

定义 7.6.1 设 $x_1,x_2,\cdots,x_n$ 是来自连续分布 $F(x)$ 的简单随机样本,$x_{(1)} \leqslant x_{(2)} \leqslant \cdots \leqslant x_{(n)}$ 是其观测值的有序样本,则观测值 x_i 在有序样本中的序号 r 称为 x_i 的秩,记为 $R_i = r$.

注:由于 $F(x)$ 是连续函数,因此,R_i 不能唯一确定的概率为 0.

例 7.6.5 设 $n = 6$,观测值(单位:cm)$x_1,x_2,\cdots,x_6$ 分别为

$$196 \quad 224 \quad 171 \quad 241 \quad 162 \quad 193$$

则 $x_1,x_2,\cdots,x_6$ 的秩 $R_1,R_2,\cdots,R_6$ 分别是 4,5,2,6,1,3.

定义 7.6.2 设 $x_1,x_2,\cdots,x_n$ 是来自连续总体的样本,R_i 是 x_i 的秩,则 $R = (R_1, R_2,\cdots,R_n)$ 称为 $(x_1,x_2,\cdots,x_n)$ 的**秩统计量**.由 R 导出的统计量,也称为秩统计量.基于秩统计量的检验方法称为**秩检验**.

秩统计量最早由威尔科克森在 1945 年建立,其背景如下:设有一个连续总体(可以是单一的总体,也可以是成对数据的差)关于某个参数 θ 对称,其总体分布函数记为 $F(x-\theta)$,这里 θ 就是总体的中位数,要检验的假设为

$$H_0:\theta = 0 \quad \text{vs} \quad H_1:\theta \neq 0. \tag{7.6.7}$$

设 $x_1,x_2,\cdots,x_n$ 是来自该总体的样本,前面已经指出,对此检验问题是可以采用符号检验的,只需要统计 $x_1,x_2,\cdots,x_n$ 中大于 0 的个数即可.但威尔科克森建议采用如下符号秩和统计量.

定义 7.6.3 设 $x_1,x_2,\cdots,x_n$ 是样本,记 R_i 为 $|x_i|$ 在 $(|x_1|,|x_2|,\cdots,|x_n|)$ 中的秩,记

$$I(x_i > 0) = \begin{cases} 1, & x_i > 0, \\ 0, & x_i \leqslant 0. \end{cases}$$

则称

$$W^+ = \sum_{i=1}^{n} R_i I(x_i > 0)$$

为**符号秩和统计量**.用这个统计量所作的检验称为**符号秩和检验**.

与符号检验类似,对(7.6.7)表示的双侧检验问题,检验拒绝域为

$$\{W^+ \leqslant W_{\alpha/2}^+(n)\} \cup \{W^+ \geqslant W_{1-\alpha/2}^+(n)\}.$$

附表 13 给出了 $n \leqslant 50$ 时满足条件 $P(W^+ \leqslant W_\alpha^+(n)) \leqslant \alpha$ 的 $W_\alpha^+(n)$,至于满足条件

$P(W^+ \geqslant W_{1-\alpha}^+(n)) \leqslant \alpha$ 的 $W_{1-\alpha}^+(n)$,它等于 $\dfrac{1}{2}n(n+1) - W_\alpha^+(n)$.

例 7.6.6(例 7.6.4 续) 对例 7.6.4 的资料,利用符号秩和检验法,检验假设

$$H_0 : F(x) = G(x) \quad \text{vs} \quad H_1 : F(x) \neq G(x).$$

解 将数据列表如下

i	x_i(化验室 A)	y_i(化验室 B)	差 $z_i = x_i - y_i$	绝对值	秩
1	1.03	1	0.03	0.03	3
2	1.85	1.89	-0.04	0.04	4
3	0.74	0.9	-0.16	0.16	11
4	1.82	1.81	0.01	0.01	1
5	1.14	1.2	-0.06	0.06	6
6	1.65	1.7	-0.05	0.05	5
7	1.92	1.94	-0.02	0.02	2
8	1.01	1.11	-0.1	0.1	8
9	1.12	1.23	-0.11	0.11	9
10	0.9	0.97	-0.07	0.07	7
11	1.4	1.52	-0.12	0.12	10

于是 $W^+ = \sum_{i=1}^{11} R_i I(z_i > 0) = 3 + 1 = 4$.若取 $\alpha = 0.05$,查附表 13,得 $P(W^+ \leqslant 10) \leqslant 0.025$,

$\dfrac{1}{2} \times 11 \times (11+1) - 10 = 56$,所以,拒绝域为 $\{W^+ \leqslant 10\} \cup \{W^+ \geqslant 56\}$,此处观测值为

$W^+ = 4$,因此,拒绝原假设.这与符号检验结论不一致.事实上,此处即使取显著性水平为

0.01,查附表 13,得 $P(W^+ \leqslant 5) \leqslant 0.005$,仍然拒绝原假设.

本例中符号秩和检验与符号检验结论不同,其原因在于符号检验只使用了样本观测值的正负号信息,在这 11 个观测值中,虽然正的个数很少,只有 2 个,但还没有少到我们能够据之作出拒绝原假设的程度.而符号秩和检验不仅注意到 11 个观测值中正的个数很少,而且还关注如下事实:2 个正的其绝对值也很小,在 11 个观测值的绝对值中排在第 1 和第 3 小的位置,由此,符号秩和检验就可以作出拒绝原假设的结论.通常认为,符号秩和检验比符号检验在此类场合更加有效.

关于符号秩和检验有以下几点说明:

（1）当总体分布为连续型时，样本 $x_1,x_2,\cdots,x_n$ 中以概率 1 不会有相同的，但在处理实际数据时，仍会碰到有相同的情况，比如 11,12,12,15 四个观测值，习惯上称相同的几个变量值为一个"结"，这里"12"就是一个结，结外的秩是唯一的，结内的秩通常取这些相继秩数的算术平均值作为各个变量的秩.这样规定后，11,12,12,15 四个观测值的秩就确定了，它们依次是 1,2.5,2.5,4.

（2）我们这里以双侧检验为例给出了秩和检验，对两对单侧检验问题，处理是完全类似的，只是拒绝域为单侧而已.

（3）可以证明在 H_0 成立时，有

$$E(W^+)=\frac{n(n+1)}{4}, \quad \mathrm{Var}(W^+)=\frac{n(n+1)(2n+1)}{24},$$

因此，当 $n>50$ 时可采用正态近似 $\dfrac{W^+-\dfrac{n(n+1)}{4}}{\sqrt{\dfrac{n(n+1)(2n+1)}{24}}} \xrightarrow{L} N(0,1)$ 计算检验临界值.

秩和检验是最常用的非参数检验方法，它的另一重要情形是：可用来对两个总体的位置进行比较.如比较两种工艺有无差别，比较某种方法有无效果等.一般提法如下：设有两个总体，其分布类型假定是一致的，但分布的中心位置可能不同.设一个总体的分布函数为 $F(x-\theta_1)$，$x_1,x_2,\cdots,x_m$ 为来自该总体的样本，另一个总体的分布函数为 $F(x-\theta_2)$，$y_1,y_2,\cdots,y_n$ 为其样本，人们经常需要比较 θ_1,θ_2 的大小，如检验如下假设：

Ⅰ　$H_0:\theta_1\leqslant\theta_2$　vs　$H_1:\theta_1>\theta_2$.　　　　　　　　　　　　（7.6.8）

Ⅱ　$H_0:\theta_1\geqslant\theta_2$　vs　$H_1:\theta_1<\theta_2$. 　　　　　　　　　　　 （7.6.9）

Ⅲ　$H_0:\theta_1=\theta_2$　vs　$H_1:\theta_1\neq\theta_2$. 　　　　　　　　　　　 （7.6.10）

正如前面多次提及，对上述三个检验问题，检验统计量是相同的，只是拒绝域不同.对此类检验问题，威尔科克森建立如下的秩和检验：将 $x_1,x_2,\cdots,x_m,y_1,y_2,\cdots,y_n$ 共 $m+n$ 个观测值一起排序，产生对应的秩

$$R=(Q_1,Q_2,\cdots,Q_m,R_1,R_2,\cdots,R_n),$$

检验统计量定义为

$$W=\sum_{i=1}^{n}R_i,$$

此即 $y_1,y_2,\cdots,y_n$ 在混合样本中的秩的和，通常称为威尔科克森秩和统计量.

对（7.6.8）表示的检验问题Ⅰ，直观上看，当备择假设 H_1 为真时，W 的值应偏小，所以，拒绝域为

$$W_{\mathrm{I}}=\{W\leqslant W_\alpha(m,n)\},$$

临界值 W_α 可查附表 14 得到.类似地，检验问题Ⅱ，Ⅲ的拒绝域分别为

$$W_{\mathrm{II}}=\{W>W_{1-\alpha}(m,n)\},$$

$$W_{\mathrm{III}}=\{W\leqslant W_{\alpha/2}(m,n)\ 或\ W\geqslant W_{1-\alpha/2}(m,n)\}.$$

例 7.6.7　对某种羊绒可利用先进的工艺处理其含脂率，为比较处理效果，特收集了 6 组处理前的羊绒和 5 组处理后的羊绒，测得其含脂率数据如下：

处理前	0.20	0.24	0.66	0.42	0.12	0.25
处理后	0.13	0.07	0.21	0.08	0.19	

试问处理后的含脂率是否明显下降了？（$\alpha = 0.05$）

解 可以合理假定羊绒的含脂率在处理前后分布类型是一致的,设处理前后的含脂率分布的中心位置分别为 θ_1, θ_2,则要检验的假设为

$$H_0: \theta_1 \leqslant \theta_2 \quad \text{vs} \quad H_1: \theta_1 > \theta_2.$$

为完成检验,将两组样本混合后,从大到小排序,求出相应的秩如下表：

混合样本	秩	处理后√
0.07	1	√
0.08	2	√
0.12	3	
0.13	4	√
0.19	5	√
0.20	6	
0.21	7	√
0.24	8	
0.25	9	
0.42	10	
0.66	11	
		$W = 1+2+4+5+7 = 19$

此处 $m = 6, n = 5$,若取 $\alpha = 0.05$,查附表 14 知 $W_{0.05}(6,5) = 20$,从而拒绝域为 $\{W \leqslant 20\}$.此处检验统计量值为 19,所以应拒绝原假设,即认为处理后的含脂率下降了.

关于秩和检验有如下几点说明：

（1）与符号秩和检验的第 1 点说明一样,若数据中有结,则取平均秩.

（2）若记 W_1 和 W_2 分别为两组样本 $(x_1, x_2, \cdots, x_m)$ 和 $(y_1, y_2, \cdots, y_n)$ 在混合样本中的秩和,则

$$W_1 + W_2 = 1 + 2 + \cdots + (m+n) = \frac{(m+n)(m+n+1)}{2}$$

是一个常数.因此,在使用秩和检验法时,用 W_1 与用 W_2 作为检验的统计量是等价的.为编表方便,不失一般性,假定 $m \geqslant n$.此假定的含义是指使用观测值个数少的那组观测值对应的秩和作为检验统计量,在例 7.6.7 中,处理前的观测值是 6 个,处理后的观测值是 5 个,故采用处理后的羊绒含脂率对应的秩和作为检验统计量.反之,如果处理前的观测值是 5 个而处理后的观测值是 6 个的话,就应采用处理前的羊绒含脂率对应的秩和作为检验统计量.

（3）可以证明 W 的分布关于 $\frac{1}{2}n(m+n+1)$ 是对称的,因此附表 14 仅给出了满足条件 $P\{W\leqslant W_\alpha(m,n)\}\leqslant\alpha$ 的临界值 $W_\alpha(m,n)$,如果需要满足条件 $P\{W\geqslant W_{1-\alpha}(m,n)\}\leqslant\alpha$ 的临界值 $W_{1-\alpha}(m,n)$,它等于 $n(m+n+1)-W_\alpha(m,n)$.

（4）还可以证明

$$E(W)=\frac{n(m+n+1)}{2}, \quad \mathrm{Var}(W)=\frac{mn(m+n+1)}{12}.$$

因此,在样本容量较大时,可以用大样本近似公式

$$W^*=\frac{W-\dfrac{n(m+n+1)}{2}}{\sqrt{\dfrac{mn(m+n+1)}{12}}}\stackrel{\cdot}{\sim}N(0,1).$$

研究表明,在 m,n 都大于等于 20 时,这个近似效果已经很好.

习 题 7.6

说明:除非特别指出,以下检验的显著性水平均取为 $\alpha=0.05$.

1. 在某保险种类中,一次关于 2008 年的索赔数额(单位:元)的随机抽样为(按升序排列):

> 4 632　4 728　5 052　5 064　5 484　6 972　7 596　9 480
>
> 14 760　15 012　18 720　21 240　22 836　52 788　67 200

已知 2007 年的索赔数额的中位数为 5063 元.2008 年索赔的中位数比前一年是否有所变化? 请用双侧符号检验方法检验,求检验的 p 值,并写出结论.

2. 1984 年一些国家每平方千米可开发水资源数据(单位:万度/年)如下表所示:

国家	每平方千米可开发水资源	国家	每平方千米可开发水资源
苏联	4.9	印度	8.5
巴西	4.1	哥伦比亚	26.3
美国	7.5	日本	34.9
加拿大	5.4	阿根廷	6.9
扎伊尔	28.1	印度尼西亚	7.9
墨西哥	4.9	瑞士	78.0
瑞典	22.3	罗马尼亚	10.1
意大利	16.8	西德	8.8
奥地利	58.6	英国	1.7
南斯拉夫	24.8	法国	11.5
挪威	37.4	西班牙	13.4

而当年中国的该项指标为 20 万度/年,请用符号检验方法检验:这 22 个国家每平方千米可开发的水

资源的中位数不高于中国. 求检验的 p 值, 并写出结论.

3. 下面是亚洲十个国家 1996 年的每 1 000 个新生儿中的死亡数(按从小到大的次序排列):

日本	以色列	韩国	斯里兰卡	中国	叙利亚	伊朗	印度	孟加拉国	巴基斯坦
4	6	9	15	23	31	36	65	77	88

以 M 表示 1996 年亚洲国家中 1 000 个新生儿中的死亡数的中位数, 试检验: $H_0: M \geq 34$ vs $H_1: M < 34$. 求检验的 p 值, 并写出结论.

4. 某烟厂称其生产的每支香烟的尼古丁含量在 12 mg 以下. 实验室测定的该烟厂的 12 支香烟的尼古丁含量(单位:mg)分别为

$$16.7 \quad 17.7 \quad 14.1 \quad 11.4 \quad 13.4 \quad 10.5$$

$$13.6 \quad 11.6 \quad 12.0 \quad 12.6 \quad 11.7 \quad 13.7$$

该烟厂所说的尼古丁含量是否比实际要少? 求检验的 p 值, 并写出结论.

5. 9 名学生到英语培训班学习, 培训前后各进行了一次水平测验, 成绩为

学生编号 i	1	2	3	4	5	6	7	8	9
入学前成绩 x_i	76	71	70	57	49	69	65	26	59
入学后成绩 y_i	81	85	70	52	52	63	83	33	62
$z_i = x_i - y_i$	-5	-14	0	5	-3	6	-18	-7	-3

(1) 假设测验成绩服从正态分布, 问学生的培训效果是否显著?

(2) 不假定总体分布, 采用符号检验方法检验学生的培训效果是否显著;

(3) 采用符号秩和检验方法检验学生的培训效果是否显著. 三种检验方法结论相同吗?

6. 为了比较用来做鞋子后跟的两种材料的质量, 选取了 15 个男子(他们的生活条件各不相同), 每人穿着一双新鞋, 其中一只以材料 A 做后跟, 另一只以材料 B 做后跟, 其厚度均为 10 mm, 过了一个月再测量厚度, 得到数据如下:

序号	1	2	3	4	5	6	7	8	9	10	11	12	13	14	15
材料 A	6.6	7.0	8.3	8.2	5.2	9.3	7.9	8.5	7.8	7.5	6.1	8.9	6.1	9.4	9.1
材料 B	7.4	5.4	8.8	8.0	6.8	9.1	6.3	7.5	7.0	6.5	4.4	7.7	4.2	9.4	9.1

问是否可以认定以材料 A 制成的后跟比材料 B 的耐穿?

(1) 设 $d_i = x_i - y_i (i = 1, 2, \cdots, 15)$ 来自正态总体, 结论是什么?

(2) 采用符号秩和检验方法检验, 结论是什么?

7. 某饮料商用两种不同配方推出了两种新的饮料, 现抽取了 10 位消费者, 让他们分别品尝两种饮料并加以评分, 从不喜欢到喜欢, 评分为 1~10, 评分结果如下:

品尝者	1	2	3	4	5	6	7	8	9	10
A 饮料	10	8	6	8	7	5	1	3	9	7
B 饮料	6	5	2	2	4	6	4	5	9	8

问两种饮料评分是否有显著差异?

(1) 采用符号检验方法作检验;

(2) 采用符号秩和检验方法作检验.

8. 测试在有精神压力和没有精神压力时血压的差别,10个志愿者进行了相应的试验.结果为(单位:mmHg):

| 无精神压力 | 107 | 108 | 122 | 119 | 116 | 118 | 121 | 111 | 114 | 108 |
| 有精神压力 | 127 | 119 | 123 | 113 | 125 | 132 | 121 | 131 | 116 | 124 |

该数据是否表明有精神压力下的血压有所增加?

 本章小结

第八章
方差分析与回归分析

§8.1 方 差 分 析

8.1.1 问题的提出

前面几章我们讨论的都是一个总体或两个总体的统计分析问题,在实际工作中我们还会经常碰到多个总体均值的比较问题,处理这类问题通常采用所谓的方差分析方法.本节将叙述这个方法,先看一个例子.

例 8.1.1 在饲料养鸡增肥的研究中,某研究所提出三种饲料配方:A_1 是以鱼粉为主的饲料,A_2 是以槐米粉为主的饲料,A_3 是以苜蓿粉为主的饲料.为比较三种饲料的效果,特选 24 只相似的雏鸡随机均分为三组,每组各喂一种饲料,60 天后观察它们的质量.试验结果如表 8.1.1 所示:

表 8.1.1 鸡饲料试验数据   单位:g

饲料 A	鸡的质量							
A_1	1 073	1 009	1 060	1 001	1 002	1 012	1 009	1 028
A_2	1 107	1 092	990	1 109	1 090	1 074	1 122	1 001
A_3	1 093	1 029	1 080	1 021	1 022	1 032	1 029	1 048

本例中,我们要比较的是三种饲料对鸡的增肥作用是否相同.为此,把饲料称为**因子**,记为 A,三种不同的配方称为因子 A 的三个**水平**,记为 A_1,A_2,A_3,使用配方 A_i 下第 j 只鸡 60 天后的质量用 y_{ij} 表示,$i=1,2,3,j=1,2,\cdots,8$.我们的目的是比较三种饲料配方下鸡的平均质量是否相等,为此,需要做一些基本假定,把所研究的问题归结为一个统计问题,然后用方差分析的方法进行分析.若相等,可任选一种饲料,特别可选廉价饲料;若不等,应选增肥效果好的饲料.

8.1.2 单因子方差分析的统计模型

在例 8.1.1 中我们只考察了一个因子,称其为**单因子试验**.通常,在单因子试验中,记因子为 A,设其有 r 个水平,记为 $A_1,A_2,\cdots,A_r$,在每一水平下考察的指标可以看成一

个总体,现有 r 个水平,故有 r 个总体,假定:

(1) 每一总体均为正态总体,记为 $N(\mu_i,\sigma_i^2)$,$i=1,2,\cdots,r$.

(2) 各总体的方差相同,记为 $\sigma_1^2=\sigma_2^2=\cdots=\sigma_r^2=\sigma^2$.

(3) 从每一总体中抽取的样本是相互独立的,即所有的试验结果 y_{ij} 都相互独立.

这三个假定都可以用统计方法进行验证.譬如,利用正态性检验(§7.5 节)验证(1)成立,利用后面 §8.3 的方差齐性检验验证(2)成立,而试验结果 y_{ij} 的独立性可由随机化实现,这里的随机化是指所有试验按随机次序进行.

我们要做的工作是比较各水平下的均值是否相同,即要对如下的一个假设进行检验:

$$H_0:\mu_1=\mu_2=\cdots=\mu_r, \tag{8.1.1}$$

其备择假设为

$$H_1:\mu_1,\mu_2,\cdots,\mu_r \text{ 不全相等},$$

在不会引起误解的情况下,H_1 通常可省略不写.

如果 H_0 成立,因子 A 的 r 个水平均值相同,称因子 A 的 r 个水平间没有显著差异,简称因子 A **不显著**;反之,当 H_0 不成立时,因子 A 的 r 个水平均值不全相同,这时称因子 A 的不同水平间有显著差异,简称因子 A **显著**.

为对假设(8.1.1)进行检验,需要从每一水平下的总体抽取样本,设从第 i 个水平下的总体获得 m 个试验结果(简单起见,这里先假设各水平下试验的重复数相同,后面会看到,重复数不同时的处理方法与此基本一致,略有差异),用 y_{ij} 表示第 i 个总体的第 j 次重复试验结果,共得如下 $r×m$ 个试验结果:

$$y_{ij},\quad i=1,2,\cdots,r,\quad j=1,2,\cdots,m,$$

其中 r 为水平数,m 为重复数,i 为水平编号,j 为重复序号.

水平 A_i 下的试验结果 y_{ij} 与该水平下的指标均值 μ_i 总是有差距的,记 $\varepsilon_{ij}=y_{ij}-\mu_i$,$\varepsilon_{ij}$ 称为随机误差.于是有

$$y_{ij}=\mu_i+\varepsilon_{ij}. \tag{8.1.2}$$

(8.1.2)式称为试验结果 y_{ij} 的**数据结构式**.把三个假定用于数据结构式就可以写出单因子方差分析的统计模型:

$$\begin{cases}y_{ij}=\mu_i+\varepsilon_{ij},\quad i=1,2,\cdots,r,\quad j=1,2,\cdots,m,\\ \text{诸 }\varepsilon_{ij}\text{ 相互独立,且都服从 }N(0,\sigma^2).\end{cases} \tag{8.1.3}$$

为了能更好地描述数据,常在方差分析中引入总均值与水平效应的概念.诸 μ_i 的平均(所有试验结果的均值的平均)

$$\mu=\frac{1}{r}(\mu_1+\mu_2+\cdots+\mu_r)=\frac{1}{r}\sum_{i=1}^r\mu_i \tag{8.1.4}$$

称为**总均值**,也称**一般平均**.第 i 个水平下的均值 μ_i 与总均值 μ 的差

$$a_i=\mu_i-\mu,\quad i=1,2,\cdots,r \tag{8.1.5}$$

称为因子 A 的第 i 个水平的**主效应**,简称为 A_i 的**水平效应**.

容易看出

$$\sum_{i=1}^r a_i=0, \tag{8.1.6}$$

$$\mu_i = \mu + a_i, \tag{8.1.7}$$

这表明第 i 个总体的均值是由总均值与该水平的效应叠加而成的,从而模型(8.1.3)可以改写为

$$\begin{cases} y_{ij} = \mu + a_i + \varepsilon_{ij}, & i = 1, 2, \cdots, r, j = 1, 2, \cdots, m, \\ \sum\limits_{i=1}^{r} a_i = 0, \\ \text{诸 } \varepsilon_{ij} \text{ 相互独立,且都服从 } N(0, \sigma^2). \end{cases} \tag{8.1.8}$$

假设(8.1.1)可改写为

$$H_0: a_1 = a_2 = \cdots = a_r = 0, \tag{8.1.9}$$

其备择假设为

$$H_1: a_1, a_2, \cdots, a_r \text{ 不全为 } 0.$$

8.1.3 平方和分解

对两个正态总体均值间有无差异可用 t 检验,但对三个及以上正态总体均值间有无差异再用 t 检验就行不通了. 费希尔等人另辟思路,改用数据的平方和及其分解导出 F 分布来进行显著性检验. 下面我们介绍这个思想.

一、试验数据

通常在单因子方差分析中可将试验数据列成如下表格形式.

表 8.1.2　单因子方差分析试验数据

因子水平	试验数据				和	均值
A_1	y_{11}	y_{12}	$\cdots$	y_{1m}	T_1	$\bar{y}_{1\cdot}$
A_2	y_{21}	y_{22}	$\cdots$	y_{2m}	T_2	$\bar{y}_{2\cdot}$
$\vdots$	$\vdots$	$\vdots$		$\vdots$	$\vdots$	$\vdots$
A_r	y_{r1}	y_{r2}	$\cdots$	y_{rm}	T_r	$\bar{y}_{r\cdot}$
					T	$\bar{y}$

表 8.1.2 中的最后两列的和与均值的含义如下:

$$T_i = \sum_{j=1}^{m} y_{ij}, \quad \bar{y}_{i\cdot} = \frac{T_i}{m}, \quad i = 1, 2, \cdots, r,$$

$$T = \sum_{i=1}^{r} T_i, \quad \bar{y} = \frac{T}{r \cdot m} = \frac{T}{n},$$

$$n = r \cdot m = \text{总试验次数}.$$

二、组内偏差与组间偏差

数据间是有差异的. 数据 y_{ij} 与总均值 $\bar{y}$ 间的偏差可用 $y_{ij} - \bar{y}$ 表示,它可分解为两个偏差之和

$$y_{ij} - \bar{y} = (y_{ij} - \bar{y}_{i\cdot}) + (\bar{y}_{i\cdot} - \bar{y}). \tag{8.1.10}$$

记

$$\bar{\varepsilon}_{i\cdot} = \frac{1}{m} \sum_{j=1}^{m} \varepsilon_{ij}, \quad \bar{\varepsilon} = \frac{1}{r} \sum_{i=1}^{r} \bar{\varepsilon}_{i\cdot} = \frac{1}{n} \sum_{i=1}^{r} \sum_{j=1}^{m} \varepsilon_{ij}.$$

由于

$$y_{ij} - \bar{y}_{i.} = (\mu_i + \varepsilon_{ij}) - (\mu_i + \bar{\varepsilon}_{i.}) = \varepsilon_{ij} - \bar{\varepsilon}_{i.}, \tag{8.1.11}$$

所以 $y_{ij} - \bar{y}_{i.}$ 仅反映组内数据与组内均值的随机误差,称为**组内偏差**.而

$$\bar{y}_{i.} - \bar{y} = (\mu_i + \bar{\varepsilon}_{i.}) - (\mu + \bar{\varepsilon}) = a_i + \bar{\varepsilon}_{i.} - \bar{\varepsilon}, \tag{8.1.12}$$

$\bar{y}_{i.} - \bar{y}$ 除了反映随机误差外,还反映了第 i 个水平效应,称为**组间偏差**.

三、偏差平方和及其自由度

在统计学中,把 k 个数据 $y_1, y_2, \cdots, y_k$ 分别对其均值 $\bar{y} = (y_1 + y_2 + \cdots + y_k)/k$ 的偏差平方和

$$Q = (y_1 - \bar{y})^2 + (y_2 - \bar{y})^2 + \cdots + (y_k - \bar{y})^2 = \sum_{i=1}^{k} (y_i - \bar{y})^2$$

称为 k 个数据的**偏差平方和**,有时简称**平方和**.偏差平方和常用来度量若干个数据分散的程度,它是用来度量若干个数据间差异(即波动)的大小的一个重要的统计量.

在构成偏差平方和 Q 的 k 个偏差 $y_1 - \bar{y}, y_2 - \bar{y}, \cdots, y_k - \bar{y}$ 间有一个恒等式

$$\sum_{i=1}^{k} (y_i - \bar{y}) = 0,$$

这说明在 Q 中独立的偏差只有 $k-1$ 个.在统计学中把平方和中独立偏差个数称为该平方和的**自由度**,常记为 f,如 Q 的自由度为 $f_Q = k-1$.自由度是偏差平方和的一个重要参数.

四、总平方和分解公式

各 y_{ij} 间总的差异大小可用**总偏差平方和** S_T 表示

$$S_T = \sum_{i=1}^{r} \sum_{j=1}^{m} (y_{ij} - \bar{y})^2, \quad f_T = n - 1, \tag{8.1.13}$$

仅由随机误差引起的数据间的差异可以用**组内偏差平方和**表示,也称为**误差偏差平方和**,记为 S_e,即

$$S_e = \sum_{i=1}^{r} \sum_{j=1}^{m} (y_{ij} - \bar{y}_{i.})^2, \quad f_e = r(m-1) = n - r. \tag{8.1.14}$$

由于组间差异除了随机误差外,还反映了效应间的差异,故效应不同引起的数据差异可用**组间偏差平方和**表示,也称为**因子 A 的偏差平方和**,记为 S_A,即

$$S_A = m \sum_{i=1}^{r} (\bar{y}_{i.} - \bar{y})^2, \quad f_A = r - 1. \tag{8.1.15}$$

定理 8.1.1 在上述符号下,总平方和 S_T 可以分解为因子平方和 S_A 与误差平方和 S_e 之和,其自由度也有相应分解公式,具体为

$$S_T = S_A + S_e, \quad f_T = f_A + f_e, \tag{8.1.16}$$

(8.1.16)式通常称为**总平方和分解式**.

证明 注意到

$$\sum_{i=1}^{r} \sum_{j=1}^{m} (y_{ij} - \bar{y}_{i.})(\bar{y}_{i.} - \bar{y}) = \sum_{i=1}^{r} \left[(\bar{y}_{i.} - \bar{y}) \sum_{j=1}^{m} (y_{ij} - \bar{y}_{i.}) \right] = 0,$$

故有

$$S_T = \sum_{i=1}^{r} \sum_{j=1}^{m} (y_{ij} - \bar{y})^2 = \sum_{i=1}^{r} \sum_{j=1}^{m} \left[(y_{ij} - \bar{y}_{i.}) + (\bar{y}_{i.} - \bar{y}) \right]^2$$

$$= S_e + S_A + 2 \sum_{i=1}^{r} \sum_{j=1}^{m} (y_{ij} - \bar{y}_{i.})(\bar{y}_{i.} - \bar{y}) = S_e + S_A,$$

诸自由度间的等式是显然的.

8.1.4　检验方法

偏差平方和 Q 的大小与数据个数(或自由度)有关,一般说来,数据越多,其偏差平方和越大.为了便于在诸偏差平方和间进行比较,统计上引入了**均方**的概念,它定义为

$$MS = \frac{Q}{f_Q},$$

其意为平均每个自由度上有多少平方和.

如今要对因子平方和 S_A 与误差平方和 S_e 进行比较,用其均方

$$MS_A = \frac{S_A}{f_A}, \quad MS_e = \frac{S_e}{f_e}$$

进行比较更为合理,因为均方排除了自由度不同所产生的干扰.故用

$$F = \frac{MS_A}{MS_e} = \frac{S_A/f_A}{S_e/f_e} \tag{8.1.17}$$

作为检验 H_0 的统计量,为给出检验拒绝域,我们需要如下定理:

定理 8.1.2　在单因子方差分析模型(8.1.8)及前述符号下,有

(1) $S_e/\sigma^2 \sim \chi^2(n-r)$,从而 $E(S_e) = (n-r)\sigma^2$;

(2) $E(S_A) = (r-1)\sigma^2 + m \sum_{i=1}^{r} a_i^2$,进一步,若 H_0 成立,则有 $S_A/\sigma^2 \sim \chi^2(r-1)$;

(3) S_A 与 S_e 独立.

证明　由(8.1.11)式和(8.1.14)式, $S_e = \sum_{i=1}^{r} \sum_{j=1}^{m} (\varepsilon_{ij} - \bar{\varepsilon}_{i.})^2$,在单因子方差分析模型 (8.1.8)下,我们知道诸 $\varepsilon_{ij}(i = 1,2,\cdots,r, j = 1,2,\cdots,m)$ 独立同分布于 $N(0,\sigma^2)$,由定理 5.4.1 知, $\frac{1}{\sigma^2} \sum_{j=1}^{m} (\varepsilon_{ij} - \bar{\varepsilon}_{i.})^2 (i = 1,2,\cdots,r)$ 相互独立,其共同分布为 $\chi^2(m-1)$,由 χ^2 分布的可加性,有 $\frac{S_e}{\sigma^2} \sim \chi^2(n-r)$,这给出 $E(S_e/\sigma^2) = n-r = f_e$,(1)得证.

类似地,由(8.1.12)式和(8.1.15)式,有

$$S_A = m \sum_{i=1}^{r} (a_i + \bar{\varepsilon}_{i.} - \bar{\varepsilon})^2.$$

由定理 5.4.1 知,对每个 i,平方和 $\sum_{j=1}^{m} (\varepsilon_{ij} - \bar{\varepsilon}_{i.})^2$ 与均值 $\bar{\varepsilon}_{i.}$ 独立,从而 $\bar{\varepsilon}_{1.}, \bar{\varepsilon}_{2.}, \cdots, \bar{\varepsilon}_{r.}$ 与 S_e 独立,而 S_A 只是 $\bar{\varepsilon}_{1.}, \bar{\varepsilon}_{2.}, \cdots, \bar{\varepsilon}_{r.}$ 的函数,由此(3)得证.

在模型(8.1.8)下，S_A 的期望是

$$E(S_A) = m \sum_{i=1}^{r} a_i^2 + E\left[m \sum_{i=1}^{r} (\overline{\varepsilon}_{i\cdot} - \overline{\varepsilon})^2 \right],$$

由于诸误差均值 $\overline{\varepsilon}_{1\cdot}, \overline{\varepsilon}_{2\cdot}, \cdots, \overline{\varepsilon}_{r\cdot}$ 独立同分布于 $N(0, \sigma^2/m)$，从而由诸误差均值组成的偏差平方和除以 σ^2/m 服从 χ^2 分布，即

$$\frac{1}{\sigma^2} \sum_{i=1}^{r} m(\overline{\varepsilon}_{i\cdot} - \overline{\varepsilon})^2 \sim \chi^2(r-1),$$

于是

$$E\left[\sum_{i=1}^{r} m(\overline{\varepsilon}_{i\cdot} - \overline{\varepsilon})^2 \right] = (r-1)\sigma^2.$$

在 H_0 成立下，$S_A/\sigma^2 \sim \chi^2(r-1)$，这就完成了(2)的证明.

由定理 8.1.2 知，若 H_0 成立，则(8.1.17)定义的检验统计量 F 服从自由度为 f_A 和 f_e 的 F 分布，考虑到统计量 F 的值愈大愈倾向于拒绝原假设，故该检验的拒绝域为

$$W = \{ F \geqslant F_{1-\alpha}(f_A, f_e) \}. \tag{8.1.18}$$

通常将上述计算过程列成一张表格，称为方差分析表，见表 8.1.3.

表 8.1.3　单因子方差分析表

来源	平方和	自由度	均方	F 比	p 值
因子	S_A	$f_A = r-1$	$MS_A = S_A/f_A$	$F = MS_A/MS_e$	p
误差	S_e	$f_e = n-r$	$MS_e = S_e/f_e$		
总和	S_T	$f_T = n-1$			

对给定的 α，可作如下判断：
- 如果 $F \geqslant F_{1-\alpha}(f_A, f_e)$，则认为因子 A 显著.
- 若 $F < F_{1-\alpha}(f_A, f_e)$，则说明因子 A 不显著.

该检验的 p 值也可利用统计软件求出，若以 Y 记服从 $F(f_A, f_e)$ 的随机变量，则检验的 p 值为 $p = P(Y \geqslant F)$. 利用 p 值进行判断与第七章相同.

经过简单推导，可以给出常用的各偏差平方和的计算公式如下：

$$S_T = \sum_{i=1}^{r} \sum_{j=1}^{m} y_{ij}^2 - \frac{T^2}{n},$$

$$S_A = \frac{1}{m} \sum_{i=1}^{r} T_i^2 - \frac{T^2}{n}, \tag{8.1.19}$$

$$S_e = S_T - S_A.$$

一般可将计算过程列表进行，见下例.

例 8.1.2　采用例 8.1.1 的数据，由偏差平方和的公式可以看出，对数据作一个线性变换是不影响方差分析的结果的，本例中，我们将原始数据同时减去 1 000，并用列表(如表 8.1.4)的办法给出计算过程：

表 8.1.4 鸡饲料试验数据及计算表

水平	数 据(原始数据−1 000)								T_i	T_i^2	$\sum\limits_{j=1}^{m} y_{ij}^2$
A_1	73	9	60	1	2	12	9	28	194	37 636	10 024
A_2	107	92	−10	109	90	74	122	1	585	342 225	60 355
A_3	93	29	80	21	22	32	29	48	354	125 316	20 984
和									1 133	505 177	91 363

利用(8.1.19),可算得各偏差平方和为:

$$S_T = 91\ 363 - \frac{1\ 133^2}{24} = 37\ 875.96, \qquad f_T = 24 - 1 = 23,$$

$$S_A = \frac{505\ 177}{8} - \frac{1\ 133^2}{24} = 9\ 660.08, \qquad f_A = 3 - 1 = 2,$$

$$S_e = S_T - S_A = 37\ 875.96 - 9\ 660.08 = 28\ 215.88, \quad f_e = 3(8 - 1) = 21.$$

把上述诸平方和及其自由度填入方差分析表,并继续计算得到各均方以及 F 比,p 值,见表 8.1.5.

表 8.1.5 鸡饲料试验的方差分析表

来　源	平方和	自由度	均方	F 比	p 值
因子 A	9 660.08	2	4 830.04	3.59	0.045 6
误差 e	28 215.88	21	1 343.61		
总和 T	37 875.96	23			

若取 $\alpha = 0.05$,则 $F_{0.95}(2, 21) = 3.47$,由于 $F = 3.59 > 3.47$,故认为因子 A(饲料)是显著的,即三种饲料对鸡的增肥作用有明显的差别.

本例中 p 值为 0.045 6,由于 p 值小于 α,故拒绝原假设.

8.1.5 参数估计

在检验结果为显著时,我们可进一步求出总均值 μ、各水平效应 a_i 和误差方差 σ^2 的估计.

一、点估计

由模型(8.1.8)知诸 y_{ij} 相互独立,且 $y_{ij} \sim N(\mu + a_i, \sigma^2)$,因此,可使用最大似然方法求出总均值 μ、各水平效应 a_i 和误差方差 σ^2 的估计.

首先,写出似然函数

$$L(\mu, a_1, a_2, \cdots, a_r, \sigma^2) = \prod_{i=1}^{r} \prod_{j=1}^{m} \left\{ \frac{1}{\sqrt{2\pi\sigma^2}} \exp\left\{ -\frac{(y_{ij} - \mu - a_i)^2}{2\sigma^2} \right\} \right\},$$

其对数似然函数为

$$l(\mu, a_1, a_2, \cdots, a_r, \sigma^2) = -\frac{n}{2}\ln(2\pi\sigma^2) - \frac{1}{2\sigma^2}\sum_{i=1}^{r}\sum_{j=1}^{m}(y_{ij} - \mu - a_i)^2,$$

求偏导,得似然方程为

$$
\begin{cases}
\dfrac{\partial l}{\partial \mu} = \dfrac{1}{\sigma^2} \sum_{i=1}^{r} \sum_{j=1}^{m} (y_{ij} - \mu - a_i) = 0, \\[3mm]
\dfrac{\partial l}{\partial a_i} = \dfrac{1}{\sigma^2} \sum_{j=1}^{m} (y_{ij} - \mu - a_i) = 0, \quad i = 1, 2, \cdots, r, \\[3mm]
\dfrac{\partial l}{\partial \sigma^2} = -\dfrac{n}{2\sigma^2} + \dfrac{1}{2\sigma^4} \sum_{i=1}^{r} \sum_{j=1}^{m} (y_{ij} - \mu - a_i)^2 = 0.
\end{cases}
$$

考虑到约束条件(8.1.6),可求出前述各参数的最大似然估计为

$$\hat{\mu} = \bar{y},$$

$$\hat{a}_i = \bar{y}_{i\cdot} - \bar{y}, \quad i = 1, 2, \cdots, r, \tag{8.1.20}$$

$$\hat{\sigma}_M^2 = \frac{1}{n} \sum_{i=1}^{r} \sum_{j=1}^{m} (y_{ij} - \bar{y}_{i\cdot})^2 = \frac{S_e}{n}.$$

由最大似然估计的不变性,各水平均值 μ_i 的最大似然估计为

$$\hat{\mu}_i = \bar{y}_{i\cdot}, \tag{8.1.21}$$

由于 $\hat{\sigma}_M^2$ 不是 σ^2 的无偏估计,实用中通常采用如下误差方差的无偏估计

$$\hat{\sigma}^2 = MS_e. \tag{8.1.22}$$

二、置信区间

以下讨论各水平均值 μ_i 的置信区间.由定理 8.1.2 知, $\bar{y}_{i\cdot} \sim N(\mu_i, \sigma^2/m)$, $S_e/\sigma^2 \sim \chi^2(f_e)$,且两者独立,故

$$\frac{\sqrt{m}(\bar{y}_{i\cdot} - \mu_i)}{\sqrt{S_e/f_e}} \sim t(f_e),$$

由此给出 A_i 的水平均值 μ_i 的 $1-\alpha$ 的置信区间为

$$\left[\bar{y}_{i\cdot} \pm t_{1-\alpha/2}(f_e) \, \hat{\sigma} / \sqrt{m} \right], \tag{8.1.23}$$

其中 $\hat{\sigma}^2$ 由(8.1.22)给出.

例 8.1.3 我们在例 8.1.2 中已经检验出饲料因子是显著的,此处我们给出诸水平均值的估计.因子 A 的三个水平均值的估计分别为

$$\hat{\mu}_1 = 1\,000 + \frac{194}{8} = 1\,024.25,$$

$$\hat{\mu}_2 = 1\,000 + \frac{585}{8} = 1\,073.13,$$

$$\hat{\mu}_3 = 1\,000 + \frac{354}{8} = 1\,044.25,$$

从点估计来看,水平 A_2 (以槐米粉为主的饲料)是最优的.误差方差的无偏估计为

$$\hat{\sigma}^2 = MS_e = 1\,343.61.$$

进一步,利用(8.1.23)可以给出诸水平均值的置信区间.此处, $\hat{\sigma} = \sqrt{1\,343.61} = 36.66$,若

取 $\alpha = 0.05$，则 $t_{1-\alpha/2}(f_e) = t_{0.975}(21) = 2.079\,6$，$t_{0.975}(21)\hat{\sigma}/\sqrt{8} = 26.95$，于是三个水平均值的 0.95 置信区间分别为

$$\mu_1:\quad [\,1\,024.25\ \pm 26.95\,] = [\,997.30, 1\,051.20\,],$$

$$\mu_2:\quad [\,1\,073.13\ \pm 26.95\,] = [\,1\,046.18, 1\,100.08\,],$$

$$\mu_3:\quad [\,1\,044.25\ \pm 26.95\,] = [\,1\,017.30, 1\,071.20\,],$$

至此，我们可以看到：在单因子试验的数据分析中可得到如下三个结果：

- 因子 A 是否显著.
- 试验的误差方差 σ^2 的估计.
- 诸水平均值 μ_i 的点估计与区间估计.

在因子 A 显著时，通常只需对较优的水平均值作参数估计，在因子 A 不显著场合，参数估计无需进行.

8.1.6　重复数不等情形

有时，每个水平下重复试验次数不全相等，在此情况下进行方差分析与重复数相等情况下的方差分析极为相似，只在几处略有差别.下面我们指出差异之处.

一、数据

设从第 i 个水平下的总体获得 m_i 个试验结果，记为 $y_{i1}, y_{i2}, \cdots, y_{im_i}$，$i = 1, 2, \cdots, r$，故总试验次数为 $n = m_1 + m_2 + \cdots + m_r$，从而，其统计模型为

$$\begin{cases} y_{ij} = \mu_i + \varepsilon_{ij}, & i = 1, 2, \cdots, r, \quad j = 1, 2, \cdots, m_i, \\ \text{各 } \varepsilon_{ij} \text{ 相互独立，且都服从 } N(0, \sigma^2). \end{cases} \tag{8.1.24}$$

二、总均值

诸 μ_i 的加权平均（所有试验结果的均值的平均）

$$\mu = \frac{1}{n}(m_1\mu_1 + m_2\mu_2 + \cdots + m_r\mu_r) = \frac{1}{n}\sum_{i=1}^{r} m_i\mu_i \tag{8.1.25}$$

称为**总均值**，它是所有观测值期望的平均.第 i 个水平下的均值 μ_i 与总均值 μ 的差

$$a_i = \mu_i - \mu, \quad i = 1, 2, \cdots, r \tag{8.1.26}$$

称为因子 A 的第 i 个**水平效应**.

三、效应约束条件

由 (8.1.25) 和 (8.1.26) 容易看出关于效应的约束条件为

$$\sum_{i=1}^{r} m_i a_i = 0,$$
$$\mu_i = \mu + a_i,$$

这表明第 i 个总体的均值是由总均值与该水平的效应叠加而成的.类似于 (8.1.8)，有

$$\begin{cases} y_{ij} = \mu + a_i + \varepsilon_{ij}, & i = 1, 2, \cdots, r, j = 1, 2, \cdots, m_i, \\ \sum_{i=1}^{r} m_i a_i = 0, \\ \text{诸 } \varepsilon_{ij} \text{ 相互独立，且都服从 } N(0, \sigma^2). \end{cases} \tag{8.1.27}$$

四、各平方和的计算

要考虑的问题仍是检验(8.1.9)给出的假设.整个分析思路与方法基本一样,重要的区别是计算公式稍有不同,特别要注意 S_A 的计算公式.类似地记

$$T_i = \sum_{j=1}^{m_i} y_{ij}, \quad \bar{y}_{i.} = \frac{T_i}{m_i},$$

$$T = \sum_{i=1}^{r} \sum_{j=1}^{m_i} y_{ij} = \sum_{i=1}^{r} T_i, \quad \bar{y} = \frac{T}{n},$$

则

$$S_T = \sum_{i=1}^{r} \sum_{j=1}^{m_i} (y_{ij} - \bar{y})^2 = \sum_{i=1}^{r} \sum_{j=1}^{m_i} y_{ij}^2 - \frac{T^2}{n}, \quad f_T = n - 1,$$

$$S_A = \sum_{i=1}^{r} m_i (\bar{y}_{i.} - \bar{y})^2 = \sum_{i=1}^{r} \frac{T_i^2}{m_i} - \frac{T^2}{n}, \quad f_A = r - 1, \qquad (8.1.28)$$

$$S_e = \sum_{i=1}^{r} \sum_{j=1}^{m_i} (y_{ij} - \bar{y}_{i.})^2 = S_T - S_A, \quad f_e = n - r.$$

方差分析表以及参数估计是一样的.

例 8.1.4 某食品公司对一种食品设计了四种新包装.为考察哪种包装最受顾客欢迎,选了 10 个地段繁华程度相似、规模相近的商店做试验,其中两种包装各指定两个商店销售,另两种包装各指定三个商店销售.在试验期内各店货架排放的位置、空间都相同,营业员的促销方法也基本相同,经过一段时间,记录其销售量数据,列于表8.1.6左侧,其相应的计算结果列于右侧.

表 8.1.6　销售量数据及计算表

包装类型	销售量数据			m_i	T_i	T_i^2/m_i	$\sum_{j=1}^{m_i} y_{ij}^2$
A_1	12	18		2	30	450	468
A_2	14	12	13	3	39	507	509
A_3	19	17	21	3	57	1 083	1 091
A_4	24	30		2	54	1 458	1 476
和				$n=10$	$T=180$	$\sum_{i=1}^{r} \frac{T_i^2}{m_i} = 3\ 498$	$\sum_{i=1}^{r}\sum_{j=1}^{m_i} y_{ij}^2 = 3\ 544$

由此可求得各类偏差平方和如下 $\left(\text{其中} \frac{T^2}{n} = \frac{180^2}{10} = 3\ 240\right)$

$$S_T = 3\ 544 - 3\ 240 = 304, \quad f_T = 10 - 1 = 9,$$
$$S_A = 3\ 498 - 3\ 240 = 258, \quad f_A = 4 - 1 = 3,$$
$$S_e = 304 - 258 = 46, \quad f_e = 10 - 4 = 6.$$

方差分析表如表 8.1.7 所示.

表 8.1.7 销售量的方差分析表

来　源	平方和	自由度	均方	F 比	p 值
因子 A	258	3	86	11.21	0.007 1
误差 e	46	6	7.67		
总和 T	304	9			

若取 $\alpha = 0.01$，由于 p 值为 0.007 1，小于 α，故我们可认为各水平间有显著差异.

由于因子显著，我们还可以给出诸水平均值的估计.因子 A 的四个水平均值的估计分别为

$$\hat{\mu}_1 = 30/2 = 15, \quad \hat{\mu}_2 = 39/3 = 13,$$

$$\hat{\mu}_3 = 57/3 = 19, \quad \hat{\mu}_4 = 54/2 = 27,$$

由此可见，第四种包装方式效果最好.误差方差的无偏估计为

$$\hat{\sigma}^2 = MS_e = 7.67.$$

进一步，利用(8.1.23)也可以给出诸水平均值的置信区间，只是在这里要用不同的 m_i 代替那里相同的 m. 此处，$\hat{\sigma} = \sqrt{7.67} = 2.769\ 5$，若取 $\alpha = 0.05$，则 $t_{1-\alpha/2}(f_e) = t_{0.975}(6) = 2.446\ 9$，$t_{0.975}(6)\hat{\sigma} = 6.776\ 7$，于是效果较好的第四个水平均值的 0.95 置信区间为

$$\mu_4: \left[27 \pm 6.776\ 7/\sqrt{2}\right] = [22.21, 31.79].$$

习　题　8.1

1. 在一个单因子试验中，因子 A 有三个水平，每个水平下各重复 4 次，具体数据如下：

水平	数据			
一水平	8	5	7	4
二水平	6	10	12	9
三水平	0	1	5	2

试计算误差平方和 S_e、因子 A 的平方和 S_A、总平方和 S_T，并指出它们各自的自由度.

2. 在一个单因子试验中，因子 A 有 4 个水平，每个水平下重复次数分别为 5, 7, 6, 8. 那么误差平方和、A 的平方和及总平方和的自由度各是多少？

3. 在单因子试验中，因子 A 有 4 个水平，每个水平下各重复 3 次试验，现已求得每个水平下试验结果的样本标准差分别为 1.5, 2.0, 1.6, 1.2，则其误差平方和为多少？误差的方差 σ^2 的估计值是多少？

4. 在单因子方差分析中，因子 A 有三个水平，每个水平各做 4 次重复试验，请完成下列方差分析表，并在显著性水平 $\alpha = 0.05$ 下对因子 A 是否显著作出检验.

方差分析表

来　源	平方和	自由度	均方	F 比	p 值
因子 A	4.2				
误差 e	2.5				
总和 T	6.7				

5. 用 4 种安眠药在兔子身上进行试验, 特选 24 只健康的兔子, 随机把它们均分为 4 组, 每组各服一种安眠药, 安眠时间(单位: h)如下所示.

安眠药试验数据

安眠药	安眠时间					
A_1	6.2	6.1	6.0	6.3	6.1	5.9
A_2	6.3	6.5	6.7	6.6	7.1	6.4
A_3	6.8	7.1	6.6	6.8	6.9	6.6
A_4	5.4	6.4	6.2	6.3	6.0	5.9

在显著性水平 $\alpha = 0.05$ 下对其进行方差分析, 可以得到什么结果?

6. 为研究咖啡因对人体功能的影响, 随机选择 30 名体质大致相同的健康男大学生进行手指叩击训练, 此外咖啡因选三个水平:

$$A_1 = 0\ \text{mg}, \qquad A_2 = 100\ \text{mg}, \qquad A_3 = 200\ \text{mg}.$$

每个水平下冲泡 10 杯水, 外观无差别, 并加以编号, 然后让 30 名大学生每人从中任选一杯服下, 2 小时后, 请每人做手指叩击, 统计员记录其每分钟叩击次数, 试验结果统计如下表:

咖啡因剂量	叩击次数									
A_1: 　0 mg	242	245	244	248	247	248	242	244	246	242
A_2: 100 mg	248	246	245	247	248	250	247	246	243	244
A_3: 200 mg	246	248	250	252	248	250	246	248	245	250

请对上述数据进行方差分析, 从中可得到什么结论?

7. 某粮食加工厂试验三种储藏方法对粮食含水率有无显著影响. 现取一批粮食分成若干份, 分别用三种不同的方法储藏, 过一段时间后测得的含水率(单位: %)如下表:

储藏方法	含水率数据				
A_1	7.3	8.3	7.6	8.4	8.3
A_2	5.4	7.4	7.1	6.8	5.3
A_3	7.9	9.5	10.0	9.8	8.4

(1) 假定各种方法储藏的粮食的含水率服从正态分布, 且方差相等, 试在 $\alpha = 0.05$ 下检验这三种方法对含水率有无显著影响;

(2) 对每种方法的平均含水率给出置信水平为 0.95 的置信区间.

8. 在入户推销上有五种方法, 某大公司想比较这五种方法有无显著的效果差异, 设计了一项实验:从应聘的且无推销经验的人员中随机挑选一部分人,将他们随机地分为五个组,每一组用一种推销方法进行培训,培训相同时间后观察他们在一个月内的推销额(单位:千元),数据如下:

组别	推　销　额						
第一组	20.0	16.8	17.9	21.2	23.9	26.8	22.4
第二组	24.9	21.3	22.6	30.2	29.9	22.5	20.7
第三组	16.0	20.1	17.3	20.9	22.0	26.8	20.8
第四组	17.5	18.2	20.2	17.7	19.1	18.4	16.5
第五组	25.2	26.2	26.9	29.3	30.4	29.7	28.2

(1) 假定数据满足进行方差分析的假定,对数据进行分析,在 $\alpha = 0.05$ 下,这五种方法在平均月推销额上有无显著差异?

(2) 哪种推销方法的效果最好? 试对该种方法一个月的平均推销额求置信水平为 0.95 的置信区间.

§8.2　多　重　比　较

8.2.1　水平均值差的置信区间

如果方差分析的结果是因子 A 显著,则等于说有充分理由认为因子 A 各水平的效应不全相同,但这并不是说它们中一定没有相同的.就指定的一对水平 A_i 与 A_j,我们可通过求 $\mu_i - \mu_j$ 的区间估计来进行比较,方法如下:由(8.1.27)式可以推出

$$\bar{y}_{i.} - \bar{y}_{j.} \sim N\left(\mu_i - \mu_j, \left(\frac{1}{m_i} + \frac{1}{m_j}\right)\sigma^2\right),$$

而定理 8.1.2 指出 $S_e/\sigma^2 \sim \chi^2(f_e)$,且两者独立,故

$$\frac{(\bar{y}_{i.} - \bar{y}_{j.}) - (\mu_i - \mu_j)}{\sqrt{\left(\frac{1}{m_i} + \frac{1}{m_j}\right)\frac{S_e}{f_e}}} \sim t(f_e).$$

由此给出 $\mu_i - \mu_j$ 的置信水平为 $1-\alpha$ 的置信区间为

$$\left[\bar{y}_{i.} - \bar{y}_{j.} \pm \sqrt{\left(\frac{1}{m_i} + \frac{1}{m_j}\right)}\,\hat{\sigma} \cdot t_{1-\frac{\alpha}{2}}(f_e)\right], \tag{8.2.1}$$

其中 $\hat{\sigma}^2 = S_e/f_e$ 是 σ^2 的无偏估计.根据置信区间与双侧假设检验间的对应关系(§7.2.2)知:(8.2.1)式给出的置信区间就是两正态均值差的检验问题:

$$H_0: \mu_i - \mu_j = 0 \quad \text{vs} \quad H_1: \mu_i - \mu_j \neq 0$$

的接受域 $\overline{W}$.若该置信区间含有 0,则可认为 μ_i 与 μ_j 间无显著差异;若该区间不含 0,则认为 μ_i 与 μ_j 间有显著差异.具体见下面例子.

例 8.2.1　在例 8.1.2 中,我们已知饲料因子是显著的,此处 $m_1 = m_2 = m_3 = 8, f_e = 21,$

$\hat{\sigma} = \sqrt{1\,343.61} = 36.66$,若取 $\alpha = 0.05$,则 $t_{1-\alpha/2}(f_e) = t_{0.975}(21) = 2.079\,6$,$\sqrt{\dfrac{1}{8} + \dfrac{1}{8}}$ · $t_{0.975}(21)\hat{\sigma} = 38.12$,于是可算出 3 对均值差的置信区间为

$$\mu_1 - \mu_2: \quad [-48.88 \pm 38.12] = [-87, -10.76],$$

$$\mu_1 - \mu_3: \quad [-20 \pm 38.12] = [-58.12, 18.12],$$

$$\mu_2 - \mu_3: \quad [28.88 \pm 38.12] = [-9.24, 67].$$

这三个置信区间中只有 $\mu_1 - \mu_2$ 的置信区间不含有 0,故 μ_1 与 μ_2 间有显著差别,其他 μ_1 与 μ_3 或 μ_2 与 μ_3 间均无显著差别.

我们看到,(8.2.1)式给出的置信区间与第六章中的两样本的 t 区间基本一致,区别在于这里 σ^2 的估计使用了全部样本而不仅仅是 A_i, A_j 两个水平下的观测值.

8.2.2 多重比较问题

这里遇到一个新的问题,对每一组 (i, j),(8.2.1)式给出的区间的置信水平都是 $1-\alpha$,但对多个这样的区间,要求其同时成立,其联合置信水平就不再是 $1-\alpha$ 了.譬如,设 $E_1, E_2, \cdots, E_k$ 是 k 个随机事件,且有 $P(E_i) = 1-\alpha, i = 1, 2, \cdots, k$,则其同时发生的概率

$$P\Big(\bigcap_{i=1}^{k} E_i\Big) = 1 - P\Big(\bigcup_{i=1}^{k} \bar{E}_i\Big) \geqslant 1 - \sum_{i=1}^{k} P(\bar{E}_i) = 1 - k\alpha,$$

这说明它们同时发生的概率可能比 $1-\alpha$ 小很多.为了使它们同时发生的概率不低于 $1-\alpha$,一个办法是把每个事件发生的概率提高到 $1-\alpha/k$.比如,如果我们同时考虑所有的 $k = r(r-1)/2$ 组水平均值差 $\mu_i - \mu_j$ 的置信区间,则在 (8.2.1) 式中将 $t_{1-\alpha/2}(f_e)$ 替换为 $t_{1-\alpha/(2k)}(f_e)$ 即可.这将导致每个置信区间过长,联合置信区间的精度很差,一般人们不采用这种方法,而是采用我们下面介绍的多重比较来解决上述问题.

在方差分析中,如果经过 F 检验拒绝原假设,表明因子 A 是显著的,即 r 个水平对应的水平均值不全相等,此时,我们还需要进一步确认哪些水平均值间是确有差异的,哪些水平均值间无显著差异.

在 r $(r > 2)$ 个水平均值中同时比较任意两个水平均值间有无明显差异的问题称为**多重比较**,多重比较即要以显著性水平 α 同时检验如下 $r(r-1)/2$ 个假设:

$$H_0^{ij}: \mu_i = \mu_j, \quad 1 \leqslant i < j \leqslant r. \tag{8.2.2}$$

直观地看,当 H_0^{ij} 成立时,$|\bar{y}_{i\cdot} - \bar{y}_{j\cdot}|$ 不应过大,过大就应拒绝 H_0^{ij},故在同时考察 $\binom{r}{2}$ 个假设 H_0^{ij} 时,诸 H_0^{ij} 中至少有一个不成立就构成多重比较的拒绝域.因此,关于假设 (8.2.2) 的拒绝域应有如下形式

$$W = \bigcup_{1 \leqslant i < j \leqslant r} \{|\bar{y}_{i\cdot} - \bar{y}_{j\cdot}| \geqslant c_{ij}\},$$

诸临界值 c_{ij} 应在 (8.2.2) 成立时由 $P(W) = \alpha$ 确定.下面分重复数相等和不等分别介绍临界值的确定.

8.2.3 重复数相等场合的 T 法

在重复数相等时,由对称性自然可以要求诸 c_{ij} 相等,记为 c.记 $\hat{\sigma}^2 = S_e/f_e$,则由给定

条件不难有

$$t_i = \frac{\overline{y}_{i\cdot} - \mu_i}{\hat{\sigma}/\sqrt{m}} \sim t(f_e),$$

于是当假设(8.2.2)成立时,$\mu_1 = \mu_2 = \cdots = \mu_r = \mu$,故有

$$\begin{aligned}
P(W) &= P\Big(\bigcup_{1 \leqslant i < j \leqslant r} \{ |\, \overline{y}_{i\cdot} - \overline{y}_{j\cdot} \,| \geqslant c \} \Big) \\
&= 1 - P\Big(\bigcap_{1 \leqslant i < j \leqslant r} \{ |\, \overline{y}_{i\cdot} - \overline{y}_{j\cdot} \,| < c \} \Big) \\
&= 1 - P\Big(\max_{1 \leqslant i < j \leqslant r} |\, \overline{y}_{i\cdot} - \overline{y}_{j\cdot} \,| < c \Big) \\
&= P\Big(\max_{1 \leqslant i < j \leqslant r} |\, \overline{y}_{i\cdot} - \overline{y}_{j\cdot} \,| \geqslant c \Big) \\
&= P\Big(\max_{1 \leqslant i < j \leqslant r} \Big| \frac{(\overline{y}_{i\cdot} - \mu) - (\overline{y}_{j\cdot} - \mu)}{\hat{\sigma}/\sqrt{m}} \Big| \geqslant \frac{c}{\hat{\sigma}/\sqrt{m}} \Big) \\
&= P\Big(\max_i \frac{(\overline{y}_{i\cdot} - \mu)}{\hat{\sigma}/\sqrt{m}} - \min_j \frac{(\overline{y}_{j\cdot} - \mu)}{\hat{\sigma}/\sqrt{m}} \geqslant \frac{c}{\hat{\sigma}/\sqrt{m}} \Big).
\end{aligned}$$

这里 $q(r, f_e) = \max_i \dfrac{(\overline{y}_{i\cdot} - \mu)}{\hat{\sigma}/\sqrt{m}} - \min_j \dfrac{(\overline{y}_{j\cdot} - \mu)}{\hat{\sigma}/\sqrt{m}}$ 一般称为 t 化极差统计量,这是因为它的结构类似于 t 统计量. $q(r, f_e)$ 的分布不易导出,但知它的分布只与自由度 f_e 和水平数 r 有关,而与参数 μ, σ^2 无关,也与 m 无关,该分布可由随机模拟方法得到,方法如下(不妨设 $\mu = 0, \sigma^2 = 1, m = 1$):对给定的 r 和 f_e.

(1)从标准正态分布 $N(0,1)$ 产生 r 个随机数 $x_1, x_2, \cdots, x_r$,将该 r 个随机数按从小到大排序得到 $x_{(1)}$ 和 $x_{(r)}$;

(2)从自由度为 f_e 的 χ^2 分布 $\chi^2(f_e)$ 产生一个随机数 y;

(3)计算 $q = (x_{(r)} - x_{(1)})/\sqrt{y}$;

(4)重复(1)到(3) N (例如 10^4 或 10^5)次,即得 $q(r, f_e)$ 的 N 个观测值,由此可获得 $q(r, f_e)$ 的各种分位数.于是,由

$$P(W) = P(q(r, f_e) \geqslant \sqrt{m}\, c/\hat{\sigma}) = \alpha \tag{8.2.3}$$

可以得出

$$c = q_{1-\alpha}(r, f_e)\, \hat{\sigma}/\sqrt{m}, \tag{8.2.4}$$

其中 $q_{1-\alpha}(r, f_e)$ 表示 $q(r, f_e)$ 的 $1-\alpha$ 分位数,其值在附表 8 中给出.

至此,可将重复数相同时多重比较的步骤总结如下:对给定的显著性水平 α,查 t 化极差统计量的分位数 $q_{1-\alpha}(r, f)$ 表,计算 $c = q_{1-\alpha}(r, f_e)\hat{\sigma}/\sqrt{m}$,比较诸 $|\overline{y}_{i\cdot} - \overline{y}_{j\cdot}|$ 与 c 的大小,若

$$|\, \overline{y}_{i\cdot} - \overline{y}_{j\cdot} \,| \geqslant c,$$

则认为水平 A_i 与水平 A_j 间有显著差异,反之,则认为水平 A_i 与水平 A_j 间无明显差别.这一方法最早由图基(Tukey)提出,因此称为 T 法.

例 8.2.2 我们已在例 8.1.2 中指出饲料因子是显著的,下面进行多重比较.若取

$\alpha = 0.05$，则查表知 $q_{1-0.05}(3, 21) = 3.57$，而 $\hat{\sigma} = 36.66$. 所以 $c = 3.57 \times 36.66 / \sqrt{8} = 46.27$.

$|\bar{y}_1. - \bar{y}_2.| = |1\ 024.25 - 1\ 073.13| = 48.88 > 46.27$，认为 μ_1 与 μ_2 有显著差别；

$|\bar{y}_1. - \bar{y}_3.| = |1\ 024.25 - 1\ 044.25| = 20 < 46.27$，认为 μ_1 与 μ_3 无显著差别；

$|\bar{y}_2. - \bar{y}_3.| = |1\ 073.13 - 1\ 044.25| = 28.88 < 46.27$，认为 μ_2 与 μ_3 无显著差别.

由此可见，μ_1 与 μ_2 之间有显著差别，而它们与 μ_3 之间都无显著差异，即以鱼粉为主的饲料与以槐米粉为主的饲料在鸡的增重方面有明显差异，但以苜蓿粉为主的饲料与另两种饲料间无显著差异.

8.2.4 重复数不等场合的 S 法

在重复数不等时，沿用上面的记号，我们有

$$\frac{(\bar{y}_i. - \bar{y}_j.) - (\mu_i - \mu_j)}{\sqrt{\dfrac{1}{m_i} + \dfrac{1}{m_j}}\ \hat{\sigma}} \sim t(f_e),$$

在假设 (8.2.2) 成立时，$\mu_1 = \mu_2 = \cdots = \mu_r = \mu$，于是有

$$t_{ij} = \frac{(\bar{y}_i. - \bar{y}_j.)}{\sqrt{\dfrac{1}{m_i} + \dfrac{1}{m_j}}\ \hat{\sigma}} \sim t(f_e) \quad \text{或} \quad F_{ij} = \frac{(\bar{y}_i. - \bar{y}_j.)^2}{\left(\dfrac{1}{m_i} + \dfrac{1}{m_j}\right)\hat{\sigma}^2} \sim F(1, f_e),$$

从而可以要求 $c_{ij} = c\sqrt{\dfrac{1}{m_i} + \dfrac{1}{m_j}}$，类似于重复数相等时的推导，有

$$P(W) = P\left(\bigcup_{1 \leqslant i < j \leqslant r} \left\{ |\bar{y}_i. - \bar{y}_j.| \geqslant c\sqrt{\frac{1}{m_i} + \frac{1}{m_j}} \right\}\right)$$

$$= P\left(\max_{1 \leqslant i < j \leqslant r} \frac{|\bar{y}_i. - \bar{y}_j.|}{\sqrt{\dfrac{1}{m_i} + \dfrac{1}{m_j}}\ \hat{\sigma}} \geqslant \frac{c}{\hat{\sigma}} \right)$$

$$= P\left(\max_{1 \leqslant i < j \leqslant r} \frac{(\bar{y}_i. - \bar{y}_j.)^2}{\left(\dfrac{1}{m_i} + \dfrac{1}{m_j}\right)\hat{\sigma}^2} \geqslant \frac{c^2}{\hat{\sigma}^2} \right)$$

$$= P\left(\max_{1 \leqslant i < j \leqslant r} F_{ij} \geqslant (c/\hat{\sigma})^2 \right).$$

可以证明，$\dfrac{\max\limits_{1 \leqslant i < j \leqslant r} F_{ij}}{r-1} \sim F(r-1, f_e)$，从而由 $P(W) = \alpha$ 可推出 $\left(\dfrac{c}{\hat{\sigma}}\right)^2 = (r-1) F_{1-\alpha}(r-1, f_e)$，亦即

$$c_{ij} = \sqrt{(r-1) F_{1-\alpha}(r-1, f_e)\left(\frac{1}{m_i} + \frac{1}{m_j}\right)\hat{\sigma}^2}.$$

例 8.2.3 在例 8.1.4 中，我们已指出包装方式对食品销量有显著影响，此处 $r = 4$，$f_e = 6$，$\hat{\sigma}^2 = 7.67$，若取 $\alpha = 0.05$，则 $F_{0.95}(3, 6) = 4.76$. 注意到 $m_1 = m_4 = 2$，$m_2 = m_3 = 3$，故

$$c_{12} = c_{13} = c_{24} = c_{34} = \sqrt{3 \times 4.76 \times \left(\frac{1}{2} + \frac{1}{3}\right) \times 7.67} = 9.6,$$

$$c_{14} = \sqrt{3 \times 4.76 \times \left(\frac{1}{2} + \frac{1}{2} \right) \times 7.67} = 10.5,$$

$$c_{23} = \sqrt{3 \times 4.76 \times \left(\frac{1}{3} + \frac{1}{3} \right) \times 7.67} = 8.5.$$

由于

$$|\bar{y}_{1.} - \bar{y}_{2.}| = 2 < c_{12},$$

$$|\bar{y}_{1.} - \bar{y}_{3.}| = 4 < c_{13},$$

$$|\bar{y}_{1.} - \bar{y}_{4.}| = 12 > c_{14},$$

$$|\bar{y}_{2.} - \bar{y}_{3.}| = 6 < c_{23},$$

$$|\bar{y}_{2.} - \bar{y}_{4.}| = 14 > c_{24},$$

$$|\bar{y}_{3.} - \bar{y}_{4.}| = 8 < c_{34},$$

这说明 A_1, A_2, A_3 间无显著差异, A_1, A_2 与 A_4 有显著差异, 但 A_4 与 A_3 的差异尚未达到显著水平. 综合上述, 包装 A_4 销售量最佳.

习 题 8.2

1. 采用习题 8.1 中第 7 题的数据, 对三种储藏方法的平均含水率在 $\alpha = 0.05$ 下作多重比较.

2. 采用习题 8.1 中第 8 题的数据, 对五种推销方法在 $\alpha = 0.05$ 下作多重比较.

3. 有七种人造纤维, 每种抽 4 根测其强度, 得每种纤维的平均强度及标准差如下:

i	1	2	3	4	5	6	7
$\bar{y}_i$	6.3	6.2	6.7	6.8	6.5	7.0	7.1
s_i	0.81	0.92	1.22	0.74	0.88	0.58	1.05

假定各种纤维的强度服从等方差的正态分布.

(1) 试问七种纤维强度间有无显著差异? (取 $\alpha = 0.05$)

(2) 若各种纤维的强度间无显著差异, 则给出平均强度的置信水平为 0.95 的置信区间; 若各种纤维的强度间有显著差异, 请进一步在 $\alpha = 0.05$ 下进行多重比较, 并指出哪种纤维的平均强度最大, 同时给出该种纤维平均强度的置信水平为 0.95 的置信区间.

4. 一位经济学家对生产电子计算机设备的企业收集了在一年内生产力提高指数(用 0 到 100 内的数表示), 并按过去三年间在科研和开发上的平均花费分为三类:

$$A_1: 花费少, \qquad A_2: 花费中等, \qquad A_3: 花费多.$$

生产力提高的指数如下表所示:

水平	生产力提高指数										
A_1	7.6	8.2	6.8	5.8	6.9	6.6	6.3	7.7	6.0		
A_2	6.7	8.1	9.4	8.6	7.8	7.7	8.9	7.9	8.3	8.7	7.1	8.4
A_3	8.5	9.7	10.1	7.8	9.6	9.5					

请列出方差分析表, 并进行多重比较(取 $\alpha = 0.05$).

§8.3　方差齐性检验

在单因子试验中 r 个水平的指标可以用 r 个正态分布 $N(\mu_i, \sigma_i^2)$ $(i=1, 2, \cdots, r)$ 表示,在进行方差分析时要求 r 个方差相等,这称为**方差齐性**.而方差齐性不一定自然具有.理论研究表明,当正态性假定不满足时对均值相等的 F 检验影响较小,即 F 检验对正态性的偏离具有一定的稳健性,而 F 检验对方差齐性的偏离较为敏感.所以 r 个方差的齐性检验就显得十分必要.

所谓方差齐性检验是对如下一对假设作出检验:

$$H_0 : \sigma_1^2 = \sigma_2^2 = \cdots = \sigma_r^2 \quad \text{vs} \quad H_1 : \text{诸 } \sigma_i^2 \text{ 不全相等}. \tag{8.3.1}$$

很多统计学家提出了一些很好的检验方法,这里介绍几个最常用的检验,它们是:

- 哈特利(Hartley)检验,仅适用于样本量相等的场合.
- 巴特利特(Bartlett)检验,可用于样本量相等或不等的场合,但是每个样本量不得低于 5.
- 修正的巴特利特检验,在样本量较小或较大、相等或不等场合均可使用.

下面分别来叙述它们.

8.3.1　哈特利检验

当各水平下试验重复次数相等时,即

$$m_1 = m_2 = \cdots = m_r = m,$$

哈特利提出检验方差相等的检验统计量

$$H = \frac{\max\{s_1^2, s_2^2, \cdots, s_r^2\}}{\min\{s_1^2, s_2^2, \cdots, s_r^2\}}. \tag{8.3.2}$$

它是 r 个样本方差的最大值与最小值之比.这个统计量的分布尚无明显的表达式,但在诸方差相等条件下,可通过随机模拟方法获得 H 分布的分位数,该分布依赖于水平数 r 和样本方差的自由度 $f = m - 1$,因此该分布可记为 $H(r, f)$,其分位数表见附表 10.

直观上看,当 H_0 成立,即诸方差相等 $(\sigma_1^2 = \sigma_2^2 = \cdots = \sigma_r^2)$ 时,H 的值应接近于 1,H 愈大,诸方差间的差异就愈大,这时应拒绝(8.3.1)中的 H_0.由此可知,对给定的显著性水平 α,检验 H_0 的拒绝域为

$$W = \{H \geqslant H_{1-\alpha}(r, f)\}, \tag{8.3.3}$$

其中 $H_{1-\alpha}(r, f)$ 为 H 分布的 $1-\alpha$ 分位数,见附表 10.

例 8.3.1　有四种不同牌号的铁锈防护剂(简称防锈剂),现要比较其防锈能力.为此,制作 40 个大小形状相同的铁块(试验样品),然后把它们随机分为四组,每组 10 件样品.在每一组样品上涂上同一牌号的防锈剂,最后把 40 个样品放在一个广场上让其经受日晒、风吹和雨打.一段时间后再行观察其防锈能力.由于防锈能力无测量仪器,只能请专家评分.五位受聘专家对评分标准进行讨论,取得共识.样品上无锈迹的评 100 分,全锈了评 0 分.他们在不知牌号的情况下进行独立评分.最后把一个样品的 5 位专

家所给分数的平均值作为该样品的防锈能力.数据列于表 8.3.1 上.

表 8.3.1 防锈能力数据及计算表

因子 A（防锈剂）		A_1	A_2	A_3	A_4
数据 y_{ij}	1	43.9	89.8	68.4	36.2
	2	39.0	87.1	69.3	45.2
	3	46.7	92.7	68.5	40.7
	4	43.8	90.6	66.4	40.5
	5	44.2	87.7	70.0	39.3
	6	47.7	92.4	68.1	40.3
	7	43.6	86.1	70.6	43.2
	8	38.9	88.1	65.2	38.7
	9	43.6	90.8	63.8	40.9
	10	40.0	89.1	69.2	39.7
和 T_i		431.4	894.4	679.5	404.7
均值 $\bar{y}_{i\cdot}$		43.14	89.44	67.95	40.47
组内平方和 Q_i		81.00	44.28	42.33	53.42

这是一个重复次数相等的单因子试验.我们考虑用方差分析方法对之进行比较分析,为此,首先要进行方差齐性检验.

本例中,四个样本方差可由表 8.3.1 中诸 Q_i 求出,即

$$s_1^2 = \frac{81.00}{9} = 9.00, \quad s_2^2 = \frac{44.28}{9} = 4.92,$$

$$s_3^2 = \frac{42.33}{9} = 4.70, \quad s_4^2 = \frac{53.42}{9} = 5.94.$$

由此可得统计量 H 的值

$$H = \frac{9.00}{4.70} = 1.91.$$

在 $\alpha = 0.05$ 时,由附表 10 查得 $H_{0.95}(4,9) = 6.31$,由于 $H < 6.31$,所以应该接受原假设 H_0,即认为四个总体方差间无显著差异.

进一步,在正态性检验通过(用正态概率图)的情况下,我们可用方差分析方法对四种不同牌号的防锈剂比较其防锈能力.由表 8.3.1 的数据可以算出 $T = T_1 + \cdots + T_4 = 2\,410$,从而求得三个偏差平方和分别为

$$S_T = 43.9^2 + 39.0^2 + \cdots + 40.9^2 + 39.7^2 - \frac{2\,410^2}{40} = 16\,174.50, \quad f_T = 39,$$

$$S_A = \frac{1}{10}(431.4^2 + 894.4^2 + 679.5^2 + 404.7^2) - \frac{2\,410^2}{40} = 15\,953.47, \quad f_A = 3,$$

$$S_e = S_T - S_A = 221.03, \quad f_e = 36.$$

把上述各项移到方差分析表上,可继续计算各均方与 F 比、p 值,具体见表8.3.2.

表 8.3.2 防锈能力的方差分析表

来源	平方和	自由度	均方	F 比	p 值
因子 A	15 953.47	3	5 317.82	866.09	0.000 0
误差 e	221.03	36	6.14		
总和 T	16 174.50	39			

若给定显著性水平 $\alpha = 0.05$,查表可得 $F_{0.95}(3,36) = 2.87$,由于 $F > 2.87$,故因子 A 显著,即四种防锈剂的防锈能力有显著差异.这里 p 值为 0.000 0 表示 $p \leqslant 0.000\ 1$.

各种防锈剂的防锈能力均值估计分别为

$$\hat{\mu}_1 = 43.14, \quad \hat{\mu}_2 = 89.44, \quad \hat{\mu}_3 = 67.95, \quad \hat{\mu}_4 = 40.47,$$

第二种牌号的防锈剂的防锈能力最强.

此外,试验误差的方差 σ^2 的估计为 $\hat{\sigma}^2 = 6.14$,σ 的估计为 $\hat{\sigma} = \sqrt{6.14} = 2.48$.

由于第二种牌号的防锈剂的防锈能力最强,我们还可求出其均值 μ_2 的 95% 的置信区间,此处 $t_{1-\alpha/2}(f_e) = t_{0.975}(36) = 2.028\ 1, \hat{\sigma} = 2.48, m = 10, \hat{\mu}_2 = \bar{y}_{2.} = 89.44$,则

$$\bar{y}_{2.} \pm t_{1-\alpha/2}(f_e)\, \hat{\sigma}/\sqrt{m} = 89.44 \pm 1.59,$$

即 μ_2 的 95% 的置信区间为 $[87.85, 91.03]$.

8.3.2 巴特利特检验

在单因子方差分析中有 r 个样本,设第 i 个样本方差为

$$s_i^2 = \frac{1}{m_i - 1} \sum_{j=1}^{m_i} (y_{ij} - \bar{y}_{i.})^2 = \frac{Q_i}{f_i}, \quad i = 1, 2, \cdots, r,$$

其中 m_i 为第 i 个样本的容量(即试验重复次数),$Q_i = \sum_{j=1}^{m_i} (y_{ij} - \bar{y}_{i.})^2$ 与 $f_i = m_i - 1$ 为该样本的偏差平方和及自由度.由于误差均方

$$MS_e = \frac{1}{f_e} \sum_{i=1}^{r} Q_i = \sum_{i=1}^{r} \frac{f_i}{f_e} s_i^2,$$

它是 r 个样本方差 $s_1^2, s_2^2, \cdots, s_r^2$ 的(加权)算术平均数.而相应的 r 个样本方差的几何平均数记为 GMS_e,它是

$$GMS_e = \left[(s_1^2)^{f_1}(s_2^2)^{f_2} \cdots (s_r^2)^{f_r} \right]^{1/f_e},$$

其中 $f_e = f_1 + f_2 + \cdots + f_r = \sum_{i=1}^{r} (m_i - 1) = n - r$.

由于几何平均数总不会超过算术平均数,故有

$$GMS_e \leqslant MS_e,$$

其中等号成立当且仅当诸 s_i^2 彼此相等,若诸 s_i^2 间的差异愈大,则此两个平均值相差也愈大.由此可见,当诸总体方差相等时,其样本方差间不应相差较大,从而比值 $MS_e/$

GMS_e 接近于 1.反之,在比值 MS_e/GMS_e 较大时,就意味着诸样本方差差异较大,从而反映诸总体方差差异也较大.这个结论对此比值的对数也成立.从而检验(8.3.1)的拒绝域可以表示为

$$W = \{\ln(MS_e/GMS_e) > d\}. \tag{8.3.4}$$

巴特利特证明了:在大样本场合,$\ln(MS_e/GMS_e)$ 的某个函数近似服从自由度为 $r-1$ 的 χ^2 分布.具体是

$$B = \frac{f_e}{C}(\ln MS_e - \ln GMS_e) \dot\sim \chi^2(r-1), \tag{8.3.5}$$

其中

$$C = 1 + \frac{1}{3(r-1)}\left(\sum_{i=1}^{r}\frac{1}{f_i} - \frac{1}{f_e}\right), \tag{8.3.6}$$

且 C 通常会大于 1.

根据上述结论,可取

$$B = \frac{1}{C}\left(f_e\ln MS_e - \sum_{i=1}^{r}f_i\ln s_i^2\right) \tag{8.3.7}$$

作为检验统计量,对给定的显著性水平 α,检验的拒绝域为

$$W = \{B \geq \chi_{1-\alpha}^2(r-1)\}. \tag{8.3.8}$$

由于这里 χ^2 分布是近似分布,使用上述检验通常要求诸样本量 m_i 均不小于 5.

例 8.3.2 茶是世界上最为广泛的一种饮料,但很少人知其营养价值.任一种茶叶都含有叶酸,它是一种维生素 B.如今已有测定茶叶中叶酸含量的方法.为研究各产地的绿茶的叶酸含量是否有显著差异,特选四个产地的绿茶,其中用 A_1 制作了 7 个样品,用 A_2 制作了 5 个样品,用 A_3 与 A_4 各制作了 6 个样品,共有 24 个样品,按随机次序测试其叶酸含量(单位:mg),测试结果如表 8.3.3 所示.

表 8.3.3 绿茶的叶酸含量试验数据

水平	数据							重复数 m_i	和 T_i	均值 $\bar{y}_i.$	组内平方和 Q_i
A_1	7.9	6.2	6.6	8.6	8.9	10.1	9.6	7	57.9	8.27	12.83
A_2	5.7	7.5	9.8	6.1	8.4			5	37.5	7.50	11.30
A_3	6.4	7.1	7.9	4.5	5.0	4.0		6	34.9	5.82	12.03
A_4	6.8	7.5	5.0	5.3	6.1	7.4		6	38.1	6.35	5.62
								$n=24$	$T=168.4$		

平方和计算如下:

$$S_T = (7.9^2 + 6.2^2 + \cdots + 6.1^2 + 7.4^2) - \frac{168.4^2}{24} = 65.27, \quad f_T = 23,$$

$$S_A = \frac{57.9^2}{7} + \frac{37.5^2}{5} + \frac{34.9^2}{6} + \frac{38.1^2}{6} - \frac{168.4^2}{24} = 23.50, \quad f_A = 3,$$

$$S_e = 65.27 - 23.50 = 41.77, \quad f_e = 20.$$

方差分析表见表 8.3.4.

表 8.3.4 绿茶叶酸含量的方差分析表

来源	平方和	自由度	均方	F 比	p 值
因子 A	23.50	3	7.83	3.75	0.027 5
误差 e	41.77	20	2.09		
总和 T	65.27	23			

若取显著性水平 $\alpha = 0.05$.查表可得 $F_{0.95}(3, 20) = 3.10$,由于 $F = 3.75 > 3.10$,故应拒绝原假设 H_0,即认为四种绿茶的叶酸平均含量有显著差异.其 p 值为 0.027 5,小于 α,故拒绝原假设.

为说明上述方差分析合理,需要对其作方差齐性检验.从表 8.3.3 中数据可查得

$$Q_1 = 12.83, \quad Q_2 = 11.30, \quad Q_3 = 12.03, \quad Q_4 = 5.62,$$
$$f_1 = 6, \qquad f_2 = 4, \qquad f_3 = 5, \qquad f_4 = 5.$$

从而用公式 $s_i^2 = Q_i/f_i$ 可求得

$$s_1^2 = 2.14, \quad s_2^2 = 2.83, \quad s_3^2 = 2.41, \quad s_4^2 = 1.12.$$

再从表 8.3.4 上查得 $MS_e = 2.09$,由(8.3.6)式,可求得

$$C = 1 + \frac{1}{3(4-1)}\left[\left(\frac{1}{6} + \frac{1}{4} + \frac{1}{5} + \frac{1}{5}\right) - \frac{1}{20}\right] = 1.085\ 2,$$

再由(8.3.7)式,还可求得巴特利特检验统计量的值

$$B = \frac{1}{1.085\ 2}\left[20 \times \ln 2.09 - (6 \times \ln 2.14 + 4 \times \ln 2.83 + 5 \times \ln 2.41 + 5 \times \ln 1.12)\right]$$
$$= 0.970.$$

对给定的显著性水平 $\alpha = 0.05$,查表知 $\chi_{0.95}^2(4-1) = 7.814\ 7$.由于 $B = 0.970 < 7.814\ 7$,故应接受原假设 H_0,即可认为诸水平下的方差间无显著差异.

8.3.3 修正的巴特利特检验

针对样本量低于 5 时不能使用巴特利特检验的缺点,博克斯(Box)提出修正的巴特利特检验统计量

$$B' = \frac{f_2 BC}{f_1(A - BC)}, \tag{8.3.9}$$

其中 B 与 C 如(8.3.7)与(8.3.6)所示,且

$$f_1 = r-1, \quad f_2 = \frac{r+1}{(C-1)^2}, \quad A = \frac{f_2}{2 - C + 2/f_2}.$$

在原假设 $H_0: \sigma_1^2 = \sigma_2^2 = \cdots = \sigma_r^2$ 成立下,博克斯还证明了统计量 B' 的近似分布是自由度为 f_1 和 f_2 的 F 分布,对给定的显著性水平 α,该检验的拒绝域为

$$W = \{B' \geqslant F_{1-\alpha}(f_1, f_2)\}, \tag{8.3.10}$$

其中 f_2 的值可能不是整数,这时可通过对 F 分布的分位数表施行内插法得到近似分位数.

例 8.3.3 对例 8.3.2 中的绿茶叶酸含量的数据,我们用修正的巴特利特检验再一次对方差齐性作出检验.

在例 8.3.2 中已求得

$$C = 1.085\ 2, \qquad B = 0.970,$$

还可求得

$$f_1 = 4 - 1 = 3,$$

$$f_2 = \frac{4 + 1}{(1.085\ 2 - 1)^2} = 688.8,$$

$$A = \frac{688.8}{2 - 1.085\ 2 + 2/688.8} = 750.6,$$

$$B' = \frac{688.8 \times 0.970 \times 1.085\ 2}{3(750.6 - 0.970 \times 1.085\ 2)} = 0.322.$$

对给定的显著性水平 $\alpha = 0.05$,在 F 分布的分位数表上可查得

$$F_{0.95}(3, 688.8) = F_{0.95}(3, \infty) = 2.61,$$

由于 $B' = 0.322 < 2.61$,故接受原假设 H_0,即认为四个水平下的方差间无显著差异.

习 题 8.3

1. 采用例 8.1.1 的数据,在显著性水平 $\alpha = 0.05$ 下用哈特利检验考察三个总体方差是否彼此相等.

2. 在安眠药试验(见习题 8.1 第 5 题)中已求得四个样本方差

$$s_1^2 = 0.02, \quad s_2^2 = 0.08, \quad s_3^2 = 0.036, \quad s_4^2 = 0.130\ 7.$$

请用哈特利检验在显著性水平 $\alpha = 0.05$ 下考察四个总体方差是否彼此相等.

3. 在生产力提高的指数研究中(见习题 8.2 第 4 题)可求得三个样本方差,它们是

$$s_1^2 = 0.662, \quad s_2^2 = 0.573, \quad s_3^2 = 0.752.$$

请用巴特利特检验在显著性水平 $\alpha = 0.05$ 下考察三个总体方差是否彼此相等.

4. 在入户推销效果研究中(见习题 8.1 第 8 题),分别用哈特利检验和巴特利特检验在显著性水平 $\alpha = 0.05$ 下对五个总体作方差齐性检验.

5. 在对粮食含水率的研究中(见习题 8.1 第 7 题)已求得 3 个水平下的组内平方和:

$$Q_1 = 0.988, \quad Q_2 = 3.86, \quad Q_3 = 3.388.$$

请用修正的巴特利特检验在显著性水平 $\alpha = 0.05$ 下考察三个总体方差是否彼此相等.

6. 针对食品包装研究的数据(见例 8.1.4),请用修正的巴特利特检验在显著性水平 $\alpha = 0.05$ 下考察四个总体是否满足方差齐性假定.

§8.4 一元线性回归

8.4.1 变量间的两类关系

早在 19 世纪,英国生物学家兼统计学家高尔顿(Galton)在研究父与子身高的遗传问题时,观察了 1 078 对父与子,用 x 表示父亲身高,y 表示成年儿子的身高,发现将 (x,y) 点在直角坐标系中,这 1 078 个点基本在一条直线附近,并求出了该直线的方程(单位:英寸,1 英寸 = 2.54 cm):

$$\hat{y} = 33.73 + 0.516x.$$

这表明:

- 父亲身高每增加 1 个单位,其儿子的身高平均增加 0.516 个单位.
- 高个子父辈生的儿子平均身高也高,但子辈的身高间的差距低于父辈间的身高差距(为 0.516 倍).

这便是子代的平均高度有向中心回归的趋势,使得一段时间内人的身高相对稳定.之后回归分析的思想渗透到了数理统计的其他分支中.随着计算机的发展,各种统计软件包的出现,回归分析的应用就越来越广泛.

回归分析处理的是变量与变量间的关系.变量间常见的关系有两类:一类称为**确定性关系**:这些变量间的关系是完全确定的,可以用函数 $y=f(x)$ 来表示,x(可以是向量)给定后,y 的值就唯一确定了.譬如正方形的面积 S 与边长 a 之间有关系 $S=a^2$,电路中有欧姆定律 $V=IR$ 等.另一类称为**相关关系**:变量间有关系,但是不能用函数来表示.譬如,人的身高 x 与体重 y 两者间有相关关系,一般来讲,身高较高的人体重也较重,但是同样身高的人的体重可以是不同的,医学上就利用这两个变量间的相关关系,给出了一些经验公式来确定一个人是否过于"肥胖"或"瘦小";人的脚掌的长度 x 与身高 y 两者间也有相关关系,一般来讲,脚掌较长的人身高也较高,但是同样脚掌长度的人的身高可以是不同的,早期公安机关在破案时,常常根据罪犯留下的脚印来推测罪犯的身高.

变量间的相关关系不能用完全确定的函数形式表示,但在平均意义下有一定的定量关系表达式,寻找这种定量关系表达式就是**回归分析**的主要任务.

回归分析便是研究变量间相关关系的一门学科.它通过对客观事物中变量的大量观察或试验获得的数据,去寻找隐藏在数据背后的相关关系,给出它们的表达形式——回归函数的估计.

8.4.2 一元线性回归模型

设 y 与 x 间有相关关系,称 x 为**自变量**(预报变量),y 为**因变量**(响应变量),在知道 x 取值后,y 的取值并不是确定的,它是一个随机变量,因此有一个分布,这个分布是在知道 x 的取值后 Y 的条件密度函数 $p(y|x)$,我们关心的是 y 的均值 $E(Y|x)$,它是 x

的函数,这个函数是确定性的:

$$f(x) = E(Y \mid x) = \int_{-\infty}^{\infty} y p(y \mid x) \mathrm{d}y. \qquad (8.4.1)$$

这便是 y 关于 x 的回归函数——条件期望,也就是我们要寻找的相关关系的表达式.

以上的叙述是在 x 与 y 均为随机变量场合进行的,这是一类回归问题.实际中还有第二类回归问题,其自变量 x 是可控变量(一般变量),只有 y 是随机变量,它们之间的相关关系可用下式表示:

$$y = f(x) + \varepsilon,$$

其中 ε 是随机误差,一般假设 $\varepsilon \sim N(0, \sigma^2)$.由于 ε 的随机性,导致 y 是随机变量.本节主要研究第二类回归问题.

进行回归分析首先是回归函数形式的选择,当只有一个自变量时,通常可采用画散点图的方法进行选择,具体见下例.

例 8.4.1 由专业知识知道,合金钢的强度 y(单位: 10^7 Pa)与合金钢中碳的含量 x(单位: %)有关.为了生产强度满足用户需要的合金钢,在冶炼时如何控制碳的含量? 如果在冶炼过程中通过化验得知了碳的含量,能否预测这炉合金钢的强度?

为解决这类问题就需要研究两个变量间的关系.首先是收集数据,我们把收集到的数据记为 (x_i, y_i) $(i = 1, 2, \cdots, n)$.本例中,我们收集到 12 组数据,列于表 8.4.1 中.

表 8.4.1 合金钢强度 y 与碳含量 x 的数据

序号	x	y	序号	x	y
1	0.10	42.0	7	0.16	49.0
2	0.11	43.0	8	0.17	53.0
3	0.12	45.0	9	0.18	50.0
4	0.13	45.0	10	0.20	55.0
5	0.14	45.0	11	0.21	55.0
6	0.15	47.5	12	0.23	60.0

为找出两个变量间存在的回归函数的形式,可以画一张图:把每一数对 (x_i, y_i) 看成直角坐标系中的一个点,在图上画出 n 个点,称这张图为散点图,见图 8.4.1.

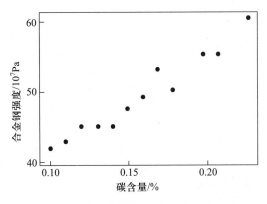

图 8.4.1 合金钢强度及碳含量的散点图

从散点图我们可以看出,12 个点基本在一条直线附近,这说明两个变量之间有一个线性相关关系,若记 y 轴方向上的误差为 ε,这个相关关系可以表示为

$$y = \beta_0 + \beta_1 x + \varepsilon. \tag{8.4.2}$$

这便是 y 关于 x 的一元线性回归的数据结构式.这里总假定 x 为一般变量,是**非随机变量**,其值是可以精确测量或严格控制的,β_0,β_1 为未知参数,β_1 是直线的斜率,它表示 x 每增加一个单位 $E(y)$ 的增加量.ε 是随机误差,通常假定

$$E(\varepsilon) = 0, \quad \mathrm{Var}(\varepsilon) = \sigma^2, \tag{8.4.3}$$

在对未知参数作区间估计或假设检验时,还需要假定误差服从正态分布,即

$$y \sim N(\beta_0 + \beta_1 x, \sigma^2). \tag{8.4.4}$$

显然,假定(8.4.4)比(8.4.3)要强.

由于 β_0,β_1 均未知,需要我们从收集到的数据 $(x_i, y_i)(i = 1, 2, \cdots, n)$ 出发进行估计.在收集数据时,我们一般要求观测独立地进行,即假定 $y_1, y_2, \cdots, y_n$ 相互独立.综合上述诸项假定,我们可以给出最简单、常用的一元线性回归的统计模型

$$\begin{cases} y_i = \beta_0 + \beta_1 x_i + \varepsilon_i, & i = 1, 2, \cdots, n, \\ \text{各 } \varepsilon_i \text{ 独立同分布,其分布为 } N(0, \sigma^2). \end{cases} \tag{8.4.5}$$

由数据 $(x_i, y_i)(i = 1, 2, \cdots, n)$ 可以获得 β_0,β_1 的估计 $\hat{\beta}_0, \hat{\beta}_1$,称

$$\hat{y} = \hat{\beta}_0 + \hat{\beta}_1 x \tag{8.4.6}$$

为 y 关于 x 的**经验回归函数**,简称为**回归方程**,其图形称为**回归直线**.给定 $x = x_0$ 后,称 $\hat{y}_0 = \hat{\beta}_0 + \hat{\beta}_1 x_0$ 为**回归值**(在不同场合也称其为拟合值、预测值).

8.4.3 回归系数的最小二乘估计

一般采用最小二乘方法估计模型(8.4.5)中的 β_0,β_1.令

$$Q(\beta_0, \beta_1) = \sum_{i=1}^{n} (y_i - \beta_0 - \beta_1 x_i)^2,$$

$\hat{\beta}_0, \hat{\beta}_1$ 应该满足

$$Q(\hat{\beta}_0, \hat{\beta}_1) = \min_{\beta_0, \beta_1} Q(\beta_0, \beta_1),$$

这样得到的 $\hat{\beta}_0, \hat{\beta}_1$ 称为 β_0,β_1 的**最小二乘估计**,记为 LSE.

由于 $Q \geq 0$,且对 β_0,β_1 的导数存在,因此最小二乘估计可以通过求偏导数并命其为 0 而得到

$$\begin{cases} \dfrac{\partial Q}{\partial \beta_0} = -2 \sum_{i=1}^{n} (y_i - \beta_0 - \beta_1 x_i) = 0, \\ \dfrac{\partial Q}{\partial \beta_1} = -2 \sum_{i=1}^{n} (y_i - \beta_0 - \beta_1 x_i) x_i = 0. \end{cases} \tag{8.4.7}$$

这组方程称为**正规方程组**,经过整理,可得

$$\begin{cases} n\beta_0 + n\bar{x}\beta_1 = n\bar{y}, \\ n\bar{x}\beta_0 + \sum x_i^2 \beta_1 = \sum x_i y_i, \end{cases} \tag{8.4.8}$$

（今后凡是不作说明"$\sum$"都表示"$\sum\limits_{i=1}^{n}$".）记

$$\bar{x}=\frac{1}{n}\sum x_i,\quad \bar{y}=\frac{1}{n}\sum y_i,$$

$$l_{xy}=\sum(x_i-\bar{x})(y_i-\bar{y})=\sum x_iy_i-n\bar{x}\cdot\bar{y}=\sum x_iy_i-\frac{1}{n}\sum x_i\sum y_i,$$

$$l_{xx}=\sum(x_i-\bar{x})^2=\sum x_i^2-n\bar{x}^2=\sum x_i^2-\frac{1}{n}(\sum x_i)^2,$$

$$l_{yy}=\sum(y_i-\bar{y})^2=\sum y_i^2-n\bar{y}^2=\sum y_i^2-\frac{1}{n}(\sum y_i)^2.$$

解(8.4.8)可得

$$\begin{cases}\hat{\beta}_1=\dfrac{l_{xy}}{l_{xx}},\\[2mm]\hat{\beta}_0=\bar{y}-\hat{\beta}_1\bar{x}.\end{cases}\qquad(8.4.9)$$

这就是参数的最小二乘估计,其计算通常可列表进行,见表8.4.2.

例 8.4.2 使用例8.4.1中合金钢强度和碳含量数据,我们可求得回归方程,见表8.4.2.

表 8.4.2 合金钢强度和碳含量数据的计算表

$\sum x_i=1.90$	$n=12$	$\sum y_i=589.5$
$\bar{x}=0.158\ 3$		$\bar{y}=49.125$
$\sum x_i^2=0.319\ 4$	$\sum x_iy_i=95.805$	$\sum y_i^2=29\ 304.25$
$n\bar{x}^2=0.300\ 8$	$n\bar{x}\bar{y}=93.337\ 5$	$n\bar{y}^2=28\ 959.19$
$l_{xx}=0.018\ 6$	$l_{xy}=2.467\ 5$	$l_{yy}=345.06$

$$\hat{\beta}_1=l_{xy}/l_{xx}=132.66$$
$$\hat{\beta}_0=\bar{y}-\hat{\beta}_1\bar{x}=28.12$$

（l_{yy}在后面将会用到）由此给出回归方程为

$$\hat{y}=28.12+132.66x.$$

关于最小二乘估计的一些性质罗列在如下定理之中:

定理 8.4.1 在模型(8.4.5)下,有

(1) $\hat{\beta}_0\sim N\Big(\beta_0,\Big(\dfrac{1}{n}+\dfrac{\bar{x}^2}{l_{xx}}\Big)\sigma^2\Big),\quad \hat{\beta}_1\sim N\Big(\beta_1,\dfrac{\sigma^2}{l_{xx}}\Big);$

(2) $\mathrm{Cov}(\hat{\beta}_0,\hat{\beta}_1)=-\dfrac{\bar{x}}{l_{xx}}\sigma^2;$

(3) 对给定的 $x_0,\hat{y}_0=\hat{\beta}_0+\hat{\beta}_1x_0\sim N\Big(\beta_0+\beta_1x_0,\Big(\dfrac{1}{n}+\dfrac{(x_0-\bar{x})^2}{l_{xx}}\Big)\sigma^2\Big).$

证明 利用 $\sum(x_i-\bar{x})=0$，可把 $\hat{\beta}_1$ 和 $\hat{\beta}_0$ 改写为

$$\hat{\beta}_1 = \frac{l_{xy}}{l_{xx}} = \sum \frac{x_i-\bar{x}}{l_{xx}} y_i,$$

$$\hat{\beta}_0 = \bar{y} - \hat{\beta}_1 \bar{x} = \sum \left[\frac{1}{n} - \frac{(x_i-\bar{x})\bar{x}}{l_{xx}}\right] y_i.$$

它们是独立正态变量 $y_1, y_2, \cdots, y_n$ 的线性组合，故都服从正态分布，下面分别求其期望与方差.

$$E(\hat{\beta}_1) = \sum \frac{x_i-\bar{x}}{l_{xx}} E(y_i) = \sum \frac{x_i-\bar{x}}{l_{xx}}(\beta_0+\beta_1 x_i) = \beta_1,$$

$$\mathrm{Var}(\hat{\beta}_1) = \sum \left(\frac{x_i-\bar{x}}{l_{xx}}\right)^2 \mathrm{Var}(y_i) = \sum \frac{(x_i-\bar{x})^2}{l_{xx}^2}\sigma^2 = \frac{\sigma^2}{l_{xx}},$$

$$E(\hat{\beta}_0) = E(\bar{y}) - E(\hat{\beta}_1)\bar{x} = \beta_0+\beta_1\bar{x}-\beta_1\bar{x} = \beta_0,$$

$$\mathrm{Var}(\hat{\beta}_0) = \sum \left[\frac{1}{n} - \frac{(x_i-\bar{x})\bar{x}}{l_{xx}}\right]^2 \mathrm{Var}(y_i) = \left(\frac{1}{n}+\frac{\bar{x}^2}{l_{xx}}\right)\sigma^2,$$

这就证明了(1).进一步，考虑到诸 y_i 之间的独立性，可得

$$\mathrm{Cov}(\hat{\beta}_0,\hat{\beta}_1) = \mathrm{Cov}\left(\sum \left[\frac{1}{n}-\frac{(x_i-\bar{x})\bar{x}}{l_{xx}}\right]y_i, \sum \frac{x_i-\bar{x}}{l_{xx}}y_i\right) = \sum \left[\frac{1}{n}-\frac{(x_i-\bar{x})\bar{x}}{l_{xx}}\right]\frac{x_i-\bar{x}}{l_{xx}}\sigma^2 = -\frac{\bar{x}}{l_{xx}}\sigma^2,$$

这就证明了(2).为证明(3)，注意到 $\hat{y}_0 = \hat{\beta}_0+\hat{\beta}_1 x_0$ 也是 $y_1, y_2, \cdots, y_n$ 的线性组合，它也服从正态分布，只需求出其期望与方差即可.

$$E(\hat{y}_0) = E(\hat{\beta}_0) + E(\hat{\beta}_1)x_0 = \beta_0 + \beta_1 x_0 = E(y_0),$$

$$\mathrm{Var}(\hat{y}_0) = \mathrm{Var}(\hat{\beta}_0) + \mathrm{Var}(\hat{\beta}_1)x_0^2 + 2\mathrm{Cov}(\hat{\beta}_0,\hat{\beta}_1)x_0$$

$$= \left[\left(\frac{1}{n}+\frac{\bar{x}^2}{l_{xx}}\right) + \frac{x_0^2}{l_{xx}} - 2\frac{x_0\bar{x}}{l_{xx}}\right]\sigma^2 = \left[\frac{1}{n} + \frac{(x_0-\bar{x})^2}{l_{xx}}\right]\sigma^2,$$

证明完成.

定理 8.4.1 说明:

- $\hat{\beta}_0, \hat{\beta}_1$ 分别是 β_0, β_1 的无偏估计;

- $\hat{y}_0$ 是 $E(y_0) = \beta_0+\beta_1 x_0$ 的无偏估计.

- 除 $\bar{x}=0$ 外，$\hat{\beta}_0$ 与 $\hat{\beta}_1$ 是相关的.

- 要提高 $\hat{\beta}_0, \hat{\beta}_1$ 的估计精度（即降低它们的方差）就要求 n 大，l_{xx} 大（即要求 x_1, $x_2, \cdots, x_n$ 较分散）.

8.4.4 回归方程的显著性检验

从回归系数的 LSE 可以看出，对任意给出的 n 对数据 (x_i, y_i)，都可以求出 $\hat{\beta}_0, \hat{\beta}_1$,

从而可写出回归方程$\hat{y} = \hat{\beta}_0 + \hat{\beta}_1 x$, 但是这样给出的回归方程不一定有意义.

在使用回归方程以前, 首先应对回归方程是否有意义进行判断. 什么叫回归方程有意义呢? 我们知道, 建立回归方程的目的是寻找 y 的均值随 x 变化的规律, 即找出回归方程 $E(y) = \beta_0 + \beta_1 x$. 如果 $\beta_1 = 0$, 那么不管 x 如何变化, $E(y)$ 不随 x 的变化作线性变化, 那么这时求得的一元线性回归方程就没有意义, 或称回归方程**不显著**. 如果 $\beta_1 \neq 0$, 那么当 x 变化时, $E(y)$ 随 x 的变化作线性变化, 那么这时求得的回归方程就有意义, 或称回归方程是**显著**的.

综上, 对回归方程是否有意义作判断就是要对如下的检验问题作出判断:

$$H_0 : \beta_1 = 0 \qquad \text{vs} \qquad H_1 : \beta_1 \neq 0, \tag{8.4.10}$$

拒绝 H_0 表示回归方程是显著的.

在一元线性回归中有三种等价的检验方法, 使用中只要任选其中之一即可. 下面分别加以介绍.

一、F 检验

采用方差分析的思想, 我们从数据出发研究各 y_i 不同的原因. 首先引入记号并称 $\hat{y}_i = \hat{\beta}_0 + \hat{\beta}_1 x_i$ 为 x_i 处的**回归值**, 又称 $y_i - \hat{y}_i$ 为 x_i 处的**残差**.

数据总的波动用**总偏差平方和**

$$S_T = \sum (y_i - \bar{y})^2 = l_{yy}$$

表示. 引起各 y_i 不同的原因主要有两类因素: 其一是 H_0 可能不真, 即 $\beta_1 \neq 0$, 从而 $E(y) = \beta_0 + \beta_1 x$ 随 x 的变化而变化, 即在每一个 x 的观测值处的回归值不同, 其波动用**回归平方和**

$$S_R = \sum (\hat{y}_i - \bar{y})^2 \tag{8.4.11}$$

表示; 其二是其他一切因素, 包括随机误差、x 对 $E(y)$ 的非线性影响等, 这样在得到回归值以后, y 的观测值与回归值之间还有差距, 这可用**残差平方和**

$$S_e = \sum (y_i - \hat{y}_i)^2 \tag{8.4.12}$$

表示.

为对上述诸平方和实施方差分析, 下面我们要证明重要的平方和分解式, 为此首先注意到 $\hat{\beta}_0, \hat{\beta}_1$ 满足正规方程组 $(8.4.7)$, 因此有

$$\sum (y_i - \hat{\beta}_0 - \hat{\beta}_1 x_i) = 0 \Rightarrow \sum (y_i - \hat{y}_i) = 0,$$

$$\sum (y_i - \hat{\beta}_0 - \hat{\beta}_1 x_i) x_i = 0 \Rightarrow \sum (y_i - \hat{y}_i) x_i = 0.$$

利用 $\hat{y}_i = \hat{\beta}_0 + \hat{\beta}_1 x_i = \bar{y} + \hat{\beta}_1 (x_i - \bar{x})$, 可得

$$\sum (y_i - \hat{y}_i)(\hat{y}_i - \bar{y}) = \sum (y_i - \hat{y}_i)[\hat{\beta}_1 (x_i - \bar{x})] = \hat{\beta}_1 \left[\sum (y_i - \hat{y}_i) x_i - \sum (y_i - \hat{y}_i)\bar{x} \right] = 0,$$

从而

$$S_T = \sum (y_i - \bar{y})^2 = \sum (y_i - \hat{y}_i + \hat{y}_i - \bar{y})^2 = \sum (y_i - \hat{y}_i)^2 + \sum (\hat{y}_i - \bar{y})^2,$$

即

$$S_T = S_R + S_e, \tag{8.4.13}$$

上式就是一元线性回归场合下的**平方和分解式**.

关于 S_R 和 S_e 所含有的成分可由如下定理说明.

定理 8.4.2 设 $y_i = \beta_0 + \beta_1 x_i + \varepsilon_i$,其中 $\varepsilon_1, \varepsilon_2, \cdots, \varepsilon_n$ 相互独立,且

$$E(\varepsilon_i) = 0, \quad \mathrm{Var}(\varepsilon_i) = \sigma^2, \quad i = 1, 2, \cdots, n,$$

沿用上面的记号,有

$$E(S_R) = \sigma^2 + \beta_1^2 l_{xx}, \tag{8.4.14}$$

$$E(S_e) = (n - 2)\sigma^2, \tag{8.4.15}$$

(8.4.15)式说明 $\hat{\sigma}^2 = S_e / (n-2)$ 是 σ^2 的无偏估计.

证明 首先我们可以写出 S_R 的简化公式:

$$S_R = \sum (\hat{y}_i - \bar{y})^2 = \sum [\bar{y} + \hat{\beta}_1 (x_i - \bar{x}) - \bar{y}]^2 = \hat{\beta}_1^2 l_{xx}, \tag{8.4.16}$$

从而

$$E(S_R) = E(\hat{\beta}_1^2) l_{xx} = [\mathrm{Var}(\hat{\beta}_1) + (E(\hat{\beta}_1))^2] l_{xx} = \left(\frac{\sigma^2}{l_{xx}} + \beta_1^2\right) l_{xx} = \sigma^2 + \beta_1^2 l_{xx},$$

这就证明了(8.4.14).另外

$$S_e = \sum (y_i - \hat{y}_i)^2 = \sum (\beta_0 + \beta_1 x_i + \varepsilon_i - \hat{\beta}_0 - \hat{\beta}_1 x_i)^2$$

$$= \sum [(\hat{\beta}_0 - \beta_0)^2 + x_i^2 (\hat{\beta}_1 - \beta_1)^2 + \varepsilon_i^2 + 2(\hat{\beta}_0 - \beta_0)(\hat{\beta}_1 - \beta_1)x_i - 2(\hat{\beta}_0 - \beta_0)\varepsilon_i - 2(\hat{\beta}_1 - \beta_1)x_i \varepsilon_i],$$

故

$$E(S_e) = n\mathrm{Var}(\hat{\beta}_0) + \sum x_i^2 \mathrm{Var}(\hat{\beta}_1) + n\mathrm{Var}(\varepsilon_i) + 2n\bar{x}\mathrm{Cov}(\hat{\beta}_0, \hat{\beta}_1) -$$

$$2\sum E(\hat{\beta}_0 \varepsilon_i) - 2\sum x_i E(\hat{\beta}_1 \varepsilon_i).$$

将 $\hat{\beta}_0, \hat{\beta}_1$ 写成 $y_1, y_2, \cdots, y_n$ 的线性组合,利用 y_j 与 $\varepsilon_i (i \neq j)$ 的独立性,有

$$E(\hat{\beta}_0 \varepsilon_i) = E\left[\varepsilon_i \sum_j \left(\frac{1}{n} - \frac{(x_j - \bar{x})\bar{x}}{l_{xx}}\right) y_j\right] = \left(\frac{1}{n} - \frac{(x_i - \bar{x})\bar{x}}{l_{xx}}\right)\sigma^2,$$

$$E(\hat{\beta}_1 \varepsilon_i) = E\left[\varepsilon_i \sum_j \frac{x_j - \bar{x}}{l_{xx}} y_j\right] = \frac{x_i - \bar{x}}{l_{xx}}\sigma^2,$$

由此即有

$$\sum E(\hat{\beta}_0 \varepsilon_i) = \sigma^2, \quad \sum x_i E(\hat{\beta}_1 \varepsilon_i) = \sigma^2.$$

从而

$$E(S_e) = n\left(\frac{1}{n} + \frac{\bar{x}^2}{l_{xx}}\right)\sigma^2 + \sum \frac{x_i^2}{l_{xx}}\sigma^2 + n\sigma^2 - \frac{2n\bar{x}^2}{l_{xx}}\sigma^2 - 2\sigma^2 - 2\sigma^2$$

$$= (1+n-4)\sigma^2 + \frac{1}{l_{xx}} \sum (x_i - \bar{x})^2 \sigma^2 = (n-2)\sigma^2,$$

这就完成了证明.

进一步,有关 S_R 和 S_e 的分布,有如下定理.

定理 8.4.3 设 $y_1, y_2, \cdots, y_n$ 相互独立,且 $y_i \sim N(\beta_0 + \beta_1 x_i, \sigma^2)$, $i = 1, 2, \cdots, n$,则在上述记号下,有

(1) $S_e/\sigma^2 \sim \chi^2(n-2)$;

(2) 若 H_0 成立,则有 $S_R/\sigma^2 \sim \chi^2(1)$;

(3) S_R 与 $S_e, \bar{y}$ 独立(或 $\hat{\beta}_1$ 与 $S_e, \bar{y}$ 独立).

证明 取 $n \times n$ 正交矩阵 A 具有如下形式:

$$A = \begin{pmatrix} a_{11} & a_{12} & \cdots & a_{1n} \\ \vdots & \vdots & & \vdots \\ a_{n-2,1} & a_{n-2,2} & \cdots & a_{n-2,n} \\ \dfrac{x_1 - \bar{x}}{\sqrt{l_{xx}}} & \dfrac{x_2 - \bar{x}}{\sqrt{l_{xx}}} & \cdots & \dfrac{x_n - \bar{x}}{\sqrt{l_{xx}}} \\ \dfrac{1}{\sqrt{n}} & \dfrac{1}{\sqrt{n}} & \cdots & \dfrac{1}{\sqrt{n}} \end{pmatrix},$$

由正交性,可得如下一些约束条件:

$$\sum_j a_{ij} = 0, \quad \sum_j a_{ij} x_j = 0, \quad \sum_j a_{ij}^2 = 1, \quad i = 1, 2, \cdots, n-2,$$

$$\sum_k a_{ik} a_{jk} = 0, \quad 1 \leqslant i < j \leqslant n-2,$$

这里矩阵 A 共有 $n(n-2)$ 个未知参数,约束条件有 $3(n-2) + \binom{n-2}{2} = (n-2)(n+3)/2$ 个,只要 $n \geqslant 3$,未知参数个数就不少于约束条件数,因此正交矩阵 A 必存在.令

$$Z = \begin{pmatrix} z_1 \\ z_2 \\ \vdots \\ z_n \end{pmatrix} = AY = A \begin{pmatrix} y_1 \\ y_2 \\ \vdots \\ y_n \end{pmatrix} = \begin{pmatrix} \sum_j a_{1j} y_j \\ \vdots \\ \sum_j a_{n-2,j} y_j \\ \sum_j \dfrac{x_j - \bar{x}}{\sqrt{l_{xx}}} y_j \\ \sum_j \dfrac{1}{\sqrt{n}} y_j \end{pmatrix},$$

其中

$$z_{n-1} = \frac{\sum (x_i - \bar{x}) y_i}{\sqrt{l_{xx}}} = \frac{\sum (x_i - \bar{x})(y_i - \bar{y})}{\sqrt{l_{xx}}} = \frac{l_{xy}}{\sqrt{l_{xx}}} = \sqrt{l_{xx}} \hat{\beta}_1,$$

$$z_n = \frac{1}{\sqrt{n}} \sum y_i = \sqrt{n} \bar{y},$$

则 $\boldsymbol{Z}$ 仍然服从 n 维正态分布, 且其期望与协方差阵分别为

$$E(\boldsymbol{Z}) = \begin{pmatrix} 0 \\ \vdots \\ 0 \\ \beta_1 \sqrt{l_{xx}} \\ \sqrt{n}(\beta_0 + \beta_1 \bar{x}) \end{pmatrix}, \quad \mathrm{Var}(\boldsymbol{Z}) = \boldsymbol{A} \, \mathrm{Var}(\boldsymbol{Y}) \boldsymbol{A}^{\mathrm{T}} = \sigma^2 \boldsymbol{I}_n,$$

这表明 $z_1, z_2, \cdots, z_n$ 相互独立, $z_1, z_2, \cdots, z_{n-2}$ 的共同分布为 $N(0, \sigma^2)$, $z_{n-1} \sim N(\beta_1 \sqrt{l_{xx}}, \sigma^2)$, $z_n \sim N(\sqrt{n}(\beta_0 + \beta_1 \bar{x}), \sigma^2)$.

由于 $\sum z_i^2 = \sum y_i^2 = S_T + n\bar{y}^2 = S_R + S_e + n\bar{y}^2$, 而 $z_n = \sqrt{n} \bar{y}$, $z_{n-1} = \sqrt{l_{xx}} \hat{\beta}_1 = \sqrt{S_R}$, 于是有 $z_1^2 + z_2^2 + \cdots + z_{n-2}^2 = S_e$, 所以 $S_e, S_R, \bar{y}$ 三者相互独立. 并有

$$S_e / \sigma^2 = \sum_{i=1}^{n-2} (z_i / \sigma)^2 \sim \chi^2(n-2),$$

在 $\beta_1 = 0$ 时,

$$S_R / \sigma^2 = \left(\frac{z_{n-1}}{\sigma} \right)^2 \sim \chi^2(1),$$

证明完成.

如同方差分析那样, 我们可以考虑采用如下 F 作为检验问题(8.4.10)的检验统计量:

$$F = \frac{S_R}{S_e / (n-2)}.$$

在 $\beta_1 = 0$ 时, $F \sim F(f_R, f_e)$, 其中 $f_R = 1$, $f_e = n-2$. 对于给定的显著性水平 α, 其拒绝域为

$$F \geqslant F_{1-\alpha}(1, n-2).$$

整个检验也可列成一张方差分析表. 检验也可用 p 值进行.

例 8.4.3 在合金钢强度的例 8.4.2 中, 我们已求出了回归方程, 这里我们考虑关于回归方程的显著性检验. 经计算有

$$S_T = l_{yy} = 345.06, \qquad\qquad f_T = 11,$$

$$S_R = \hat{\beta}_1^2 l_{xx} = 132.66^2 \times 0.018\,6 = 327.34, \quad f_R = 1,$$

$$S_e = S_T - S_R = 345.06 - 327.34 = 17.72, \quad f_e = 10.$$

把各平方和与自由度移入方差分析表, 继续进行计算, 具体见表 8.4.3.

表 8.4.3　合金钢强度与碳含量回归方程的方差分析表

来源	平方和	自由度	均方	F 比	p 值
回归	$S_R = 327.34$	$f_R = 1$	$MS_R = 327.34$	184.94	0.000 0

续表

来源	平方和	自由度	均方	F 比	p 值
残差	$S_e = 17.72$	$f_e = 10$	$MS_e = 1.77$		
总计	$S_T = 345.06$	$f_T = 11$			

这里 p 值很小,因此,在显著性水平 0.01 下回归方程是显著的.

二、t 检验

对 $H_0: \beta_1 = 0$ 的检验也可基于 t 分布进行. 由于 $\hat{\beta}_1 \sim N\left(\beta_1, \dfrac{\sigma^2}{l_{xx}}\right)$, $\dfrac{S_e}{\sigma^2} \sim \chi^2(n-2)$,且与 $\hat{\beta}_1$ 相互独立,因此在 H_0 为真时,有

$$t = \frac{\hat{\beta}_1}{\hat{\sigma} / \sqrt{l_{xx}}} \sim t(n-2), \tag{8.4.17}$$

其中 $\hat{\sigma} = \sqrt{S_e / (n-2)}$,由于 $\sigma_{\hat{\beta}_1} = \dfrac{\sigma}{\sqrt{l_{xx}}}$,因此称 $\hat{\sigma}_{\hat{\beta}_1} = \dfrac{\hat{\sigma}}{\sqrt{l_{xx}}}$ 为 $\hat{\beta}_1$ 的标准误,即 $\hat{\beta}_1$ 的标准差的估计. (8.4.17) 式表示的 t 统计量可用来检验假设 H_0. 对给定的显著性水平 α,拒绝域为

$$W = \{ |t| > t_{1-\alpha/2}(n-2) \}.$$

注意到 $t^2 = F$,因此,t 检验与 F 检验是等同的.

以例 8.4.2 中数据为例,可以计算得到

$$t = \frac{132.66}{\sqrt{1.77} / \sqrt{0.018\ 6}} = 13.599\ 1.$$

若取 $\alpha = 0.01$,则 $t_{0.995}(10) = 3.169\ 3$,由于 $13.599\ 1 > 3.169\ 3$,因此,在显著性水平 0.01 下回归方程是显著的.

三、相关系数检验

考察一元线性回归方程能否反映两个随机变量 x 与 y 间的线性相关关系时,它的显著性检验还可通过对二维总体相关系数 ρ 的检验进行. 它的一对假设是

$$H_0: \rho = 0 \quad \text{vs} \quad H_1: \rho \neq 0. \tag{8.4.18}$$

所用的检验统计量为样本相关系数

$$r = \frac{\sum (x_i - \bar{x})(y_i - \bar{y})}{\sqrt{\sum (x_i - \bar{x})^2 \sum (y_i - \bar{y})^2}} = \frac{l_{xy}}{\sqrt{l_{xx} l_{yy}}}, \tag{8.4.19}$$

其中 $(x_i, y_i)(i = 1, 2, \cdots, n)$ 是容量为 n 的二维样本.

利用施瓦茨不等式可以证明:样本相关系数也满足 $|r| \leqslant 1$,其中等号成立的条件是存在两个实数 a 与 b,使得对 $i = 1, 2, \cdots, n$ 几乎处处有 $y_i = a + bx_i$. 由此可见,n 个点 $(x_i, y_i)(i = 1, 2, \cdots, n)$ 在散点图上的位置与样本相关系数 r 有关,譬如:

- $r = \pm 1$,n 个点完全在一条上升或下降的直线上.
- $r > 0$,当 x 增加时,y 有线性增加趋势,此时称正相关.
- $r < 0$,当 x 增加时,y 反而有线性减少趋势,此时称负相关.

- $r=0$, n 个点可能杂乱无章, 也可能呈某种曲线趋势, 此时称不相关.

根据样本相关系数的上述性质, 检验 (8.4.18) 中原假设 $H_0: \rho = 0$ 的拒绝域为 $W = \{|r| \geqslant c\}$, 其中临界值 c 可由 $H_0: \rho = 0$ 成立时样本相关系数的分布定出, 该分布与自由度 $n-2$ 有关.

对给定的显著性水平 α, 由 $P(W) = P(|r| \geqslant c) = \alpha$ 知, 临界值 c 应是 $H_0: \rho = 0$ 成立下 $|r|$ 的分布的 $1-\alpha$ 分位数, 故可记为 $c = r_{1-\alpha}(n-2)$. 我们还可以用 F 分布来确定临界值 c, 下面加以叙述.

由样本相关系数的定义可以得到统计量 r 与 F 之间的关系

$$r^2 = \frac{l_{xy}^2}{l_{xx}l_{yy}} = \frac{S_R}{S_T} = \frac{S_R}{S_R + S_e} = \frac{S_R/S_e}{S_R/S_e + 1},$$

而

$$F = \frac{MS_R}{MS_e} = \frac{S_R}{S_e/(n-2)} = \frac{(n-2)S_R}{S_e}.$$

两者综合, 可得

$$r^2 = \frac{F}{F + (n-2)}.$$

这表明, $|r|$ 是 F 的严格单调增函数, 故可以从 F 分布的 $1-\alpha$ 分位数 $F_{1-\alpha}(1, n-2)$ 得到 $|r|$ 的 $1-\alpha$ 分位数为

$$c = r_{1-\alpha}(n-2) = \sqrt{\frac{F_{1-\alpha}(1, n-2)}{F_{1-\alpha}(1, n-2) + n-2}}.$$

譬如, 对 $\alpha = 0.01$, $n = 12$, 查表知 $F_{0.99}(1, 10) = 10.04$, 于是

$$r_{0.99}(10) = \sqrt{\frac{10.04}{10.04 + 10}} = 0.707\,8.$$

为实际使用方便, 人们已对 $r_{1-\alpha}(n-2)$ 编制了专门的表, 见附表 9.

以例 8.4.2 中数据为例, 可以计算得到

$$r = \frac{2.467\,5}{\sqrt{0.018\,6 \times 345.06}} = 0.974\,0.$$

若取 $\alpha = 0.01$, 查附表 9 知则 $r_{0.99}(10) = 0.708$, 由于 $0.974\,0 > 0.708$, 因此, 在显著性水平 0.01 下回归方程是显著的.

注: 上述三个检验在考察一元线性回归时是等价的, 但在多元线性回归场合, 经推广 F 检验仍可用, 另两个检验就无法使用了.

8.4.5 估计与预测

当回归方程经过检验是显著的后, 可用来作估计和预测. 这是两个不同的问题:

- 当 $x = x_0$ 时, 寻求均值 $E(y_0) = \beta_0 + \beta_1 x_0$ 的点估计与区间估计 (注意这里 $E(y_0)$ 是常量), 这是**估计问题**.
- 当 $x = x_0$ 时, y_0 的观测值在什么范围内? 由于 y_0 是随机变量, 一般只求一个区间, 使 y_0 落在这一区间的概率为 $1-\alpha$, 即要求 δ, 使 $P(|y_0 - \hat{y}_0| \leqslant \delta) = 1-\alpha$, 称区间 $[\hat{y}_0 -$

$\delta, \hat{y}_0 + \delta]$ 为 y_0 的概率为 $1-\alpha$ 的预测区间, 这是**预测问题**.

一、$E(y_0)$ 的估计

在 $x = x_0$ 时, 其对应的因变量 y_0 是一个随机变量, 有一个分布, 我们经常需要对该分布的均值给出估计. 我们知道, 该分布的均值 $E(y_0) = \beta_0 + \beta_1 x_0$, 因此, 一个直观的估计应为

$$\hat{E}(y_0) = \hat{\beta}_0 + \hat{\beta}_1 x_0.$$

简单起见, 我们习惯上将上述估计记为 $\hat{y}_0$ (注意, 作为估计这里 $\hat{y}_0$ 表示的是 $E(y_0)$ 的估计, 而不表示 y_0 的估计, 因为 y_0 是随机变量, 它不能被估计, 但对其可以作预测. 事实上, 若预测 y_0 的最可能取值, 则 y_0 的点预测也是 $\hat{y}_0$). 由于 $\hat{\beta}_0, \hat{\beta}_1$ 分别是 β_0, β_1 的无偏估计, 因此, $\hat{y}_0$ 也是 $E(y_0)$ 的无偏估计.

为得到 $E(y_0)$ 的区间估计, 我们需要知道 $\hat{y}_0$ 的分布. 由定理 8.4.1 可得

$$\hat{y}_0 = \hat{\beta}_0 + \hat{\beta}_1 x_0 \sim N\left(\beta_0 + \beta_1 x_0, \left(\frac{1}{n} + \frac{(x_0 - \bar{x})^2}{l_{xx}}\right)\sigma^2\right),$$

又由定理 8.4.3 知, $S_e/\sigma^2 \sim \chi^2(n-2)$, 且与 $\hat{y}_0 = \bar{y} + \hat{\beta}_1(x_0 - \bar{x})$ 相互独立, 记

$$\hat{\sigma}^2 = \frac{S_e}{n-2},$$

则

$$\frac{(\hat{y}_0 - E(y_0)) \Big/ \sqrt{\frac{1}{n} + \frac{(x_0 - \bar{x})^2}{l_{xx}}}\, \sigma}{\sqrt{\frac{S_e}{\sigma^2}\Big/ (n-2)}} = \frac{\hat{y}_0 - E(y_0)}{\hat{\sigma}\sqrt{\frac{1}{n} + \frac{(x_0 - \bar{x})^2}{l_{xx}}}} \sim t(n-2).$$

于是 $E(y_0)$ 的 $1-\alpha$ 的置信区间是

$$[\hat{y}_0 - \delta_0, \hat{y}_0 + \delta_0], \tag{8.4.20}$$

其中

$$\delta_0 = t_{1-\alpha/2}(n-2)\,\hat{\sigma}\sqrt{\frac{1}{n} + \frac{(x_0 - \bar{x})^2}{l_{xx}}}. \tag{8.4.21}$$

二、y_0 的预测区间

(8.4.20) 式给出了 $x = x_0$ 时对应的因变量的均值 $E(y_0)$ 的区间估计, 实用中往往更关心 $x = x_0$ 时对应的因变量 y_0 的取值范围. 我们举一个不是非常贴切的例子说明这两者之间的差别: 设想你要去买一台某厂生产的某种型号的液晶电视, 则你很关心液晶电视的寿命——它能正常使用多长时间, 液晶电视的寿命是一个随机变量, 该厂生产的该型号的液晶电视寿命有一个分布, 其均值就是它的平均寿命, 当然, 这是一个重要的质量指标, 我们可以对它给出估计, 譬如, 平均寿命的 0.95 置信区间为 (3,7) (单位: 万小时). 然而, 作为消费者, 我们更关心的可能是所购买的这台液

晶电视的寿命在一个什么范围内,我们所购买的这台液晶电视的寿命是一个随机变量,能否对该随机变量的取值给出一个预测区间呢? 这就是我们这里要讨论的预测问题.

事实上,$y_0 = E(y_0) + \varepsilon$,由于通常假定 $\varepsilon \sim N(0, \sigma^2)$,因此,$y_0$ 的最可能取值仍然为 $\hat{y}_0$,于是,我们可以使用以 $\hat{y}_0$ 为中心的一个区间

$$\left[\hat{y}_0 - \delta, \hat{y}_0 + \delta \right] \tag{8.4.22}$$

作为 y_0 的取值范围,为确定 δ 的值,我们需要如下的结果:由于 y_0 与 $\hat{y}_0$ 独立,故

$$y_0 - \hat{y}_0 \sim N\left(0, \left(1 + \frac{1}{n} + \frac{(x_0 - \overline{x})^2}{l_{xx}}\right) \sigma^2\right).$$

因此有

$$\frac{y_0 - \hat{y}_0}{\hat{\sigma} \sqrt{1 + \frac{1}{n} + \frac{(x_0 - \overline{x})^2}{l_{xx}}}} \sim t(n-2),$$

从而(8.4.22)表示的预测区间中 δ 的表达式为

$$\delta = \delta(x_0) = t_{1-\alpha/2}(n-2) \hat{\sigma} \sqrt{1 + \frac{1}{n} + \frac{(x_0 - \overline{x})^2}{l_{xx}}}. \tag{8.4.23}$$

上述预测区间与 $E(y_0)$ 的置信区间(8.4.21)的差别就在于根号里多个 1,计算时要注意到这个差别,这个差别导致预测区间要比置信区间宽很多.

由(8.4.23)式可以看出预测区间的长度 2δ 与样本量 n,x 的偏差平方和 l_{xx},x_0 到 $\overline{x}$ 的距离 $|x_0 - \overline{x}|$ 有关.x_0 愈远离 $\overline{x}$,预测精度就愈差.当 $x_0 \notin [x_{(1)}, x_{(n)}]$ 时,预测精度可能变得很差,在这种情况下的预测称作外推,需要特别小心.另外,若 $x_1, x_2, \cdots, x_n$ 较为集中时,那么 l_{xx} 就较小,也会导致预测精度的降低.因此,在收集数据时要使 $x_1, x_2, \cdots, x_n$ 尽量分散,这对提高精度有利.图 8.4.2(a)给出在不同的 x 值上预测区间的示意图:在 $x = \overline{x}$ 处预测区间最短,远离 $\overline{x}$ 的预测区间愈来愈长,两端呈喇叭状.

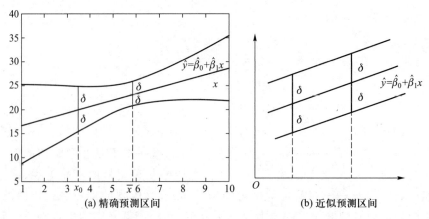

图 8.4.2　预测区间示意图

当 n 较大时(如 $n>30$), t 分布可以用正态分布近似,进一步,若 x_0 与 $\bar{x}$ 相差不大时, δ 可以近似取为

$$\delta \approx u_{1-\alpha/2}\,\hat{\sigma}, \tag{8.4.24}$$

其中 $u_{1-\alpha/2}$ 是标准正态分布的 $1-\alpha/2$ 分位数,见图 8.4.2(b).

例 8.4.4 在例 8.4.2 中,如果 $x_0 = 0.16$,则得预测值为

$$\hat{y}_0 = 28.12 + 132.66 \times 0.16 = 49.35.$$

若取 $\alpha = 0.05$,则 $t_{0.975}(10) = 2.228\,1$,又 $\hat{\sigma} = \sqrt{17.72/(12-2)} = 1.331\,2$,应用(8.4.21)式,

$$\delta_0 = 2.228\,1 \times 1.331\,2 \times \sqrt{\frac{1}{12} + \frac{(0.16 - 0.158\,3)^2}{0.018\,6}} = 0.86.$$

故 $x_0 = 0.16$ 对应因变量 y_0 的均值 $E(y_0)$ 的 0.95 置信区间为

$$[49.35 \pm 0.86] = [48.49, 50.21].$$

应用(8.4.23)式,

$$\delta = 2.228\,1 \times 1.331\,2 \times \sqrt{1 + \frac{1}{12} + \frac{(0.16 - 0.158\,3)^2}{0.018\,6}} = 3.09,$$

从而 y_0 的概率为 0.95 的预测区间为

$$[49.35 \pm 3.09] = [46.26, 52.44].$$

我们可以清楚地看到, $E(y_0)$ 的 0.95 置信区间比 y_0 的概率为 0.95 的预测区间窄很多,这是因为随机变量的均值相对于随机变量本身而言波动更小.

如果求近似预测区间,则可按(8.4.24)式计算,由于 $u_{0.975} = 1.96$,故有 $\delta \approx 1.96 \times 1.331\,2 = 2.61$,则所求区间为

$$[49.35 - 2.61, 49.35 + 2.61] = [46.74, 51.96].$$

此处近似预测区间与精确预测区间相差较大,主要是因为 n 较小的原因.

下面我们以一个完整的例子把本节内容重新梳理一遍.

例 8.4.5 在动物学研究中,有时需要找出某种动物的体积与质量的关系.因为动物的质量相对而言容易测量,而测量体积比较困难,因此,人们希望用动物的质量预测其体积.下面是 18 只某种动物的体积与质量数据,在这里,动物质量被看作自变量,用 x 表示,单位为 kg,动物体积则作为因变量,用 y 表示,单位为 dm³,18 组数据列于表 8.4.4 中.

表 8.4.4　18 只某种动物的体积 y 与质量 x 数据

x	y	x	y	x	y
10.4	10.2	15.1	14.8	16.5	15.9
10.5	10.4	15.1	15.1	16.7	16.6
11.9	11.6	15.1	14.5	17.1	16.7
12.1	11.9	15.7	15.7	17.1	16.7
13.8	13.5	15.8	15.2	17.8	17.6
15.0	14.5	16.0	15.8	18.4	18.3

为能用动物质量估计动物体积,必须建立动物体积 y 关于动物质量 x 的回归方程. 首先,我们用这 18 组数据画出散点图,见图 8.4.3.

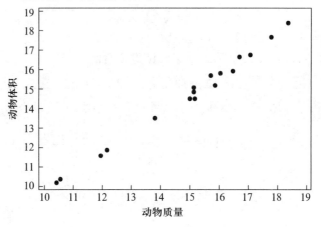

图 8.4.3　动物体积与动物质量的散点图

从散点图我们发现 18 个点基本在一条直线附近,这说明两个变量之间在质量为 10 kg 到 20 kg 内有一个线性相关关系,下面求该线性回归方程,计算过程见表 8.4.5.

表 8.4.5　动物体积与质量数据的计算表

$\sum x_i = 270.1$	$n = 18$	$\sum y_i = 265.0$
$\bar{x} = 15.005\ 6$		$\bar{y} = 14.722\ 2$
$\sum x_i^2 = 4\ 149.39$	$\sum x_i y_i = 4\ 071.71$	$\sum y_i^2 = 3\ 996.14$
$n\bar{x}^2 = 4\ 053.000\ 6$	$n\bar{x}\,\bar{y} = 3\ 976.472\ 2$	$n\bar{y}^2 = 3\ 901.388\ 9$
$l_{xx} = 96.389\ 4$	$l_{xy} = 95.237\ 8$	$l_{yy} = 94.751\ 1$

$$\hat{\beta}_1 = l_{xy}/l_{xx} = 0.988\ 1$$

$$\hat{\beta}_0 = \bar{y} - \hat{\beta}_1 \bar{x} = -0.104\ 8$$

由此给出回归方程为

$$\hat{y} = -0.104\ 8 + 0.988\ 1x. \tag{8.4.25}$$

接下来我们考虑关于回归方程的显著性检验. 经计算有

$$S_T = l_{yy} = 94.751\ 1, \qquad\qquad f_T = 17,$$

$$S_R = \hat{\beta}_1^2 l_{xx} = 0.988\ 1^2 \times 96.389\ 4 = 94.109\ 0, \quad f_R = 1,$$

$$S_e = S_T - S_R = 0.642\ 1, \qquad\qquad f_e = 16.$$

把诸平方和移入方差分析表上,继续计算,具体见表 8.4.6.

表 8.4.6　动物体积与质量回归方程的方差分析表

来源	平方和	自由度	均方	F 比	p 值
回归	$S_R = 94.109\ 0$	$f_R = 1$	$MS_R = 94.109\ 0$	2 346.9	0.000 0
残差	$S_e = 0.642\ 1$	$f_e = 16$	$MS_e = 0.040\ 1$		
总计	$S_T = 94.751\ 1$	$f_T = 17$			

因 p 值很小, 在显著性水平 0.01 下回归方程是显著的.

如果测得某动物的质量为 $x_0 = 17.6$ kg, 则由(8.4.25)式, 该质量对应动物平均体积的估计值为

$$\hat{y}_0 = -0.104\ 8 + 0.988\ 1 \times 17.6 = 17.285\ 8.$$

若取 $\alpha = 0.05$, 则 $t_{0.975}(16) = 2.119\ 9$, 又 $\hat{\sigma} = \sqrt{0.040\ 1} = 0.200\ 2$, 应用(8.4.23)式,

$$\delta = 2.119\ 9 \times 0.200\ 2 \times \sqrt{1 + \frac{1}{18} + \frac{(17.6 - 15.005\ 6)^2}{96.389\ 4}} = 0.450\ 2,$$

从而该质量对应动物体积的概率为 0.95 的预测区间为

$$[17.285\ 8 - 0.450\ 2, 17.285\ 8 + 0.450\ 2] = [16.835\ 6, 17.736\ 0].$$

用(8.4.24)式可以求近似预测区间, 由于 $u_{0.975} = 1.96$, 故有 $\delta \approx 1.96 \times 0.200\ 2 = 0.392\ 4$, 则所求区间为

$$[17.285\ 8 - 0.392\ 4, 17.285\ 8 + 0.392\ 4] = [16.893\ 4, 17.678\ 2].$$

此处近似预测区间与精确预测区间差距已不大了, 当 n 更大一些, 两者差距会更小一些.

习　题　8.4

1. 假设回归直线过原点, 即一元线性回归模型为

$$y_i = \beta x_i + \varepsilon_i, \qquad i = 1, 2, \cdots, n,$$

$E(\varepsilon_i) = 0, \mathrm{Var}(\varepsilon_i) = \sigma^2$, 诸观测值相互独立.

(1) 写出 β 的最小二乘估计和 σ^2 的无偏估计;

(2) 对给定的 x_0, 其对应的因变量均值的估计为 $\hat{y}_0$, 求 $\mathrm{Var}(\hat{y}_0)$.

2. 设回归模型为

$$\begin{cases} y_i = \beta_0 + \beta_1 x_i + \varepsilon_i, i = 1, 2, \cdots, n, \\ \text{各 } \varepsilon_i \text{ 独立同分布, 其分布为 } N(0, \sigma^2). \end{cases}$$

试求 β_0, β_1 的最大似然估计, 它们与其最小二乘估计一致吗?

3. 在回归分析计算中, 常对数据进行变换

$$\tilde{y}_i = \frac{y_i - c_1}{d_1}, \quad \tilde{x}_i = \frac{x_i - c_2}{d_2}, \quad i = 1, 2, \cdots, n,$$

其中 $c_1, c_2, d_1(d_1 > 0), d_2(d_2 > 0)$ 是适当选取的常数.

(1) 试建立由原始数据和变换后数据得到的最小二乘估计、总平方和、回归平方和以及残差平方和之间的关系;

（2）证明：由原始数据和变换后数据得到的 F 检验统计量的值保持不变.

4. 对给定的 n 组数据 (x_i, y_i), $i = 1, 2, \cdots, n$, 若我们关心的是 y 如何依赖 x 的取值而变动, 则可以建立回归方程

$$\hat{y} = a + bx.$$

反之, 若我们关心的是 x 如何依赖 y 的取值而变动, 则可以建立另一个回归方程

$$\hat{x} = c + dy.$$

试问这两条直线在直角坐标系中是否重合? 为什么? 若不重合, 它们有无交点? 若有, 试给出交点的坐标.

5. 为考察某种维尼纶纤维的耐水性能, 安排了一组试验, 测得其甲醇浓度 x 及相应的"缩醛化度" y 数据如下:

x	18	20	22	24	26	28	30
y	26.86	28.35	28.75	28.87	29.75	30.00	30.36

（1）作散点图;

（2）求样本相关系数;

（3）建立一元线性回归方程;

（4）对建立的回归方程作显著性检验 $(\alpha = 0.01)$.

6. 测得一组弹簧形变 x（单位:cm）和相应的外力 y（单位:N）数据如下:

y	1	1.2	1.4	1.6	1.8	2.0	2.2	2.4	2.8	3.0
x	3.08	3.76	4.31	5.02	5.51	6.25	6.74	7.40	8.54	9.24

由胡克定律知 $\hat{y} = kx$, 试估计 k, 并在 $x = 2.6$ cm 处给出相应的外力 y 的 0.95 预测区间.

7. 设由 (x_i, y_i) $(i = 1, 2, \cdots, n)$ 可建立一元线性回归方程, $\hat{y}_i$ 是由回归方程得到的拟合值, 证明: 样本相关系数 r 满足关系

$$r^2 = \frac{\sum\limits_{i=1}^{n} (\hat{y}_i - \bar{y})^2}{\sum\limits_{i=1}^{n} (y_i - \bar{y})^2},$$

上式也称为回归方程的决定系数.

8. 现收集了 16 组合金钢中的碳含量 x 及强度 y 的数据, 求得

$$\bar{x} = 0.125, \quad \bar{y} = 45.788\,6, \quad l_{xx} = 0.302\,4, \quad l_{xy} = 25.521\,8, \quad l_{yy} = 2\,432.456\,6.$$

（1）建立 y 关于 x 的一元线性回归方程 $\hat{y} = \hat{\beta}_0 + \hat{\beta}_1 x$;

（2）写出 $\hat{\beta}_0$ 和 $\hat{\beta}_1$ 的分布;

（3）求 $\hat{\beta}_0$ 和 $\hat{\beta}_1$ 的相关系数;

（4）列出对回归方程作显著性检验的方差分析表 $(\alpha = 0.05)$;

（5）给出 β_1 的 0.95 置信区间;

（6）在 $x = 0.15$ 时求对应的 y 的 0.95 预测区间.

9. 设回归模型为 $\begin{cases} y_i = \beta_0 + \beta_1 x_i + \varepsilon_i \\ \varepsilon_i \sim N(0, \sigma^2), \end{cases}$ 现收集了 15 组数据, 经计算有

$$\bar{x} = 0.85, \quad \bar{y} = 25.60, \quad l_{xx} = 19.56, \quad l_{xy} = 32.54, \quad l_{yy} = 46.74,$$

后经核对,发现有一组数据记录错误,正确数据为$(1.2, 32.6)$,记录为$(1.5, 32.3)$.

(1)求β_0, β_1修正后的 LSE;

(2)对回归方程作显著性检验($\alpha = 0.05$);

(3)若$x_0 = 1.1$,给出对应响应变量的 0.95 预测区间.

10. 在生产中积累了 32 组某种铸件在不同腐蚀时间x下腐蚀深度y的数据,求得回归方程为

$$\hat{y} = -0.444\,1 + 0.002\,263x,$$

且误差方差的无偏估计为$\hat{\sigma}^2 = 0.001\,452$,总偏差平方和为 0.124 6.

(1)对回归方程作显著性检验($\alpha = 0.05$),列出方差分析表;

(2)求样本相关系数;

(3)若腐蚀时间$x = 870$,试给出y的 0.95 近似预测区间.

11. 我们知道营业税税收总额y与社会商品零售总额x有关.为能从社会商品零售总额去预测税收总额,需要了解两者之间的关系.现收集了如下 9 组数据(单位:亿元):

序号	社会商品零售总额	营业税税收总额
1	142.08	3.93
2	177.30	5.96
3	204.68	7.85
4	242.68	9.82
5	316.24	12.50
6	341.99	15.55
7	332.69	15.79
8	389.29	16.39
9	453.40	18.45

(1)画散点图;

(2)建立一元线性回归方程,并作显著性检验(取$\alpha = 0.05$),列出方差分析表;

(3)若已知某年社会商品零售总额为 300 亿元,试给出营业税税收总额的概率为 0.95 的预测区间;

(4)若已知回归直线过原点,试求回归方程,并在显著性水平 0.05 下作显著性检验.

§8.5　一元非线性回归

有时,回归函数并非是自变量的线性函数,若通过变换可以将之化为线性函数,从而可用一元线性回归方法对其分析,这是处理非线性回归问题的一种常用方法.下面以一个例子说明上述非线性回归的分析步骤.

例 8.5.1　炼钢厂出钢水时用的钢包,在使用过程中由于钢水及炉渣对耐火材料的侵蚀,其容积不断增大.钢包的容积用盛满钢水时的质量y(单位:kg)表示,相应的使

用次数用 x 表示.数据见表 8.5.1,要找出 y 与 x 的定量关系表达式.

表 8.5.1　钢包的质量 y 与使用次数 x 数据

序号	x	y	序号	x	y
1	2	106.42	8	11	110.59
2	3	108.20	9	14	110.60
3	4	109.58	10	15	110.90
4	5	109.50	11	16	110.76
5	7	110.00	12	18	111.00
6	8	109.93	13	19	111.20
7	10	110.49			

下面我们分三步进行.

8.5.1　确定可能的函数形式

为对数据进行分析,首先描出数据的散点图,判断两个变量之间可能的函数关系,图 8.5.1 是本例的散点图.

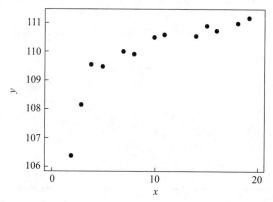

图 8.5.1　钢包质量与使用次数散点图

观察这 13 个点形成的散点图,我们可以看到它们并不接近一条直线,用曲线拟合这些点应该是更恰当的.这里就涉及如何选择曲线函数形式的问题,首先,如果可由专业知识确定回归函数形式,则应尽可能利用专业知识.若不能由专业知识加以确定函数形式,则可将散点图与一些常见的函数关系的图形进行比较,选择几个可能的函数形式,然后使用统计方法在这些函数形式之间进行比较,最后确定合适的曲线回归方程.为此,必须了解常见的曲线函数的图形,见图 8.5.2.

本例中,散点图呈现一个明显的向上且上凸的趋势,可能选择的函数关系有很多,比如,参照图 8.5.2,我们可以给出如下四个曲线函数:

$$(1)\ \frac{1}{y}=a+\frac{b}{x}, \tag{8.5.1}$$

$$(2)\ y=a+b\ln x, \tag{8.5.2}$$

$$(3)\ y=a+b\sqrt{x}, \tag{8.5.3}$$

$$(4)\ y-100=ae^{-b/x}\quad (b>0). \tag{8.5.4}$$

函数名称	函数表达式	图　　像	线性化方法
双曲线函数	$\dfrac{1}{y}=a+\dfrac{b}{x}$	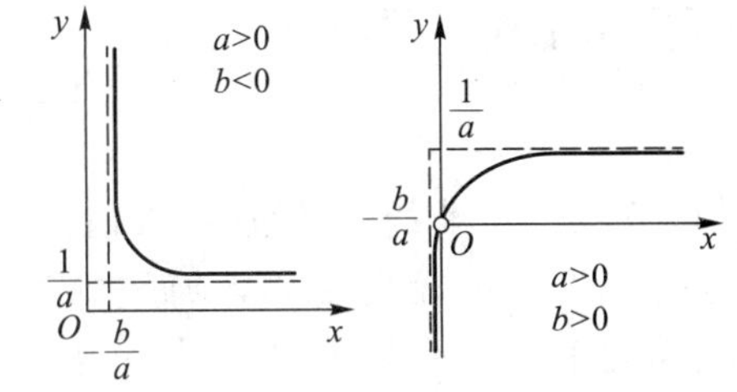	$v=\dfrac{1}{y}$ $u=\dfrac{1}{x}$
幂函数	$y=ax^{b}$	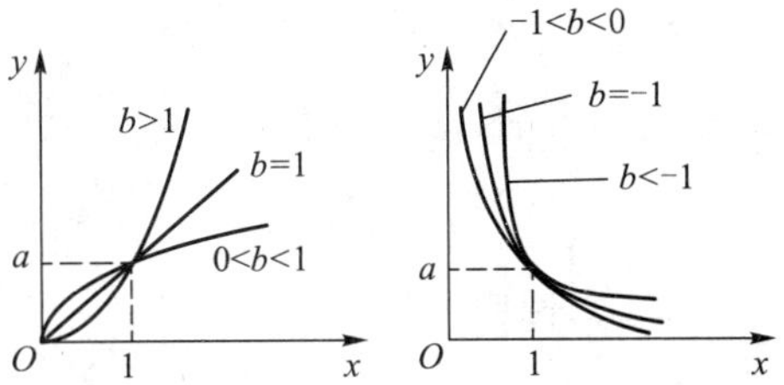	$v=\ln y$ $u=\ln x$
指　数函　数	$y=a\mathrm{e}^{bx}$	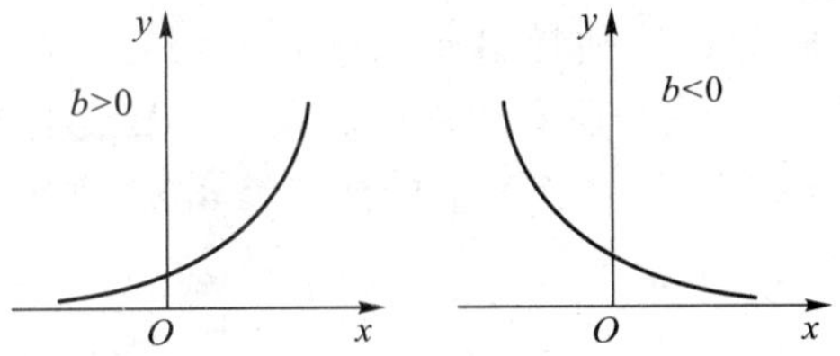	$v=\ln y$ $u=x$
	$y=a\mathrm{e}^{b/x}$	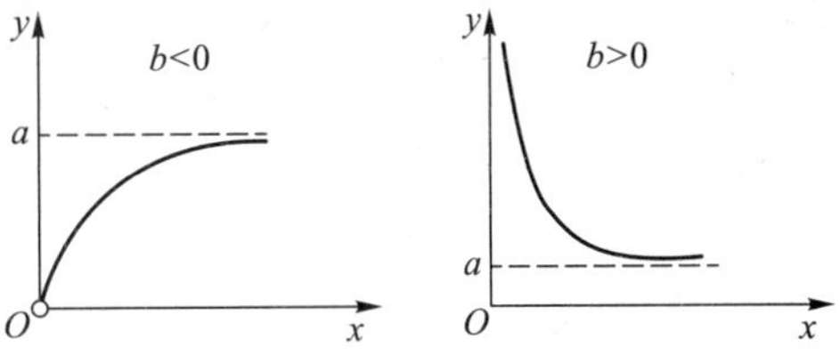	$v=\ln y$ $u=\dfrac{1}{x}$
对　数函　数	$y=a+b\ln x$	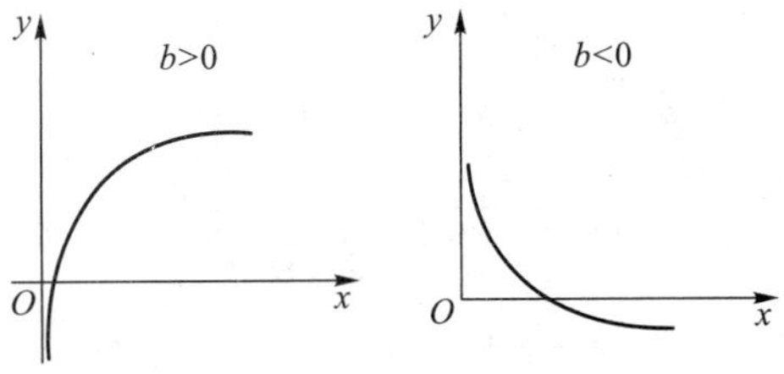	$v=y$ $u=\ln x$
S　形曲　线	$y=\dfrac{1}{a+b\mathrm{e}^{-x}}$	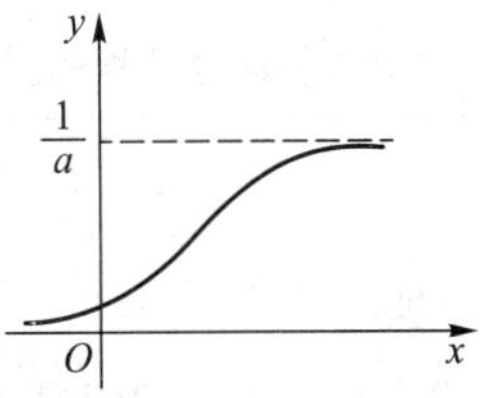	$v=\dfrac{1}{y}$ $u=\mathrm{e}^{-x}$

图 8.5.2　部分常见的曲线函数的图形

在初步选出可能的函数关系(即方程)后,我们必须解决两个问题:

- 如何估计所选方程中的参数? 这在 8.5.2 中讨论.
- 如何评价所选不同方程的优劣? 这在 8.5.3 中介绍.

8.5.2 参数估计

对形如(8.5.1)式至(8.5.4)式的非线性函数,参数估计最常用的方法是"线性化"方法,即通过某种变换,将方程化为一元线性方程的形式.

以(8.5.1)式为例,为了能采用一元线性回归分析方法,我们作如下变换:

$$u = \frac{1}{x}, \qquad v = \frac{1}{y},$$

则(8.5.1)的曲线函数就化为如下的直线:

$$v = a + bu,$$

这是理论回归函数.对数据而言,回归方程为

$$v_i = a + bu_i + \varepsilon_i,$$

于是可用一元线性回归的方法估计出 a, b.图 8.5.3 给出变换后的数据的散点图.

从图 8.5.3 上看出可以认为所有的点近似在一条直线上下波动,因此,建立一元线性回归方程是可行的.整个计算过程及估计列于表 8.5.2 和表8.5.3中.

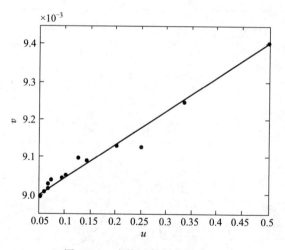

图 8.5.3 变换后数据的散点图

表 8.5.2 钢包数据的变换值

x	y	$u = 1/x$	$v = 1/y$	u^2	uv
2	106.42	0.500 000	0.009 397	0.250 000	0.004 698
3	108.20	0.333 333	0.009 242	0.111 111	0.003 081
4	109.58	0.250 000	0.009 126	0.062 500	0.002 281

续表

x	y	$u = 1/x$	$v = 1/y$	u^2	uv
5	109.50	0.200 000	0.009 132	0.040 000	0.001 826
7	110.00	0.142 857	0.009 091	0.020 408	0.001 299
8	109.93	0.125 000	0.009 097	0.015 625	0.001 137
10	110.49	0.100 000	0.009 051	0.010 000	0.000 905
11	110.59	0.090 909	0.009 042	0.008 264	0.000 822
14	110.60	0.071 429	0.009 042	0.005 102	0.000 646
15	110.90	0.066 667	0.009 017	0.004 444	0.000 601
16	110.76	0.062 500	0.009 029	0.003 906	0.000 564
18	111.00	0.055 556	0.009 009	0.003 086	0.000 501
19	111.20	0.052 632	0.008 993	0.002 770	0.000 473
	合计	2.050 881 94	0.118 266 72	0.537 217 98	0.018 834 95
	均值	0.157 760 15	0.009 097 44		

注:为了下面的计算需要,表中合计与均值两行取 8 位小数.

表 8.5.3 参数估计计算表

$$\sum u_i = 2.050\ 881\ 94 \qquad n = 13 \qquad \sum v_i = 0.118\ 266\ 72$$

$$\bar{u} = 0.157\ 760\ 15 \qquad\qquad\qquad\qquad \bar{v} = 0.009\ 097\ 44$$

$$\sum u_i^2 = 0.537\ 217\ 98 \qquad \sum u_i v_i = 0.018\ 834\ 95$$

$$n\bar{u}^2 = 0.323\ 547\ 44 \qquad n\bar{u}\,\bar{v} = 0.018\ 657\ 78$$

$$l_{uu} = 0.213\ 670\ 54 \qquad l_{uv} = 0.000\ 177\ 17$$

$$\hat{b} = l_{uv}/l_{uu} = 0.000\ 829\ 17$$

$$\hat{a} = \bar{v} - \hat{b}\bar{u} = 0.008\ 966\ 63$$

$$\hat{y} = \frac{x}{0.000\ 829\ 17 + 0.008\ 966\ 63x}$$

用类似的方法可以得出其他三个曲线回归方程,它们分别是

$$\hat{y} = 106.314\ 7 + 3.946\ 6\ln x,$$

$$\hat{y} = 106.301\ 3 + 1.194\ 7\sqrt{x},$$

$$\hat{y} = 100 + 11.750\ 6e^{-1.125\ 6/x}.$$

8.5.3 曲线回归方程的比较

我们上面得到了四个曲线回归方程,在这四个方程中,哪一个更好一点呢? 通常

可采用如下两个指标进行选择.

（1）决定系数 R^2. 类似于一元线性回归方程中相关系数,决定系数定义为

$$R^2 = 1 - \frac{\sum (y_i - \hat{y}_i)^2}{\sum (y_i - \bar{y})^2}. \tag{8.5.5}$$

R^2 越大,说明残差越小,回归曲线拟合越好,R^2 从总体上给出一个拟合好坏程度的度量.

（2）剩余标准差 s. 类似于一元线性回归中标准差的估计公式,此剩余标准差可用平均残差平方和来获得,即

$$s = \sqrt{\frac{\sum (y_i - \hat{y}_i)^2}{n-2}}. \tag{8.5.6}$$

s 为诸观测点 y_i 与由曲线给出的拟合值 $\hat{y}_i$ 间的平均偏离程度的度量,s 越小,方程越好.

在观测数据给定后,不同的曲线选择不会影响 $\sum\limits_{i=1}^{n} (y_i - \bar{y})^2$ 的取值,但会影响到残差平方和 $\sum\limits_{i=1}^{n} (y_i - \hat{y}_i)^2$ 的取值.因此,对选择的曲线而言,决定系数和剩余标准差都取决于残差平方和 $\sum\limits_{i=1}^{n} (y_i - \hat{y}_i)^2$,从而两种选择准则是一致的,只是从两个不同侧面作出评价.

表8.5.4给出第一个曲线回归方程的残差平方和的计算过程.由于 $n = 13$, $\sum\limits_{i=1}^{13} (y_i - \bar{y})^2 = 21.210\ 5$, 故其决定系数及剩余标准差分别为

$$R^2 = 1 - \frac{0.574\ 3}{21.210\ 5} = 0.972\ 9, \quad s = \sqrt{\frac{0.574\ 3}{13 - 2}} = 0.228\ 5.$$

其他三个方程的决定系数及剩余标准差可同样计算,我们将它们列在表8.5.5中.

表 8.5.4　第一个方程的残差平方和计算表

y_i	$\hat{y}_i$	$\hat{e}_i = y_i - \hat{y}_i$	$\hat{e}_i^2$	y_i	$\hat{y}_i$	$\hat{e}_i = y_i - \hat{y}_i$	$\hat{e}_i^2$
106.42	106.596	-0.176 001	0.030 976	110.59	110.595	-0.004 890	0.000 024
108.20	108.190	0.010 252	0.000 105	110.60	110.793	-0.192 810	0.037 176
109.58	109.005	0.575 373	0.331 054	110.90	110.841	0.058 701	0.003 446
109.50	109.499	0.000 526	0.000 000	110.76	110.884	-0.123 761	0.015 317
110.00	110.071	-0.070 543	0.004 976	111.00	110.955	0.045 397	0.002 061
109.93	110.250	-0.320 225	0.102 544	111.20	110.984	0.215 541	0.046 458
110.49	110.503	-0.012 769	0.000 163		和		0.574 3

注:$\hat{y}_i$ 用 3 位小数,实际计算中用的是 $\hat{y}_i$ 的 6 位小数.

表 8.5.5 四种曲线回归的决定系数及剩余标准差

模型编号	1	2	3	4
R^2	0.972 9	0.877 3	0.785 1	0.962 3
s	0.228 5	0.486 4	0.643 7	0.269 6

从表 8.5.5 中可以看出,第一个曲线方程的决定系数最大,剩余标准差最小,在这四个曲线回归方程中,不论用哪个标准,都是第一个方程拟合得最好.因此,近似得比较好的定量关系式就是

$$\hat{y} = \frac{x}{0.000\ 829\ 17 + 0.008\ 966\ 63x}.$$

习 题 8.5

1. 设曲线函数形式为 $y = a + b\ln x$,试给出一个变换将之化为一元线性回归的形式.

2. 设曲线函数形式为 $y = a + b\sqrt{x}$,试给出一个变换将之化为一元线性回归的形式.

3. 设曲线函数形式为 $y - 100 = a\mathrm{e}^{-x/b}$ ($b > 0$),试给出一个变换将之化为一元线性回归的形式.

4. 设曲线函数形式为 $y = a + \mathrm{e}^{bx}$,问能否找到一个变换将之化为一元线性回归的形式?若能,试给出;若不能,说明理由.

5. 设曲线函数形式为 $y = \dfrac{1}{a + b\mathrm{e}^{-x}}$,问能否找到一个变换将之化为一元线性回归的形式?若能,试给出;若不能,说明理由.

6. 设曲线函数形式为 $y = a\mathrm{e}^{b/x}$,问能否找到一个变换将之化为一元线性回归的形式?若能,试给出;若不能,说明理由.

7. 为了检验 X 射线的杀菌作用,用 200 kV 的 X 射线照射杀菌,每次照射 6 min,照射次数为 x,照射后所剩细菌数为 y,下表是一组试验结果:

x	y	x	y	x	y
1	783	8	154	15	28
2	621	9	129	16	20
3	433	10	103	17	16
4	431	11	72	18	12
5	287	12	50	19	9
6	251	13	43	20	7
7	175	14	31		

根据经验知道 y 关于 x 的曲线回归方程形如

$$\hat{y} = a\mathrm{e}^{bx},$$

试给出具体的回归方程,并求其对应的决定系数 R^2 和剩余标准差 s.

本章小结

附表

表 1 泊松分布函数表

$$P(X \le k) = \sum_{i=0}^{k} \frac{\lambda^i}{i!} e^{-\lambda}$$

λ	0	1	2	3	4	5	6	7	8
0.1	0.905	0.995	1.000						
0.2	0.819	0.982	0.999	1.000					
0.3	0.741	0.963	0.996	1.000					
0.4	0.670	0.938	0.992	0.999	1.000				
0.5	0.607	0.910	0.986	0.998	1.000				
0.6	0.549	0.878	0.977	0.997	1.000				
0.7	0.497	0.844	0.966	0.994	0.999	1.000			
0.8	0.449	0.809	0.953	0.991	0.999	1.000			
0.9	0.407	0.772	0.937	0.987	0.998	1.000			
1.0	0.368	0.736	0.920	0.981	0.996	0.999	1.000		
1.1	0.333	0.699	0.900	0.974	0.995	0.999	1.000		
1.2	0.301	0.663	0.879	0.966	0.992	0.998	1.000		
1.3	0.273	0.627	0.857	0.957	0.989	0.998	1.000		
1.4	0.247	0.592	0.833	0.946	0.986	0.997	0.999	1.000	
1.5	0.223	0.558	0.809	0.934	0.981	0.996	0.999	1.000	
1.6	0.202	0.525	0.783	0.921	0.976	0.994	0.999	1.000	
1.7	0.183	0.493	0.757	0.907	0.970	0.992	0.998	1.000	
1.8	0.165	0.463	0.731	0.891	0.964	0.990	0.997	0.999	1.000
1.9	0.150	0.434	0.704	0.875	0.956	0.987	0.997	0.999	1.000
2.0	0.135	0.406	0.677	0.857	0.947	0.983	0.995	0.999	1.000

λ	0	1	2	3	4	5	6	7	8	9	10	11	12
2.1	0.122	0.380	0.650	0.839	0.938	0.980	0.994	0.999	1.000				
2.2	0.111	0.355	0.623	0.819	0.928	0.975	0.993	0.998	1.000				
2.3	0.100	0.331	0.596	0.799	0.916	0.970	0.991	0.997	0.999	1.000			
2.4	0.091	0.308	0.570	0.779	0.904	0.964	0.988	0.997	0.999	1.000			
2.5	0.082	0.287	0.544	0.758	0.891	0.958	0.986	0.996	0.999	1.000			
2.6	0.074	0.267	0.518	0.736	0.877	0.951	0.983	0.995	0.999	1.000			
2.7	0.067	0.249	0.494	0.714	0.863	0.943	0.979	0.993	0.998	0.999	1.000		
2.8	0.061	0.231	0.469	0.692	0.848	0.935	0.976	0.992	0.998	0.999	1.000		
2.9	0.055	0.215	0.446	0.670	0.832	0.926	0.971	0.990	0.997	0.999	1.000		
3.0	0.050	0.199	0.423	0.647	0.815	0.916	0.966	0.988	0.996	0.999	1.000		
3.1	0.045	0.185	0.401	0.625	0.798	0.906	0.961	0.986	0.995	0.999	1.000		
3.2	0.041	0.171	0.380	0.603	0.781	0.895	0.955	0.983	0.994	0.998	1.000		
3.3	0.037	0.159	0.359	0.580	0.763	0.883	0.949	0.980	0.993	0.998	0.999	1.000	
3.4	0.033	0.147	0.340	0.558	0.744	0.871	0.942	0.977	0.992	0.997	0.999	1.000	
3.5	0.030	0.136	0.321	0.537	0.725	0.858	0.935	0.973	0.990	0.997	0.999	1.000	
3.6	0.027	0.126	0.303	0.515	0.706	0.844	0.927	0.969	0.988	0.996	0.999	1.000	
3.7	0.025	0.116	0.285	0.494	0.687	0.830	0.918	0.965	0.986	0.995	0.998	1.000	
3.8	0.022	0.107	0.269	0.473	0.668	0.816	0.909	0.960	0.984	0.994	0.998	0.999	1.000
3.9	0.020	0.099	0.253	0.453	0.648	0.801	0.899	0.955	0.981	0.993	0.998	0.999	1.000
4.0	0.018	0.092	0.238	0.433	0.629	0.785	0.889	0.949	0.979	0.992	0.997	0.999	1.000

λ \ k	0	1	2	3	4	5	6	7	8	9	10	11	12	13	14
5	0.007	0.040	0.125	0.265	0.440	0.616	0.762	0.867	0.932	0.968	0.986	0.995	0.998	0.999	1.000
6	0.002	0.017	0.062	0.151	0.285	0.446	0.606	0.744	0.847	0.916	0.957	0.980	0.991	0.996	0.999
7	0.001	0.007	0.030	0.082	0.173	0.301	0.450	0.599	0.729	0.830	0.901	0.947	0.973	0.987	0.994
8	0.000	0.003	0.014	0.042	0.100	0.191	0.313	0.453	0.593	0.717	0.816	0.888	0.936	0.966	0.983
9	0.000	0.001	0.006	0.021	0.055	0.116	0.207	0.324	0.456	0.587	0.706	0.803	0.876	0.926	0.959
10	0.000	0.000	0.003	0.010	0.029	0.067	0.130	0.220	0.333	0.458	0.583	0.697	0.792	0.864	0.917
11	0.000	0.000	0.001	0.005	0.015	0.038	0.079	0.143	0.232	0.341	0.460	0.579	0.689	0.781	0.854
12	0.000	0.000	0.001	0.002	0.008	0.020	0.046	0.090	0.155	0.242	0.347	0.462	0.576	0.682	0.772
13	0.000	0.000	0.000	0.001	0.004	0.011	0.026	0.054	0.100	0.166	0.252	0.353	0.463	0.573	0.675
14	0.000	0.000	0.000	0.000	0.002	0.006	0.014	0.032	0.062	0.109	0.176	0.260	0.358	0.464	0.570
15	0.000	0.000	0.000	0.000	0.001	0.003	0.008	0.018	0.037	0.070	0.118	0.185	0.268	0.363	0.466

λ \ k	15	16	17	18	19	20	21	22	23	24	25	26	27	28	29
6	1.000														
7	0.998	0.999	1.000												
8	0.992	0.996	0.998	0.999	1.000										
9	0.978	0.989	0.995	0.998	0.999	1.000									
10	0.951	0.973	0.986	0.993	0.997	0.998	0.999	1.000							
11	0.907	0.944	0.968	0.982	0.991	0.995	0.998	0.999	1.000						
12	0.844	0.899	0.937	0.963	0.979	0.988	0.994	0.997	0.999	0.999	1.000				
13	0.764	0.835	0.890	0.930	0.957	0.975	0.986	0.992	0.996	0.998	0.999	1.000			
14	0.669	0.756	0.827	0.883	0.923	0.952	0.971	0.983	0.991	0.995	0.997	0.999	0.999	1.000	
15	0.568	0.664	0.749	0.819	0.875	0.917	0.947	0.967	0.981	0.989	0.994	0.997	0.998	0.999	1.000

表 2 标准正态分布函数表

$$\Phi(u) = \frac{1}{\sqrt{2\pi}} \int_{-\infty}^{u} e^{-t^2/2} \, du$$

u	0.00	0.01	0.02	0.03	0.04	0.05	0.06	0.07	0.08	0.09
0.0	0.500 0	0.504 0	0.508 0	0.512 0	0.516 0	0.519 9	0.523 9	0.527 9	0.531 9	0.535 9
0.1	0.539 8	0.543 8	0.547 8	0.551 7	0.555 7	0.559 6	0.563 6	0.567 5	0.571 4	0.575 3
0.2	0.579 3	0.583 2	0.587 1	0.591 0	0.594 8	0.598 7	0.602 6	0.606 4	0.610 3	0.614 1
0.3	0.617 9	0.621 7	0.625 5	0.629 3	0.633 1	0.636 8	0.640 6	0.644 3	0.648 0	0.651 7
0.4	0.655 4	0.659 1	0.662 8	0.666 4	0.670 0	0.673 6	0.677 2	0.680 8	0.684 4	0.687 9
0.5	0.691 5	0.695 0	0.698 5	0.701 9	0.705 4	0.708 8	0.712 3	0.715 7	0.719 0	0.722 4
0.6	0.725 7	0.729 1	0.732 4	0.735 7	0.738 9	0.742 2	0.745 4	0.748 6	0.751 7	0.754 9
0.7	0.758 0	0.761 1	0.764 2	0.767 3	0.770 4	0.773 4	0.776 4	0.779 4	0.782 3	0.785 2
0.8	0.788 1	0.791 0	0.793 9	0.796 7	0.799 5	0.802 3	0.805 1	0.807 8	0.810 6	0.813 3
0.9	0.815 9	0.818 6	0.821 2	0.823 8	0.826 4	0.828 9	0.831 5	0.834 0	0.836 5	0.838 9
1.0	0.841 3	0.843 8	0.846 1	0.848 5	0.850 8	0.853 1	0.855 4	0.857 7	0.859 9	0.862 1
1.1	0.864 3	0.866 5	0.868 6	0.870 8	0.872 9	0.874 9	0.877 0	0.879 0	0.881 0	0.883 0
1.2	0.884 9	0.886 9	0.888 8	0.890 7	0.892 5	0.894 4	0.896 2	0.898 0	0.899 7	0.901 5
1.3	0.903 2	0.904 9	0.906 6	0.908 2	0.909 9	0.911 5	0.913 1	0.914 7	0.916 2	0.917 7
1.4	0.919 2	0.920 7	0.922 2	0.923 6	0.925 1	0.926 5	0.927 9	0.929 2	0.930 6	0.931 9

续表

u	0.00	0.01	0.02	0.03	0.04	0.05	0.06	0.07	0.08	0.09
1.5	0.933 2	0.934 5	0.935 7	0.937 0	0.938 2	0.939 4	0.940 6	0.941 8	0.942 9	0.944 1
1.6	0.945 2	0.946 3	0.947 4	0.948 4	0.949 5	0.950 5	0.951 5	0.952 5	0.953 5	0.954 5
1.7	0.955 4	0.956 4	0.957 3	0.958 2	0.959 1	0.959 9	0.960 8	0.961 6	0.962 5	0.963 3
1.8	0.964 1	0.964 9	0.965 6	0.966 4	0.967 1	0.967 8	0.968 6	0.969 3	0.969 9	0.970 6
1.9	0.971 3	0.971 9	0.972 6	0.973 2	0.973 8	0.974 4	0.975 0	0.975 6	0.976 1	0.976 7
2.0	0.977 2	0.977 8	0.978 3	0.978 8	0.979 3	0.979 8	0.980 3	0.980 8	0.981 2	0.981 7
2.1	0.982 1	0.982 6	0.983 0	0.983 4	0.983 8	0.984 2	0.984 6	0.985 0	0.985 4	0.985 7
2.2	0.986 1	0.986 4	0.986 8	0.987 1	0.987 5	0.987 8	0.988 1	0.988 4	0.988 7	0.989 0
2.3	0.989 3	0.989 6	0.989 8	0.990 1	0.990 4	0.990 6	0.990 9	0.991 1	0.991 3	0.991 6
2.4	0.991 8	0.992 0	0.992 2	0.992 5	0.992 7	0.992 9	0.993 1	0.993 2	0.993 4	0.993 6
2.5	0.993 8	0.994 0	0.994 1	0.994 3	0.994 5	0.994 6	0.994 8	0.994 9	0.995 1	0.995 2
2.6	0.995 3	0.995 5	0.995 6	0.995 7	0.995 9	0.996 0	0.996 1	0.996 2	0.996 3	0.996 4
2.7	0.996 5	0.996 6	0.996 7	0.996 8	0.996 9	0.997 0	0.997 1	0.997 2	0.997 3	0.997 4
2.8	0.997 4	0.997 5	0.997 6	0.997 7	0.997 7	0.997 8	0.997 9	0.997 9	0.998 0	0.998 1
2.9	0.998 1	0.998 2	0.998 2	0.998 3	0.998 4	0.998 4	0.998 5	0.998 5	0.998 6	0.998 6

u	0.0	0.1	0.2	0.3	0.4	0.5	0.6	0.7	0.8	0.9
3	$0.9^2$86 50	$0.9^3$03 24	$0.9^3$31 29	$0.9^3$51 66	$0.9^3$66 31	$0.9^3$76 74	$0.9^3$84 09	$0.9^3$89 22	$0.9^4$27 65	$0.9^4$51 90
4	$0.9^4$68 33	$0.9^4$79 34	$0.9^4$86 65	$0.9^5$14 60	$0.9^5$45 87	$0.9^5$66 02	$0.9^5$78 88	$0.9^5$86 99	$0.9^6$20 67	$0.9^6$52 08
5	$0.9^6$71 33	$0.9^6$83 02	$0.9^7$00 36	$0.9^7$42 10	$0.9^7$66 68	$0.9^7$81 01	$0.9^7$89 28	$0.9^8$40 10	$0.9^8$66 84	$0.9^8$81 82
6	$0.9^9$01 34									

注：$0.9^2$86 50 表示 0.998 650，其他同.

表 3 χ^2 分布分位数 $\chi^2_p(n)$ 表

$$P(X^2(n) \leqslant \chi^2_p(n)) = p$$

n	p									
	0.005	0.01	0.025	0.05	0.1	0.9	0.95	0.975	0.99	0.995
1	0.000 0	0.000 2	0.001 0	0.003 9	0.015 8	2.705 5	3.841 5	5.023 9	6.634 9	7.879 4
2	0.010 0	0.020 1	0.050 6	0.102 6	0.210 7	4.605 2	5.991 5	7.377 8	9.210 3	10.596 6
3	0.071 7	0.114 8	0.215 8	0.351 8	0.584 4	6.251 4	7.814 7	9.348 4	11.344 9	12.838 2
4	0.207 0	0.297 1	0.484 4	0.710 7	1.063 6	7.779 4	9.487 7	11.143 3	13.276 7	14.860 3
5	0.411 7	0.554 3	0.831 2	1.145 5	1.610 3	9.236 4	11.070 5	12.832 5	15.086 3	16.749 6
6	0.675 7	0.872 1	1.237 3	1.635 4	2.204 1	10.644 6	12.591 6	14.449 4	16.811 9	18.547 6
7	0.989 3	1.239 0	1.689 9	2.167 3	2.833 1	12.017 0	14.067 1	16.012 8	18.475 3	20.277 7
8	1.344 4	1.646 5	2.179 7	2.732 6	3.489 5	13.361 6	15.507 3	17.534 5	20.090 2	21.955 0
9	1.734 9	2.087 9	2.700 4	3.325 1	4.168 2	14.683 7	16.919 0	19.022 8	21.666 0	23.589 4
10	2.155 9	2.558 2	3.247 0	3.940 3	4.865 2	15.987 2	18.307 0	20.483 2	23.209 3	25.188 2
11	2.603 2	3.053 5	3.815 7	4.574 8	5.577 8	17.275 0	19.675 1	21.920 0	24.725 0	26.756 8
12	3.073 8	3.570 6	4.403 8	5.226 0	6.303 8	18.549 3	21.026 1	23.336 7	26.217 0	28.299 5
13	3.565 0	4.106 9	5.008 8	5.891 9	7.041 5	19.811 9	22.362 0	24.735 6	27.688 2	29.819 5
14	4.074 7	4.660 4	5.628 7	6.570 6	7.789 5	21.064 1	23.684 8	26.118 9	29.141 2	31.319 3
15	4.600 9	5.229 3	6.262 1	7.260 9	8.546 8	22.307 1	24.995 8	27.488 4	30.577 9	32.801 3
16	5.142 2	5.812 2	6.907 7	7.961 6	9.312 2	23.541 8	26.296 2	28.845 4	31.999 9	34.267 2
17	5.697 2	6.407 8	7.564 2	8.671 8	10.085 2	24.769 0	27.587 1	30.191 0	33.408 7	35.718 5
18	6.264 8	7.014 9	8.230 7	9.390 5	10.864 9	25.989 4	28.869 3	31.526 4	34.805 3	37.156 5
19	6.844 0	7.632 7	8.906 5	10.117 0	11.650 9	27.203 6	30.143 5	32.852 3	36.190 9	38.582 3
20	7.433 8	8.260 4	9.590 8	10.850 8	12.442 6	28.412 0	31.410 4	34.169 6	37.566 2	39.996 8

续表

n	p									
	0.005	0.01	0.025	0.05	0.1	0.9	0.95	0.975	0.99	0.995
21	8.033 7	8.897 2	10.282 9	11.591 3	13.239 6	29.615 1	32.670 6	35.478 9	38.932 2	41.401 1
22	8.642 7	9.542 5	10.982 3	12.338 0	14.041 5	30.813 3	33.924 4	36.780 7	40.289 4	42.795 7
23	9.260 4	10.195 7	11.688 6	13.090 5	14.848 0	32.006 9	35.172 5	38.075 6	41.638 4	44.181 3
24	9.886 2	10.856 4	12.401 2	13.848 4	15.658 7	33.196 2	36.415 0	39.364 1	42.979 8	45.558 5
25	10.519 7	11.524 0	13.119 7	14.611 4	16.473 4	34.381 6	37.652 5	40.646 5	44.314 1	46.927 9
26	11.160 2	12.198 1	13.843 9	15.379 2	17.291 9	35.563 2	38.885 1	41.923 2	45.641 7	48.289 9
27	11.807 6	12.878 5	14.573 4	16.151 4	18.113 9	36.741 2	40.113 3	43.194 5	46.962 9	49.644 9
28	12.461 3	13.564 7	15.307 9	16.927 9	18.939 2	37.915 9	41.337 1	44.460 8	48.278 2	50.993 4
29	13.121 1	14.256 5	16.047 1	17.708 4	19.767 7	39.087 5	42.557 0	45.722 3	49.587 9	52.335 6
30	13.786 7	14.953 5	16.790 8	18.492 7	20.599 2	40.256 0	43.773 0	46.979 2	50.892 2	53.672 0
31	14.457 8	15.655 5	17.538 7	19.280 6	21.433 6	41.421 7	44.985 3	48.231 9	52.191 4	55.002 7
32	15.134 0	16.362 2	18.290 8	20.071 9	22.270 6	42.584 7	46.194 3	49.480 4	53.485 8	56.328 1
33	15.815 3	17.073 5	19.046 7	20.866 5	23.110 2	43.745 2	47.399 9	50.725 1	54.775 5	57.648 4
34	16.501 3	17.789 1	19.806 3	21.664 3	23.952 3	44.903 2	48.602 4	51.966 0	56.060 9	58.963 9
35	17.191 8	18.508 9	20.569 4	22.465 0	24.796 7	46.058 8	49.801 8	53.203 3	57.342 1	60.274 8
36	17.886 7	19.232 7	21.335 9	23.268 6	25.643 3	47.212 2	50.998 5	54.437 3	58.619 2	61.581 2
37	18.585 8	19.960 2	22.105 6	24.074 9	26.492 1	48.363 4	52.192 3	55.668 0	59.892 5	62.883 3
38	19.288 9	20.691 4	22.878 5	24.883 9	27.343 0	49.512 6	53.383 5	56.895 5	61.162 1	64.181 4
39	19.995 9	21.426 2	23.654 3	25.695 4	28.195 8	50.659 8	54.572 2	58.120 1	62.428 1	65.475 6
40	20.706 5	22.164 3	24.433 0	26.509 3	29.050 5	51.805 1	55.758 5	59.341 7	63.690 7	66.766 0

表 4 t 分布分位数 $t_p(n)$ 表

$$P(t(n) \leqslant t_p(n)) = p$$

n	0.75	0.80	0.90	0.95	0.975	0.99	0.995	0.999
1	1.000 0	1.376 4	3.077 7	6.313 8	12.706 2	31.820 5	63.656 7	318.308 8
2	0.816 5	1.060 7	1.885 6	2.920 0	4.302 7	6.964 6	9.924 8	22.327 1
3	0.764 9	0.978 5	1.637 7	2.353 4	3.182 4	4.540 7	5.840 9	10.214 5
4	0.740 7	0.941 0	1.533 2	2.131 8	2.776 4	3.746 9	4.604 1	7.173 2
5	0.726 7	0.919 5	1.475 9	2.015 0	2.570 6	3.364 9	4.032 1	5.893 4
6	0.717 6	0.905 7	1.439 8	1.943 2	2.446 9	3.142 7	3.707 4	5.207 6
7	0.711 1	0.896 0	1.414 9	1.894 6	2.364 6	2.998 0	3.499 5	4.785 3
8	0.706 4	0.888 9	1.396 8	1.859 5	2.306 0	2.896 5	3.355 4	4.500 8
9	0.702 7	0.883 4	1.383 0	1.833 1	2.262 2	2.821 4	3.249 8	4.296 8
10	0.699 8	0.879 1	1.372 2	1.812 5	2.228 1	2.763 8	3.169 3	4.143 7
11	0.697 4	0.875 5	1.363 4	1.795 9	2.201 0	2.718 1	3.105 8	4.024 7
12	0.695 5	0.872 6	1.356 2	1.782 3	2.178 8	2.681 0	3.054 5	3.929 6
13	0.693 8	0.870 2	1.350 2	1.770 9	2.160 4	2.650 3	3.012 3	3.852 0
14	0.692 4	0.868 1	1.345 0	1.761 3	2.144 8	2.624 5	2.976 8	3.787 4
15	0.691 2	0.866 2	1.340 6	1.753 1	2.131 4	2.602 5	2.946 7	3.732 8
16	0.690 1	0.864 7	1.336 8	1.745 9	2.119 9	2.583 5	2.920 8	3.686 2
17	0.689 2	0.863 3	1.333 4	1.739 6	2.109 8	2.566 9	2.898 2	3.645 8
18	0.688 4	0.862 0	1.330 4	1.734 1	2.100 9	2.552 4	2.878 4	3.610 5
19	0.687 6	0.861 0	1.327 7	1.729 1	2.093 0	2.539 5	2.860 9	3.579 4
20	0.687 0	0.860 0	1.325 3	1.724 7	2.086 0	2.528 0	2.845 3	3.551 8

续表

n						p				
	0.75	0.80	0.90	0.95	0.975	0.99	0.995	0.999
21	0.686 4	0.859 1	1.323 2	1.720 7	2.079 6	2.517 6	2.831 4	3.527 2
22	0.685 8	0.858 3	1.321 2	1.717 1	2.073 9	2.508 3	2.818 8	3.505 0
23	0.685 3	0.857 5	1.319 5	1.713 9	2.068 7	2.499 9	2.807 3	3.485 0
24	0.684 8	0.856 9	1.317 8	1.710 9	2.063 9	2.492 2	2.796 9	3.466 8
25	0.684 4	0.856 2	1.316 3	1.708 1	2.059 5	2.485 1	2.787 4	3.450 2
26	0.684 0	0.855 7	1.315 0	1.705 6	2.055 5	2.478 6	2.778 7	3.435 0
27	0.683 7	0.855 1	1.313 7	1.703 3	2.051 8	2.472 7	2.770 7	3.421 0
28	0.683 4	0.854 6	1.312 5	1.701 1	2.048 4	2.467 1	2.763 3	3.408 2
29	0.683 0	0.854 2	1.311 4	1.699 1	2.045 2	2.462 0	2.756 4	3.396 2
30	0.682 8	0.853 8	1.310 4	1.697 3	2.042 3	2.457 3	2.750 0	3.385 2
31	0.682 5	0.853 4	1.309 5	1.695 5	2.039 5	2.452 8	2.744 0	3.374 9
32	0.682 2	0.853 0	1.308 6	1.693 9	2.036 9	2.448 7	2.738 5	3.365 3
33	0.682 0	0.852 6	1.307 7	1.692 4	2.034 5	2.444 8	2.733 3	3.356 3
34	0.681 8	0.852 3	1.307 0	1.690 9	2.032 2	2.441 1	2.728 4	3.347 9
35	0.681 6	0.852 0	1.306 2	1.689 6	2.030 1	2.437 7	2.723 8	3.340 0
36	0.681 4	0.851 7	1.305 5	1.688 3	2.028 1	2.434 5	2.719 5	3.332 6
37	0.681 2	0.851 4	1.304 9	1.687 1	2.026 2	2.431 4	2.715 4	3.325 6
38	0.681 0	0.851 2	1.304 2	1.686 0	2.024 4	2.428 6	2.711 6	3.319 0
39	0.680 8	0.850 9	1.303 6	1.684 9	2.022 7	2.425 8	2.707 9	3.312 8
40	0.680 7	0.850 7	1.303 1	1.683 9	2.021 1	2.423 3	2.704 5	3.306 9

表 5.1 F 分布 0.90 分位数 $F_{0.90}(f_1, f_2)$ 表

f_2 \ f_1	1	2	3	4	5	6	7	8	9	10	12	14	16	18	20	25	30	60	120	$+\infty$
1	39.86	49.50	53.59	55.83	57.24	58.20	58.91	59.44	59.86	60.19	60.71	61.07	61.35	61.57	61.74	62.05	62.26	62.79	63.06	63.31
2	8.53	9.00	9.16	9.24	9.29	9.33	9.35	9.37	9.38	9.39	9.41	9.42	9.43	9.44	9.44	9.45	9.46	9.47	9.48	9.49
3	5.54	5.46	5.39	5.34	5.31	5.28	5.27	5.25	5.24	5.23	5.22	5.20	5.20	5.19	5.18	5.17	5.17	5.15	5.14	5.13
4	4.54	4.32	4.19	4.11	4.05	4.01	3.98	3.95	3.94	3.92	3.90	3.88	3.86	3.85	3.84	3.83	3.82	3.79	3.78	3.76
5	4.06	3.78	3.62	3.52	3.45	3.40	3.37	3.34	3.32	3.30	3.27	3.25	3.23	3.22	3.21	3.19	3.17	3.14	3.12	3.11
6	3.78	3.46	3.29	3.18	3.11	3.05	3.01	2.98	2.96	2.94	2.90	2.88	2.86	2.85	2.84	2.81	2.80	2.76	2.74	2.72
7	3.59	3.26	3.07	2.96	2.88	2.83	2.78	2.75	2.72	2.70	2.67	2.64	2.62	2.61	2.59	2.57	2.56	2.51	2.49	2.47
8	3.46	3.11	2.92	2.81	2.73	2.67	2.62	2.59	2.56	2.54	2.50	2.48	2.45	2.44	2.42	2.40	2.38	2.34	2.32	2.29
9	3.36	3.01	2.81	2.69	2.61	2.55	2.51	2.47	2.44	2.42	2.38	2.35	2.33	2.31	2.30	2.27	2.25	2.21	2.18	2.16
10	3.29	2.92	2.73	2.61	2.52	2.46	2.41	2.38	2.35	2.32	2.28	2.26	2.23	2.22	2.20	2.17	2.16	2.11	2.08	2.06
12	3.18	2.81	2.61	2.48	2.39	2.33	2.28	2.24	2.21	2.19	2.15	2.12	2.09	2.08	2.06	2.03	2.01	1.96	1.93	1.91
14	3.10	2.73	2.52	2.39	2.31	2.24	2.19	2.15	2.12	2.10	2.05	2.02	2.00	1.98	1.96	1.93	1.91	1.86	1.83	1.80
16	3.05	2.67	2.46	2.33	2.24	2.18	2.13	2.09	2.06	2.03	1.99	1.95	1.93	1.91	1.89	1.86	1.84	1.78	1.75	1.72
18	3.01	2.62	2.42	2.29	2.20	2.13	2.08	2.04	2.00	1.98	1.93	1.90	1.87	1.85	1.84	1.80	1.78	1.72	1.69	1.66
20	2.97	2.59	2.38	2.25	2.16	2.09	2.04	2.00	1.96	1.94	1.89	1.86	1.83	1.81	1.79	1.76	1.74	1.68	1.64	1.61
25	2.92	2.53	2.32	2.18	2.09	2.02	1.97	1.93	1.89	1.87	1.82	1.79	1.76	1.74	1.72	1.68	1.66	1.59	1.56	1.52
30	2.88	2.49	2.28	2.14	2.05	1.98	1.93	1.88	1.85	1.82	1.77	1.74	1.71	1.69	1.67	1.63	1.61	1.54	1.50	1.46
60	2.79	2.39	2.18	2.04	1.95	1.87	1.82	1.77	1.74	1.71	1.66	1.62	1.59	1.56	1.54	1.50	1.48	1.40	1.35	1.30
120	2.75	2.35	2.13	1.99	1.90	1.82	1.77	1.72	1.68	1.65	1.60	1.56	1.53	1.50	1.48	1.44	1.41	1.32	1.26	1.20
$+\infty$	2.71	2.31	2.09	1.95	1.85	1.78	1.72	1.67	1.63	1.60	1.55	1.51	1.47	1.45	1.42	1.38	1.35	1.25	1.18	1.06

表 5.2 F 分布 0.95 分位数 $F_{0.95}(f_1, f_2)$ 表

f_2	f_1																			
	1	2	3	4	5	6	7	8	9	10	12	14	16	18	20	25	30	60	120	$+\infty$
1	161.45	199.50	215.71	224.58	230.16	233.99	236.77	238.88	240.54	241.88	243.91	245.36	246.46	247.32	248.01	249.26	250.10	252.20	253.25	254.25
2	18.51	19.00	19.16	19.25	19.30	19.33	19.35	19.37	19.38	19.40	19.41	19.42	19.43	19.44	19.45	19.46	19.46	19.48	19.49	19.50
3	10.13	9.55	9.28	9.12	9.01	8.94	8.89	8.85	8.81	8.79	8.74	8.71	8.69	8.67	8.66	8.63	8.62	8.57	8.55	8.53
4	7.71	6.94	6.59	6.39	6.26	6.16	6.09	6.04	6.00	5.96	5.91	5.87	5.84	5.82	5.80	5.77	5.75	5.69	5.66	5.63
5	6.61	5.79	5.41	5.19	5.05	4.95	4.88	4.82	4.77	4.74	4.68	4.64	4.60	4.58	4.56	4.52	4.50	4.43	4.40	4.37
6	5.99	5.14	4.76	4.53	4.39	4.28	4.21	4.15	4.10	4.06	4.00	3.96	3.92	3.90	3.87	3.83	3.81	3.74	3.70	3.67
7	5.59	4.74	4.35	4.12	3.97	3.87	3.79	3.73	3.68	3.64	3.57	3.53	3.49	3.47	3.44	3.40	3.38	3.30	3.27	3.23
8	5.32	4.46	4.07	3.84	3.69	3.58	3.50	3.44	3.39	3.35	3.28	3.24	3.20	3.17	3.15	3.11	3.08	3.01	2.97	2.93
9	5.12	4.26	3.86	3.63	3.48	3.37	3.29	3.23	3.18	3.14	3.07	3.03	2.99	2.96	2.94	2.89	2.86	2.79	2.75	2.71
10	4.96	4.10	3.71	3.48	3.33	3.22	3.14	3.07	3.02	2.98	2.91	2.86	2.83	2.80	2.77	2.73	2.70	2.62	2.58	2.54
12	4.75	3.89	3.49	3.26	3.11	3.00	2.91	2.85	2.80	2.75	2.69	2.64	2.60	2.57	2.54	2.50	2.47	2.38	2.34	2.30
14	4.60	3.74	3.34	3.11	2.96	2.85	2.76	2.70	2.65	2.60	2.53	2.48	2.44	2.41	2.39	2.34	2.31	2.22	2.18	2.13
16	4.49	3.63	3.24	3.01	2.85	2.74	2.66	2.59	2.54	2.49	2.42	2.37	2.33	2.30	2.28	2.23	2.19	2.11	2.06	2.01
18	4.41	3.55	3.16	2.93	2.77	2.66	2.58	2.51	2.46	2.41	2.34	2.29	2.25	2.22	2.19	2.14	2.11	2.02	1.97	1.92
20	4.35	3.49	3.10	2.87	2.71	2.60	2.51	2.45	2.39	2.35	2.28	2.22	2.18	2.15	2.12	2.07	2.04	1.95	1.90	1.85
25	4.24	3.39	2.99	2.76	2.60	2.49	2.40	2.34	2.28	2.24	2.16	2.11	2.07	2.04	2.01	1.96	1.92	1.82	1.77	1.71
30	4.17	3.32	2.92	2.69	2.53	2.42	2.33	2.27	2.21	2.16	2.09	2.04	1.99	1.96	1.93	1.88	1.84	1.74	1.68	1.63
60	4.00	3.15	2.76	2.53	2.37	2.25	2.17	2.10	2.04	1.99	1.92	1.86	1.82	1.78	1.75	1.69	1.65	1.53	1.47	1.39
120	3.92	3.07	2.68	2.45	2.29	2.18	2.09	2.02	1.96	1.91	1.83	1.78	1.73	1.69	1.66	1.60	1.55	1.43	1.35	1.26
$+\infty$	3.85	3.00	2.61	2.38	2.22	2.10	2.01	1.94	1.88	1.84	1.76	1.70	1.65	1.61	1.58	1.51	1.46	1.32	1.23	1.08

表 5.3 F 分布 0.975 分位数 $F_{0.975}(f_1, f_2)$ 表

f_2	f_1																			
	1	2	3	4	5	6	7	8	9	10	12	14	16	18	20	25	30	60	120	$+\infty$
1	647.79	799.50	864.16	899.58	921.85	937.11	948.22	956.66	963.28	968.63	976.71	982.53	986.92	990.35	993.10	998.08	1 001.41	1 009.80	1 014.02	1 018.00
2	38.51	39.00	39.17	39.25	39.30	39.33	39.36	39.37	39.39	39.40	39.41	39.43	39.44	39.44	39.45	39.46	39.46	39.48	39.49	39.50
3	17.44	16.04	15.44	15.10	14.88	14.73	14.62	14.54	14.47	14.42	14.34	14.28	14.23	14.20	14.17	14.12	14.08	13.99	13.95	13.90
4	12.22	10.65	9.98	9.60	9.36	9.20	9.07	8.98	8.90	8.84	8.75	8.68	8.63	8.59	8.56	8.50	8.46	8.36	8.31	8.26
5	10.01	8.43	7.76	7.39	7.15	6.98	6.85	6.76	6.68	6.62	6.52	6.46	6.40	6.36	6.33	6.27	6.23	6.12	6.07	6.02
6	8.81	7.26	6.60	6.23	5.99	5.82	5.70	5.60	5.52	5.46	5.37	5.30	5.24	5.20	5.17	5.11	5.07	4.96	4.90	4.85
7	8.07	6.54	5.89	5.52	5.29	5.12	4.99	4.90	4.82	4.76	4.67	4.60	4.54	4.50	4.47	4.40	4.36	4.25	4.20	4.15
8	7.57	6.06	5.42	5.05	4.82	4.65	4.53	4.43	4.36	4.30	4.20	4.13	4.08	4.03	4.00	3.94	3.89	3.78	3.73	3.67
9	7.21	5.71	5.08	4.72	4.48	4.32	4.20	4.10	4.03	3.96	3.87	3.80	3.74	3.70	3.67	3.60	3.56	3.45	3.39	3.34
10	6.94	5.46	4.83	4.47	4.24	4.07	3.95	3.85	3.78	3.72	3.62	3.55	3.50	3.45	3.42	3.35	3.31	3.20	3.14	3.08
12	6.55	5.10	4.47	4.12	3.89	3.73	3.61	3.51	3.44	3.37	3.28	3.21	3.15	3.11	3.07	3.01	2.96	2.85	2.79	2.73
14	6.30	4.86	4.24	3.89	3.66	3.50	3.38	3.29	3.21	3.15	3.05	2.98	2.92	2.88	2.84	2.78	2.73	2.61	2.55	2.49
16	6.12	4.69	4.08	3.73	3.50	3.34	3.22	3.12	3.05	2.99	2.89	2.82	2.76	2.72	2.68	2.61	2.57	2.45	2.38	2.32
18	5.98	4.56	3.95	3.61	3.38	3.22	3.10	3.01	2.93	2.87	2.77	2.70	2.64	2.60	2.56	2.49	2.44	2.32	2.26	2.19
20	5.87	4.46	3.86	3.51	3.29	3.13	3.01	2.91	2.84	2.77	2.68	2.60	2.55	2.50	2.46	2.40	2.35	2.22	2.16	2.09
25	5.69	4.29	3.69	3.35	3.13	2.97	2.85	2.75	2.68	2.61	2.51	2.44	2.38	2.34	2.30	2.23	2.18	2.05	1.98	1.91
30	5.57	4.18	3.59	3.25	3.03	2.87	2.75	2.65	2.57	2.51	2.41	2.34	2.28	2.23	2.20	2.12	2.07	1.94	1.87	1.79
60	5.29	3.93	3.34	3.01	2.79	2.63	2.51	2.41	2.33	2.27	2.17	2.09	2.03	1.98	1.94	1.87	1.82	1.67	1.58	1.49
120	5.15	3.80	3.23	2.89	2.67	2.52	2.39	2.30	2.22	2.16	2.05	1.98	1.92	1.87	1.82	1.75	1.69	1.53	1.43	1.32
$+\infty$	5.03	3.70	3.12	2.79	2.57	2.41	2.29	2.20	2.12	2.05	1.95	1.87	1.81	1.76	1.72	1.63	1.57	1.40	1.28	1.09

表 5.4 F 分布 0.99 分位数 $F_{0.99}(f_1, f_2)$ 表

f_2										f_1										
	1	2	3	4	5	6	7	8	9	10	12	14	16	18	20	25	30	60	120	$+\infty$
1	4 052.18	4 999.50	5 403.35	5 624.58	5 763.65	5 858.99	5 928.36	5 981.07	6 022.47	6 055.85	6 106.32	6 142.67	6 170.10	6 191.53	6 208.73	6 239.83	6 260.65	6 313.03	6 339.39	6 364.27
2	98.50	99.00	99.17	99.25	99.30	99.33	99.36	99.37	99.39	99.40	99.42	99.43	99.44	99.44	99.45	99.46	99.47	99.48	99.49	99.50
3	34.12	30.82	29.46	28.71	28.24	27.91	27.67	27.49	27.35	27.23	27.05	26.92	26.83	26.75	26.69	26.58	26.50	26.32	26.22	26.13
4	21.20	18.00	16.69	15.98	15.52	15.21	14.98	14.80	14.66	14.55	14.37	14.25	14.15	14.08	14.02	13.91	13.84	13.65	13.56	13.47
5	16.26	13.27	12.06	11.39	10.97	10.67	10.46	10.29	10.16	10.05	9.89	9.77	9.68	9.61	9.55	9.45	9.38	9.20	9.11	9.03
6	13.75	10.92	9.78	9.15	8.75	8.47	8.26	8.10	7.98	7.87	7.72	7.60	7.52	7.45	7.40	7.30	7.23	7.06	6.97	6.89
7	12.25	9.55	8.45	7.85	7.46	7.19	6.99	6.84	6.72	6.62	6.47	6.36	6.28	6.21	6.16	6.06	5.99	5.82	5.74	5.65
8	11.26	8.65	7.59	7.01	6.63	6.37	6.18	6.03	5.91	5.81	5.67	5.56	5.48	5.41	5.36	5.26	5.20	5.03	4.95	4.86
9	10.56	8.02	6.99	6.42	6.06	5.80	5.61	5.47	5.35	5.26	5.11	5.01	4.92	4.86	4.81	4.71	4.65	4.48	4.40	4.32
10	10.04	7.56	6.55	5.99	5.64	5.39	5.20	5.06	4.94	4.85	4.71	4.60	4.52	4.46	4.41	4.31	4.25	4.08	4.00	3.91
12	9.33	6.93	5.95	5.41	5.06	4.82	4.64	4.50	4.39	4.30	4.16	4.05	3.97	3.91	3.86	3.76	3.70	3.54	3.45	3.37
14	8.86	6.51	5.56	5.04	4.69	4.46	4.28	4.14	4.03	3.94	3.80	3.70	3.62	3.56	3.51	3.41	3.35	3.18	3.09	3.01
16	8.53	6.23	5.29	4.77	4.44	4.20	4.03	3.89	3.78	3.69	3.55	3.45	3.37	3.31	3.26	3.16	3.10	2.93	2.84	2.76
18	8.29	6.01	5.09	4.58	4.25	4.01	3.84	3.71	3.60	3.51	3.37	3.27	3.19	3.13	3.08	2.98	2.92	2.75	2.66	2.57
20	8.10	5.85	4.94	4.43	4.10	3.87	3.70	3.56	3.46	3.37	3.23	3.13	3.05	2.99	2.94	2.84	2.78	2.61	2.52	2.43
25	7.77	5.57	4.68	4.18	3.85	3.63	3.46	3.32	3.22	3.13	2.99	2.89	2.81	2.75	2.70	2.60	2.54	2.36	2.27	2.18
30	7.56	5.39	4.51	4.02	3.70	3.47	3.30	3.17	3.07	2.98	2.84	2.74	2.66	2.60	2.55	2.45	2.39	2.21	2.11	2.01
60	7.08	4.98	4.13	3.65	3.34	3.12	2.95	2.82	2.72	2.63	2.50	2.39	2.31	2.25	2.20	2.10	2.03	1.84	1.73	1.61
120	6.85	4.79	3.95	3.48	3.17	2.96	2.79	2.66	2.56	2.47	2.34	2.23	2.15	2.09	2.03	1.93	1.86	1.66	1.53	1.39
$+\infty$	6.65	4.62	3.79	3.33	3.03	2.81	2.65	2.52	2.42	2.33	2.19	2.09	2.01	1.94	1.89	1.78	1.71	1.48	1.34	1.11

表6 正态性检验统计量 W 的系数 $a_i(n)$ 数值表

n

i	3	4	5	6	7	8	9	10
1	—	—	—	—	—	0.605 2	0.588 8	0.573 9
2	—	—	—	—	—	0.316 4	0.324 4	0.329 1
3	—	—	—	—	—	0.174 3	0.197 6	0.214 1
4	—	—	—	—	—	0.056 1	0.094 7	0.122 4
5	—	—	—	—	—	—	—	0.039 9

n

i	11	12	13	14	15	16	17	18	19	20
1	0.560 1	0.547 5	0.535 9	0.525 1	0.515 0	0.505 6	0.496 8	0.488 6	0.480 8	0.473 4
2	0.331 5	0.332 5	0.332 5	0.331 8	0.330 6	0.329 0	0.327 3	0.325 3	0.323 2	0.321 1
3	0.226 0	0.234 7	0.241 2	0.246 0	0.249 5	0.252 1	0.254 0	0.255 3	0.256 1	0.256 5
4	0.142 9	0.158 6	0.170 7	0.180 2	0.187 8	0.193 9	0.198 8	0.202 7	0.205 9	0.208 5
5	0.069 5	0.092 2	0.109 9	0.124 0	0.135 3	0.144 7	0.152 4	0.158 7	0.164 1	0.168 6
6	—	0.030 3	0.053 9	0.072 7	0.088 0	0.100 5	0.110 9	0.119 7	0.127 1	0.133 4
7	—	—	—	0.024 0	0.043 3	0.059 3	0.072 5	0.083 7	0.093 2	0.101 3
8	—	—	—	—	—	0.019 6	0.035 9	0.049 6	0.061 2	0.071 1
9	—	—	—	—	—	—	—	0.016 3	0.030 3	0.042 2
10	—	—	—	—	—	—	—	—	—	0.014 0

n

i	21	22	23	24	25	26	27	28	29	30
1	0.464 3	0.459 0	0.454 2	0.449 3	0.445 0	0.440 7	0.436 6	0.432 8	0.429 1	0.425 4
2	0.318 5	0.315 6	0.312 6	0.309 8	0.306 9	0.304 3	0.301 8	0.299 2	0.296 8	0.294 4
3	0.257 8	0.257 1	0.256 3	0.255 4	0.254 3	0.253 3	0.252 2	0.251 0	0.249 9	0.248 7
4	0.211 9	0.213 1	0.213 9	0.214 5	0.214 8	0.215 1	0.215 2	0.215 1	0.215 0	0.214 8
5	0.173 6	0.176 4	0.178 7	0.180 7	0.182 2	0.183 6	0.184 8	0.185 7	0.186 4	0.187 0

i	\	\	\	\	n	\	\	\	\	\
	21	22	23	24	25	26	27	28	29	30
6	0.139 9	0.144 3	0.148 0	0.151 2	0.153 9	0.156 3	0.158 4	0.160 1	0.161 6	0.163 0
7	0.109 2	0.115 0	0.120 1	0.124 5	0.128 3	0.131 6	0.134 6	0.137 2	0.139 5	0.141 5
8	0.080 4	0.087 8	0.094 1	0.099 7	0.104 6	0.108 9	0.112 8	0.116 2	0.119 2	0.121 9
9	0.053 0	0.061 8	0.069 6	0.076 4	0.082 3	0.087 6	0.092 3	0.096 5	0.100 2	0.103 6
10	0.026 3	0.036 8	0.045 9	0.053 9	0.061 0	0.067 2	0.072 8	0.077 8	0.082 2	0.086 2
11	—	0.012 2	0.022 8	0.032 1	0.040 3	0.047 6	0.054 0	0.059 8	0.065 0	0.066 8
12	—	—	—	0.010 7	0.020 0	0.028 4	0.035 8	0.042 4	0.048 3	0.053 7
13	—	—	—	—	—	0.009 4	0.017 8	0.025 3	0.032 0	0.038 1
14	—	—	—	—	—	—	—	0.008 4	0.015 9	0.022 7
15	—	—	—	—	—	—	—	—	—	0.007 6

i	\	\	\	\	n	\	\	\	\	\
	31	32	33	34	35	36	37	38	39	40
1	0.422 0	0.418 8	0.415 6	0.412 7	0.409 6	0.406 8	0.404 0	0.401 5	0.398 9	0.396 4
2	0.292 1	0.289 8	0.287 6	0.285 4	0.283 4	0.281 3	0.279 4	0.277 4	0.275 5	0.273 7
3	0.247 5	0.246 3	0.245 1	0.243 9	0.242 7	0.241 5	0.240 3	0.239 1	0.238 0	0.236 8
4	0.214 5	0.214 1	0.213 7	0.213 2	0.212 7	0.212 1	0.211 6	0.211 0	0.210 4	0.209 8
5	0.187 4	0.187 8	0.188 0	0.188 2	0.188 3	0.188 3	0.188 3	0.188 1	0.188 0	0.187 8
6	0.164 1	0.165 1	0.166 0	0.166 7	0.167 3	0.167 8	0.168 3	0.168 6	0.168 9	0.169 1
7	0.143 3	0.144 9	0.146 3	0.147 5	0.148 7	0.149 6	0.150 5	0.151 3	0.152 0	0.152 6
8	0.124 3	0.126 5	0.128 4	0.130 1	0.131 7	0.133 1	0.134 4	0.135 6	0.136 6	0.137 6
9	0.106 6	0.109 3	0.111 8	0.114 0	0.116 0	0.117 9	0.119 6	0.121 1	0.122 5	0.123 7
10	0.089 9	0.093 1	0.096 1	0.098 8	0.101 3	0.103 6	0.105 6	0.107 5	0.109 2	0.110 8

续表

i	\				n					
	31	32	33	34	35	36	37	38	39	40
11	0.073 9	0.077 7	0.081 2	0.084 4	0.087 3	0.090 0	0.092 4	0.094 7	0.096 7	0.098 6
12	0.058 5	0.062 9	0.066 9	0.070 6	0.073 9	0.077 0	0.079 8	0.082 4	0.084 8	0.087 0
13	0.043 5	0.0485	0.053 0	0.057 2	0.061 0	0.064 5	0.067 7	0.070 6	0.073 3	0.075 9
14	0.028 9	0.034 4	0.039 5	0.044 1	0.048 4	0.052 3	0.055 9	0.059 2	0.062 2	0.065 1
15	0.014 4	0.020 6	0.026 2	0.031 4	0.036 1	0.040 4	0.044 4	0.048 1	0.051 5	0.054 6
16	—	0.006 8	0.013 1	0.018 7	0.023 9	0.028 7	0.033 1	0.037 2	0.040 9	0.044 4
17	—	—	—	0.006 2	0.011 9	0.017 2	0.022 0	0.026 4	0.030 5	0.034 3
18	—	—	—	—	—	0.005 7	0.011 0	0.015 8	0.020 3	0.024 4
19	—	—	—	—	—	—	—	0.005 3	0.010 1	0.014 6
20	—	—	—	—	—	—	—	—	—	0.004 9

i					n					
	41	42	43	44	45	46	47	48	49	50
1	0.394 0	0.391 7	0.389 4	0.387 2	0.385 0	0.383 0	0.380 3	0.378 9	0.377 0	0.375 1
2	0.271 9	0.270 1	0.268 4	0.266 7	0.265 1	0.263 5	0.262 0	0.260 4	0.258 9	0.257 4
3	0.235 7	0.234 5	0.233 4	0.232 3	0.231 3	0.230 2	0.229 1	0.228 1	0.227 1	0.226 0
4	0.209 1	0.208 5	0.207 8	0.207 2	0.206 5	0.205 8	0.205 2	0.204 5	0.203 8	0.203 2
5	0.187 6	0.187 4	0.187 1	0.186 8	0.186 5	0.186 2	0.185 9	0.185 5	0.185 1	0.184 7
6	0.169 3	0.169 4	0.169 5	0.169 5	0.169 5	0.169 5	0.169 5	0.169 3	0.169 2	0.169 1
7	0.153 1	0.153 5	0.153 9	0.154 2	0.154 5	0.154 8	0.155 0	0.155 1	0.155 3	0.155 4
8	0.138 4	0.139 2	0.139 8	0.140 5	0.141 0	0.141 5	0.142 0	0.142 3	0.142 7	0.143 0
9	0.124 9	0.125 9	0.126 9	0.127 8	0.128 6	0.129 3	0.130 0	0.130 6	0.131 2	0.131 7
10	0.112 3	0.113 6	0.114 9	0.116 0	0.117 0	0.118 0	0.118 9	0.119 7	0.120 5	0.121 2

续表

i	41	42	43	44	45	46	47	48	49	50
11	0.100 4	0.102 0	0.103 5	0.104 9	0.106 2	0.107 3	0.108 5	0.109 5	0.110 5	0.111 3
12	0.089 1	0.090 9	0.092 7	0.094 3	0.095 9	0.097 2	0.098 6	0.099 8	0.101 0	0.102 0
13	0.078 2	0.080 4	0.082 4	0.084 2	0.086 0	0.087 6	0.089 2	0.090 6	0.091 9	0.093 2
14	0.067 7	0.070 1	0.072 4	0.074 5	0.076 5	0.078 3	0.080 1	0.081 7	0.083 2	0.084 6
15	0.057 5	0.060 2	0.062 8	0.065 1	0.067 3	0.069 4	0.071 3	0.073 1	0.074 8	0.076 4
16	0.047 6	0.050 6	0.053 4	0.056 0	0.058 4	0.060 7	0.062 8	0.064 8	0.066 7	0.068 5
17	0.037 9	0.041 1	0.044 2	0.047 1	0.049 7	0.052 2	0.054 6	0.056 8	0.058 8	0.060 8
18	0.028 3	0.031 8	0.035 2	0.038 3	0.041 2	0.043 9	0.046 5	0.048 9	0.051 1	0.053 2
19	0.018 8	0.022 7	0.026 3	0.029 6	0.032 8	0.035 7	0.038 5	0.041 1	0.043 6	0.045 9
20	0.009 4	0.013 6	0.017 5	0.021 1	0.024 5	0.027 7	0.030 7	0.033 5	0.036 1	0.038 6
21	—	0.004 5	0.008 7	0.012 6	0.016 3	0.019 7	0.022 9	0.025 9	0.028 8	0.031 4
22	—	—	—	0.004 2	0.008 1	0.011 8	0.015 3	0.018 5	0.021 5	0.024 4
23	—	—	—	—	—	0.003 9	0.007 6	0.011 1	0.014 3	0.017 4
24	—	—	—	—	—	—	—	0.003 7	0.007 1	0.010 4
25	—	—	—	—	—	—	—	—	—	0.003 5

n

表 7　正态性检验统计量 W 的 α 分位数 W_α 表

n	α			n	α		
	0.01	0.05	0.10		0.01	0.05	0.10
				26	0.891	0.920	0.933
				27	0.894	0.923	0.935
				28	0.896	0.924	0.936
				29	0.898	0.926	0.937
				30	0.900	0.927	0.939
				31	0.902	0.929	0.940
				32	0.904	0.930	0.941
8	0.749	0.818	0.851	33	0.906	0.931	0.942
9	0.764	0.829	0.859	34	0.908	0.933	0.943
10	0.781	0.842	0.869	35	0.910	0.934	0.944
11	0.792	0.850	0.876	36	0.912	0.935	0.945
12	0.805	0.859	0.883	37	0.914	0.936	0.946
13	0.814	0.866	0.889	38	0.916	0.938	0.947
14	0.825	0.874	0.895	39	0.917	0.939	0.948
15	0.835	0.881	0.901	40	0.919	0.940	0.949
16	0.844	0.887	0.906	41	0.920	0.941	0.950
17	0.851	0.892	0.910	42	0.922	0.942	0.951
18	0.858	0.897	0.914	43	0.923	0.943	0.951
19	0.863	0.901	0.917	44	0.924	0.944	0.952
20	0.868	0.905	0.920	45	0.926	0.945	0.953
21	0.873	0.908	0.923	46	0.927	0.945	0.953
22	0.878	0.911	0.926	47	0.928	0.946	0.954
23	0.881	0.914	0.928	48	0.929	0.947	0.954
24	0.884	0.916	0.930	49	0.929	0.947	0.955
25	0.888	0.918	0.931	50	0.930	0.947	0.955

表 8 t 化极差统计量的分位数 $q_{1-\alpha}(r, f)$ 表

($\alpha = 0.10$)

f	r										
	2	3	4	5	6	7	8	9	10	15	20
1	8.93	13.4	16.4	18.5	20.2	21.5	22.6	23.6	24.5	27.6	29.7
2	4.13	5.73	6.77	7.54	8.14	8.63	9.05	9.41	9.72	10.9	11.7
3	3.33	4.47	5.20	5.74	6.16	6.51	6.81	7.06	7.29	8.12	8.68
4	3.01	3.98	4.59	5.03	5.39	5.68	5.93	6.14	6.33	7.02	7.50
5	2.85	3.72	4.26	4.66	4.98	5.24	5.46	5.65	5.82	6.44	6.86
6	2.75	3.56	4.07	4.44	4.73	4.97	5.17	5.34	5.50	6.07	6.47
7	2.68	3.45	3.93	4.28	4.55	4.78	4.97	5.14	5.28	5.83	6.19
8	2.63	3.37	3.83	4.17	4.43	4.65	4.83	4.99	5.13	5.64	6.00
9	2.59	3.32	3.76	4.08	4.34	4.54	4.72	4.87	5.01	5.51	5.85
10	2.56	3.27	3.70	4.02	4.26	4.47	4.64	4.78	4.91	5.40	5.73
11	2.54	3.23	3.66	3.96	4.20	4.40	4.57	4.71	4.84	5.31	5.63
12	2.52	3.20	3.62	3.92	4.16	4.35	4.51	4.65	4.78	5.24	5.55
13	2.50	3.18	3.59	3.88	4.12	4.30	4.46	4.60	4.72	5.18	5.48
14	2.49	3.16	3.56	3.85	4.08	4.27	4.42	4.56	4.68	5.12	5.43
15	2.48	3.14	3.54	3.83	4.05	4.23	4.39	4.52	4.64	5.08	5.38
16	2.47	3.12	3.52	3.80	4.03	4.21	4.36	4.49	4.61	5.04	5.33
17	2.46	3.11	3.50	3.78	4.00	4.18	4.33	4.46	4.58	5.01	5.30
18	2.45	3.10	3.49	3.77	3.98	4.16	4.31	4.44	4.55	4.98	5.26
19	2.45	3.09	3.47	3.75	3.97	4.14	4.29	4.42	4.53	4.95	5.23
20	2.44	3.08	3.46	3.74	3.95	4.12	4.27	4.40	4.51	4.92	5.20
24	2.42	3.05	3.42	3.69	3.90	4.07	4.21	4.34	4.44	4.85	5.12
30	2.40	3.02	3.39	3.65	3.85	4.02	4.16	4.28	4.38	4.77	5.03
40	2.38	2.99	3.35	3.60	3.80	3.96	4.10	4.21	4.32	4.69	4.95
60	2.36	2.96	3.31	3.56	3.75	3.91	4.04	4.16	4.25	4.62	4.86
120	2.34	2.93	3.28	3.52	3.71	3.86	3.99	4.10	4.19	4.54	4.78
$+\infty$	2.33	2.90	3.24	3.48	3.66	3.81	3.93	4.04	4.13	4.47	4.69

$(\alpha = 0.05)$

f	r										
	2	3	4	5	6	7	8	9	10	15	20
1	18.0	27.0	32.8	37.1	40.4	43.1	45.4	47.4	49.1	55.4	59.6
2	6.08	8.33	9.80	10.9	11.7	12.4	13.0	13.5	14.0	15.7	16.8
3	4.50	5.91	6.82	7.50	8.04	8.48	8.85	9.18	9.46	10.5	11.2
4	3.93	5.04	5.76	6.29	6.71	7.05	7.35	7.60	7.83	8.66	9.23
5	3.64	4.60	5.22	5.67	6.03	6.33	6.58	6.80	6.99	7.72	8.21
6	3.46	4.34	4.90	5.30	5.63	5.90	6.12	6.32	6.49	7.14	7.59
7	3.34	4.16	4.68	5.06	5.36	5.61	5.82	6.00	6.16	6.76	7.17
8	3.26	4.04	4.53	4.89	5.17	5.40	5.60	5.77	5.92	6.48	6.87
9	3.20	3.95	4.41	4.76	5.02	5.24	5.43	5.59	5.74	6.28	6.64
10	3.15	3.88	4.33	4.65	4.91	5.12	5.30	5.46	5.60	6.11	6.47
11	3.11	3.82	4.26	4.57	4.82	5.03	5.20	5.35	5.49	5.98	6.33
12	3.08	3.77	4.20	4.51	4.75	4.95	5.12	5.27	5.39	5.88	6.21
13	3.06	3.73	4.15	4.45	4.69	4.88	5.05	5.19	5.32	5.79	6.11
14	3.03	3.70	4.11	4.41	4.64	4.83	4.99	5.13	5.25	5.71	6.03
15	3.01	3.67	4.08	4.37	4.59	4.78	4.94	5.08	5.20	5.65	5.96
16	3.00	3.65	4.05	4.33	4.56	4.74	4.90	5.03	5.15	5.59	5.90
17	2.98	3.63	4.02	4.30	4.52	4.70	4.86	4.99	5.11	5.54	5.84
18	2.97	3.61	4.00	4.28	4.49	4.67	4.82	4.96	5.07	5.50	5.79
19	2.96	3.59	3.98	4.25	4.47	4.65	4.79	4.92	5.04	5.46	5.75
20	2.95	3.58	3.96	4.23	4.45	4.62	4.77	4.90	5.01	5.43	5.71
24	2.92	3.53	3.90	4.17	4.37	4.54	4.68	4.81	4.92	5.32	5.59
30	2.89	3.49	3.85	4.10	4.30	4.46	4.60	4.72	4.82	5.21	5.47
40	2.86	3.44	3.79	4.04	4.23	4.39	4.52	4.63	4.73	5.11	5.36
60	2.83	3.40	3.74	3.98	4.16	4.31	4.44	4.55	4.65	5.00	5.24
120	2.80	3.36	3.68	3.92	4.10	4.24	4.36	4.47	4.56	4.90	5.13
$+\infty$	2.77	3.31	3.63	3.86	4.03	4.17	4.29	4.39	4.47	4.80	5.01

（ $\alpha = 0.01$ ）

f	r										
	2	3	4	5	6	7	8	9	10	15	20
1	90.0	135	164	186	202	216	227	237	246	277	298
2	14.0	19.0	22.3	24.7	26.6	28.2	29.5	30.7	31.7	35.4	37.9
3	8.26	10.6	12.2	13.3	14.2	15.0	15.6	16.2	16.7	18.5	19.8
4	6.51	8.12	9.17	9.96	10.6	11.1	11.5	11.9	12.3	13.5	14.4
5	5.70	6.98	7.80	8.42	8.91	9.32	9.67	9.97	10.2	11.2	11.9
6	5.24	6.33	7.03	7.56	7.97	8.32	8.61	8.87	9.10	9.95	10.5
7	4.95	5.92	6.54	7.01	7.37	7.68	7.94	8.17	8.37	9.12	9.65
8	4.75	5.64	6.20	6.62	6.96	7.24	7.47	7.68	7.86	8.55	9.03
9	4.60	5.43	5.96	6.35	6.66	6.91	7.13	7.33	7.49	8.13	8.57
10	4.48	5.27	5.77	6.14	6.43	6.67	6.87	7.05	7.21	7.81	8.22
11	4.39	5.14	5.62	5.97	6.25	6.48	6.67	6.84	6.99	7.56	7.95
12	4.32	5.04	5.50	5.84	6.10	6.32	6.51	6.67	6.81	7.36	7.73
13	4.26	4.96	5.40	5.73	5.98	6.19	6.37	6.53	6.67	7.19	7.55
14	4.21	4.89	5.32	5.63	5.88	6.08	6.26	6.41	6.54	7.05	7.39
15	4.17	4.84	5.25	5.56	5.80	5.99	6.16	6.31	6.44	6.93	7.26
16	4.13	4.79	5.19	5.49	5.72	5.92	6.08	6.22	6.35	6.82	7.15
17	4.10	4.74	5.14	5.43	5.66	5.85	6.01	6.15	6.27	6.73	7.05
18	4.07	4.70	5.09	5.38	5.60	5.79	5.94	6.08	6.20	6.65	6.97
19	4.05	4.67	5.05	5.33	5.55	5.73	5.89	6.02	6.14	6.58	6.89
20	4.02	4.64	5.02	5.29	5.51	5.69	5.84	5.97	6.09	6.52	6.82
24	3.96	4.54	4.91	5.17	5.37	5.54	5.69	5.81	5.92	6.33	6.61
30	3.89	4.45	4.80	5.05	5.24	5.40	5.54	5.65	5.76	6.14	6.41
40	3.82	4.37	4.70	4.93	5.11	5.26	5.39	5.50	5.60	5.96	6.21
60	3.76	4.28	4.60	4.82	4.99	5.13	5.25	5.36	5.45	5.78	6.01
120	3.70	4.20	4.50	4.71	4.87	5.01	5.12	5.21	5.30	5.61	5.83
$+\infty$	3.64	4.12	4.40	4.60	4.76	4.88	4.99	5.08	5.16	5.45	5.65

表 9   检验相关系数的临界值表

$n-2$	α		$n-2$	α		$n-2$	α	
	5%	1%		5%	1%		5%	1%
1	0.997	1.000	16	0.468	0.590	35	0.325	0.418
2	0.950	0.990	17	0.456	0.575	40	0.304	0.393
3	0.878	0.959	18	0.444	0.561	45	0.288	0.372
4	0.811	0.917	19	0.433	0.549	50	0.273	0.354
5	0.754	0.874	20	0.423	0.537	60	0.250	0.325
6	0.707	0.834	21	0.413	0.526	70	0.232	0.302
7	0.666	0.798	22	0.404	0.515	80	0.217	0.283
8	0.632	0.765	23	0.396	0.505	90	0.205	0.267
9	0.602	0.735	24	0.388	0.496	100	0.195	0.254
10	0.576	0.708	25	0.381	0.487	125	0.174	0.228
11	0.553	0.684	26	0.374	0.478	150	0.159	0.208
12	0.532	0.661	27	0.367	0.470	200	0.138	0.181
13	0.514	0.641	28	0.361	0.463	300	0.113	0.143
14	0.497	0.623	29	0.355	0.456	400	0.095	0.123
15	0.482	0.606	30	0.349	0.449	1 000	0.062	0.081

表 10 统计量 H 的分位数 $H_{1-\alpha}(r,f)$ 表

$$(\alpha = 0.05)$$

f	r										
	2	3	4	5	6	7	8	9	10	11	12
2	39.0	87.5	142	202	266	333	403	475	550	626	704
3	15.4	27.8	39.2	50.7	62.0	72.9	83.5	93.9	104	114	124
4	9.60	15.5	20.6	25.2	29.5	33.6	37.5	41.1	44.6	48.0	51.4
5	7.15	10.8	13.7	16.3	18.7	20.8	22.9	24.7	26.5	28.2	29.9
6	5.82	8.38	10.4	12.1	13.7	15.0	16.3	17.5	18.6	19.7	20.7
7	4.99	6.94	8.44	9.70	10.8	11.8	12.7	13.5	14.3	15.1	15.8
8	4.43	6.00	7.18	8.12	9.03	9.78	10.5	11.1	11.7	12.2	12.7
9	4.03	5.34	6.31	7.11	7.80	8.41	8.95	9.45	9.91	10.3	10.7
10	3.72	4.85	5.67	6.34	6.92	7.42	7.87	8.28	8.66	9.01	9.34
12	3.28	4.16	4.79	5.30	5.72	6.09	6.42	6.72	7.00	7.25	7.48
15	2.86	3.54	4.01	4.37	4.68	4.95	5.19	5.40	5.59	5.77	5.93
20	2.46	2.95	3.29	3.54	3.76	3.94	4.10	4.24	4.37	4.49	4.59
30	2.07	2.40	2.61	2.78	2.91	3.02	3.12	3.21	3.29	3.36	3.39
60	1.67	1.85	1.96	2.04	2.11	2.17	2.22	2.26	2.30	2.33	2.36
∞	1.00	1.00	1.00	1.00	1.00	1.00	1.00	1.00	1.00	1.00	1.00

$$(\alpha = 0.01)$$

f	r										
	2	3	4	5	6	7	8	9	10	11	12
2	199	448	729	1 036	1 362	1 705	2 063	2 432	2 813	3 204	3 605
3	47.5	85	120	151	184	216	249	281	310	337	361
4	23.2	37	49	59	69	79	89	97	106	113	120
5	14.9	22	28	33	38	42	46	50	54	57	60
6	11.1	15.5	19.1	22	25	27	30	32	34	36	37
7	8.89	12.1	14.5	16.5	18.4	20	22	23	24	26	27
8	7.50	9.9	11.7	13.2	14.5	15.8	16.9	17.9	18.9	19.8	21
9	6.54	8.5	9.9	11.1	12.1	13.1	13.9	14.7	15.3	16.0	16.6
10	5.85	7.4	8.6	9.6	10.4	11.1	11.8	12.4	12.9	13.4	13.9
12	4.91	6.1	6.9	7.6	8.2	8.7	9.1	9.5	9.9	10.2	10.6
15	4.07	4.9	5.5	6.0	6.4	6.7	7.1	7.3	7.5	7.8	8.0
20	3.32	3.8	4.3	4.6	4.9	5.1	5.3	5.5	5.6	5.8	5.9
30	2.63	3.0	3.3	3.4	3.6	3.7	3.8	3.9	4.0	4.1	4.2
60	1.96	2.2	2.3	2.4	2.4	2.5	2.5	2.6	2.6	2.7	2.7
∞	1.00	1.0	1.0	1.0	1.0	1.0	1.0	1.0	1.0	1.0	1.0

表 11　检验统计量 T_{EP} 的 $1-\alpha$ 分位数 $T_{1-\alpha,EP}(n)$ 表

$1-\alpha$	n								
	8	9	10	15	20	30	50	100	200
0.90	0.271	0.275	0.279	0.284	0.287	0.288	0.290	0.291	0.292
0.95	0.347	0.350	0.357	0.366	0.368	0.371	0.374	0.376	0.379
0.975	0.426	0.428	0.437	0.447	0.450	0.459	0.461	0.464	0.467
0.99	0.526	0.537	0.545	0.560	0.564	0.569	0.574	0.583	0.590

表 12　游程总数检验临界值表

$$P(R \leqslant c_1) \leqslant \alpha,\ P(R \geqslant c_2) \leqslant \alpha$$

$c_1, 0.025$

n_2	n_1								
	2	3	4	5	6	7	8	9	10
5			2	2					
6		2	2	3	3				
7		2	2	3	3	3			
8		2	3	3	3	4	4		
9		2	3	3	4	4	5	5	
10		2	3	3	4	5	5	5	6
11		2	3	4	4	5	5	6	6
12	2	2	3	4	4	5	6	6	7
13	2	2	3	4	5	5	6	6	7
14	2	2	3	4	5	5	6	7	7
15	2	3	3	4	5	6	6	7	7
16	2	3	4	4	5	6	6	7	8
17	2	3	4	4	5	6	7	7	8
18	2	3	4	5	5	6	7	8	8
19	2	3	4	5	6	6	7	8	8
20	2	3	4	5	6	6	7	8	9

$c_2, 0.025$

n_2	n_1						
	4	5	6	7	8	9	10
5	9	10					
6	9	10	11				
7		11	12	13			
8		11	12	13	14		
9			13	14	14	15	
10			13	14	15	16	16
11			13	14	15	16	17
12			13	14	16	16	17
13				15	16	17	18
14				15	16	17	18
15				15	16	18	18
16					17	18	19
17					17	18	19
18					17	18	19
19					17	18	20
20					17	18	20

$c_1, 0.05$

n_2	n_1								
	2	3	4	5	6	7	8	9	10
4			2						
5		2	2	3					
6		2	3	3	3				
7		2	3	3	4	4			
8	2	2	3	3	4	4	5		
9	2	2	3	4	4	5	5	6	
10	2	3	3	4	5	5	6	6	6
11	2	3	3	4	5	5	6	6	7
12	2	3	4	4	5	6	6	7	7
13	2	3	4	4	5	6	6	7	8
14	2	3	4	5	5	6	7	7	8
15	2	3	4	5	6	6	7	8	8
16	2	3	4	5	6	6	7	8	8
17	2	3	4	5	6	7	7	8	9
18	2	3	4	5	6	7	8	8	9
19	2	3	4	5	6	7	8	8	9
20	2	3	4	5	6	7	8	9	9

$c_2, 0.05$

n_2	n_1							
	3	4	5	6	7	8	9	10
4	7	8						
5		9	9					
6		9	10	11				
7		9	10	11	12			
8			11	12	13	13		
9			11	12	13	14	14	
10			11	12	13	14	15	16
11				13	14	15	15	16
12				13	14	15	16	17
13				13	14	15	16	17
14				13	14	16	17	17
15					15	16	17	18
16					15	16	17	18
17					15	16	17	18
18					15	16	18	19
19					15	16	18	19
20					15	17	18	19

表 13　威尔科克森符号秩和检验统计量的分位数表

$$P(W^+ \leq W_\alpha^+(n)) \leq \alpha$$

n	0.005	0.01	0.025	0.05	n	0.005	0.01	0.025	0.05
5				0	28	91	101	116	130
6			0	2	29	100	110	126	140
7		0	2	3	30	109	120	137	151
8	0	1	3	5	31	118	130	147	163
9	1	3	5	8	32	128	140	159	175
10	3	5	8	10	33	138	151	170	187
11	5	7	10	13	34	148	162	182	200
12	7	9	13	17	35	159	174	195	213
13	9	12	17	21	36	171	186	208	227
14	12	15	21	25	37	183	198	221	241
15	15	19	25	30	38	195	211	235	256
16	19	23	29	35	39	207	224	249	271
17	23	27	34	41	40	220	238	264	286
18	27	32	40	47	41	234	252	279	302
19	32	37	46	53	42	247	266	294	319
20	37	43	52	60	43	262	281	310	336
21	43	49	58	67	44	276	296	327	353
22	48	55	66	75	45	291	312	343	371
23	54	62	73	83	46	307	328	361	389
24	61	69	81	91	47	323	345	378	407
25	68	76	89	100	48	339	362	396	427
26	75	84	98	110	49	356	380	415	446
27	83	93	107	119	50	373	397	434	466

表 14　威尔科克森秩和检验临界值表

$$P(W \leqslant W_\alpha(m,n)) \leqslant \alpha$$

m	n	0.05	0.025	0.01	0.005	m	n	0.05	0.025	0.01	0.005
3	3	6	—	—	—	9	8	54	51	47	45
4	3	6	—	—	—		9	66	62	59	56
	4	11	10	—	—	10	2	4	3	—	—
5	2	3	—	—	—		3	10	9	7	6
	3	7	6	—	—		4	17	15	13	12
	4	12	11	10	—		5	26	23	21	19
	5	19	17	16	15		6	35	32	29	27
6	2	3	—	—	—		7	45	42	39	37
	3	8	7	—	—		8	56	53	49	47
	4	13	12	11	10		9	69	65	61	58
	5	20	18	17	16		10	82	78	74	71
	6	28	26	24	23	11	2	4	3	—	—
7	2	3	—	—	—		3	11	9	7	6
	3	8	7	6	—		4	18	16	14	12
	4	14	13	11	10		5	27	24	22	20
	5	21	20	18	16		6	37	34	30	28
	6	29	27	25	24		7	47	44	40	38
	7	39	36	34	32		8	59	55	51	49
8	2	4	3	—	—		9	72	68	63	61
	3	9	8	6	—		10	86	81	77	73
	4	15	14	12	11		11	100	96	91	87
	5	23	21	19	17	12	2	5	4	—	—
	6	31	29	27	25		3	11	10	8	7
	7	41	38	35	34		4	19	17	15	13
	8	51	49	45	43		5	28	26	23	21
9	2	4	3	—	—		6	38	35	32	30
	3	10	8	7	6		7	49	46	42	40
	4	16	14	13	11		8	62	58	53	51
	5	24	22	20	18		9	75	71	66	63
	6	33	31	28	26		10	89	84	79	76
	7	43	40	37	35		11	104	99	94	90

续表

m	n	α				m	n	α			
		0.05	0.025	0.01	0.005			0.05	0.025	0.01	0.005
12	12	120	115	109	105	15	10	99	94	88	84
13	2	5	4	3	—		11	116	110	103	99
	3	12	10	8	7		12	133	127	120	115
	4	20	18	15	13		13	152	145	138	133
	5	30	27	24	22		14	171	164	156	151
	6	40	37	33	31		15	192	184	176	171
	7	52	48	44	41	16	2	6	4	3	—
	8	64	60	56	53		3	14	12	9	8
	9	78	73	68	65		4	24	21	17	15
	10	92	88	82	79		5	34	30	27	24
	11	108	103	97	93		6	46	42	37	34
	12	125	119	113	109		7	58	54	49	46
	13	142	136	130	125		8	72	67	62	58
14	2	6	4	3	—		9	87	82	76	72
	3	13	11	8	7		10	103	97	91	86
	4	21	19	16	14		11	120	113	107	102
	5	31	28	25	22		12	138	131	124	119
	6	42	38	34	32		13	156	150	142	136
	7	54	50	45	43		14	176	169	161	155
	8	67	62	58	54		15	197	190	181	175
	9	81	76	71	67		16	219	211	202	196
	10	96	91	85	81	17	2	6	5	3	—
	11	112	106	100	96		3	15	12	10	8
	12	129	123	116	112		4	25	21	18	16
	13	147	141	134	129		5	35	32	28	25
	14	166	160	152	147		6	47	43	39	36
15	2	6	4	3	—		7	61	56	51	47
	3	13	11	9	8		8	75	70	64	60
	4	22	20	17	15		9	90	84	78	74
	5	33	29	26	23		10	106	100	93	89
	6	44	40	36	33		11	123	117	110	105
	7	56	52	47	44		12	142	135	127	122
	8	69	65	60	56		13	161	154	146	140
	9	84	79	73	69		14	182	174	165	159

m	n	α				m	n	α			
		0.05	0.025	0.01	0.005			0.05	0.025	0.01	0.005
17	15	203	195	186	180	19	11	131	124	116	111
	16	225	217	207	201		12	150	143	134	129
	17	249	240	230	223		13	171	163	154	148
18	2	7	5	3	—		14	192	183	174	168
	3	15	13	10	8		1	214	205	195	189
	4	26	22	19	16		16	237	228	218	210
	5	37	33	29	26		17	262	252	241	234
	6	49	45	40	37		18	287	277	265	258
	7	63	58	52	49		19	313	303	291	283
	8	77	72	66	62	20	1	1	—	—	—
	9	93	87	81	76		2	7	5	4	3
	10	110	103	96	92		3	17	14	11	9
	11	127	121	113	108		4	28	24	20	18
	12	146	139	131	125		5	40	35	31	28
	13	166	158	150	144		6	53	48	43	39
	14	187	179	170	163		7	67	62	56	52
	15	208	200	190	184		8	83	77	70	66
	16	231	222	212	206		9	99	93	85	81
	17	255	246	235	228		10	117	110	102	97
	18	280	270	259	252		11	135	128	119	114
19	1	1	—	—	—		12	155	147	138	132
	2	7	5	4	3		13	175	167	158	151
	3	16	13	10	9		14	197	188	178	172
	4	27	23	19	17		15	220	210	200	193
	5	38	34	30	27		16	243	234	223	215
	6	51	46	41	38		17	268	258	246	239
	7	65	60	54	50		18	294	283	271	263
	8	80	74	68	64		19	320	309	297	289
	9	96	90	83	78		20	348	337	324	315
	10	113	107	99	94						

习题参考答案

习 题 1.1

1. (1) $\Omega=\{(0,0,0),(0,0,1),(0,1,0),(1,0,0),(0,1,1),(1,0,1),(1,1,0),(1,1,1)\}$,
   其中 0 表示反面,1 表示正面.
   (2) $\Omega=\{(x,y,z)\,|\,x,y,z=1,2,3,4,5,6\}$.
   (3) $\Omega=\{(1),(0,1),(0,0,1),(0,0,0,1),\cdots\}$.
   (4) $\Omega=\{BB,BW,BR,WB,WW,WR,RB,RW,RR\}$,其中 B 表示黑球,W 表示白球,R 表示红球.
   (5) $\Omega=\{BW,BR,WB,WR,RB,RW\}$,其中 B 表示黑球,W 表示白球,R 表示红球.

2. $\Omega=\{Z1,Z2,Z3,Z4,Z5,Z6,FF,FZ\}$.

3. (1) $ABC\cup\overline{A}\,\overline{B}\,\overline{C}$; (2) $\overline{A}BC\cup A\overline{B}C\cup AB\overline{C}\cup\overline{A}\,\overline{B}\,\overline{C}$; (3) $\overline{ABC}=\overline{A}\cup\overline{B}\cup\overline{C}$;
   (4) $AB\cup AC\cup BC$.

4. (1) $A\supset B$; (2) $B\supset A$; (3) $AB=\varnothing$.

5. (1) $\overline{A}B=\{x\,|\,0.25\leqslant x\leqslant 0.5\}\cup\{x\,|\,1<x<1.5\}$;
   (2) $\overline{A}\cup B=\Omega=\{x\,|\,0\leqslant x\leqslant 2\}$;
   (3) $\overline{\overline{A}B}=\overline{A}=\{x\,|\,0\leqslant x\leqslant 0.5\}\cup\{1<x\leqslant 2\}$;
   (4) $\overline{A\cup B}=\overline{B}=\{x\,|\,0\leqslant x<0.25\}\cup\{x\,|\,1.5\leqslant x\leqslant 2\}$.

6. $A=\{(1,0,0),(0,1,0),(0,0,1)\}$,
   $B=\{(1,1,1)\}$,
   $C=\{(0,0,0)\}$,
   $D=\varnothing$.

7. 成立的为(2),不成立的为(1)(3)(4). 8. 不一定.

9. (1) $\overline{A}=$“掷两枚硬币,至少有一反面”; (2) $\overline{B}=$“射击三次,至少一次不命中目标”;
   (3) $\overline{C}=$“加工四个零件,全部为不合格品”.

10—11. 略.

习 题 1.2

1. 略. 2. $\dfrac{7}{8}$. 3. $\dfrac{1}{2}$. 4. (1) $\dfrac{5}{36}$; (2) $\dfrac{15}{36}$; (3) $\dfrac{11}{36}$. 5. $p=\dfrac{19}{36}$, $q=\dfrac{1}{18}$.

6. (1) 0.002 6; (2) 0.010 6; (3) 0.105 5; (4) 0.110 4. 7. $\dfrac{7}{12}, \dfrac{7}{18}, \dfrac{1}{36}$.

8. (1) $\dfrac{8}{15}$; (2) $\dfrac{7}{15}$. 9. $\dfrac{19}{40}$. 10. $\dfrac{C_{k-1}^1 C_{n-k}^1}{C_n^2}$. 11. (1) $\dfrac{1}{21}$; (2) $\dfrac{2}{105}$.

12. (1) $\dfrac{5^3}{6^3}$; (2) $\dfrac{5^3-4^3}{6^3}$. 13. $\dfrac{1}{30}$. 14. $\dfrac{2}{n-1}$. 15. 略. 16. $\dfrac{8}{15}$. 17. $\dfrac{n+1}{C_{2n}^n}$.

18.

X	0	1	2
P	$\dfrac{1}{3}$	$\dfrac{8}{15}$	$\dfrac{2}{15}$

19. $\dfrac{C_{n+1}^m}{C_{n+m}^m}$.

20.

X	1	2	3
P	$\dfrac{3}{8}$	$\dfrac{9}{16}$	$\dfrac{1}{16}$

21. 0.212.

22. (1) $\dfrac{\dbinom{N+n-k-2}{n-k}}{\dbinom{N+n-1}{n}}$, $0 \leqslant k \leqslant n$; (2) $\dfrac{\dbinom{N}{m}\dbinom{n-1}{N-m-1}}{\dbinom{N+n-1}{n}}$, $N-n \leqslant m \leqslant N-1$;

(3) $\dfrac{\dbinom{m+j-1}{m-1}\dbinom{N-m+n-j-1}{n-j}}{\dbinom{N+n-1}{n}}$, $1 \leqslant m \leqslant N, 0 \leqslant j \leqslant n$.

23. 0.82. 24. 0.879. 25. $\dfrac{a+b+c}{d\pi}$. 26. 0.866. 27. $\dfrac{2}{3}$. 28. 0.596 6. 29—30. 略.

习 题 1.3

1. (1) 0.8; (2) 0; (3) 0.3. 2. (4)(6)是正确的. 3. $\dfrac{1}{9}$.

4. (1) $\dfrac{7}{15}$; (2) $\dfrac{14}{15}$; (3) $\dfrac{7}{30}$. 5. (1) 0.10; (2) 0.23; (3) 0.40; (4) 0.60.

6. $\dfrac{10}{13}$. 7. $p_1 = 0.517\ 7$, $p_2 = 0.491\ 4$. 8. $1-\dfrac{8^n+5^n-4^n}{9^n}$.

9. $1-\dfrac{(n-1)^{k-1}}{n^k}$. 10. 略. 11. 0.5. 12. (1) $\dfrac{1}{25}$; (2) $\dfrac{12}{25}$. 13. 0.618 1.

14. $1-\dfrac{1}{2!}+\dfrac{1}{3!}-\dfrac{1}{4!}+\cdots+(-1)^{n-1}\dfrac{1}{n!}$.

15. (1) $P(AB) = P(A)$ 时, $P(AB)$ 达到最大值0.6; (2) $P(A \cup B) = 1$ 时, $P(AB)$ 达到最小值0.4.

16. $1-p$. 17. 0.7. 18—23. 略.

习 题 1.4

1. （1）0.25； （2）0.4. 2. $\dfrac{12}{19}$. 3. $P(A|B)=\dfrac{1}{15}$， $P(B|A)=\dfrac{1}{3}$. 4. $\dfrac{5}{8}$.

5. 0.125. 6. $\dfrac{n-m-1}{n+m-1}$. 7. $P(B|A)=\dfrac{13}{30}$， $P(A|B)=\dfrac{13}{15}$. 8. $\dfrac{3}{4}$.

9. 0.25. 10. $\dfrac{7}{12}$. 11. （1）$\dfrac{1}{n+1}$； （2）$\dfrac{1}{n(n+1)}$. 12. $\dfrac{4}{5}$.

13. （1）$\dfrac{a(n+1)+bn}{(a+b)(n+m+1)}$； （2）$\dfrac{a(a-1)(n+2)+2ab(n+1)+b(b-1)n}{(a+b)(a+b-1)(n+m+2)}$. 14. $\dfrac{a}{a+b}$.

15. 0.51. 16. （1）0.96； （2）0.5. 17. （1）0.5； （2）0.506 8.

18. （1）0.8； （2）0.5. 19. 0.954 4. 20. $\dfrac{2}{3}$. 21. $\dfrac{1}{(2n-1)!!}$.

22. $\dfrac{1}{m}\left[1-\left(\dfrac{-1}{m-1}\right)^{n-2}\right]$，$n=2,3,\cdots$. 23. $\dfrac{1}{2}\left[1+\left(\dfrac{2}{3}\right)^{n-1}\right]$，$n=2,3,\cdots$.

24. $\dfrac{1}{2}\left[1+\left(\dfrac{1}{3}\right)^{n}\right]$，$n=1,2,\cdots$. 25. $\dfrac{1}{2}\left[1+(2p-1)^{n-1}\right]$，$n=2,3,\cdots$.

26—33. 略.

习 题 1.5

1. $\dfrac{3}{5}$. 2. （1）0.72； （2）0.98； （3）0.26. 3. 0.851.

4. （1）0.552； （2）0.012； （3）0.328.

5. （1）0.003； （2）0.388； （3）0.059. 6. （1）$\dfrac{26}{27}$； （2）$\dfrac{2}{9}$； （3）$\dfrac{7}{27}$.

7. 0. 8. （1）0.5； （2）$\dfrac{5}{6}$； （3）0.9. 9. （1）0.5； （2）0.25.

10. $P(A)=P(B)=0.5$. 11. $\dfrac{3}{4}$. 12. 13 门. 13. 4. 14. $\dfrac{2}{3}$. 15. 5. 16. 0.75.

17. （1）0.332 4； （2）149 位. 18. （1）0.050 7； （2）0.034 1.

19. 五局三胜制对甲更有利.

20. 甲得冠军的概率 $\dfrac{5}{14}$，乙得冠军的概率 $\dfrac{5}{14}$，丙得冠军的概率 $\dfrac{2}{7}$.

21. （1）甲得全部赌本的 $\dfrac{1}{2}$，乙得全部赌本的 $\dfrac{1}{2}$； （2）甲得全部赌本的 $\dfrac{11}{16}$，乙得全部赌本的 $\dfrac{5}{16}$；

（3）记 $a=C_{n+m-1}^{0}+C_{n+m-1}^{1}+\cdots+C_{n+m-1}^{m-1}$，$b=C_{n+m-1}^{m}+C_{n+m-1}^{m+1}+\cdots+C_{n+m-1}^{n+m-1}$，则甲得全部赌本的 $\dfrac{a}{2^{n+m-1}}$，乙得全部赌

本的 $\dfrac{b}{2^{n+m-1}}$.

22. 0.668 2.   23—25. 略.

习　题　2.1

1. （1）

X	3	4	5
P	0.1	0.3	0.6

； （2） $F(x)=\begin{cases}0, & x<3,\\ 0.1, & 3\leqslant x<4,\\ 0.4, & 4\leqslant x<5,\\ 1, & 5\leqslant x.\end{cases}$

2. （1）

X	1	2	3	4	5	6
P	$\dfrac{11}{36}$	$\dfrac{9}{36}$	$\dfrac{7}{36}$	$\dfrac{5}{36}$	$\dfrac{3}{36}$	$\dfrac{1}{36}$

；

（2）

Y	0	1	2	3	4	5
P	$\dfrac{3}{18}$	$\dfrac{5}{18}$	$\dfrac{4}{18}$	$\dfrac{3}{18}$	$\dfrac{2}{18}$	$\dfrac{1}{18}$

.

3. （1）

X	1	2	3	4
P	$\dfrac{7}{10}$	$\dfrac{7}{30}$	$\dfrac{7}{120}$	$\dfrac{1}{120}$

；

（2）

X	1	2	3	4
P	$\dfrac{7}{10}$	$\dfrac{6}{25}$	$\dfrac{27}{500}$	$\dfrac{3}{500}$

.

4. （1）

X	0	1	2	3
P	$\dfrac{5}{30}$	$\dfrac{15}{30}$	$\dfrac{9}{30}$	$\dfrac{1}{30}$

； （2） $\dfrac{1}{3}$.

5.

X	0	1	2	3	4
P	0.482 3	0.385 8	0.115 7	0.015 4	0.000 8

；

6. $P(X=k)=\dfrac{\dbinom{39}{5-k}\dbinom{13}{k}}{\dbinom{52}{5}}$, $k=0,1,2,3,4,5.$

7. （1） $P(X=k)=\dfrac{C_{90}^{5-k}C_{10}^{k}}{C_{100}^{5}}, k=0,1,2,3,4,5$； （2） 0.416 2.

8.

X	0	1	3	6
P	$\dfrac{1}{4}$	$\dfrac{1}{12}$	$\dfrac{1}{6}$	$\dfrac{1}{2}$

. $\dfrac{1}{3},\dfrac{1}{2},\dfrac{2}{3},\dfrac{3}{4}.$ 9. $\ln 2, 1, \ln 1.25.$

10. $1-\alpha-\beta$.　　11.（1）$F(x)=\begin{cases}0, & x<2, \\ \dfrac{3}{10}, & 2\leq x<3, \\ \dfrac{7}{10}, & 3\leq x<4, \\ 1, & 4\leq x;\end{cases}$　　（2）0,0.

12. $F(x)=\begin{cases}0, & x<-1, \\ \dfrac{x^2}{2}+x+\dfrac{1}{2}, & -1\leq x<0, \\ -\dfrac{x^2}{2}+x+\dfrac{1}{2}, & 0\leq x<1, \\ 1, & 1\leq x.\end{cases}$　　13. 0.875.

14.（1）$A=\dfrac{1}{2}$；　（2）$\dfrac{\sqrt{2}}{4}$.　15.（1）$A=1$；　（2）0.4；　（3）$p(x)=2x$,　$0<x<1$.

16.（1）$c=21$；　（2）$F(x)=\begin{cases}0, & x<0, \\ 7x^3+\dfrac{1}{2}x^2, & 0\leq x<0.5, \\ 1, & 0.5\leq x;\end{cases}$　（3）$\dfrac{17}{54}$；　（4）$\dfrac{103}{108}$.

17. 46 千升.　18. $\sqrt[3]{4}$.　19. 略.

习 题 2.2

1. $E(X)=-0.2,E(3X+5)=4.4$.　2. 1.9.　3. 1.201.

4.
X	0	1	2	3	4	5
P	0.051 1	0.255 4	0.397 3	0.238 4	0.054 2	0.003 6

，$E(X)=2$.

5. 乙组砝码.　6. $\dfrac{2}{9}$.　7. $\dfrac{1-(1-p)^a}{p}$.　8. 先回答问题2.　9. 正确.　10. $0.1+p$.

11. 50.　12. 0.2.　13. 7.　14. 1.

15. $a=\dfrac{1}{3},b=2$.　16.（1）11；　（2）100；　（3）20.　17. 5.　18. $\dfrac{3}{4}$.　19—21. 略.

习 题 2.3

1. 1.　2. 0.217 3.　3. 9.　4. $\dfrac{1}{3}$　5. 6.5.　6. 1.5.　7. 0.05.

8. $\dfrac{\sqrt{\pi}}{2}$,$1-\dfrac{\pi}{4}$.　9—13. 略.　14. $\dfrac{8}{9}$.

习　题　2.4

1. 0.972.　2. 0.993 3.　3. 0.784.　4. 0.000 127 9.　5. $n=6$, $p=0.4$.

6. $\dfrac{80}{81}$.　7. (1) 0.190 5；(2) 0.191 2.　8. 0.090 2.　9. 略.　10. 0.889.

11. (1) 0.187 5；(2) 0.015 6.　12. $\dfrac{n}{m}$.　13. 1.

14. $\dfrac{9}{64}$.　15. 1.055 6.　16. $p>\dfrac{1}{2}$.　17. $E(X^3)=\lambda^3+2\lambda^2$.

18—20. 略.

习　题　2.5

1. $\dfrac{20}{27}$.　2. $\dfrac{3}{4}$.　3. $\dfrac{4}{5}$.　4. 4.　5. $\dfrac{602}{3}$.　6. $\dfrac{\pi(a^2+b^2+ab)}{12}$.　7. 21.

8. 0.152 3.　9. 4.　10. 33.64 元.　11. 0.516 7.　12. $1-\mathrm{e}^{-1}$.

13. $k=\dfrac{\ln 2}{\lambda}$.　14. $[1,3]$.　15. $-2,\dfrac{1}{\sqrt{2}}$; $0,\dfrac{1}{2}$; $0,\dfrac{1}{\sqrt{2}}$.　16. 0.593 4.

17. (1) $\mu=70$, $\sigma=14.81$；(2) 0.94.　18. 0.045 6.　19. 0.841 3.

20. (1) 0.532 8；(2) 0.697 7；(3) 3.

21. (1) 0.954 4；(2) 0.630 4；(3) $d\leqslant 0.154$.

22. 0.869 8.　23. (1) 0.158 7；(2) 0.691 5；(3) 0.682 6.　24. 78.75.

25. $a=55.56$, $b=58.5$, $c=61.5$, $d=64.44$.　26. 一样大小.　27. 0.95.

28. 不变.　29. 24.3.　30. $\sigma\sqrt{\dfrac{2}{\pi}}$.　31. 由上题即可得.　32. 0.594 0.

33. 0.263 9, 0.181 8.　34. 0.409 6.

习　题　2.6

1.
Y	0	1	4	9
P	$\dfrac{1}{5}$	$\dfrac{7}{30}$	$\dfrac{1}{5}$	$\dfrac{11}{30}$
,
Z	0	1	2	3
P	$\dfrac{1}{5}$	$\dfrac{7}{30}$	$\dfrac{1}{5}$	$\dfrac{11}{30}$
.
2.
Y	-1	1
P	0.5	0.5

3.
Y	-1	1
P	$\dfrac{1}{3}$	$\dfrac{2}{3}$
　4. $1-X\sim U(0,1)$.　5. $p(y)=\dfrac{2}{\pi\sqrt{1-y^2}}$, $0<y<1$.

6. $p(y)=\dfrac{1}{\sqrt{\pi y}}$, $0<y<\dfrac{\pi}{4}$. 7. $p(y)=\dfrac{1}{2y}$, $e^2<y<e^4$.

8. （1）$p(y)=\dfrac{1}{4\sqrt{y}}$, $0<y<4$；（2）$\dfrac{1}{\sqrt{2}}$. 9. （1）$\dfrac{1}{2}$；（2）$p(y)=y,0<y<1$.

10. （1）$p(y)=0.5e^{-0.5y}$, $y>0$；（2）$p(y)=\dfrac{1}{3}$, $1<y<4$；（3）$p(y)=\dfrac{1}{y}$, $1<y<e$；

 （4）$p(y)=e^{-y}$, $y>0$.

11. （1）$p(y)=\dfrac{y^2}{18}$, $-3<y<3$；（2）$p(y)=\dfrac{3(3-y)^2}{2}$, $2<y<4$；（3）$p(y)=3\dfrac{\sqrt{y}}{2}$, $0<y<1$.

12. $p(y)=\dfrac{1}{\sqrt{2\pi y}\,\sigma}e^{-\frac{y}{2\sigma^2}}$, $y>0$.

13. $p(y)=\dfrac{1}{\sqrt{2\pi}\,y\sigma}\exp\left\{-\dfrac{(\ln y-\mu)^2}{2\sigma^2}\right\}$, $y>0$.

 $E(Y)=\exp\left\{\mu+\dfrac{\sigma^2}{2}\right\}$,$\mathrm{Var}(Y)=e^{2\mu+\sigma^2}(e^{\sigma^2}-1)$.

14. （1）$p(y)=\sqrt{\dfrac{2}{\pi}}e^{-\frac{y^2}{2}}$, $y>0$；（2）$p(y)=\dfrac{1}{2\sqrt{\pi(y-1)}}e^{-\frac{y-1}{4}}$, $y>1$.

15. （1）$p(y)=\dfrac{1}{2}e^{-\frac{y-1}{2}}$, $y>1$；（2）$p(y)=\dfrac{1}{y^2}$, $y>1$；（3）$p(y)=\dfrac{1}{2\sqrt{y}}e^{-\sqrt{y}}$, $y>0$.

16—17. 略. 18. 0.977 2.

习 题 2.7

1. $\mu_1=\dfrac{a+b}{2},\mu_2=\dfrac{a^2+ab+b^2}{3},\mu_3=\dfrac{a^3+a^2b+ab^2+b^3}{4},\mu_4=\dfrac{a^4+a^3b+a^2b^2+ab^3+b^4}{5}$；

 $\nu_1=0,\nu_2=\dfrac{(b-a)^2}{12},\nu_3=0,\nu_4=\dfrac{(b-a)^4}{80}$；$\beta_S=0,\beta_k=-1.2$.

2. $\dfrac{\sqrt{3}}{3}$. 3. （1）$\dfrac{a+b}{2}$，（2）μ；（3）e^{μ}.

4. $\mu_1=\dfrac{\alpha}{\lambda},\mu_2=\dfrac{\alpha(\alpha+1)}{\lambda^2},\mu_3=\dfrac{\alpha(\alpha+1)(\alpha+2)}{\lambda^3}$；$\nu_1=0,\nu_2=\dfrac{\alpha}{\lambda^2},\nu_3=\dfrac{2\alpha}{\lambda^3}$.

5. $\mu_1=\dfrac{1}{\lambda},\mu_2=\dfrac{2}{\lambda^2},\mu_3=\dfrac{6}{\lambda^3},\mu_4=\dfrac{24}{\lambda^4}$；$\nu_1=0,\nu_2=\dfrac{1}{\lambda^2},\nu_3=\dfrac{2}{\lambda^3},\nu_4=\dfrac{9}{\lambda^4}$；$C_v(X)=1,\beta_S=2,\beta_k=6$.

6. $x_{0.1}=6.16,x_{0.9}=13.84$.

7. $x_p=\eta[-\ln(1-p)]^{\frac{1}{m}}$；当 $m=1.5,\eta=1\,000$ 时,$x_{0.1}=223.08,x_{0.5}=783.22,x_{0.8}=1\,373.36$.

8. $x_{0.1}=0.211,x_{0.5}=1.386,x_{0.8}=3.219$. 9—10. 略.

11. （1）$\exp\{\mu+\sigma u_p\}$；（2）62；（3）341. 12. $\mu=9.799,\sigma=1.527$. 13. 4 099 kg.

习　题　3.1

1. （1） $p_{ij}=\dfrac{\binom{50}{i}\binom{30}{j}\binom{20}{5-i-j}}{\binom{100}{5}}$，　$i+j\leqslant 5$；

　　（2） $p_{ij}=\dfrac{5!}{i!\ j!\ (5-i-j)!}(0.5)^{i}(0.3)^{j}(0.2)^{5-i-j},i+j\leqslant 5.$

2. $\dfrac{9}{35}.$

3. （1）

X_1	X_2	X_3	P
0	0	0	0.195 8
0	0	1	0.163 2
0	1	0	0.163 2
1	0	0	0.163 2
0	1	1	0.093 2
1	0	1	0.093 2
1	1	0	0.093 2
1	1	1	0.035 0

（2）

X_1	X_2	
	0	1
0	$\dfrac{14}{39}$	$\dfrac{10}{39}$
1	$\dfrac{10}{39}$	$\dfrac{5}{39}$

4. 0.　　5. （1） $\dfrac{1}{8}$；　（2） $\dfrac{3}{8}$；　（3） $\dfrac{27}{32}$；　（4） $\dfrac{2}{3}$.

6. （1） 12；　（2） $F(x,y)=(1-e^{-3x})(1-e^{-4y})$，　$x>0,y>0$；　（3） $1-e^{-3}-e^{-8}+e^{-11}$.

7. （1） $\dfrac{15}{64}$.　（2） 0；　（3） 0.5；　（4） $F(x)=\begin{cases}0, & x<0,\text{或 } y<0,\\ x^2y^2, & 0\leqslant x<1,0\leqslant y<1,\\ x^2, & 0\leqslant x<1,1\leqslant y,\\ y^2, & 1\leqslant x,0\leqslant y<1,\\ 1, & x\geqslant 1,y\geqslant 1.\end{cases}$　8. $\dfrac{\pi}{4}$.

9. （1） 6；　（2） $\dfrac{1}{2}$,0.664 2.

10. （1） $\dfrac{1}{8}$；　（2） $\dfrac{7}{8},\dfrac{1}{2}$；　（3） $\dfrac{3}{4}$.　11.

X_1	X_2	
	0	1
0	$1-e^{-1}$	0
1	$e^{-1}-e^{-2}$	e^{-2}

12. $\dfrac{65}{72}$.　13. 0.580 9.　14. $\dfrac{5}{8}$.　15. 0.044.

习 题 3.2

1.

X	-1	0	1
P	$\dfrac{5}{12}$	$\dfrac{1}{6}$	$\dfrac{5}{12}$

Y	0	1	2
P	$\dfrac{7}{12}$	$\dfrac{1}{3}$	$\dfrac{1}{12}$

2. $F_X(x) = 1 - e^{-\lambda_1 x}$, $x > 0$, $F_Y(y) = 1 - e^{-\lambda_2 y}$, $y > 0$.

3. $p_X(x) = \dfrac{2\sqrt{1-x^2}}{\pi}$, $-1 < x < 1$, $p_Y(y) = \dfrac{2\sqrt{1-y^2}}{\pi}$, $-1 < y < 1$.

4. $p(x,y) = \dfrac{1}{2}$, $1 < x < e^2$, $0 < y < \dfrac{1}{x}$, $p_X(x) = \dfrac{1}{2x}$, $1 < x < e^2$.

5. (1) $p_X(x) = e^{-x}$, $x > 0$, $p_Y(y) = ye^{-y}$, $y > 0$;

   (2) $p_X(x) = \dfrac{5(1-x^4)}{8}$, $-1 < x < 1$, $p_Y(y) = \dfrac{5\sqrt{1-y}\,(1+2y)}{6}$, $0 < y < 1$;

   (3) $p_X(x) = 1$, $0 < x < 1$, $p_Y(y) = -\ln y$, $0 < y < 1$.

6. $p_X(x) = 6(x - x^2)$, $0 < x < 1$, $p_Y(y) = 6(\sqrt{y} - y)$, $0 < y < 1$. 7. 略. 8. 0.5.

9. 0.89. 10. $a = \dfrac{1}{18}, b = \dfrac{2}{9}, c = \dfrac{1}{6}$.

11. (1) $p(x,y) = e^{-y}$, $0 < x < 1$, $y > 0$; (2) e^{-1}; (3) e^{-1}.

12. (1) $p_X(x) = 3x^2$, $0 < x < 1$, $p_Y(y) = 3(1-y^2)/2$, $0 < y < 1$; (2) 不独立.

13. (1) $p_X(x) = \begin{cases} 1+x, & -1 < x < 0, \\ 1-x, & 0 < x < 1, \\ 0, & \text{其他,} \end{cases}$ $p_Y(y) = \begin{cases} 2y, & 0 < y < 1, \\ 0, & \text{其他;} \end{cases}$ (2) 不独立.

14. (1)(2)(5) 独立,(3)(4)(6) 不独立.

15. $\dfrac{2}{9}$. 16. 略.

习 题 3.3

1.

U	1	2	3
P	0.12	0.37	0.51

V	0	1	2
P	0.40	0.44	0.16

2. $P(Z=1) = \dfrac{\lambda}{\lambda+\mu}$, $P(Z=0) = \dfrac{\mu}{\lambda+\mu}$. 3.

Z	0	1
P	0.25	0.75

4. (1)

Z	0	1
P	0.25	0.75

; (2) $(1-p)^{i-1}p[2 - (1-p)^{i-1} - (1-p)^i]$, $i = 1, 2, \cdots$.

5. $\dfrac{5}{7}$. 6. (1) $p_Z(z) = 4ze^{-2z}$, $z>0$; (2) $p_Z(z) = \dfrac{e^{-|z|}}{2}$, $-\infty < z < \infty$.

7. $p_Z(z) = \dfrac{3(1-z^2)}{2}$, $0<z<1$.

8. (1) $p_2(x) = x^3 e^{-x}/6$, $x>0$; (2) $p_3(x) = x^5 e^{-x}/120$, $x>0$.

9. (1) $p_Z(z) = \begin{cases} z, & 0 \leqslant z < 1, \\ 2-z, & 1 \leqslant z < 2, \\ 0, & 其他; \end{cases}$ (2) $p_Z(z) = \begin{cases} 1-e^{-z}, & 0<z<1, \\ (e-1)e^{-z}, & z>1, \\ 0, & 其他. \end{cases}$

10. (1) $p_Z(z) = 1 - \left(1 + \dfrac{1}{z}\right) e^{-1/z}, z>0$; (2) $p_Z(z) = \dfrac{\lambda_1 \lambda_2}{(\lambda_1 z + \lambda_2)^2}, z>0$.

11. 0.5. 12. $p_Z(z) = \dfrac{4}{3}z^3 - 4z + \dfrac{8}{3}, 0<z<1$. 13. $p_T(t) = 3\lambda e^{-3\lambda t}, t>0$.

14. $p_Z(z) = (\ln 2 - \ln z)/2$, $0<z<2$. 15. $p(r,\theta) = \dfrac{r}{\pi}, 0<r<1, 0<\theta<2\pi$.

16. (1) $p(u,v) = ue^{-u}$, $u>0$, $0<v<1$; (2) 独立. 17—21. 略.

习 题 3.4

1. $\dfrac{91}{36}$. 2. $E(X) = \dfrac{7n}{2}$, $\mathrm{Var}(X) = \dfrac{35n}{12}$. 3. $\dfrac{n+2}{3}$.

4. $\dfrac{n-1}{n+1}$. 5. $\dfrac{2n-1}{n-1}$. 6. 0.25. 7. $\dfrac{4}{3}, \dfrac{1}{18}$. 8—9. 略. 10. $2\sigma^2$.

11. $\dfrac{5}{8}$. 12. $p_Y(y) = 10y^9, 0<y<1, E(Y) = \dfrac{10}{11}$, $\mathrm{Var}(Y) = \dfrac{5}{726}$.

13. (1) $\dfrac{1}{n\lambda}$; (2) $\dfrac{n}{\lambda} - \mathrm{C}_n^2 \left(\dfrac{1}{2\lambda}\right) + \mathrm{C}_n^3\left(\dfrac{1}{3\lambda}\right) + \cdots + (-1)^{n-1}\left(\dfrac{1}{n\lambda}\right)$.

14. $\dfrac{1}{\sqrt{\pi}}$. 15. $E(Y) = \dfrac{n\theta}{n+1}, E(Z) = \dfrac{\theta}{n+1}$.

16. 2. 17. 14 166.67 元. 18. 略. 19. -0.02. 20. $-\dfrac{n}{36}, -\dfrac{1}{5}$. 21. 0. 22. $-\dfrac{2}{3}$.

23. $-\dfrac{n}{4}, -1$. 24. $\dfrac{3}{5}$. 25. 1,1. 26. $\dfrac{1}{12}$. 27. $\dfrac{2}{3}, 0, 0$.

28. $\dfrac{3}{\sqrt{57}}$. 29. ρ. 30. 0.569 2. 31. $\dfrac{a^2-b^2}{a^2+b^2}$. 32. (1) $\sqrt{\dfrac{(1-\rho)}{\pi}}$; (2) 0,0.

33. $\dfrac{1}{36}, \dfrac{1}{2}$. 34. $-\dfrac{1}{147}, -\dfrac{\sqrt{5}}{23}$. 35. $\dfrac{1}{\sqrt{3}}$. 36. (1) $\begin{pmatrix} \dfrac{1}{18} & 0 \\ 0 & \dfrac{3}{80} \end{pmatrix}$; (2) $\begin{pmatrix} \dfrac{11}{36} & -\dfrac{1}{36} \\ -\dfrac{1}{36} & \dfrac{11}{36} \end{pmatrix}$.

37. $a = 0.5$ 时, X 与 Y 不相关.

38. 当 $d \neq 0$ 时, $\rho_{12} = \rho_{13} = \rho_{23} = 1$, 当 $d = 0$ 时, $\rho_{12} = \dfrac{c^2-a^2-b^2}{2ab}, \rho_{13} = \dfrac{b^2-a^2-c^2}{2ac}, \rho_{23} = \dfrac{a^2-b^2-c^2}{2bc}$.

39—49. 略.

习　题　3.5

1. $\dfrac{n!}{m!\ (n-m)!}\left(\dfrac{7.14}{14}\right)^{m}\left(\dfrac{6.86}{14}\right)^{n-m}$, $\quad m=0,1,\cdots,n$.

2. $P(X=m,Y=n)=(1-p)^{n-2}p^{2},m=1,2,\cdots,n-1,n=2,3,\cdots$,

$P(Y=n\mid X=m)=(1-p)^{n-m-1}p,m=1,2,\cdots,n-1,n=2,3,\cdots$.

3. （1）

$Y=1$	X	
	1	2
P	$\dfrac{1}{2}$	$\dfrac{1}{2}$

$Y=2$	X	
	1	2
P	$\dfrac{1}{3}$	$\dfrac{2}{3}$

；　（2）不独立.

4. （1）$P(X=k\mid X+Y=m)=\dfrac{1}{m-1}$, $\quad k=1,2,\cdots,m-1$;

（2）$P(X=k\mid X+Y=m)=\dfrac{\dbinom{n}{k}\dbinom{n}{m-k}}{\dbinom{2n}{m}}$, $\quad k=0,1,\cdots,\min\{n,m\}$.

5. 当 $0<x<1$ 时,$p(y\mid x)=\dfrac{1}{x}$, $\quad 0<y<x$.　6. 当 $-1<y<1$ 时,$p(x\mid y)=\dfrac{1}{(1-\mid y\mid)}$, $\quad \mid y\mid<x<1$.

7. $\dfrac{7}{15}$.　8. $\dfrac{47}{64}$.　9. 略.　10. $E(X\mid Y=2)=\dfrac{78}{25}$,$E(Y\mid X=0)=2$.

11. $\dfrac{n\lambda_{1}}{(\lambda_{1}+\lambda_{2})}$.　12. $\dfrac{7}{12}$.　13. $\dfrac{(2y+1)}{3}$.　14—15. 略.　16. $\dfrac{(\lambda+9)}{(2\lambda)}$.　17—18. 略.

习　题　4.1

1—5. 略.　6. （1）（3）不是，（2）是.　7—14. 略.　15. $c=\dfrac{1}{e}$.　16—20. 略.

习　题　4.2

1. $0.4+0.3e^{it}+0.2e^{i2t}+0.1e^{i3t}$.　2. $\varphi(t)=\dfrac{pe^{it}}{1-qe^{it}}$,$E(X)=\dfrac{1}{p}$,$\mathrm{Var}(X)=\dfrac{q}{p^{2}}$.

3. $\left(\dfrac{pe^{it}}{1-qe^{it}}\right)^{r}$.

4. （1）$\dfrac{a^2}{a^2+t^2}$，$E(X)=0$，$\mathrm{Var}(X)=\dfrac{2}{a^2}$；　（2）$\exp\{-a|t|\}$，数学期望和方差不存在. 　5. $0,3\sigma^4$.

6—12. 略. 　13. $\exp\left\{\mathrm{i}\mu t-\dfrac{\sigma^2t^2}{2n}\right\}$. 　14—15. 略.

习　题　4.3

1. 验证马尔可夫条件. 　2. 验证马尔可夫条件. 　3. 验证马尔可夫条件.

4. 验证马尔可夫条件. 　5. 验证马尔可夫条件. 　6. 不适用.

7. 由辛钦大数定律知$\{X_n\}$服从大数定律. 　8. 由辛钦大数定律知$\{X_n\}$服从大数定律.

9. 是. 　10—17. 略.

习　题　4.4

1. （1）$b(100,0.2)$；　（2）0.943 7. 　2. 0.915 5. 　3. 0.008 8. 　4. 0.996 6.

5. 0.096. 　6. 0.785 2. 　7. 0.983 6. 　8. 0.866 5. 　9. （1）24 000 元；　（2）0.90.

10. 0.007 1. 　11. （1）0.180 2；　（2）443. 　12. 0.078 7. 　13. 0.025 4.

14. 0.894 4. 　15. 甲班的概率大.

16. 不超过 0.026 8；　次数在 220 到 277 之间.

17. （1）0.818 5；　（2）81. 　18. 9 488 万元. 　19. 842 kW. 　20. 23. 　21. 16.

22. 11 209. 　23. 104. 　24. 9 604. 　25. 664. 　26. $N\left(\alpha_2,\dfrac{\alpha_4-\alpha_2^2}{n}\right)$. 　27. 略.

习　题　5.3

1. 3,3.78,1.94. 　2. 略. 　3. $\bar{y}=3\bar{x}-4$，$s_y^2=9s_x^2$. 　4—5. 略.

6. $\bar{y}_B=a\bar{x}_A+b$，$s_B=|a|s_A$，$R_B=aR_A$，$m_B=am_A+b$. 　7. 略. 　8. $0,\dfrac{1}{3n}$. 　9—12. 略. 　13. 14.

14. 68. 　15. $N\left(\theta,\dfrac{\theta^2}{40}\right)$. 　16. $N\left(\dfrac{5}{2},\dfrac{1}{12}\right)$. 　17. $N\left(p,\dfrac{p(1-p)}{20}\right)$. 　18. 1.06.

19. 12.86. 　20. 163,9.23,0.198,−0.742. 　21. 0.047.

22.

$x_{(1)}$	1	2	3	4	5
P	0.590 4	0.28	0.104	0.024	0.001 6

$x_{(4)}$	1	2	3	4	5
P	0.001 6	0.024	0.104	0.28	0.590 4

23. $P(x_{(n)}=k)=(1-q^k)^n-(1-q^{k-1})^n$, $P(x_{(1)}=k)=q^{n(k-1)}(1-q^n)$.

24. (1) 0.937 0; (2) 0.330 8. 25. 略. 26. $p_{m_{0.5}}(x)=3\,780x^9(1-x)^9(3-2x)^4(2x+1)^4$.

27—28. 略. 29. (1) $\dfrac{6}{11},\dfrac{5}{242}$; (2) 0.001 4.

30. (1) $N\left(0.5,\dfrac{1}{9n}\right)$; (2) $N\left(\mu,\dfrac{\pi\sigma^2}{2n}\right)$; (3) $N\left(\dfrac{\sqrt{2}}{2},\dfrac{1}{8n}\right)$; (4) $N\left(0,\dfrac{1}{n\lambda^2}\right)$.

31—36. 略.

习 题 5.4

1. 4. 2. 62. 3. 0.771 8. 4. 0.898 3. 5. 0.685 4. 6. $c=u_{(1+\alpha)/2}/\sqrt{n}$. 7. 略.

8. $Be\left(\dfrac{n}{2},\dfrac{m}{2}\right)$. 9. $F(1,1)$. 10. 0.993 8. 11. 略. 12. $\sqrt{\dfrac{n}{n+1}},n-1$. 13. 0.079 8.

14. $F(10,5)$. 15. $-0.423\,4$. 16. $2(n-1)\sigma^2$. 17. 0 $(k>1)$, $\dfrac{k}{k-2}(k>2)$.

18. $\dfrac{m}{m-2}(m>2)$, $\dfrac{2m^2(k+m-2)}{k(m-2)^2(m-4)}(m>4)$. 19. 略. 20. 27. 21—22. 略.

习 题 5.5

1—4. 略. 5. $\dfrac{1}{n}\sum\limits_{i=1}^{n}\ln x_i$. 6. $\sum\limits_{i=1}^{n}x_i^m$. 7. $\dfrac{1}{n}\sum\limits_{i=1}^{n}\ln x_i$. 8. $\sum\limits_{i=1}^{n}|x_i|$.

9. (1) $\bar{x}$; (2) $x_{(n)}$; (3) $\left(\sum\limits_{i=1}^{n}\ln x_i,\sum\limits_{i=1}^{n}\ln^2 x_i\right)$; (4) $\sum\limits_{i=1}^{n}x_i^2$.

10. (1) $\sum\limits_{i=1}^{n}(x_i-\mu)^2$; (2) $\bar{x}$. 11. $(x_{(1)},x_{(n)})$. 12. $(x_{(1)},x_{(n)})$.

13. $\left(\prod\limits_{i=1}^{n}x_i,\sum\limits_{i=1}^{n}x_i\right)$. 14. $\left(\prod\limits_{i=1}^{n}x_i,\prod\limits_{i=1}^{n}(1-x_i)\right)$. 15. 略.

16. $\left(\bar{x},\bar{y},\sum\limits_{i=1}^{n}x_i^2,\sum\limits_{i=1}^{n}y_i^2\right)$. 17. $\left(\sum\limits_{i=1}^{n}x_i,\sum\limits_{i=1}^{n}x_i^2,\sum\limits_{i=1}^{n}y_i,\sum\limits_{i=1}^{n}y_i^2,\sum\limits_{i=1}^{n}x_iy_i\right)$. 18—20. 略.

习　题　6.1

1. $\hat{\mu}_3$ 有效性最差.　2. 不是.　3. 略.　4. $\dfrac{1}{2(n-1)}$.　5. $\dfrac{1}{2}(x_{(1)}+x_{(n)})$ 较有效.

6. $\dfrac{4}{3}x_{(3)}$ 较有效.　7. $a=\dfrac{n_1}{n_1+n_2},b=\dfrac{n_2}{n_1+n_2}$.　8. 略.　9. $a_i=\dfrac{1}{\sigma_i^2}\bigg/\sum\limits_{j=1}^{n}\dfrac{1}{\sigma_j^2},i=1,2,\cdots,n$.

10. 略.　11. $C_1=\sqrt{\dfrac{n\pi}{2(n-1)}},C_2=\dfrac{\sqrt{\pi}}{2}$.

习　题　6.2

1. 114 3.75,96.056 2.　2. 2.68.　3. (1) $2\bar{x}$;　(2) $\dfrac{2}{\bar{x}}$.

4. (1) $3\bar{x}$;　(2) $\dfrac{1-2\bar{x}}{\bar{x}-1}$;　(3) $\left(\dfrac{\bar{x}}{1-\bar{x}}\right)^2$;　(4) $\hat{\theta}=s,\hat{\mu}=\bar{x}-s$.

5. $u_{k/n}$.　6. (1) $\dfrac{ab}{c}$;　(2) $\dfrac{ab}{c}-a-b+c$.　7. $\hat{m}=\left[\dfrac{\bar{x}^2}{\bar{x}-s_n^2}\right],\hat{p}=1-\dfrac{s_n^2}{\bar{x}}$.

习　题　6.3

1. (1) $\left(\dfrac{1}{n}\sum\limits_{i=1}^{n}\ln x_i\right)^{-2}$;　(2) $\left(\dfrac{1}{n}\sum\limits_{i=1}^{n}\ln x_i-\ln c\right)^{-1}$.

2. (1) $x_{(1)}$;　(2) $\hat{\mu}=x_{(1)},\hat{\theta}=\bar{x}-x_{(1)}$;　(3) $\dfrac{x_{(n)}}{k+1}$.

3. (1) $\dfrac{1}{n}\sum\limits_{i=1}^{n}|x_i|$;　(2) 可取 $\left(x_{(n)}-\dfrac{1}{2},x_{(1)}+\dfrac{1}{2}\right)$ 中的任意值;　(3) $\hat{\theta}_1=x_{(1)},\hat{\theta}_2=x_{(n)}$.

4. 0.499.　5. $\dfrac{2(\bar{x}-1)}{\bar{x}}$.　6. 28.305 3.　7. (1) 略;　(2) 不是无偏估计,是相合估计.

8. (1) 是相合估计,不是无偏估计;(2) 是相合估计,是无偏估计.

9. 15 000.　10. 略.

习 题 6.4

1—5. 略   6.（1）$-\dfrac{1}{n}\sum\limits_{i=1}^{n}\ln x_i$；   （2）$-\dfrac{1}{n}\sum\limits_{i=1}^{n}\ln x_i$.   7. $\dfrac{1}{\theta^2}$.   8. $\dfrac{1}{\theta^2}$.   9. $\dfrac{2}{\theta^2(1-\theta)}$.

10. 略.   11. $\dfrac{m\bar{x}+\dfrac{1}{2}n\bar{y}}{m+\dfrac{1}{2}n}$，$\dfrac{1}{m+n-1}\left(\sum\limits_{i=1}^{m}x_i^2+\dfrac{1}{2}\sum\limits_{i=1}^{n}y_i^2-\dfrac{\left(m\bar{x}+\dfrac{1}{2}n\bar{y}\right)^2}{m+\dfrac{1}{2}n}\right)$.   12. 略.

13.（1）θ^3；   （2）$g(\theta)=a\sqrt{\theta}+b$（$a>0,b$ 任意）.

14.（1）$\dfrac{1}{2}+\dfrac{\sum\limits_{i=1}^{n}x_i}{2\sum\limits_{i=1}^{n}x_i^2}$；   （2）$\bar{x}+\dfrac{1}{2}$；   （3）$\dfrac{2\theta(1-\theta)}{n}$.   15. 略.

习 题 6.5

1. $P(\lambda=1.5\mid x=3)=0.389\,9,P(\lambda=1.8\mid x=3)=0.610\,1$.   2. $U(11.1,11.7)$.

3.（1）$Be\left(n+1,\sum\limits_{i=1}^{n}x_i+1\right)$；   （2）0.25.   4—5. 略

6.（1）$\pi(\theta\mid x_1,x_2,\cdots,x_n)=\dfrac{2n-1}{\theta^{2n}(x_{(n)}^{-2n+1}-1)}$；   （2）$\pi(\theta\mid x_1,x_2,\cdots,x_n)=\dfrac{2n-3}{\theta^{2n-2}(x_{(n)}^{-2n+3}-1)}$.

7. $\dfrac{n+\alpha}{\lambda-\sum\limits_{i=1}^{n}\ln x_i}$.   8.（1）略；   （2）$\dfrac{(n+\beta)\max\{x_{(n)},\theta_0\}}{n+\beta-1}$.   9. $Ga(0.000\,4,2)$.

10. 略   11. $\pi(\theta\mid x_1,x_2,x_3)=6\times8^6\theta^{-7},\theta>8$.   12—13. 略

14. $Be(5,297)$.

习 题 6.6

1. $[1.916\,8,2.583\,2]$.   2. $\left(\dfrac{3.92\sigma}{k}\right)^2$.

3.（1）$[-0.980\,0,0.980\,0]$；   （2）$[0.618\,8,4.392\,9]$.

4.（1）$[0.148\,7,0.421\,5]$；   （2）$[56.073\,9,56.566\,1]$.

5.（1）$[432.306\,4,482.693\,6]$；   （2）$[438.905\,8,476.094\,2]$；

（3）$[24.223\,9,64.137\,8]$.   6. $[0.074\,2,0.200\,8]$.   7. 略.

8. $[11.039\ 2,12.999\ 2]$. 9. (1) $[-0.093\ 9,12.093\ 9]$; (2) $[-0.206\ 3,12.206\ 3]$;

(3) $[-0.328\ 8,12.328\ 8]$; (4) $[0.335\ 9,4.097\ 3]$.

10. (1) $[0.062\ 0,1.007\ 5]$; (2) $[-0.285\ 5,0.325\ 5]$. 11. $\left(\dfrac{\chi^2_{\frac{\alpha}{2}}(2n)}{2n\,\overline{x}},\dfrac{\chi^2_{1-\frac{\alpha}{2}}(2n)}{2n\,\overline{x}}\right)$.

12. $[36.76,113.64],98.04,40.82$. 13. $\left[m_{0.5}-\dfrac{\pi}{2\sqrt{n}}u_{1-\frac{\alpha}{2}},m_{0.5}+\dfrac{\pi}{2\sqrt{n}}u_{1-\frac{\alpha}{2}}\right]$.

14. $\dfrac{64u^2_{1-\frac{\alpha}{2}}}{L^2}$. 15. 略. 16. $\left[\dfrac{x_{(n)}+x_{(1)}}{2}-\dfrac{1-\alpha^{1/n}}{2},\dfrac{x_{(n)}+x_{(1)}}{2}+\dfrac{1-\alpha^{1/n}}{2}\right]$.

17. (1) $\left[\dfrac{x_{(n)}-x_{(1)}}{Be_{1-\alpha/2}(n-1,2)},\dfrac{x_{(n)}-x_{(1)}}{Be_{\alpha/2}(n-1,2)}\right]$;

(2) $\left[\dfrac{x_{(n)}+x_{(1)}}{2}-\dfrac{c(x_{(n)}-x_{(1)})}{2},\dfrac{x_{(n)}+x_{(1)}}{2}+\dfrac{c(x_{(n)}-x_{(1)})}{2}\right]$，其中 $c=\left(\dfrac{1}{\alpha}\right)^{\frac{1}{n-1}}-1$.

18. $\left[\dfrac{x_{(m)}}{y_{(n)}}\left(\dfrac{m+n}{2m}\alpha\right)^{\frac{1}{n}},\dfrac{x_{(m)}}{y_{(n)}}\left(\dfrac{m+n}{2n}\alpha\right)^{-\frac{1}{m}}\right]$.

19. (1) 略； (2) $\left[x_{(1)}+\dfrac{\ln\alpha}{n},x_{(1)}\right]$.

习 题 7.1

1. (1) $0.003\ 7$, $0.036\ 7$; (2) 34; (3) 略. 2. $0.032\ 8$, $0.633\ 1$.

3. $c=0.98$, 0.83. 4. $\left(\dfrac{2.5}{3}\right)^n$,17. 5. 略. 6. (1) 略； (2) $0.264\ 1$. 7. $\dfrac{1}{4}$,$\dfrac{7}{8}$.

8. 略.

习 题 7.2

1. 拒绝,有显著降低. 2. 接受,可认为不变. 3. 拒绝. 4. 接受. 5. $n\geqslant7$.

6. (1) 接受； (2) 接受. 7. 可以. 8. 拒绝,校长的看法是对的. 9. 不能.

10. 接受. 11. 拒绝. 12. 拒绝. 13. 可以. 14. 有显著差别.

15. 检验统计量为 $u=\dfrac{\overline{x}-2\overline{y}}{\sqrt{\dfrac{\sigma^2_1}{n}+\dfrac{4\sigma^2_2}{m}}}$,拒绝域为 $W=\{u\geqslant u_{1-\alpha}\}$.

16. 拒绝,有显著性差异. 17. $p=0.008\ 2$,有显著差异. 18. 接受,无显著差别.

19. 拒绝,有显著性差异. 20. 接受,不能认为. 21. 拒绝,不正常.

22. 接受,无显著差异. 23. 拒绝,显著偏大. 24. 接受,无显著差异. 25. 接受.

26. (1) 接受,可认为两个总体方差相等； (2) 接受,可认为两个总体均值相等.

27. 接受,不能认为显著偏大.

习 题 7.3

1. 可以. 　 2. 拒绝,有明显提高. 　 3. $p = 0.296\,9$. 　 4. $p = 0.031\,4$. 　 5. $p = 0.017\,9$.

6. $p = 0.004\,7$. 　 7. 接受. 　 8.（2）65. 　 9. $n = 11, c = 1$. 　 10. 拒绝. 　 11. 接受.

习 题 7.4

1. 略 　 2. 双侧 χ^2 检验. 　 3.（1）双侧 F 检验;（2）略;（3）$F(2n, 2m)$. 　 4. 略.

5. 接受. 　 6. $p = 0.730\,8$,接受. 　 7. $p = 0.637\,4$,接受. 　 8. $p = 0.210\,8$,接受.

9. $0.606\,6$,接受. 　 10. 接受. 　 11. 接受. 　 12. 略. 　 13. 有显著疗效. 　 14. 拒绝,有关系.

15. 拒绝.

习 题 7.5

1. 接受. 　 2. 接受. 　 3. 接受. 　 4. 接受.

习 题 7.6

1. $p = 0.035\,4$. 　 2. $p = 0.933\,1$. 　 3. $p = 0.377\,0$. 　 4. $p = 0.387\,2$.

5.（1）$p = 0.07$,显著;（2）$p = 0.089\,8$,不显著;（3）不显著.

6.（1）$p = 0.027\,4$,可认定材料 A 制成的后跟比材料 B 的耐穿;

（2）可认定材料 A 制成的后跟比材料 B 的耐穿.

7.（1）接受;（2）接受. 　 8. 正态假设下拒绝,符号检验接受,符号秩和检验拒绝.

习 题 8.1

1. $S_e = 42.75, f_e = 9; S_A = 105.5, f_A = 2; S_T = 148.25, f_T = 11$.

2. $f_e = 22, f_A = 3, f_T = 25$. 　 3. $S_e = 20.5, \hat{\sigma}^2 = 2.562\,5$.

4.

来源	平方和	自由度	均方和	F 比
因子 A	4.2	2	2.1	7.5
误差 e	2.5	9	0.28	
和 T	6.7	11		

显著.

5. 显著. 6. 显著.

7. （1）有显著影响； （2）$[7.173, 8.787]$，$[5.593, 7.207]$，$[8.313, 9.927]$.

8. （1）显著； （2）第五组，$[25.671\ 1, 30.300\ 3]$.

习 题 8.2

1. 水平 1、3 之间无显著差异，它们与水平 2 有显著差异.

2. 水平 5 与水平 1,3,4 之间以及水平 2 与水平 4 之间有显著差异，其他无显著差异.

3. （1）不显著； （2）$[6.323\ 2, 6.991\ 0]$.

4.

来源	平方和	自由度	均方	F 比
因子 A	20.125	2	10.063	15.72
误差 e	15.362	24	0.640	
和 T	35.487	26		

显著, 各个水平间均有显著差异.

习 题 8.3

1. 接受. 2. 接受. 3. 接受. 4. 接受. 5. 接受. 6. 接受.

习 题 8.4

1. （1）$\hat{\beta} = \dfrac{\sum\limits_{i=1}^{n} x_i y_i}{\sum\limits_{i=1}^{n} x_i^2}$，$\hat{\sigma}^2 = \dfrac{1}{n-1} \sum\limits_{i=1}^{n} (y_i - \hat{\beta} x_i)^2$； （2）$\dfrac{x_0^2 \sigma^2}{\sum\limits_{i=1}^{n} x_i^2}$.

2. 一致.   3. 略.   4. 一般不重合,有交点, $(\bar{x},\bar{y})$.

5. (1) 略; (2) 0.959 7; (3) $\hat{y}=22.648\ 6+0.264\ 3x$; (4) 显著.

6. 0.324 5, $[0.800\ 6,0.886\ 8]$.   7. 略.

8. (1) $\hat{y}=35.238\ 9+84.397\ 5x$; (2) $\hat{\beta_0}\sim N(\beta_0,0.114\ 2\sigma^2),\hat{\beta_1}\sim N(\beta_1,3.306\ 9\sigma^2)$;

   (3) $-0.672\ 6$;

   (4) 显著.

来源	平方和	自由度	均方	F 比
回归	2 153.975 8	1	2 153.975 8	108.286 2
误差	278.480 8	14	19.891 5	
和	2 432.456 6	15		

   (5) $[67.002\ 2,101.792\ 8]$; (6) $[38.028\ 7,57.768\ 3]$.

9. (1) $\hat{\beta_0}=24.299\ 1,\hat{\beta_1}=1.591\ 4$; (2) 显著; (3) $[25.155\ 3,26.943\ 9]$.

10. (1) 显著.

来源	平方和	自由度	均方	F 比
回归	0.081 0	1	0.081 0	55.746 7
误差	0.043 6	30	0.001 453	
和	0.124 6	31		

   (2) 0.806 3; (3) $[1.450\ 0,1.599\ 4]$.

11. (1) 略; (2) $\hat{y}=-2.26+0.048\ 7x$,显著.

来源	平方和	自由度	均方	F 比
回归	203.40	1	203.40	180.00
误差	7.93	7	1.13	
和	211.33	8		

   (3) $[9.688,14.999]$;

   (4) $\hat{y}=0.041\ 7x$,显著.

习 题 8.5

1. $u=\ln x,v=y$.   2. $u=\sqrt{x},v=y$.   3. $u=x,v=\ln(y-100),\beta_0=\ln a,\beta_1=-1/b$.

4. 不能.   5. 能.   6. 能.   7. $\hat{y}=1\ 051.423\ 2e^{-0.247x},R^2=0.990\ 2,s=22.621\ 0$.

参考文献

［1］格涅坚科.概率论教程.丁寿田,译.北京:高等教育出版社,1956.

［2］威廉·费勒.概率论及其应用:上册.胡迪鹤,林向清,译.北京:科学出版社,1964.

［3］李贤平.概率论基础.3 版.北京:高等教育出版社,2010.

［4］陈希孺.数理统计引论.北京:科学出版社,1981.

［5］陈希孺.概率论与数理统计.北京:科学出版社,2000.

［6］郑明,陈子毅,汪嘉冈.数理统计讲义.上海:复旦大学出版社,2006.

［7］克拉美.统计学数学方法.魏宗舒,等,译.上海:上海科学技术出版社,1966.

［8］杨振明.概率论.北京:科学出版社,1999.

［9］汪仁官.概率论引论.北京:北京大学出版社,1994.

［10］茆诗松,王静龙.数理统计.上海:华东师范大学出版社,1990.

［11］茆诗松.贝叶斯统计.北京:中国统计出版社,1999.

［12］比克尔,道克苏.数理统计:基本概念及专题.李泽慧,王嘉澜,林亨,译.兰州:兰州大学出版社,1991.

［13］赵选民,徐伟,师义民,等.数理统计.2 版.北京:科学出版社,2002.

［14］孙荣恒.应用数理统计.2 版.北京:科学出版社,2003.

［15］茆诗松,王静龙,濮晓龙.高等数理统计.2 版.北京:高等教育出版社,2006.

［16］施利亚耶夫.概率:第一卷.3 版.周概容,译.北京:高等教育出版社,2007.

［17］韦博成.参数统计教程.北京:高等教育出版社,2006.

［18］Lehmann E L,Casella G.点估计理论.2 版.郑忠国,蒋建成,童行伟,译.北京:中国统计出版社,2005.

［19］Ross S M.概率论基础教程.7 版.郑忠国,詹从赞,译.北京:人民邮电出版社,2007.

［20］Efron B,Tibshirani,R J. An Introduction to the Bootstrap. Chapman & Hall,1993.

［21］Conover W J.实用非参数统计.3 版.崔恒建,译.北京:人民邮电出版社,2006.

［22］Dempster A P,Laird N M,Rubin D B.Maximum likelihood from incomplete data via the EM algorithm,Journal of the Royal Statistical Society,1977,39(1):1-38.

郑重声明

高等教育出版社依法对本书享有专有出版权。任何未经许可的复制、销售行为均违反《中华人民共和国著作权法》，其行为人将承担相应的民事责任和行政责任；构成犯罪的，将被依法追究刑事责任。为了维护市场秩序，保护读者的合法权益，避免读者误用盗版书造成不良后果，我社将配合行政执法部门和司法机关对违法犯罪的单位和个人进行严厉打击。社会各界人士如发现上述侵权行为，希望及时举报，我社将奖励举报有功人员。

反盗版举报电话　（010）58581999　58582371

反盗版举报邮箱　dd@hep.com.cn

通信地址　北京市西城区德外大街 4 号　高等教育出版社法律事务部

邮政编码　100120

读者意见反馈

为收集对教材的意见建议，进一步完善教材编写并做好服务工作，读者可将对本教材的意见建议通过如下渠道反馈至我社。

咨询电话　400-810-0598

反馈邮箱　hepsci@pub.hep.cn

通信地址　北京市朝阳区惠新东街 4 号富盛大厦 1 座

　　　　　高等教育出版社理科事业部

邮政编码　100029

防伪查询说明

用户购书后刮开封底防伪涂层，使用手机微信等软件扫描二维码，会跳转至防伪查询网页，获得所购图书详细信息。

防伪客服电话　（010）58582300